2024 GUIDE
Craftsman Motor Vehicles Maintenance
자동차 정비기능사

- 시험 안내
- 출제 기준(필기, 실기)
- 출제 비율
- 이 책의 구성
- 필기응시절차
- CBT 응시요령 안내

시험 안내 [자동차정비기능사]

📖 개요

자동차정비는 자동차의 기계상의 결함이나 사고 등 여러 가지 이유로 정상적으로 운행되지 못할 때 원인을 찾아내어 정비하는 것을 말한다. 최근 운행자동차 수의 증가로 정비의 필요성의 증가함에 따라 산업현장에서 자동차정비의 효율성 및 안정성 확보를 위한 제반 환경을 조성하기 위해 정비분야 기능인력 양성이 필요하다.

📖 수행직무

각종 수동공구, 동력공구 및 점검장비를 이용하여 엔진, 섀시, 전기장치 등의 결함이나 고장부위를 진단하고 알맞은 부품으로 교체하거나 수리하는 직무를 수행.

📖 진로 및 전망

- 주로 자동차업체의 생산현장이나 판매 및 A/S부서, 외제차수입업체, 자동차정비업체, 자동차운수업체에 취업하며, 일부는 카센타, 카인테리어, 밧데리점, 튜닝전문점, 오토매틱전문점에 고용되거나 개업한다. 「자동차관리법」에 의해 자격취득 후 자동차 정비 또는 검사분야에 3년 이상 근무할 경우 자동차운수사업체, 자동차점검정비업체의 **정비책임자**로 고용될 수 있다.
- 자동차정비분야의 기능인력수요는 당분간 현재수준을 유지할 전망이다. 하지만 아직까지 기능인력 중에는 자격증 미취득자가 많아 자격취득시 취업에 유리할 전망이다. 기술적인 면에서는 자동차전기 및 전자관련 기술수요가 증가할 것으로 보인다.

📖 시험요강

- **시행처** : 한국산업인력공단
- **관련학과** : 고등학교, 대학 및 전문대학의 자동차 관련학과
- **시험과목**
  필기 – 자동차엔진, 섀시, 전기·전자장치 정비 및 안전관리
  실기 – 자동차정비 실무
- **검정방법**
  필기 – 객관식 4지 택일형 60문항(60분)
  실기 – 작업형(4시간 정도, 100점)
- **합격기준**
  필기·실기 – 100점을 만점으로 하여 60점 이상

📖 검정형 자격 시험정보

- **수수료** : 필기 14,500원, 실기 41,300원
- **실기 공개문제** : 큐넷(www.q-net.or.kt) [고객지원 – 자료실 – 공개문제] 에서 확인

출제 기준

필기

출제기준 적용기간 : 2022.1.1. ~ 2024.12.31.

	주요항목	세부항목	
자동차 엔진, 섀시, 전기·전자 장치 정비 및 안전관리	1. 충전장치 정비	• 충전장치 점검 • 충전장치 교환	• 충전장치 수리 • 충전장치 검사
	2. 시동장치 정비	• 시동장치 점검·진단 • 시동장치 교환	• 시동장치 수리 • 시동장치 검사
	3. 편의장치 정비	• 편의장치 점검·진단 • 편의장치 수리	• 편의장치 조정 • 편의장치 교환 • 편의장치 검사
	4. 등화장치 정비	• 등화장치 점검·진단 • 등화장치 교환	• 등화장치 수리 • 등화장치 검사
	5. 엔진본체 정비	• 엔진본체 점검·진단 • 엔진본체 수리	• 엔진본체 관련 부품 조정 • 엔진본체 관련부품 교환 • 엔진본체 검사
	6. 윤활장치 정비	• 윤활장치 점검·진단 • 윤활장치 교환	• 윤활장치 수리 • 윤활장치 검사
	7. 연료장치 정비	• 연료장치 점검·진단 • 연료장치 교환	• 연료장치 수리 • 연료장치 검사
	8. 흡배기장치 정비	• 흡·배기장치 점검·진단 • 흡·배기장치 교환	• 흡·배기장치 수리 • 흡·배기장치 검사
	9. 클러치·수동변속기 정비	• 클러치·수동변속기 점검·진단 • 클러치·수동변속기 수리 • 클러치·수동변속기 검사	• 클러치·수동변속기 조정 • 클러치·수동변속기 교환
	10. 드라이브라인 정비	• 드라이브라인 점검·진단 • 드라이브라인 교환	• 드라이브라인 조정 • 드라이브라인 수리 • 드라이브라인 검사
	11. 휠·타이어·얼라인먼트 정비	• 휠·타이어·얼라인먼트 점검·진단 • 휠·타이어·얼라인먼트 수리 • 휠·타이어·얼라인먼트 검사	• 휠·타이어·얼라인먼트 조정 • 휠·타이어·얼라인먼트 교환
	12. 유압식 제동장치 정비	• 유압식 제동장치 점검·진단 • 유압식 제동장치 수리	• 유압식 제동장치 조정 • 유압식 제동장치 교환 • 유압식 제동장치 검사
	13. 엔진점화장치 정비	• 엔진점화장치 점검·진단 • 엔진점화장치 수리	• 엔진점화장치 조정 • 엔진점화장치 교환 • 엔진점화장치 검사
	14. 유압식 현가장치 정비	• 유압식 현가장치 점검·진단 • 유압식 현가장치 검사	• 유압식 현가장치 교환
	15. 조향장치 정비	• 조향장치 점검·진단 • 조향장치 교환	• 조향장치 조정 • 조향장치 수리 • 조향장치 검사
	16. 냉각장치 정비	• 냉각장치 점검·진단 • 냉각장치 교환	• 냉각장치 수리 • 냉각장치 검사

출제 기준

실 기

출제기준 적용기간 : 2022.1.1. ~ 2024.12.31.

	주요항목	세부항목	
자동차 정비 실무	1. 충전장치 정비	• 충전장치 점검 • 충전장치 교환	• 충전장치 수리 • 충전장치 검사
	2. 시동장치 정비	• 시동장치 점검·진단 • 시동장치 교환	• 시동장치 수리 • 시동장치 검사
	3. 편의장치 정비	• 편의장치 점검·진단 • 편의장치 교환	• 편의장치 조정 • 편의장치 수리 • 편의장치 검사
	4. 등화장치 정비	• 등화장치 점검·진단 • 등화장치 교환	• 등화장치 수리 • 등화장치 검사
	5. 엔진본체 정비	• 엔진본체 점검·진단 • 엔진본체 수리 • 엔진본체 검사	• 엔진본체 관련 부품 조정 • 엔진본체 관련 부품 교환
	6. 윤활장치 정비	• 윤활장치 점검·진단 • 윤활장치 교환	• 윤활장치 수리 • 윤활장치 검사
	7. 연료장치 정비	• 연료장치 점검·진단 • 연료장치 교환	• 연료장치 수리 • 연료장치 검사
	8. 흡배기장치 정비	• 흡·배기장치 점검·진단 • 흡·배기장치 교환	• 흡·배기장치 수리 • 흡·배기장치 검사
	9. 클러치·수동변속기 정비	• 클러치·수동변속기 점검·진단 • 클러치·수동변속기 수리 • 클러치·수동변속기 검사	• 클러치·수동변속기 조정 • 클러치·수동변속기 교환
	10. 드라이브라인 정비	• 드라이브라인 점검·진단 • 드라이브라인 수리 • 드라이브라인 검사	• 드라이브라인 조정 • 드라이브라인 교환
	11. 휠·타이어·얼라인먼트 정비	• 휠·타이어·얼라인먼트 점검·진단 • 휠·타이어·얼라인먼트 수리 • 휠·타이어·얼라인먼트 검사	• 휠·타이어·얼라인먼트 조정 • 휠·타이어·얼라인먼트 교환
	12. 유압식 제동장치 정비	• 유압식 제동장치 점검·진단 • 유압식 제동장치 수리 • 유압식 제동장치 검사	• 유압식 제동장치 조정 • 유압식 제동장치 교환

출제 비율

NCS로 기반하고 친환경 자동차 및 자율주행차 관련 문제가 대두!!

자동차 구조·기능·원리	안전관리 법규	친환경 미래차 관련
36 문제 내외	14 문제 내외	10 문제 내외

본 문제집으로 공부하는 수험생만의 특혜!!

[도서 구매 인증시]

1. 동영상 제공 (고빈도 출제 중심의 개념정리와 문제 풀이)
2. CBT 셀프테스팅 제공
   (시험장과 동일한 모의고사 1회)

[도서 리뷰 작성시]

3. 자체 실기시험장 특별 안내

※ 오른쪽 서명란에 이름을 기입하여
   골든벨 카페로 사진 찍어 도서 인증해주세요.
   (자세한 방법은 카페 참조)

카페 바로가기

NAVER 카페 [도서출판 골든벨]
도서인증 게시판

서 명 란

도서 구매 인증서
무료 동영상 강의
CBT 체험 모의고사

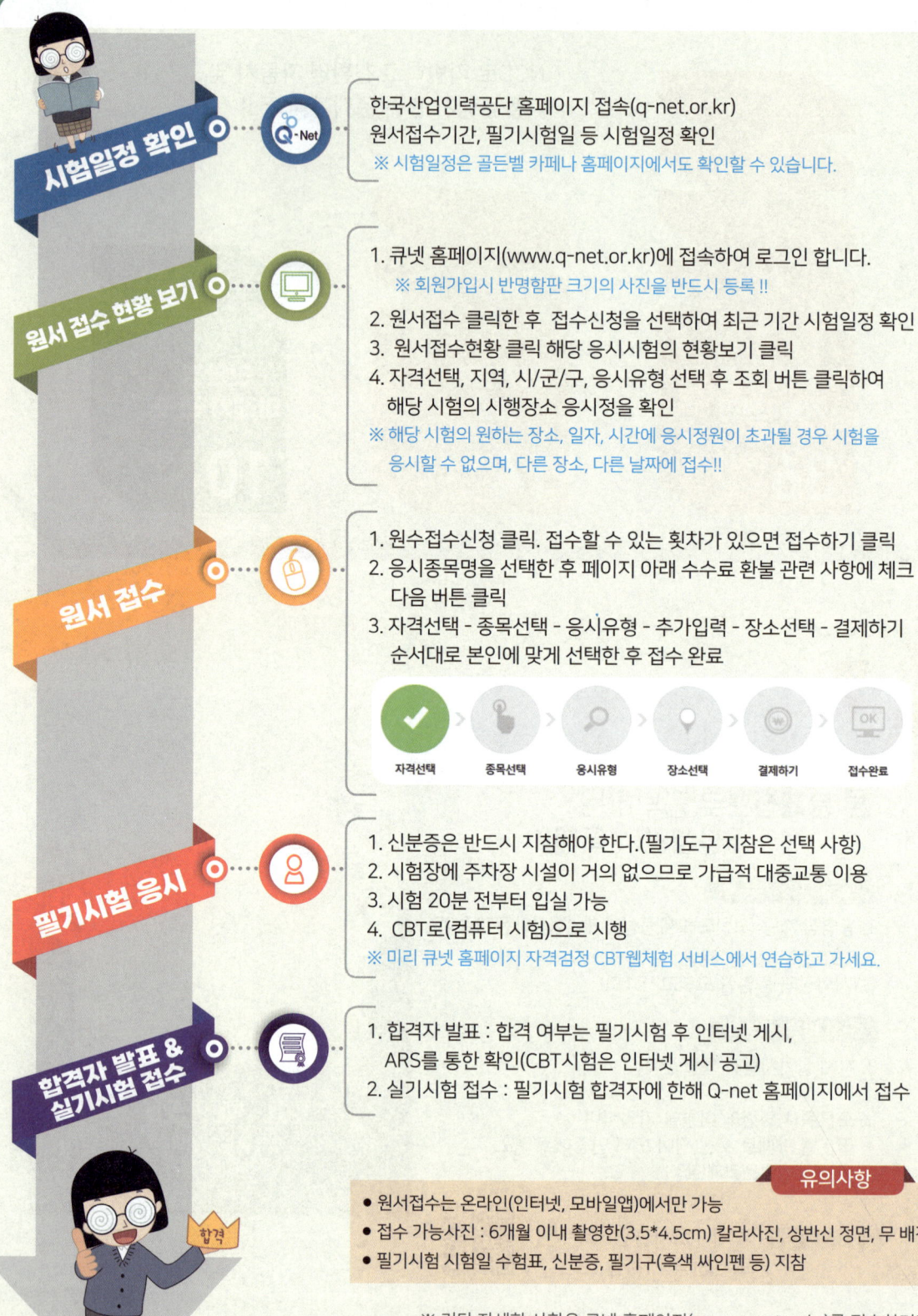

자격검정 CBT웹체험 서비스 안내
https://www.q-net.or.kr/cbt/index.html

CBT 응시요령 안내

❶ 수험자 정보 확인

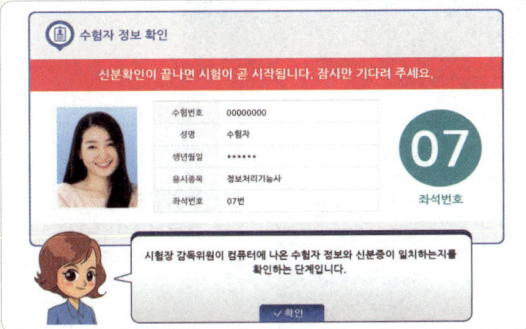

골든벨 CBT셀프 테스팅 바로가기
도서 구매 인증 시 시험장과 동일한 모의고사 1회를 CBT 셀프 테스트할 수 있습니다.

❷ 유의사항 확인

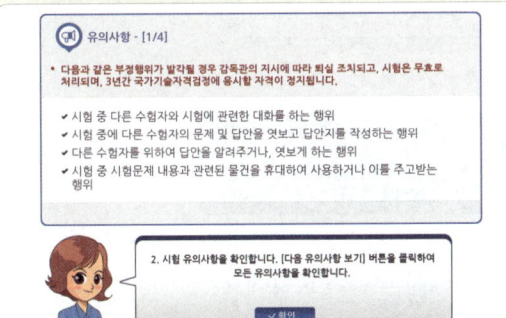

❸ 문제풀이 메뉴 설명

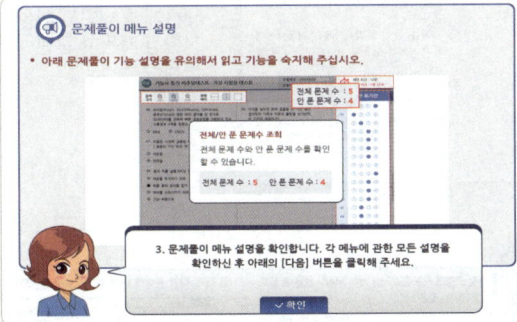

❹ 문제풀이 연습

❺ 시험 준비 완료

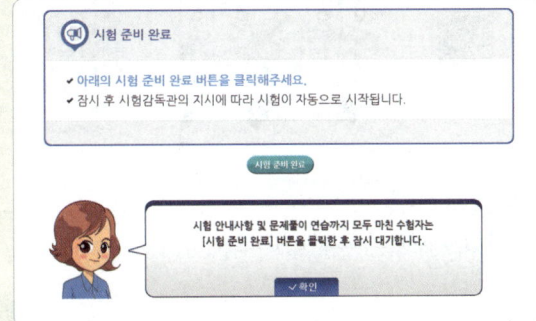

❻ 문제 풀이

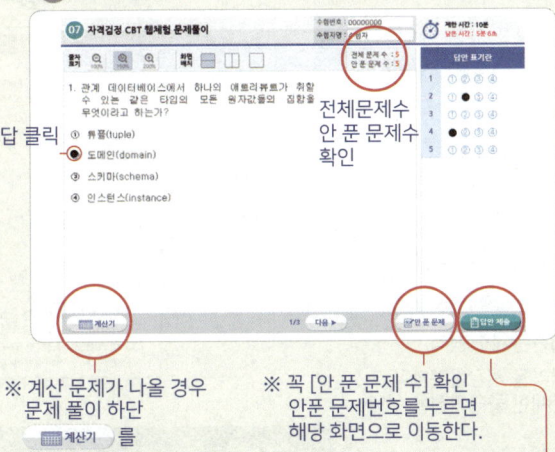

※ 계산 문제가 나올 경우 문제 풀이 하단 [계산기]를 눌러 쉽게 계산한다.

※ 꼭 [안 푼 문제 수] 확인 안푼 문제번호를 누르면 해당 화면으로 이동한다.

※ 문제를 모두 푼 후 [답안 제출] 클릭 이상없으면 [예] 버튼 클릭

❼ 답안제출 및 확인

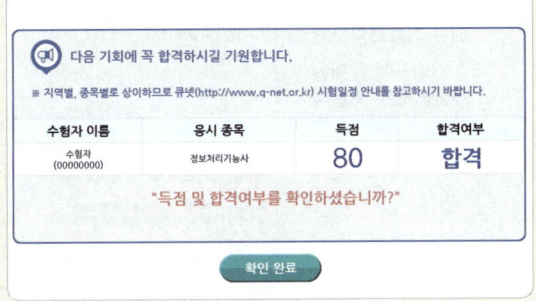

이 책의 구성

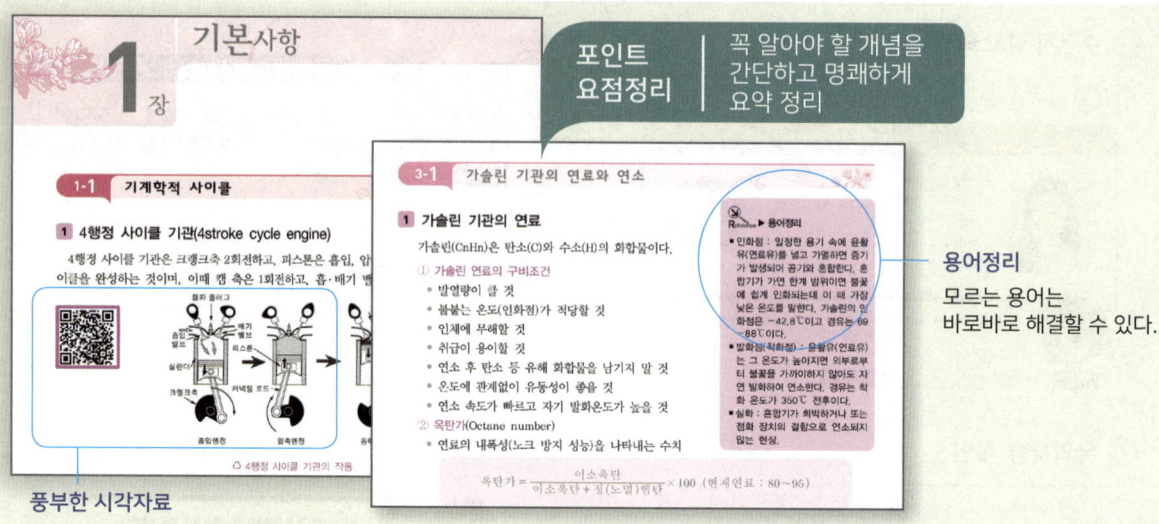

포인트 요점정리 | 꼭 알아야 할 개념을 간단하고 명쾌하게 요약 정리

풍부한 시각자료
동영상과 일러스트로 쉽게 이해할 수 있다.

용어정리
모르는 용어는 바로바로 해결할 수 있다.

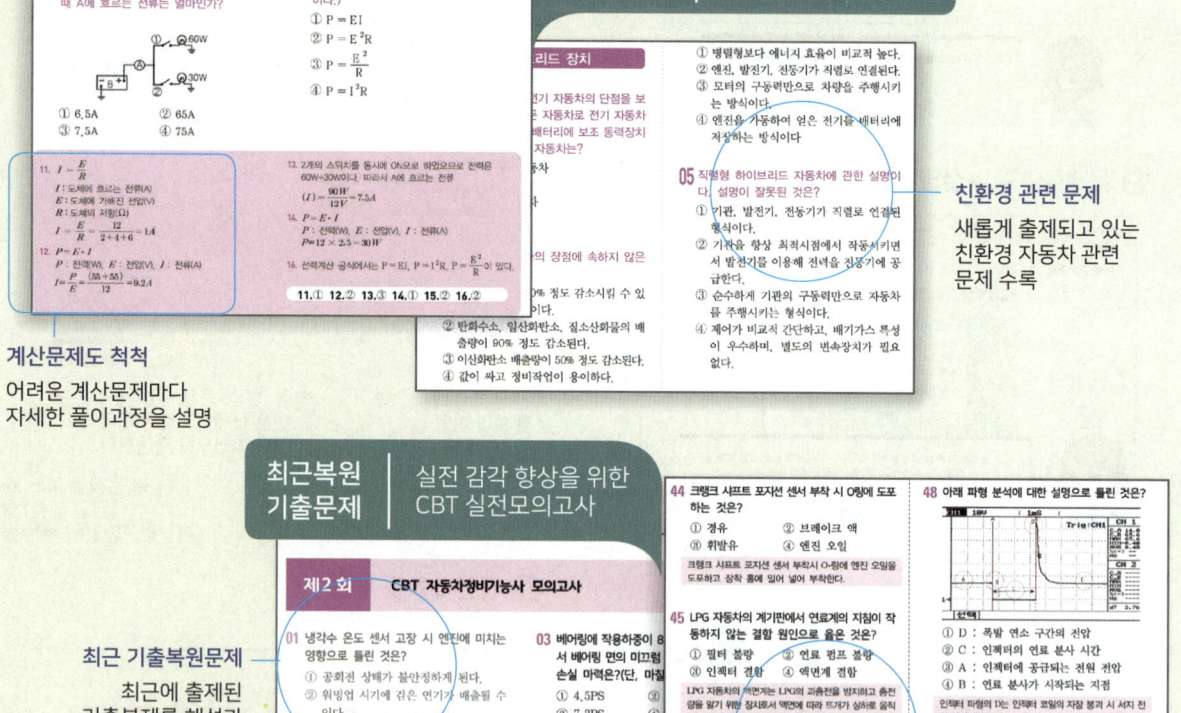

출제 예상문제 | 출제빈도가 높은 문제, 새로운 문제로 구성

계산문제도 척척
어려운 계산문제마다 자세한 풀이과정을 설명

친환경 관련 문제
새롭게 출제되고 있는 친환경 자동차 관련 문제 수록

최근복원 기출문제 | 실전 감각 향상을 위한 CBT 실전모의고사

최근 기출복원문제
최근에 출제된 기출복제를 해설과 함께 수록

꼼꼼한 해설
유사문제, 응용문제까지 완벽하게 대비할 수 있는 자세한 해설

★ 불법복사는 지적재산을 훔치는 범죄행위입니다.
저작권법 제97조의 5(권리의 침해죄)에 따라 위반자는 5년 이하의 징역 또는 5천만원 이하의 벌금에 처하거나 이를 병과할 수 있습니다.

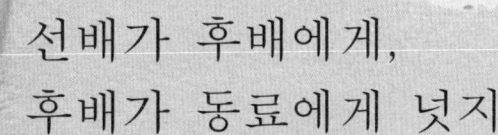
선배가 후배에게,
후배가 동료에게 넛지

　최근 자동차 산업은 연비가 좋고 이산화탄소의 배출이 적은 친환경 자동차 즉, 하이브리드 자동차, 고성능 저공해 디젤 자동차, 대체 연료 자동차, 전기 자동차 및 연료 전지 자동차 등 친환경 자동차를 개발하는데 중점을 두고 있다.

　한국산업인력공단의 출제기준이 국가기술자격의 현장성과 활용성 제고를 위해 국가직무능력표준(NCS)을 기반으로 직무 중심으로 변경됨에 따라 그에 맞춰 새롭게 개편하였다.

　이 책은 단원별 요점정리와 당해 문제마다 쉽게 이해할 수 있도록 풀이와 해설을 곁들여 출제 예상문제를 수록하였으며, 다음과 같은 점들을 고려하여 집필하였다.

1. NCS 학습모듈을 기반으로 친환경자동차 및 자율주행차 관련 문제가 대두됨에 따라 그에 맞는 핵심 요점정리를 구성하였다.
2. 풍부한 시각자료로 상세한 일러스트와 동영상 QR 자료로 생생하고 쉽게 이해할 수 있도록 하였다.
3. 출제빈도가 높은 문제와 새롭게 출제되고 있는 친환경문제들로 예상문제를 구성하였으며, 꼼꼼한 해설과 공식문제에서는 자세한 풀이과정을 나열하였다.
4. 실전감각을 익힐 수 있도록 모의고사와 최근 CBT복원기출문제를 편성하였다.

　(주)골든벨은 30년이 넘도록 국내 유일 "탈것 문화의 전당" 자동차전문 분야만 올곧게 성장해 온 전문출판사이다.
　그동안 축적된 방대한 자료와 정보를 바탕으로 「한국산업인력공단」의 출제기준이 변경될 때마다 최초로 발행되는 수험서임을 자타가 인정한다.
　이 문제집이야말로 수험생 여러분들에게 합격의 고속도로가 되기를 간절히 소망한다.

2024년
지은이

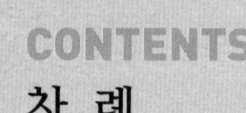

CONTENTS 차례

※ 본문의 QR코드(스마트폰에 QR애플리케이션 설치 후)를 스캔하시면 동영상 강의를 들을 수 있습니다. 동영상 강의는 독자의 이해를 돕기 위한 참고용 자료이므로 책 내용과 다소 차이가 있을 수 있습니다.

I. 자동차 엔진 정비

01_ 기본사항 — 10
- 기계학적 사이클 — 10
- 핵심기출문제 / 14~15

02_ 엔진 본체 정비 — 16
- 실린더 헤드 — 16
- 실린더 블록 — 17
- 밸브 기구 — 19
- 피스톤 및 크랭크 축 — 25
- 핵심기출문제 / 31~39

03_ 연료와 연소 — 40
- 가솔린 기관의 연료와 연소 — 40
- 디젤 기관의 연료와 연소 — 41
- 핵심기출문제 / 43~45

04_ 연료 장치 정비 — 46
- 가솔린 연료장치 — 46
- 디젤 연료장치 — 48
- LPG 연료장치 — 59
- CNG 연료장치 — 62
- 핵심기출문제 / 64

05_ 윤활 및 냉각장치 정비 — 78
- 윤활장치 — 78
- 냉각장치 — 82
- 핵심기출문제 / 97~93

06_ 흡·배기장치 — 94
- 흡기 및 배기장치 — 94
- 과급장치(Charger) — 95
- 유해 배출가스 저감장치 — 96

핵심기출문제 / 99~104

07_ 전자제어 장치 ──────────────── 105
- 기관제어시스템 ──────────────── 105
- 센서 ──────────────────── 109
- 액추에이터 ──────────────── 111
　　　핵심기출문제 / 115~128

08_ 기관의 성능 ──────────────── 129
- 힘과 운동의 관계 ──────────────── 129
- 열과 일 및 에너지와의 관계 ──────────── 130
- 공학에 쓰이는 단위 ──────────────── 132
- 기관의 성능 ──────────────── 132
　　　핵심기출문제 / 136~142

09_ 자동차 성능기준 ──────────────── 143
- 자동차 안전기준(법규 및 검사기준) ──────── 143
　　　핵심기출문제 / 151~158

II 자동차 섀시 정비

01_ 동력전달장치 ──────────────── 160
- 클러치 ──────────────────── 160
- 수동 변속기(transmission) ──────────── 165
- 정속주행장치(cruise control system) ───── 167
- 드라이브 라인 및 동력배분장치 ──────── 168
　　　핵심기출문제 / 174~181

02_ 현가장치 및 조향장치 ──────────── 182
- 일반 현가장치 ──────────────── 182
- 일반 조향장치 ──────────────── 188
- 동력 조향장치 ──────────────── 192
- 휠 얼라이먼트(wheel alignment) ────── 193
　　　핵심기출문제 / 196~203

03_ 제동장치 ──────────────── 204
- 유압식 제동장치 ──────────────── 204
- 기계식 및 공기식 제동장치 ──────────── 210
　　　핵심기출문제 / 213~218

- **04_ 주행 및 구동장치** ———————————————————— 219
  - 휠 및 타이어 ———————————————————— 219
  - 구동력 및 주행성능 ———————————————————— 223
  - 핵심기출문제 / 226~230

Ⅲ 자동차 전기·전자장치 정비

- **01_ 전기·전자** ———————————————————— 232
  - 전기기초 ———————————————————— 232
  - 전자기초(반도체) ———————————————————— 237
  - 핵심기출문제 / 242~250

- **02_ 시동, 점화 및 충전장치** ———————————————————— 251
  - 축전지(battery) ———————————————————— 251
  - 시동장치(starting System) ———————————————————— 256
  - 점화장치(Ignition System) ———————————————————— 258
  - 충전장치(Charging System) ———————————————————— 263
  - 하이브리드 장치 ———————————————————— 266
  - 핵심기출문제 / 270~291

- **03_ 계기 및 보안장치** ———————————————————— 292
  - 계기 및 보안장치 ———————————————————— 292
  - 전기 회로(각종 전기장치) ———————————————————— 293
  - 등화장치 ———————————————————— 294
  - 핵심기출문제 / 296~299

- **04_ 안전 및 편의장치** ———————————————————— 300
  - 안전장치 ———————————————————— 300
  - 편의장치(ETACS) ———————————————————— 301
  - 주행안전 보조장치 ———————————————————— 303
  - 핵심기출문제 / 306~317

Ⅳ 안전관리

- **01_ 산업안전일반** ———————————————————— 318
  - 성능기준 및 재해 ———————————————————— 318
  - 안전보건조치 ———————————————————— 320

핵심기출문제 / 322~330

02_ 기계 및 기구에 대한 안전 ——————————————— 331
- 엔진 취급 ———————————————————————— 331
- 섀시 취급 ———————————————————————— 333
- 전장품 취급 ——————————————————————— 334
- 기계 및 기기 취급 ————————————————————— 335

핵심기출문제 / 338~350

03_ 공구에 대한 안전 ———————————————————— 351
- 전동 및 공기공구 ————————————————————— 351
- 수공구 ————————————————————————— 353

핵심기출문제 / 356~362

04_ 작업상의 안전 ————————————————————— 363
- 일반 및 운반기계 ————————————————————— 363
- 기타 작업상의 안전 ———————————————————— 364

핵심기출문제 / 367~372

Ⅴ. CBT 자동차정비기능사 모의고사

제1회 ——————————————————————————— 374
제2회 ——————————————————————————— 384
제3회 ——————————————————————————— 395
제4회 ——————————————————————————— 405

Ⅵ. CBT 자동차정비기능사 기출복원문제

2022년 1회 ————————————————————————— 416
　　　 2회 ————————————————————————— 426
　　　 3회 ————————————————————————— 437
2023년 1회 ————————————————————————— 447
　　　 2회 ————————————————————————— 455

Part I

자동차 엔진 정비

- 기본사항
- 엔진 본체 정비
- 연료와 연소
- 연료 장치 정비
- 윤활 및 냉각장치 정비
- 흡·배기장치
- 전자제어 장치
- 기관의 성능
- 자동차 성능기준

1장 기본사항

1-1 기계학적 사이클

1 4행정 사이클 기관(4stroke cycle engine)

4행정 사이클 기관은 크랭크축 2회전하고, 피스톤은 흡입, 압축, 폭발, 배기의 4행정으로 1사이클을 완성하는 것이며, 이때 캠 축은 1회전하고, 흡·배기 밸브는 1번 개폐한다.

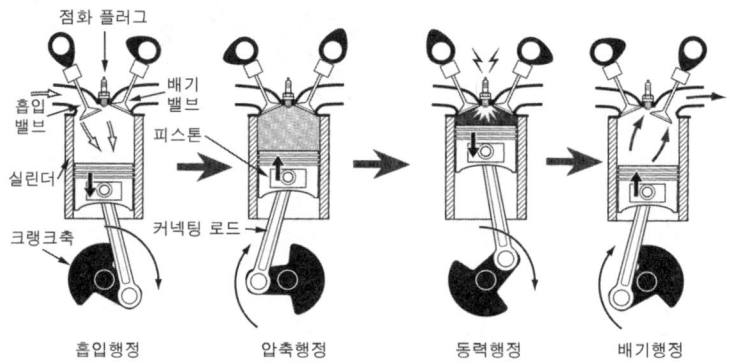

△ 4행정 사이클 기관의 작동

① **흡입 행정** : 흡입밸브는 열리고 배기 밸브는 닫혀 있으며, 피스톤은 상사점에서 하사점으로 이동하여 실린더 내에 혼합가스(가솔린기관)나 공기(디젤기관)를 흡입한다.

② **압축 행정** : 흡·배기 밸브는 모두 닫혀 있으며, 피스톤은 하사점에서 상사점으로 이동하여 혼합가스나 공기를 압축한다. 가솔린기관과 디젤기관의 압축행정 제원은 다음과 같다.

> **Reference ▶ 용어정리**
>
> ■ 행정(stroke)이란 피스톤이 상사점에서 하사점으로, 또는 하사점에서 상사점으로 이동한 거리를 말한다.

기관의 분류 \ 압축 과정	압축 압력(kgf/cm²)	압축비	압축온도
가솔린기관	8~11	6~9 : 1	120~140℃
디젤기관	30~45	15~20 : 1	500~600℃

③ 폭발 행정 : 연료의 연소에 의한 폭발압력이 피스톤을 상사점에서 하사점으로 이동시켜 동력을 얻는다. 폭발압력은 가솔린기관이 35~45kgf/cm², 디젤기관은 55~65kgf/cm²정도이다.

④ 배기 행정 : 배기 밸브가 열려 연소가스를 배출하며, 피스톤은 하사점에서 상사점으로 이동한다.

2 2행정 사이클 기관(2stroke cycle engine)

2행정 사이클 기관은 크랭크축은 1회전하고, 피스톤은 상승과 하강 2개의 행정으로 1사이클을 완성하는 기관이다.

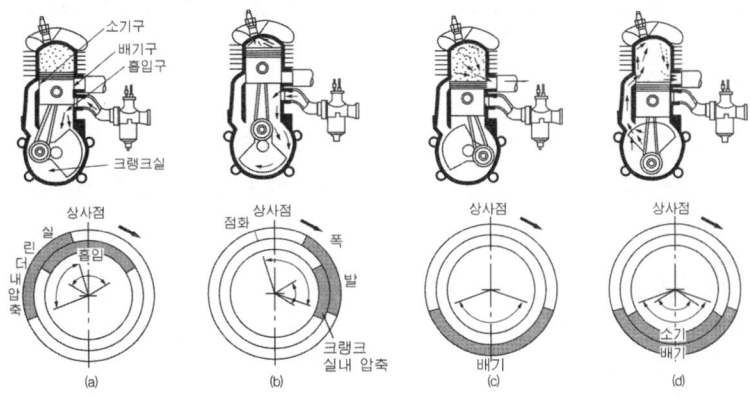

- 피스톤이 2행정하여 흡입, 소기, 압축, 폭발, 배기의 과정을 완료한다.
- 크랭크축이 1회전할 때 1사이클을 완료한다.
- 크랭크 축이 1회전할 때 캠축 및 연료 분사 펌프 캠축이 1회전한다.

① 소기 방식의 종류
  - 단류 소기식(유니플로 형식) : 유효 행정을 크게 할 수 있으므로 소기 효율이 다른 형식보다 높다.
  - 횡단 소기식(크로스 형식) : 구조는 간단하지만 충진 효율이 낮다.
  - 루프 소기식 : 충진 효율이 높다.

② 송풍기
  - 흡기에 압력을 가하여 다량의 공기를 실린더에 공급한다.
  - 엔진의 충진 효율을 높여 출력, 회전력, 연료 소비율을 향상시킨다.
  - 송풍기의 종류에는 루트 송풍기, 원심식 송풍기가 있다.

③ 디플렉터 : 2행정 사이클 엔진에서 혼합기에 와류를 촉진시키고 압축비를 높게 하며, 잔류 가스를 배출시키기 위해 피스톤 헤드에 설치된 돌출부를 말한다.

3 4행정 사이클과 2행정 사이클의 비교

▶ 4사이클 기관과 2사이클 기관 비교

	4사이클 기관	2사이클 기관
장점	각 행정이 완전히 구분 　　열적부하가 적다. 회전속도 범위가 넓다. 　　체적효율이 높다. 연료소비율이 적다. 　　　기동이 쉽다.	4사이클 기관의 1.6~1.7배의 출력발생 실린더 수가 적어도 회전이 원활하다. 마력당 중량이 가볍고 값이 싸다. 회전력의 변동이 적다. 　밸브장치가 간단하다.
단점	밸브기구가 복잡하다. 충격이나 기계적 소음이 크다. 실린더 수가 적을 경우 사용이 곤란하다. 마력당 중량이 무겁다.	유효행정이 짧아서 흡배기가 불완전하다. 연료소비율이 많다. 저속이 어렵고 역화가 발생한다. 피스톤과 링의 소손이 빠르다.

4 기본 사이클 및 효율

열기관(Heat Engine)은 열에너지를 기계적 에너지로 바꾸는 일을 하는 장치로서 왕복 운동형(피스톤형), 회전 운동형, 분사 추진형 등이 있으며, 사용연료의 종류에 따라 가솔린기관, 디젤기관 등으로 분류한다.

(1) 열역학적 사이클

① **오토 사이클(정적 사이클)** : 일정한 체적 하에서 연소가 일어나는 것으로 가솔린기관의 기본 사이클이며, 이 사이클의 이론 열효율은 다음과 같다.

② **디젤 사이클(정압 사이클)** : 정한 압력 하에서 연소가 일어나는 것으로 저속·중속 디젤기관의 기본 사이클이며, 이 사이클의 이론 열효율은 다음과 같다.

③ **사바테 사이클(복합, 혼합 사이클)** : 오토 사이클과 디젤 사이클을 복합한 것으로 고속 디젤기관의 기본 사이클이며, 이 사이클의 이론 열효율은 다음과 같다.

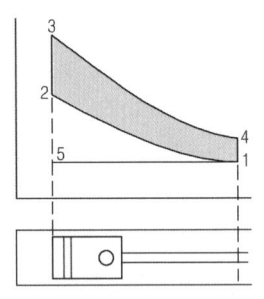
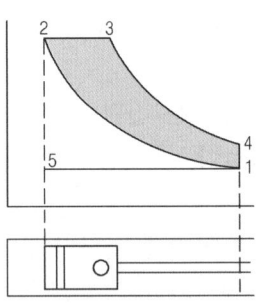
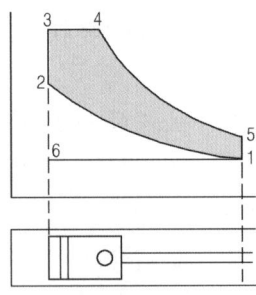

(1) 정적사이클 지압
　1-2 압축행정
　2-3 폭발(정적연소)
　3-4 팽창행정
　4-1 배기시작
　1-5 배기행정
　5-1 흡기행정

(2) 정압사이클 지압선도
　1-2 압축행정
　2-3 연료분사(정압연소)
　3-4 팽창행정
　4-1 배기시작
　1-5 배기행정
　5-1 흡기행정

(3) 복합사이클 지압선도
　1-2 압축행정
　2-3 연료분사(정적연소)
　3-4 연료분사(정압연소)
　4-5 팽창과정
　5-1 배기시작
　1-6 배기행정
　6-1 흡기행정

♻ 열역학 사이클에 의한 분류

5 실린더 안지름과 피스톤 행정 비율

(1) 장행정 엔진(언더 스퀘어 엔진)
① 행정·내경비(L/D > 1.0)가 1.0 이상인 엔진.
② 엔진의 회전 속도가 느리고 회전력이 크다.
③ 실린더 벽에 가해지는 측압이 적다.
④ 엔진의 높이가 높아진다.

(2) 정방행정 엔진(스퀘어 엔진)
① 행정·내경비(L/D = 1.0)가 1.0인 엔진.
② 피스톤의 행정과 실린더 내경이 동일하다.

(3) 단행정 엔진(오버 스퀘어 엔진)
① 행정·내경비(L/D < 1.0)가 1.0 이하인 엔진.
② 엔진의 회전 속도가 빠르고 회전력이 작다.
③ 실린더 벽에 가해지는 측압이 크다.
④ 엔진의 높이가 낮아지지만 길이가 길어진다.

핵심기출문제

01 4행정 사이클 기관에서 3행정을 완성하려면 크랭크축의 회전각도는 몇 도인가?
① 360°
② 540°
③ 720°
④ 1080°

02 2행정 사이클 디젤기관에서 항상 한 방향의 소기류가 일어나고 소기효율이 높아 소형 고속디젤기관에 적합한 소기법은?
① 단류 소기법
② 루프 소기법
③ M.A.N 소기법
④ 횡단 소기법

03 자동차 기관의 기본 사이클이 아닌 것은?
① 공압 사이클
② 정적 사이클
③ 정압 사이클
④ 복합 사이클

04 압축비가 동일한 경우 이론적으로 열효율이 가장 높은 사이클은?
① 오토 사이클
② 디젤 사이클
③ 복합 사이클
④ 모두 같다.

---

01. 4행정 사이클 기관에서 1행정을 완료하면 크랭크축은 180° 회전하므로 3행정을 완성하면 크랭크축 회전각도는 180°×3 = 540°이다.

02. 2행정 사이클 소기 방식의 종류
(1) 단류 소기식(유니플로 형식)
① 연소 가스의 배기행정에서 송풍기를 통하여 공급되는 새로운 공기가 실린더에 유입된다.
② 실린더 내에 공급된 공기는 한쪽 방향으로 흐름이 이루어진다.
③ 소기 포트의 면적이 넓으며, 소기 포트의 수가 많다.
④ 유효 행정을 크게 할 수 있으므로 소기 효율이 다른 형식보다 높다.
(2) 횡단 소기식(크로스 형식)
① 실린더 상단 부분에 소기 포트와 배기 포트가 대칭으로 설치된 형식.
② 연소실의 형상이 나쁘고, 실린더에 유입되는 공기가 배기 포트로 배출되는 경우가 많다.
③ 다른 형식보다 구조는 간단하지만 충진 효율이 낮다.
④ 소기 포트 부분과 배기 포트 부분의 온도 차에 의해 실린더의 비틀림이 발생되기 쉽다.
(3) 루프 소기식(MAN 소기법)
① 소기 포트와 배기 포트가 동일한 위치의 상·하에 설치되어 있다.
② 소기 포트는 수직으로 설치되어 있고 배기 포트는 수평으로 설치되어 있다.
③ 새로운 공기는 실린더 내를 연소가스 흐름의 역방향으로 흐름이 이루어지는 형식이다.
④ 배기 포트로 새로운 공기의 배출이 적기 때문에 충진 효율이 높다.

04. 이론적 열효율 순서
① 압축비가 동일한 경우 열효율 : 오토 사이클〉복합 사이클〉디젤 사이클
② 압력이 일정한 경우 열효율 : 디젤 사이클〉복합 사이클〉오토 사이클

1.② **2.**① **3.**① **4.**①

05 일정한 체적에서 연소가 일어나는 가장 대표적인 사이클은?
① 오토 사이클
② 디젤 사이클
③ 사바테 사이클
④ 카르노 사이클

06 고속 디젤기관의 기본 사이클에 해당되는 것은?
① 정적 사이클(Constant volume cycle)
② 정압 사이클(Constant pressure cycle)
③ 정적 정압 사이클(Sabathe cycle)
④ 디젤 사이클(Diesel cycle)

07 다음 그림은 무슨 사이클인가?

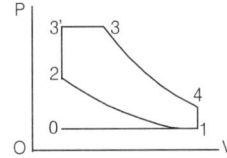

① 오토 사이클
② 디젤 사이클
③ 복합 사이클
④ 카르노 사이클

08 스퀘어 기관이란?
① 행정과 커넥팅 로드의 길이가 같은 기관
② 실린더 지름이 행정의 제곱에 해당하는 기관
③ 행정과 크랭크 저널의 지름이 같은 기관
④ 행정과 실린더 내경이 같은 기관

09 내연기관에서 오버스퀘어 기관(over square engine)의 장점이 아닌 것은?
① 기관의 높이를 낮게 설계할 수 있다.
② 기관의 회전속도를 높일 수 있다.
③ 흡·배기 밸브의 지름을 크게 하여 효율을 증대할 수 있다.
④ 피스톤이 과열되지 않는다.

5.① **6.**③ **7.**③ **8.**④ **9.**④

---

05. 열역학 사이클의 용도
① **오토(정적) 사이클** : 가솔린 기관, 가스기관의 기본 사이클
② **디젤(정압) 사이클** : 저속 디젤기관의 기본 사이클
③ **사바테(합성) 사이클** : 고속 디젤기관의 기본 사이클
④ **카르노 사이클** : 이론적 열기관 사이클
⑤ **브레이턴 사이클** : 가스터빈의 기본 사이클

엔진 본체 정비

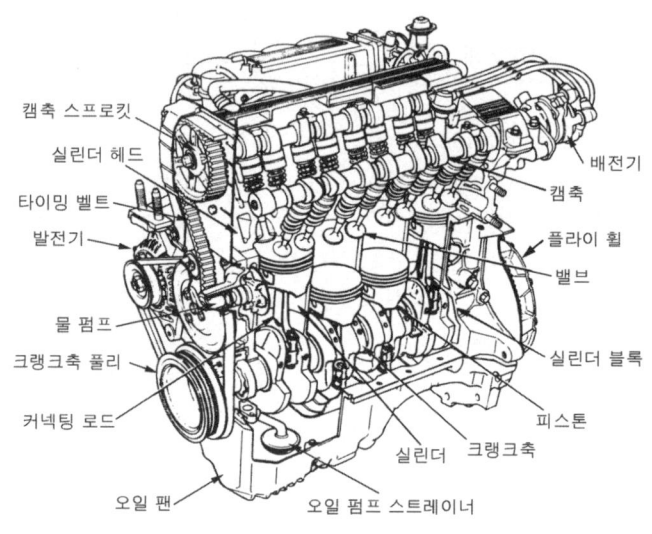

♻ 엔진 본체의 구조

2-1 실린더 헤드

1 실린더 헤드(Cylinder Head)

실린더 윗면에 설치되어 피스톤, 실린더와 함께 연소실을 형성한다.

① **구비 조건**
- 고온에서 열 팽창이 적을 것.
- 폭발 압력에 견딜 수 있는 강성과 강도가 있을 것.
- 조기 점화를 방지하기 위하여 가열되기 쉬운 돌출부가 없을 것.
- 열전도의 특성이 좋으며, 주조나 가공이 쉬울 것.

② **실린더 헤드의 재질** : 주철이나 알루미늄 합금이며, 알루미늄 합금은 가볍고, 열전도성이 크나 열팽창률이 크고, 내부식성 및 내구성이 작고, 변형되기 쉽다.

2 연소실

① 가솔린 엔진의 연소실에는 반구형 연소실, 지붕형 연소실, 욕조형 연소실, 쐐기형 연소실 등이 있다.
② 연소실은 실린더 헤드, 실린더, 피스톤에 의해서 이루어진다.
③ 혼합기를 연소하여 동력 발생하는 곳으로 밸브 및 점화 플러그가 설치되어 있다.
④ 구비 조건
- 압축 행정 끝에서 강한 와류를 일으키게 할 것.
- 연소실 내의 표면적은 최소가 되도록 할 것.
- 가열되기 쉬운 돌출부를 두지 말 것.
- 화염 전파에 소요되는 시간을 가능한 짧게 할 것.
- 노킹을 일으키지 않는 형상일 것.
- 밸브 면적을 크게 하여 흡배기 작용이 원활하게 되도록 할 것.

3 실린더 헤드 정비

① 실린더 헤드 변형 점검
- 실린더헤드나 블록의 평면도 점검은 직각 자(또는 곧은 자)와 필러(틈새) 게이지를 사용한다.
- 실린더 헤드 변형 원인
  - 제작시 열처리 조작이 불충분 할 때   - 헤드 가스킷이 불량할 때
  - 실린더 헤드 볼트의 불균일한 조임   - 엔진이 과열 되었을 때
  - 냉각수가 동결 되었을 때
- 실린더 헤드 균열 점검
  - 균열 점검방법에는 육안 검사법, 자기 탐상법, 염색 탐상법 등이 있다.
  - 균열 원인은 과격한 열 부하 또는 냉각수 동결 때문이다.

2-2 실린더 블록

1 실린더 블록(Cylinder Block)

엔진의 기초 구조물, 실린더 주위에는 연소열을 냉각시키기 위해 물 재킷이 설치되어 있다.

2 실린더의 분류

① 일체식 실린더 : 실린더블록과 실린더가 동일한 재질이며, 실린더 벽이 마모되면 보링을 하야야 한다.

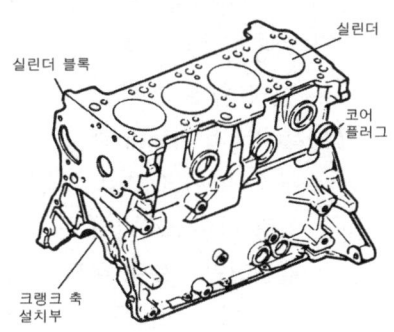

♻ 실린더 블록의 구조

② 라이너식 실린더 : 실린더와 실린더 블록을 별도로 제작한 다음 블록에 끼우는 형식으로 보통 주철제의 실린더 블록에 특수 주철제 라이너를 끼우는 경우와 알루미늄 합금 실린더 블록에 보통 주철제 라이너를 끼우는 경우가 있다. 라이너의 종류에는 건식과 습식이 있다.
- 건식 라이너 : 라이너가 냉각수와 간접 접촉하는 방식이며, 두께는 2~4mm, 끼울 때 2~3톤의 힘이 필요하다.
- 습식 라이너 : 라이너 바깥둘레가 냉각수와 직접 접촉하는 방식이며, 두께는 5~8mm, 실링(seal ring)이 변형되거나 파손되면 크랭크 케이스(오일 팬)로 냉각수가 누출된다.

③ 라이너식 실린더의 장점
- 마멸되면 라이너만 교환하므로 정비성능이 좋다.
- 원심 주조방법으로 제작할 수 있다.
- 실린더 벽에 도금하기가 쉽다.

3 실린더의 정비

① 실린더의 마모 : 정상적인 마모에서 실린더내의 마멸이 가장 큰 부분은 실린더 윗부분(TDC부근)이며, 실린더 내의 마멸이 가장 작은 부분은 실린더의 아랫부분(BDC부근)이다. 실린더내의 마모량은 축방향보다 축 직각 방향의 마모가 크다.

실린더 윗부분이 아래부분보다 마멸이 큰 이유는
- 피스톤 링의 호흡작용 : 링의 호흡작용이란 피스톤의 작동위치가 변환될 때 피스톤 링의 접촉부분이 바뀌는 과정으로 실린더의 마모가 많아진다.
- 피스톤헤드가 받는 압력이 가장 크므로 피스톤 링과 실린더 벽과의 밀착력이 최대가 되기 때문이다.

② 실린더 벽의 마멸 원인
- 실린더와 피스톤 링의 접촉에 의한 마멸
- 흡입가스 중의 먼지와 이물질에 의한 마멸
- 연소 생성물에 의한 부식
- 연소 생성물인 카본에 의한 마멸
- 기동할 때 지나치게 농후한 혼합가스에 의한 윤활유 희석

③ 실린더 벽 마모량 측정 : 실린더 보어 게이지, 내측 마이크로미터, 텔리스코핑 게이지와 외측 마이크로미터 등을 사용한다.
- 실린더의 마모량 측정 방법
  - 실린더의 상, 중, 하 3군데에서 각각 축 방향과 축의 직각방향으로 합계 6군데를 잰다.

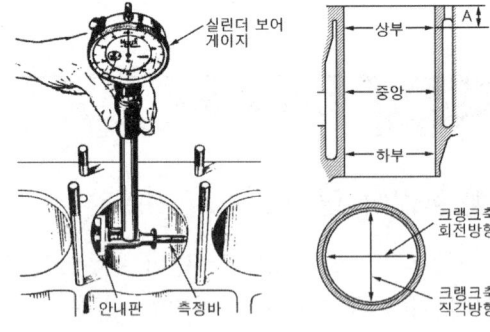

(a) 실린더 보어 게이지   (b) 실린더벽 마멸량 측정부위

♻ 실린더 벽 마멸량 측정

- 최대 마모부분과 최소 마모부분의 안지름의 차이를 마모량 값으로 정한다.
* 보링 작업과 오버사이즈 피스톤 선정
- 실린더의 수정 : 실린더 마멸량이 다음의 한계값을 넘으면 보링하여 수정한다.

실린더 내경	수정 한계값
70mm 이상인 엔진	0.20mm 이상 마멸 되었을 때
70mm 이하인 엔진	0.15mm 이상 마멸 되었을 때

- 보링값 : 실린더 최대 마모 측정값 + 수정 절삭량(0.2mm)으로 계산하여 피스톤 오버 사이즈에 맞지 않으면 계산값보다 크면서 가장 가까운 값으로 선정한다.
- 피스톤 오버 사이즈 : STD, 0.25mm, 0.50mm, 0.75mm, 1.00mm, 1.25mm, 1.50mm의 6단계로 되어 있다.
- 실린더의 호닝 : 보링 후 바이트 자욱을 없애기 위하여 숫돌을 사용하여 연마하는 작업이다.
- 실린더의 수정 한계 : 보링을 여러 번하게 되면 실린더 벽의 두께가 얇아지기 때문에 다음 한계 이상의 오버 사이즈로 할 수 없다.

실린더 내경	오버 사이즈 한계값
70mm 이상인 엔진	1.50mm
70mm 이하인 엔진	1.25mm

④ 실린더 블록의 수밀 시험

엔진을 완전히 분해하고 수압은 4.0~4.5kg/cm², 수온은 40℃ 정도로 한다.

2-3 밸브 기구(Valve train)

1 캠 축과 캠

① 오버헤드 캠축 밸브 기구(OHC : Over Head Camshaft)
* 관성력이 작아 밸브의 가속도를 크게 할 수 있다.
* 고속에서 밸브의 개폐가 안정된다.
* 밸브 기구가 간단하다.
* 흡배기 효율이 향상된다.
* 실린더 헤드의 구조가 복잡하다.
* 캠축의 구동 방식이 복잡하다.
- SOHC 로커암형
- DOHC 다이렉트형

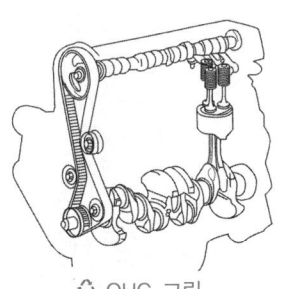

♻ OHC 그림

② 오버헤드 밸브기구(OHV : Over Head Valve)
- 캠축이 실린더 블록에 설치되어 있는 형식.
- 흡입 밸브 및 배기 밸브는 실린더 헤드에 설치되어 있다.
- 밸브 리프터와 푸시로드 및 로커암을 통하여 밸브를 개폐시키는 형식.

③ 캠의 구성
- 베이스 서클 : 기초원
- 노스 : 밸브가 완전히 열리는 점
- 플랭크 : 밸브 리프터 또는 로커암과 접촉되는 옆면
- 로브 : 밸브가 열리기 시작하여 완전히 닫힐 때까지의 둥근 돌출차
- 양정 : 기초원과 노스 원과의 거리

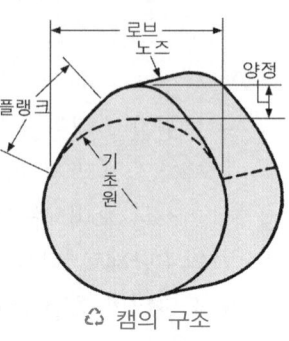

△ 캠의 구조

④ 캠의 종류
- 접선 캠
  - 플랭크가 기초원과 노스원이 공통의 접선으로 연결되어 있다.
  - 밸브의 개폐가 급격히 이루어진다.
- 볼록 캠(원호 캠)
  - 플랭크가 기초원과 노스원이 볼록하게 연결되어 있다.
  - 밸브 개폐시의 가속도가 크다
  - 고속시에 작동이 불안정되기 쉽고 밸브 기구에 진동이 발생한다.
- 오목 캠
- 비례 캠

⑤ 캠축의 구동 방식
- 기어 구동식
  - 타이밍 기어의 백래시가 크면(기어가 마모되면) 밸브개폐시기가 틀려진다.
- 체인 구동식
- 벨트 구동식

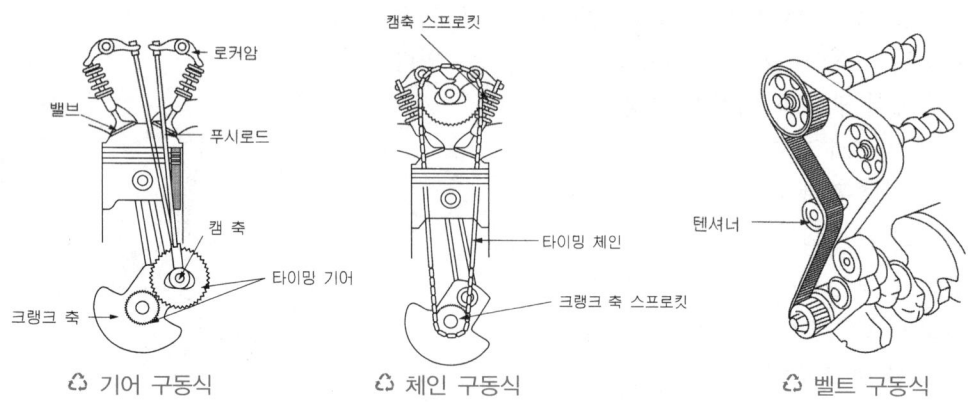

△ 기어 구동식   △ 체인 구동식   △ 벨트 구동식

- 타이밍 기어 대신에 벨트 사용하여 캠축을 구동하는 방식.
- 크랭크축과 캠축에 스프로킷이 설치되어 있다.
- 스프로킷의 잇수비 1 : 2, 회전비는 2 : 1이다.
- 벨트의 장력을 조정하는 텐셔너와 아이들러가 설치되어 있다.
- 체인 구동식과 달리 소음이 발생되지 않고 윤활이 필요 없다.
- 벨트를 빼거나 끼울 때에는 손으로 작업하여야 한다.

2 유압식 밸브 리프터(밸브 태핏)

① 기능 : 캠의 회전 운동을 직선 운동으로 변화시켜 밸브에 전달한다.
② 종류
- 기계식 리프터
- 유압식 리프터(대부분의 차량에 적용됨)

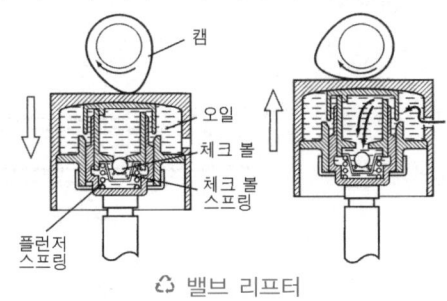
△ 밸브 리프터

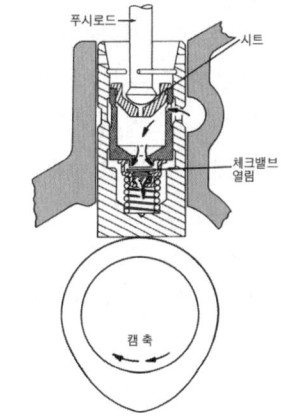
△ 유압식 밸브 리프터의 구조

- 윤활장치에서 공급되는 유압을 이용하여 항상 밸브 간극을 0으로 유지.
- 밸브 간극의 점검이나 조정을 하지 않아도 된다.
- 밸브의 개폐시기가 정확하여 엔진의 성능이 향상된다.
- 작동이 조용하고 오일에 의하여 충격을 흡수하여 밸브 기구의 내구성이 향상된다.
- 오일 펌프나 유압 회로에 고장이 발생되면 작동이 불량하고 구조가 복잡하다.

3 로커암 축 어셈블리

① 로커암
- 밸브 스템 엔드를 눌러 밸브를 개폐시키는 역할을 한다.
- 강성을 증대시키기 위하여 리브가 설치되어 있다.
- 밸브 쪽이 푸시로드 쪽보다 길다.(OHV : 1.4~1.6배, OHC : 1.3~1.6배)
② 로커암 스프링 : 로커암이 작동 중에 축방향으로 이동하는 것을 방지.
③ 로커암 축
④ 서포트

4 흡·배기 밸브

① 기능
- 혼합기를 실린더에 유입하거나 연소 가스를 대기중에 배출한다.
- 압축 행정 및 동력 행정에서 가스의 누출을 방지하는 역할.
- 열릴 때는 밸브 기구에 의해서, 닫힐 때는 스프링의 장력에 의해서 닫힌다.

② 밸브의 구비 조건
- 높은 온도에서 견딜 수 있을 것
- 밸브헤드 부분의 열전도성이 클 것
- 높은 온도에서의 장력과 충격에 대한 저항력이 클 것
- 무게가 가볍고, 내구성이 클 것

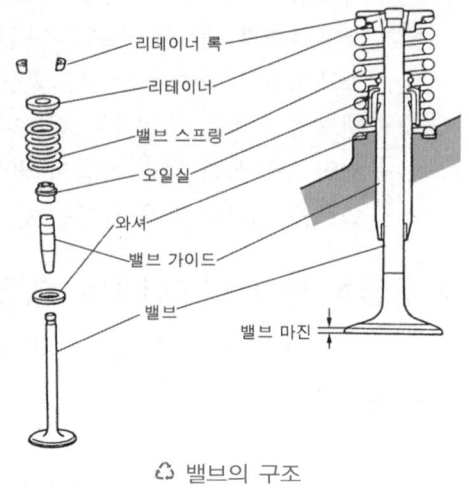

△ 밸브의 구조

③ 밸브의 주요부

가. 밸브 헤드
- 흡입 밸브는 450~500℃, 배기 밸브는 700~800℃를 항상 유지한다.
- 밸브 헤드의 구비조건
  - 유동 저항이 적은 통로를 형성할 것
  - 내구력이 크고 열전도가 잘되어야 한다.
  - 엔진의 출력을 증대시키기 위하여 밸브 헤드의 지름을 크게 하여야 한다.
- 흡입 밸브 헤드의 지름은 흡입 효율 및 체적 효율을 증대시키기 위하여 배기 밸브 헤드의 지름보다 크며, 배기 밸브 헤드의 지름은 열손실을 감소시키기 위하여 작다.

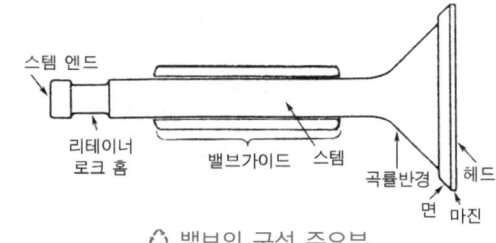

△ 밸브의 구성 주요부

나. 밸브 마진
- 기밀 유지를 위하여 고온과 충격에 대한 지탱력을 가져야 한다.
- 마진의 두께가 보통 1.2mm 정도이며, 0.8mm 이하일 때는 교환한다.
- 밸브 마진의 두께로 밸브의 재 사용 여부를 결정한다.

다. 밸브 페이스
- 밸브 시트에 밀착되어 혼합 가스의 누출을 방지하는 기밀 작용을 한다.
- 밸브 헤드의 열을 시트에 전달하는 냉각 작용을 한다.
- 페이스와 시트의 접촉 폭은 1.5~2.0mm이다.
  - 시트 폭이 넓으면 밸브의 냉각 작용이 양호하나 접촉 압력이 작아 블로바이 현상이 발생한다.
  - 시트 폭이 좁으면 냉각 작용은 불량하나 접촉 압력이 크기 때문에 블로바이가 발생되지

않는다.
- 밸브면 각은 30°, 45°, 60°의 3종류이며 흡입 밸브는 30°, 배기 밸브는 45°를 주로 사용한다.
- 밸브 헤드의 열은 시트를 통하여 75% 냉각한다.

라. 밸브 스템
- 밸브 스템은 밸브 가이드에 끼워져 밸브의 상하 운동을 유지
- 밸브 헤드부의 열은 가이드를 통하여 25%를 냉각한다.

마. 밸브 스템 엔드
- 밸브 스템 엔드는 캠이나 로커암과 충격적으로 접촉되는 부분.
- 밸브의 열팽창을 고려하여 밸브 간극이 설정된다.

바. 밸브 시트
- 밸브 페이스와 접촉되어 연소실의 기밀 작용을 한다.
- 연소시에 받는 밸브 헤드의 열을 실린더 헤드에 전달하는 작용을 한다.
- 밸브 시트의 각은 30°, 45°, 60°이고 시트의 폭은 1.4~2.0mm이다.
- 밸브 페이스와 밸브 시트 사이에 열팽창을 고려하여 $\frac{1}{4}$~1°정도의 간섭각을 두고 있다.

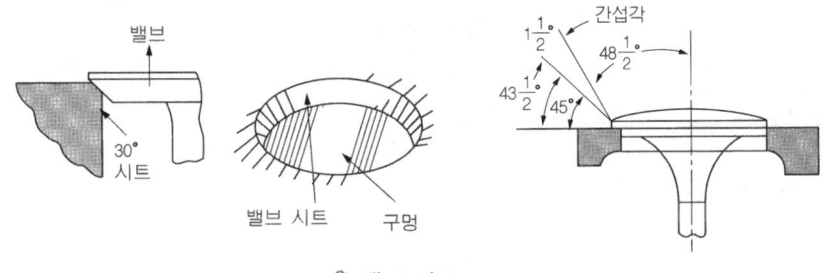

☘ 밸브 시트

사. 밸브 가이드
- 밸브가 작동할 때 밸브 스템을 안내하는 역할을 한다.
- 간극이 크면 윤활유가 연소실에 유입되고 밸브 페이스와 밸브 시트의 접촉이 불량하여 블로 백 현상이 발생된다.

5 밸브 스프링

① 기능
- 밸브가 캠의 형상에 따라 정확하게 작동하도록 한다.
- 밸브가 닫혀 있는 동안 시트와 페이스를 밀착시켜 기밀을 유지한다.

② 밸브 스프링의 구비 조건
- 기밀을 유지하도록 충분한 장력이 있을 것.
- 밸브 스프링의 고유 진동인 서징을 일으키지 않을 것.

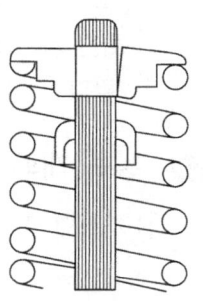

☘ 밸브스프링

③ 밸브 스프링 점검 사항
- 자유높이는 표준 값보다 3% 이상 감소하면 교환한다.
- 장착한 상태에서 장력이 규정 값보다 15% 이상 감소하면 교환한다.
- 직각도는 자유높이 100mm에 대해 3mm 이상 기울어지면 교환한다.
- 밸브 스프링 접촉면 상태는 2/3 이상 수평이어야 한다.

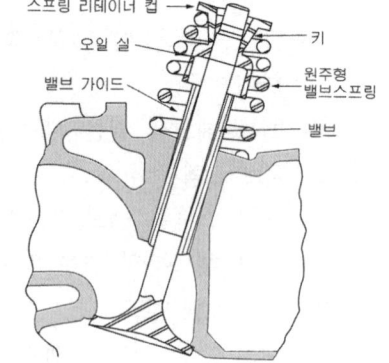

④ 밸브 스프링의 서징
- 밸브가 캠에 의하여 7,000회 이상 개폐될 때 밸브 스프링의 고유 진동과 같거나 또는 그 정수배가 되었을 때 밸브 스프링은 캠에 의한 강제 진동과 스프링 자체의 고유 진동이 공진하여 캠에 의한 작동과 관계없이 진동이 발생되는 현상.
- 서징의 방지법
  - 고유 진동수가 서로 다른 2중 스프링을 사용한다.
  - 공진을 상쇄시키고 정해진 양정 내에서 충분한 스프링 정수를 얻도록 한다.
  - 부등 피치의 스프링을 사용한다.
  - 밸브 스프링의 고유 진동수를 높게 한다.
  - 부등 피치의 원뿔형 스프링(conical spring)을 사용하여 서징을 방지한다.

⑤ 밸브 스프링 리테이너 및 리테이너 록 : 밸브 스프링을 밸브 스템에 고정시키는 역할을 한다.

6 밸브 회전 기구

① 목 적
- 밸브 시트에 쌓이는 카본을 밀어내어 퇴적이 되는 것을 방지
- 밸브 페이스와 시트의 밀착을 양호하게 하여 밸브의 마멸을 방지
- 밸브 스템과 가이드에도 카본이 퇴적되는 것을 방지하여 밸브의 스틱 현상을 방지
- 편마멸을 방지
- 밸브 헤드의 국부적인 온도 상승을 방지하여 균일하게 유지할 수 있다.

② 회전 기구의 종류
- 릴리스 형식
- 포지티브 형식

7 밸브 개폐 시기

① 가스의 흐름 관성을 유효하게 이용하기 위하여 흡입 밸브는 상사점 전에 열려 하사점 후에 닫히고, 배기 밸브는 하사점 전에 열려 상사점 후에 닫힌다.
② 상사점 부근에서 흡입 밸브와 배기 밸브가 동시에 열리는

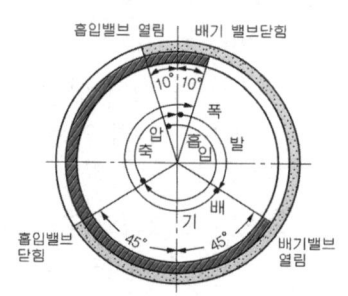

△ 밸브 개폐선도

현상이 발생하는 데 이것을 **밸브 오버랩**(valve over lap)이라 하며 고속 회전하는 엔진일 수록 크게 둔다.

③ 밸브 오버랩을 두는 목적은 배기 밸브를 상사점후에 닫히게 하고 흡입 밸브를 상사점 전에 열리도록 하여 잔류 가스를 완전히 배출하고 흡입 관성을 충분히 이용하여 흡입 및 배기 효율을 향상시킨다.

2-4 피스톤 및 크랭크축

1 피스톤-커넥팅로드 어셈블리

(1) **피스톤**(Piston)

① **피스톤의 구조**

피스톤 헤드, 링 지대(링 홈과 랜드로 구성), 피스톤 스커트, 피스톤 보스로 구성되어 있으며, 어떤 엔진의 피스톤에는 제1번 랜드에 히트 댐(heat dam)을 두고 피스톤 헤드의 높은 열이 스커트로 전달되는 것을 방지한다.

② **피스톤의 구비조건**
- 고온·고압에 견딜 것
- 열 전도성이 클 것
- 열팽창률이 적을 것
- 무게가 가벼울 것
- 피스톤 상호간의 무게 차이가 적을 것

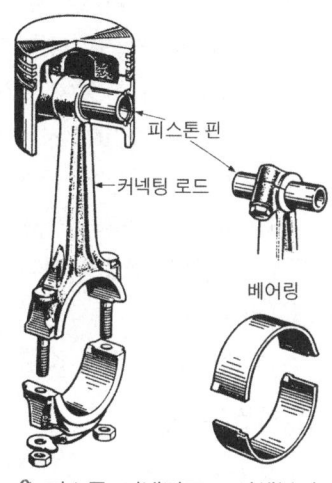

△ 피스톤-커넥팅로드 어셈블리

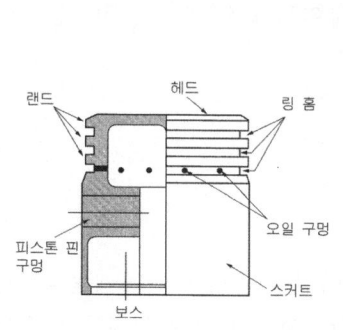 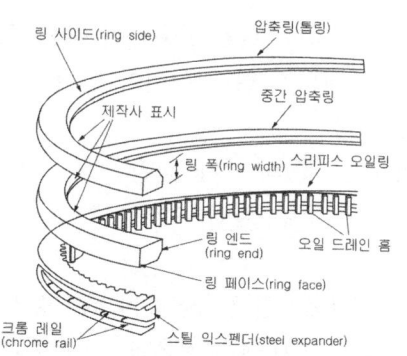 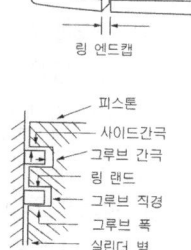

③ **피스톤의 종류**
- 캠 연마 피스톤 : 보스방향을 단경(짧은지름)으로 하는 타원형의 피스톤이다.
- 솔리드 피스톤 : 열에 대한 보상 장치가 없는 통(solid)형 피스톤이다.
- 스플릿 피스톤 : 측압이 작은 쪽의 스커트 위쪽에 홈을 두어 스커트로 열이 전달되는 것

을 제한하는 피스톤이다.
- **인바 스트럿 피스톤** : 인바제 스트럿(기둥)을 피스톤과 일체 주조하여 열팽창을 억제시킨 피스톤이다.
- **오프셋 피스톤** : 피스톤 핀의 설치위치를 1.5mm 정도 오프셋(off-set)시킨 피스톤이며, 피스톤에 오프셋(off-set)을 둔 목적은 원활한 회전, 진동 방지, 편 마모 방지 등이다.
- **슬리퍼 피스톤** : 측압을 받지 않는 부분의 스커트를 절단한 피스톤이다.

④ 피스톤 간극
- 냉간시에 열팽창을 고려하여 간극을 둔다.
- 경합금의 피스톤의 경우 실린더 내경의 0.05%를 피스톤 간극으로 설정한다.

가. 피스톤 간극이 클 때의 영향
- 블로바이 현상이 발생된다.
- 압축 압력이 저하된다.
- 엔진의 출력이 저하된다.
- 오일이 희석되거나 카본에 오염된다.
- 연료 소비량이 증대된다.
- 피스톤 슬랩 현상이 발생된다.

나. 피스톤 간극이 적을 때 영향
- 실린더 벽에 형성된 오일의 유막이 파괴되어 마찰 및 마멸이 증대된다.
- 마찰열에 의해 소결 현상이 발생된다.

> **Reference ▶ 소결**
> 2개의 금속이 마찰열에 의하여 눌어붙는 현상을 말한다.

(2) 피스톤 링

① 피스톤 링의 3가지 작용
- 기밀유지(밀봉)작용
- 오일제어 작용-실린더 벽의 오일 긁어내리기 작용
- 열전도(냉각)작용

② **피스톤 링의 재질** : 특수 주철을 사용하여 원심 주조방법으로 제작한다. 피스톤 링의 재질은 실린더 벽보다 경도가 다소 작아야 한다.

③ 피스톤 링 점검 사항
- 링 이음 부분(절개부분)의 틈새 점검
- 링 홈 틈새(사이드 간극) 점검
- 링의 장력 점검

④ **피스톤 링 이음(절개부분) 간극 측정** : 피스톤 링의 이음간극을 측정할 때에는 피스톤 헤드로 피스톤 링을 실린더 내에 수평으로 밀어 넣고 필러(시크니스) 게이지로 측정한다. 이때 마모된 실린더에서는 최소 마모 부분에서 측정하여야 한다.
- 피스톤 링 이음의 종류 : 버트 이음, 각 이음(앵글 이음), 랩 이음
- 간극이 크면 블로바이 현상이 발생되고 오일이 연소실에 유입된다.
- 간극이 작으면 피스톤 링이 파손되고 스틱 현상이 발생된다.

⑤ 피스톤 링의 장력점검
  • 장력이 너무 작을 때 미치는 영향
   - 블로바이 현상으로 인해 엔진의 출력이 저하된다.
   - 열전도가 불량하여 피스톤의 온도가 상승된다.
  • 장력이 너무 클 때 미치는 영향
   - 실린더 벽과 마찰력이 증대되어 마찰 손실이 발생된다.
   - 실린더 벽의 유막(oil film)이 끊겨 마멸이 증대된다.

(3) 피스톤 핀
  ① **고정식** : 피스톤 핀을 피스톤 보스에 볼트로 고정하는 방식이다.
  ② **반부동식(요동식)** : 피스톤 핀을 커넥팅로드 소단부로 고정하는 방식이다.
  ③ **전부동식** : 피스톤 보스, 커넥팅로드 소단부 등 어느 부분에도 고정하지 않는 방식이다.

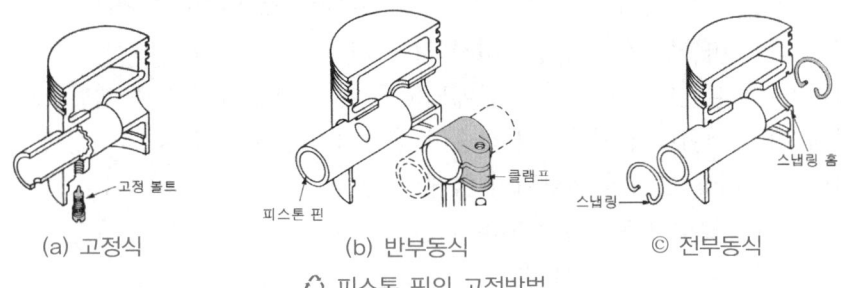

(a) 고정식   (b) 반부동식   ⓒ 전부동식
△ 피스톤 핀의 고정방법

(4) 커넥팅 로드
  커넥팅 로드의 길이는 커넥팅 로드 소단부의 중심선과 대단부의 중심선 사이의 거리로 피스톤 행정의 1.5~2.3배 정도이다.
  ① 커넥팅 로드의 길이가 길 때 미치는 영향
   • 측압이 작다.   • 실린더의 마멸이 적다.
   • 엔진의 높이가 높아진다.   • 중량이 무겁다.
   • 강성이 적다.
  ② 커넥팅 로드의 길이가 짧을 때 미치는 영향
   • 강성이 증대된다.   • 중량이 가볍다.
   • 엔진의 높이가 낮아진다.   • 고속용 엔진에 적합하다.
   • 측압이 크다.   • 실린더의 마멸이 증대된다.

2 크랭크축 (Crank Shaft)

(1) 크랭크축의 구조
  실린더 블록 하단부에 설치되는 메인 저널, 커넥팅로드 대단부와 연결되는 크랭크 핀, 메인 저널과 크랭크 핀을 연결하는 크랭크 암, 평형을 잡아주는 평형추 등으로 구성되어 있다.

(2) 점화 순서

① **4실린더 기관** : 크랭크 핀의 위상차가 180°이며, 4개의 실린더가 1번씩 폭발행정을 하면 크랭크축은 2회전하며, 점화 순서는 1-3-4-2와 1-2-4-3이 있다.

② **6실린더 기관** : 크랭크 핀의 위상차는 120°이며, 우수식 크랭크축의 점화순서는 1-5-3-6-2-4, 좌수식 크랭크축은 1-4-2-6-3-5이다. 그리고 6개의 실린더가 1번씩 폭발행정을 하면 크랭크축은 2회전한다.

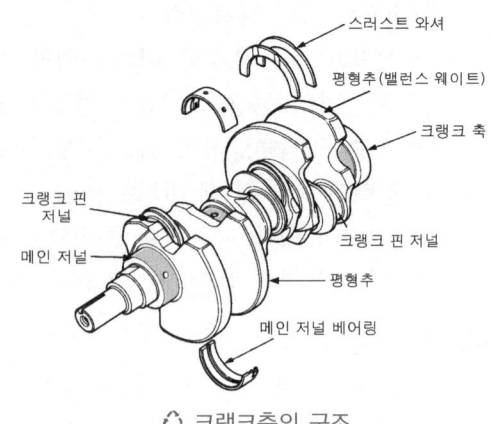

♻ 크랭크축의 구조

③ **점화시기 고려사항**
- 토크 변동을 적게 하기 위하여 연소가 같은 간격으로 일어나게 한다.
- 크랭크 축에 비틀림 진동이 발생되지 않게 한다.
- 혼합기가 각 실린더에 균일하게 분배되도록 가스 흐름의 간섭을 피할 것.
- 하나의 메인 베어링에 연속해서 하중이 집중되지 않도록 한다.
- 인접한 실린더에 연이어 폭발되지 않게 한다.

④ **크랭크 축의 비틀림 진동이 발생되는 원인**
- 크랭크 축의 회전력이 클 때 발생된다.
- 크랭크 축의 길이가 길수록 진동이 크게 발생된다.
- 강성이 작을수록 진동이 크게 발생된다.

(3) 크랭크축 정비

① **크랭크축 휨 점검** : 크랭크축의 휨을 측정할 때에는 V블록과 다이얼 게이지를 사용하며, 다이얼 게이지의 최대값 − 최소값의 1/2 즉, 다이얼 게이지 눈금의 1/2이 휨 값이다.

② **크랭크축 저널 마모량 점검**
- 외측 마이크로미터를 사용한다.
- 저널 언더 사이즈 기준 값 : 0.25mm, 0.50mm, 0.75mm, 1.00mm, 1.25mm, 1.50mm
- 저널 수정 값 계산 방법 : 최소 측정 값 − 0.2(진원 절삭 값)를 하여 이 값보다 작으면서 가장 가까운 값을 저널 언더 사이즈 기준 값 중에서 선택한다.

③ **오일간극(윤활간극) 점검** : 크랭크축과 메인 베어링의 오일간극을 점검하는 방법에는 마이크로미터 사용, 심 스톡 방식, 플라스틱 게이지 사용 등이 있으며, 최근에는 플라스틱 게이지를 많이 사용한다.
- 크면 : 오일 소비량이 증대되고 유압이 낮아진다.
- 작으면 : 마찰 및 마멸이 증대되고 소결 현상이 발생된다.

④ 축방향 움직임(엔드 플레이)점검
- 필러(시크니스) 게이지나 다이얼 게이지로 점검한다.
- 축방향의 움직임은 보통 0.3mm가 한계수리치수이다.
- 규정값 이상이면 스러스트 베어링(또는 스러스트 플레이트)을 교환한다.
- 축방향에 움직임이 크면 소음이 발생하고 실린더, 피스톤 등에 편 마멸을 일으킨다.

(4) 크랭크축 베어링

① 구비조건
- 하중 부담 능력이 있을 것(폭발 압력).
- 내피로성일 것(반복 하중).
- 이물질을 베어링 자체에 흡수하는 매입성일 것.
- 축의 얼라인먼트에 변화될 수 있는 금속적인 추종 유동성일 것.
- 산화에 대하여 저항할 수 있는 내식성일 것.
- 열전도성이 우수하고 셸에 융착성이 좋을 것.
- 고온에서 강도가 저하되지 않는 내마멸성이어야 한다.

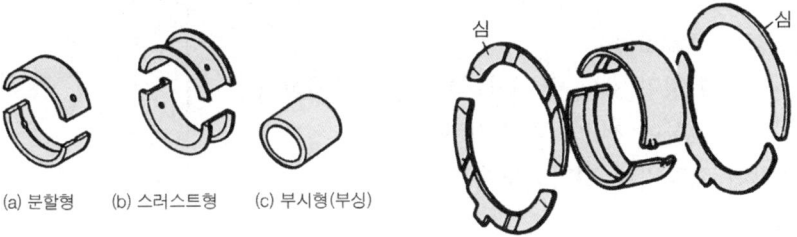

♻ 엔진 베어링의 종류

② 베어링의 재질

가. 배빗 메탈(화이트 메탈) : 주석(Sn,80~90%), 안티몬(Sb,3~12%), 구리(Cu,3~7%)인 베어링 합금이다.
- 장점 : 취급 용이, 매입성, 길들임성이 크며, 값이 싸다.
- 단점 : 기계적 강도가 적으며, 피로 강도, 열전도율이 불량하다.

나. 켈밋메탈 : 구리(Cu,60~70%), 납(Pb,30~40%)인 베어링 합금이다.
- 장점 : 열전도성, 반융착성 양호, 고속, 고온, 고하중에 적합
- 단점 : 매입성, 길들임성, 내식성이 적다.

다. 트리메탈
- 동합금의 셸에 연청동(Zn 10%, Sn 10%, Cu 80%)을 중간층에, 표면에 배빗을 0.02~0.03mm 코팅한 베어링.
- 특징 : 길들임성, 내식성, 매입성이 양호하고 중간층은 열적, 기계적 강도가 크다.

③ 베어링의 구조
- 베어링 돌기 : 베어링이 축 방향이나 회전 방향으로 움직이지 않도록 한다. 돌기 부분을

동일 방향이 되도록 조립
- 오일 홈과 오일 홀 : 마찰 및 마멸을 방지하기 위한 오일 순환 통로
- 베어링 두께
  - 얇으면 : 내피로성은 향상, 길들임성 및 매입성은 불량.
  - 두꺼우면 : 내피로성은 불량, 길들임성 및 매입성은 양호하다.
- 베어링 크러시 : 베어링 바깥둘레와 하우징 안 둘레와의 차이를 말하며, 베어링이 하우징 안에서 움직이지 않도록 하여 밀착성을 향상하고 열전도성을 향상시킨다.(0.025~0.075mm)
  - 크러시가 작으면 : 온도 변화에 의하여 헐겁게 되어 베어링이 유동한다.
  - 크러시가 크면 : 조립시 베어링이 안쪽면으로 변형되어 찌그러진다.

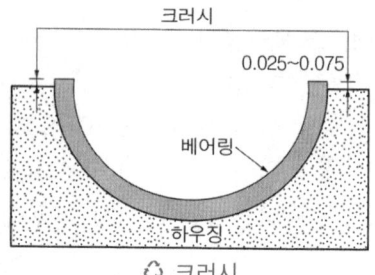
♻ 크러시

- 베어링 스프레드 : 베어링 하우징의 지름과 베어링을 끼우지 않았을 때 베어링 바깥지름과의 차이를 말한다.(0.125~0.5mm)
  - 조립시 베어링이 캡에서 이탈되는 것을 방지한다.
  - 크러시로 인하여 찌그러짐을 방지한다.
  - 베어링이 제자리에 밀착되도록 한다.

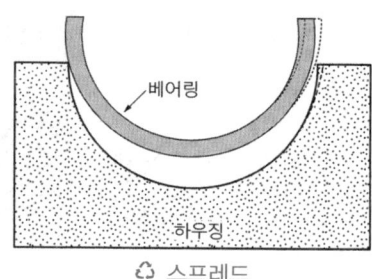
♻ 스프레드

(5) 플라이 휠 (Fly Wheel)
플라이 휠은 관성을 이용한 부품이며, 무게는 기관 회전속도와 실린더 수에 관계한다.
① 플라이 휠의 역할
- 엔진의 맥동적인 회전을 균일한 회전으로 유지시키는 역할을 한다.
- 플라이 휠의 뒷면에 엔진의 동력을 전달하거나 차단하는 클러치가 설치된다.
- 바깥 둘레에 엔진의 시동을 위하여 기동 전동기의 피니언 기어와 맞물려 회전력을 전달받는 링 기어가 열박음되어 있다.
- 링 기어는 4실린더 엔진에서는 2곳, 6실린더 엔진은 3곳, 8실린더 엔진은 4곳이 현저하게 마멸된다.

핵심기출문제

1. 실린더헤드, 블록, 밸브 및 캠축 구동장치

01 승용차용 기관의 실린더 헤드는 대부분 알루미늄 합금으로 되어 있다. 그 이유 중 가장 중요한 것은?
① 열전도율이 높다.
② 녹슬지 않는다.
③ 주철보다 열팽창 계수가 적다.
④ 무게를 증가시켜 준다.

02 연소실 설계시 고려할 사항으로 틀린 것은?
① 화염전파에 요하는 시간을 가능한 한 짧게 한다.
② 가열되기 쉬운 돌출부를 두지 않는다.
③ 연소실의 표면적이 최대가 되게 한다.
④ 압축행정에서 혼합기에 와류를 일으키게 한다.

03 가솔린 기관의 연소실 종류가 아닌 것은?
① 반구형 연소실 ② 지붕형 연소실
③ 욕조형 연소실 ④ 예연소실

04 실린더 헤드를 떼어낼 때 볼트를 바르게 푸는 방법은?
① 중앙에서 바깥을 향하여 대각선으로 푼다.
② 풀기 쉬운 곳부터 푼다.
③ 바깥에서 안쪽으로 향하여 대각선으로 푼다.
④ 실린더 보어를 먼저 제거하고 실린더 헤드를 떼어낸다.

05 실린더헤드 볼트를 조일 때 회전력을 측정하기 위해 사용되는 공구는?
① 토크렌치
② 오픈 엔드 렌치
③ 복스렌치
④ 소켓렌치

---

01. 알루미늄 합금 실린더 헤드
① 열전도율이 높기 때문에 연소실의 온도를 낮게 유지할 수 있다.
② 압축비를 높일 수 있고 중량이 가볍다.
③ 냉각 성능이 우수하여 조기 점화의 원인이 되는 열점이 잘 생기지 않는다.

02. 연소실 설계시 고려사항
① 압축행정에서 혼합기에 와류를 일으키게 할 것.
② 엔진의 출력을 높일 수 있을 것.
③ 연소실의 표면적은 최소가 되도록 할 것.
④ 가열되기 쉬운 돌출부를 두지 말 것.
⑤ 노킹을 일으키지 않는 형상일 것.
⑥ 밸브 면적을 크게 하여 흡배기 작용이 원활하게 되도록 할 것.
⑦ 열효율이 높으며 배기가스에 유해한 성분이 적을 것.
⑧ 화염 전파에 소요되는 시간을 가능한 짧게 할 것.

03. 가솔린 기관의 연소실 종류에는 반구형 연소실, 지붕형 연소실, 욕조형 연소실, 쐐기형 연소실 등이 있다.

04. 실린더 헤드를 떼어낼 때는 변형을 고려하여 바깥쪽에서 안쪽으로 향하여 대각선 방향으로 푼다.

05. 토크렌치는 볼트나 너트를 조일 때 회전력을 측정하기 위해 사용되는 공구이다.

01.① 02.③ 03.④ 04.③ 05.①

06 기관의 실린더 헤드 볼트를 규정 토크로 조이지 않았을 경우에 발생되는 현상과 거리가 먼 것은?
① 냉각수가 실린더에 유입된다.
② 압축압력이 낮아질 수 있다.
③ 엔진오일이 냉각수와 섞인다.
④ 압력저하로 인한 피스톤이 과열한다.

07 실린더 블록이나 헤드의 평면도 측정에 알맞은 게이지는?
① 마이크로미터
② 다이얼 게이지
③ 버니어 캘리퍼스
④ 직각자와 필러게이지

08 실린더 헤드의 평면도 점검 방법이다. 옳은 것은?
① 마이크로미터로 평면도를 측정 점검한다.
② 곧은자와 틈새게이지로 측정 점검한다.
③ 실린더 헤드를 3개 방향으로 측정 점검한다.
④ 틈새가 0.02mm 이상이면 연삭한다.

09 라이너 방식 실린더의 장점이라 볼 수 없는 것은?
① 마멸되면 라이너만 교환하므로 정비성능이 좋다.
② 원심 주조방법으로 제작할 수 있다.
③ 라이너는 습식만 있으므로 냉각성능이 좋다.
④ 실린더 벽에 도금하기가 쉽다.

10 실린더 내의 마멸은 어느 곳이 제일 적은가?
① 상사점
② 하사점
③ 상사점과 하사점의 중간
④ 실린더의 하단부

11 실린더가 정상적인 마모를 할 때 마멸이 가장 큰 부분은?
① 실린더 윗부분
② 실린더 중간 부분
③ 실린더 밑 부분
④ 실린더 헤드

12 실린더의 윗부분이 아래 부분보다 마멸이 큰 이유는?
① 오일이 상단까지 밀어주지 못하기 때문이다.
② 냉각의 영향을 받기 때문이다.
③ 피스톤 링의 호흡작용이 있기 때문이다.
④ 압력이 작게 작용하기 때문이다.

13 실린더 마멸의 원인 중에 부적당한 것은?
① 실린더와 피스톤 링의 접촉
② 피스톤 랜드에 의한 접촉
③ 흡입가스 중의 먼지와 이물질에 의한 것
④ 연소 생성물에 의한 부식

---

08. 실린더 헤드의 평면도 점검방법
① 곧은 자와 틈새 게이지로 측정 점검한다.
② 실린더 헤드를 6개 방향으로 측정 점검한다.
③ 주철제 실린더 헤드일 경우 틈새가 0.2mm 이상, 알루미늄 합금 실린더 헤드의 경우 0.1mm 이상이면 연삭한다.

09. 라이너 방식 실린더의 장점
① 마멸되면 라이너만 교환하므로 정비성능이 좋다.
② 원심주조 방법으로 제작할 수 있다.
③ 실린더 벽에 도금하기가 쉽다.

13. 실린더 마멸의 원인
① 실린더와 피스톤 링의 접촉에 의한 것
② 흡입가스 중의 먼지와 이물질에 의한 것
③ 연소 생성물에 의한 부식에 의한 것
④ 시동할 때 지나치게 농후한 혼합가스에 의한 윤활유 희석에 의한 것

06.④ 07.④ 08.② 09.③ 10.④ 11.① 12.③ 13.②

14 행정별 피스톤 압축 링의 호흡작용에 대한 내용으로 틀린 것은?

① 흡입 : 피스톤의 홈과 링의 윗면이 접촉하여 홈에 있는 소량의 오일의 침입을 막는다.
② 압축 : 피스톤이 상승하면 링은 아래로 밀리게 되어 위로부터의 혼합기가 아래로 새지 않게 한다.
③ 동력 : 피스톤의 홈과 링의 윗면이 접촉하여 링의 윗면으로부터 가스가 새는 것을 방지한다.
④ 배기 : 피스톤이 상승하면 링은 아래로 밀리게 되어 위로부터의 연소가스가 아래로 새시 않게 한다.

15 자동차 기관의 실린더 벽 마모량 측정기로 사용할 수 없는 것은?

① 실린더 보어 게이지
② 내측 마이크로미터
③ 텔레스코핑 게이지와 외측 마이크로미터
④ 사인바 게이지

16 흡·배기 밸브가 실린더 헤드에 있고 캠축도 헤드에 설치된 기관은?

① L형 기관　　② I형 기관
③ T형 기관　　④ OHC 기관

17 흡입·배기 밸브가 실린더 헤드에 있고, 캠축도 헤드에 설치된 기관은?

① L형 기관　　② I형 기관
③ T형 기관　　④ OHC 기관

18 4행정 기관에서 크랭크축이 1500rpm일 때 캠축은 몇 rpm인가?

① 750rpm　　② 1500rpm
③ 3000rpm　　④ 4500rpm

19 유압식 밸브 리프터의 유압은 어떤 유압을 이용하는가?

① 흡기다기관의 진공 압을 이용한다.
② 배기다기관의 배기 압을 이용한다.
③ 별도의 유압펌프를 사용한다.
④ 윤활장치의 유압을 이용한다.

20 고속회전을 목적으로 하는 기관에서 흡기 밸브와 배기 밸브 중 어느 것이 더 크게 만들어져 있는가?

① 흡기 밸브
② 배기 밸브
③ 양 밸브의 치수는 동일하다.
④ 1번 배기 밸브

---

14. 동력 행정시에 피스톤의 홈과 링의 윗면이 접촉하여 위로부터의 연소가스가 아래로 새지 않게 한다.
15. 사인바 게이지는 직각 삼각형의 두 변의 길이로 삼각 함수에 의해 각도를 구하는데 이용되는 게이지 이다.
16. 밸브와 캠축의 설치 위치
　① L형 기관 : 흡배기 밸브가 실린더 블록의 한쪽에 배열되어 있고 캠축도 실린더 블록에 설치되어 있다.
　② I형 기관 : 흡배기 밸브는 실린더 헤드에 설치되어 있고 캠축은 실린더 블록에 설치되어 있다.
　③ T형 기관 : 흡기 밸브와 배기 밸브가 실린더 블록의 좌우에 분리 설치되어 있고 캠축은 실린더 블록에 설치되어 있다.
　④ OHC 기관 : 흡배기 밸브가 실린더 헤드에 설치되어 있고 캠축도 실린더 헤드에 설치되어 있다.
18. 캠축의 회전수는 크랭크축 회전수의 1/2이다.
19. 유압식 리프터
　① 윤활장치에서 공급되는 유압을 이용하여 항상 밸브 간극을 0으로 유지한다.
　② 밸브 간극의 점검이나 조정을 하지 않아도 된다.
　③ 밸브의 개폐시기가 정확하여 엔진의 성능이 향상된다.
　④ 작동이 조용하고 오일에 의하여 충격을 흡수하여 밸브 기구의 내구성이 향상된다.
　⑤ 오일 펌프나 유압 회로에 고장이 발생되면 작동이 불량하고 구조가 복잡하다.
20. 밸브 헤드는 고온·고압가스에 노출되며, 흡입 밸브 헤드는 흡입효율을 증대시키기 위하여 배기 밸브 헤드의 지름보다 크게 만든다.

14.③　**15.**④　**16.**④　**17.**④　**18.**①　**19.**④
20.①

21 밸브 스템의 끝부분 면은 어떤 형상으로 다듬어져야 하는가?
① 평면 ② 오목
③ 볼록 ④ 원추

22 밸브 스프링 서징현상을 방지하는 방법으로 틀린 것은?
① 밸브 스프링 고유 진동수를 높게 한다.
② 부동 피치 스프링이나 원추형 스프링을 사용한다.
③ 피치가 서로 다른 이중스프링을 사용한다.
④ 사용 중인 스프링보다 피치가 더 큰 스프링을 사용한다.

23 밸브스프링의 점검과 관계가 없는 것은?
① 코일 수 ② 스프링 장력
③ 자유높이 ④ 직각도

24 밸브스프링의 직각도는 자유높이 100mm에 대하여 몇 mm 이내이면 사용 가능한가?
① 3mm ② 5mm
③ 10mm ④ 15mm

25 기관작동 중 밸브를 회전시켜주는 이유는?
① 밸브 면에 카본이 쌓여 밸브의 밀착이 불완전하게 되는 것을 방지한다.
② 밸브 스프링의 작동을 돕는다.
③ 연소실 벽에 카본이 쌓여 있는 것을 방지한다.
④ 압축 행정에서 공기의 와류를 좋게 한다.

26 기관 밸브를 탈착했을 때 주의사항 중 맞는 것은?
① 밸브는 떼어서 순서 없이 놓아도 좋다.
② 밸브를 떼어낼 때 순서가 바뀌지 않도록 반드시 표시를 한다.
③ 밸브에 묻은 카본은 제거하기 위해 그라인더에 조금씩 간다.
④ 밸브 고착되었을 경우에는 볼 핀(쇠) 해머로 충격을 가하여 떼어낸다.

27 기관에서 밸브시트의 침하로 인한 현상이 아닌 것은?
① 밸브 스프링의 장력이 커짐
② 가스의 저항이 커짐
③ 밸브 닫힘이 완전하지 못함
④ 블로바이 현상이 일어남

28 밸브 개폐시기 선도에서 밸브 오버랩(valve overlap)이란?
① 흡기밸브만 열려있는 기간
② 배기밸브만 열려있는 기간
③ 배기밸브와 흡기밸브가 동시에 열려 있는 기간
④ 배기밸브와 흡기밸브가 동시에 닫혀 있는 기간

---

22. 서징 현상 방지법
① 피치가 서로 다른 2중 스프링을 사용한다.
② 공진을 상쇄시키고 정해진 양정 내에서 충분한 스프링 정수를 얻도록 한다.
③ 부등 피치의 스프링을 사용한다.
④ 밸브 스프링의 고유 진동수를 높게 한다.
⑤ 원추형 스프링을 사용한다.

23. 밸브스프링의 점검 사항
① **스프링 장력** : 규정 값의 15%이상 감소되면 교환
② **자유높이** : 규정 값의 3%이상 감소되면 교환
③ **직각도** : 자유높이 100mm에 대해 3mm이상 변형되면 교환

26. 기관에서 밸브를 떼어낼 때에는 순서가 바뀌지 않도록 반드시 표시를 한다.

28. 밸브 오버랩은 피스톤이 상사점 부근에서 흡배기 밸브가 동시에 열려 배기 잔류가스를 배출시키는 현상

21.① 22.④ 23.① 24.① 25.① 26.②
27.① 28.③

29 가스 흐름의 관성을 유효하게 이용하기 위하여 흡·배기 밸브를 동시에 열어주는 작용을 무엇이라 하는가?
① 블로 다운((blow-down)
② 블로 바이(blow-by)
③ 밸브 바운드(valve bound)
④ 밸브 오버랩(valve overlap)

30 블로 다운(blow down) 현상에 대한 설명으로 옳은 것은?
① 밸브와 밸브시트 사이에서의 가스 누출 현상
② 압축 행정시 피스톤과 실린더 사이에서 공기가 누출되는 현상
③ 피스톤이 상사점 근방에서 흡·배기밸브가 동시에 열려 배기 잔류가스를 배출시키는 현상
④ 배기행정 초기에 배기밸브가 열려 배기가스 자체의 압력에 의하여 배기가스가 배출되는 현상

31 4행정 기관의 밸브 개폐시기가 다음과 같다. 흡기행정 기간과 밸브 오버랩은 각각 몇 도인가?(단, 흡기밸브 열림 : 상사점 전 18° 흡기밸브 닫힘 : 하사점 후 48° 배기밸브 열림 : 하사점 전 48° 배기밸브 닫힘 : 상사점 후 13°)
① 흡기행정기간 : 246°, 밸브오버랩 : 18°
② 흡기행정기간 : 241°, 밸브오버랩 : 18°
③ 흡기행정기간 : 180°, 밸브오버랩 : 31°
④ 흡기행정기간 : 246°, 밸브오버랩 : 31°

32 4행정 기관의 밸브 개폐시기가 다음과 같다. 흡기행정 기간은 몇 도인가?

| 흡기밸브 열림 : 상사점 전 15° |
| 흡기밸브 닫힘 : 하사점 후 50° |
| 배기밸브 열림 : 하사점 전 45° |
| 배기밸브 닫힘 : 상사점 후 10° |

① 180° ② 230°
③ 235° ④ 245°

33 4행정 기관에서 흡기밸브의 열림 각은 242°, 배기밸브의 열림 각은 274°, 흡기밸브의 열림 시작점은 BTDC 13°, 배기밸브의 닫힘 점은 ATDC 16° 이었을 때 흡기밸브의 닫힘 시점은?
① ABDC 20° ② ABDC 37°
③ ABDC 42° ④ ABDC 49°

2. 피스톤 및 크랭크축

01 피스톤 스커트 부분의 모양의 분류에 속하지 않는 것은?
① 스플릿형   ② T 슬롯형
③ 솔리드형   ④ 히트 댐형

---

29. ① **블로 다운** : 배기행정 초기에 배기밸브가 열려 배기가스 자체의 압력에 의하여 배기가스가 배출되는 현상.
② **블로바이** : 압축(폭발)행정시 피스톤과 실린더 사이에서 공기(연소가스)가 누출되는 현상.
③ **밸브 오버랩** : 피스톤이 상사점 부근에서 흡배기 밸브가 동시에 열려 배기 잔류가스를 배출시키는 현상.
④ **블로백** : 밸브와 밸브 시트 사이에서 가스가 누출되는 현상.
31. 흡기행정기간 = 흡기열림 + 180 + 흡기닫힘
    = 18 + 180 + 48 = 246
밸브오버랩 = 흡기열림 + 배기닫힘 = 18 + 13 = 31
32. 흡기행정기간 = 15 + 180 + 50 = 245
33. 흡기밸브 닫힘 시점 = 흡기밸브 열림각도 −180 − 흡기밸브 열림 시작점이므로 242°−180°−13° = 49°
01. 히트 댐은 피스톤 제1번 랜드에 가느다란 홈을 여러 개 두고 헤드부분의 열이 스커트로 전달되는 것을 차단하는 기능을 하는 것이다.

29.④ 30.④ 31.④ 32.④ 33.④
01.④

02 피스톤의 형상에서 보스방향을 단경으로 하는 타원형의 피스톤은?
① 오토서믹 피스톤 ② 스플리트 피스톤
③ 캠 연마 피스톤 ④ 솔리드 피스톤

03 자동차 기관의 부품 중 표면 경화를 하지 않아도 되는 것은?
① 피스톤
② 크랭크축
③ 피스톤 핀
④ 디젤 엔진의 연료분사 펌프 플런저

04 피스톤에 옵셋(off set)을 두는 이유로 가장 올바른 것은?
① 피스톤의 틈새를 크게 하기 위하여
② 피스톤의 마멸을 방지하기 위하여
③ 피스톤의 측압을 작게 하기 위하여
④ 피스톤 스커트부에 열전달을 방지하기 위하여

05 피스톤 링의 주요 3대 작용에 해당되지 않는 것은?
① 기밀 유지 작용 ② 오일 제어 작용
③ 열전도 작용 ④ 오일 청정 작용

06 피스톤 링이 구비하여야 할 조건이 아닌 것은?
① 내열성과 내마모성이 좋을 것
② 실린더 벽에 대하여 균일한 압력을 줄 것
③ 마찰이 적어 실린더 벽을 마멸시키지 않을 것
④ 고온·고압에 대하여 장력의 변화가 클 것

07 기관정비 작업시 피스톤링의 이음 간극을 측정할 때 측정도구로 알맞은 것은?
① 마이크로미터 ② 버니어캘리퍼스
③ 시크니스 게이지 ④ 다이얼 게이지

08 피스톤 링을 교환하고 시운전을 하는 도중 피스톤 링의 소결이 일어났다면 그 원인은 어느 것인가?
① 피스톤 링 이음이 전부 일직선상에 있었다.
② 피스톤 링 홈의 깊이가 너무 깊었다.
③ 피스톤 링 이음의 간극이 너무 작았다.
④ 피스톤 링 이음의 간극이 너무 컸다.

09 피스톤 핀의 고정 방법에 속하지 않는 것은?
① 고정식 ② 반부동식
③ 전부동식 ④ 3/4부동식

10 다음 중 크랭크축의 구조에 대한 명칭이 아닌 것은?
① 핀 저널(pin Journal)
② 크랭크 암(Arm)
③ 메인 저널(main Journal)
④ 플라이휠(Fly Wheel)

---

03. 표면 경화는 금속 재료의 표면을 마모나 부식을 방지하기 위해 표면에 각종 합금층을 만드는 것으로 크랭크축, 캠, 피스톤 핀, 펌프 플런저, 허브 스핀들 등에 이용된다.

04. 오프셋 피스톤
① 피스톤의 중심과 피스톤 핀의 중심 위치를 약 1.5~3.0mm 정도 오프셋시킨 피스톤.
② 상사점에서 피스톤의 경사 변환시기를 늦게 하여 측압을 적게 함으로써 피스톤의 슬랩을 감소시킨다.

05. 피스톤 링의 3대 작용
① 압축 행정 및 폭발 행정에서 가스의 누출을 방지하는 기밀 작용(밀봉 작용)
② 실린더 벽에 비산된 오일을 긁어내려 연소실에 유입되지 않도록 하는 오일 제어 작용
③ 피스톤 헤드에 받는 열을 실린더 벽에 전달하는 열전도 작용(냉각 작용)

06. 피스톤 링이 구비조건은 ①, ②, ③ 항 이외에 고온·고압에 대하여 장력의 변화가 적을 것

02.③ 03.① 04.③ 05.④ 06.④ 07.③
08.③ 09.④ 10.④

11 크랭크축이 회전 중 받는 힘이 아닌 것은?

① 전단(shearing)
② 비틀림(torsion)
③ 휨(bending)
④ 관통력(penetration)

12 4행정 사이클 6기통 좌수식 크랭크 축(left hand crank shaft)일 때 점화 순서로 가장 적절한 것은?

① 1-5-3-6-2-4   ② 1-2-3-6-5-4
③ 1-4-2-6-3-5   ④ 1-5-6-2-3-4

13 4행정 기관에서 실린더수가 6일 때 폭발행정은 몇 도(크랭크축 각도)마다 일어나는가?

① 60°   ② 90°
③ 120°   ④ 240°

14 4행정 4기통 가솔린 기관에서 점화순서가 1-3-4-2일 때 1번 실린더가 흡입행정을 한다면 다음 중 맞는 것은?

① 3번 실린더는 압축 행정을 한다.
② 4번 실린더는 동력 행정을 한다.
③ 2번 실린더는 흡기 행정을 한다.
④ 2번 실린더는 배기 행정을 한다.

15 실린더의 수가 4인 4행정 기관의 점화순서가 1-2-4-3일 때 3번 실린더가 압축행정을 할 때 1번 실린더는 어떤 행정을 하는가?

① 흡입행정   ② 압축행정
③ 동력행정   ④ 배기행정

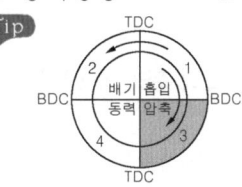

16 4행정 6기통 자동차 기관에서 폭발순서가 1-5-3-6-2-4인 엔진의 2번 실린더가 흡기행정 중이라면 5번 실린더는 무슨 행정을 하는가?

① 폭발행정 중
② 배기행정 초
③ 흡기행정 중
④ 압축행정 말

17 4행정 6실린더 기관의 제3번 실린더의 흡기 및 배기 밸브가 모두 열려 있을 경우 크랭크축을 회전방향으로 120°회전시켰다면 압축 상사점에 가장 가까운 상태에 있는 실린더는?(단, 점화순서는 1-5-3-6-2-4)

① 1번 실린더   ② 2번 실린더
③ 4번 실린더   ④ 6번 실린더

---

13. 4행정 사이클 기관에서 실린더수가 6일 때 폭발행정은 120°(크랭크축 각도)마다 일어난다.
17. 제3번 실린더 흡기 및 배기밸브가 모두 열려 있을 경우 크랭크축을 회전방향으로 120° 회전시켰으므로 제1번 실린더가 흡기 및 배기 밸브가 모두 열려 있는 경우(밸브 오버랩 상태, 즉 흡입 시작)가 되므로 압축 상사점에 가장 가까운 상태에 있는 실린더는 1번 실린더이다.

11.④ 12.③ 13.③ 14.② 15.① 16.① 17.①

18 크랭크축의 점검부위에 해당 되지 않은 것은?
① 축과 베어링 사이의 간극
② 축의 축방향 흔들림
③ 크랭크축의 중량
④ 크랭크축의 굽힘

19 기관에서 크랭크축의 휨을 측정시 가장 적합한 것은?
① 스프링저울과 브이블록
② 버니어캘리퍼스와 곧은자
③ 마이크로미터와 다이얼게이지
④ 다이얼게이지와 브이블록

20 크랭크축의 축방향 움직임을 점검한 사항이다. 다음 중 틀린 것은?
① 축방향의 움직임은 보통 0.3mm가 한계 수리치수이다.
② 크랭크축을 한쪽으로 밀고 마이크로미터로 측정한다.
③ 규정 값 이상이면 스러스트 베어링을 교환한다.
④ 축 방향에 움직임이 크면 소음이 발생하고 실린더 피스톤 등에 편 마멸을 일으킨다.

21 크랭크축에서 축 방향의 간극이 클 때에는 어떻게 하는가?
① 베어링의 캡 볼트를 세게 조인다.
② 용접을 한다.
③ 커넥팅로드 캡 볼트를 세게 조인다.
④ 스러스트 플레이트를 새것으로 교환한다.

22 크랭크축 바깥지름 측정값이 52.28mm일 때의 언더 사이즈의 기준 값은? (단, 크랭크축 바깥지름 표준 값은 52.75mm이다.)
① 0.25mm   ② 0.50mm
③ 0.75mm   ④ 1.00mm

23 자동차 기관의 크랭크축 베어링에 대한 구비조건으로 틀린 것은?
① 하중 부담 능력이 있을 것
② 매입성이 있을 것
③ 내식성이 있을 것
④ 피로성이 있을 것

24 베어링이 하우징 내에서 움직이지 않게 하기 위하여 베어링의 바깥 둘레를 하우징의 둘레보다 조금 크게 하여 차이를 두는 것은?
① 베어링 크러시
② 베어링 스프레드
③ 베어링 돌기
④ 베어링 어셈블리

---

19. 크랭크축의 휨을 측정할 때에는 다이얼게이지와 브이(V)블록을 사용한다.
20. 크랭크축의 축방향 움직임 점검은 필러 게이지나 다이얼 게이지로 점검한다.
21. 크랭크축에서 축 방향의 간극이 클 때에는 스러스트 플레이트(thrust plate)를 새것으로 교환한다.
22. 52.28mm−0.2=52.08mm, 52.08mm가 표준에 없으므로 52.00mm로 수정한다.
따라서 언더 사이즈는 52.75mm−52.00mm = 0.75mm
23. 베어링의 구비조건
① 하중 부담 능력이 있을 것(폭발 압력).
② 내피로성이 있을 것(반복 하중).
③ 이물질을 베어링 자체에 흡수하는 매입성이 있을 것.
④ 축의 얼라인먼트에 변화될 수 있는 금속적인 추종 유동성이 있을 것.
⑤ 산화에 대하여 저항할 수 있는 내식성이 있을 것.
24. 베어링 스프레드란 하우징의 안지름과 베어링을 끼우지 않았을 때의 바깥쪽 지름과의 차이 이며, 크러시는 베어링 바깥둘레와 하우징 둘레와의 차이를 말한다.

18.③　19.④　20.②　21.④　22.③
23.④　24.①

25 그림과 같이 베어링에 변형이 생기는 이유는 무엇 때문인가?

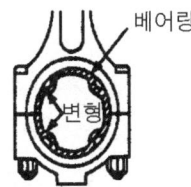

① 베어링 크러시(bearing crush)가 너무 크다.
② 베어링 두께가 너무 두껍다.
③ 베어링 스프레드(bearing spread)가 너무 작다.
④ 베어링 돌기(bearing lug)가 너무 작다.

26 크랭크 핀과 축받이의 간극이 커졌을 때 일어나는 현상이 아닌 것은?
① 운전 중 심한 타음이 발생할 수 있다.
② 흑색연기를 뿜는다.
③ 윤활유 소비량이 많다.
④ 유압이 낮아 질 수 있다.

27 플라이 휠의 무게는 무엇과 관계가 있는가?

① 회전속도와 실린더 수
② 크랭크축의 길이
③ 링 기어의 잇수
④ 클러치 판의 길이

---

25. 크랭크축 베어링이 안쪽으로 찌그러지는 이유는 베어링 크러시(bearing crush)가 너무 크기 때문이다.
26. 크랭크축 오일간극이 간극이 커지면
① 운전 중 심한 타격 음이 발생할 수 있다.
② 윤활유가 연소되어 백색연기가 배출된다.
③ 윤활유 소비량이 많다.
④ 유압이 낮아 질 수 있다.
27. 플라이 휠은 폭발 행정에서 발생되는 중량에 의한 관성 에너지를 저장하여 엔진의 맥동적인 회전을 균일하게 유지시키는 역할을 하며, 플라이 휠의 무게는 엔진의 회전수 및 실린더 수가 많으면 가볍게 하고 적으면 무겁게 한다.

25.① 26.② 27.①

3장 연료와 연소

3-1 가솔린 기관의 연료와 연소

1 가솔린 기관의 연료

가솔린(CnHn)은 탄소(C)와 수소(H)의 화합물이다.

① 가솔린 연료의 구비조건
- 발열량이 클 것
- 불붙는 온도(인화점)가 적당할 것
- 인체에 무해할 것
- 취급이 용이할 것
- 연소 후 탄소 등 유해 화합물을 남기지 말 것
- 온도에 관계없이 유동성이 좋을 것
- 연소 속도가 빠르고 자기 발화온도가 높을 것

② 옥탄가(Octane number)
- 연료의 내폭성(노크 방지 성능)을 나타내는 수치

$$옥탄가 = \frac{이소옥탄}{이소옥탄 + 정(노멀)헵탄} \times 100 \quad (현재연료 : 80 \sim 95)$$

- 옥탄가 80이란 이소옥탄 80%에 노말헵탄 20%의 혼합물인 표준연료와 같은 정도의 내폭성(antiknock property)이 있다.
- 옥탄가는 앤티 노크성을 나타내는 지표로 수치가 클수록 노킹이 발생되기 어렵다.
- 옥탄가는 CFR 엔진을 사용하여 측정한다.

> **Reference ▶ 용어정리**
> - **인화점** : 일정한 용기 속에 윤활유(연료유)를 넣고 가열하면 증기가 발생되어 공기와 혼합한다. 혼합기가 가연 한계 범위이면 불꽃에 쉽게 인화되는데 이 때 가장 낮은 온도를 말한다. 가솔린의 인화점은 -42.8℃이고 경유는 69~88℃이다.
> - **발화점(착화점)** : 윤활유(연료유)는 그 온도가 높아지면 외부로부터 불꽃을 가까이하지 않아도 자연 발화하여 연소한다. 경유는 착화 온도가 350℃ 전후이다.
> - **실화** : 혼합기가 희박하거나 또는 점화 장치의 결함으로 연소되지 않는 현상.

2 가솔린 기관의 이상연소

① **노킹(knocking)** : 주로 연소후기에 말단가스가 부분적으로 자기착화하여 급격히 연소가 진행되어 비정상적인 연소에 의한 급격한 압력상승으로 일어나는 충격소음

② **노킹(knocking)방지 방법**

- 화염의 전파거리를 짧게 하는 연소실 형상을 사용한다.
- 자연 발화온도가 높은 연료를 사용한다.
- 동일 압축비에서 혼합가스의 온도를 낮추는 연소실 형상을 사용한다.
- 연소 속도가 빠른 연료를 사용한다.
- 점화시기를 늦춘다.
- 고 옥탄가의 연료를 사용한다.
- 퇴적된 카본을 떼어낸다.
- 혼합가스를 농후하게 한다.

③ 조기 점화(preignition) : 스파크 점화(전기점화) 이전에 열점 등에 의한 점화

3-2 디젤 기관의 연료와 연소

1 디젤기관의 연료

① 디젤연료의 구비 조건
- 고형 미립이나 유해 성분이 적을 것.
- 발열량이 클 것.
- 적당한 점도가 있을 것.
- 불순물이 섞이지 않을 것.
- 내폭성이 클 것.
- 인화점이 높고 발화점이 낮을 것.
- 내한성이 클 것.
- 온도 변화에 따른 점도의 변화가 적을 것.
- 연소 후 카본 생성이 적을 것.

② 세탄가
- 세탄가란 디젤기관 연료의 착화성을 나타내는 수치이다.
- 착화성이 좋은 세탄과 착화성이 나쁜 α-메틸나프탈린의 혼합액이다

$$세탄가 = \frac{세탄}{세탄 + \alpha - 메틸나프탈린} \times 100$$

2 디젤의 연소 과정

① 착화지연기간(연소준비기간 : A~B기간)
- 분사된 연료의 입자가 공기의 압축열에 의해 증발하여 연소를 일으킬 때까지의 기간.
- 착화 지연 기간은 1/1,000~4/1,000sec정도로 짧다.

- 착화 지연 기간이 길면 노킹이 발생된다.

② 화염 전파 기간(정적 연소 기간, 폭발 연소 기간 : B~C기간)
- 분사된 연료의 모두에 화염이 전파되어 동시에 연소되는 기간.
- 폭발적으로 연소하기 때문에 실린더 내의 압력과 온도가 상승한다.

③ 직접 연소 기간(정압 연소기간, 제어 연소 기간 : C~D기간)
- 연료의 분사와 거의 동시에 연소되는 기간.
- 연소의 압력이 가장 높다.
- 압력 변화는 연료의 분사량을 조절하여 조정할 수 있다.

④ 후기 연소 기간(후 연소 기간 : D~E기간)
- 직접 연소 기간에 연소하지 못한 연료가 연소 팽창하는 기간.
- 후기 연소 기간이 길어지면 배압이 상승하여 열효율이 저하되고 배기의 온도가 상승한다.

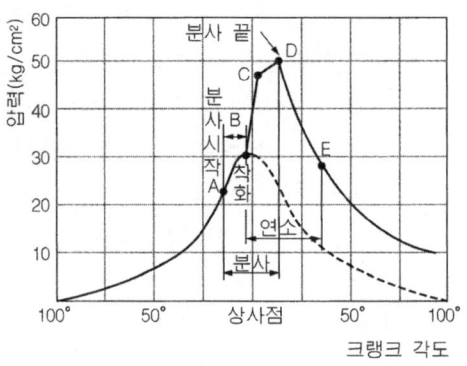

♻ 디젤연소과정

3 디젤기관의 이상연소

① 노크(knock)
- 연료가 화염 전파 기간 중에 동시에 폭발적으로 연소하여 압력이 급격히 상승하며 피스톤이 실린더 벽을 타격하여 소음을 발생하는 현상
- 디젤 노크는 연소 초기에 착화 지연 기간이 길기 때문에 발생된다.

② 노크 방지방법
- 착화성이 좋은(세탄가가 높은)연료를 사용하여 착화지연기간을 짧게 한다.
- 압축비를 높여 압축온도와 압력을 높인다.
- 분사 개시 때 분사량을 적게 하여 급격한 압력 상승을 억제한다.
- 흡입 공기에 와류를 준다.
- 분사시기를 알맞게 조정한다.
- 실린더 벽의 온도를 높게 유지한다.
- 흡입 공기의 온도를 높게 유지한다.
- 착화 지연 기간 중에 연료의 분사량을 적게 한다.
- 엔진의 회전 속도를 빠르게 한다.

핵심기출문제

01 가솔린의 화합물로 맞는 것은?
① 탄소와 수소   ② 수소와 질소
③ 탄소와 산소   ④ 수소와 산소

02 자동차용 기관의 연료가 갖추어야 할 특성으로 틀린 것은?
① 단위 중량 또는 체적당의 발열량이 클 것.
② 점도가 클 것.
③ 상온에서 기화가 용이할 것.
④ 연소가 빠르고 이상 연소를 일으키지 않을 것.

03 가솔린 연료의 내폭성을 표시하는 값은?
① 세탄가   ② 옥탄가
③ 점성   ④ 유성

04 가솔린의 안티 노크성을 표시하는 것은?
① 세탄다   ② 헵탄가
③ 옥탄가   ④ 프로탄가

05 기관의 옥탄가 측정에서 이소옥탄 70%, 노멀헵탄 30%일 때 옥탄가는?
① 30%   ② 60%
③ 70%   ④ 90%

06 이소옥탄 60%, 정헵탄 40%의 표준연료를 사용했을 때 옥탄가는 얼마인가?
① 40%   ② 50%
③ 60%   ④ 70%

07 다음 중 최적의 공연비를 바르게 나타낸 것은?
① 희박한 공연비
② 농후한 공연비
③ 이론적으로 완전연소 가능한 공연비
④ 공전시 연소 가능 범위의 연비

08 공기 과잉률이란?
① 이론 공연비
② 실제 공연비
③ 흡입 공기량 ÷ 연료 소비량
④ 실제 공연비 ÷ 이론 공연비

---

02. 연료가 갖추어야 할 특성
① 무게나 체적이 적을 것.
② 연소 후 탄소 등 유해화합물을 남기지 말 것
③ 온도에 관계없이 유동성이 좋을 것
④ 연소속도가 빠르고 자기 발화온도가 높을 것.
⑤ 단위 중량 또는 체적당의 발열량이 클 것.

04. 가솔린의 안티 노크성을 나타내는 것은 옥탄가이며, 디젤의 안티 노크성을 나타내는 것은 세탄가이다.

05. 옥탄가 = $\dfrac{\text{이소옥탄}}{\text{이소옥탄}+\text{노멀헵탄}} \times 100$

옥탄가 = $\dfrac{70}{70+30} \times 100 = 70$

06. 옥탄가 = $\dfrac{\text{이소옥탄}}{\text{이소옥탄}+\text{노멀헵탄}} \times 100$

옥탄가 = $\dfrac{60}{60+40} \times 100 = 60$

08. 공기과잉률이란 연료 1kg을 연소시키는데 필요한 이론적 공기량(이론 공연비)과 실제로 드는 공기량(실제 공연비)과의 비를 말한다.

01.① 02.② 03.② 04.③ 05.③ 06.③
07.③ 08.④

09 연료 1kg을 연소시키는데 필요한 이론 공기량과 실제로 공급된 공기량과의 비를 무엇이라 하는가?
① 공기과잉률　② 연소율
③ 흡기율　　　④ 공기율

10 가솔린 200cc를 연소시키기 위해 몇 kgf의 공기가 필요한가? (단, 혼합비는 15 : 1 이고, 가솔린의 비중은 0.73이다.)
① 2.19kgf　② 3.42kgf
③ 4.14kgf　④ 5.63kgf

11 노킹이 기관에 미치는 영향 설명으로 틀린 것은?
① 기관 주요 각부의 응력이 감소한다.
② 기관의 열효율이 저하한다.
③ 실린더가 과열한다.
④ 출력이 저하한다.

12 가솔린 기관의 노킹을 방지하는 방법 중 틀린 것은?
① 화염 진행거리를 단축시킨다.
② 자연착화 온도가 높은 연료를 사용한다.
③ 화염전파 속도를 빠르게 하고, 가스의 와류를 증가시킨다.
④ 냉각수의 온도를 높여 주고 혼합기 및 화염의 온도를 높인다.

13 가솔린 기관에서 고속노크(high speed knock) 방지 대책으로 맞는 것은?
① 점화시기를 빠르게 한다.
② 저옥탄가 가솔린을 사용한다.
③ 퇴적된 카본을 제거한다.
④ 수리시 얇은 헤드 가스킷을 사용한다.

14 연료는 그 온도가 높아지면 외부로부터 불꽃을 가까이하지 않아도 발화하여 연소된다. 이때의 최저 온도를 무엇이라 하는가?
① 인화점　② 착화점
③ 연소점　④ 응고점

15 디젤기관의 연료 발화 촉진제에 해당되지 않는 것은?
① 초산에틸　② 아초산아밀
③ 카보닐아밀　④ 아초산에틸

---

09. 공기과잉률 = $\dfrac{\text{실제 공급된 공기량}}{\text{이론 공기량}}$

10. 공기량 = 연료량(kgf) × 비중 × 혼합비
  = 0.2 × 0.73 × 15 = 2.19kgf

11. **노킹이 기관에 미치는 영향**
① 연소실내의 온도가 상승한다.
② 배기가스의 온도가 낮아진다.
③ 최고 압력이 상승한다.　④ 평균유효압력이 낮아진다.
⑤ 기관의 출력이 저하한다.　⑥ 타격 음이 발생한다.
⑦ 기관의 각부 응력이 증가한다.
⑧ 배기의 색이 갈색 또는 흑색으로 변한다.

12. **가솔린 노크의 방지법**
① 화염전파 거리를 짧게, 속도를 빠르게 한다.
② 냉각수 및 흡기 온도를 낮게 한다.
③ 고옥탄가의 연료를 사용한다.
④ 연소실 내의 퇴적된 카본을 제거한다.

14. ① **인화점** : 불꽃을 접근시켰을 때 물건이 타기 시작하는 최저온도. 액체나 고체의 표면에서 가연성 기체가 증발하기 시작하는 온도. 일정한 용기 속에 연료를 넣고 가열하면 증기가 발생되어 공기와 혼합된다. 이 때 혼합기가 가연 한계 내이면 불꽃에 의해 쉽게 인화하는데 이때의 최저 온도를 말한다. 가솔린의 인화점은 -42.8℃이고 경유는 69~88℃이다.
② **착화점** : 연료가 고온이 되었을 때 외부에서 불을 가깝게 하지 않아도 자연적으로 자기 발화하는 성질. 경유는 착화 온도가 350℃ 전후로 가솔린보다 낮기 때문에 디젤 엔진에서는 실린더에서 공기를 400~500℃의 고온으로 압축한 곳에 경유를 분사하여 연소시킨다.
③ **연소점** : 연료에 불꽃을 가까이 하였을 때 인화후 연료에서 발생하는 불꽃이 지속적으로 연소할 때의 최저 온도로서 인화점보다 20~30℃ 높다.
④ **응고점** : 연료를 적당한 방법으로 냉각하면 점차로 응고하여 유동성을 잃기 시작하였을 때의 온도를 말한다.

09.①　10.①　11.①　12.④　13.③　14.②
15.③

16 디젤 연료의 세탄가를 바르게 나타낸 것은?

① $\dfrac{\text{세탄}}{\text{세탄}+\text{이소옥탄}} \times 100(\%)$

② $\dfrac{\text{세탄}}{\text{세탄}+\text{노말헵탄}} \times 100(\%)$

③ $\dfrac{\text{세탄}}{\text{세탄}+\alpha-\text{메틸나프탈린}} \times 100(\%)$

④ $\dfrac{\text{세탄}}{\text{세탄}+\text{알콜}} \times 100(\%)$

17 다음 중 디젤 기관의 착화지연 기간에 대한 설명으로 맞는 것은?
① 착화 지연은 제어 연소기간과 같은 뜻이다.
② 착화 지연기간이 길어지면 디젤 노크가 발생한다.
③ 착화 지연기간이 길어지면 후기 연소기간이 없어진다.
④ 착화 지연기간은 연료의 성분과 관계가 없다.

18 디젤노크의 원인이 아닌 것은?
① 연료의 분사 상태가 나쁘다.
② 분사 시기가 늦다
③ 연료의 세탄가가 높다.
④ 엔진 온도가 낮다.

19 디젤 노크를 방지하는 대책으로 적합하지 않은 것은?
① 고세탄가 연료를 사용하여 착화지연 기간이 단축되도록 한다.
② 착화지연 기간 중 연료의 분사량을 적게 한다.
③ 압축 온도를 높인다.
④ 압축비를 낮게 한다.

20 디젤 노크를 방지하기 위한 방법이 아닌 것은?
① 착화성이 좋은 연료를 사용한다.
② 압축비가 높은 기관을 사용한다.
③ 분사 초기의 연료 분사량을 많게 하고 후기 분사량을 줄인다.
④ 연소실 내의 와류를 증가시키는 구조로 만든다.

---

17. 착화 지연기간은 분사된 연료의 입자가 공기의 압축열에 의해 증발하여 연소를 일으킬 때까지의 기간으로 1/1,000 ~ 4/1,000 sec 정도로 짧으며, 착화 지연기간이 길면 노킹이 발생된다.

19. **디젤 노크의 방지 대책**
① 세탄가가 높은 연료를 사용한다.
② 엔진의 회전속도를 빠르게 한다.
③ 압축비를 높게 한다.
④ 실린더 벽의 온도를 높게 한다.
⑤ 흡입 공기의 온도를 높게 한다.
⑥ 착화지연 기간을 짧게 한다.

16.③ **17.**② **18.**③ **19.**④ **20.**③

4장 연료장치 정비

4-1 가솔린 연료장치

1 연료 펌프

(1) **연료펌프가 연속적으로 작동될 수 있는 조건**
  ① 크랭킹 할 때(기관 회전속도 15rpm 이상)
  ② 공전 상태(기관 회전속도 600rpm 이상)
  ③ 급 가속할 때
  ④ 연료펌프가 작동되지 않는 경우는 기관작동이 정지되어 있고 점화스위치(ignition switch)만 ON 되어 있을 경우이다.

(2) **릴리프 밸브**
  ① 연료압력의 과다 상승을 억제한다.
  ② 모터의 과부하를 억제한다.
  ③ 펌프에서 나오는 연료를 다시 탱크로 리턴시킨다.

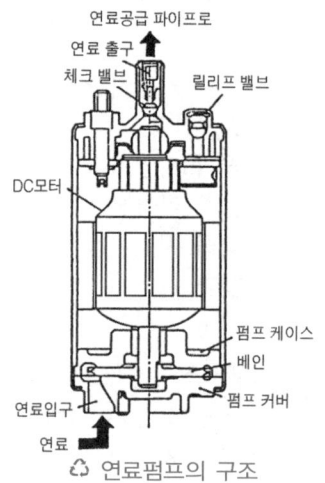

♻ 연료펌프의 구조

(3) **연료펌프에 설치된 체크밸브(Check Valve)의 역할**
  ① 인젝터에 가해지는 연료의 잔압을 유지시켜 베이퍼록 현상을 방지한다.
  ② 연료의 역류를 방지한다.   ③ 기관의 재시동 성능을 향상시킨다.

(4) **연료펌프의 구동상태를 점검하는 방법**
  ① 연료펌프 모터의 작동음을 확인한다. ② 연료의 송출여부를 점검한다.
  ③ 연료압력을 측정한다.

2 연료 압력조절기 (Fuel Pressure Regulator)

(1) **연료 압력조절기의 작용**
  ① 흡기다기관의 절대압력(진공도)과 연료압력 차이를 항상 일정하게 유지시킨다.
  ② 흡기다기관의 진공도가 높을 때 연료 압력조절기에 의해 조정되는 파이프라인의 연료압력은 기준압력보다 낮아진다.

(2) 연료압력 조절기가 고장일 때 기관에 미치는 영향
① 장시간 정차 후에 기관시동이 잘 안 된다.
② 기관을 짧은 시간 정지시킨 후 재시동이 잘 안 된다.
③ 연료 소비율이 증가하고 CO 및 HC 배출이 증가한다.
④ 연소에 영향을 미친다.

(3) 연료 잔압이 저하되는 원인
① 연료 압력조절기에서 누설된다.
② 인젝터에서 누설된다.
③ 연료펌프의 체크밸브가 불량하다.

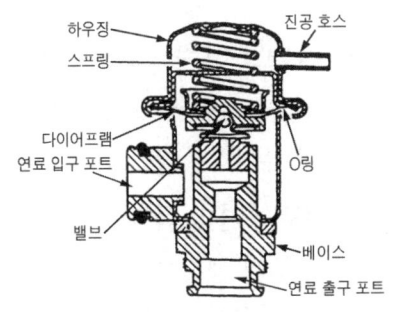
△ 연료압력 조절기의 구조

3 인젝터(injector)의 기능

(1) 인젝터의 작용
① 각 실린더 흡입밸브 앞쪽(前方)에 설치되어 있으며, 컴퓨터의 분사신호에 의해 연료를 분사한다. 즉, ECU의 펄스 신호에 의해 연료를 분사한다.
② 연료의 분사량은 인젝터에 작동되는 통전 시간(인젝터의 개방 시간)으로 결정된다. 즉, 연료 분사량의 결정에 관계하는 요소는 니들 밸브의 행정, 분사 구멍의 면적, 연료의 압력이다.
③ 연료분사 횟수는 기관의 회전속도에 의해 결정되며, 분사압력은 $2.2 \sim 2.6 \, kgf/cm^2$이다.

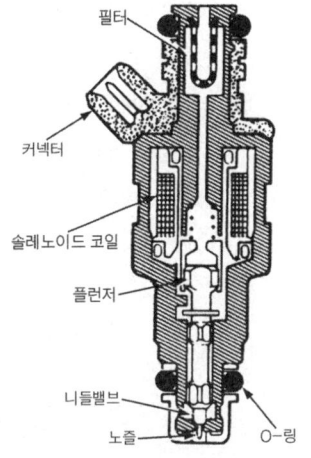
△ 인젝터의 구조

(2) 인젝터 분사시간
① 급 가속할 때 순간적으로 분사시간이 길어진다.
② 축전지 전압이 낮으면 무효 분사 시간이 길어진다.
③ 급 감속할 때에는 경우에 따라 연료차단이 된다.
④ 산소 센서 전압이 높으면 분사시간이 짧아진다.
⑤ 인젝터 분사시간 결정에 가장 큰 영향을 주는 센서는 공기유량 센서이다.
⑥ 인젝터에서 연료가 분사되지 않는 이유는 크랭크 각 센서 불량, ECU 불량, 인젝터 불량 등이다.

(3) 연료 분사량이 기본 분사량보다 증가되는 경우
① 흡입공기 온도가 20℃ 이하일 때
② 대기압력이 표준 대기 압력(1기압)보다 높을 때
③ 냉각수 온도가 80℃ 이하일 때
④ 축전지의 전압이 기준전압보다 낮을 때

4-2 디젤 연료장치

1 디젤엔진의 일반사항

공기만을 압축한 다음 분사 노즐을 통하여 연료가 분사되면 압축시 발생된 열에 의해 자기 착화되어 혼합기가 연소된다.

(1) 디젤엔진의 특징

① 디젤 엔진의 장점
- 가솔린 엔진보다 제동 열효율이 높다.
- 연료가 분사 노즐에 의해 공급되어 신뢰성이 크다.
- 저속에서부터 고속까지 전부분에 걸쳐 회전력이 크다.
- 가솔린 엔진보다 연료 소비율이 적다.
- 연료의 인화점이 높아 안전하고, 화재의 위험이 적다.
- 연료 분사 시간이 짧아 배기가스의 유해 성분이 적다.

② 디젤 엔진의 단점
- 가솔린 엔진보다 마력당 중량이 무겁다.
- 평균 유효압력이 낮고 엔진의 회전 속도가 낮다.
- 압축 및 폭발 압력이 높아 운전 중 진동과 소음이 크다.
- 기동 전동기의 출력이 커야 한다.
- 연료 분사장치를 설치하여야 하기 때문에 제작비가 비싸다.

▶ 가솔린 엔진과 디젤 엔진의 비교

항 목	가솔린 엔진	디젤 엔진
연 료	가솔린	경 유
연 소	전기점화	압축착화
열효율	28~32%	32~38%
압축압력	8~11kgf/cm^2	30~35kgf/cm^2

(2) 디젤엔진 시동 보조장치

① 감압 장치
- 엔진 시동할 때 흡입 밸브를 강제적으로 열어 압축이 이루어지지 않도록 한다.
- 겨울철 기관오일의 점도가 높을 때 시동을 용이하게 하기 위하여 사용한다.
- 기관의 점검·조정 등 고장을 발견하고자 할 때 등에 작용시킨다.

② 예열 장치

가) 예열 플러그식
- 예열 플러그식은 연소실에 흡입된 공기를 직접 가열하는 방식

- 예연소실식과 와류실식 엔진에 사용된다.
- 코일형 예열 플러그
  - 흡입 공기 속에 히트 코일이 노출되어 있기 때문에 예열 시간이 짧다.
  - 히트 코일은 굵은 열선으로 되어 있으며, 직렬로 연결되어 있다.
  - 기동전동기 스위치의 소손을 방지하기 위해 히트릴레이가 설치된다.
- 실드형 예열 플러그
  - 예열 플러그 저항이 필요 없으며, 병렬로 연결되어 있다.
  - 발열량 및 열용량이 크다.

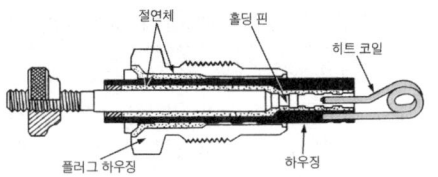

△ 예열 플러그(실드형)의 구조

나) 흡기 가열 방식

　흡기다기관 내의 공기를 가열하는 방식으로 흡기 히터와 히트레인지가 있다.

(3) 디젤 엔진의 연소실

① **연소실의 구비 조건**
- 압축 행정 끝에서 강한 와류를 일으키게 할 것.
- 진동이나 소음이 적을 것.
- 평균 유효 압력이 높으며, 연료 소비량이 적을 것.
- 기동이 쉬우며, 노킹이 발생되지 않을 것.
- 고속 회전에서도 연소 상태가 양호할 것.
- 분사된 연료를 가능한 짧은 시간에 완전 연소시킬 것.

② **연소실의 종류**

가) 직접 분사실식
- 연료가 연소실에 직접 분사된다.
- 연료의 분사 개시 압력은 150~300kgf/cm² 정도로 비교적 높다.
- 연소실의 종류 : 하트형, 반구형, 구형

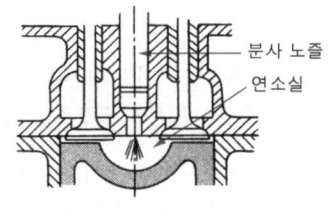

△ 직접 분사실식

장 점	단 점
- 연료 소비량이 적고 냉각 손실이 적다. - 연소실이 간단하고 열효율이 높다. - 시동이 쉽게 이루어지기 때문에 예열 플러그가 필요 없다.	- 연료의 분사 압력이 높아야 한다. - 디젤 노크를 일으키기 쉽다. - 사용 연료의 변화에 대하여 민감하다.

나) 예연소실식
- 분사 노즐에서 분사되는 연료는 예연소실에 분사된다.
- 착화 지연이 짧고 주연소실 내의 압력 변화가 낮게 유지되어 운전이 정숙하다.

- 연료의 분사 개시 압력은 100~120kgf/cm² 이다.

장 점	단 점
- 주연소실 내의 압력이 비교적 낮기 때문에 운전이 정숙하다. - 연료의 분사 압력이 낮아 연료 장치의 고장이 적다. - 사용 연료의 선택 범위가 넓다.	- 연료 소비량이 많고 냉각 손실이 크다. - 냉각 손실이 크기 때문에 예열 플러그가 필요하다. - 압축비를 크게 하기 때문에 출력이 큰 기동 전동기가 필요하다.

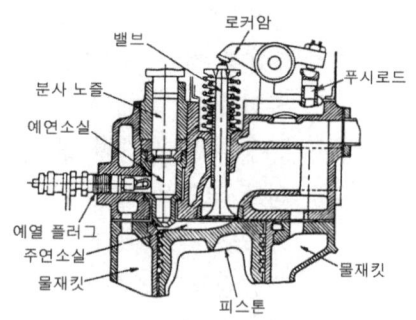

♻ 예연소실식

다) 와류실식
- 분사 노즐에서 분사되는 연료는 와류실에 분사된다.
- 연료의 분사 개시 압력은 100~140kgf/cm²이다.

장 점	단 점
- 공기 과잉율이 낮아 평균 유효압력이 높다. - 와류를 이용하기 때문에 회전 속도를 높일 수 있다. - 분사 압력이 낮아 연료 장치의 고장이 적다. - 연료 소비량이 190~220g/ps-h 이므로 예연소실식보다 적다. - 회전 속도의 범위가 넓고 운전이 원활하다.	- 예열 플러그가 필요하다. - 노크가 발생되고 직접 분사실식보다 열효율이 낮다.

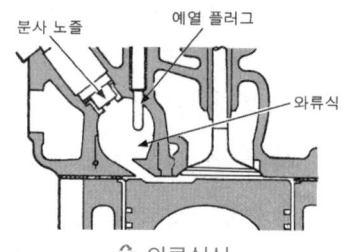

♻ 와류실식

라) 공기실식
- 실린더 헤드에 주연소실 체적의 6.5~20% 정도의 공기실이 설치되어 있다.

장 점	단 점
- 폭발 압력이 낮기 때문에 작동이 정숙하다. - 시동성이 좋아 예열 플러그가 필요 없다.	- 연료 소비량이 210~230g/ps-h 정도로 많다. - 후적 연소가 발생되기 때문에 배기의 온도가 높다.

2 디젤연료장치

(1) 분사펌프의 종류

① 독립형 분사 펌프
- 1개의 케이스에 실린더 수와 동일한 펌프가 설치되어 있다.
- 분사 펌프 캠축에 의해 분사 순서에 따라 분사 노즐에 연료가 공급된다.
- 다기통 엔진 및 고속 회전용 엔진에 적합하다.

② 분배형 분사 펌프
- 실린더 수와 관계없이 1개의 분사 펌프에 의해 연료를 각 분사 노즐에 분배한다.
- 연료 분사 펌프의 플런저가 왕복 운동과 회전 운동을 하여 연료를 각 노즐에 분배한다.
- 분사시기 조정기 : 엔진의 회전 속도에 따라 자동적으로 연료의 분사시기를 조절.

(2) 디젤엔진의 연료 장치

디젤엔진의 기계식 고압 연료분사장치(직렬형 독립식)에서 연료가 흐르는 경로는 연료탱크 → 연료공급펌프 → 연료필터 → 고압(분사)펌프 → 분사노즐이다.

① **연료 탱크** : 주행에 필요한 연료를 저장하고 용량은 1일 소비량을 기준으로 한다.
② **연료 공급펌프** : 연료를 흡입·가압하여 분사펌프로 공급한다.

가) 플라이밍 펌프
- 엔진이 정지되어 있을 때 수동으로 작동시켜 연료를 공급한다.
- 연료 장치 내에 공기 빼기 작업을 할 때 이용한다.
- 공기 빼기 순서 :
연료 공급 펌프 → 연료 여과기 → 연료 분사 펌프

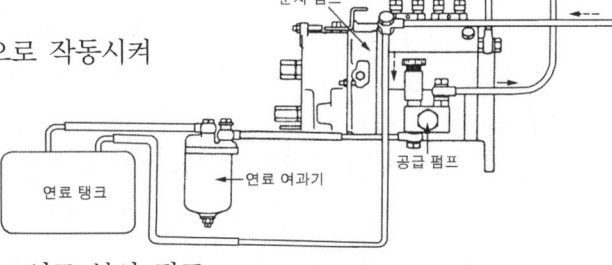

♻ 디젤 엔진 연료 장치의 구성

③ **연료 여과기**
- 연료 속에 포함되어 있는 먼지나 수분 등의 불순물을 여과한다.
- 플런저의 마멸을 방지하고 노즐의 분공이 막히는 것을 방지한다.
- 성능은 0.01mm 이상의 불순물을 여과할 수 있는 능력이 있어야 한다.

가) 오버플로 밸브의 기능
- 연료 여과기 내의 압력이 규정 이상으로 상승되는 것을 방지한다.
- 연료 여과기에서 분사 펌프까지의 연결부에서 연료가 누출되는 것을 방지한다.
- 엘리먼트에 가해지는 부하를 방지하여 보호 작용을 한다.
- 연료 탱크 내에서 발생된 기포를 자동적으로 배출시키는 작용을 한다.
- 연료의 송출 압력이 규정 이상으로 되어 압송을 중지할 때 소음이 발생되는 것을 방지한다.

④ **연료 파이프** : 내경이 6~10mm 정도의 구리나 강 파이프이다.
⑤ **분사펌프(인젝션 펌프)의 구조**

가) **분사펌프 캠 축** : 크랭크축에 의해 구동되며, 연료 공급펌프와 플런저를 작동시킨다. 캠축의 회전속도는 4행정 사이클 기관은 크랭크축 회전속도의 1/2로, 2행정 사이클 기관은 크랭크축 회전속도와 같다.
나) **태핏** : 플런저를 상하 왕복 운동시키는 작용을 한다.

- 태핏 간극
  - 캠에 의해 플런저가 최고 위치까지 올려졌을 때 플런저 헤드와 플런저 배럴 윗면과의 간극
  - 태핏 간극은 일반적으로 0.5mm이다.
  - 연료의 분사 간격이 일정치 않을 때 태핏 간극을 조정한다.
  - 표준 태핏은 태핏 간극 조정 스크루를 이용하여 태핏 간극을 조정한다.
- 다) 플런저와 배럴(펌프 엘리먼트) : 플런저 배럴 속을 플런저가 왕복 운동을 하여 연료를 고압으로 압축한다.
  - 예행정 : 플런저가 캠에 의해 하사점으로부터 상승하여 플런저 윗면이 플런저 배럴에 설치되어 있는 연료의 공급 구멍을 막을 때까지 이동한 거리로 연료의 압송 개시 전의 준비 기간이다.

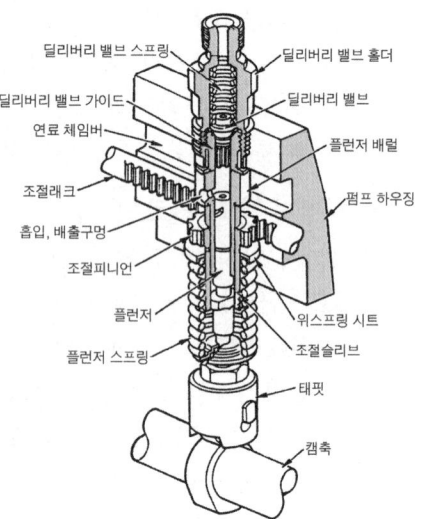

△ 분사펌프의 구성

  - 유효 행정 : 플런저 윗면이 캠 작용에 의해 연료 공급 구멍을 막은 다음부터 바이패스 홈이 연료의 공급 구멍과 일치될 때까지 플런저가 이동한 거리로 연료의 분사량이 변화된다. 유효 행정은 제어 랙에 의해 플런저가 회전한 각도에 의해서 유효 행정이 변화되며, 유효 행정이 크면 연료의 송출량이 많아지고, 유효 행정이 작으면 연료의 송출량(분사량)이 적어진다.
  - 플런저 스프링의 기능 : 플런저 스프링은 플런저를 리턴 시키는 역할을 하는 것으로 스프링 장력이 약하면 캠 작용이 완료된 다음 플런저의 리턴이 원활하게 이루어지지 않는다.
  - 플런저의 리드
    - 정 리드 플런저 : 분사의 시작은 일정하고 분사의 종료가 변화되는 플런저이다.
    - 역 리드 플런저 : 분사의 시작은 변화되고 분사의 종료가 일정한 플런저이다.
    - 양 리드 플런저 : 분사의 시작과 분사 종료가 모두 변화되는 플런저이다.
- 라) 분사량 제어기구

  제어랙 → 제어피니언 → 제어슬리브 → 플런저 순서로 작동되며, 제어 피니언과 슬리브의 관계 위치를 바꾸어 분사량을 조정한다.
  - 제어 랙
    - 조속기나 액셀러레이터(가속페달)에 의해서 직선 운동을 제어 피니언에 전달한다.
    - 리미트 슬리브 내에 끼워져 연료가 최대 분사량 이상으로 분사되는 것을 방지한다.
  - 제어 피니언
    - 제어 슬리브에 클램프 볼트로 고정되어 제어 랙과 맞물려 있다.
    - 제어 랙의 직선 운동을 회전 운동으로 변환시켜 제어 슬리브에 전달한다.

- 제어 슬리브
  - 제어 피니언의 회전 운동을 플런저에 전달하는 역할을 한다.
  - 플런저의 유효 행정을 변화시켜 연료의 분사량을 조절한다.

마) 딜리버리 밸브
- 분사 파이프를 통하여 분사 노즐에 연료를 공급하는 역할을 한다.
- 분사 종료 후 연료가 역류되는 것을 방지한다.
- 분사 파이프 내의 잔압을 연료 분사 압력의 70~80%정도로 유지한다.
- 분사 노즐의 후적을 방지한다.

바) 조속기
- 엔진의 회전 속도나 부하 변동에 따라 자동적으로 연료의 분사량을 조정한다.
- 최고 회전 속도를 제어하고 저속 운전을 안정시키는 역할을 한다.
  - 공기식 조속기(전속도 조속기) : 엔진의 부하 변동에 따라 흡기 다기관의 진공으로 조절한다.
  - 기계식 조속기 : 캠축에 설치된 원심추에 작용하는 원심력의 변화를 제어 랙에 전달하여 연료 분사량을 조절한다.
- 분사량의 불균율
  - 각 펌프 엘리먼트에서 송출하는 연료의 양은 제어 랙의 모든 위치에서 동일하여야 한다.
  - 전부하 운전에서 분사량의 불균율 허용 범위 : ±3~4%
  - 무부하 운전에서 분사량의 불균율 허용 범위 : ±10~15%
  - 평균 분사량의 불균율 허용 범위 : ±3%

$$+ 불균율 = \frac{최대\ 분사량 - 평균\ 분사량}{평균\ 분사량} \times 100$$

$$- 불균율 = \frac{평균\ 분사량 - 최소\ 분사량}{평균\ 분사량} \times 100$$

사) 타이머(분사 시기 조정기) : 엔진의 회전 속도에 따라 연료의 분사시기를 자동적으로 조절한다.

⑥ 연료 분사 파이프
- 분사 펌프의 딜리버리 밸브 홀더와 분사 노즐에 연결된 고압 파이프
- 길이는 가능한 짧고 동일하여야 한다.

⑦ 분사 노즐(인젝터) : 분사펌프에서 보내진 고압의 연료를 미세한 안개 모양으로 연소실 내에 분사한다.

가) 분사노즐의 구비조건
- 무화(안개화)가 잘되고, 분무의 입자가 작고 균일할 것

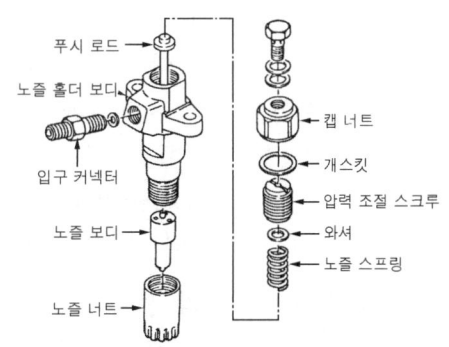

◎ 분사 노즐의 구조

- 분무가 잘 분산되고, 부하에 따라 필요한 양을 분사할 것
- 분사의 시작과 끝이 확실할 것
- 고온・고압의 가혹한 조건에서 장시간 사용할 수 있을 것
- 후적이 일어나지 말 것

나) 연료 분무가 갖추어야 할 조건
- 무화가 좋을 것
- 관통도가 알맞을 것
- 분포가 알맞을 것
- 분산도가 알맞을 것
- 분사율이 알맞을 것

다) 개방형 노즐
- 분공을 계폐시키는 니들 밸브가 없어 항상 분공이 열려 있다.
- 장점 : 고장이 적고 구조가 간단하며 가격이 저렴하다.
- 단점 : 연료의 무화가 불량하고 후적이 발생된다.

라) 폐지형 노즐(밀폐형 노즐)
- 구멍형 노즐 : 니들 밸브의 앞 끝이 원뿔
  - 연료의 분사 개시 압력이 150~300kgf/cm²로 직접 분사실식에 사용된다.
  - 종류 : 단공형 노즐과 다공형 노즐
  - 장점 : 시동이 쉽고 연료 소비율이 적다. 분사 개시 압력이 높기 때문에 연료의 무화가 좋다.

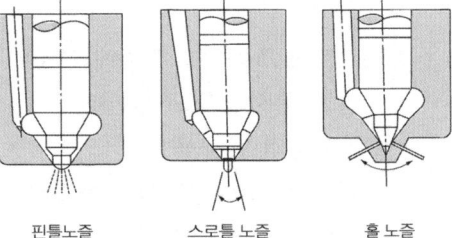

♻ 밀폐형 노즐의 종류 (핀틀노즐, 스로틀 노즐, 홀 노즐)

- 핀틀형 노즐 : 니들 밸브의 앞 끝이 원기둥
  - 분사 개시 압력이 80~150kgf/cm²로 예연소실식 및 와류실식에 사용된다.
  - 장점 : 노즐의 구조가 구멍형보다 간단하고 고장이 적다. 연료의 분사 개시 압력이 비교적 낮고, 무화가 양호하고 분산성이 향상된다.
- 스로틀형 노즐 : 핀틀형 노즐을 개량한 것
  - 분사 초기에 분사량이 적어 노킹을 방지한다.
  - 분사 개시 압력이 80~150kgf/cm²로 예연소실식 및 와류실식에 사용된다.
- 분사노즐 시험
  - 노즐 시험할 때 사용 경유는 그 비중이 0.82~0.84 정도가 좋다.
  - 시험할 때 경유의 온도는 20℃ 전후가 좋다.
  - 핀틀형, 구멍형 노즐은 노즐 시험기로 완전히 측정되나, 스로틀 노즐은 스트로브 스코프(strobo scope)를 병용하면 더욱 정확히 판단할 수 있다.
  - 노즐 시험기의 시험은 분사 각도, 분사 압력, 후적 여부를 시험한다.

(3) 디젤연료장치의 정비
① 후적 : 연료의 분사가 완료된 다음 노즐 팁에 연료 방울이 형성되어 연소실에 떨어지는

현상을 말한다. 후적이 발생되면 후기 연소 기간이 길어지기 때문에 배압이 형성되어 엔진의 출력이 저하된다.

② 헌팅(hunting) : 외력에 의해서 회전수나 회전 속도가 파상적으로 변동되는 현상.

③ 딜리버리 밸브의 유압 시험 : 분사 펌프를 회전시켜 150kgf/cm² 이상으로 압력을 상승시킨 후 회전을 멈추고 제어 랙을 무분사 위치로 하여 딜리버리 밸브 홀더 내의 압력이 10kgf/cm²까지 저하될 때의 소요 시간이 5초 이상이면 정상이다.

④ 분사 개시 압력 조정
- 조정 스크루식 : 스크루를 조이면 압력 스프링이 압축되어 장력이 증대되기 때문에 분사 개시 압력이 높아지고 조정 스크루를 풀면 압력 스프링이 팽창되어 장력이 감소되므로 분사 개시 압력은 낮아진다.
- 시임식 : 노즐 홀더 캡을 빼내고 압력 스프링과 시트 사이에 심을 증가시키거나 감소시켜 연료의 분사 개시 압력을 조정하는 방식이다.

⑤ 분사 노즐이 과열되는 원인
- 연료의 분사 시기가 틀리다. • 연료의 분사량이 과다하다. • 과부하에서 연속 운전

3 전자제어 디젤연료분사장치

엔진의 회전 속도, 흡기 다기관의 압력, 흡입 공기 온도, 냉각수 온도, 대기압, 스로틀 밸브 위치 등을 컴퓨터에 입력시켜 엔진의 운전 상태에 따른 최적의 연료 분사량을 연산하고 액추에이터를 제어하여 엔진의 운전 조건에 가장 적합한 연료가 분사 되도록 한다.

(1) 연료 분사 장치의 특징
① 매연이 발생되지 않도록 시동 분사량을 제어한다.
② 운전 성능 및 연료 소비량이 향상된다.
③ 엔진의 동력 손실에 관계없이 안정된 공전 속도를 유지한다.
④ 엔진의 회전 속도가 균일하게 유지되어 정속 운전을 할 수 있다.
⑤ 엔진과 동력 전달장치 연결시 헌팅 현상을 방지할 수 있다.
⑥ 주행 상태에 따라 자동차와 엔진의 특성이 동조되어 주행 성능이 향상된다.
⑦ 배기 가스 일부를 피드백 시켜 유해 배출 가스의 감소를 향상시킨다.

(2) 연료 분사 장치의 구성
① 연료 분사 펌프 : 연료를 분사 순서에 따라 분사 노즐에 공급하는 역할을 한다.
② 센서 및 세트 포인트 어저스터 : 흡입 공기 온도, 냉각수 온도, 흡기 다기관의 압력, 연료의 온도, 연료 분사량, 분사 시기 등의 상태를 전기적 신호로 검출한다.
③ 컴퓨터 : 각종 센서에서 입력되는 신호를 연산하여 최적의 연료 분사량 및 분사 시기가 되도록 액추에이터를 제어한다.

(3) 입력센서

① **컨트롤 랙 센서(CRS)**
- 액추에이터에 내장되어 컨트롤 랙의 이동량을 검출한다.
- 운전 조건에 따른 연료 분사량 및 분사 시기 제어용 신호로 이용된다.

② **흡기 온도 센서(ATS)**
- 실린더에 흡입 공기 또는 과급 공기의 온도를 검출한다.
- 공기 온도에 따른 연료 분사량을 보정하는 신호로 이용된다.
- 매연을 허용 범위 이내로 유지하는 신호로 이용한다.

③ **냉각수 온도 센서(WTS, CTS)**
- 엔진의 냉각수 온도를 검출한다.
- 냉각수 온도에 따른 연료 분사량 및 분사시기를 보정하는 신호로 이용한다.
- 시동시 매연을 허용 범위 이내로 유지하는 신호로 이용된다.

④ **회전 속도 센서(RVS)**
- 연료 분사 펌프 캠축의 회전 속도를 검출한다.
- 엔진의 회전 속도에 따른 기본 연료 분사량 및 기본 분사 시기를 결정하는 신호로 이용한다.

⑤ **과급 압력 센서(SPS)**
- 피에조 저항형 센서로 과급 압력을 검출한다.
- 과급기의 작동을 제어하는 신호로 이용한다.

⑥ **차속 센서(VSS)**
- 속도계에 내장되어 자동차의 주행 속도를 검출한다.
- 공전 속도를 유지할 수 있도록 연료 분사량 제어 신호로 이용된다.

⑦ **액셀러레이터 위치 센서(APS)**
- 액셀러레이터 페달을 밟는 정도를 검출한다.
- 흡입 공기량에 따른 기본 연료 분사량 및 기본 분사 시기를 결정하는 신호로 이용된다.

⑧ **흡기다기관 압력 센서(MPS)**
- 흡기 다기관의 압력을 검출한다.
- 흡입 공기량에 따른 연료 분사량 및 분사 시기의 보정 신호로 이용된다.
- 과급기를 제어하는 신호로 이용된다.

⑨ **기동 전동기 ST 신호**
- 시동시 기동 전동기에 공급되는 전원을 검출한다.
- 시동시 연료 분사량 및 분사 시기를 보정하는 신호로 이용된다.

⑩ **타이머 위치 센서**
- 타이밍 제어 밸브 코일에 흐르는 전류의 펄스 파형을 전기적 신호로 타이머의 위치를 검출한다.

- 엔진의 운전 상태에 따른 분사 시기를 검출하는 신호로 이용된다.

⑪ 에어컨 스위치
- 에어컨 콤프레서의 ON, OFF 상태를 검출한다.
- 공전 속도를 부하에 알맞도록 연료 분사량을 제어하는 신호로 이용된다.

⑫ 대기압 센서(BPS)
- 자동차의 고도를 검출한다.
- 연료분사량 및 분사시기를 제어하는 신호로 이용된다.
- 고지대에서 희박한 산소에 알맞은 연료의 분사량 및 분사 시기를 제어하는 신호로 이용된다.

(4) 액추에이터
① 연료 분사 펌프에 2개가 설치되어 있다.
② 액추에이터는 컴퓨터의 제어 신호에 의해 작동된다.
③ 컨트롤 랙 액추에이터 : 플런저의 유효 행정을 변화시켜 연료 분사량을 제어한다.
④ 컨트롤 슬리브 액추에이터 : 플런저 배럴 내에 추가로 설치된 컨트롤 슬리브 또는 타이머를 작동시켜 연료 분사 시기를 제어한다.

(5) 컴퓨터의 제어
① 흡기 다기관의 압력 제어
- 정상 운전 상태에서 엔진의 회전 속도와 연료 분사량을 근거로 흡기 다기관의 압력 특성이 ROM에 입력되어 있다.
- 엔진이 작동할 때 대기압, 흡기 온도, 냉각수 온도에 따라 보정한다.
- ROM의 흡기 다기관 압력 특성값과 보정된 실제 흡기 다기관 압력 특성값을 비교한다.
- 스로틀 밸브를 작동시켜 흡기 다기관의 압력을 제어한다.

② 시동 분사량 제어
- 액셀러레이터 페달 위치에 관계 없이 원활한 시동이 이루어지도록 한다.
- 엔진의 회전 속도와 냉각수 온도를 기초로 규정의 연료 분사량을 결정한다.
- 엔진의 회전 속도와 연료의 온도에 따라 분사 펌프의 액추에이터를 작동시켜 연료 분사량을 보정한다.

③ 정속 운전 제어
- 엔진의 회전 속도를 균일하게 유지하기 위해 특정 실린더의 분사량을 선택적으로 제어한다.
- 실제 발생되는 회전력의 특성과 ROM의 회전력 특성을 비교한다.
- 액추에이터를 작동시켜 매 분사시 마다 컨트롤 랙 위치를 변경시켜 연료 분사량을 제어한다.
- 정속 운전 제어는 엔진의 공전 속도에서부터 일정 속도까지 한정되어 있다.

④ 공전 속도 제어
- ISC와 분사 펌프의 액추에이터를 작동시켜 부하에 알맞은 연료 분사량을 제어하여 부하에 관계없이 엔진의 안정된 공전 속도를 유지시킨다.
- 에어컨 스위치를 ON시켰을 때 엔진 회전 속도를 상승시킨다.
- 파워 스티어링 오일펌프 스위치가 ON 되었을 때 엔진의 회전수를 상승시킨다.
- 전기 부하가 가해지면 엔진의 회전수를 상승시킨다.
- 자동 변속기의 시프트 레버를 N 레인지에서 D 레인지로 변환시키면 엔진의 회전수를 상승시킨다.

⑤ 전부하 분사량 제어
- ROM의 전부하 운전 특성과 실제 전부하 운전 특성을 비교한다.
- 컨트롤 래크 액추에이터를 작동시켜 연료 분사량 및 분사 시기를 제어한다.

⑥ 연료 분사량 제어
- 흡기 다기관 압력 센서 및 회전 속도 센서 신호를 기준으로 기본 연료 분사량을 결정한다.
- 엔진 작동시 액셀러레이터 위치 센서, 차속 센서, 대기압 센서, 흡기 온도 센서, 냉각수 온도 센서 신호를 기준으로 보정량을 결정한다.
- 실제 작동에 필요한 최적의 연료 분사량이 얻어지도록 액추에이터를 제어한다.

⑦ 연료 분사 시기 제어
- **독립형 분사 펌프** : 컨트롤 슬리브 액추에이터가 컨트롤 슬리브를 상하로 이동하여 스필 포트의 개폐시기를 변화시켜 연료 분사시기를 제어한다.
- **분배형 분사 펌프** : 분사시기 액추에이터가 타이머 제어 밸브를 ON, OFF 시켜 분사시기를 제어한다.

⑧ 서지 댐핑 제어
- 엔진의 헌팅 초기에 연료 분사량을 보정하여 부하 변동시 발생되는 헌팅을 방지한다.
- 자동차의 맥동적인 움직임을 엔진의 회전 속도로 분석하여 연료 분사량을 헌팅 초기에 보정하여 진동을 흡수한다.

⑨ 정속 주행 제어
- 정속 주행 스위치를 ON 시켰을 때 액추에이터를 작동시켜 연료 분사량을 제어한다.
- 자동차의 주행 속도를 일정하게 유지되도록 한다.

⑩ 배기가스 재순환 제어
- 엔진의 회전 속도 특성과 부하 특성을 기본으로 실제의 특성과 비교한다.
- 부하 변동이 급격히 진행될 때 동적 사전 제어 특성도를 기준으로 연료의 분사량을 보정하여 매연의 발생을 최소화 한다.
- 배기가스 일부를 바이 패스시켜 NOx의 생성을 감소시킨다.

⑪ 자기 진단 : 고장 코드를 기억 후 자기 진단 출력 단자와 계기 패널의 엔진 경고등에 보내어 경고 램프를 점등시킨다.

4-3 LPG 연료 장치

1 LPG (Liquefied Petroleum Gas)의 개요

① 프로판과 부탄이 주성분이며, 프로필렌과 부틸렌이 포함되어 있다.
② 증기 압력을 유지하기 위해 혼합 비율은 프로판 47~50%, 부탄 36~42%, 오레핀 8% 정도이다.
⑦ 겨울철용 LPG는 부탄 70%, 프로판 30%의 혼합물을 사용하여 겨울에도 기화가 원활하게 되도록 한다.

2 LPG의 성질

(1) LPG의 특성

① 무색, 무취, 무미이다.
② 공기보다 1.5~2.0배 무겁다.
③ LPG는 옥탄가가 90~120으로 가솔린보다 10% 정도 높다.

(2) LPG의 장점 및 단점

① 장점
- 가솔린 연료보다 가격이 저렴하기 때문에 경제적이다.
- 혼합기가 가스 상태로 실린더에 공급되기 때문에 CO의 배출량이 적다.
- 옥탄가가 높고 연소 속도가 느리기 때문에 노킹이 적다.
- 블로바이에 의한 오일의 희석과 오일소모가 적다.
- 유황분의 함유량이 적기 때문에 오일의 오손이 적다.

② 단점
- 연료의 보급이 불편하고 트렁크의 사용 공간이 협소하다.
- 한냉시 또는 장시간 정차시에 증발 잠열 때문에 시동이 곤란하다.
- 연료 탱크를 고압 용기로 사용하기 때문에 차량의 중량이 증가한다.
- 일반적으로 NOx의 배출가스는 가솔린기관에 비해 많다.

3 LPG 연료장치의 구성 부품

(1) 봄베 : 주행에 필요한 연료를 저장하는 고압용 탱크이다.
- 기체 배출 밸브, 액체 배출 밸브, 충전 밸브, 안전 밸브, 과류 방지 밸브, 용적 표시계로 구성되어 있다.
- 액체 상태로 유지하기 위한 압력은 7~10kg/cm²이다.

① **기체 배출 밸브** : 봄베의 기체 상태 부분에 설치되어 있는 황색 핸들의 밸브이다.

② **액체 배출 밸브** : 봄베의 액체 상태 부분에 설치되어 있는 적색 핸들의 밸브이다.
③ **충전 밸브** : 봄베의 기체 상태 부분에 설치되어 있는 녹색 핸들의 밸브이다.
④ **용적 표시계**
- 연료를 충전할 때 충전율을 나타낸다.
- 연료의 충전은 봄베 용적의 85%까지만 한다.
⑤ **안전 밸브** : 충전 밸브 아래쪽에 설치되어 봄베 내의 압력을 항상 일정하게 유지한다.
⑥ **과류 방지 밸브** : 연료의 유출을 방지한다.

(2) **솔레노이드 밸브** : 운전석에서 연료의 송출 및 차단하는 전자석 밸브이다.

(3) **연료 여과기** : 연료 속에 포함되어 있는 불순물을 여과하는 역할을 한다.

(4) **프리 히터** : 기체의 연료 상태로 변환시켜 베이퍼라이저에 공급하는 역할을 한다.

(5) **베이퍼라이저**
- 봄베에서 공급된 연료의 압력을 감압하여 기화시킨다.
- 일정한 압력으로 유지시켜 엔진에서 변화되는 부하의 증감에 따라 기화량을 조절한다.
- 수온 스위치, 스타터 솔레노이드 밸브, 1차 감압실, 2차 감압실, 진공 록 챔버 등으로 구성 되어 있다.

① **수온 스위치** : 베이퍼라이저에 순환되는 냉각수의 온도를 검출한다.
② **1차 감압실** : 2~8kgf/cm²의 압력으로 공급된 LPG를 0.3kgf/cm²로 감압하여 기화시킨다.
- 감압실의 압력이 규정보다 높으면 연료 소비가 증대된다.
- 감압실의 압력이 규정보다 낮으면 엔진의 출력이 감소된다.

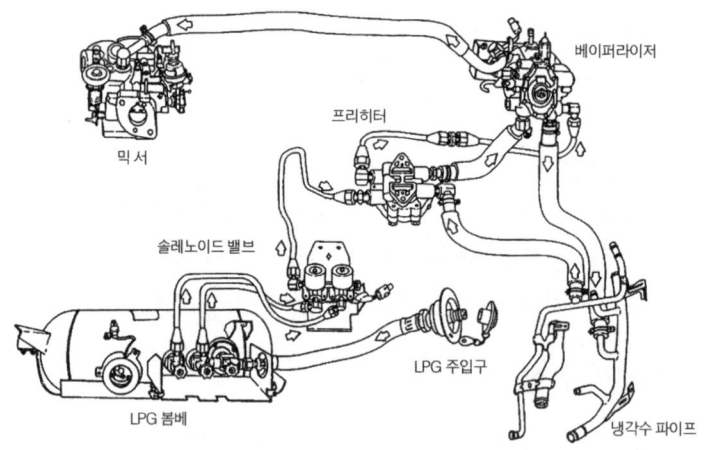

△ LPG 기관의 연료 장치

③ **2차 감압실** : 1차 감압실에서 0.3kgf/cm²로 감압된 LPG를 대기압에 가깝게 감압한다.
④ **스타트 솔레노이드 밸브**
- 냉각수 온도가 15℃ 이상인 상태에서 엔진 시동시 추가로 연료를 공급한다.

- 점화 스위치를 시동 위치에 넣으면 스타트 솔레노이드 밸브에 전원이 공급된다.
- 엔진이 시동되면 스타트 솔레노이드 밸브에 흐르는 전류가 차단된다.
- 스타트 솔레노이드 밸브가 닫히면 2차 페이스 밸브를 통하여 연료가 공급된다.

(6) 믹서

믹서는 공기와 LPG를 15 : 3의 비율로 혼합하여 각 실린더에 공급한다.
고속시에는 동력 포트를 통하여 연료가 추가로 메인 노즐에 공급되어 연료량이 증가된다.

4 LPI (Liquefied Petroleum Gas Injection) 장치

LPG 봄베 내에 연료펌프를 설치하여 높은 압력의 액체상태(5~15bar)로 유지하면서 기관 컴퓨터(ECU)에 의해 제어되는 인젝터를 통하여 각각의 실린더에 분사하는 방식이다.

(1) LPI의 특징

① 겨울철 시동성능이 향상된다.
② 정밀한 LPG 공급량의 제어로 이미션(emission) 규제 대응에 유리하다.
③ 고압 액체 상태 분사로 인해 타르 생성이 거의 없어 타르 배출이 필요없다.
④ 가솔린기관과 같은 수준의 동력성능을 발휘한다.

(2) LPI의 구성

① **연료계통** : 봄베, 연료펌프, 인젝터, 연료압력조절기 등으로 구성된다.
② **입력요소**
- MAP(Manifold Absolute pressure sensor) 센서, 흡기온도센서(ATS), 수온센서(WTS), 스로틀위치센서(TPS), 노크센서, 산소센서, 캠축위치센서(CMP, TDC), 크랭크각센서(CKP)
- 가스압력센서(GPS : Gas Pressure Sensor) : 액체상태의 LPG 압력을 측정하여 LPG 공급압력에 따른 분사량을 보정한다.
- 가스온도센서(GTS : Gas Temperature Sensor) : LPG 온도를 측정하여 분사시기를 결정하고 분사량 및 연료펌프 구동시간제어에도 사용된다.

③ **출력요소**
- 점화코일 : 파워트랜지스터에 의해 점화시기와 점화순서 제어
- 공전속도제어 액추에이터(ISA : Idle Speed control Actuator) : 공전시 공기량 조절로 공전속도 제어
- 인젝터 : 흡입공기량, 엔진회전속도에 의해 기본 LPG분사량 제어, 차량 조건에 따른 분사량 보정제어
- 연료차단 솔레노이드 밸브 : 시동 ON/OFF 시 연료 차단, 공급 제어
- 연료펌프 드라이버 : 연료펌프내의 전동기 구동제어

4-4 CNG 연료 장치

1 CNG 기관의 분류

자동차에 연료를 저장하는 방법에 따라 압축 천연가스(CNG) 자동차, 액화 천연가스(LNG) 자동차, 흡착 천연가스(ANG) 자동차 등으로 분류된다. 천연가스는 현재 가정용 연료로 사용되고 있는 도시가스(주성분 ; 메탄)이다.

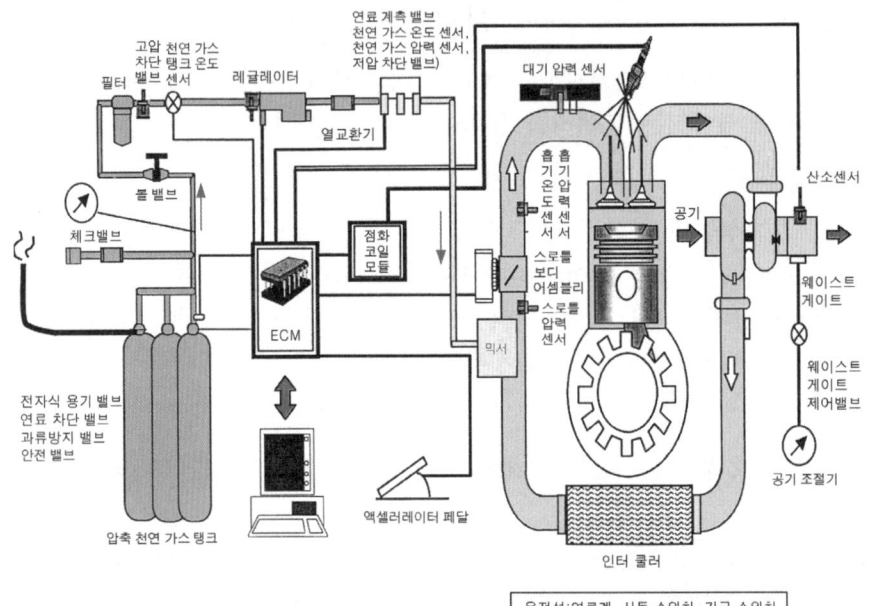

2 CNG 기관의 장점

① 디젤 기관과 비교하였을 때 매연이 100% 감소된다.
② 가솔린 기관과 비교하였을 때 이산화탄소 20~30%, 일산화탄소가 30~50% 감소한다.
③ 낮은 온도에서의 시동 성능이 좋으며, 옥탄가가 130으로 가솔린의 100보다 높다.
④ 질소산화물 등 오존영향 물질을 70% 이상 감소시킬 수 있다.
⑤ 기관 작동소음을 낮출 수 있다.

3 CNG 기관의 주요부품

① **연료 계측 밸브**(fuel metering valve) : 연료 계측 밸브는 8개의 작은 인젝터로 구성되어 있으며, 기관 ECU로부터 구동 신호를 받아 기관에서 요구하는 연료량을 흡기다기관에 분사한다.

② **가스 압력 센서**(GPS, gas pressure sensor) : 가스 압력 센서는 압력 변환 기구이며, 연료 계측

밸브에 설치되어 있어 분사직전의 조정된 가스압력을 검출한다.
③ **가스 온도 센서**(GTS, gas temperature sensor) : 가스 온도 센서는 부특성 서미스터를 사용하며, 연료 계측 밸브 내에 위치한다. 가스 온도를 계측하여 가스 온도 센서의 압력을 함께 사용하여 인젝터의 연료 농도를 계산한다.
④ **고압 차단 밸브** : 고압 차단 밸브는 CNG 탱크와 압력 조절 기구 사이에 설치되어 있으며, 기관의 가동을 정지시켰을 때 고압 연료라인을 차단한다.
⑤ **CNG 탱크 압력 센서** : CNG 탱크 압력 센서는 조정 전의 가스 압력을 측정하는 압력 조절 기구에 설치된 압력 변환 기구이다. 이 센서는 CNG 탱크에 있는 연료 밀도를 산출하기 위해 CNG 탱크 온도 센서와 함께 사용된다.
⑥ **CNG 탱크 온도 센서** : CNG 탱크 온도 센서는 탱크 속의 연료 온도를 측정하기 위해 사용하는 부특성 서미스터이며, 탱크 위에 설치되어 있다.
⑦ **열 교환 기구** : 열 교환 기구는 압력 조절 기구와 연료 계측 밸브 사이에 설치되며, 감압할 때 냉각된 가스를 기관의 냉각수로 난기시킨다.
⑧ **연료 온도 조절 기구** : 연료 온도 조절 기구는 열 교환 기구와 연료 계측 밸브 사이에 설치되며, 가스의 난기 온도를 조절하기 위해 냉각수 흐름을 ON, OFF시킨다.
⑨ **압력 조절 기구** : 압력 조절 기구는 고압 차단 밸브와 열 교환기구 사이에 설치되며, CNG 탱크 내의 200bar의 높은 압력의 가스를 기관에 필요한 8bar로 감압 조절한다.

핵심기출문제

1. 가솔린연료장치

01 연료 파이프나 연료 펌프에서 가솔린이 증발해서 일으키는 현상은?
① 엔진 로크   ② 연료 로크
③ 베이퍼 로크   ④ 엔티 로크

02 가솔린 기관의 전자제어 연료분사 장치를 구성하는 부품이 아닌 것은?
① 연료압력조절기
② 인젝터
③ 웨스트게이트 밸브
④ ECU

03 전자제어 차량의 연료펌프가 연속적으로 작동될 수 있는 조건이 아닌 것은?
① 크랭킹 할 때(기관회전수 15rpm이상)
② 공회전 상태(기관회전수 600rpm이상)
③ 급 가속할 때
④ 키 스위치가 IG(이그니션)에 위치할 때

04 전자제어 기관에서 연료펌프가 작동되지 않을 때는?
① 점화 스위치가 ST위치에 있을 때
② 점화 스위치가 ON 위치에 있고 엔진이 정지되어 있을 때
③ 점화 스위치가 ON 위치에 있고 엔진이 규정 이상으로 회전될 때
④ 점화 스위치가 ON 위치에 있고 공기 흡입이 감지될 때

05 전자제어 연료분사 장치에서 연료펌프의 구동상태를 점검하는 방법으로 옳지 않은 것은?
① 연료펌프 모터의 작동음을 확인한다.
② 연료의 송출여부를 점검한다.
③ 연료압력을 측정한다.
④ 연료펌프를 분해하여 점검한다.

06 전자제어 가솔린 연료장치에서 릴리프 밸브의 역할은?
① 증발가스의 발생을 억제한다.
② 저온 시동성을 양호하게 한다.
③ 연료 라인 내의 압력이 규정압 이상으로 상승하는 것을 방지한다.
④ 연료 압력을 올려준다.

---

02. 웨스트 케이트 밸브는 과급압력이 설정된 압력 이상으로 되었을 경우 밸브가 열려 터빈에 유입되는 배기가스를 터빈 출구로 바이패스 시켜 터빈의 출력을 제어하고 과급압력을 조정하는 역할을 한다.

03. 전자제어차량의 연료펌프가 연속적으로 작동될 수 있는 조건
① 크랭킹 할 때(기관회전수 15rpm이상)
② 공회전 상태(기관회전수 600rpm이상)
③ 급 가속할 때

04. 연료 펌프는 점화 스위치가 ON 위치에 있어도 엔진이 정지되어 엔진의 회전수 신호가 컴퓨터에 입력되지 않으면 작동되지 않는다.

05. 연료펌프의 구동상태를 점검하는 방법
① 연료펌프 모터의 작동음을 확인한다.
② 연료의 송출여부를 점검한다.
③ 연료압력을 측정한다.

01.③ 02.③ 03.④ 04.② 05.④ 06.③

07 연료펌프 라인에 고압이 걸릴 경우 연료의 누출이나 연료배관이 파손되는 것을 방지하는 것은?
① 사일렌서(silencer)
② 첵 밸브(check valve)
③ 안전 밸브(relief valve)
④ 축압기(accumulator)

08 전자제어 엔진의 연료펌프에서 체크 밸브가 하는 역할은?
① 잔압유지와 고온 재시동을 용이하게 한다.
② 연료 압력의 맥동을 감소시킨다.
③ 연료가 막혔을 때 압력을 조절한다.
④ 연료를 분사한다.

09 가솔린 기관에서 연료펌프 내의 체크 밸브가 열린 채로 고장이 났을 때를 설명한 것 중 틀린 것은?
① 시동이 걸리지 않는다.
② 주행성능에 영향은 없다.
③ 연료탱크 내에 설치되어 있다.
④ 연료펌프에 무리가 가지는 않는다.

10 전자제어 연료장치에서 기관이 정지한 후 연료압력이 급격히 저하되는 원인에 해당되는 것은?
① 연료 필터가 막혔을 때
② 연료 펌프의 체크 밸브가 불량할 때
③ 연료의 리턴 파이프가 막혔을 때
④ 연료 펌프의 릴리프 밸브가 불량할 때

11 가솔린 기관에서 흡기다기관 내의 압력 변화에 대응하여 연료 분사량을 일정하게 유지하기 위해서 인젝터에 걸리는 연료 압력을 일정하게 조절하는 것은?
① 릴리프 밸브   ② MAP 센서
③ 압력 조절기   ④ 체크 밸브

12 전자제어기관 연료 분사장치에서 흡기 다기관의 진공도가 높을 때 연료압력 조정기에 의해 조정되는 파이프라인의 연료 압력은?
① 일정하다.
② 높다.
③ 기준압력 보다 낮아진다.
④ 기준압력 보다 높아진다.

13 전자제어 엔진의 연료압력이 높아지는 원인으로 가장 거리가 먼 것은?
① 연료 리턴 라인의 막힘
② 연료펌프의 첵밸브 고장
③ 연료압력조절기의 진공누설
④ 연료압력조절기의 고장

---

07. 연료 펌프 부품의 기능
① **사일런서** : 외장형 롤러 펌프의 송출구에 설치되어 있으며, 펌프에서 송출되는 연료의 압력은 맥동적으로 송출되므로 연료의 출구를 오리피스 통로로 만들고 여기에 다이어프램과 스프링을 설치하여 연료의 맥동을 흡수하고 소음을 방지하는 역할을 한다.
② **체크 밸브** : 연료 라인에 잔압을 유지, 베이퍼 로크 방지, 엔진 재시동성을 향상시키는 역할을 한다.
③ **안전 밸브** : 연료 라인 내의 압력이 규정 압력 이상으로 상승하는 것을 방지하는 역할을 한다.
08. 연료 펌프 내부의 체크 밸브는 연료 라인에 잔압을 유지하여 베이퍼 로크 방지하고 엔진의 재시동성을 향상시킨다.
09. 연료펌프 내의 체크 밸브는 연료의 압송이 정지되었을 때 연료계통 내에 잔압을 유지시켜 고온에서 베이퍼록을 방지하고 엔진의 재시동성을 높여 주는 역할을 한다. 그러나 고장이 난 경우라도 엔진은 시동이 이루어진다.
11. 연료 압력 조절기는 인젝터에 가해지는 연료의 압력을 흡기 다기관의 진공도에 대하여 2.2~2.6kgf/cm²의 차이를 유지시켜 연료의 분사 압력을 항상 일정하게 유지시킨다.
13. 연료펌프의 체밸브가 고장나면 잔압 유지가 불량해지므로 연료 압력이 낮아진다.

07.③ 08.① 09.① 10.② 11.③ 12.③
13.②

14. 전자제어 가솔린 분사장치의 연료계통에서 연료 압력이 규정보다 낮은 압력을 유지하고 있을 때 발생될 수 있는 현상과 가장 거리가 먼 것은?
   ① 베이퍼 로크 발생
   ② 재시동성 불량
   ③ 연료 분사량 변화
   ④ 맥동 및 소음 발생

15. 간접 분사방식의 MPI(multi Point Injection) 연료 분사장치에서 인젝터가 설치되는 곳은?

   ① 각 실린더 흡입밸브 전방
   ② 서지 탱크(Surge Tank)
   ③ 스로틀보디(Throttle Body)
   ④ 연소실 중앙

16. 전자제어 연료분사장치의 인젝터는 무엇에 의해서 연료를 분사하는가?
   ① 연료펌프의 송출압력
   ② ECU의 분사신호
   ③ 플런저의 상승
   ④ 냉각수 수온센서의 신호

17. 전자제어 가솔린 분사기관에 냉시동용 인젝터가 설치된 목적은?
   ① 고속시 출력증대
   ② 원활한 급가속
   ③ 저온 시동성 향상
   ④ 배기가스 정화대책

18. 전자제어 연료분사 장치에서 인젝터를 설명한 것 중 틀린 것은?
   ① 플런저 : 니들 밸브를 누르고 있다가 ECU 신호에 의해 작동된다.
   ② 솔레노이드 : ECU 신호에 의해 전자석이 된다.
   ③ 니들 밸브 : 연료 압력을 일정하게 유지시킨다.
   ④ 배선 커넥터 : 솔레노이드에 ECU로부터 신호를 연결하여 준다.

19. 전자제어 엔진에서 인젝터의 점검 방법이 아닌 것은?
   ① 인젝터 코일 저항 측정
   ② 인젝터 작동 음 확인
   ③ 인젝터 분사상태 확인
   ④ 인젝터 작동온도 측정

20. 전자제어 연료 분사장치에서 인젝터의 상태를 점검하는 방법에 속하지 않는 것은?

   ① 분해하여 점검한다.
   ② 인젝터의 작동음을 듣는다.
   ③ 인젝터의 작동시간을 측정한다.
   ④ 인젝터의 분사량을 측정한다.

---

16. 전자제어 연료 분사장치의 인젝터는 ECU의 제어신호(분사신호)를 받아 연료를 분사하게 된다.
17. 냉시동용(콜드 스타트) 인젝터
   ① 한냉시 엔진을 시동할 때 연료를 일정 시간 동안 추가적으로 분사시켜 시동성을 향상시킨다.
   ② 엔진 시동에서부터 냉각수 온도 40℃ 까지 연료를 추가로 분사시킨다.
   ③ 엔진의 냉간 운전 상태가 안정되도록 한다.
   ④ 엔진의 냉각수 온도에 의해 작동되는 서모 타임 스위치에 의해 제어된다.
   ⑤ 솔레노이드 코일, 플런저, 플런저 스프링, 와류 노즐로 구성되어 있다.
18. 니들 밸브는 ECU의 신호에 의해 분공을 열어 연료를 분사시킨다.

14.④ 15.① 16.② 17.③ 18.③ 19.④ 20.①

21 인젝터의 저항을 측정하는데 가장 적합한 측정 장비는 다음 중 어느 것인가?

① 아날로그 멀티테스터
② 테스터 램프
③ 디지털 멀티테스터
④ 메가 테스터

22 다음 그림의 전자제어 연료분사장치의 인젝터 파형이다. ①~④의 설명으로 틀린 것은?

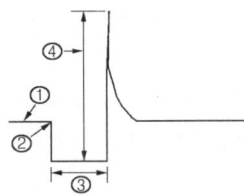

① ① : 인젝터 구동 전압을 나타낸다.
② ② : 인젝터를 구동시키기 위한 트랜지스터의 OFF 상태를 나타낸다.
③ ③ : 인젝터 구동 시간 (연료 분사시간)을 나타낸다.
④ ④ : 인젝터 코일의 자장 붕괴시 역기전력을 나타낸다.

23 전자제어 엔진에서 인젝터의 고장으로 발생될 수 있는 현상 중 가장 거리가 먼 것은?

① 연료소모 증가　② 출력 증가
③ 가속력 감소　　④ 공회전 부조

2. 디젤연료장치

01 디젤기관이 가솔린 기관에 비해 좋은 점은?

① 가속성이 좋다.
② 제작비가 적게 든다.
③ 열효율이 높다.
④ 운전이 정숙하다.

02 디젤기관과 비교한 가솔린 기관의 장점이라고 할 수 있는 것은?

① 기관의 단위 출력당 중량이 적다.
② 열효율이 높다.
③ 대형화 할 수 있다.
④ 연료 소비량이 적다.

03 가솔린기관과 비교하여 디젤기관의 장점은?

① 열효율이 높고 연료소비량이 적다.
② 기관의 단위 출력당 중량이 가볍다.
③ 운전 중 소음이 비교적 적다.
④ 기관의 압축비가 낮다.

04 디젤기관의 예열장치에서 연소실 내의 압축공기를 직접 예열하게 되는 형식을 무엇이라 하는가?

① 흡기 가열식　② 흡기 히터식
③ 예열 플러그식　④ 히터 레인지식

---

22. 그림에서 ②의 부분은 인젝터를 구동시키기 위한 트랜지스터의 ON 상태를 나타낸다.
23. 인젝터의 니들 밸브가 열려 있는 상태로 고장이 난 경우는 흡입 밸브의 개폐에 관계없이 연료가 계속 공급되며, 닫혀 있는 상태로 고장이 난 경우는 연료가 분사되지 않는다. 따라서 엔진의 출력은 감소된다.
01. **디젤 기관의 장점**
　① 제동 열효율이 높다.
　② 신뢰성이 크고 대형화할 수 있다.
　③ 엔진 회전의 전부분에 걸쳐 회전력이 크다.
　④ 연료 소비율이 적다.
　⑤ 연료의 인화점이 높아 화재의 위험이 적다.
　⑥ 배기가스의 유해 성분이 적다.
04. ① **예열 플러그식** : 연소실에 흡입된 공기를 직접 가열하는 방식
　② **흡기 가열식** : 흡입되는 공기를 예열하여 실린더에 공급한다.

21.③ 22.② 23.②
01.③ 02.① 03.① 04.③

05 디젤기관에서 감압장치의 설치 목적에 적합하지 않는 것은?
① 겨울철 오일의 점도가 높을 때 시동을 용이 하게 하기 위해서이다.
② 기관의 점검 조정 및 고장 발견시에 활용하기도 한다.
③ 흡입밸브나 배기밸브를 작용하여 감압한다.
④ 흡입효율 높여 압축압력을 크게 하는데 작용시킨다.

06 디젤기관 연소실의 구비조건 중 틀린 것은?

① 연소시간이 짧을 것
② 열효율이 높을 것
③ 평균유효 압력이 낮을 것
④ 노크가 적을 것

07 디젤기관 연소실 중 단실식에 속하는 것은?

① 직접분사실식
② 예연소실식
③ 와류실식
④ 공기실식

08 디젤기관의 연소실 중 직접 분사식의 장점은?
① 분사펌프·분사노즐의 수명이 길다.
② 공기의 와류가 강하다.
③ 노크를 일으키지 않는다.
④ 열효율이 높다.

09 디젤기관에서 예연소실식의 장점이 아닌 것은?
① 단공 노즐을 사용할 수 있다.
② 분사개시 압력이 낮아 연료장치의 고장이 적다.
③ 작동이 부드럽고 진동이나 소음이 적다.
④ 실린더 헤드가 간단하여 열 변형이 적다.

10 고속 디젤기관의 예연소실식 노즐 분사압력으로 맞는 것은?
① 50~80kgf/cm²
② 100~120kgf/cm²
③ 200~350kgf/cm²
④ 400~600kgf/cm²

---

05. 흡입효율을 높여 압축압력을 크게 하기 위해서 이용되는 것은 과급기이다.
06. 디젤기관 연소실의 구비조건
① 연소시간이 짧을 것
② 열효율이 높을 것
③ 평균유효 압력이 높을 것
④ 노크 발생이 적을 것
07. 디젤기관 연소실의 종류에는 단실식인 직접분사실식과 복실식인 예연소실식, 와류실식, 공기실식이 있다.
08. 직접분사식의 장점
① 실린더 헤드의 구조가 간단해 열효율이 높고, 연료소비율이 적다.
② 연소실 체적에 대한 표면적 비율이 적어 냉각손실이 적다.
③ 기관 시동이 쉽다.
09. 예연소실식의 장점
① 공기의 과잉률이 낮아 평균 유효압력이 높다.
② 주연소실 내의 압력이 비교적 낮기 때문에 운전이 정숙하다.
③ 연료의 분사 압력이 낮아 연료 장치의 고장이 적다.
④ 착화 지연이 짧다.
⑤ 사용 연료의 선택 범위가 넓다.
⑥ 부하 및 회전 속도 변화에 대하여 유연성이 있다.
10. 노즐 분사개시 압력
① 직접 분사실식 : 150~300kgf/cm²
② 예연소실식 : 100~120kgf/cm²
③ 와류실식 : 100~140kgf/cm²
④ 공기실식 : 100~140kgf/cm²
⑤ 2사이클 엔진 : 200kgf/cm²

05.④ **06.**③ **07.**① **08.**④ **09.**④ **10.**②

11 디젤기관의 분사펌프식 연료장치의 연료공급 순서가 맞는 것은?
① 연료탱크—연료 여과기—연료 공급 펌프—연료 여과기—분사펌프—고압 파이프—분사노즐—연소실
② 연료탱크—연료 여과기—연료 공급 펌프—분사펌프—연료 여과기—고압 파이프—분사노즐—연소실
③ 연료탱크—연료 공급 펌프—연료 여과기—분사펌프—연료 여과기—고압 파이프—분사노즐—연소실
④ 연료탱크—연료 여과기—연료 공급 펌프—연료 여과기—분사펌프—분사노즐—고압 파이프—연소실

12 연료 여과기에 오버플로 밸브의 기능이 아닌 것은?
① 연료여과기 내의 압력이 규정 이상으로 상승되는 것을 방지한다.
② 엘리먼트에 부하를 가하여 연료 흐름을 가속화한다.
③ 연료의 송출압력이 규정 이상으로 상승되는 것을 방지한다.
④ 연료탱크 내에서 발생된 기포를 자동적으로 배출시키는 작용도 한다.

13 디젤기관의 연료 분사장치에서 연료의 분사량을 조절하는 것은?
① 연료 여과기 ② 연료 분사노즐
③ 연료 분사펌프 ④ 연료 공급펌프

14 분사 펌프에서 분사초기의 분사시기를 일정하게 하고 분사 말기를 변화시키는 리드형은?
① 변 리드형 ② 역 리드형
③ 정 리드형 ④ 양 리드형

15 디젤기관의 분사량 제어 기구에서 분사량을 제어하기까지의 운동전달순서로 맞는 것은?
① 가속페달(가버너) → 제어래크 → 제어슬리브 → 플런저 → 제어피니언
② 가속페달(가버너) → 제어래크 → 제어피니언 → 제어슬리브 → 플런저
③ 가속페달(가버너) → 플런저 → 제어피니언 → 제어슬리브 → 제어래크
④ 가속페달(가버너) → 제어슬리브 → 제어피니언 → 제어래크 → 플런저

16 디젤기관에서 연료 분사펌프의 거버너는 어떤 작용을 하는가?
① 분사압력을 조정한다.
② 분사시기를 조정한다.
③ 착화시기를 조정한다.
④ 분사량을 조정한다.

17 디젤기관에서 부하변동에 따라 분사량의 증감을 자동적으로 조정하여 제어래크에 전달하는 장치는?
① 플런저 펌프 ② 분사노즐
③ 조속기 ④ 분사펌프

---

14. 리드의 종류
① **정 리드형 플런저**: 분사 초기의 분사시기는 일정하고 분사 말기는 변화되는 플런저이다.
② **역 리드형 플런저**: 분사 초기의 분사시기는 변화되고 분사말기는 일정한 플런저이다.
③ **양 리드형 플런저**: 분사 초기와 분사 말기가 모두 변화되는 플런저이다.

16. 조속기(거버너)는 엔진의 회전속도나 부하 변동에 따라 자동적으로 연료의 분사량을 조정하여 최고 회전속도를 제어하고 저속운전을 안정시키는 역할을 한다.

11.① 12.② 13.③ 14.③ 15.②
16.④ 17.③

18 다음 중 앵글라이히 장치의 작용에 대한 설명으로 가장 적합한 것은?
① 제어래크의 위치를 변경시켜 분사량을 적게 한다.
② 동일한 제어래크의 위치에서 기관의 흡입 공기에 알맞은 연료를 분사한다.
③ 제어래크의 위치를 변경시켜 분사량을 크게 한다.
④ 막판의 위치를 조정하여 분사량을 알맞게 한다.

19 디젤기관에서 기계식 독립형 연료 분사펌프의 분사시기 조정방법으로 맞는 것은?
① 거버너의 스프링을 조정
② 랙과 피니언으로 조정
③ 피니언과 슬리브로 조정
④ 펌프와 타이밍 기어의 커플링으로 조정

20 디젤기관에서 딜리버리 밸브 작용에 대한 설명으로 틀린 것은?
① 연료의 역류를 방지한다.
② 고압파이프 안의 잔압을 유지한다.
③ 분사압력을 조절하는 밸브이다.
④ 연료분사시 후적을 방지한다.

21 디젤 분사펌프 시험기(Injection Pump Tester)로 시험할 수 있는 사항은?
① 후적 ② 분사초기압력
③ 분사량 ④ 분무상태

22 디젤기관 분사펌프 시험기에 의하여 시험할 수 없는 사항은?
① 연료의 분사시기 측정 및 조정
② 연료 분사량의 측정과 분사량
③ 조속기 작동 시험과 조정
④ 연료 공급펌프의 공급량 시험

23 일반적으로 전부하 운전에서 디젤기관 분사펌프의 분사량 불균율 허용범위는 어느 정도인가?
① ±1.5% ② ±2.0%
③ ±3.0% ④ ±6%

24 디젤기관에서 분사노즐의 작용은?
① 고압의 공기를 연소실에 분사한다.
② 고압의 연료를 연소실에 분사한다.
③ 연료의 분사 시기를 조정한다.
④ 기관 회전속도에 따른 연료의 양을 조정한다.

25 디젤연료 공급장치에서 연료분사 압력조정은 어느 구성부품에서 하는가?
① 연료 공급펌프 ② 연료 여과기
③ 배출 밸브 ④ 노즐 홀더

---

18. 앵글라이히 장치의 작용은 동일한 제어래크의 위치에서 기관의 흡입 공기에 알맞은 연료를 분사한다.
19. 기계식 독립형 연료 분사펌프(보쉬형)의 분사시기 조정은 타이밍 기어의 커플링 고정 볼트를 풀고 기어의 회전 방향으로 이동시키면 분사시기가 늦어지고 회전 반대 방향으로 이동시키면 분사시기가 빨라진다.
20. 디젤기관에서 연료 분사압력은 노즐의 압력 조정스크루 또는 심을 이용하여 조정한다.
21. 후적, 분사초기의 압력 및 분무상태의 점검은 분사노즐 테스터를 이용하여 점검할 수 있다.
22. 분사펌프 시험기에 의하여 시험할 수 있는 사항
① 연료의 분사시기 측정 및 조정
② 연료 분사량의 측정과 분사량
③ 조속기 작동 시험과 조정
23. 일반적으로 전부하 운전에서 디젤기관 분사펌프의 분사량 불균율 허용범위는 ±3.0%정도이다.
24. 분사노즐의 작용은 고압의 연료를 연소실에 분사한다.
25. 디젤연료 공급장치에서 연료분사 압력조정은 노즐 홀더에서 한다.

18.② 19.④ 20.③ 21.③ 22.④ 23.③ 24.② 25.④

26 디젤 기관의 연료 분사 조건으로 부적당한 것은?

① 무화가 잘 되고, 분무의 입자가 작고 균일할 것
② 분무가 잘 분산되고, 부하에 따라 필요한 양을 분사할 것
③ 분사의 시작과 끝이 확실하고, 분사시기, 분사량 조정이 자유로울 것
④ 회전속도와 관계없이 일정한 시기에 분사할 것

27 연료분사에 필요한 조건으로 틀린 것은?

① 무화   ② 분포
③ 조정   ④ 관통

28 디젤 기관의 연료 분무형성과 관계있는 것은?

① 관통력과 무화   ② 직진성과 노크
③ 착화성과 무화   ④ 분포성과 직진성

29 디젤엔진에서 개방형 분사노즐의 장점과 관련이 없는 것은?

① 노즐 스프링, 니들 밸브 등 운동부분이 없다.
② 분사 파이프 내에 공기가 머물지 않는다.
③ 분사 시작 때의 무화 정도가 낮다.
④ 구조가 간단하다.

30 디젤기관 구멍형 노즐의 특징이 아닌 것은?

① 연료 소비율이 적다.
② 연료의 무화가 좋다.
③ 기관의 시동이 쉽다.
④ 연료 분사개시 압력이 비교적 낮다.

31 디젤기관의 분사노즐에 대한 시험 항목이 아닌 것은?
① 연료의 분사량   ② 연료의 분사각도
③ 연료의 분무상태   ④ 연료의 분사압력

32 다음 중 분사노즐이 과열되는 원인이 아닌 것은?

① 분사시기의 틀림
② 분사량의 과다
③ 과부하에서의 연속운전
④ 노즐 냉각기의 불량

---

26. **연료 분사의 조건**
   ① 무화가 양호하고 분무가 잘 분산될 것
   ② 분무의 입자가 작고 균일할 것
   ③ 분사의 시작과 끝이 확실할 것
   ④ 부하에 따라 필요한 양을 분사할 것
   ⑤ 분사시기 및 분사량의 조정이 자유로울 것
27. **연료 분무 형상의 조건**
   ① 무화가 좋을 것.   ② 관통도가 있을 것.
   ③ 분포가 좋을 것.   ④ 분산도가 알맞을 것.
   ⑤ 분사율과 노즐 유량 계수가 적당할 것.
29. **개방형 분사노즐의 장점**
   ① 압력 스프링 및 니들 밸브 등의 운동 부분이 없기 때문에 고장이 없다.
   ② 분공이 항상 열려 있기 때문에 공기 유입에 의한 고장이 없다.
   ③ 구조가 간단하고 가격이 저렴하다.
   • **개방형 분사노즐의 단점**
   ① 분사 초 및 분사 말기에 연료의 무화가 불량하다.
   ② 분사 종료 후 연료를 차단할 수 없어 후적 연소가 발생된다.
   ③ 니들밸브가 없기 때문에 연료의 분사 압력에 변화가 크다.
30. **구멍형 노즐의 특징**
   ① 연료 소비율이 적다.   ② 연료의 무화가 좋다.
   ③ 기관의 시동이 쉽다.
   ④ 연료 분사개시 압력이 비교적 높다.
31. 연료 분사펌프 테스터기를 이용하여 연료의 분사시기, 연료 분사량의 불균율 등을 점검한다.
32. 분사노즐이 과열되는 원인은 분사시기의 틀림, 분사량의 과다, 과부하에서의 연속운전 등이다.

26.④ 27.③ 28.① 29.③ 30.④ 31.①
32.④

33. 디젤기관에서 분사시기가 빠를 때 일어나는 원인 중 틀린 것은?
   ① 배기가스의 색이 흑색이며, 그 양도 많아진다.
   ② 노크 현상이 일어난다.
   ③ 배기가스의 색이 백색이 된다.
   ④ 저속회전이 잘 안 된다.

34. 디젤기관의 진동 원인에 해당 되지 않는 것은?
   ① 연료공급 계통에 공기가 침입되었다.
   ② 크랭크축의 무게가 평형하다.
   ③ 분사량 분사시기 및 분사 압력이 틀려져 있다.
   ④ 다기통 기관에서 어느 한 개의 분사노즐이 막혔다.

35. 디젤기관의 해체 정비시기와 가장 관계가 없는 것은?
   ① 연료소비량   ② 윤활유 소비량
   ③ 압축비   ④ 압축 압력

36. 디젤기관의 분사시기, 회전속도를 점검하기 위하여 타이밍 라이트(Timing Light)를 사용한다. 이때 타이밍 라이트 시험기의 배선 연결 방법이 맞는 것은?
   ① 축전지와 배선 케이블, 접지
   ② 축전지와 1번 분사노즐 파이프, 접지
   ③ 축전지와 1번 점화 플러그 케이블, 접지
   ④ 2번 분사노즐 파이프와 축전지 케이블, 접지

37. 디젤 커먼레일 엔진의 구성부품이 아닌 것은?
   ① 인젝터   ② 커먼레일
   ③ 분사펌프   ④ 연료 압력 조정기

3. LPG연료장치

01. LPG 기관의 장점이 아닌 것은?
   ① 연료 분사펌프가 있다.
   ② 대기 오염이 적다.
   ③ 경제성이 좋다.
   ④ 엔진오일의 수명이 길다.

02. 가솔린 자동차와 비교한 LP가스를 사용하는 자동차에 대한 설명으로 틀린 것은?
   ① 동절기에는 연료 결빙으로 인하여 부탄만을 사용한다.
   ② 동절기에는 시동성능이 떨어진다.
   ③ 저속에서는 기관출력이 문제되지 않는다.
   ④ 기관 오일의 점도가 높은 것을 사용한다.

---

33. 디젤기관의 연료 분사시기가 빠르면
   ① 노크를 일으키고, 노크 음이 강하다.
   ② 배기가스의 색이 흑색이며, 그 양도 많아진다.
   ③ 기관의 출력이 저하된다.
   ④ 저속회전이 잘 안 된다
35. 디젤기관의 해체 정비 시기
   ① 연료소비량 : 표준 값의 60%이상인 경우
   ② 윤활유 소비량 : 표준 값의 50%이상인 경우
   ③ 압축압력 : 규정 값의 70%이하인 경우
37. 커먼레일 엔진은 고압 펌프로 압송된 연료가 축압장치(accumulator 또는 rail)를 경유하여 인젝터에서 분사되는 시스템으로 응답성이 높은 인젝터, 커먼레일, 연료압력 조정기와 분사를 독립적으로 제어하는 전자제어 시스템으로 구성되어 있다.
01. LPG 기관의 장점
   ① 엔진의 작동이 정숙하다. ② 경제성이 좋다.
   ③ 엔진 오일의 수명이 길다.④ 대기 오염이 적다.
02. 자동차에서 사용하는 LPG는 여름에는 100% 부탄을, 겨울에는 부탄 70%와 프로판 30%의 혼합물을 사용한다.

33.③ 34.② 35.③ 36.② 37.③
01.① 02.①

03 LP가스를 사용하는 자동차의 설명으로 틀린 것은?
① 실린더 내 흡입공기의 저항이 발생하면 축 출력손실이 가솔린기관에 비해 더 크다.
② 일반적으로 NOx의 배출가스는 가솔린 기관에 비해 많다.
③ LP가스는 영하의 온도에서 기화되지 않는다.
④ 탱크는 밀폐식으로 되어 있다.

04 LPG 연료장치가 장착된 자동차의 설명 중 틀린 것은?
① 점화시기는 가솔린 차의 정규 위치보다 앞당길 수 있다.
② 가스누설 개소는 액체 패킹이나 LPG 전용 시일 테이프(seal tape)로 막는다.
③ 가스압력은 최저 1kgf/cm²가 유지될 수 있도록 100%의 프로판으로 되어있는 연료가 적당하다.
④ 점화플러그는 가솔린 차에 비하여 장시간 사용할 수 있다.

05 자동차용 LPG 연료의 특성이 아닌 것은?
① 연소효율이 좋고, 엔진이 정숙하다.
② 엔진 수명이 길고, 오일의 오염이 적다.
③ 대기오염이 적고, 위생적이다.
④ 옥탄가가 낮으므로 연소 속도가 빠르다.

06 LPG 연료 차량의 주요 구성장치가 아닌 것은?(단, LPI 는 제외한다.)
① 베이퍼라이저(vaporizer)
② 연료여과기(fuel filter)
③ 믹서(mixer)
④ 연료펌프(fuel pump)

07 LPG 기관에서 연료공급 경로로 맞는 것은?
① 연료탱크 → 솔레노이드 밸브 → 베이퍼라이저 → 믹서
② 연료탱크 → 베이퍼라이저 → 솔레노이드 밸브 → 믹서
③ 연료탱크 → 베이퍼라이저 → 믹서 → 솔레노이드 밸브
④ 연료탱크 → 믹서 → 솔레노이드 밸브 → 베이퍼라이저

---

03. LP가스를 사용하는 자동차의 특징
① 실린더 내 흡입공기의 저항이 발생하면 축 출력 손실이 가솔린 기관에 비해 더 크다.
② 일반적으로 NOx의 배출가스는 가솔린기관에 비해 많다.
③ 겨울철용 LPG는 부탄 70%, 프로판 30%의 혼합물을 사용하여 겨울에도 기화가 원활하게 되도록 한다.
④ 연료탱크는 밀폐식으로 되어 있다.

05. LPG 연료의 특성
① 옥탄가가 높고 연소 속도가 느리기 때문에 노킹이 적다.
② 혼합기가 가스 상태로 실린더에 공급되기 때문에 연소 효율이 좋고 엔진이 정숙하다.
③ 오일의 희석이나 오염이 적다.
④ 대기오염이 적고 위생적이다. ⑤ 엔진의 수명이 길다.
◈ **LPG 연료의 단점**
① 연료의 보급이 불편하고 트렁크의 사용 공간이 협소하다.
② 한냉시 또는 장시간 정차시에 증발 잠열 때문에 시동이 곤란하다.
③ 연료 탱크를 고압 용기로 사용하기 때문에 차량의 중량이 증가한다.

06. LPG 구성품의 기능
① 봄베 : 주행에 필요한 연료를 저장하는 고압용 탱크
② 솔레노이드 스위치 : 운전석에서 연료의 송출 및 차단하는 전자석 밸브.
③ 프리히터 : 냉각수의 열을 이용하여 증발 잠열을 공급.
④ 베이퍼라이저 : 봄베에서 공급된 연료의 압력을 감압하여 기화시킨다.
⑤ 믹서 : 공기와 LPG 를 혼합하여 각 실린더에 공급하는 역할을 한다.
⑥ 슬로 컷 솔레노이드 밸브 : 엔진이 가동 중일 때 컴퓨터에 의해 제어되며, 1차 감압실의 LPG를 저속 라인을 통해 믹서로 공급하는 역할을 한다.
⑦ 긴급차단 솔레노이드 밸브 : 급감속시 컴퓨터의 제어 신호에 의해 연료를 일시적으로 차단하여 공연비를 조절하는 역할을 한다.

03.③ 04.③ 05.④ 06.④ 07.①

08 LPG 장치에서 가스 탱크의 압력은 얼마 정도로 유지하면 좋은가?
① 1~2kgf/cm² ② 2~5kgf/cm²
③ 4~7kgf/cm² ④ 7~10kgf/cm²

09 LP가스를 사용하는 자동차에서 차량전복으로 인하여 파이프가 손상시 용기 내 LP가스 연료를 차단하기 위한 역할을 하는 것은?
① 영구 자석 ② 과류방지 밸브
③ 체크 밸브 ④ 감압 밸브

10 LP가스를 사용하는 자동차의 봄베와 관련된 사항으로 틀린 것은?
① 용기의 도색은 회색으로 한다.
② 안전밸브에서 분출된 가스는 대기중으로 방출되는 구조로 되어 있다.
③ 안전밸브는 용기 내부의 기상부에 설치되어 있다.
④ 봄베 보디에 베이퍼라이저가 설치되어 있다.

11 LPG 기관에서 액체를 기체로 변화시켜 주기 위한 목적으로 된 장치로 맞는 것은?
① 솔레노이드 스위치
② 베이퍼라이저
③ 봄베
④ 프리히터

12 LPG차량의 연료 계통에서 가솔린 엔진의 기화기 역할을 하며 감압, 기화 및 압력조절작용을 하는 것은?
① 솔레노이드 밸브(solenoid valve)
② 믹서(mixer)
③ 베이퍼라이저(vaporizer)
④ 봄베(bombe)

13 LPG 연료장치에서 베이퍼라이저의 역할이 아닌 것은?
① 기화 ② 무화
③ 감압 ④ 압력조절

14 LPG 연료 장치 차량에서 LPG를 대기압에 가깝게 감압하는 장치는?
① 1차 감압실
② 2차 감압실
③ 부압실
④ 기동 솔레노이드 밸브

---

09. 과류 방지 밸브
① 배출 밸브의 내측에 설치되어 있다.
② 배관 등이 파손되어 연료가 과도하게 흐르면 밸브가 닫힌다.
③ 송출 압력에 의해 밸브가 닫혀 연료의 유출을 방지한다.

10. 베이퍼라이저는 믹서와 전자밸브 사이에 설치되어 봄베에서 공급된 연료의 압력을 감압하고 일정한 압력으로 유지시켜 엔진에서 변화되는 부하의 증감에 따라 기화량을 조절한다. 베이퍼라이저는 수온 스위치, 스타터 솔레노이드 밸브, 1차 감압실, 2차 감압실, 진공 록 체임버 등으로 구성되어 있다.

12. 베이퍼라이저는 믹서와 전자밸브 사이에 설치되어 봄베에서 공급된 연료의 압력을 감압하고 일정한 압력으로 유지시켜 엔진에서 변화되는 부하의 증감에 따라 기화량을 조절한다. 베이퍼라이저는 수온 스위치, 스타터 솔레노이드 밸브, 1차 감압실, 2차 감압실, 진공 록 체임버 등으로 구성되어 있다.

13. 베이퍼라이저의 역할
① 봄베에서 공급된 연료의 압력을 감압하여 기화시킨다.
② 일정한 압력으로 유지시켜 엔진에서 변화되는 부하의 증감에 따라 기화량을 조절한다.
③ 수온 스위치, 스타터 솔레노이드 밸브, 1차 감압실, 2차 감압실, 진공 록 챔버 등으로 구성되어 있다.

14. ① **1차 감압실** : 하나의 벽을 사이에 두고 위쪽에 LPG 통로, 아래쪽에 냉각수 통로가 설치되어 있다.
② **2차 감압실** : 1차 감압실에서 0.3kgf/cm²로 감압된 LPG를 대기압에 가깝게 감압한다.
③ **부압실** : 흡기 다기관의 진공에 의해 2차 페이스 밸브를 열거나 닫는 역할을 한다.
④ **기동 솔레노이드 밸브** : 냉각수 온도가 15℃ 이상인 상태에서 엔진 시동시 추가로 연료를 공급한다.

08.④ **09.**② **10.**④ **11.**② **12.**③ **13.**②
14.②

15 LP가스를 사용하는 자동차에서 베이퍼라이저 2차실의 구성에 해당되는 것은?

① 압력 조정기구
② 압력 밸런스 기구
③ 조정기구
④ 공연비 제어기구

16 LPG기관에서 연료가 기체 상태로 존재하는 부품은?

① LPG 용기
② 믹서
③ 베이퍼라이저 연료입구
④ 고압파이프

17 LPG차량에서 믹서의 스로틀밸브 개도량을 감지하여 ECU에 신호를 보내는 것은?

① 아이들 업 솔레노이드
② 대시포트
③ 공전속도 조절밸브
④ 스로틀 위치 센서

18 LPG 기관을 시동하여 냉각수 온도가 낮은 상태에서 무부하 고속회전을 하였을 때 나타날 수 있는 현상으로 가장 부적합한 것은?

① 증발기(Vaporizer)의 동결현상이 생긴다.
② 가스의 유동 정지 현상이 발생 한다.
③ 혼합가스가 과농 상태로 된다.
④ 기관의 시동이 정지될 수 있다.

---

15. 2차 감압실은 2차 페이스 밸브, 진공 로크 다이어프램, 진공 로크 다이어프램 스프링, 진공 체임버, 2차 다이어프램, 2차 다이어프램 스프링, 공연비 제어기구(공전 혼합비 조정스크루) 등으로 구성되어 있다.

16. LPG 구성품의 기능
① **봄베** : 주행에 필요한 연료를 저장하는 고압용 탱크이다.
② **솔레노이드 스위치** : 운전석에서 연료의 송출 및 차단하는 전자석 밸브이다.
③ **프리히터** : 냉각수의 열을 이용하여 증발 잠열을 공급한다.
④ **베이퍼라이저** : 봄베에서 공급된 연료의 압력을 감압하여 기화시킨다.
⑤ **믹서** : 공기와 기화된 LPG 를 혼합하여 각 실린더에 공급하는 역할을 한다.

17. 스로틀 위치 센서는 스로틀 밸브 축에 설치되어 있는 가변저항으로 스로틀 밸브의 개도량을 감지하여 컴퓨터에 보내는 역할을 한다.

18. LPG 기관의 경우 겨울철 냉각수온이 낮은 상태에서 무부하 고속회전을 하게 되면 희박한 상태의 혼합가스가 공급되기 때문에 정상온도에서 보다 출력이 낮을 수 있다.

15.④ 16.② 17.④ 18.③

4. CNG 연료장치

01 CNG 기관의 분류에서 자동차에 연료를 저장하는 방법에 따른 분류가 아닌 것은?
① 압축 천연가스(CNG) 자동차
② 액화 천연가스(LNG) 자동차
③ 흡착 천연가스(ANG) 자동차
④ 부탄가스 자동차

02 CNG 기관의 장점에 속하지 않는 것은?
① 매연이 감소된다.
② 이산화탄소와 일산화탄소 배출량이 감소한다.
③ 낮은 온도에서의 시동성능이 좋지 못하다.
④ 기관 작동 소음을 낮출 수 있다.

03 다음 중 천연가스에 대한 설명으로 틀린 것은?
① 상온에서 기체 상태로 가압 저장한 것을 CNG라고 한다.
② 천연적으로 채취한 상태에서 바로 사용할 수 있는 가스 연료를 말한다.
③ 연료를 저장하는 방법에 따라 압축 천연가스 자동차, 액화 천연가스 자동차, 흡착 천연가스 자동차 등으로 분류된다.
④ 천연가스의 주성분은 프로판이다.

04 자동차 연료로 사용하는 천연가스에 관한 설명으로 맞는 것은?
① 약 200기압으로 압축시켜 액화한 상태로만 사용한다.
② 부탄이 주성분인 가스 상태의 연료이다.
③ 상온에서 높은 압력으로 가압하여도 기체 상태로 존재하는 가스이다.
④ 경유를 착화보조 연료로 사용하는 천연가스 자동차를 전소기관 자동차라 한다.

05 압축 천연가스를 연료로 사용하는 기관의 특성으로 틀린 것은?
① 질소산화물, 일산화탄소 배출량이 적다.
② 혼합기 발열량이 휘발유나 경유에 비해 좋다.
③ 1회 충전에 의한 주행거리가 짧다.
④ 오존을 생성하는 탄화수소에서의 점유율이 낮다.

---

01. 자동차에 연료를 저장하는 방법에 따라 압축 천연가스(CNG) 자동차, 액화 천연가스(LNG) 자동차, 흡착 천연가스(ANG) 자동차 등으로 분류된다.
02. CNG 기관의 장점은 ①, ②, ④항 이외에 낮은 온도에서의 시동 성능이 좋다.
03. 천연가스에 대한 설명은 ①, ②, ③항 이외에 천연가스는 메탄이 주성분인 가스 상태이며, 상온에서 고압으로 가압하여도 기체 상태로 존재하므로 자동차에서는 약 200기압으로 압축하여 고압용기에 저장하거나 액화 저장하여 사용한다.
05. CNG 기관의 특징
① 디젤 기관과 비교하였을 때 매연이 100% 감소된다.
② 가솔린 기관과 비교하였을 때 이산화탄소 20~30%, 일산화탄소가 30~50% 감소한다.
③ 낮은 온도에서의 시동성능이 좋다.
④ 옥탄가가 130으로 가솔린의 100보다 높다.
⑤ 질소산화물 등 오존영향 물질을 70%이상 감소시킬 수 있다.
⑥ 기관 작동소음을 낮출 수 있다.
⑦ 오존을 생성하는 탄화수소에서의 점유율이 낮다.
⑧ 1회 충전에 의한 주행거리가 짧다.

01.④ **02.**③ **03.**④ **04.**③ **05.**②

06 압축 천연가스(CNG) 자동차에 대한 설명으로 틀린 것은?
① 연료라인 점검 시 항상 압력을 낮춰야 한다.
② 연료누출 시 공기보다 가벼워 가스는 위로 올라간다.
③ 시스템 점검 전 반드시 연료 실린더 밸브를 닫는다.
④ 연료 압력 조절기는 탱크의 압력보다 약 5bar가 더 높게 조절한다.

07 압축 천연가스(CNG)의 특징으로 거리가 먼 것은?
① 전 세계적으로 매장량이 풍부하다.
② 옥탄가가 매우 낮아 압축비를 높일 수 없다.
③ 분진 유황이 거의 없다.
④ 기체 연료이므로 엔진 체적효율이 낮다.

08 전자제어 압축천연가스(CNG) 자동차의 기관에서 사용하지 않는 것은?
① 연료 온도 센서
② 연료 펌프
③ 연료압력 조절기
④ 습도 센서

09 CNG 기관에서 사용하는 센서가 아닌 것은?
① 가스 압력 센서
② 베이퍼라이저 센서
③ CNG 탱크 압력 센서
④ 가스 온도 센서

10 CNG(Compressed Natural Gas) 엔진에서 가스의 역류를 방지하기 위한 장치는?
① 체크 밸브
② 에어 조절기
③ 저압 연료 차단 밸브
④ 고압 연료 차단 밸브

11 CNG 자동차에서 가스 실린더 내 200bar의 연료압력을 8~10bar로 감압시켜주는 밸브는?
① 마그네틱 밸브
② 저압 잠금 밸브
③ 레귤레이터 밸브
④ 연료양 조절 밸브

---

06. 연료 압력 조절기는 고압 차단 밸브와 열 교환 기구 사이에 설치되며, CNG 탱크 내 200bar의 높은 압력의 천연가스를 기관에 필요한 8bar로 감압 조절한다. 압력 조절기 내에는 높은 압력의 가스가 낮은 압력으로 팽창되면서 가스 온도가 내려가므로 이를 난기 시키기 위해 기관의 냉각수가 순환하도록 되어 있다.

07. 압축 천연가스의 특징
① 디젤기관 자동차와 비교하였을 때 매연이 100% 감소된다.
② 가솔린 기관의 자동차와 비교하였을 때 이산화탄소 20~30%, 일산화탄소가 30~50% 감소한다.
③ 낮은 온도에서의 시동성능이 좋으며, 옥탄가가 130으로 가솔린의 100보다 높다.
④ 질소산화물 등 오존영향 물질을 70%이상 감소시킬 수 있다.
⑤ 기관 작동 소음을 낮출 수 있다.
⑥ 기체 연료이므로 엔진 체적효율이 낮다.

08. CNG 기관에서 사용하는 것으로는 연료 미터링 밸브, 가스 압력 센서, 가스 온도 센서, 고압 차단 밸브, 탱크 압력 센서, 탱크 온도 센서, 습도 센서, 수온 센서, 열 교환 기구, 연료 온도 조절 기구, 연료 압력 조절 기구, 스로틀 보디 및 스로틀 위치 센서(TPS), 웨이스트 게이트 제어 밸브(과급 압력 제어 기구), 흡기 온도 센서(MAT)와 흡기 압력(MAP) 센서, 스로틀 압력 센서, 대기 압력 센서, 공기 조절 기구, 가속 페달 센서 및 공전 스위치 등이다.

10. 체크 밸브는 유체의 역류를 방지하고자 할 때 사용한다.

11. 레귤레이터 밸브(Regulator valve)는 고압 차단 밸브와 열 교환 기구 사이에 설치되며, CNG탱크 내의 200bar의 높은 압력의 CNG를 기관에 필요한 8bar로 감압 조절한다. 압력 조절기 내에는 높은 압력의 가스가 낮은 압력으로 팽창되면서 가스 온도가 내려가므로 이를 난기 시키기 위해 기관의 냉각수가 순환하도록 되어 있다.

06.④ 07.② 08.② 09.② 10.① 11.③

5장 윤활 및 냉각장치 정비

5-1 윤활장치

- **윤활의 목적**
  ① 각 운동 부분의 마찰을 감소시킨다.
  ② 마찰 손실을 최소화 하여 기계효율을 향상시킨다.
  - 고체 마찰(건조 마찰) : 상대하여 운동하는 고체 사이에 발생되는 마찰.
  - 경계 마찰 : 얇은 유막으로 씌워진 두 물체 사이에서 발생되는 마찰.
  - 유체 마찰(점성 마찰) : 2개의 고체 사이에 충분한 오일량이 존재할 때 오일층 사이의 점성에 기인하는 마찰.

1 윤활유

(1) 윤활유의 분류

① SAE 분류(점도에 따른 분류)
- 봄, 가을철용 오일 : SAE 30을 사용한다.
- 여름철용 오일 : SAE 40을 사용한다.
- 겨울철용 오일 : SAE 20을 사용한다.
- 다급용 오일 : 한냉시 엔진의 시동이 쉽도록 점도가 낮고 여름철에는 유막을 유지할 수 있는 능력이 있다. 가솔린 기관은 10W-30, 디젤 기관은 20W-40을 사용한다.

② API 분류(기관 운전 상태의 가혹도에 따른 분류)
- 가솔린 기관용 오일

용 도	운 전 조 건
ML(Motor Light)	가장 좋은 운전 조건에서 사용한다.
MM(Motor Moderate)	중간 운전 조전에서 사용한다.
MS(Motor Severe)	가장 가혹한 운전 조건에서 사용한다.

- 디젤 기관용 오일

용 도	운 전 조 건
DG(Diesel General)	가장 좋은 운전 조건에서 사용한다.
DM(Diesel Moderate)	중간 운전 조전에서 사용한다.
DS(Diesel Severe)	가장 가혹한 운전 조건에서 사용한다.

③ SAE 신분류(엔진오일의 품질과 성능에 따른 분류)
- 가솔린 기관용 : SA, SB, SC, … SJ 등
- 디젤 기관용 오일 : CA, CB, CC, … CF 등

(2) 윤활유의 작용
① 감마 작용 : 강인한 유막을 형성하여 마찰 및 마멸을 방지하는 작용
② 밀봉 작용 : 고온 고압의 가스가 누출되는 것을 방지하는 작용
③ 냉각 작용 : 마찰열을 흡수하여 방열하고 소결을 방지하는 작용
④ 세척 작용 : 먼지와 연소 생성물의 카본, 금속 분말 등을 흡수하는 작용
⑤ 응력 분산 작용 : 국부적인 압력을 오일 전체에 분산시켜 평균화시키는 작용
⑥ 방청 작용 : 수분 및 부식성 가스가 침투하는 것을 방지하는 작용

(3) 윤활유가 갖추어야 할 조건
① 점도가 적당할 것　　② 청정력이 클 것
③ 열과 산에 대하여 안정성이 있을 것
④ 기포의 발생에 대한 저항력이 있을 것
⑤ 카본 생성이 적을 것　⑥ 응고점이 낮을 것
⑦ 비중이 적당할 것
⑧ 인화점 및 발화점이 높을 것

> **Reference ▶ 용어정리**
> - 점도 : 유체를 이동시킬 때 나타나는 내부 저항을 말하며, 윤활유의 가장 중요한 성질이다.
> - 유성 : 금속 마찰면에 유막을 형성하는 성질을 말한다.
> - 점도지수 : 오일이 온도 변화에 따라 점도가 변화하는 정도를 표시하는 것으로 점도지수가 높을수록 온도에 의한 점도 변화가 적다.

(4) 윤활유 공급 방법
비산식, 전압송식, 비산 압송식 등이 있으며, 현재 사용하고 있는 비산압송식의 특징은 다음과 같다.
① 크랭크 케이스(오일 팬) 내에 윤활유 양을 적게 하여도 된다.
② 베어링 면의 유압이 높으므로 항상 급유가 가능하다.
③ 각 주유 부분의 급유를 고루할 수 있다.
④ 배유관 고장이나 기름 통로가 막히면 오일 공급이 불가능해 진다.

2 윤활장치의 구성 부품

(1) 오일 팬(크랭크 케이스) : 윤활유가 담겨지는 용기이다.

(2) 펌프 스트레이너 : 오일 팬 내의 윤활유를 흡입하는 여과망으로 1차 여과작용을 하며, 오일 펌프로 오일을 유도한다.

(3) 오일 펌프 : 종류에는 기어펌프, 플런저 펌프, 베인 펌프, 로터리 펌프 등이 있다.
① 기어 펌프
- 외접 기어 펌프
- 내접 기어 펌프

- 기어가 안쪽에서 맞물려 서로 동일한 방향으로 회전하는 기어 펌프
- 크랭크 축에 의해서 직접 구동된다.

② 로터리 펌프
- 돌기가 4개인 인너 로터와 5개의 홈이 설치된 아웃 로터로 구성되어 있다.
- 로터가 편심으로 설치되어 회전할 때 체적의 변화에 의해 오일을 공급한다.

③ 베인 펌프
- 둥근 하우징에 편심으로 설치된 로터와 날개에 의해서 오일을 공급한다.
- 로터가 회전하면 체적의 변화에 의해서 오일을 송출한다.

④ 플런저 펌프
- 보디 내에 플런저, 플런저 스프링, 체크 볼 등으로 구성되어 있다.
- 캠축의 편심캠에 의해서 작동되어 맥동적으로 오일을 공급한다.

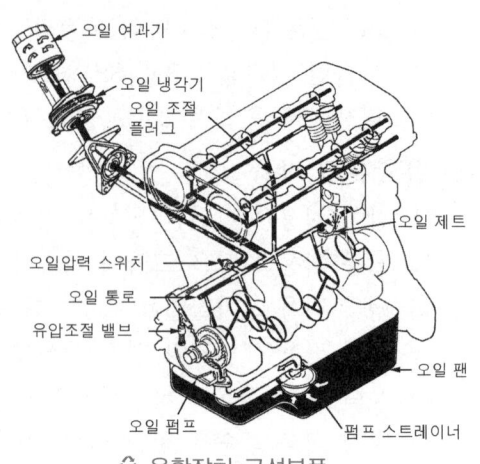

♻ 윤활장치 구성부품

(4) 오일 여과기
여과 방식에는 전류식, 분류식, 샨트식 등이 있다.
① 오일 속에 금속 분말, 연소 생성물, 수분, 등의 불순물을 여과한다.
② 오일의 송출 라인에 설치되어 항상 깨끗한 오일을 공급한다.

(5) 유압 조절밸브
① 릴리프 밸브(유압조절밸브)
- 윤활 회로 내의 유압이 과도하게 상승되는 것을 방지한다.
- 유압이 플런저 스프링의 장력보다 높아지면 오일을 바이 패스시켜 유압을 조절한다.
  - 조정 스크루를 조이면 유압이 높아진다.
  - 조정 스크루를 풀면 유압이 낮아진다.
② 바이패스 밸브 : 유압이 규정보다 높아지거나 엘리먼트가 막혔을 경우 흡입쪽의 유압에 의해 바이패스 밸브가 열려 여과되지 않은 오일이 공급된다.

(6) 유압계
① 유압계
- 오일 펌프에서 윤활 회로에 공급되는 유압을 표시한다.
- 보통 고속시에는 $6 \sim 8 kg/cm^2$ 정도이고 저속시에는 $3 \sim 4 kg/cm^2$ 정도이다.
- 종류 : 부어든 튜브식, 밸런싱 코일식, 바이메탈 서미스터식
② 유압 경고등 : 윤활 계통에 고장이 있으면 점등되는 방식이다.

(7) 크랭크 케이스 환기장치
① 자연 환기식과 강제 환기식이 있다. ② 오일의 열화를 방지한다.
③ 대기의 오염 방지와 관계한다.

3 윤활장치의 진단과 정비

(1) 기관 오일점검 방법
① 기관을 수평상태에서 한다.
② 오일량을 점검할 때는 시동을 끈 상태에서 한다.
③ 계절 및 기관에 알맞은 오일을 사용한다.
④ 오일은 정기적으로 점검, 교환한다.

(2) 오일 계통에 유압이 높아지거나 낮아지는 원인
① 유압이 높아지는 원인
- 유압 조절 밸브가 고착 되었을 때
- 유압 조절 밸브 스프링의 장력이 클 때
- 오일의 점도가 높거나 회로가 막혔을 때
- 각 마찰부의 베어링 간극이 적을 때

② 유압이 낮아지는 원인
- 오일이 희석되어 점도가 낮을 때
- 유압 조절 밸브의 접촉이 불량할 때
- 유압 조절 밸브 스프링의 장력이 작을 때
- 오일 통로에 공기가 유입 되었을 때
- 오일 펌프 설치 볼트의 조임이 불량할 때
- 오일 펌프의 마멸이 과대할 때
- 오일 통로의 파손 및 오일의 누출될 때
- 오일 팬 내의 오일이 부족할 때

(3) 오일의 소비가 증대되는 원인
① 오일이 연소되는 원인
- 오일 팬 내의 오일이 규정량 보다 높을 때
- 오일의 열화 또는 점도가 불량할 때
- 피스톤과 실린더와의 간극이 과대할 때
- 피스톤 링의 장력이 불량할 때
- 밸브 스템과 가이드 사이의 간극이 과대할 때
- 밸브 가이드 오일 실이 불량할 때

② 오일이 누설되는 원인
- 리어 크랭크 축 오일 실이 파손 되었을 때
- 프론트 크랭크 축 오일 실이 파손 되었을 때
- 오일 펌프 가스킷이 파손 되었을 때
- 로커암 커버 가스킷이 파손 되었을 때
- 오일 팬의 균열에 의해서 누출될 때
- 오일 여과기의 오일 실이 파손 되었을 때

5-2 냉각장치

1 개요

부품의 과열 및 손상을 방지한다.

(1) 냉각 방식

① 공랭식(Air Cooling type)
- 자연 통풍식 : 주행할 때 받는 공기로 냉각하는 방식이다.
- 강제 통풍식 : 냉각 팬과 시라우드(덮개)를 설치하고 많은 양의 냉각된 공기로 냉각시키는 방식이다.

② 수랭식(Water Cooling type)
- 자연 순환식 : 물의 대류 작용을 이용한 것으로 고성능 기관에는 부적합하다.
- 강제 순환식 : 냉각수를 물 펌프를 이용하여 물 재킷 내를 순환시키는 방식이다.
- 압력 순환식 : 냉각계통을 밀폐시키고, 냉각수가 가열·팽창할 때의 압력이 냉각수에 압력을 가하여 비등점을 높여 비등에 의한 손실을 줄일 수 있는 방식이다.
  - 라디에이터를 소형으로 할 수 있다.
  - 엔진의 열효율이 양호하다.
  - 냉각수의 보충의 횟수를 줄일 수 있다.
- 밀봉 압력식 : 냉각수 팽창 압력과 동일한 크기의 보조 물탱크를 두고 냉각수가 팽창할 때 외부로 유출되지 않도록 하는 방식이다.
  - 냉각수가 가열되어 팽창하면 보조 탱크로 보낸다.
  - 냉각수의 온도가 저하되면 보조 탱크의 냉각수가 라디에이터로 유입된다.

2 냉각장치의 구성부품

(1) **물 재킷** : 실린더 헤드와 블록에 마련된 냉각수 통로

(2) **물 펌프** : 실린더 헤드와 블록의 물 재킷 내에 냉각수를 순환시키는 원심력 펌프

(3) **냉각 팬** : 라디에이터를 통해 공기를 흡입하여 라디에이터의 냉각 효과를 향상시킨다.

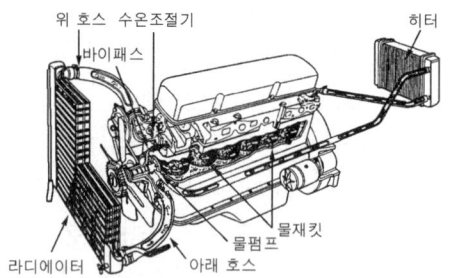

♻ 수랭식의 주요구조

최근에는 팬 클러치(fan clutch)를 사용하며, 종류에는 유체 커플링식과 전동식이 있다.

① 유체 커플링식 : 저속에서는 냉각 팬이 물 펌프 축과 같은 회전속도로 작동을 하지만, 고속에서는 냉각 팬의 회전저항이 증가하므로 유체 커플링이 미끄러져 냉각 팬의 회전속도

가 물 펌프 축의 회전속도보다 낮아지는 형식이다.
② **전동식** : 라디에이터에 수온 센서를 두고 온도를 감지하여 냉각수 온도가 약 90℃ 정도 되면 전동기를 구동하여 냉각 팬을 작동시키는 방식이며, 특징은 다음과 같다.
- 서행 또는 정차할 때 냉각 성능이 향상된다.
- 정상온도 도달 시간이 단축된다.
- 작동온도가 항상 균일하게 유지된다.

(4) 구동벨트(팬벨트)
① 크랭크 축의 동력을 받아 발전기와 물 펌프를 구동시키며, 접촉면이 40°인 V벨트로 되어 있다.
② 벨트의 장력은 10kgf의 힘으로 눌러 13~20mm 정도의 헐거움이 있어야 한다.
- 장력이 크면 : 발전기와 물 펌프 베어링이 손상된다.
- 장력이 작으면 : 엔진이 과열되고 축전지의 충전이 불량하게 된다.

(5) 라디에이터(방열기)
① **라디에이터 구비조건**
- 단위 면적 당 방열량이 클 것
- 공기의 흐름저항이 작을 것
- 냉각수의 유통이 용이할 것
- 가볍고 적으며 강도가 클 것

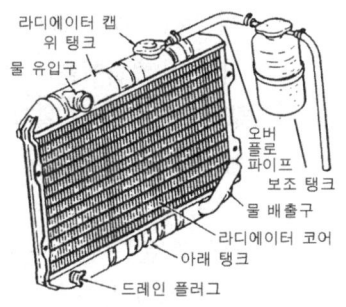

♻ 라디에이터 구조

② **라디에이터 코어** : 냉각 효과를 향상시키는 냉각 핀과 냉각수가 흐르는 튜브로 구성되어 있다.
③ **라디에이터 캡**
- 냉각 계통을 밀폐시켜 내부의 온도 및 압력을 조정한다.
- 냉각장치 내의 압력을 0.2~1.05kg/cm² 정도로 유지하여 비점을 112℃로 상승시킨다.
- 압력밸브 : 냉각장치 내의 압력이 규정 값 이상이 되면 압력 밸브가 열려 과잉압력을 배출하여 압력이 규정 이상으로 상승되는 것을 방지한다.
- 부압(진공)밸브 : 냉각수가 냉각되어 냉각장치 내의 압력이 부압이 되면 열려 라디에이터 코어의 파손을 방지한다.

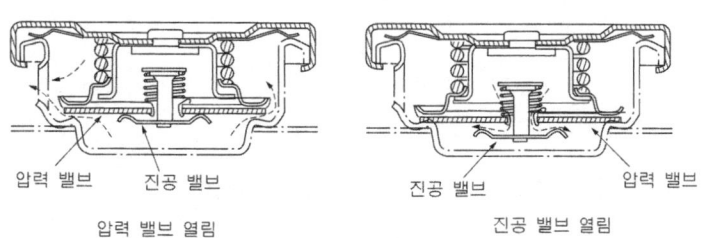

♻ 라디에이터 압력식 캡

④ 라디에이터 세척 방법
- 라디에이터 내부 세척 : 라디에이터 출구 파이프에 플러시 건을 설치하여 물을 채운 후, 플러시 건의 공기 밸브를 열고 압축 공기를 조금씩 보내어 배출되는 물이 맑아질 때까지 세척작업을 반복한다.
- 라디에이터 핀 세척 : 라디에이터 핀을 압축공기로 청소할 때에는 기관 쪽에서 불어낸다.
- 라디에이터의 코어 막힘이 20% 이상이면 교환한다.

(6) 시라우드
① 라디에이터와 냉각 팬을 감싸고 있는 판.
② 공기의 흐름을 도와 냉각 효과를 증대시킨다.
③ 배기 다기관의 과열을 방지한다.

(7) 수온 조절기(thermostat)
- 실린더 헤드 냉각수 통로에 설치되어 냉각수의 온도를 알맞게 조절한다.
- 75~83℃에서 서서히 열리기 시작하여 95℃가 되면 완전히 열린다.
- 현재는 펠릿형을 주로 사용한다.

① 벨로즈형 수온 조절기
- 황동의 벨로즈 내에 휘발성이 큰 에텔이나 알코올이 봉입되어 있다.
- 냉각수 온도에 의해서 벨로즈가 팽창 및 수축하여 냉각수 통로가 개폐된다.

② 펠릿형 수온 조절기
- 실린더에 왁스와 합성 고무가 봉입되어 있다.
- 냉각수의 온도가 상승하면 고체 상태의 왁스가 액체로 변화되어 밸브가 열린다.
- 냉각수의 온도가 낮으면 액체 상태의 왁스가 고체로 변화되어 밸브가 닫힌다.

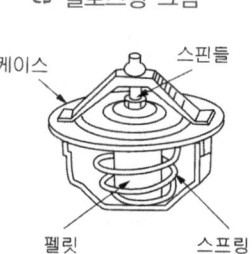

♻ 벨로즈형 그림

♻ 펠릿형 그림

(8) 수온계
실린더 헤드의 냉각수 온도를 나타낸다.

3 부동액

(1) 부동액의 역할
① 냉각수의 응고점을 낮추어 엔진의 동파를 방지한다.
② 냉각수의 비등점을 높여 엔진의 과열을 방지한다.
③ 엔진 내부의 부식을 방지한다.

④ **세미 퍼머넌트 부동액(반영구부동액)** : 글리세린 및 메탄올
⑤ **퍼머넌트 부동액(영구부동액)** : 에틸렌 글리콜

(2) 부동액의 구비 조건
① 침전물이 발생되지 않을 것.   ② 냉각수와 혼합이 잘 될 것.
③ 내식성이 크고 팽창 계수가 작을 것.   ④ 비점이 높고 응고점이 낮을 것.
⑤ 휘발성이 없고 유동성이 좋을 것.

(3) 부동액의 종류
① **냉각수**
- 연수 : 순도가 높은 증류수, 수도물, 빗물 등의 연수를 사용한다.
- 경수
  - 산이나 염분이 포함되어 있다.
  - 금속을 산화, 부식시키고 냉각수 통로에 스케일이 발생된다.

② **부동액**
가. 에틸렌 글리콜
- 무취의 불연성 액체로 비등점이 197.2℃이고 응고점이 −50℃이다.
- 냉각수를 보충할 때 냉각수만 보충한다.
- 물에 잘 용해되는 성질이 있으며, 금속을 부식하고 팽창 계수가 크다.
- 방청제를 혼합하여 사용하여야 한다.
- 엔진 내부에서 누출되면 침전물이 생기고 쉽게 교착된다.

나. 글리세린
- 비중이 크기 때문에 물과 혼합할 때 잘 저어야 한다.
- 산이 포함되면 금속을 부식시킨다.
- 냉각수를 보충할 때는 혼합액을 보충하여야 한다.

다. 메탄올
- 가연성으로 메틸 알코올이라고도 하며, 무색, 무취의 용액이다.
- 비점이 낮아 증발되기 쉬운 단점이 있다.
- 냉각수를 보충할 때는 혼합액을 보충하여야 한다.

③ **부동액 넣기**
- 부동액 원액과 연수를 혼합한다.
- 냉각수를 완전히 배출하고, 냉각계통을 잘 세척한다.
- 라디에이터, 호스, 호스 클램프, 물 펌프, 드레인 코크 등의 헐거움이나 누설 등을 점검한다.
- 냉각수를 보충할 때 퍼머넌트(영구 부동액, 에틸렌글리콜)형은 물만, 세미 퍼머넌트형(반영구 부동액)은 최초에 주입한 농도의 부동액과 함께 넣는다.

④ **부동액의 세기 측정방법** : 부동액의 세기는 비중계로 측정하며, 혼합 비율은 그 지방 최저 온도보다 5~10℃ 정도 더 낮은 기준으로 한다.

4 냉각장치의 정비

(1) 수랭식 기관의 과열 원인
① 냉각수가 부족하다.
② 수온 조절기의 작동이 불량하다.
③ 수온 조절기가 닫힌 상태로 고장이 났다.
④ 라디에이터 코어가 20% 이상 막혔다.
⑤ 팬벨트의 마모 또는 이완되었다.(벨트의 장력이 부족하다.)
⑥ 물 펌프의 작동이 불량하다.
⑦ 냉각수 통로가 막혔다.
⑧ 냉각장치 내부에 물때가 쌓였다.

(2) 엔진의 과열 및 과냉이 기관에 미치는 영향
① 엔진이 과열 되었을 때 미치는 영향
- 열팽창으로 인하여 부품이 변형된다.
- 오일의 점도 변화에 의하여 유막이 파괴된다.
- 오일이 연소되어 오일 소비량이 증대된다.
- 조기 점화가 발생되어 엔진의 출력이 저하된다.
- 부품의 마찰 부분이 소결(stick) 된다.
- 연소 상태가 불량하여 노킹이 발생된다.

② 엔진이 과냉 되었을 때 미치는 영향
- 유막의 형성이 불량하여 블로바이 현상이 발생된다.
- 블로바이 현상으로 인하여 압축압력이 저하된다.
- 압축 압력의 저하로 인하여 엔진의 출력이 저하된다.
- 엔진의 출력이 저하되므로 연료 소비량이 증대된다.
- 블로바이 가스에 의하여 오일이 희석된다.
- 오일의 희석에 의하여 점도가 낮아지므로 베어링부가 마멸된다.

③ 라디에이터 내에 오일이 떠 있는 원인
- 헤드 개스킷이 파손된 경우
- 헤드 볼트가 풀린 경우
- 오일 냉각기에서 오일이 누출된 경우

핵심기출문제

1. 윤활장치

01 윤활유의 역할이 아닌 것은?

① 밀봉 작용 ② 냉각 작용
③ 팽창 작용 ④ 방청 작용

02 기관에서 윤활의 목적이 아닌 것은?
① 마찰과 마멸감소
② 응력집중작용
③ 밀봉작용
④ 세척작용

03 다음 중 기관에 윤활유를 급유하는 목적과 관계없는 것은?
① 연소촉진작용 ② 동력손실 감소
③ 마멸방지   ④ 냉각작용

04 윤활유의 윤활작용 이점과 가장 거리가 먼 것은?
① 동력손실을 적게 한다.
② 노킹현상을 방지한다.
③ 기계적 손실을 적게 하며, 냉각작용도 한다.
④ 부식과 침식을 예방한다.

05 윤활유의 인화점, 발화점이 낮을 때 발생할 수 있는 것은?
① 화재 발생의 원인이 된다.
② 연소불량 원인이 된다.
③ 압력저하 요인이 발생한다.
④ 점성과 온도 관계가 양호하게 된다.

06 기관의 윤활유 급유 방식과 거리가 먼 것은?
① 비산압송식 ② 전압송식
③ 비산식   ④ 자연순환식

---

01. 윤활의 목적
① 금속 표면에 방청 작용
② 작동 부분의 충격완화 및 소결 방지
③ 발열 부분의 냉각작용
④ 마찰감소 및 마멸 방지 작용
⑤ 기밀 유지 작용 및 세척 작용
⑥ 응력 분산 작용

03. 윤활목적 : 마찰손실을 최소화 하여 동력 손실을 적게 한다.
① **감마 작용** : 강인한 유막을 형성하여 마찰 및 마멸을 방지하는 작용.
② **밀봉 작용** : 고온 고압의 가스가 누출되는 것을 방지하는 작용.
③ **냉각 작용** : 마찰열을 흡수하여 방열하고 소결을 방지하는 작용.
④ **세척 작용** : 먼지와 연소 생성물의 카본, 금속 분말 등을 흡수하는 작용.
⑤ **응력 분산 작용** : 국부적인 압력을 오일 전체에 분산시켜 평균화시키는 작용.
⑥ **방청 작용** : 수분 및 부식성 가스가 침투하는 것을 방지하는 작용.

06. 기관의 윤활유 급유 방식에는 비산압송식, 전압송식, 비산식 등이 있다.

01.③ 02.② 03.① 04.② 05.① 06.④

07 전 압송식에서 급유 방법의 장점이 아닌 것은?
① 배유관 고장이나 기름 통로가 막혀도 급유를 할 수 있다.
② 크랭크 케이스 내에 윤활유 양을 적게 하여도 된다.
③ 베어링 면의 유압이 높으므로 항상 급유가 가능하다.
④ 각 주유 부분의 급유를 고루할 수 있다.

08 기관 오일펌프의 종류에 맞지 않는 것은?
① 기어 펌프 ② 피스톤 펌프
③ 베인 펌프 ④ 로터리 펌프

09 자동차 기관에서 사용되는 오일 여과 방식이 아닌 것은?
① 전류식 ② 전기식
③ 분류식 ④ 샨트식

10 기관의 윤활장치에서 유압 조절 밸브는 어떤 작용을 하는가?
① 기관의 부하량에 따라 압력을 조정한다.
② 기관 오일량이 부족할 때 압력을 상승시킨다.
③ 불충분한 오일량을 방지한다.
④ 유압이 높아지는 것을 방지한다.

11 그림과 같이 오일펌프에 의해 압송되는 윤활유가 모두 여과기를 통과한 다음 윤활부로 공급되는 방식은?

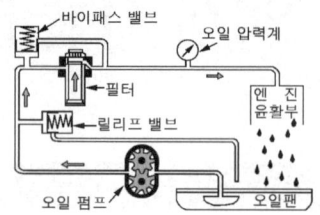

① 샨트식 ② 자력식
③ 분류식 ④ 전류식

12 윤활장치 내의 압력이 지나치게 올라가는 것을 방지하여 회로 내의 유압을 일정하게 유지하는 기능을 하는 것은?
① 오일 펌프
② 유압 조절기
③ 오일 여과기
④ 오일 냉각기

13 엔진 오일 압력이 일정 이하로 떨어질 때 점등되어 운전자에게 경고해주는 것은?
① 연료 잔량 경고등
② 주차브레이크 등
③ 엔진 오일 경고등
④ 냉각수 과열 경고등

---

08. 엔진에 사용되는 오일펌프의 종류는 기어펌프, 로터리펌프, 베인펌프, 플런저 펌프로 구분된다.
10. 기관의 윤활장치 내의 유압 조절 밸브(릴리프 밸브)는 유압이 지나치게 상승하는 것을 방지하여 회로 내의 유압을 일정하게 유지하는 역할을 한다.
11. 오일 여과 방식
① **전류식** : 오일펌프에서 공급된 오일을 모두 여과하여 윤활부에 공급한다.
② **션트식** : 오일펌프에서 공급된 오일의 일부는 여과되지 않은 상태에서 윤활부에 공급되고 나머지 오일은 여과기의 엘리먼트를 통하여 여과시킨 후 윤활부에 공급한다.
③ **분류식** : 오일펌프에서 공급되는 오일의 일부는 여과하지 않은 상태에서 윤활부에 공급되고 나머지 오일은 여과기의 엘리먼트를 통하여 여과시킨 후 오일 팬으로 되돌려 보낸다.
12. 유압조절기는 오일펌프 송출구에 설치되어 윤활 회로 내의 압력이 과도하게 상승되는 것을 방지하여 유압을 일정하게 조절하는 역할을 하며, 유압조절 밸브(릴리프밸브)라고도 한다.

07.① **08.**② **09.**② **10.**④ **11.**④ **12.**② **13.**③

14 기관이 회전 중에 유압 경고등 램프가 꺼지지 않은 원인이 아닌 것은?
① 기관 오일량의 부족
② 유압의 높음
③ 유압 스위치와 램프 사이 배선의 접지 단락
④ 유압 스위치 불량

15 크랭크 케이스의 환기에 관한 설명 중 관계되지 않는 것은?
① 오일의 열화를 방지한다.
② 자연식과 강제식이 있다.
③ 대기의 오염 방지와 관계한다.
④ 송풍기를 두고 있다.

16 자동차 엔진오일을 점검해보니 우유색처럼 보였을 때의 원인으로 가장 적절한 것은?
① 노킹이 발생하였다.
② 가솔린이 유입되었다.
③ 교환시기가 지나서 오염된 것이다.
④ 냉각수가 섞여 있다.

17 일반적인 오일의 양부 판단 방법이다. 틀리게 설명한 것은?
① 오일의 색깔이 우유 색에 가까운 것은 물이 혼입되어 있는 것이다.
② 오일의 색깔이 회색에 가까운 것은 가솔린이 혼입되어 있는 것이다.
③ 종이에 오일을 떨어뜨려 금속분말이나 카본의 유무를 조사하고 많이 혼입된 것은 교환한다.
④ 오일의 색깔이 검은색에 가까운 것은 너무 오랫동안 사용했기 때문이다.

18 윤활유 소비증대의 원인으로 가장 적합한 것은?
① 비산과 누설
② 비산과 압력
③ 희석과 혼합
④ 연소와 누설

19 윤활유가 연소실에 올라와서 연소 될 때 색으로 가장 적합한 것은?
① 백색   ② 청색
③ 흑색   ④ 적색

20 엔진오일 유압이 낮아지는 원인과 거리가 먼 것은?
① 베어링의 오일간극이 크다
② 유압조절밸브의 스프링 장력이 크다.
③ 오일 팬 내의 윤활유 양이 작다.
④ 윤활유 공급 라인에 공기가 유입 되었다.

---

14. 기관이 회전 중에 유압 경고등이 꺼지지 않는 원인중에는 유압이 낮아야 한다.
16. 엔진 오일에 냉각수가 유입되면 흰색(우유색)으로 변화되며, 가솔린이 유입되면 오일의도가 낮아진다.
17. 오일의 색이 회색에 가까운 것은 4에틸납의 생성물이 혼입된 경우이다.
19. 윤활유가 연소실에서 연소되는 경우 배기가스는 백색이며, 공기가 부족(연료 분사량 과다)한 경우 배기가스는 검정색으로 배출된다.

20. **유압이 낮아지는 원인**
① 오일이 희석되어 점도가 낮을 때
② 유압 조절 밸브의 접촉이 불량할 때
③ 유압 조절 밸브 스프링의 장력이 작을 때
④ 오일 통로에 공기가 유입 되었을 때
⑤ 오일펌프 설치 볼트의 조임이 불량할 때
⑥ 오일펌프의 마멸이 과대할 때
⑦ 오일 통로의 파손 및 오일의 누출될 때
⑧ 오일 팬 내의 오일이 부족할 때

14.② 15.④ 16.④ 17.② 18.④ 19.① 20.②

2. 냉각장치

01 기관의 정상 가동 중 가장 적합한 냉각수의 온도는?
① 100~130℃ ② 30~50℃
③ 70~95℃   ④ 50~70℃

02 냉각장치에서 흡수하는 열은 연료 전 발열량의 약 몇 % 정도인가?
① 30~35%   ② 40~50%
③ 55~65%   ④ 70~80%

03 기관 작동 중 냉각수의 온도가 83℃를 나타낼 때 절대온도로 환산하면 몇 도인가?
① 563K   ② 456K
③ 356K   ④ 263K

04 전자제어 엔진에서 전동 팬 작동에 관한 내용으로 가장 부적합한 것은?
① 전동 팬의 작동은 엔진의 수온센서에 의해 작동한다.
② 전동 팬은 릴레이를 통하여 작동된다.
③ 전동 팬 고장시 역회전이 될 수 있다.
④ 전동 팬 고장시 블로워 모터로 기관을 냉각시킬 수 있다.

05 그림에서 크랭크축 풀리의 회전속도가 600rpm일 때 발전기 풀리의 회전속도는? (단, 풀리와 벨트사이의 미끄럼은 무시한다.)

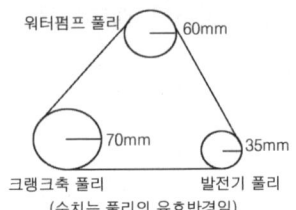

① 200rpm   ② 300rpm
③ 800rpm   ④ 1200rpm

06 방열기 압력식 캡에 관하여 설명한 것이다. 알맞은 것은?
① 냉각범위를 넓게 냉각효과를 크게 하기 위하여 사용된다.
② 부압 밸브는 방열기 내의 부압이 빠지지 않도록 하기 위함이다.
③ 게이지 압력은 2~3kgf/cm² 이다.
④ 냉각수량을 약 20% 증가시키기 위해서 사용된다.

---

01. 기관의 정상 가동 중 가장 적합한 냉각수의 온도는 70~95℃이다.
02. 열 정산
① 냉각손실 : 30~35% ② 배기손실 : 30~35%
③ 마찰손실 : 5~10%
03. 열역학 온도(절대온도)의 단위 켈빈(1K)은 물의 삼중점에 대한 열역학 온도의 1/273.15이다. 0℃는 273.15K로 대응된다.
$T = 83 + 273 = 356K$
04. 블로워(송풍기) 모터는 직류 직권식 전동기에 의해 회전되어 공기를 증발기에 순환시키는 역할을 한다.
05. $\dfrac{Na}{Nb} = \dfrac{Db}{Da}$
Na : 크랭크축 풀리의 회전수(rpm)
Nb : 발전기 풀리의 회전수(rpm)
Da : 크랭크축 풀리의 반지름(mm)
Db : 발전기 풀리의 반지름(mm)
$Nb = \dfrac{600 \times 70}{35} = 1,200 rpm$
06. 냉각장치 내의 압력을 0.2~0.9kgf/cm² 으로 유지시켜 냉각수의 비점을 112℃로 높임으로써 냉각범위를 넓게 하고 냉각효과를 크게 하기 위하여 압력식 캡이 사용된다.

01.③ 02.① 03.③ 04.④ 05.④ 06.①

07 압력식 라디에이터 캡을 사용하므로 얻어지는 장점과 거리가 먼 것은?
① 비등점을 올려 냉각 효율을 높일 수 있다.
② 라디에이터를 소형화 할 수 있다.
③ 라디에이터의 무게를 크게 할 수 있다.
④ 냉각장치 내의 압력을 0.3~0.7kgf/cm² 정도 올릴 수 있다.

08 다음은 라디에이터의 구비조건이다. 관계 없는 것은?
① 단위 면적 당 방열량이 클 것
② 공기의 흐름저항이 클 것
③ 냉각수의 유통이 용이할 것
④ 가볍고 적으며 강도가 클 것

09 라디에이터(Radiator)의 코어 튜브가 파열되었다면 그 원인은?
① 물 펌프에서 냉각수가 새어 나온다.
② 팬벨트가 헐겁다.
③ 수온조절기가 제 기능을 발휘하지 못한다.
④ 오버플로 파이프가 막혔다.

10 엔진은 과열하지 않고 있는데 방열기 내에 기포가 생긴다. 그 원인으로 다음 중 가장 적합한 것은?
① 서모스탯 기능불량
② 실린더 헤드 가스킷의 불량
③ 크랭크케이스에 압축 누설
④ 냉각수량 과다

11 사용중인 중고 자동차에 냉각수(부동액)를 넣었더니 14L가 주입되었다. 신품 라디에이터에는 16L의 냉각수가 주입된다면 라디에이터 코어 막힘은 얼마인가?
① 12.5%   ② 15.5%
③ 20.5%   ④ 22.5%

12 신품 라디에이터의 냉각수 용량이 20L이었다. 사용중인 동일 라디에이터에 물을 넣으니 14L가 들어갔다. 이 라디에이터 코어의 막힘은 몇 %인가?
① 20%   ② 25%
③ 30%   ④ 35%

13 라디에이터의 코어 막힘률이 18%라면 라디에이터의 실제 용량은 몇 리터인가?(단, 신품 라디에이터의 규정 용량은 7리터이다)
① 4.75   ② 5.74
③ 6.32   ④ 6.75

14 수온조절기가 하는 역할이 아닌 것은?
① 라디에이터로 유입되는 물의 양을 조절한다.
② 65℃정도에서 열리기 시작하고 85℃정도에서는 완전히 열린다.
③ 펠릿형, 벨로즈형, 스프링형 등 3종류가 있다.
④ 기관의 온도를 적절히 조정하는 역할을 한다.

---

08. 공기의 흐름 저항이 작을 것

11. 막힘율 = $\dfrac{신품용량 - 사용품용량}{신품용량} \times 100$

막힘율 = $\dfrac{16-14}{16} \times 100 = 12.5\%$

12. 막힘율 = $\dfrac{20-14}{20} \times 100 = 30\%$

13. ① $7\ell \times 0.18 = 1.26\ell$
② 라디에이터의 실제 용량 = $7\ell - 1.26\ell = 5.74\ell$

14. 수온조절기의 종류에는 펠릿형, 벨로즈형, 바이메탈형 등 3가지가 있다.

07.③ **08.**② **09.**④ **10.**② **11.**① **12.**③
13.② **14.**③

15 계기판의 온도계가 작동하지 않을 경우 점검을 해야 할 곳은?
① MAT(Manifold Air Temperature Sensor)
② CTS(Coolant Temperature Sensor)
③ ACP(Air Conditioning Pressure Sensor)
④ CPS(Crankshaft Position Sensor)

16 일반적으로 냉각수의 수온을 측정하는 곳은?
① 라디에이터 상부
② 라디에이터 하부
③ 실린더헤드 물 재킷부
④ 실린더블록 하단 물 재킷부

17 부동액의 세기는 무엇으로 측정하는가?
① 마이크로미터   ② 비중계
③ 온도계   ④ 압력 게이지

18 자동차에 사용하는 부동액의 사용에서 주의할 점이다. 틀린 것은?
① 부동액은 원액으로 사용하지 않는다.
② 품질 불량한 부동액은 사용하지 않는다.
③ 부동액을 도료부분에 떨어지지 않도록 주의해야 한다.
④ 부동액은 입으로 맛을 보아 품질을 구별할 수 있다.

19 과열된 기관에 냉각수를 보충하려 한다. 다음 중 가장 적합한 방법은?
① 기관의 공전상태에서 잠시 후 캡을 열고 물을 보충한다.
② 기관을 가속시키면서 물을 보충한다.
③ 자동차를 서행하면서 물을 보충한다.
④ 기관 시동을 끄고 완전히 냉각시킨 후 물을 보충한다.

20 다음 중 냉각장치에서 과열의 원인이 아닌 것은?
① 벨트 장력 과대
② 냉각수의 부족
③ 팬벨트의 마모
④ 냉각수 통로의 막힘

21 기관에 대한 설명 중 내용이 틀린 것은?
① 로터리식 오일펌프의 이너로터와 아웃로터와의 간극 점검은 디크니스 게이지를 이용하여 측정한다.
② 플라이 휠은 폭발행정의 힘을 축적하였다가 그 탄력으로 회전을 원활하게 하는 역할을 한다.
③ 가압식 라디에이터의 부압밸브는 라디에이터 내의 압력이 부압으로 되었을 때 열린다.
④ 벨트가 풀리 홈 밑 부분에 닿아 미끄럼이 있을 때는 벨트를 팽팽히 한다.

---

17. 부동액의 세기는 비중계로 측정한다.
18. 부동액의 사용에서 주의할 점
    ① 부동액은 원액으로 사용하지 않는다.
    ② 품질 불량한 부동액은 사용하지 않는다.
    ③ 부동액을 도료부분에 떨어지지 않도록 주의해야 한다.
19. 과열된 기관에 냉각수를 보충할 때에는 기관 시동을 끄고 완전히 냉각시킨 후 물을 보충한다.
20. 팬벨트의 장력아 과대하면 물 펌프 및 발전기의 베어링이 손상된다.
21. 벨트가 풀리 홈 밑 부분에 닿아 미끄럼이 있을 때는 벨트를 교환한다.

15.② 16.③ 17.② 18.④ 19.④ 20.① 21.④

22 다음 중 기관이 과열되는 원인이 아닌 것은?

① 온도 조절기가 닫힌 상태로 고장이 났을 때
② 방열기 용량이 클 때
③ 방열기 코어가 막혔을 때
④ 벨트를 사용하는 형식에서 팬벨트 장력이 느슨할 때

23 엔진이 과열되는 원인이 아닌 것은?

① 점화시기 조정 불량
② 물 펌프 용량 과대
③ 수온조절기 과소 개방
④ 라디에이터 핀에 다량의 이물질 부착

22.② 23.②

6장 흡·배기장치

6-1 흡기 및 배기장치

1 흡기장치

(1) 공기 청정기(에어 클리너)

건식 에어 클리너, 습식 에어 클리너

① 기 능
- 실린더에 흡입되는 공기 중에 함유되어 있는 불순물을 여과한다.
- 공기가 실린더에 흡입될 때 발생되는 소음을 방지한다.
- 역화시에 불길을 저지하는 역할을 한다.

② 서지 탱크(컬렉터 탱크)
- 스로틀 보디와 흡기 다기관 사이에 설치되어 있다.
- 공기의 흡입이 맥동적으로 이루어지는 것을 방지한다.
- 에어 플로 미터의 작동이 원활하게 이루어지도록 한다.
- 실린더에 공기의 유입에 의한 흡기 간섭을 방지한다.

③ 흡기 다기관
- 흡기 다기관은 각 실린더의 흡기 포트와 연결되어 있다.
- 실린더에 흡입되는 공기를 균일하게 분배하는 역할을 한다.
- 흡기 다기관의 지름이 크면 흡입 효율은 향상되나 혼합기의 유동 속도가 느려 혼합기가 희박해진다.

④ **가변흡기장치**(VICS : Variable Induction Control System) : 엔진의 회전수에 따라 흡기다기관 수, 길이, 지름 등을 바꾸어 주로 흡기 맥동 효과를 이용하여 흡기 효율을 향상시키는 장치로 각종 가변 장치 중에서 비교적 간단한 구조로 되어 있어 큰 효과를 얻을 수 있다.

(2) 배기 장치

① 배기 다기관 및 배기관
- 배기 다기관은 실린더의 배기 포트와 배기관 사이에 설치되어 있다.

- 각 실린더에서 배출되는 가스를 한 곳으로 모으는 역할을 한다.
- 배기 다기관에서 나오는 배기가스를 대기 중으로 방출시키는 역할을 한다.

② 소음기(머플러)
- 배기가스가 대기 중으로 방출될 때 격렬한 폭음이 발생되는 것을 방지한다.
- 소음기의 체적은 피스톤 행정 체적의 약 12~20배 정도이다.

6-2 과급장치(Charger)

1 과급기

(1) 과급기의 종류
  ① 체적형 : 루츠식(roots type), 회전 날개식, 리솔룸식(lysoholm type)
  ② 유동형 : 원심식(터보차저), 축류식

(2) 과급기의 특징
  ① 엔진의 출력이 35~45% 증가된다.
  ② 체적 효율이 향상되기 때문에 평균 유효압력이 높아진다.
  ③ 체적 효율이 향상되기 때문에 엔진의 회전력이 증대된다.
  ④ 고지대에서도 출력의 감소가 적다.
  ⑤ 압축 온도의 상승으로 착화 지연 기간이 짧다.
  ⑥ 연소 상태가 양호하기 때문에 세탄가가 낮은 연료의 사용이 가능하다.
  ⑦ 냉각 손실이 적고 연료 소비율이 3~5% 정도 향상된다.
  ⑧ 과급기를 설치하면 기관의 중량이 10~15% 정도 증가한다.

2 터보 차저(배기 터빈 과급기)

① 디퓨저에 공급된 공기의 압력 에너지에 의해 실린더에 공급되어 체적 효율이 향상된다.
② 배기 터빈이 회전하므로 배기 효율이 향상된다.

(1) 임펠러
흡입쪽에 설치된 날개로 공기를 실린더에 가압시키는 역할을 한다.

(2) 터빈
열 에너지를 회전력으로 변환시키는 역할을 한다.

(3) 인터 쿨러
  ① 인터 쿨러는 임펠러와 흡기 다기관 사이에 설치되어 과급된 공기를 냉각시킨다.
  ② 공기의 온도가 상승하면 공기 밀도가 감소하여 노킹이 발생되는 것을 방지한다.

③ 공기의 온도가 상승하면 충전 효율이 저하되는 것을 방지한다.

3 슈퍼 차저

벨트에 의해 엔진의 동력으로 루트 2개를 회전시켜 공기를 과급하는 방식이다

6-3 유해 배출가스 저감장치

1 배출가스

(1) 배출가스의 종류
자동차 기관에서 배출되는 유해 가스에는 배기가스, 블로바이 가스(미연소 가스 상태인 탄화수소), 연료 증발 가스(연료 계통에서 증발한 탄화수소) 등이 있다.
① 무해성 가스 : 이산화탄소(CO_2)와 물(H_2O)이며, 완전 연소되었을 경우 발생한다.
② 유해성 가스 : 일산화탄소(CO), 탄화수소(HC), 질소산화물(NOx)

(2) 유해 배출가스의 발생 원인
① 일산화탄소(CO)
- 가솔린의 성분은 탄소와 수소의 화합물로서 일산화탄소가 발생된다.
- 불완전 연소할 때 다량 발생한다.
- 촉매변환기에 의해 CO_2로 전환이 가능하다.
- 농후한 혼합기가 공급되면 산소가 부족하여 발생된다.
- 인체에 다량 흡입하면 사망을 유발한다.

② 탄화수소(HC)
- 엔진의 작동 온도가 낮을 때와 공연비가 희박할 때 발생된다.
- 혼합기가 완전 연소되지 않는 경우 가솔린의 성분이 분해되어 발생된다.
- 농후한 연료로 인한 불완전 연소할 때 발생한다.
- 화염전파 후 연소실내의 냉각작용으로 타다 남은 혼합가스이다.

③ 질소산화물(NOx)
- 연소실 안이 고온일 때 흡입공기 중의 산소와 질소가 산화로 인해 발생한다.
- 엔진의 내부 온도가 1,500℃ 이상에서 발생량이 급증한다.

(3) 유해 가스의 배출 특성
① 공연비와의 관계
- 이론 공연비보다 농후할 때 CO와 HC는 증가, NOx는 감소한다.
- 이론 공연비보다 약간 희박할 때 NOx는 증가, CO와 HC는 감소한다.

- 이론 공연비보다 희박할 때 HC는 증가, CO와 NOx는 감소한다.

② 엔진 온도와의 관계
- 저온일 경우 CO와 HC는 증가, NOx는 감소한다.
- 고온일 경우 NOx는 증가, CO와 HC는 감소한다.

③ 운전 상태와의 관계
- 공회전할 때 CO와 HC는 증가, NOx는 감소한다.
- 가속할 때 CO, HC, NOx 모두 증가된다.
- 감속할 때 : CO와 HC는 증가, NOx는 감소한다.

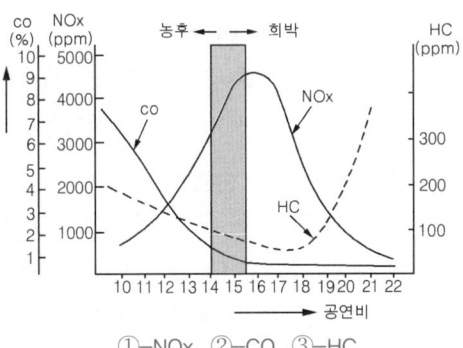

①-NOx, ②-CO, ③-HC

2 유해배출가스 저감장치

(1) 블로바이 가스(HC)

경·중부하 영역에서는 PCV(Positive Crank case Ventilation)밸브가 열려 흡기다기관으로 들어가고, 급가속 및 고부하 영역에서는 블리더 호스를 통해 흡기다기관으로 들어간다.

(2) 연료 증발 가스(HC)

① 연료장치에서 증발되는 가스를 캐니스터(canister)에 포집하였다가 공전 및 난기 운전 이외의 기관 가동에서 PCSV(purge Control Solenoid Valve)가 컴퓨터 신호로 작동되어 연소실로 들어간다.
② 연료탱크에서 증발되는 증발가스를 제어하는 캐니스터 퍼지 컨트롤 솔레이드 밸브는 가속할 때 가장 많이 작용한다.

(3) 배기가스(CO, HC, NOx)

① EGR(Exhaust Gas Recirculation, 배기가스 재 순환 장치) : 배기가스의 일부를 흡기다기관으로 보내어 연소실로 재순환시켜 연소 온도를 낮춤으로써 질소산화물(NOx) 발생을 억제하는 장치이다.
- EGR밸브는 배기 다기관과 서지 탱크 사이에 설치되어 있다.
- EGR 밸브, 서모 밸브, EGR 솔레노이드 밸브로 구성되어 있다.
- 컴퓨터의 제어 신호에 의해 EGR솔레노이드 밸브가 EGR 밸브의 진공 통로를 개폐시킨다.
- 공전 및 워밍업시에는 작동되지 않는다.

$$EGR율 = \frac{EGR가스량}{흡입공기량 + EGR가스량} \times 100$$

② 촉매 변환기(촉매 컨버터) : 촉매(백금(Pt), 로듐(Rh), 파라듐(Pd))를 이용하여 CO, HC, NOx을 산화 또는 환원시키는 역할을 한다.

가. 산화 촉매 변환기
- CO와 HC를 산화시켜 CO_2와 H_2O로 바꾸어 배출시킨다.
- 촉매는 백금(Pt) 또는 백금(Pt)에 파라듐(Pd)을 첨가한 것이 사용된다.

나. 삼원 촉매 변환기
- 배기가스 중 유독 성분인 CO, HC, NOx의 삼원을 동시에 환원시킨다.
- CO와 HC를 CO_2와 H_2O로 산화시키고 NOx는 N_2로 환원시켜 배출한다.
- 촉매는 백금(Pt)과 로듐(Rh)이 사용된다.
- 주로 2차 공기 공급장치와 함께 사용한다.

다. 촉매변환기 설치차량의 운행 및 시험할 때 주의사항
- 무연 가솔린을 사용한다.
- 주행 중 점화스위치의 OFF를 금지한다.
- 차량을 밀어서 시동해서는 안 된다.
- 파워밸런스 시험은 실린더 당 10초 이내로 한다.

핵심기출문제

1. 흡기 및 배기장치

01 기관에 흡입되는 공기를 여과하고 흡입 시 강한 소음을 감소시키는 기능을 하는 것은?

① 공기 닥터 ② 오일 여과기
③ 공기 여과기 ④ 공기 체임버

02 공기 청정기(건식)의 흐름 효율저하를 방지하려면 정기적으로 엘리먼트를 빼내어 어떻게 하는가?
① 물걸레로 닦아낸다.
② 물 속에 넣어 세척한다.
③ 경유에 세척한다.
④ 압축공기로 먼지 등을 불어낸다.

03 가변흡기장치(variable induction control system)의 설치 목적으로 가장 적당한 것은?

① 최고속 영역에서 최대출력의 감소로 엔진보호
② 공전속도 증대
③ 저속과 고속에서 흡입효율 증대
④ 엔진 회전수 증대

04 배기 장치에는 각 실린더로부터 배출되는 연소 가스를 모으는 장치가 있다. 여기에 해당하는 것은?
① 배기 소음기 ② 배출기관 정화장치
③ 배기 다기관 ④ 배기밸브

05 배기장치를 분해시 안전 및 유의 사항이다. 틀린 것은?
① 배기장치를 분해하기 전 엔진을 가동하여 엔진이 정상 온도가 되도록 한다.
② 배기장치의 각 부품을 조립할 때는 배기가스 누출이 되지 않도록 주의하여 조립하도록 한다.
③ 분해 조립할 때 개스킷은 새 것을 사용하여야 한다.
④ 조립 후 기관을 작동시킬 때 배기 파이프의 열에 의해 다른 부분이 손상되지 않도록 접촉여부를 점검한다.

---

01. 공기 여과기(에어 클리너)의 기능
① 실린더에 흡입되는 공기 중에 함유되어 있는 불순물을 여과한다.
② 공기가 실린더에 흡입될 때 발생되는 소음을 방지한다.
③ 역화시에 불길을 저지하는 역할을 한다.
02. 공기 청정기 엘리먼트는 정기적으로 압축공기로 먼지 등을 불어낸다.
03. 가변흡기장치는 엔진의 회전수에 따라 흡기다기관 수, 길이, 지름 등을 바꾸어 주로 흡기 맥동 효과를 이용하여 흡기 효율을 향상시키는 장치로 각종 가변 장치 중에서 비교적 간단한 구조로 되어 있어 큰 효과를 얻을 수 있다.
05. 배기장치를 분해하기 전에는 충분히 냉각시킨 다음 작업을 진행하여야 한다.

01.③ **02.**④ **03.**③ **04.**③ **05.**①

06 자동차의 배기관에서 흑색 연기를 뿜는다. 그 원인은?
① 윤활유가 연소실에 침입
② 연료의 과다
③ 연료의 부족
④ 윤활유의 부족

07 디젤 기관의 배기가스 중 입자의 형태를 갖는 것은?
① PM　　② CO
③ HC　　④ NOx

2. 과급장치

01 자동차용 기관에서 과급을 하는 주된 목적은?
① 기관의 출력을 증대시킨다.
② 기관의 회전수를 빠르게 한다.
③ 기관의 윤활유 소비를 줄인다.
④ 기관의 회전수를 일정하게 한다.

02 다음 중 디젤기관에 사용되는 과급기의 주요 기능은?
① 출력의 증대
② 윤활성의 증대
③ 냉각효율의 증대
④ 연료 분사량의 증대

03 과급기(turbo charger)가 부착된 기관에 대한 설명으로 옳은 것은?
① 배기에 속도 에너지를 주는 기관이다.
② 공기와 연료와의 혼합을 효율적으로 하는 기관이다.
③ 실린더에 공급되는 흡입공기 효율을 향상시키는 기관이다.
④ 피스톤의 펌프 운동에 의해 공기를 흡입하는 기관이다.

04 과급기에서 공기의 속도 에너지를 압력 에너지로 바꾸는 장치는?
① 디플렉터(Deflector)
② 터빈(Turbine)
③ 디퓨저(Diffuser)
④ 루트 슈터 차져(loot super charger)

05 디젤기관의 인터쿨러 터보(inter cooler turbo) 장치는 어떤 효과를 이용한 것인가?
① 압축된 공기의 밀도를 증가시키는 효과
② 압축된 공기의 온도를 증가시키는 효과
③ 압축된 공기의 수분을 증가시키는 효과
④ 배기가스를 압축시키는 효과

---

07. PM(particulate matter)은 입자상 물질로 연소 등의 과정에서 발생되는 납, 황산염, 유기입자(매연, 카본)의 미세한 물질을 말한다. 대기 중에 존재하는 크고 작은 입자들은 크기·발생원·성상에 따라 안개(fog), 증기(fume), 연무(mist), 매연(smoke), 스모그(smog) 등으로 구분하여 부른다.
02. 과급기의 사용 목적
① 충전효율(흡입효율, 체적효율)이 증대된다.
② 엔진의 출력이 증대된다.　③ 엔진의 회전력이 증대된다.
④ 연료 소비율이 향상된다.　⑤ 착화지연이 짧아진다.
⑥ 평균유효압력이 향상된다.
03. 과급기의 특징
① 엔진의 출력이 35~45% 증가된다.
② 평균 유효압력이 높아진다.
③ 엔진의 회전력이 증대된다.
④ 고지대에서도 출력의 감소가 적다.
⑤ 착화 지연 기간이 짧다.
⑥ 세탄가가 낮은 연료의 사용이 가능하다.
⑦ 연료 소비율이 향상된다.
⑧ 기관의 중량이 10~15% 정도 증가한다.
05. 인터 쿨러는 펌프와 흡기 다기관 사이에 설치되어 과급된 공기를 냉각시켜 공기의 밀도를 증가시키는 효과를 얻기 위해 설치되어 있으며, 공기의 온도가 높으면 밀도가 낮아져 노킹이 발생되고 충진 효율이 저하되기 때문에 이것을 방지하기 위함이다.

06.② 07.① / 01.① 02.① 03.③ 04.③ 05.①

3. 유해배출가스저감장치

01 인체에 유해한 가스로 연료가 불완전 연소할 때 많이 발생하는 무색, 무취의 가스는?

① CO   ② HC
③ NOX   ④ CO_2

02 유독성 배기가스 중 맹독성이며, 공기 중의 습기와 반응하여 질산으로 변하며, 또한 폐 기능을 저하시키고 광화학 스모그의 주요 원인이 되는 배기가스는?

① 질소산화물   ② 일산화탄소
③ 탄화수소   ④ 유황산화물

03 가솔린 차량의 배출가스 중 CO에 관한 설명이다. 틀린 것은?

① 불완전 연소할 때 다량 발생
② 촉매변환기에 의해 CO_2로 전환가능
③ 혼합기가 희박할 때 발생량 증대
④ 인체에 다량 흡입하면 사망유발

04 자동차 배출가스 중 탄화수소(HC)의 생성 원인과 무관한 것은?

① 농후한 연료로 인한 불완전 연소
② 화염전파 후 연소실 내의 냉각작용으로 타다 남은 혼합기
③ 희박한 혼합기에서 점화 실화로 인한 원인
④ 배기 머플러 불량

05 엔진의 작동 온도가 낮을 때와 혼합비가 희박하여 실화되는 경우에 증가하는 배출가스는?

① 산소
② 탄화수소
③ 질소산화물
④ 이산화탄소

06 다음 중 NOx가 가장 많이 배출되는 경우는?

① 농후한 혼합비
② 감속시
③ 고온 연소시
④ 저온 연소시

07 배기가스 중의 유해물질 중 고온고압에 의하여 생성되는 물질은 어느 것인가?

① $Pb(C_2H_5)_4$ ② NOx
③ HC   ④ CO

---

02. 질소산화물(NOx)
① 혼합기가 고온에서 연소될 때 발생된다.
② 인체에 유입되면 눈에 자극을 일으킨다.
③ 인체에 유입되면 폐의 기능에 장해를 일으킨다.

03. 일산화탄소(CO)
① 불완전 연소할 때 다량 발생
② 촉매변환기에 의해 CO_2로 전환가능
③ 혼합기가 농후할 때 발생량 증대
④ 인체에 다량 흡입하면 사망유발

04. 탄화수소의 생성 원인
① 엔진의 작동 온도가 낮아 타다 남은 혼합기
② 혼합기가 희박하여 실화에 의해 발생된다.
③ 혼합기가 농후하여 완전 연소되지 않는 경우 가솔린의 성분이 분해되어 발생된다.
④ 점화시기가 진각되면 발생량이 많다.

05. 혼합비가 희박하여 실화되는 경우에는 연료가 연소되지 않은 상태로 배출되기 때문에 연료 성분인 탄화수소가 증가된다.

06. NOx의 발생은 연소 온도와 압력이 함께 최고가 되는 이론 공연비 부근에서 가장 많이 발생한다. 이것을 적게 하는 데는 엔진의 압축비를 작게 하거나 EGR에 의하여 연소 온도를 낮추는 등의 대책을 강구하고 있다.

07. NoX(질소산화물)은 고온고압의 연소에 의하여 생성되는 물질이다.

01.① **02.**① **03.**③ **04.**④ **05.**② **06.**③
07.②

08 가솔린 자동차의 배기관에서 배출되는 가스와 공연비와의 관계를 잘못 설명한 것은?

① CO는 혼합기가 희박할수록 적게 배출된다.
② HC는 혼합기가 농후할수록 많이 배출된다.
③ NOx는 이론 공연비 부근에서 최소로 배출된다.
④ CO_2는 혼합기가 농후할수록 적게 배출된다.

09 아래 그래프는 혼합비와 배출가스 발생량의 관계를 나타낸 것이다. ①, ②, ③의 배출가스 명칭은?

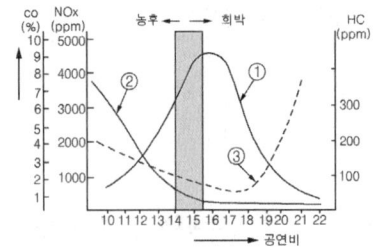

① ①-NOx, ②-CO, ③-HC
② ①-HC, ②-NOx, ③-CO
③ ①-CO, ②-HC, ③-NOx
④ ①-CO, ②-NOx, ③-HC

10 자동차의 PCV(Positive Crankcase Ventilation) 장치는 공해방지 대책의 한 방법이다. 다음 중 무엇을 제거하기 위한 것인가?
① 일산화탄소(CO)
② 이산화탄소(CO_2)
③ 아황산가스(SO_2)
④ 블로바이 가스(Blow-by gas)

11 연료 탱크 내의 증발가스를 포집 후 엔진으로 유입시켜 연소 시키는 장치는?
① 캐니스터와 퍼지솔레노이드
② 포지티브 크랭크케이스 벤틸레이션(P.C.V) 밸브
③ 배기가스 재순환 장치 (EGR)
④ 삼원촉매

12 활성탄 캐니스터(charcoal canister)는 무엇을 제어하기 위해 설치하는가?
① CO_2 증발가스   ② HC 증발가스
③ NOx 증발가스   ④ CO 증발가스

13 전자제어 차량에서 배출되는 유해가스를 제어하는 구성 부품이 아닌 것은?

① 삼원촉매(CATALYTIC CONVERTER)
② EGR 밸브
③ 캐니스터
④ 터보차저

---

08. 배출가스와 공연비와의 관계
① 이론 공연비보다 농후 : CO와 HC는 증가, NOx는 감소한다.
② 이론 공연비보다 약간 희박 : NOx는 증가, CO와 HC는 감소한다.
③ 이론 공연비보다 희박 : HC는 증가, CO와 NOx는 감소한다.
09. ①번 라인은 NOx, ②번 라인은 CO, ③번 라인은 HC이다.
10. PCV는 블로바이 가스를 제거하기 위한 장치이다.
11. 연료 증발가스는 엔진이 작동하지 않을 때는 차콜 캐니스터의 활성탄에 흡수 저장(포집)되어 있다가 엔진이 작동되면 컴퓨터의 제어신호에 의해 퍼지 솔레노이드 밸브가 차콜 캐니스터의 진공 통로를 열면 엔진으로 유입되어 연소된 후 배출된다.
12. 캐니스터(활성탄 여과기)의 역할 : 캐니스터는 엔진의 정지 상태에서 연료탱크 또는 흡기다기관에서 증발한 연료가스를 저장하였다가 엔진의 작동중 다시 이를 방출시켜 연소되도록 한다.
13. 터보차저는 엔진의 충진효율을 높이기 위해 흡기에 압력을 가하는 공기 펌프로서 엔진의 출력 증대, 연료소비율의 향상, 회전력을 증대시키는 역할을 한다.

08.③ 09.① 10.④ 11.① 12.② 13.④

14 배기가스 재순환장치(EGR)는 주로 어떤 물질의 생성을 억제하기 위한 것인가?
① 탄소(C) ② 이산화탄소(CO_2)
③ 일산화탄소(CO) ④ 질소산화물(NOx)

15 배기가스의 일부를 배기계에서 흡기계로 재순환시켜 질소산화물 생성을 억제시키는 장치는?
① 퍼지컨트롤 밸브 ② 차콜캐니스터
③ EGR ④ VVT

16 EGR밸브와 연결되어 진공을 형성시키는 밸브는?
① ISC
② 서모밸브(thermo valve)
③ PCV
④ 첵밸브(check valve)

17 배기가스 재순환(EGR system)에 관한 설명으로 틀린 것은?
① 연소된 가스가 흡입됨으로 엔진의 출력이 저하된다.
② 뜨거워진 연소가스를 재순환시켜 연소실 내의 연소온도를 높여 유해가스 배출을 억제한다.
③ 배기가스 재순환장치는 질소산화물(NOx)을 저감시키기 위한 장치이다.
④ 엔진의 냉각수 온도가 낮을 때는 작동하지 않는다.

18 다음 중 EGR(Exhaust Gas Recirculation)밸브의 구성 및 기능 설명으로 틀린 것은?
① 배기가스 재순환장치
② EGR 파이프, EGR 밸브 및 서모 밸브로 구성
③ 질소화합물(NOx) 발생을 감소시키는 장치
④ 연료 증발가스(HC) 발생을 억제시키는 장치

19 EGR 제어량 지표를 나타내는 EGR율을 구하는 식은?
① $EGR율 = \dfrac{EGR 가스유량}{흡입공기량 + EGR 가스유량} \times 100$
② $EGR율 = \dfrac{EGR 가스유량}{흡입 공기량} \times 100$
③ $EGR율 = \dfrac{흡입공기량}{EGR 가스유량} \times 100$
④ $EGR율 = \dfrac{흡입공기량 + EGR 가스유량}{EGR 가스유량} \times 100$

20 아래 그림은 EGR량 증가 시의 솔레노이드 파형이다. 구동전압을 나타낸 것은?

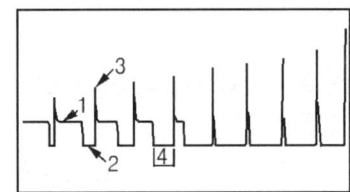

① 1 ② 2
③ 3 ④ 4

---

14. 배기가스 재순환장치는 엔진의 출력 감소가 최소가 되는 범위 내에서 배기가스의 일부를 재순환시켜 연소실에 공급함으로써 연소 온도를 낮추어 NOx(질소산화물)의 배출량을 감소시킨다.
16. EGR밸브와 연결되어 진공을 형성시키는 밸브는 서모밸브(thermo valve)이다.
18. 연료 증발가스(HC) 제어장치의 구성품은 차콜 캐니스터, 퍼지 컨트롤 솔레노이드 밸브로 구성되어 있다.
20. 이 파형은 EGR 솔레노이드 파형으로 1은 전원 전압을 표시하고, 2는 구동 전압, 3은 솔레노이드 밸브 OFF시 역기전력을 나타내며, 4는 솔레노이드 밸브의 구동시간을 나타낸 것이다.

14.④ **15.**③ **16.**② **17.**② **18.**④ **19.**①
20.②

21 삼원 촉매장치에서 저감시키는 배출가스가 아닌 것은?
① PM   ② CO
③ HC   ④ NOx

22 배출가스 저감장치 중 삼원촉매(Catalytic Convertor) 장치를 사용하여 저감시킬 수 있는 유해가스의 종류는?
① CO, HC, 흑연   ② CO, NOx, 흑연
③ NOx, HC, SO   ④ CO, HC, NOx

23 전자제어 엔진의 삼원 촉매 컨버터에서 질소산화물(NOx)은 다음 중 무엇으로 환원되는가?
① N_2, CO   ② N_2, H_2
③ N_2, O_2 ④ N_2, CO_2, H_2O

24 다음 중 배기가스 정화에 삼원 촉매 변환기를 이용한 차량에서는 어떠한 공연비에서 정화율이 가장 높은가?
① 1 : 1   ② 8 : 1
③ 12 : 1   ④ 15 : 1

25 촉매 변환장치에서 촉매장치의 종류가 아닌 것은?
① 산화촉매   ② 환원촉매
③ 삼원촉매   ④ 펠릿촉매

26 삼원 촉매장치에 대한 설명 중 타당치 않는 것은?
① CO, HC, NOx는 촉매장치에 의해 산화 및 환원된다.
② 백금과 소량의 리듐을 혼합한 것이 표면에 소성되어 있다.
③ 촉매장치는 유해 배기가스의 감소를 위하여 설치하며 주로 2차 공기 공급장치와 함께 사용한다.
④ 촉매작용의 효력을 더욱 많이 발생키 위하여 공연비를 맞추지 않는다.

27 삼원 촉매 컨버터 장착차량에 2차 공기를 공급하는 이유로 알맞은 것은?
① 배기 매니폴드 내의 HC와 CO의 산화를 돕는다.
② 공연비를 돕는다.
③ NOx의 생성이 되지 않도록 한다.
④ 배기가스의 순환을 돕는다.

28 실린더 파워 밸런스 시험을 할 때 손상에 가장 주의하여야 하는 부품은?
① 산소센서   ② 점화플러그
③ 점화코일   ④ 삼원 촉매

---

21. PM(particulate matter)은 입자상 물질로 연소 등의 과정에서 발생되는 납, 황산염, 유기입자(매연, 카본)의 미세한 물질을 말한다.
22. 삼원 촉매 변환기의 기능
① 삼원은 배기가스 중 유독 성분인 CO, HC, NOx 을 나타낸 것.
② 3 개의 성분을 동시에 환원시키는 역할을 한다.
③ 촉매는 백금(Pt)과 로듐(Rh)이 사용된다.
④ CO와 HC 를 CO_2와 H_2O로 환원시키고 NOx 은 N_2로 환원시켜 배출한다.
25. 촉매장치의 종류
① 산화촉매 장치 : 배기가스에 외부 공기를 가하여 300℃ 정도의 온도로 유지된 촉매의 중앙을 통과하면 유해한 CO(일산화탄소)와 HC(탄화수소)를 산화시켜 각각 무해한 CO_2(이산화탄소)와 H_2O(물)로 바꾸는 장치
② 삼원촉매 장치 : 삼원은 배기가스 중 유해 성분인 CO, HC, NOx 가스 중 CO 와 HC 를 CO_2 와 H_2O 로 환원시키고 NOx 는 N_2 로 환원시켜 배출한다.
③ 환원촉매 장치 : 배기가스 중에 포함된 일산화탄소(CO)·탄화수소(HC) 및 질소산화물(NOx)을 이산화탄소(CO_2)·수증기(H_2O)·산소(O_2) 및 질소(N_2)로 환원시켜 대기 중으로 방출한다.

21.① 22.④ 23.③ 24.④ 25.④ 26.④ 27.① 28.④

7장 전자제어장치

7-1 기관제어시스템

1 전자제어가솔린연료분사장치

(1) 전자제어 연료분사장치의 특징
① 공기흐름에 따른 관성 질량이 작아 응답 성능이 향상된다.
② 기관의 출력 증대 및 연료 소비율이 감소한다.
③ 유해 배출가스 감소효과가 크다.
④ 각 실린더에 동일한 양의 연료 공급이 가능하다.
⑤ 혼합비 제어가 정밀하여 배출가스 규제에 적합하다.
⑥ 체적효율이 증가하여 기관의 출력이 향상된다.
⑦ 기관의 응답 및 주행성능이 향상되며, 월웨팅(wall wetting)에 따른 냉간시동, 과도 특성의 큰 효과가 있다.
⑧ 저속 또는 고속에서 토크영역의 변경이 가능하다.
⑨ 온·냉간 상태에서도 최적의 성능을 보장한다.
⑩ 설계할 때 체적효율의 최적화에 집중하여 흡기다기관 설계가 가능하다.
⑪ 구조가 복잡하고 가격이 비싸다.
⑫ 흡입계통의 공기누출이 기관에 큰 영향을 준다.

(2) 전자제어 연료분사장치의 분류
① **기본 분사량 제어방식에 의한 분류**
  - MPC(Manifold Pressure Control) : 흡기다기관 압력 제어 방식을 말한다.
  - AFC(Air Flow Control) : 흡입 공기량 제어 방식을 말한다.
② **인젝터 개수에 따른 분류**
  - SPI(또는 TBI, Single Point Injection or Throttle Body Injection) : 인젝터를 한 곳에 1~2개를 모아서 설치한 후 연료를 분사하여 각 실린더에 분배하는 방식이다.
  - MPI(Multi Point Injection) : 인젝터를 실린더마다 1개씩 설치하고 연료를 분사시키는 방식, 즉 기관의 각 실린더마다 독립적으로 분사하는 방식이다.

③ 연료 분사량 제어 방식에 의한 분류
- 기계 제어방식 : K-제트로닉에서 사용한다.
- 전자 제어방식 : L-제트로닉 및 D-제트로닉에서 사용한다.

④ 제어 방식에 의한 분류
- K-제트로닉 : 연료의 분사량을 기계식으로 제어하는 연속적인 분사장치이다. 어큐뮬레이터, 연료 압력 조절기, 연료 분배기, 인젝터, 콜드 스타트 인젝터, 서모 타임 스위치, 웜업 조정기로 구성되어 있다.
- L-제트로닉 : 흡입 공기량을 계측하여 연료 분사량을 제어하는 방식을 말한다.
  - 실린더에 흡입되는 공기량을 체적 유량 및 질량 유량으로 검출한다.
  - 컴퓨터가 인젝터에 통전되는 시간을 제어하여 연료가 분사된다.
  - 흡입 공기량을 계측하는 방식
    · 메저링 플레이트식 : 흡입 공기량을 체적 유량으로 검출한다.
    · 칼만 와류식 : 흡입 공기량을 체적 유량으로 검출한다.
    · 핫 와이어식(핫 필름) : 흡입 공기량을 질량 유량으로 검출한다.
- D-제트로닉 : 흡기다기관 내의 부압을 검출하여 연료 분사량을 제어하는 방식을 말한다.
  - 흡기 다기관의 절대 압력을 전기적 신호로 바꾸어 흡입 공기량을 검출한다.
  - 인젝터수의 $\frac{1}{2}$씩 그룹으로 분사시키는 간헐 분사 방식이다.
  - MAP센서와 엔진의 회전 속도를 검출하여 연료 분사 개시 시기를 결정한다.

(3) 전자제어 스로틀 밸브장치(ETS : Electronic Throttle valve System)
엔진컴퓨터와 ETS컴퓨터의 제어신호를 받아 스로틀 밸브를 전동기로 개폐하는 장치이다. 기관 공전제어, 구동력제어(TCS) 등에 사용한다.

① 전자제어 스로틀밸브장치의 특징
- 흡입공기량을 정밀하게 제어할 수 있다.
- 유해배출가스의 배출을 감소할 수 있다.
- 통합제어로 인한 부품을 줄일 수 있다.
- 기관의 고장률이 감소되고 신뢰성을 높일 수 있다.

② 입력신호 : 가속페달위치센서, 스로틀위치센서, 점화스위치 등

③ 출력제어 : 스로틀밸브 구동전동기, 페일세이프 전동기 등

(4) 가솔린직접분사장치(GDI : Gasoline Direct Injection)
압축행정 말기에 연료를 분사하여 점화플러그 주위의 공연비를 농후하게 하는 성층연소로 희박한 공연비(25~40 : 1)에서도 점화가 가능하도록 한다.

① 가솔린직접분사장치의 특징
- 고부하 상태에서 흡입행정 초기에 연료를 분사하여 연료에 의한 흡입공기 냉각으로 충전효율을 향상시킨다.

- 저부하 상태에서 최대 30%의 연료소비율이 향상된다.
- 고부하 상태에서 최대 10%의 출력이 향상된다.

② **입력신호** : 크랭크각센서(CAS), TDC센서, 공기유량센서(AFS), 산소센서, 연료압력센서

③ **연료제어**
- 와류인젝터 : 연료분사시 공기와의 혼합이 쉽도록 와류를 일으키며 분사된다.
- 인젝터드라이브 : 기존의 전자제어연료분사장치에 비해 연료압력이 10~20배 높기 때문에 이로 인한 인젝터의 높은 전류소모, 발열 등을 방지한다.
- 연료압력센서 : 연료공급계통에 설치되어 검출한 연료압력은 연료분사량을 보정하는 신호로 사용된다.
- 연료펌프릴레이 : 연료펌프의 작동을 ON/OFF 한다.

2 전자제어 연료분사 장치의 구조

(1) 흡입 계통

전자제어 연료 분사장치의 흡입 계통의 구성은 공기 청정기, 공기유량센서, 서지탱크, 스로틀보디, 흡기다기관 등으로 되어 있다.

① **공기유량 센서(AFS)**

가. 공기유량 센서의 기능 : 흡입되는 공기량을 계측하여 컴퓨터(ECU or ECM)으로 보내어 기본 분사량을 결정하도록 하는 센서이다.

나. 공기유량 센서의 종류
- 매스플로 방식(mass flow type)
  - 핫 필름 방식(hot film type)과 핫 와이어 방식(hot wire type) : 질량 유량에 의해 흡입 공기량을 직접 검출하는 방식이다.

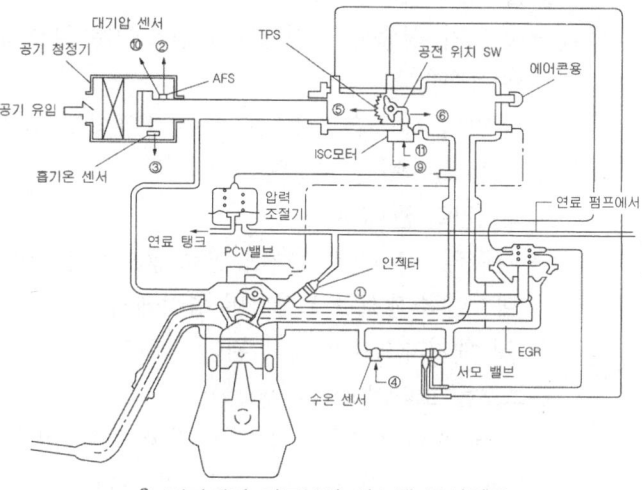

△ 전자제어 연료분사 시스템 구성회로

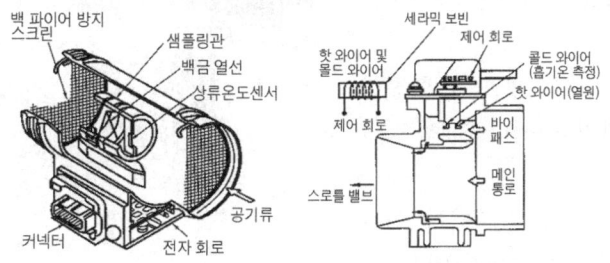

(a) 주류 계측 방식   (b) 바이패스 계측 방식

△ 핫 와이어 방식 공기 유량 센서

- 베인 방식(vane type, 메저링 플레이트 방식) : 흡입 공기량을 포텐셔미터에 의해 전압비로 검출하며, 이 신호에 의해 컴퓨터가 기본 분사량을 결정한다.
  - 칼만 와류방식(kalman vortex type) : 센서 내에서 공기의 소용돌이를 일으켜 단위 시간에 발생하는 소용돌이 수를 초음파 변조에 의해 검출하여 공기유량을 검출하는 방식이다.
- 스피드 덴시티 방식(speed density type)
- MAP(흡기다기관 절대압력)센서 : 흡기다기관 압력 변화를 피에조(Piezo, 압전 소자)저항에 의해 감지하는 센서이다. 그리고 반도체 피에조(piezo) 저항형 센서는 다이어프램 상하의 압력 차이에 비례하는 다이어프램 신호를 전압 변화로 만들어 압력을 측정할 수 있다.

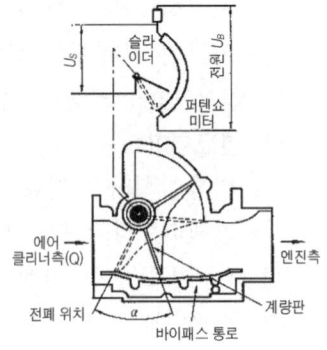

♻ 베인 방식 공기유량 센서

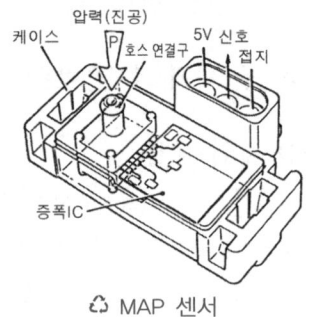

♻ MAP 센서

② 흡기온도 센서(ATS)
- 온도가 상승하면 저항값이 감소하는 부특성 서미스터를 이용한다.
- 흡입 공기의 온도를 계측하여 컴퓨터로 입력시키면 컴퓨터는 분사량을 보정한다.

③ 대기압력 센서(BPS)
- 차량의 고도를 측정하여 연료 분사량과 점화시기를 조정하는 피에조 저항형 센서이다.
- 대기압력 센서가 고장나면 평지에서는 이상이 없던 자동차가 고지대에서 기관 부조현상 및 배기가스가 흑색이 된다.

④ 스로틀 보디(throttle body)
스로틀 보디의 기능은 흡입 공기량 조절이며, 스로틀 포지션 센서, 스로틀 밸브, ISC-서보(공전조절 장치) 등으로 구성되어 있다.

가. 스로틀 포지션 센서(TPS)의 기능
- 스로틀 밸브의 열림 정도(개도량)와 열림 속도를 감지하는 가변저항 센서이다.
- 가속페달에 스로틀 밸브가 회전하면 저항 변화가 일어나 출력 전압이 변화한다.
- 급가속을 감지하면 컴퓨터가 연료 분사 시간을 늘려 실행시킨다.
- 출력전압은 0~5V이다.

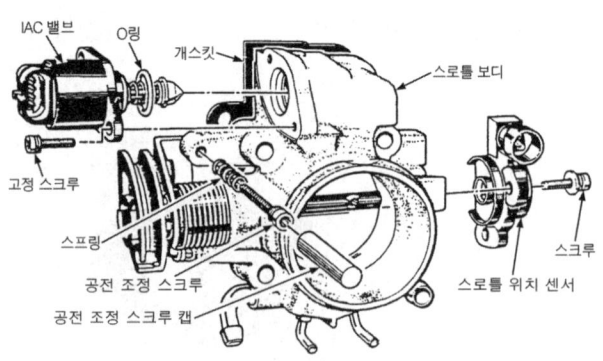

♻ 스로틀 보디 분해도

나. ISC-Servo(STEPPER MOTOR)
- 기능 : 각종 센서들의 신호를 근거로 하여 공전상태에서 부하에 따라 안정된 공전속도를 유지하도록 하는 부품
- 종류 : 바이패스 공기제어 방식에는 로터리 솔레노이드 방식, 리니어 솔레노이드 방식, 스텝모터 방식 등이 있다.
- 작용
  - 대시포트 작용
  - 공전에서 기관부하에 따른 기관 회전속도 보상
  - 냉간 운전에서 냉각수 온도에 따라 공전상태의 공기유량 조절

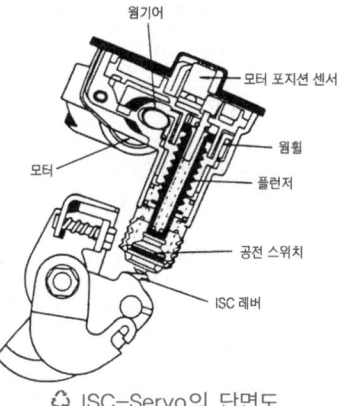

♻ ISC-Servo의 단면도

7-2 센서

1. **공기유량센서**(AFS : Air Flow Sensor)
   흡입공기량을 검출하여 신호를 보내면 기본 연료분사량을 결정한다.

2. **흡기온도센서**(ATS : Air Temperature Sensor)
   흡입되는 공기의 온도를 입력시키면 흡입공기 온도에 따라 연료분사량을 보정한다.

3. **수온 센서**(WTS : Water Temperature Sensor, CTS)
   ① 냉각수 통로에 설치되어 냉각수 온도를 검출하여 아날로그 전압으로 컴퓨터에 입력시킨다.
   ② 엔진의 냉각수 온도에 따라서 공전 속도를 적절하게 유지시키는 신호로 이용된다.
   ③ 냉각수 온도에 따라 연료 분사량을 보정하는 신호로 이용된다.
   ④ 냉각수 온도에 따라 점화 시기를 조절하는 신호로 이용된다.
   ⑤ 온도가 상승하면 저항값이 감소하는 부특성 서미스터이다.

4. **스로틀 위치센서**(TPS : Throttle Position sensor) : 스로틀 밸브축이 회전하면 출력 전압이 변화하여 기관 회전 상태를 판정하고 감속 및 가속상태에 따른 연료분사량을 결정한다.

5. **공전스위치**(idle switch) : 기관의 공전상태를 검출한다.

6. **TDC 센서**
   ① 4실린더 엔진은 1번 실린더의 상사점, 6실린더 엔진은 1번, 3번, 5번 실린더의 상사점을 검출하여 디지털 신호로 컴퓨터에 입력시킨다.
   ② 연료 분사 순서를 결정하기 위한 신호로 이용된다.
   ③ 발광 다이오드, 포토 다이오드, 디스크로 구성되어 있다.

7. **크랭크각 센서**(CAS : Crank Angle Sensor)
   ① 크랭크축의 회전수를 검출하여 컴퓨터에 입력시킨다.

② 연료 분사 시기와 점화 시기를 결정하기 위한 신호로 이용된다.
③ 크랭크각 센서는 크랭크축 풀리 또는 배전기에 설치되어 있다.
④ 발광 다이오드, 포토 다이오드 및 디스크로 구성되어 있다.

8. 산소 센서(O_2 센서, λ - 센서)

- 이론 공연비를 중심으로 하여 출력전압이 변화되는 것을 이용한다.
- 피드백(feed back)의 기준신호로 사용된다.
- 배기가스 속에 포함되어 있는 산소량을 감지한다.
- 혼합기의 상태를 이론 공연비에 가깝도록 맞추기 위해서 필요하다.
- 혼합비가 희박할 때는 기전력이 낮고 농후할 때는 기전력이 높다.
- 혼합비 상태를 감지하며 3원 촉매의 CO, HC, Nox 정화능력을 증대시킨다.
- 냉간 시동할 때 별도로 가열하거나 가열장치가 필요가 하다.
- 3원 촉매의 정화율은 λ= 1 부근일 때가 가장 좋다.

① 산소 센서의 종류
- 지르코니아(ZrO_2) 산소 센서 : 대기측의 산소 농도와 배기 가스측의 산소 농도 차이가 크면 기전력이 발생되는 원리를 이용한다.
- 티타니아(TiO_2) 산소 센서 : 티타니아가 주위의 산소 분압에 의하여 산화 또는 환원 되어 전기 저항이 변화되는 원리를 이용한다.

② 산소 센서 사용 상 주의사항
- 전압을 측정할 때 오실로스코프나 디지털미터를 사용할 것
- 무연휘발유를 사용할 것
- 출력전압을 단락(쇼트) 시키지 말 것
- 산소센서의 내부 저항은 측정하지 말 것
- 혼합기가 농후하면 약 0.9V의 기전력이 발생된다.
- 혼합기가 희박하면 약 0.1V의 기전력이 발생된다.

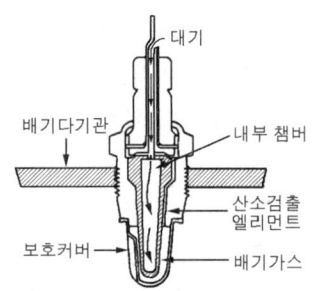

△ 산소센서의 구조

9. 차속 센서(VSS : Vehicle Speed Sensor)
① 스피드미터 케이블 1회전당 4회의 디지털 신호를 컴퓨터에 입력시킨다.
② 공전 속도 및 연료 분사량을 조절하기 위한 신호로 이용된다.

10. 에어컨 스위치 및 릴레이
① 에어컨 스위치의 ON신호를 컴퓨터에 입력시킨다.
② 공전시 에어컨 스위치를 작동시킬 때 공전 속도를 상승시키기 위한 신호로 이용된다.
③ 에어컨 콤프레서를 약 0.5초 동안 작동되지 않도록 하여 엔진의 회전을 적절히 유지시킨다.
④ 자동 변속기 차량에서 스로틀 밸브의 열림각이 65° 이상의 가속 중에 가속 성능을 유지시키기 위하여 에어컨 릴레이 회로를 약 0.5초 동안 차단시킨다.

11. 노크 센서
① 노킹시 고주파 진동을 전기 신호로 변환하여 컴퓨터에 입력시킨다.
② 노킹이 발생되면 점화시기를 변화시켜 노킹을 방지한다.
③ 노킹이 발생되면 점화시기를 지각시켜 엔진을 정상적으로 작동시킨다.
④ 노킹이 없는 상태에서는 다시 점화시기를 노킹 한계까지 진각시켜 엔진의 효율을 최적의 상태로 유지하여 연료 소비율을 향상시킨다.

12. 액셀러레이터 위치 센서(APS)
① 엑셀러레이터의 이동량을 검출하여 컴퓨터에 입력시키는 역할
② 미끄러지기 쉬운 노면에서 타이어의 슬립을 방지한다.
③ 선회시의 조향 성능을 향상시킨다.

13. 인히비터 스위치
① 자동 변속기 각 레인지 위치를 검출하여 컴퓨터에 입력시키는 역할
② P레인지와 N레인지에서만 기동 전동기가 작동될 수 있도록 한다.
③ 크랭킹하는 동안 연료 분사 시간을 조절한다.

14. 파워 스티어링 압력 스위치
① 조향 핸들을 회전할 때 유압을 전압으로 변환시켜 컴퓨터에 입력시키는 역할
② 공전 속도 제어 서보를 작동시켜 엔진의 회전수를 상승시킨다.
③ 유압의 상승으로 엔진의 출력이 저하되는 것을 방지한다.

15. 전기 부하 스위치
① 헤드라이트 등을 점등시켰을 때의 전기 부하를 검출하여 컴퓨터에 입력시키는 역할
② 공전 속도 조절 서보를 작동하여 엔진의 회전수를 상승시킨다.
③ 전기 부하에 의해 엔진의 출력이 저하되는 것을 방지한다.

7-3 액추에이터

1 제어장치

(1) 컨트롤 릴레이
① 축전지 전원을 전자제어 연료 분사 장치에 공급하는 역할을 한다.
② ECU, 연료 펌프, 인젝터, 공기 흐름 센서 등에 전원을 공급한다.

(2) ECU(Electronic Control Unit, ECM)
① 흡입 공기량과 엔진 회전수를 기준으로 기본 연료 분사량을 결정한다.
② 엔진 작동 상태에 따른 인젝터 분사 시간을 조절한다.
③ 연료 분사량 조절 및 보정하는 역할을 한다.

2 ECU의 제어

(1) 점화 시기 제어
① 파워 트랜지스터의 베이스에 제어 신호를 보낸다.
② 점화 코일에 흐르는 1차 전류를 단속하여 점화시기를 조절한다.

(2) 연료 펌프 제어
① 엔진의 회전수가 50rpm 이상일 때 연료 펌프 제어 파워 트랜지스터 베이스에 제어 신호를 보낸다.
② 축전지의 전원이 컨트롤 릴레이에 의해 공급된다.

(3) 연료 분사량 제어
① **기본 연료 분사량 조절**
- 흡입 공기량과 엔진 회전수에 의해 결정된다.
- 인젝터의 통전 시간 및 분사 횟수를 조절한다.
- 엔진 회전수와 흡입 공기량에 비례하도록 제어한다.

② **크랭킹시 분사량 조절**
- 크랭킹 신호, 엔진 회전수 신호, 냉각수 온도에 의해 조절된다.
- 엔진의 시동성 향상을 위해 연료 분사량을 보정한다.

③ **시동후 분사량 조절**
- 공전 속도를 안정시키기 위해 일정 시간 분사량을 증가시킨다.
- 연료의 증량비는 크랭킹시에 최대가 된다.
- 시간이 경과됨에 따라 냉각수의 온도 상승으로 연료 분사량은 감소된다.

④ **냉각수 온도에 의한 분사량 조절**
- 저온시 엔진의 시동성 및 운전성을 향상시키기 위해 연료 분사량을 증량시킨다.
- 엔진의 워밍업 시간을 단축시킨다.
- 냉각수 온도가 80℃ 이하에서는 연료 분사량을 증량시킨다.
- 냉각수 온도가 80℃ 이상에서는 기본 연료 분사량으로 제어한다.

⑤ **흡입 공기 온도에 의한 분사량 조절**
- 공연비가 변화되지 않도록 연료 분사량을 증량시킨다.
- 흡입 공기 온도가 20℃ 이하에서는 연료 분사량을 증량시킨다.
- 흡입 공기 온도가 20℃ 이상에서는 기본 연료 분사량으로 제어한다.

⑥ **축전지 전압에 의한 분사량 조절**
- 축전지 전압이 낮으면 실제 연료 분사 시간(유효 분사 시간)이 짧아진다.
- 축전지 전압이 낮으면 인젝터의 통전 시간을 길게 한다.
- 축전지 전압이 높으면 인젝터의 통전 시간을 짧게 한다.

⑦ 가속시 분사량 조절
  • 연료의 증량비 및 증량 지속 시간은 냉각수 온도에 따라 결정한다.
  • 가속하는 순간에 연료의 증량비는 최대가 된다.
  • 가속하는 순간 연료 분사량을 증량시켜 희박해지는 것을 방지한다.
  • 모든 실린더의 인젝터에 제어 신호를 1회 공급하여 연료 분사량을 증량시킨다.
⑧ 고속시 분사량 조절
  • 스로틀 밸브 개도량에 따라 연료 분사량을 증량시킨다.
  • 연료 분사량을 증량시켜 고속 운전성을 향상시킨다.
⑨ 감속시 연료 차단
  • 아이들 스위치가 ON되면 인젝터의 전원을 일시적으로 차단한다.
  • 연료의 절약과 HC의 과대 발생을 방지한다.
  • 촉매 변환기의 과열을 방지한다.

(4) 연료 분사 시기 제어
  ① 동기 분사(독립분사, 순차분사)
    • TDC 센서의 신호를 이용하여 분사 순서를 결정한다.
    • 크랭크각 센서의 신호를 이용하여 분사시기를 결정한다.
    • 각 실린더마다 크랭크축이 2회전할 때 연료가 분사된다.
    • 점화 순서에 의해 배기 행정시에 연료를 분사한다.
  ② 그룹 분사
    • 인젝터 수의 $\frac{1}{2}$씩 제어 신호를 공급하여 연료를 분사한다.
    • 엔진의 성능이 저하되는 경우가 없다.
    • 시스템을 단순화 시킬 수 있는 장점이 있다.
  ③ 동시 분사(비동기 분사)
    • 모든 인젝터에 분사 신호를 동시에 공급하여 연료를 분사시킨다.
    • 냉각수온 센서, 흡기온 센서, 스로틀 위치 센서 등 각종 센서의 출력에 의해 제어한다.
    • 1 사이클당 2회씩 연료를 분사시킨다.

(5) 피드백 제어
  ① 산소 센서의 출력 신호를 이용하여 제어한다.
  ② 배기 가스의 정화 능력이 향상되도록 이론 공연비로 유지한다.
  ③ 연료 분사량을 증량 또는 감량시킨다.
  ④ 유해 성분의 감소를 위해 EGR 밸브를 제어한다.
  ⑤ 산소 센서의 출력이 낮으면 연료 분사량을 증량시킨다.
  ⑥ 산소 센서의 출력이 높으면 연료 분사량을 감량시킨다.

⑦ 피드백 제어 정지 요건
- 엔진을 시동 후 연료 분사량을 증량시킬 때
- 엔진을 시동할 때
- 냉각수의 온도가 낮을 때

(6) 공전 속도 제어
① **시동시 제어**
- 냉각수 온도 센서의 출력을 이용한다.
- 냉각수의 온도에 따라 ISC 서보 모터를 제어한다.
- 스로틀 밸브의 열림량을 시동이 적합한 위치로 조절한다.

② **패스트 아이들 제어**
- 공전 위치 스위치 및 냉각수온 센서의 출력 신호를 이용한다.
- ISC 서보 모터 또는 스텝 모터를 제어한다.
- 스로틀 밸브 또는 바이 패스 포트를 정해진 회전수 위치로 조절한다.
- 엔진의 냉각수 온도에 알맞은 회전수를 조절하여 워밍업 시간을 단축시킨다.

③ **부하시 제어**
- 에어컨 스위치가 ON 되면 엔진 회전수를 상승시킨다.
- 동력 조향장치의 오일 압력 스위치가 ON 되면 엔진 회전수를 상승시킨다.
- 전기 부하 스위치가 ON 되면 엔진 회전수를 상승시킨다.
- 자동 변속기가 N 레인지에서 D 레인지로 변환되면 엔진 회전수를 상승시킨다.

④ **대시 포트 제어**
- 주행중 급 감속시에 연료를 일시적으로 차단한다.
- 스로틀 밸브가 급격히 닫히는 것을 방지한다.
- 급 감속에 의한 충격을 방지하여 감속 조건에 따른 대시 포트를 제어한다.

(7) 에어컨 릴레이 제어
① 엔진 회전수의 저하를 방지한다.
② 공전에서 에어컨 스위치를 ON 시키면 0.5초 동안 에어컨 릴레이 회로를 차단한다.
③ 자동 변속기 차량의 경우 스로틀 밸브의 열림이 65° 이상일 때 약 5초 동안 릴레이 회로를 차단한다.

3 자기 진단
① 센서의 출력이 비정상일 경우 고장 코드를 기억한다.
② 자기 진단 출력 단자와 계기 패널의 경고등에 출력한다.

(1) 전자제어 분사 장치에서 결함 코드를 삭제하는 방법
① 축전지 단자를 탈·부착한다.
② ECM 퓨즈를 분리한다.
③ 스캐너를 사용하여 제거한다.

핵심기출문제

1. 기관제어시스템

01 전자제어 기관에 적용되는 가장 이상적인 공연비는?
① 12 : 1   ② 13.7 : 1
③ 14.7 : 1   ④ 17 : 1

02 가솔린기관(자동차용)의 실린더 내 최고 폭발압력은 약 몇 kgf/cm² 인가?
① 3.5   ② 35
③ 350   ④ 3500

03 다음 중 기화기식과 비교한 MPI 연료분사 방식의 특징으로 잘못된 것은?
① 저속 또는 고속에서 토크 영역의 변화가 가능하다.
② 온·냉시에도 최적의 성능을 보장한다.
③ 설계시 체적효율의 최적화에 집중하여 흡기다기관 설계가 가능하다.
④ 월 웨팅(wall wetting)에 따른 냉시동 특성은 큰 효과가 없다.

04 전자제어 연료분사식 엔진의 특징으로 틀린 것은?
① 혼합비의 정밀한 제어를 할 수 있다.
② 혼합기가 각 실린더로 균일하게 분배된다.
③ 저속에서는 회전력이 감소된다.
④ 냉시동성이 우수하다.

05 기화기식과 비교한 전자제어 가솔린 연료 분사장치의 장점이라고 할 수 없는 것은?
① 고출력 및 혼합비 제어에 유리하다.
② 연료 소비율이 낮다.
③ 부하변동에 따라 신속하게 응답한다.
④ 적절한 혼합비 공급으로 유해 배출가스가 증가한다.

---

02. 가솔린기관(자동차용)의 실린더 내 최고 폭발압력은 약 35~45kgf/cm² 정도이다.
03. MPI 연료 분사방식은 월 웨팅에 따른 냉시동 특성에 큰 효과가 있다.
04. 분사 장치 기관의 특징
① 엔진의 운전 조건에 가장 적합한 혼합기가 공급된다.
② 감속시 배기가스의 유해 성분이 감소된다.
③ 연료 소비율이 향상된다.
④ 가속시에 응답성이 좋다.
⑤ 냉각수 온도 및 흡입 공기의 악조건에도 잘 견딘다.
⑥ 베이퍼 록, 퍼컬레이션, 아이싱 등의 고장이 없다.
⑦ 운전 성능이 향상된다.
⑧ 냉간 시동시 연료를 증량시켜 시동성이 향상된다.
⑨ 각 실린더에 균일한 혼합기가 분배된다.
⑩ 벤투리가 없으므로 공기 흐름의 저항이 적다.
⑪ 이상적인 흡기 다기관을 형성할 수 있어 엔진의 효율이 향상된다.
05. 분사 장치의 장점
① 고출력 및 혼합비 제어에 유리하다.
② 부하변동에 따라 신속하게 응답한다.
③ 냉간 시동성이 좋다.
④ 연료 소비율이 낮다.
⑤ 적절한 혼합비 공급으로 유해 배출가스가 감소된다.

01.③ 02.② 03.④ 04.③ 05.④

06 SPI(Single Point Injection) 방식의 연료분사 장치에서 인젝터가 설치되는 가장 적절한 위치는?
① 흡입 밸브의 앞쪽
② 연소실 중앙
③ 서지탱크(Surge Tank)
④ 스로틀 밸브(Throttle Valve) 전(前)

07 다음 중 흡기관 내 압력의 변화를 측정하여 흡입 공기량을 검출하는 방식은?
① K-jetronic   ② D-jetronic
③ L-jetronic   ④ LH-jetronic

08 다음 중 전자제어 연료분사 장치의 흡입계통과 가장 거리가 먼 것은?
① 공기량 센서   ② O_2 센서
③ 스로틀 보디   ④ 서지탱크

09 전자식 기관 제어장치의 구성에 해당하지 않는 것은?
① 연료 분사 제어
② 배기 재순환(EGR)
③ 공회전 제어(ISC)
④ 전자식 제동 제어장치(ABS)

2. 센서

01 전자제어식 연료 분사 장치의 주요 구성부품 중 흡입공기량을 검출하는 장치는?
① 연료 압력 조정기
② ECU
③ 공기 유량 센서
④ 냉각 수온 센서

02 가솔린 전자제어 기관의 흡입 공기량 센서의 약어는?
① ATS   ② BPS
③ AFS   ④ ISC

03 전자제어 가솔린 기관에서 에어플로 센서(AFS)의 기능에 의한 흐름 설명 중 틀린 것은?
① 실린더로 유입되는 공기량을 검출한다.
② 검출된 신호를 기초로 기본 연료 분사량을 산출한다.
③ 검출된 공기량에 따라 인젝터에서 분사되는 연료량도 변화한다.
④ 검출된 공기량에 따라 컴퓨터는 각 센서의 신호를 조합하여 연료압력을 제어한다.

---

06. SPI 방식에서 인젝터는 흡기다기관의 집합부분 즉, 스로틀 밸브 전에 설치되어 연료를 분사하여 각 실린더에 공급되도록 한다.
07. D-jetronic은 흡기 다기관 내 압력의 변화를 측정하여 흡입 공기량을 검출하는 방식이다.
08. 전자제어 연료분사 장치의 흡입계통의 구성부품은 공기 청정기, 공기유량센서, 흡기 호스, 서지탱크, 흡기다기관 등으로 이루어져 있다.
01. 공기 유량 센서(AFS)는 실린더에 흡입되는 공기량을 검출하여 컴퓨터에 입력시키는 역할을 한다.

02. ① ATS : 흡기온도 센서(Air Temperature Sensor)
② BPS : 대기압력 센서(Barometric Pressure Sensor)
③ AFS : 흡입 공기량 센서(Air Flow Sensor)
④ ISC : 공전속도 조절기(Idle Speed Control)
03. 연료의 압력 조절은 연료 압력 조절기에 의해서 이루어진다.

06.④ 07.② 08.② 09.④ /
01.③ 02.③ 03.④

04 전자제어 기관에서 흡입공기 계측방법이 아닌 것은?
① 메저링 플레이트 방식
② 핫 와이어 방식
③ 스로틀 밸브 방식
④ 칼만 소용돌이 방식

05 다음 중 공기 유량센서의 종류가 아닌 것은?
① 베인 방식
② 칼만 와류 방식
③ 흡입공기 재순환 방식
④ 핫 와이어 방식

06 전자제어 연료분사장치에 사용하는 베인식 에어플로미터(Air flow meter)의 구성부품이 아닌 것은?
① 흡기온 센서　② 포텐셔 미터
③ 댐핑 챔버　　④ O_2 센서

07 에어플로미터(air flow meter)의 흡입공기량 계측방법에서 공기의 체적 검출방식인 것은?
① 베인식(vane)
② 열선식(hot wire)
③ 열막식(hot film)
④ 스로틀스피드방식(throttle speed)

08 전자제어 엔진에서 플랩(FLAP) 타입의 공기량 감지기 설치 위치는?
① 에어클리너와 스로틀바디 사이
② 스로틀바디와 흡입 매니폴드 사이
③ 흡입 매니폴드와 흡입밸브 사이
④ 흡입밸브와 배기밸브 사이

09 전자제어 기관의 흡입 공기량 측정에서 출력이 전기 펄스(pulse, digital) 신호인 것은?
① 벤(Vane)식
② 칼만(Karman) 와류식
③ 열(熱)식
④ 에어밸브(Air Valve)식

10 칼만 와류식 에어 플로우 센서의 설치 위치가 가장 적합한 곳은?
① 흡기다기관 내　② 서지탱크 내
③ 에어클리너 내　④ 실린더 헤드에

11 흡입공기량 검출방식에서 질량유량을 검출하는 것은?
① 열선식　　　② 가동베인식
③ 칼만와류식　④ 제어유량식

---

04. ① **칼만 와류 방식** : 초음파가 공기의 흐름 속에서 발생된 와류에 의해서 밀집되거나 분산된 신호를 이용하여 흡입 공기량을 추정한다.
② **베인식(메저링 플레이트식)** : 베인(메저링 플레이트)의 열림 각에 따라 변화되는 저항값을 전압비로 바꾸어 흡입 공기량을 추정한다.
③ **열선(핫 와이어)식** : 기류에 따라 냉각되는 백금선의 온도를 일정하게 유지시키는데 필요한 전류에 의해 흡입 공기량을 추정한다.
④ **열막식(핫 필름식)** : 흡입공기량을 질량 유량으로 검출한다.
⑤ **MAP(맵) 센서 방식** : 흡기 다기관의 절대압력과 엔진 회전속도로부터 1사이클당 흡입되는 공기량이 거의 비례하는 원리를 이용하여 흡입 공기량을 추정한다.

06. O_2센서는 배기다기관에 설치되어 있으며, 배기가스의 일부를 피드백시키기 위한 신호로 이용하도록 배기가스 중에 산소 농도를 검출하여 컴퓨터에 입력시키는 역할을 한다.

08. 플랩 타입의 공기량 감지기는 베인식 에어플로 센서를 말하며, 에어클리너와 스로틀 바디 사이에 설치되어 있다.

10. 칼만 와류식 에어플로 센서는 에어 클리너 내에 설치되어 칼만 와류현상을 이용하여 발신기로부터 발신되는 초음파가 칼만 와류에 의해 잘려질 때 칼만 와류 수만큼 밀집되거나 분산된 후 소밀음파로 수신기에 전달되면 변조기에 의해 펄스 파형으로 변환되어 컴퓨터에 입력한다.

04.③ 05.③ 06.④ 07.① 08.① 09.② 10.③ 11.①

12 열선식 흡입 공기량 검출방식에서 이용되는 것은?
① 열량　　② 시간
③ 전류　　④ 주파수

13 전자제어 가솔린 분사기관에서 흡입공기량을 계량하는 방식 중에서 흡기 다기관의 절대압력과 기관의 회전속도로부터 1사이클당 흡입공기량을 추정할 수 있는 방식은?

① 칼만와류 방식　　② MAP센서 방식
③ 베인식　　④ 열선식

14 MPI 구성요소 중 맵 센서(MAP sensor)에 대한 설명이다. 틀린 것은?
① 배기 공기량을 측정하는 센서이다.
② 흡기 매니폴드의 압력 변화를 전압으로 환산하여 흡입 공기량을 간접 측정한다.
③ 점화스위치가 ON일 때 맵 센서 출력 전압이 3.9~4.1V 이면 정상이다.
④ 서지 탱크와 호스 연결이 불량할 때 맵 센서내의 공기흐름이 방해를 받는다.

15 맵 센서는 무엇을 측정하는 센서인가?
① 매니폴드 절대압력을 측정
② 매니폴드 내의 공기변동을 측정
③ 매니폴드 내의 온도 감지
④ 매니폴드 내의 대기압력을 흡입

16 MAP(Manifold Air Pressure) 센서의 진공 호스는 엔진의 어느 위치에 설치하는 것이 가장 적합한가?
① 스로틀 밸브의 앞쪽(에어클리너 쪽)
② 스로틀 밸브의 뒤쪽(매니폴드 쪽)
③ 흡기다기관의 뒤쪽
④ 연소실 입구

17 흡기 매니폴드의 압력에 관한 설명으로 옳은 것은?
① 외부 펌프로부터 만들어진다.
② 압력은 항상 일정하다.
③ 압력변화는 항상 대기압에 의해 변화한다.
④ 스로틀 밸브의 개도에 따라 달라진다.

18 흡기온도 센서에 대하여 바르게 설명 된 것은?
① 흡입 공기의 밀도를 계측하여 분사량을 보정한다.
② 점화 스위치를 OFF시킨 후 측정한다.
③ 흡기 온도가 높을수록 저항 값이 높아진다.
④ 저항이 규정치를 벗어나거나 불변이면 저항값을 재조정하여 사용한다.

---

12. 열선식 질량유량 계량방식은 엔진에 흡입되는 공기 중에 전류로 가열하는 백금 선을 설치하고 공기 흐름량에 따라 냉각되는 백금선의 온도를 일정하게 유지하는데 필요한 전류에 의해 공기의 유량을 측정하는 것으로 공기 저항이 거의 없고 반응도 좋아서 많은 엔진에 사용하고 있다.
13. ① 흡기 다기관의 절대 압력과 엔진 회전수에 의해 흡입 공기량을 검출한다.
② 절대 압력이 1 사이클에 대하여 흡입되는 공기량이 거의 비례하는 원리를 이용한다.
③ MAP 센서의 변화되는 전기 저항으로 흡입 공기량을 검출된다.
④ 흡입 공기량과 흡기 다기관의 절대 압력은 엔진의 회전수에 따라 변화된다.
15. 맵(MAP)센서는 흡기 다기관의 절대 압력을 피에조저항(압전 소자)에 의해 측정하여 ECU로 입력시키는 센서이다.
16. MAP 센서
① 흡기 다기관의 절대 압력 변동에 따른 흡입 공기량을 검출하여 컴퓨터에 입력시킨다.
② 엔진의 연료 분사량 및 점화시기를 조절하는 신호로 이용된다.
③ 진공호스는 스로틀 밸브 뒤쪽(매니폴드쪽)에 설치되어 있다.
17. 흡기다기관의 절대 압력은 스로틀 밸브가 닫혀 있는 공회전 시에는 높아지고 스로틀 밸브가 많이 열리면 절대 압력이 낮아진다.

12.③ **13.**② **14.**① **15.**① **16.**② **17.**④ **18.**①

19 전자제어 연료 분사장치에서 운전자의 조작에 의한 신호를 컴퓨터로 보내주는 센서는?
① 공기유량 센서
② 스로틀포지션 센서
③ 맵 센서
④ 냉각수온 센서

20 자동차 주행 중 가속페달 작동에 따라 출력 전압의 변화가 일어나는 센서는?
① 공기 온도 센서
② 수온 센서
③ 유온 센서
④ 스로틀 포지션 센서

21 TPS(스로틀 포지션 센서)에 대한 설명으로 틀린 것은?
① 가변 저항방식이다.
② 운전자가 가속페달을 얼마나 밟았는지 감지한다.
③ 급 가속을 감지하면 컴퓨터가 연료분사 시간을 늘려 실행시킨다.
④ 분사시기를 결정해 주는 가장 중요한 센서이다.

22 TPS(Throttle Position Sensor)의 기능과 관계가 먼 것은?
① TPS는 스로틀 보디(Throttle body)의 밸브 축과 함께 회전한다.
② TPS는 배기량을 감지하는 회전식 가변저항이다.
③ 스로틀 밸브의 회전에 따라 출력 전압이 변화한다.
④ TPS의 결함이 있으면 변속 충격 또는 다른 고장이 발생한다.

23 전자제어 가솔린 엔진에서 T. P. S 점검방법 중 틀린 것은?
① 전압측정
② 전류측정
③ 저항측정
④ 스캐너를 이용한 측정

24 전자제어 기관에서 스로틀 위치 센서의 고장일 때 나타나는 결과로 틀린 것은?
① 시동이 꺼진다.
② 가속 응답성이 저하된다.
③ 자동변속기에서 변속시점이 달라진다.
④ 정상적으로 주행이 불량하다.

---

19. 스로틀 포지션 센서는 스로틀 밸브 축과 함께 회전하는 가변저항으로서 운전자의 조작에 의해 가속 페달이 작동함에 따라 저항값이 변화되며, 스로틀 밸브의 열림량을 아날로그 전압으로 변환하여 컴퓨터에 입력시키는 역할을 한다.
20. 스로틀 포지션 센서는 스로틀 밸브 축과 함께 회전하는 가변저항으로서 운전자의 조작에 의해 가속 페달이 작동함에 따라 저항값이 변화되며, 스로틀 밸브의 열림량을 아날로그 전압으로 변환하여 컴퓨터에 입력시키는 역할을 한다.
21. TPS(스로틀 포지션 센서)
 ① 가변 저항 방식이다.
 ② 운전자가 가속페달을 얼마나 밟았는지 감지한다.
 ③ 급 가속을 감지하면 컴퓨터가 연료분사 시간을 늘려 실행시킨다.
22. TPS기능(Throttle Position Sensor)
 ① TPS는 스로틀 보디(Throttle body)의 밸브 축과 함께 회전 한다.
 ② 스로틀 밸브의 회전에 따라 출력 전압이 변화한다.
 ③ TPS의 결함이 있으면 변속 충격 또는 다른 고장이 발생한다.
 ④ 스로틀 밸브의 위치를 감지하는 회전식 가변저항이다.
23. 스로틀 포지션 센서는 스로틀 밸브 축과 함께 회전하는 가변저항으로서 운전자의 조작에 의해 가속 페달이 작동함에 따라 저항값이 변화되며, 스로틀 밸브의 열림량을 아날로그 전압으로 변환하여 컴퓨터에 입력시키는 역할을 한다. 따라서 점검 방법으로는 출력 전압을 측정하거나, 단품의 저항 및 스캐너를 이용하여 출력 전압, 작동 파형을 점검한다.
24. TPS (스로틀 포지션 센서)가 고장일 경우 나타나는 현상은 가속시 응답성 저하(출력 부족), 대시포트 기능 불량, 자동변속기의 변속시점 변화, 공회전 불규칙 등이다.

19.② 20.④ 21.④ 22.② 23.② 24.①

25 스로틀(밸브)위치 센서에 그림과 같이 5V의 전압이 인가된다. 스로틀(밸브) 위치 센서가 완전히 개방시는 몇 V의 전압이 출력축(시그널)에 감지되는가?

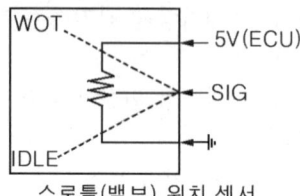
스로틀(밸브) 위치 센서

① 0V ② 2 ~ 3V
③ 4 ~ 5V ④ 12V

26 그림은 TPS 회로이다. 점 A에 접속이 불량할 때 이에 대한 스로틀 포지션 센서(TPS)의 출력전압을 측정 시 올바른 것은?

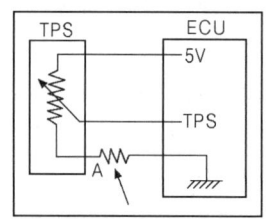

① TPS 값이 밸브 개도에 따라 가변 되지 않는다.
② TPS 값이 항상 기준보다 조금은 낮게 나온다.
③ TPS 값이 항상 기준보다 높게 나온다.
④ TPS 값이 항상 5V로 나오게 된다.

27 기관에서 온도 센서는 어떤 역할을 하는가?
① 기관의 냉각수 온도를 측정하여 이를 전기적 신호로 바꾸어 ECU에 보낸다.
② 외부의 온도를 측정하여 이를 전기적 신호로 바꾸어 ECU에 보낸다.
③ 냉각수 온도를 측정하여 직접 시동 밸브로 신호를 보낸다.
④ 기관의 온도를 측정하여 공기센서에 신호를 보내어 혼합기를 조정한다.

28 전자제어 기관에서 냉간 상태의 점화시기 제어 및 연료 분사량 제어를 하는 센서는?
① 흡기온 센서 ② 대기압 센서
③ 수온센서 ④ 공기량 센서

29 전자제어 연료분사식 엔진에서 냉각수온 센서에 대한 설명 중 틀린 것은?
① 냉각수 온도를 저항치로 변화시켜 컴퓨터로 입력시킨다.
② 냉각수온 센서가 단락되었을 때는 저항값이 0Ω에 가깝다.
③ 냉각수 온도가 높아지면 저항값이 커진다.
④ 냉각수온 센서의 저항값이 높아지면 연료 분사량이 증가한다.

---

25. 스로틀(밸브) 위치 센서의 출력 전압은 스로틀 밸브가 완전히 닫혔을 때 0.2~0.8V 이고, 스로틀 밸브가 완전히 열렸을 때 4.2~4.8V 이다.
27. 냉각수온 센서
① 부특성 서미스터로 냉각수 온도를 검출하여 컴퓨터에 입력시킨다.
② 공전 속도 유지 및 연료 분사량을 보정, 점화시기를 조절하는 신호로 이용된다.
③ 냉각수 온도 80℃ 이상일 때 : 출력 전압은 낮아지고 연료 분사량은 감소시킨다.
④ 냉각수 온도 80℃ 이하일 때 : 출력 전압은 높아지고 연료 분사량은 증가시킨다.
28. 수온 센서는 전자제어 기관에서 냉간 상태의 점화시기 제어 및 연료 분사량 제어한다.
29. 수온 센서는 부특성 서미스터를 이용한 것으로서 온도가 높으면 저항값이 낮아지고 온도가 높으면 저항값이 높아진다.

25.③ 26.③ 27.① 28.③ 29.③

30 냉각수 온도센서(WTS)가 고장일 때 발생될 수 있는 현상 중 틀린 것은?
① 냉간 시동을 할 때 공전상태에서 기관이 불안정하다.
② 냉각수 온도 상태에 따른 연료 분사량 보정을 할 수 없다.
③ 고장이 발생하면(단선) 온도를 150℃로 판정한다.
④ 기관 시동에서 냉각수 온도에 따라 분사량 보정을 할 수 없다.

31 냉각수 온도 센서(WTS)의 고장이 발생 되었을 때 나타날 수 있는 증상이 아닌 것은?
① 공회전 시 엔진부조가 발생하지 않는다.
② 주행 중 가속력이 저하된다.
③ 연료 소모가 많다.
④ 매연이 배출된다.

32 전자제어 기관에서 수온센서 배선이 접지되었을 경우 나타나는 현상은?
① 고속주행이 곤란하다.
② 상온상태에서 시동이 곤란하다.
③ 연료소모가 많다.
④ 겨울철 시동이 곤란하다.

33 피에조 소자를 이용하여 연소 중에 실린더 내에 이상 진동을 감지하는 것은?
① 노크센서 ② 맵 센서
③ 홀 센서 ④ 산소센서

34 기관에서 노크(Knock)센서의 설치위치 중 옳은 것은?
① 스로틀 보디 ② 로커 암 커버
③ 실린더 블록 ④ 오일 팬

35 노크(Knock) 센서에 관한 설명으로 가장 옳은 것은?
① 노킹 발생을 검출하고 이에 대응하여 점화시기를 지연시킨다.
② 노킹 발생을 검출하고 이에 대응하여 점화시기를 진각 시킨다.
③ 노킹 발생을 검출하고 이에 대응하여 엔진 회전속도를 올린다.
④ 노킹 발생을 검출하고 이에 대응하여 엔진 회전속도를 내린다.

36 전자제어 기관에서 노킹 센서의 고장으로 노킹이 발생되는 경우 엔진에 미치는 영향으로 옳은 것은?
① 오일이 냉각된다.
② 가속시 출력이 증가된다.
③ 엔진 냉각수가 줄어든다.
④ 엔진이 과열된다.

---

30. 냉각수 온도 센서(WTS)가 고장일 때 발생될 수 있는 현상
① 냉간 시동을 할 때 공전상태에서 기관이 불안정하다.
② 냉각수 온도 상태에 따른 연료 분사량 보정을 할 수 없다.
③ 고장 발생하면(단선) 온도를 80℃로 판정한다.
④ 기관 시동에서 냉각수 온도에 따라 분사량 보정을 할 수 없다.
31. 냉각 수온 센서가 고장나면 공회전 상태가 불안정(부조)하게 된다.
33. 노크센서는 피에조 소자를 이용하여 연소 중에 실린더 내에 이상 진동을 감지한다.
35. 노크 센서의 기능 : 노킹시 발생되는 고주파 진동을 전기 신호로 변환하여 노킹을 검출하고 점화시기를 지연시켜 노킹을 방지함으로서 엔진을 정상적으로 작동시킨다.
36. 노크 발생시 기관에 미치는 영향
① 엔진의 출력이 감소된다.
② 엔진이 과열된다.
③ 밸브나 피스톤 등이 소손된다.
④ 연소실 내의 온도가 상승한다.
⑤ 배기가스 온도가 낮아진다.
⑥ 타격 음이 발생되며, 기관 각부의 응력이 증가된다.
⑦ 배기가스의 색이 갈색 또는 흑색으로 변환한다.

30.③ **31.**① **32.**④ **33.**① **34.**③ **35.**① **36.**④

37 가변저항 방식이 아닌 것은?
① 모터 포지션 센서(MPS)
② 아이들 스위치(Idle S/W)
③ 스로틀 포지션 센서(TPS)
④ 수온 센서

38 자동차용 센서 중 압전 소자를 이용하는 것은?
① 스로틀 포지션 센서
② 조향각 센서
③ 맵 센서
④ 차고 센서

39 센서의 장착위치가 다른 것은?
① 산소 센서(O_2)
② 흡기온도 센서(ATS)
③ 흡입 공기량 센서(AFS)
④ 스로틀 포지션 센서(TPS)

40 질코니아 산소센서에 대한 설명으로 맞는 것은?
① 산소센서는 농후한 혼합기가 흡입될 때 0~0.5V의 기전력이 발생한다.
② 산소센서는 흡기 다기관에 부착되어 산소의 농도를 감지한다.
③ 산소센서는 최고 1V의 기전력을 발생한다.
④ 산소센서는 배기가스 중의 산소농도를 감지하여 NOx를 줄일 목적으로 설치된다.

41 전자제어 엔진에서 산소센서는 궁극적으로 무엇을 하기 위하여 설치되어 있는가?
① 연료 맥동을 감지한다.
② 이론 공연비를 검출한다.
③ 연료압을 검출한다.
④ 연료량을 검출한다.

42 산소센서 값은 무엇에 의해 그 값이 변화됨을 알 수 있는가?
① 기전력   ② 전류
③ 저항   ④ 배기온도

43 질코니아식 산소센서에서 발생되는 기전력 변화의 범위는?
① 0.01~0.1V   ② 0.1~1.0V
③ 1.0~2.0V   ④ 2.0~3.0V

44 O_2센서(지르코니아 방식)의 출력 전압이 1V에 가깝게 나타나면 공연비가 어떤 상태라고 생각되는가?
① 희박하다.
② 농후하다.
③ 14.7:1(공기 : 연료)에 가깝다는 것을 나타낸다.
④ 농후하다가 희박한 상태로 되는 경우이다.

45 산소센서 출력전압에 영향을 주는 요소가 아닌 것은?
① 혼합비
② 흡입공기온도
③ 산소센서의 온도
④ 배기가스 중의 산소 잔존량

---

37. 아이들(공전) 스위치는 접점 방식이다.
38. 맵 센서는 단결정 자체의 고유 저항이 압력에 대응하여 변화되는 성질을 이용하여 압력의 변화를 전기 저항(전류)의 변화로 바꾸어 압력을 검출하는 센서로 압전 소자를 이용한다.
39. 산소센서는 배기계통에 설치되어 있고 흡기온도 센서, 흡입 공기량 센서, 스로틀 포지션 센서는 흡기계통에 설치되어 있다.

45. 산소센서는 배기가스 중의 산소농도를 검출하여 공연비를 피드백 제어하기 위해 사용된다.
① 공연비가 농후 : 출력 전압은 0.45V 이상
② 공연비가 희박 : 출력 전압은 0.45V 이하
③ 산소 센서의 작동 온도 : 400~800℃

37.② 38.③ 39.① 40.③ 41.② 42.①
43.② 44.② 45.②

46 O₂센서 점검 관련 사항으로 적절치 못한 것은?
① 기관을 워밍업 한 후 점검한다.
② 출력 전압을 쇼트시키지 않는다.
③ 출력전압 측정은 아날로그 시험기로 측정한다.
④ O₂센서의 출력전압이 규정을 벗어나면 공연비 조정계통에 점검이 필요하다.

47 산소센서의 정상작동 조건에서 2,000rpm일 때 파형이다. 설명이 올바른 것은?

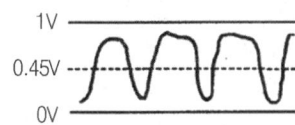

① 공연비가 농후한 상태이다.
② 공연비가 희박한 상태이다.
③ 공연비가 적정한 상태이다.
④ 공연비와는 관계없는 상태이다.

48 센서의 점검 정비시 조건이 잘못 짝지어진 것은?
① AFS - 시동상태
② 컨트롤 릴레이 - 점화스위치 ON 상태
③ 인히비터 스위치 - 주행상태
④ 크랭크각 센서 - 크랭킹 상태

3. 액추에이터

01 기관 키를 ST로 하여 시동할 때 ECU가 입력받는 신호는?
① 크랭크 각 센서 ② No1 TDC센서
③ 흡기온 센서   ④ 크랭킹 신호

02 가솔린 분사장치의 연료 증량 보정과 관계없는 부품은?
① 수온센서
② 흡기온도 센서
③ 스로틀 위치 센서
④ 진공 스위치

03 전자제어 가솔린 엔진에서 ECM(또는 ECU)의 입력요소가 아닌 것은?
① 연료 분사밸브
② 공기유량 센서
③ 공전스위치
④ 크랭크 각 센서

04 전자제어 차량의 컴퓨터(ECU, ECM)에는 크게 입력신호와 출력단으로 구분할 수 있다. 이 중에서 입력신호가 아닌 것은?
① 냉각수 온도 센서(W.T.S)
② 흡기온도 센서(A.T.S)
③ 스로틀 포지션 센서(T.P.S)
④ 인젝터(injector)

---

46. 산소 센서의 출력 전압의 측정은 디지털 시험기로 측정하여야 한다.
01. 기관 키(점화 스위치)를 ST로 하여 시동할 때 ECU가 입력받는 신호는 크랭킹 신호이다.
02. 가솔린 분사장치는 크랭킹 신호, 엔진 회전수 신호, 냉각수 온도 신호, 흡입공기 온도 신호, 스로틀 밸브 개도 신호에 의해 연료 증량 보정을 한다.
03. 연료 분사밸브(인젝터)는 ECM의 출력신호이다.
04. 전자제어 연료분사장치의 인젝터는 컴퓨터의 출력 신호를 받아 연료를 분사하게 된다.

46.③ 47.① 48.③ /
01.④ 02.④ 03.① 04.④

05 가솔린 연료분사 장치의 인젝터는 무엇에 의해 연료를 분사하는가?
① ECU의 펄스 신호
② 플런저의 작동
③ 다이어프램의 상하운동
④ 연료펌프의 연료압력

06 가솔린 연료분사장치 인젝터의 연료 분사량은 무엇에 의해 결정되는가?
① 니들밸브의 개방시간
② 플런저의 유효행정
③ 니들밸브의 유효행정
④ 니들밸브의 전행정

07 전자제어 엔진에서 연료 분사량에 영향을 가장 적게 주는 것은?
① 노즐의 크기와 행정
② 인젝터의 걸리는 연료 압력
③ 인젝터의 서지 전압
④ 인젝터의 분사 시간

08 전자제어 기관 인젝터의 분사량에 영향을 주지 않는 것은?
① 모터 포지션 센서(MPS)
② 산소(O_2) 센서
③ 냉각수온 센서(WTS)
④ 공기유량 센서(AFS)

09 인젝터 분사시간 결정에 가장 큰 영향을 주는 센서는?
① 수온센서
② 공기온도센서
③ 노크센서
④ 흡입공기량센서

10 L-Jetronic 전자제어 연료분사장치에 관한 내용 중 연료의 분사량이 기본 분사량보다 감소되는 경우는?
① 흡입공기 온도가 20℃ 이상일 때
② 대기 압력이 표준 대기 압력(1기압)보다 높을 때
③ 냉각수 온도가 80℃ 이하일 때
④ 축전지의 전압이 기준전압보다 낮을 때

11 전자제어 가솔린 기관의 인젝터 분사시간에 대한 설명으로 틀린 것은?
① 급가속시에는 순간적으로 분사시간이 길어진다.
② 축전지 전압이 낮으면 무효 분사시간이 길어진다.
③ 급감속시에는 경우에 따라 연료공급이 차단된다.
④ 산소센서의 전압이 높으면 분사시간이 길어진다.

---

05. 가솔린 연료분사 장치의 인젝터는 ECU의 펄스신호에 의해 연료를 분사한다.
06. 가솔린 연료분사장치의 엔진 컴퓨터는 인젝터의 연료 분사량을 솔레노이드 코일에 공급되는 통전 시간 즉, 니들 밸브의 개방 시간을 제어하여 조절한다.
07. 인젝터에서 연료 분사량의 결정에 관계하는 요소는 노즐과 니들 밸브의 크기와 행정, 연료의 압력, 인젝터의 분사시간 등이다.
08. 모터포지션 센서는 ISC-서보의 작동상태를 ECU로 입력시킨다.
09. 인젝터의 분사시간을 결정하는 요소(신호) : 흡입 공기량 (MAP 센서 신호 또는 AFS 신호)과 엔진 회전수(CAS 신호)에 의해서 결정된다.
10. L-Jetronic 전자제어 연료분사장치에서 연료의 분사량이 기본 분사량보다 감소되는 경우는 흡입공기 온도가 20℃이상일 때이다.
11. 컴퓨터는 산소 센서의 출력 전압이 높으면 혼합기가 농후한 경우이기 때문에 연료의 분사시간을 짧게 한다.

05.① 06.① 07.③ 08.① 09.④ 10.① 11.④

12 전자제어 기관의 분사방식으로 틀린 것은?
 ① 순차분사   ② 합동분사
 ③ 동시분사   ④ 비동기분사

13 전자제어 연료분사장치에서 시동할 때 이루어지는 분사는?
 ① 순차분사   ② 동시분사
 ③ 그룹분사   ④ 독립분사

14 전자제어 기관의 연료분사 제어방식 중 점화순서에 따라 순차적으로 분사되는 방식은?
 ① 동시분사 방식   ② 그룹분사 방식
 ③ 독립분사 방식   ④ 간헐분사 방식

15 가솔린 연료 분사기(Injector)의 분사형태에서 순차분사는 어떤 센서의 신호에 동기되어 분사하는가?
 ① 산소 센서   ② 에어 플로워 센서
 ③ 크랭크 각 센서   ④ 맵 센서

16 크랭크각 신호에 따라 각 실린더의 인젝터를 동시에 개방하여 연료를 공급하는 분사 방식은?
 ① 동기분사   ② 동시분사
 ③ 비동기분사   ④ 순차분사

17 전자제어 연료분사 장치의 연료분사 방식 중 동시 분사방식에 대해 옳게 설명한 것은?
 ① 크랭크샤프트 2회전마다 전 기통(모든 실린더) 동시에 1회 분사한다.
 ② 크랭크샤프트 1회전마다 전 기통(모든 실린더) 동시에 1회 분사한다.
 ③ 점화순서에 따라 흡입행정 직전에 분사된다.
 ④ 흡입 또는 압축행정 직전에 있는 실린더에만 동시에 분사된다.

18 전자제어 기관에서 스로틀 보디의 기능으로 가장 적당한 것은?
 ① 공기량 조절   ② 오일량 조절
 ③ 회전수 조절   ④ 공연비 조절

19 가솔린 기관 흡기계통에서 스로틀 보디의 구성부품이 아닌 것은?
 ① 에어플로 센서
 ② 스로틀 포지션 센서
 ③ 스로틀 밸브
 ④ 공전속도 조절장치

---

12. 전자제어 기관의 분사방식에는 순차분사, 그룹분사, 동시분사, 비동기 분사 등이 있다.
13. 전자제어 연료분사장치에서 시동할 때 이루어지는 분사는 동시분사이다.
14. **연료 분사 방식**
 ① **동시분사** : 모든 인젝터에 분사신호를 동시에 공급하여 연료를 분사한다.
 ② **그룹분사** : 인젝터 수의 1/2씩 제어 신호를 공급하여 연료를 분사한다.
 ③ **동기분사(독립분사, 순차분사)** : 점화순서에 의해 순차적으로 연료를 분사한다.
15. 가솔린 연료 분사기(Injector)의 분사형태에서 순차분사는 크랭크 각 센서의 신호에 동기 되어 분사한다.
16. **연료 분사방식**
 ① **동기분사 방식** : 각 실린더 마다 크랭크축이 2회전할 때 1회씩 연료를 분사하는 방식.
 ② **그룹분사 방식** : 인젝터 수의 1/2씩 제어 신호를 공급하여 연료를 분사하는 방식
 ③ **동시분사 방식** : 모든 인젝터에 분사신호를 동시에 공급하여 연료를 분사하는 방식.
17. 동시 분사방식은 크랭크샤프트 1회전마다 전 기통(모든 실린더) 동시에 1회 분사한다.
18. 스로틀 보디에는 스로틀 밸브, TPS, 스텝모터 또는 ISC 서보 등이 설치되어 있으며, 실린더에 공급되는 공기량을 조절하는 역할을 한다.
19. 칼만 와류식 에어 플로 센서는 에어 클리너 커버에 장착되어 실린더에 유입되는 흡입 공기량을 검출한다.

12.② 13.② 14.③ 15.③ 16.② 17.② 18.① 19.①

20 전자제어 기관에서 공전할 때 회전수 제어를 하기 위한 신호가 아닌 것은?
① 냉각수온 신호
② 공전신호
③ 부하신호
④ O_2센서 신호

21 전자제어식 기관의 공회전 상태 제어용 입력 정보에 해당되지 않는 것은?
① 기관 회전속도
② 수온센서
③ 자동 변속기의 부하신호
④ 차속센서

22 공회전 속도조절 장치로 볼 수 없는 것은?
① 로터리 밸브 액추에이터
② ISC(Idle Speed Control) 액추에이터
③ ISA(Idle Speed Adjust) 스텝 모터
④ 아이들 스위치

23 공회전 속도를 조정하기 위한 ISC서보의 위치를 검출하는 센서는?
① 스로틀 포지션 센서(TPS)
② 모터 포지션 센서(MPS)
③ 크랭크 각 센서(CAS)
④ 냉각수 온도센서(WTS)

24 전자제어 기관의 공전속도 조절기구(idle speed actuator)의 역할이 아닌 것은?
① 대시포트 작용
② 공전에서 기관부하에 따른 기관회전수 보상
③ 냉간 운전에서 냉각수 온도에 따라 공전 상태의 공기유량조절
④ 공기 유량을 검출하여 컴퓨터로 전송한다.

25 패스트 아이들 기구는 어떤 역할을 하는가?
① 연료가 절약되게 한다.
② 빙결을 방지한다.
③ 고속회로에서 연료의 비등을 방지한다.
④ 기관이 워밍업 되기 전에 기관의 공전속도를 높게 하기 위한 기구이다.

26 스로틀 보디(Throttle body)에 설치된 대시포트(Dash pot)의 기능으로 맞는 것은?
① 감속시 스로틀 밸브가 급격히 닫히는 것을 방지한다.
② 가속시 스로틀 밸브가 과도하게 열리는 것을 방지한다.
③ 고속 주행시 스로틀 밸브가 과도하게 열리는 것을 방지한다.
④ 엔진 아이들링시 스로틀 밸브가 완전히 닫히는 것을 방지한다.

---

22. 아이들 스위치는 가속페달을 밟았는지 놓았는지를 검출하는 역할을 한다. 아이들 스위치 신호는 컴퓨터에 보내져 ISC 서보를 작동시키는 신호로 이용된다.
23. ISC서보의 위치를 검출하는 센서는 모터 포지션 센서(MPS)이다.
24. 공전 속도 제어
　① **시동시 제어** : 냉각수온 센서, 엔진 회전수
　② **패스트 아이들 제어** : 공전 스위치, 냉각수온 센서
　③ **부하시 제어** : 에어컨 스위치, 동력조향장치 오일압력 스위치, 전기부하 스위치, 자동변속기 중립신호
　④ **대시 포트 제어** : 스로틀 포지션 센서
25. 패스트 아이들 기구는 기관이 워밍업 되기 전에 기관의 공전속도를 높게 하기 위한 기구이다.
26. 대시 포트는 스로틀 보디에 설치되어 주행 중 급 감속할 경우 CO 가스양을 저감하고 스로틀 밸브가 급격히 닫히지 않도록 하여 시동이 꺼지는 것을 방지하는 역할을 한다.

20.④ 21.④ 22.④ 23.② 24.④ 25.④ 26.①

27 다음 그림은 자동차의 부품 중 어떤 부품의 파형을 검출한 것인가?

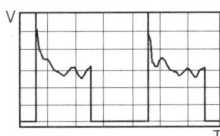

① 스로틀 포지션센서
② 수온센서
③ 스텝 모터
④ 인젝터

28 전자제어 연료 분사장치의 구성품 중 산소센서에 대한 설명으로 옳은 것은?
① 흡기관에 설치되어 있으며, 흡입공기 속에 포함되어 있는 산소를 감지한다.
② 흡기관에 설치되어 있으며, 흡입공기의 밀도를 감지한다.
③ 배기관에 설치되어 있으며, 배기가스 속에 포함되어 있는 산소량을 감지한다.
④ 배기관에 설치되어 있으며, 배기가스의 밀도를 감지한다.

29 기관 워밍업 후 정상주행 상태에서 산소센서의 신호에 따라 연료량을 조정하여 공연비를 보정하는 방식은?
① 자기진단 시스템
② MPI 시스템
③ 피드백 시스템
④ 에어컨 시스템

30 전자제어 연료 분사장치에서 피드백(feed back) 제어에 관한 설명 중 틀린 것은?
① 엔진이 냉각되어 있으면 피드백 제어는 작동되지 않는다.
② 가속 또는 감속시에 피드백 제어는 작동되지 않는다.
③ 산소센서에서 기전력이 발생되지 않으면 피드백 제어는 작동되지 않는다.
④ 엔진이 중속으로 회전할 때에는 피드백 제어는 작동되지 않는다.

31 산소센서(O_2 sensor)가 피드백(feed back) 제어를 할 경우로 가장 적합한 것은?
① 감속 상태에서 연료를 차단할 때
② 아이들스피드(idle speed)로 주행할 때
③ 흡기 공기량의 차이가 클 때
④ 배기가스 중의 산소농도의 차이가 있을 때

32 전자제어 기관에서 피드백(Feed Back)제어를 하기 위해 설치한 센서는?
① 아이들 포지션 센서
② 산소(O_2) 센서
③ 대기압 센서
④ 스로틀 포지션 센서

33 오픈루프 제어 또는 클로즈 루프 제어에서의 공연비는 다음 어느 상태에 가깝도록 제어되는가?
① 농후   ② 이론 혼합비
③ 농후 및 희박   ④ 희박

---

28. 산소 센서
① 배기가스 중에 산소 농도를 검출하여 컴퓨터에 입력시킨다.
② 배기가스의 정화를 위해 연료 분사량을 이론 공연비로 유지시킨다.
③ 배기가스의 일부를 피드백시키기 위한 신호로 이용된다.
④ 혼합기가 농후하면 약 0.9V, 혼합기가 희박하면 약 0.1V의 기전력이 발생된다.
29. 피드백 시스템 : 산소 센서의 출력 신호를 이용하여 연료의 분사량을 증량 또는 감량시켜 배기가스의 정화 능력이 향상되도록 이론 공연비로 제어하는 시스템.
30. 엔진이 중속으로 회전하는 경우에는 피드백 제어가 이루어진다.
31. 산소센서는 배기가스 중의 산소농도를 검출하여 농도 차이가 있을 때 공연비를 피드백 제어하기 위해 사용된다.
① 공연비가 농후 : 출력 전압은 0.45V 이상
② 공연비가 희박 : 출력 전압은 0.45V 이하
③ 산소 센서의 작동 온도 : 400~800℃

27.③ **28.**③ **29.**③ **30.**④ **31.**④ **32.**②
33.②

34 전자제어 분사장치에서 결함 코드를 삭제하는 방법 중 틀린 것은?
① 배터리 터미널을 탈·부착한다.
② ECM 퓨즈를 분리한다.
③ 스캐너를 사용하여 제거한다.
④ 기관을 정지시킨 후 시동을 한다.

35 자기진단 출력 단자에서의 전압 변동을 시간대로 나타낸 아래 오실로스코프 파형의 코드 번호로 맞는 것은?

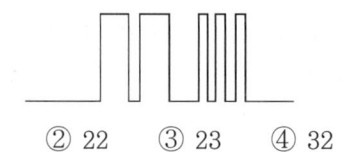

① 12 ② 22 ③ 23 ④ 32

36 펄스(pulse)의 정의로 옳은 것은?
① 시간에 관계없이 파형만 볼 수 있을 정도의 신호이다.
② on-off 제어를 말한다.
③ 주기적으로 반복되는 전압이나 전류의 파형이다.
④ 펄스는 아날로그 멀티시험기로 점검한다.

37 주파수를 설명한 것 중 틀린 것은?
① 1초에 60회 파형이 반복되는 것을 60Hz라고 한다.
② 교류의 파형이 반복되는 비율을 주파수라고 한다.
③ 주파수는 주기의 역수로 할 수 있다.
④ 주파수는 직류의 파형이 반복되는 비율이다.

38 다음 그림은 교류신호를 측정한 파형이다. 아날로그 멀티메터로 측정한 평균치가 (+)80V라고 할 때 오실로스코프에서 디지털 신호로 받아들이는 P-P 전압은 약 몇 V에 상당하는가?

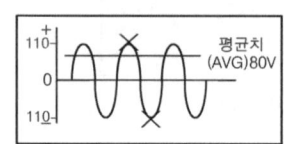

① 110V
② 160V
③ 170V
④ 220V

39 기관을 정비할 때 안전 유의사항에 맞지 않는 것은?
① TPS, ISC Servo 등은 솔벤트로 세척하지 않는다.
② 공기압축기를 사용하여 부품을 세척할 때 눈에 이물질이 튀지 않도록 한다.
③ 캐니스터를 점검할 때 흔들어서 연료증발가스를 활성화시킨 후 점검한다.
④ 배기가스를 시험할 때 환기가 잘되는 곳에서 측정한다.

40 전자제어 분사장치 자동차가 열간시 시동이 잘 안 되는 원인 중 잘못된 것은?
① 인젝터 불량
② 연료압력 레귤레이터 불량
③ 흡기 매니폴드 개스킷 불량
④ 산소센서 불량

41 전자제어 연료분사장치 차량에서 시동이 안 걸리는 증세에 대한 원인들이다. 가장 거리가 먼 것은?
① 타이밍벨트가 끊어짐
② 점화 1차 코일의 단선
③ 연료펌프 배선의 단선
④ 차속 센서 고장

---

35. 파형의 출력이 10진법으로 시간 간격이 큰 곳은 10단위 시간 간격이 좁은 곳은 일 단위이므로 23이다.
36. 펄스란 정상상태에서 진폭이 옮겨지고 일정한 시간만큼 지속된 다음 본래의 상태로 되돌아가는 파형. 즉, 주기적으로 반복되는 전압이나 전류의 파형을 말한다.

34.④ 35.③ 36.③ 37.④ 38.④ 39.③
40.④ 41.④

8장 기관의 성능

8-1 힘과 운동의 관계

1 일량

단위시간 동안 한 일의 크기를 말한다.
일(kgf·m) = 힘(kgf) × 거리(m)

2 토크(torque : 회전력)

물체가 축을 중심으로 하여 회전할 때 그 회전의 원인이 되는 힘의 모멘트를 토크라 한다.

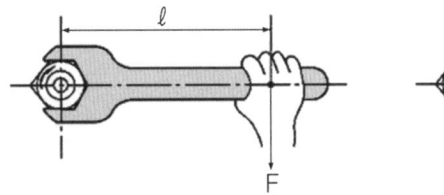 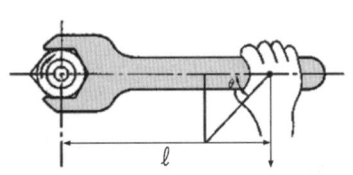

(a) 힘의 모멘트(힘이 직각으로 작용할 때)   (b) 토크(힘이 각도가 주어졌을 때)

△ 힘의 모멘트와 토크

① 힘이 직각으로 작용할 때

$$M = T = F \times \ell \quad \cdots\cdots \text{①}$$

F : 힘(kgf), L : 물체의 길이(m), T : 토크(m·kgf)

② 힘이 기울어져 각도가 주어졌을 때

$$T = F \times \ell \times \sin\theta \quad \cdots\cdots \text{②}$$

③ 속도와 가속도

가. 속도 : 속도란 시간에 대한 위치의 변화 비율을 말한다.

$$V = \frac{S}{t} (m/sec)$$
$$V = \frac{\text{이동거리}}{\text{시간}} (m/sec)$$
또는 $S = Vt$ …… ③

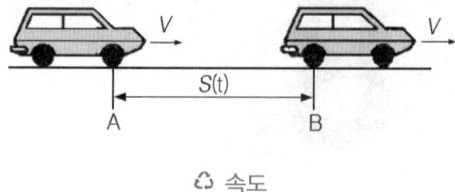

○ 속도

나. 가속도

$$a = \frac{V - V_o}{t} (m/sec^2), \quad a = \frac{\text{나중속도} - \text{처음속도}}{\text{시간}} \quad \text{…… ④}$$

8-2 열과 일 및 에너지와의 관계

1 온도(溫度)

- 섭씨(℃) = $\frac{5}{9}$(°F − 32)
- 화씨(°F) = $\frac{9}{5}$℃ + 32

2 열량과 비열

① **Kcal**(kilogram calorie) : 표준 대기 압력 하에서 순수한 물 1[kgf]의 온도를 1[℃] 높이는데 필요한 열량이다.
② **BTU**(British Thermal Unit) : 1[lb]의 물의 온도를 1°F 높이는데 필요한 열량이다.
③ **CHU**(Centigrade Heat Unit) : Kcal와 BTU를 조합한 것으로 물 1[lb]를 0[℃]로부터 100[℃]까지 높이는데 필요한 열량의 1/100을 말한다.
④ **비열**(specific heat)
어떤 물질 1[g]의 온도를 1[℃] 높이는데 필요한 열량을 말한다.
- **정압 비열**(specific heat at constant pressure) : 압력을 일정하게 하였을 때의 비열을 말한다.
- **정적 비열**((specific heat at constant volume) : 체적을 일정하게 하였을 때의 비열을 말한다.

3 마력(HP)

마력은 일을 하는 능률의 표시이다. 일은 힘과 거리를 곱한 것으로 나타내며, 1마력은 1초 동안에 75kgf-m의 일을 할 수 있는 능률을 말한다.

$$\text{마력} = \frac{\text{힘}(kgf) \times \text{거리}(m)}{75 \times \text{시간}(\sec)} \text{ (kgf-m/sec)}$$

(1) 지시마력(IHP, 도시마력)

기관 실린더 내의 폭발 압력으로부터 직접 측정한 마력

$$\text{지시마력} = \frac{\text{평균유효압력} \times \text{단면적}(cm^2) \times \text{행정}(m) \times \text{회전수} \times \text{실린더수}}{75 \times 60}$$

2사이클 : 회전수(rpm), 4 사이클 : $\frac{\text{회전수}}{2}$ (rpm)

① **평균 유효압력**(mean effective pressure) : 엔진의 피스톤에 소요되는 계산상의 평균 압력에서 1사이클의 일을 행정 체적으로 나눈 것으로 엔진의 연소 효율을 판단하는 기준이 된다.
- 도시 평균 유효압력(indicated mean effective pressure) = 이론 평균 유효압력 × 선도 계수
- 제동 평균 유효압력(brake mean effective pressure) = 도시 평균 유효압력 × 기계 효율
- 마찰 평균 유효압력(friction mean effective pressure) = 도시 평균 유효압력 − 제동 평균 유효압력

(2) 제동마력(BHP, 정미마력, 축마력)

실제 일로 변화되는 크랭크축(또는 출력축)에서 측정한 마력

$$\text{축마력} = \frac{2 \times \pi \times \text{회전력} \times \text{회전수}}{75 \times 60} = \frac{\text{회전력} \times \text{회전수}}{716}$$

(3) 마찰마력(손실마력)

기관의 각부 마찰에 의하여 손실되는 마력

$$\text{마찰마력} = \text{지시마력} - \text{제동마력}$$

$$\text{마찰마력} = \frac{\text{총마찰력} \times \text{피스톤 평균속도}}{75}$$

(4) 연료 마력

연료 소비량에 따른 기관의 출력을 측정한 마력

$$연료마력 = \frac{연료의\ 중량 \times 저위발열량}{10.5 \times 시간(m)}$$

8-3 자동차 공학에 쓰이는 단위

1 단위와 기호

① MKS 단위(metric system) : 길이[cm], 질량[g], 시간[sec]를 기본으로 하는 단위이다.
② FPS 단위(yard-pound system) : 길이[ft], 질량[lb], 시간[sec]를 기본으로 하는 단위이다.

2 일의 단위

① $1PS = 0.736kW = 75kgf-m/sec = 0.175Kcal/sec = 0.697BTU/sec$
② 1PS = 75kgf-m/s = 736W = 0.736KW, 1KW = 1.36PS
③ $1kgf-m = 1/427Kcal = 0.0234Kcal$
④ $1kW/H = 860Kcal$

3 단위의 환산

① 1kcal = 4.1855kJ, 1kJ = 0.23892kcal
② 1mile = 1.6093km
③ 1N · m = 1J
④ 1 lb = 0.454kgf
⑤ 1kgf · m = 7.233ft · lbf
　 1kgf/cm²는 14.2 PSI 이다.

8-4 기관의 성능

1 압축비

$$압축비(\epsilon) = \frac{행정체적(V_s)}{연소실\ 체적(V_c)} + 1$$

※ 실린더 체적=행정체적+연소실 체적, 배기량=행정체적

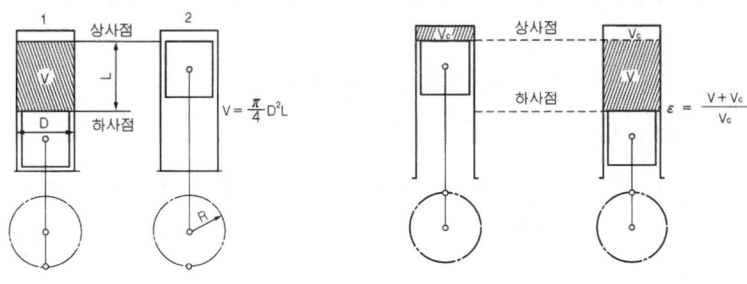

△ 배기량

2 배기량 공식

$$실린더\ 배기량 = \frac{\pi}{4} \times D^2 \times L$$

$$총\ 배기량 = \frac{\pi}{4} \times D^2 \times L \times N$$

$$분당\ 총배기량 = \frac{\pi}{4} \times D^2 \times L \times N \times R$$

D : 실린더 지름(cm)
L : 피스톤 행정(cm)
N : 실린더 수
R : 회전수(rpm)

4사이클 = $\frac{RPM}{2}$, 2사이클 : RPM

3 피스톤의 평균 속도

$$S = \frac{2NL}{60}$$

S : 피스톤 평균 속도(m/s)
L : 행정(m)
N : 엔진 회전수(rpm)

4 실린더 압축압력

(1) 압축압력 측정 준비작업

① 축전지의 충전상태를 점검한다.
② 기관을 가동하여 난기 운전(웜업)시킨 후 정지한다.
③ 점화플러그를 모두 뺀다.
④ 연료 공급차단과 점화 1차 회로를 분리한다.
⑤ 공기 청정기 및 구동벨트(팬벨트)를 떼어낸다.

(2) 압축압력 측정방법

① 스로틀 보디의 스로틀 밸브를 완전히 연다.

> **Reference ▶ 습식 압축압력 시험**
>
> ■ 습식 압축압력 시험이란 밸브 불량, 실린더 벽, 피스톤 링, 헤드 개스킷 불량 등의 상태를 판정하기 위하여 점화 플러그 구멍으로 기관오일을 10cc정도 넣고 1분 후에 다시 압축압력을 시험하는 것을 말한다.

② 점화플러그 구멍에 압축 압력계를 압착시킨다.
③ 기관을 크랭킹(cranking)시켜 4~6회 압축시킨다. 이때 기관 회전속도는 200~300rpm 이다.
④ 첫 압축압력과 맨 나중 압축압력을 기록한다.

(3) 압축압력 측정 결과분석
① **정상 압축압력** : 규정 값의 90% 이상, 각 실린더와의 차이가 10% 이내인 경우
② **규정 값 이상인 경우** : 규정 값의 110% 이상이면 실린더 헤드를 분해한 다음 카본을 제거한다.
③ **밸브 불량인 경우** : 규정 값보다 낮으며, 습식 압축압력 시험을 하여도 압력이 상승하지 않는다.
④ **실린더 벽, 피스톤 링이 마모된 경우** : 계속되는 행정에서 약간씩 상승하며, 습식 압축 압력시험을 하면 뚜렷하게 상승한다.
⑤ **헤드 개스킷 불량 또는 실린더 헤드가 변형된 경우** : 인접한 실린더의 압축압력이 비슷하게 낮으며 습식 압축압력시험을 하여도 압력이 상승하지 않는다.

5 흡기다기관 진공시험

(1) 진공계로 알아낼 수 있는 시험
① 점화시기 틀림
② 밸브작동 불량
③ 실린더 압축압력 저하
④ 배기 장치 막힘

(2) 진공을 측정할 수 있는 부위
흡기다기관, 서지 탱크, 스로틀 바디 등이며, 흡기다기관이나 서지탱크에 있는 진공구멍에 진공계를 설치하고 측정한다.

6 기관의 해체 정비시기 기준
① **압축압력** : 규정값의 70% 이하인 경우
② **연료 소비율** : 규정값의 60% 이상인 경우
③ **기관오일 소비율** : 규정값의 50% 이상인 경우

7 열역학적 사이클

(1) 오토 사이클(정적 사이클)

$$\eta_o = 1 - \left(\frac{1}{\varepsilon}\right)^{k-1}$$

여기서, η_o : 오토 사이클의 이론 열효율,
ε : 압축비,
k : 비열비(정압비열/정적비열)

(2) 디젤 사이클(정압 사이클)

$$\eta_d = 1 - \left[\left(\frac{1}{\varepsilon}\right)^{k-1} \frac{\sigma^k - 1}{k(\sigma - 1)}\right]$$

여기서, σ : 단절비(정압 팽창비)

(3) 사바테 사이클(복합, 혼합 사이클)

$$\eta_s = 1 - \left[\left(\frac{1}{\varepsilon}\right)^{k-1} \frac{\rho\sigma^k - 1}{(\rho - 1) + \kappa\rho(\sigma - 1)}\right]$$

여기서, ρ : 폭발비(압력비)

핵심기출문제

01 실린더의 연소실 체적이 60cc, 행정 체적이 360cc인 기관의 압축비는?
① 5 : 1 ② 6 : 1
③ 7 : 1 ④ 8 : 1

02 연소실 체적이 40cc이고 총 배기량이 1280cc인 4기통 기관의 압축비는?
① 6 ② 9
③ 18 ④ 33

03 4행정 4실린더 기관에서 실린더 안지름은 80mm, 행정은 80mm, 압축비는 10 : 1이다. 이 기관의 전체 연소실 체적은 약 몇 cc인가?
① 45cc ② 179cc
③ 447cc ④ 1786cc

04 4행정 가솔린 엔진의 실린더 내경 85mm, 행정이 88mm로서 압축비는 8.6 : 1 이다. 이 엔진의 연소실 체적은?
① 65.7cc ② 70.5cc
③ 175.5cc ④ 262.7cc

05 기관의 실린더 내경 75mm, 행정 75mm, 압축비가 8 : 1인 4실린더 기관의 총 연소실 체적은?
① 239.38cc ② 159.76cc
③ 189.24cc ④ 318.54cc

---

01. $\epsilon = 1 + \dfrac{V_2}{V_1}$

ϵ : 압축비, V_1 = 연소실 체적, V_2 = 행정체적

$\epsilon = 1 + \dfrac{360}{60} = 7$

02. $\epsilon = 1 + \dfrac{V_2}{V_1}$

ϵ : 압축비, V_1 : 연소실 체적, V_2 : 행정체적

배기량 $= \dfrac{\text{총배기량}}{\text{실린더 수}} = \dfrac{1280}{4} = 320cc$

$\epsilon = 1 + \dfrac{320}{40} = 9$

03. $V = \dfrac{\pi}{4} \times D^2 \times L$

V : 배기량(cc, cm³), D : 실린더 지름(cm)
L : 피스톤 행정(cm)

$V = \dfrac{\pi}{4} \times 8^2 \times 8 = 402.12 cc$

$V_1 = \dfrac{V_2}{(\epsilon - 1)}$

V_1 : 연소실 체적(cc) ϵ : 압축비
V_2 : 배기량 또는 행정체적(cc)
따라서 전체의 행정 체적은

전체 연소실 체적 $= \dfrac{402.12}{10-1} \times 4 = 178.72 cc$

04. $V_1 = \dfrac{V_2}{\epsilon - 1}$

ϵ : 압축비
V_1 : 연소실 체적(cc) V_2 : 행정체적(cc)

$V_1 = \dfrac{3.14 \times 8.5^2 \times 8.8}{(8.6 - 1) \times 4} = 65.67 cc$

05. $V_1 = \dfrac{V_2}{\epsilon - 1}$

$V_1 = \dfrac{3.14 \times 7.5^2 \times 7.5 \times 4}{(8 - 1) \times 4} = 189.24 cc$

01.③ 02.② 03.② 04.① 05.③

06 실린더의 지름이 100mm, 행정이 100mm인 1기통 기관의 배기량은?
① 78.5cc   ② 785cc
③ 1000cc   ④ 1273cc

07 실린더 안지름 80mm, 행정이 70mm 인 4실린더 4행정 기관에서 회전수가 2000rpm 이라면 분당 총 배기량은 약 몇 ℓ 인가?
① 약 1600   ② 약 1942
③ 약 1500   ④ 약 1407

08 행정 길이 200mm인 가솔린 기관에서 피스톤의 평균속도가 5m/s이면 크랭크축의 1분간 회전수는?
① 75rpm   ② 150rpm
③ 750rpm   ④ 1500rpm

09 디젤기관에서 행정의 길이가 300mm, 피스톤의 평균속도가 5m/s라면 크랭크축은 매 분당 몇 회전하는가?
① 500rpm   ② 1000rpm
③ 1500rpm   ④ 2000rpm

10 기관의 실린더 압축압력을 측정한 결과 170lb/in²이었다. kgf/cm²로 환산하면 얼마인가?
① 1kgf/cm²   ② 7.1kgf/cm²
③ 12.1kgf/cm²   ④ 15.1kgf/cm²

11 압축압력 측정에 대한 설명 중 틀린 것은?
① 축전지는 완전 충전된 것을 사용한다.
② 충전회로를 차단한다.
③ 점화회로를 차단한다.
④ 연료공급을 차단한다.

12 가솔린 기관의 압축압력을 측정할 때 틀린 것은?
① 기관을 작동 온도로 한다.
② 엔진오일을 넣고도 측정한다.
③ 기관의 회전을 750rpm으로 한다.
④ 기관의 점화 플러그는 모두 뺀다.

---

06. $V = \dfrac{\pi \times D^2}{4} \times L$

V : 총배기량(cc), D : 실린더 내경(cm)
L : 피스톤 행정(cm)

$V = \dfrac{\pi \times 10^2}{4} \times 10 = 785.39cc$

07. $V = \dfrac{\pi \cdot D^2}{4} \times L \times N \times R$

V : 총배기량(cc 또는 cm³) D : 실린더 내경(cm)
L : 행정(cm) N : 실린더 수
R : 엔진 회전수(2사이클 R, 4사이클 $\dfrac{R}{2}$)

$V = \dfrac{\pi \times 8^2}{4} \times 7 \times 4 \times \dfrac{2000}{2}$
$= 1406,720cc ≒ 1407ℓ$

08. $S = \dfrac{2 \times N \times L}{60}$ $N = \dfrac{S \times 60}{2 \times L}$

S : 피스톤 평균속도(m/sec)
N : 엔진 회전수(rpm) L : 피스톤 행정(m)

$N = \dfrac{5 \times 60}{2 \times 0.2} = 750rpm$

09. $V = \dfrac{2 \times N \times L}{60}$

V : 피스톤 평균속도(m/sec),
N : 회전수(rpm), L : 피스톤 행정(m)

$N = \dfrac{60 \times V}{2 \times L} = \dfrac{60 \times 5}{2 \times 0.3} = 500rpm$

10. 1 kgf/cm²는 14.2lbf/in² 이므로
$\dfrac{170}{14.2} = 11.97 kgf/cm^2$

11. 압축압력 측정 준비작업
① 축전지는 완전 충전된 것을 사용한다.
② 점화회로를 차단한다.
③ 연료공급을 차단한다.

12. 기관의 압축압력을 측정하는 방법
① 기관을 정상 작동온도로 한다.
② 점화플러그를 전부 뺀다.
③ 기관을 크랭킹(200~300rpm) 시키면서 측정한다.
④ 오일을 넣고도 측정한다(습식 시험의 경우).

6.② 7.④ 8.③ 9.① 10.③ 11.②
12.③

13 실린더의 압축압력을 측정할 때 각 실린더 사이의 압력 차이는 몇 % 이내이어야 하는가?
① 5% 이내이어야 한다.
② 10% 이내이어야 한다.
③ 15% 이내이어야 한다.
④ 20% 이내이어야 한다.

14 실린더헤드의 개스킷이 인접된 실린더 사이에서 파괴되었다면 무엇으로서 알 수 있는가?
① 압축압력 게이지
② 필러 게이지
③ 다이얼 게이지
④ 가스 분석기

15 진공계로 기관의 흡기다기관 진공도를 측정해 보니 진공계 바늘이 13~45cmHg에서 규칙적으로 강약이 있게 흔들린다. 어떤 고장인가?
① 밸브가 손상되었다.
② 실린더 개스킷이 파손되어 인접한 2개의 사이가 통해져 있다.
③ 공회전 조정이 좋지 않다.
④ 배기 장치가 막혔다.

16 압축비가 8인 오토사이클의 이론효율은 몇 %인가? (단, 비열비는 1.4이다.)
① 약 45.4 ② 약 56.5
③ 약 65.6 ④ 약 72.2

17 압축비가 6인 정적 사이클의 열효율은 몇 %인가? (단, 비열비 k=1.4이다.)
① 48.2% ② 59.2%
③ 51.2% ④ 54.2%

18 150kgf의 물체를 수직 방향으로 매초 1m의 속도로 올리려면 몇 PS의 동력이 필요한가?
① 1PS ② 0.5PS
③ 2PS ④ 5PS

19 25Kgf의 물체를 5m로 올리는데 2초 걸렸다면 필요한 마력(PS)은?
① 0.5 ② 0.63
③ 0.75 ④ 0.83

20 100PS의 엔진으로 5000kgf의 물건을 30m 들어올리는데 필요한 시간은?
① 0.3s ② 3.3s
③ 20s ④ 30s

---

13. 실린더 압축압력을 측정할 때 각 실린더 사이의 압력차이는 10% 이내이어야 한다.
14. 실린더헤드 개스킷이 인접된 실린더 사이에서의 파괴여부는 압축압력 게이지로 알 수 있다.
15. 실린더 개스킷이 파손되어 인접 2개의 사이가 통해져 있으면 진공계 바늘이 13~45cmHg에서 규칙적으로 강약이 있게 흔들린다.
16. $\eta_{ot} = 1 - (\frac{1}{\epsilon})^{k-1}$
    η_{ot} : 오토 사이클의 이론 열효율
    ϵ : 압축비, k : 비열비
    $\eta_{ot} = 1 - (\frac{1}{\epsilon})^{k-1} = 1 - (\frac{1}{8})^{1.4-1} = 0.5647 = 56.5$
17. $\eta_o = 1 - (\frac{1}{\epsilon})^{k-1}$ 에서 $1 - (\frac{1}{6})^{0.4} = 51.2\%$
18. $PS = \frac{F \times l}{75 \times t}$
    PS : 동력(마력, 출력), F : 힘(kgf)
    l : 거리(m), t : 시간(sec)
    $PS = \frac{150kgf \times 1m}{75} = 2$
19. $PS = \frac{25 \times 5}{75 \times 2} = 0.83$
20. $t = \frac{F \times l}{75 \times PS} = \frac{5000 \times 30}{75 \times 100} = 20s$

13.② 14.① 15.② 16.② 17.③ 18.③
19.④ 20.③

21 중량이 11000N인 승용 자동차를 리프트로 4초만에 1.6m의 높이로 들어 올렸다. 이 때 리프트의 출력은?
① 4.4kW ② 4.4PS
③ 44kW   ④ 44PS

22 무게 10kN의 자동차가 1200m 되는 30°의 경사 길을 5분만에 오르려면 필요한 출력은? (단, 마찰은 없다고 가정한다.)
① 20kW ② 25kW
③ 30kW ④ 35kW

23 평균 유효 압력이 10kgf/cm², 배기량이 7500cc, 회전속도 2400rpm, 단 기통인 2행정 사이클 디젤 엔진의 지시마력은 몇 PS인가?
① 200 ② 300
③ 400 ④ 500

24 기관을 동력계에 의하여 출력을 측정하였더니 3000rpm에서 60마력이 발생하였다. 이 기관의 지시마력은? (단, 기계효율은 80%이다.)
① 48마력 ② 50마력
③ 82마력 ④ 75마력

25 엔진의 출력성능을 향상시키기 위하여 제동평균 유효압력을 증대시키는 방법을 사용하고 있다. 이 중 틀린 것은?
① 배기밸브 직후 압력인 배압을 낮게 하여 잔류가스양을 감소시킨다.
② 흡·배기 때의 유동저항을 저감시킨다.
③ 흡기 온도를 흡기구의 배치 등을 고려하려 가급적 낮게 한다.
④ 흡기압력을 낮추어서 흡기의 비중량을 작게 한다.

26 평균유효압력이 4kgf/cm², 행정 체적이 300cc인 2행정 사이클 단기통 기관에서 1회의 폭발로 몇 kgf·m의 일을 하는가?
① 6   ② 8
③ 10 ④ 12

---

21. ① 1kgf=9.8N이므로, $\dfrac{11,000\text{N}}{9.8} = 1122.45\text{kg}$

② 일 $= \dfrac{1122.45kg \times 1.6m}{4\text{sec}} = 449 kg \cdot m/\sec$

③ 출력(PS) $= \dfrac{449 kg \cdot m/\sec}{75} = 5.987 PS$

∴ 1PS = 0.736kW이므로 5.987PS×0.736 = 4.4kW

22. ① 1kN = 102.04kg이므로 10kN=1020.4kg,
② 5분을 초(sec)로 환산하면 300초이다.
③ 30°의 경사 길을 오르는데 필요한 출력은
$\dfrac{1020.4kg \times 1200m \times \sin 30°}{300} = 2040.8 kg \cdot m/s$

④ 1kW=102kg·m/sec 이므로 $\dfrac{2040.8}{102} = 20 kW$

23. $IPS = \dfrac{P \times A \times L \times R \times N}{75 \times 60}$
IPS : 지시마력(PS) P : 평균유효압력(kgf/cm²)
A : 단면적(cm²)   L : 피스톤 행정(m)
R : 엔진회전수(rpm : 4사이클의 경우 : $\dfrac{R}{2}$,
    2사이클의 경우 : R)
N : 실린더 수

$IPS = \dfrac{10 \times 7500 \times 2400}{75 \times 60 \times 100} = 400 PS$

24. 지시마력 $= \dfrac{제동마력}{기계효율} = \dfrac{60}{0.8} = 75$

25. 엔진 출력 성능을 증대시키는 방법
① 흡기압력을 높여서 흡기의 비중량을 크게 한다.
② 흡기 온도를 흡기구의 배치 등을 고려하려 가급적 낮게 한다.
③ 압축비를 크게 한다.
④ 공기 과잉률 0.9 정도의 농후한 혼합기를 사용한다.
⑤ 마찰손실을 최소화하고 보조 구동동력을 최소화함으로써 기계효율을 향상시킨다.
⑥ 배기밸브 직후 압력인 배압을 낮게 하여 잔류가스양을 감소시킨다.
⑦ 흡·배기 때의 유동저항을 저감시켜 흡기유량의 증대와 고속 때의 체적효율이 저하되지 않도록 한다.

26. $W = P \times V_2$
W : 일(kgf-m) P : 평균유효압력(kgf/cm²)
V_2 : 행정체적(cm³)
$W = 4 kgf/cm^2 \times 300 cm^3$
  $= 1200 kgf \cdot cm = 12 kgf \cdot m$

21.① 22.① 23.③ 24.④ 25.④ 26.④

27 반지름이 0.5m인 자동차 바퀴가 회전하면서 회전방향으로 110kgf의 힘을 받으면서 200rpm의 속도로 회전하고 있을 때 동력은?
① 13.36PS
② 14.36PS
③ 15.36PS
④ 16.36PS

28 기관의 회전력이 0.72 kgf·m, 회전수가 5000rpm일 때 제동마력은 약 얼마인가?
① 2PS ② 5PS
③ 8PS ④ 10PS

29 어떤 기관이 2500rpm에서 30 PS의 출력을 얻었다면 이 기관의 회전력은 약 얼마인가?
① 2.5m·kgf
② 3.0m·kgf
③ 5.6m·kgf
④ 8.6m·kgf

30 총배기량이 2209cc 인 디젤기관이 2800 rpm 일 경우 기관의 출력이 69PS 라면 엔진의 회전력은 몇 kgf·m인가?
① 17.6 ② 20.3
③ 22.4 ④ 40.6

31 피스톤 링 1개당 마찰력(Pr), 실린더 수(Z), 피스톤 당 링 수(N)일 때 총 마찰력(P)은?
① $P = \dfrac{Pr \times Z}{N}$
② $P = \dfrac{Pr \times N}{Z}$
③ $P = Pr \times N \times Z$
④ $P = 2\pi \times Pr \times Z \times N$

32 4실린더 기관에서 피스톤당 3개의 링이 있고 1개의 링의 마찰력을 0.5kgf 이라면 총 마찰력 kgf 는?
① 1   ② 1.5
③ 6   ④ 12

33 피스톤링 1개의 마찰력이 0.25kgf 인 경우 4실린더 기관에서 피스톤 1개당 링의 수가 4개라면 손실마력(PS)은?(단, 피스톤의 평균속도는 12m/s임)
① 0.64PS ② 0.8PS
③ 1PS   ④ 1.2PS

---

27. 동력 $= \dfrac{T \times R}{716} = \dfrac{0.5 \times 110 \times 200}{716} = 15.36 PS$
   여기서, T : 회전력(힘×거리), R : 회전속도

28. $BPS = \dfrac{T \cdot R}{716}$
    BPS : 제동마력(PS) T : 회전력(kgf·m)
    R : 회전수(rpm)
    $BPS = \dfrac{0.72 \times 5000}{716} = 5.03 PS$

29. $BHP = \dfrac{T \cdot R}{716}$
    $T = \dfrac{716 \times BHP}{R} = \dfrac{716 \times 30}{2500} = 8.6 m \cdot kgf$

30. $BHP = \dfrac{T \cdot R}{716}$
    $T = \dfrac{716 \times BHP}{R} = \dfrac{716 \times 69}{2800} = 17.6 m \cdot kgf$

32. $P = P_r \times Z \times N$
    P : 총 마찰력(kgf) P_r : 피스톤 당 링의 수
    Z : 1개 링의 마찰력(kgf) N : 실린더 수
    $P = 3 \times 0.5 \times 4 = 6 kgf$

33. $FHP = \dfrac{F \times V}{75}$
    FHP : 손실 마력, F : 총 마찰력(kgf)
    V : 피스톤 평균속도(m/sec)
    $FHP = \dfrac{0.25 \times 4 \times 4 \times 12}{75} = 0.64 PS$

27.③ 28.② 29.④ 30.① 31.③
32.③ 33.①

34 비중 0.75 발열량 10,000kcal/kg인 연료를 사용하여 30분간 시험했을 때의 연료소비량이 8ℓ 이었다. 이 기관의 연료 마력은?
① 약 95 마력
② 약 109 마력
③ 약 190 마력
④ 약 250 마력

35 연료의 연소에 의해서 얻은 전 열량과 실제의 동력으로 바뀐 유효한 일을 한 열량의 비를 무엇이라 하는가?
① 열감정
② 열효율
③ 기계효율
④ 평균유효압력

36 기관의 열효율을 측정하였더니 배기 및 복사에 의한 손실이 35%, 냉각수에 의한 손실이 35%, 기계 효율이 80%라면 제동 열효율은?
① 35%   ② 30%
③ 28%   ④ 24%

37 내연기관의 열손실을 측정하였더니 냉각수에 의한 손실이 35%, 배기 및 복사에 의한 손실이 25%, 기계 효율이 90%라면 제동 열효율은 몇 %인가?
① 40%   ② 36%
③ 31%   ④ 25%

38 연료의 저위 발열량 HL(kcal/kgf), 소비량 B(kgf/h), 제동마력 Ne(PS)라 할 때 제동 열효율은?
① $\dfrac{H_L \times B}{632 \times Ne}$
② $\dfrac{632 \times B}{H_L \times Ne}$
③ $\dfrac{632 \times Ne}{H_L \times B}$
④ $\dfrac{H_L \times Ne}{632 \times B}$

39 어느 가솔린 기관의 제동 연료 소비율이 250g/psh 이다. 제동 열효율은 약 몇 % 인가?(단, 연료의 저위발열량은 10,500 kcal/kg 이다.)
① 12.5   ② 24.1
③ 36.2   ④ 48.3

---

34. $PHP = \dfrac{C \times W}{10.5 \times t}$
   PHP : 연료마력, C : 발열량(kcal/kg)
   W : 연료의 중량(kg), t : 시험 시간(min)
   $PHP = \dfrac{10000 \times 0.75 \times 8}{10.5 \times 30} = 190.47$

36. 제동열효율 = 기계효율 × 지시열효율
    지시열효율 = 100 − (배기손실 + 냉각손실)
              = 100 − (35 + 35) = 30%
    제동열효율 = $\dfrac{기계효율 \times 지시열효율}{100}$
              = $\dfrac{80 \times 30}{100}$ = 24%

37. 지시열효율 = 100 − (배기손실 + 냉각손실)
              = 100 − (25 + 35) = 40%
    제동열효율 = $\dfrac{기계효율 \times 지시열효율}{100}$
              = $\dfrac{90 \times 40}{100}$ = 36%

39. $\eta_e = \dfrac{PS \times 632.3}{be \times H_l} \times 100$
    η_e : 열효율(%), PS : 마력(kgf-m/sec),
    be : 연료 소비율(kg/ps-h),
    H_l : 연료의 저위 발열량(kcal/kg)
    $\eta_e = \dfrac{632.3}{0.25 \times 10500} \times 100 = 24.1\%$

34.③ **35.**② **36.**④ **37.**② **38.**③ **39.**②

40 120PS의 출력을 내는 디젤 기관이 24시간 동안에 360L의 연료를 소비하였다. 이 기관의 연료 소비율(g/PS·h)은?(단, 연료의 비중은 0.9이다.)
① 125　　　② 450
③ 112.5　　④ 512.5

41 어떤 자동차로 15km 떨어진 지점을 왕복하였을 때 40분의 시간이 소요되었고 1850cc의 연료를 소모하였다. 이 경우 왕복 평균 연료소비율은 얼마인가?
① 16.2km/L　　② 20.2km/L
③ 12.2km/L　　④ 18.6km/L

42 보기와 같은 기관 성능 곡선도에서 연료 소비율이 가장 낮은 곳을 가리키는 숫자 위치는?

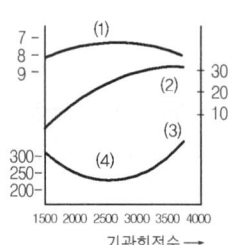

① (1)　　② (2)
③ (3)　　④ (4)

43 연료의 저위발열량 10,500kcal/kgf, 제동마력 93PS, 제동 열효율 31%인 기관의 시간당 연료소비량(kgf/h)은?
① 약 18.07　　② 약 17.07
③ 약 16.07　　④ 약 5.53

44 지시마력이 50PS 이고, 제동마력이 40PS 일 때 기계효율은?
① 70%　　② 80%
③ 125%　　④ 200%

---

40. $f = \dfrac{r \times C}{T \times P}$

　f : 연료 소비율(g/PS·h)　r : 연료의 비중
　C : 연료의 용량(cc)　T : 시간(h)　P : 출력(PS)

　$f = \dfrac{0.9 \times 360 \times 1000}{24 \times 120} = 112.5 g/PS \cdot h$

41. 왕복 평균 연료소비율 = $\dfrac{15km \times 2}{1.85\ell} = 16.2 km/\ell$

42. (1)번 곡선은 회전력, (2)번 곡선은 출력, (3)번과 (4)번 곡선은 연료 소비율을 나타낸다.

43. $\eta_e = \dfrac{PS \times 632.3}{be \times H_\ell} \times 100$　η_e : 열효율(%),

　PS : 마력(kgf-m/sec), be : 연료 소비율(kgf/ps-h),
　H_ℓ : 연료의 저위 발열량(kcal/kgf)

　$be = \dfrac{93 \times 632.3}{31 \times 10,500} \times 100 ≒ 18.07$

44. 기계효율 = $\dfrac{제동마력}{지시마력} \times 100 = \dfrac{40}{50} \times 100 = 80\%$

40.③　41.①　42.④　43.①　44.②

9장 자동차 성능기준

9-1 자동차 안전기준(법규 및 검사기준)

1. 공차 상태
자동차에 사람 및 물품을 승차 또는 적재하지 않은 상태로서 연료·냉각수·윤활유를 만재하고 예비타이어(예비 타이어를 장착할 수 있는 자동차에 한한다)를 설치하여 운행할 수 있는 상태

2. 적차 상태
공차상태의 자동차에 승차 정원이 승차, 최대 적재량의 물품이 적재된 상태

3. 축 중
수평상태에서 1개의 축에 연결된 모든 바퀴의 윤중의 합

4. 윤 중
1개의 바퀴가 수직으로 지면을 누르는 중량

5. 차량 중량
공차 상태의 자동차의 중량

6. 차량 총중량
적차 상태의 자동차의 중량

7. 연결 자동차
견인 자동차와 피견인 자동차를 연결한 상태

8. 승차 정원
자동차에 승차할 수 있도록 허용된 최대 인원(운전자 포함)

9. 최대 적재량
자동차에 적재할 수 있도록 허용된 물품의 최대 중량

10. 길이, 너비, 높이
① 길 이 : ㉮ 승용, 승합, 화물, 특수 자동차 : 13m 이내
㉯ 연결 자동차 : 16.7m 이내

② 너비 : 2.5m 이내(외부 돌출부는 승용 자동차 : 25cm, 기타 자동차 : 30cm 미만, 견인차가 견인차보다 넓은 경우 : 10cm 미만)
③ 높이 : 4m 미만
④ 측정상태
- 공차 상태
- 직진, 수평면의 상태
- 차체 밖의 돌출부는 제거하거나 닫은 상태(후사경, 안테나, 창, 경광등, 환기장치 등)

11. 최저 지상고
접지 부분외의 부분은 지면과 10cm 이상이어야 한다.

12. 차량 총중량 등
자동차의 총중량은 20톤(화물자동차 및 특수자동차의 경우에는 40톤) 축중은 10톤, 윤중은 5톤을 초과해서는 안 된다.

13. 조향륜의 윤중
자동차의 조향 바퀴의 윤중의 합은 차량중량 및 차량 총중량의 각각에 대하여 20% 이상이어야 한다.

14. 최대 안전 경사각도
공차 상태의 자동차는 좌우 각각 35°를 기울인 상태에서도 전복되지 아니해야 한다.

15. 최소회전 반경
바깥쪽 앞바퀴 자국의 중심선을 따라 측정할 때 12m이하이어야 한다.

16. 접지부분 및 접지압력
① 접지부분은 소음의 발생이 적고 도로를 파손할 위험이 없는 구조일 것
② 무한궤도는 $1cm^2$당 3kgf 이내

17. 원동기 및 동력전달 장치
① 원동기는 운전석에서 시동 또는 정지시킬 수 있을 것
② 동력전달 장치는 연결부의 손상, 오일 누출이 없을 것

18. 주행장치
① 타이어의 요철형 무늬의 깊이 1.6mm 이상일 것
② 타이어 접지부 임의의 한 점에서 120° 각도가 되는 지점마다 접지부의 $\frac{1}{4}$ 또는 $\frac{3}{4}$ 지점 주위의 트레드 홈 깊이를 측정한다.

19. 조종장치
주 시동장치, 가속제어장치, 제동장치, 등화 점등장치 등의 조종장치는 조향핸들의 중심으로부터 좌우 각각 50cm이내에 배치되어야 한다.

20. 조향장치
① 핸들의 유격은 핸들 지름의 12.5% 이내일 것
② 옆방향 미끄러짐은 1m 주행시 좌우 각각 5mm 이내일 것

21. 제동장치
① 주 제동장치와 주차 장치는 각각 독립적으로 작동할 것
② 주 제동장치의 급제동능력[별표 3]

[별표 3] 주 제동장치의 급제동 정지거리 및 조작력 기준

구 분	최고속도가 80km/h 이상의 자동차	최고속도가 35km/h 이상 80km/h 미만의 자동차	최고속도가 35km/h 미만의 자동차
제동 초속도(km/h)	50km/h	35km/h	당해 자동차의 최고 속도
급제동 정지 거리(m)	22m 이하	14m 이하	5m 이하
측정 자동차의 상태	공차 상태의 자동차에 운전자 1인이 승차한 상태		

③ 주 제동장치의 제동능력과 조작력[별표 4]

[별표 4] 주 제동장치의 제동 능력 및 조작력 기준

구 분	기 준
측정 자동차의 상태	공차 상태의 자동차에 운전자 1인이 승차한 상태
제 동 능 력	㉮ 최고 속도가 80km/h 이상이고 차량총중량이 차량중량의 1.2배 이하인 자동차의 각 축의 제동력의 합 : 차량총중량의 50% 이상 ㉯ 최고 속도가 80km/h 미만이고 차량총중량이 차량중량의 1.5배 이하인 자동차의 각 축의 제동력의 합 : 차량총중량의 40% 이상 ㉰ 기타의 자동차 　㉠ 각 축의 제동력의 합 : 차량중량의 50% 이상 　㉡ 각 축의 제동력 : 각 축중의 50% 이상(다만, 뒷축의 경우에는 당해 축중의 20% 이상)
좌우 바퀴의 제동력의 차이	당해 축중의 8% 이하
제동력의 복원	브레이크 페달을 놓을 때에 제동력이 3초 이내에 당해 축중의 20% 이하로 감소될 것

④ 주차 제동장치의 제동능력과 조작력[별표 5]

[별표 5] 주차 제동장치의 제동능력 및 조작력 기준

구 분	기 준
측정자동차의 상태	공차 상태의 자동차에 운전자 1인이 승차한 상태
제동능력	경사각 11°30'이상의 경사면에서 정지상태를 유지할 수 있거나 제동능력이 차량중량의 20% 이상일 것

22. 연료장치
① 배기관 끝으로부터 30cm 이상 떨어질 것
② 노출된 전기단자 및 전기 개폐기로부터 20cm 이상 떨어질 것

23. 고압가스 연료장치
① 고압부분의 도관은 가스용기 충전압력의 1.5배 압력에 견딜 것
② 양끝이 고정된 도관은 완곡된 형태로 1m마다 차체에 고정시킬 것

24. 차대 및 차체
① 뒤 오버행
- 경형 및 소형자동차의 뒤 오버 행 값은 가장 앞의 차축 중심에서 가장 뒤의 차축 중심까지의 수평거리의 20분의 11이하일 것
- 밴형 화물 자동차 등 화물을 밖으로 적재할 우려가 없는 자동차의 오버 행의 허용한도는 2/3 이내이다. 즉 밴형 화물자동차의 차체 오버행(C/L)은 $\frac{C}{L} \leq \frac{2}{3}$ 이다.

② 측면 보호대 : 차량 총중량이 8톤 이상이거나 최대 적재량이 5톤 이상인 화물자동차·특수 자동차 및 연결 자동차는 측면보호대를 설치하여야 한다.
- 측면 보호대의 간격은 바퀴와 40cm 이내이며 지상과 55cm 이하일 것

③ 후부 안전판
- 후부안전판은 자동차너비의 100% 미만이어야 한다.
- 후부안전판은 가장 아래 부분과 지상과의 간격이 55cm이내이어야 한다.
- 후부 안전판의 설치 방법 등에 의한 기준 중 차량 수직 방향의 단면 최소 높이는 10cm 이상이다.

25. 운전자의 좌석
① 핸들 중심과 과도한 편차가 없으며 가로·세로 각각 40cm 이상일 것
② 15인승 이상 승합자동차는 운전석 뒤에 보호봉 또는 격벽시설을 할 것

26. 승객좌석의 규격
① 승객 좌석은 가로·세로 각각 40cm 이상
② 앞좌석 등받이 뒷면과 뒷좌석 등받이 앞면과의 거리는 65cm 이상
③ 통로의 접이식 좌석은 30인승 이하의 승합(어린이 운송용 제외) 자동차에 설치할 수 있다. 안내원용은 31인승 이상에도 설치 가능

(1) 좌석 안전띠
- 시내 버스는 좌석 안전띠를 설치하지 않아도 된다.
- 승용 자동차의 운전좌석 및 운전자의 좌석 옆으로 나란히 되어 있는 좌석에는 3점식 좌석 안전띠를 설치하여야 한다.

27. **창유리**

    앞면창유리는 접합유리 또는 유리·플라스틱 조합유리로, 그 밖의 창유리는 강화유리, 접합유리, 복층유리, 플라스틱유리 또는 유리·플라스틱 조합유리 중 하나로 하여야 한다.

29. **배출 가스**

    ① **일산화탄소, 탄화수소** : 측정 대상 자동차의 상태가 정상으로 확인 되면 정지가동상태(원동기가 가동되어 공회전 되어 있으며 가속페달을 밟지 않은 상태)에서 시료 채취관을 배기관내에 30cm 이상 삽입한다.

    ② **매연** : 측정 대상 자동차의 원동기를 중립인 상태 (정지가동상태)에서 급가속하여 최고 회전속도 도달 후 2초간 공회전 시키고 정지가동(Idle) 상태로 5~6초간 둔다. 이와 같은 과정을 3회 반복 실시한다. 측정기의 시료 채취관을 배기관의 벽면으로부터 5mm 이상 떨어지도록 설치하고 5cm정도의 깊이로 삽입한다.

【 운행차량 배출허용기준(CO, HC) 】

차 종		제작일자	일산화탄소	탄화수소	공기과잉율
경자동차		1997년 12월 31일 이전	4.5% 이하	1,200ppm 이하	1±0.1 이내 다만, 기화기식 연료공급 장치 부착 자동차는 1±0.15이내 촉매 미부착 자동차는 1±0.20 이내
		1998년 1월 1일부터 2000년 12월 31일까지	2.5% 이하	400ppm 이하	
		2001년 1월 1일부터 2003년 12월 31일까지	1.2% 이하	220ppm 이하	
		2004년 1월 1일 이후	1.0% 이하	150ppm 이하	
승용자동차		1987년 12월 31일 이전	4.5% 이하	1,200ppm 이하	
		1988년 1월 1일부터 2000년 12월 31일까지	1.2% 이하	220ppm 이하 (휘발유·알코올자동차) 400ppm 이하(가스자동차)	
		2001년 1월 1일부터 2005년 12월 31일까지	1.2% 이하	220ppm 이하	
		2006년 1월 1일 이후	1.0% 이하	120ppm 이하	
승합·화물·특수 자동차	소형	1989년 12월 31일 이전	4.5% 이하	1,200ppm 이하	
		1990년 1월 1일부터 2003년 12월 31일까지	2.5% 이하	400ppm 이하	
		2004년 1월 1일 이후	1.2% 이하	220ppm 이하	
	중형·대형	2003년 12월 31일 이전	4.5% 이하	1200ppm 이하	
		2004년 1월 1일 이후	2.5% 이하	400ppm 이하	

【 운행차량 배출허용기준(매연) 】

차 종		제작일자		매 연
경자동차 및 승용자동차		1995년 12월 31일 이전		60% 이하
		1996년 1월 1일부터 2000년 12월 31일까지		55% 이하
		2001년 1월 1일부터 2003년 12월 31일까지		45% 이하
		2004년 1월 1일부터 2007년 12월 31일까지		40% 이하
		2008년 1월 1일 이후		20% 이하
승합·화물·특수 자동차	소형	1995년 12월 31일 이전		60% 이하
		1996년 1월 1일부터 2000년 12월 31일까지		55% 이하
		2001년 1월 1일부터 2003년 12월 31일까지		45% 이하
		2004년 1월 1일부터 2007년 12월 31일까지		40% 이하
		2008년 1월 1일 이후		20% 이하
	중·대형	1992년 12월 31일 이전		60% 이하
		1993년 1월 1일부터 1995년 12월 31일까지		55% 이하
		1996년 1월 1일부터 1997년 12월 31일까지		45% 이하
		1998년 1월 1일부터 2000년 12월 31일까지	시내버스	40% 이하
			시내버스 외	45% 이하
		2001년 1월 1일부터 2004년 9월 30일까지		45% 이하
		2004년 10월 1일부터 2007년 12월 31일까지		40% 이하
		2008년 1월 1일 이후		20% 이하

29. 배기관

배기관의 열림 방향은 왼쪽 또는 오른쪽으로 45도를 초과해 열려 있지 않을 것. 배기관의 끝은 차체 외측으로 돌출되지 않도록 설치해야 한다.

30. 전조등

① 자동차 전조등의 등광색은 백색이다.
② 모든 주행빔 전조등의 최대 광도값의 총합은 430,000cd 이하일 것
③ 최고속도가 25km/h 미만인 소형 승용 자동차 전조등의 광도는 전방 15m의 장애물을 식별할 수 있어야 한다.
④ 주행 빔의 비추는 방향은 자동차의 진행 방향과 같아야 하고 전방 10m 거리에서 주광축의 좌우측 진폭은 30cm 이내, 상향 진폭은 10cm 이내, 하향 진폭은 30cm 이내일 것, 다만 좌측 전조등의 경우 좌측 방향 진폭은 15cm 이내이어야 한다.

31. 안개등

① 앞면 안개등의 1등당 광도는 940칸델라 이상 1만칸델라 이하일 것
② 앞면 안개등의 등광색은 백색 또는 황색으로 하고, 양쪽의 등광색은 동일하게 할 것
③ 뒷면 안개등의 등광색은 적색일 것
④ 뒷면에 안개등을 설치할 경우에는 2개 이하로 설치하고, 1등당 광도는 150칸델라 이상

300칸델라 이하일 것

32. 후퇴등
① **등광색** : 백색 또는 황색
② 자동차 후퇴등 등화의 중심점은 공차 상태에서 지상 25cm 이상 120cm 이하의 높이에 설치하여야 한다.
③ **주광축** : 후방 75m 이내의 지면을 비출 것
④ **광도** : 위쪽 1등당 80cd 이상 600cd 이하, 아래쪽 80cd 이상, 5,000cd 이하

33. 차폭등
① **등광색** : 백색
② **설치위치** : 지상 25cm 이상 150cm 이하, 차체 바깥쪽으로부터 40cm 이내
③ **광도** : 위쪽에서 4cd 이상 140cd 이하

34. 번호등
① 등록 번호판 숫자 위의 조도는 어느 부분에서도 8Lux 이상이어야 한다.
② 전조등, 후미등, 차폭등과 별도로 소등할 수 없는 구조이어야 한다.
③ 등광색은 백색으로 한다.

35. 후미등
① 후미등 1등당 고정광도의 범위는 4cd 이상, 17cd 이하이다.
② 후미등은 차량 중심선에 대하여 좌우 대칭 되고 등화의 중심점은 공차 상태에서 지상 35cm 이상 150cm 이하의 높이에 설치해야 한다.
③ 후미등의 등광색은 적색일 것

36. 제동등
① 등화 중심점은 공차 상태에서 지상 35cm 이상 150cm 이하의 높이에 좌우 대칭으로 설치할 것
② 등광색은 적색으로 할 것
③ 1등당 고정광도는 60칸델라 이상 260칸델라 이하일 것
④ 다른 등화와 겸용하는 제동등은 제동조작을 할 경우 그 광도가 3배 이상 증가할 것
⑤ 제동등 1등당 유효 조광 면적의 크기는 22cm² 이상일 것

37. 방향지시등
① 등화의 중심점은 공차 상태에서 지상 35cm 이상 150cm 이하의 높이가 되게 한다.
② 자동차 앞·뒷면 양쪽 또는 옆면에 차량 중심선을 기준으로 좌우 대칭이 되게 설치한다.
③ 매분 60회 이상 120회 이하의 점멸 횟수를 가진다.
④ 등광색은 황색 또는 호박색이어야 한다.

38. 경음기
① 동일음색, 연속음일 것
② 경적음의 크기는 차체전방에서 2미터 떨어진 지상 높이 $1.2 \pm 0.05m$가 되는 지점에서 측정한 값이 90데시벨 이상일 것

39. 속도계 및 주행거리계
① 40km/h(최고속도가 40km/h 미만인 자동차는 그 최고속도)에서 지시오차 정25%, 부 10% 이하일 것. 자동차 속도계가 40km/h를 나타낼 때 속도계시험기의 검사기준 범위는 32~44.4km/h이다.
② 최고속도 제한장치 설치 대상 자동차
- 차량총중량이 10톤 이상인 시외버스 운송 사업용 승합자동차(일반 시외버스 제외)
- 차량총중량이 10톤 이상인 전세버스 운송 사업용 승합자동차
- 차량총중량이 16톤(최대적재량 8톤 이상) 이상인 지정 수량 이상의 위험물 운반 탱크를 설치한 화물자동차
- 차량총중량이 16톤(최대적재량 8톤 이상) 이상인 덤프형 및 콘크리트 운반 전용의 화물자동차
- 고압가스를 운송하기 위한 탱크를 설치한 자동차

핵심기출문제

01 공차 상태라 함은 다음 중 어떠한 상태인가?
① 연료, 냉각수, 예비공구를 만재하고 운행할 수 있는 상태
② 연료, 냉각수, 윤활유를 만재하고 예비타이어를 비치하여 운행할 수 있는 상태
③ 운행에 필요한 장치를 하고 운전자만 승차한 상태
④ 아무 것도 적재하지 아니한 자동차만의 상태

02 다음 용어의 정의 중 맞지 않는 것은?
① 축중이라 함은 자동차가 수평 상태에 있을 때에 1개의 차축에 연결된 모든 바퀴의 윤중을 합한 것을 말한다.
② 윤중이라 함은 자동차가 수평상태에 있을 때에 1개의 바퀴가 수직으로 지면을 누르는 중량을 말한다.
③ 조향비라 함은 조향 바퀴의 조향 각도와 차체의 회전각도와의 비를 말한다.
④ 접지부분이라 함은 적정 공기압의 상태에서 타이어가 지면과 접촉되는 부분을 말한다.

03 자동차 성능기준에서 자동차의 길이는 얼마를 초과해선 안 되는가? (단, 연결자동차는 제외)
① 12미터
② 13미터
③ 15미터
④ 16.7미터

04 차량의 적재함 뒤로 나오는 긴 물건을 운반할 때 위험을 표시하는 방법으로 가장 적절한 방법은?
① 뒷부분에 깃대를 꽂고 운반한다.
② 물건 끝 부분에 진한 청색을 칠하고 운반한다.
③ 긴 물건 뒷부분에 적색으로 표시하고 운반한다.
④ 적재함에 회색으로 위험표시를 한다.

---

01. **공차 상태**란 자동차에 사람이 승차하지 아니하고 물품(예비부분품 및 공구 기타 휴태 물품을 포함한다)을 적재하지 아니한 상태로서 연료·냉각수 및 윤활유를 만재하고 예비 타이어(예비 타이어를 장착할 수 있는 자동차에 한한다)를 설치하여 운행할 수 있는 상태를 말한다.
02. **조향비**란 조향 핸들의 회전각도와 조향 바퀴의 조향각도와의 비율을 말한다.
03. **자동차의 길이·너비 및 높이**
① 길이 : 13m(연결 자동차의 경우에는 16.7m)
② 너비 : 2.5m(후사경·환기장치 또는 밖으로 열리는 창의 경우 이들 장치의 너비는 승용 자동차에 있어서는 25cm, 기타 자동차에 있어서는 30cm, 다만, 피 견인 자동차의 너비가 견인 자동차의 너비보다 넓은 경우 그 견인 자동차의 후사경에 한하여 피 견인 자동차의 가장 바깥쪽으로 10cm를 초과할 수 없다).
③ 높이 : 4m
04. 성능기준을 넘는 화물의 적재허가를 받은 사람은 그 길이 또는 폭의 양끝에 너비 30cm, 길이 50cm 이상의 빨간 헝겊으로 된 표지를 달아야 한다. 다만, 밤에 운행하는 경우에는 반사체로 된 표지를 달아야 한다.

01. ② **02.** ③ **03.** ② **04.** ③

05 자동차 높이의 최대허용 기준으로 맞는 것은?
① 3.5m   ② 3.8m
③ 4.0m   ④ 4.5m

06 자동차의 길이, 너비 및 높이는 다음과 같은 상태에서 측정하여야 한다. 적당하지 않은 것은?
① 적차상태
② 공차상태
③ 직진상태에서 수평면에 있는 상태
④ 차체 외부에 부착하는 외부 돌출 부분은 이를 제거하거나 닫은 상태

07 공차 상태의 자동차에 있어서 접지부분 이외의 부분은 지면과의 사이에 몇 cm이상의 간격이 있어야 하는가?
① 10   ② 15
③ 20   ④ 25

08 화물자동차 및 특수자동차의 차량 총중량은 몇 톤을 초과해서는 안 되는가?
① 40톤   ② 20톤
③ 50톤   ④ 45톤

09 자동차의 조향 바퀴의 윤중의 합은 차량중량 및 차량 총중량의 각각에 대하여 몇 % 이상이어야 하는가?
① 16%   ② 20%
③ 30%   ④ 40%

10 공차 상태의 자동차는 좌우 각각 몇 도를 기울인 상태에서도 전복되지 아니해야 하는가?
① 25°   ② 60°
③ 45°   ④ 35°

11 자동차의 최소회전반경은 바깥쪽 앞바퀴 자국의 중심선을 따라 측정할 때 몇 m 이내이어야 하는가?
① 2   ② 3
③ 8   ④ 12

12 조종장치 설치기준에 적합한 것은?
① 자동변속장치 중립위치는 주차와 후진 사이
② 자동변속장치 주차위치는 후진과 중립 사이
③ 가속제어장치의 복귀장치는 1개 이상
④ 가속제어장치의 복귀장치는 2개 이상

13 주 시동장치, 가속제어장치, 제동장치, 등화 점등장치 등의 조종장치는 조향핸들의 중심으로부터 좌우 각각 얼마이내 에 배치되어야 하는가?
① 30cm   ② 50cm
③ 60cm   ④ 100cm

---

06. 자동차의 길이, 너비 및 높이 측정 조건
① 공차 상태
② 직진상태에서 수평면에 있는 상태
③ 차체 외부에 부착하는 외부 돌출 부분은 이를 제거하거나 닫은 상태
07. 공차상태의 자동차에 있어서 접지부분 외의 부분은 지면과의 사이에 10cm 이상의 간격이 있어야 한다.
08. 자동차의 총중량은 20톤(화물자동차 및 특수자동차의 경우에는 40톤) 축중은 10톤, 윤중은 5톤을 초과해서는 안 된다.
09. 자동차의 조향 바퀴의 윤중의 합은 차량중량 및 차량 총중량의 각각에 대하여 20% 이상이어야 한다.
10. 공차 상태의 자동차는 좌우 각각 35°를 기울인 상태에서도 전복되지 아니해야 한다.
11. 자동차의 최소회전반경은 바깥쪽 앞바퀴 자국의 중심선을 따라 측정할 때 12m 이내이어야 한다.

05.③ **06.**① **07.**① **08.**① **09.**② **10.**④ **11.**④ **12.**④ **13.**②

14 조향장치 구조기준에 적합하지 않은 것은?
① 조작시 자동차의 다른 부분과 접촉하지 아니하는 구조
② 조작시에 장신구 등에 걸리지 아니할 것
③ 좌, 우로 현저한 차이가 없을 것
④ 조향기능을 기계적으로 전달하는 부품이 아닌 경우의 고장시에도 조향할 수 없는 구조

15 운행 자동차 기준으로 최고속도가 80km/h 이상인 자동차는 주 제동장치의 급제동 정지거리는?
① 5m 이하
② 14m 이하
③ 22m 이하
④ 28m 이하

16 주제동력의 복원상태에 있어서 브레이크 페달을 놓을 때 에 제동력이 3초 이내에 당해 축중의 몇 %이하로 감소되어야 하는가?
① 10
② 20
③ 30
④ 40

17 관성 제동구조의 주 제동장치에 대한 성능기준으로 맞지 않는 것은?
① 관성 제동장치는 견인자동차의 제동 감속도에 반비례하여 제동력이 발생되는 구조일 것
② 관성 제동장치와 주차제동장치는 각각 독립적으로 작용할 수 있어야 한다.
③ 관성 제동장치는 모든 바퀴를 동시에 제동할 수 있는 구조일 것
④ 연결자동차가 전진할 경우 피견인 자동차의 관성 제동장치는 제동기능이 스스로 해제되는 구조일 것

18 자동차 연결장치는 길이방향으로 견인 할 때 당해 자동차의 차량 중량이 3000kgf일 경우 어느 정도 이상의 힘에 견딜 수 있어야 하는가?
① 1000kgf 이상
② 1500kgf 이상
③ 3000kgf 이상
④ 6000kgf 이상

19 승객 좌석의 규격 기준 중 접이식 좌석은 승차정원 몇 인승 이하인 승합 자동차에 설치할 수 있는가?
① 15인
② 20인
③ 27인
④ 30인

20 좌석 안전띠를 설치하지 않아도 되는 자동차는?
① 고속버스
② 화물자동차
③ 전세버스
④ 시내버스

21 자동차 성능기준에 관한 규칙상 1인이 차지하는 입석의 면적은?
① 0.14m²
② 0.64m²
③ 0.125m²
④ 0.364m²

---

14. ④ 조향 기능을 기계적으로 전달하는 부품이 아닌 경우의 고장이 나더라도 조향할 수 있는 구조일 것
15. 운행 자동차 기준으로 최고속도가 80km/h 이상인 자동차는 주 제동장치의 급제동 정지거리는 22m 이하이다.
16. 주제동력의 복원상태에 있어서 브레이크 페달을 놓을 때 에 제동력이 3초 이내에 당해 축중의 20% 이하로 감소되어야 한다.
17. 관성 제동구조의 주 제동장치에 대한 성능기준
① 관성 제동장치는 견인자동차의 제동 감속도에 비례하여 제동력이 발생되는 구조일 것
② 관성 제동장치와 주차제동장치는 각각 독립적으로 작용할 수 있어야 한다.
③ 관성 제동장치는 모든 바퀴를 동시에 제동할 수 있는 구조일 것
④ 연결자동차가 전진할 경우 피견인 자동차의 관성 제동장치는 제동기능이 스스로 해제되는 구조일 것

14.④ 15.③ 16.② 17.① 18.② 19.④ 20.④ 21.①

22 연료탱크의 주입구 및 가스배출구는 노출된 전기 단자로부터 (ㄱ)mm, 배기관의 끝으로부터 (ㄴ)mm 떨어져 있어야 한다. ( )안에 알맞은 것은?
① ㄱ : 300, ㄴ : 200
② ㄱ : 200, ㄴ : 300
③ ㄱ : 250, ㄴ : 200
④ ㄱ : 200, ㄴ : 250

23 소형자동차의 차체 오버 행의 허용 한도는?
① 2/3 이하   ② 1/2 이하
③ 11/20 이하   ④ 3/20 이하

24 밴형 화물 자동차 등 화물을 밖으로 적재할 우려가 없는 자동차의 오버 행의 허용한도가 맞는 것은?
① 11/20 이내   ② 2/3 이내
③ 1/2 이내   ④ 3/4 이내

25 차량 총중량이 얼마 이상인 화물자동차에 측면보호대를 설치하여야 하는가?
① 3톤   ② 4톤
③ 5톤   ④ 8톤

26 화물자동차의 뒷면에 차량총중량을 표시하지 않아도 되는 자동차는 최대 몇 톤 이하인가?
① 최대 적재량이 1톤 이하인 화물자동차
② 최대 적재량이 1.4톤 이하의 화물자동차
③ 최대 적재량이 2톤 이하의 화물자동차
④ 최대 적재량이 4톤 이하인 화물자동차

27 탱크로리 자동차 뒷면에 표시 사항으로 틀린 것은?
① 최대 적재량   ② 최대 적재용적
③ 적재 물품명   ④ 관할구역 표시

28 후부안전판은 자동차너비의 몇 % 미만이어야 하는가?
① 60   ② 80
③ 100   ④ 120

29 후부안전판은 가장 아랫부분과 지상과의 간격이 몇 cm이내이어야 하는가?
① 30   ② 40
③ 50   ④ 55

30 후부 안전판의 설치방법 등에 의한 기준 중 차량 수직방향의 단면 최소높이는?
① 10cm 이하
② 10cm 이상
③ 20cm 이하
④ 20cm 이상

31 제작자동차 등의 성능기준에서 2점식 또는 3점식 안전띠의 골반부분 부착장치는 몇 kgf의 하중에 10초 이상 견뎌야 하는가?
① 1270kgf   ② 2270kgf
③ 3870kgf   ④ 5670kgf

---

23. 경형 및 소형자동차의 "뒤 오버 행" 값은 가장 앞의 차축 중심에서 가장 뒤의 차축 중심까지의 수평거리의 20분의 11이하일 것
24. 밴형 화물 자동차 등 화물을 밖으로 적재할 우려가 없는 자동차의 오버 행의 허용한도는 2/3 이내이다.
25. 차량 총중량이 8톤 이상이거나 최대 적재량이 5톤 이상인 화물자동차특수 자동차 및 연결 자동차는 측면보호대를 설치하여야 한다.

22.② 23.③ 24.② 25.④ 26.② 27.④
28.③ 29.④ 30.② 31.②

32 어떤 자동차가 가로 방향으로 4500mm, 세로 방향으로 1200mm인 상면의 입석인원은 몇 명인가?
① 39
② 38
③ 45
④ 44

33 자동차 성능기준에 대한 설명으로 잘못된 것은?
① 전조등의 등광색은 백색으로 한다.
② 배기관의 열림 방향은 왼쪽 또는 오른쪽으로 열려 있어서는 아니 된다.
③ 배기관은 자동차 또는 적재물을 발화시키거나 자동차의 다른 기능을 저해할 우려가 없어야 한다.
④ 차실 안의 전기단자 및 전기개폐기는 절연물질로 덮어씌우지 않아도 된다.

34 자동차 전조등의 등광색으로 맞는 것은?
① 적색 또는 담황색
② 백색
③ 녹색 또는 백색
④ 적색

35 전조등이 2등식인 경우 1등 당 주행 빔의 광도는?
① 12000~115000cd
② 15000~112500cd
③ 12000~112500cd
④ 15000~115000cd

36 신규 및 정기검사시 전조등의 좌측 주광축의 좌향 진폭은 10미터 위치에서 몇 센티미터 이내이어야 하는가?

① 30센티미터   ② 20센티미터
③ 15센티미터   ④ 10센티미터

37 전조등이 2등식인 경우 전방 10m 거리에서 주 광축의 진폭에 대한 검사기준으로 틀린 것은?
① 좌 전조등 상향 0cm 이내
② 좌 전조등 하향 30cm 이내
③ 좌 전조등 좌향 15cm 이내
④ 좌 전조등 우향 30cm 이내

38 자동차 전조등 주광축의 진폭 측정시 10m 위치에서 우측 우향 진폭 기준은 몇 cm 이내 이어야 하는가?
① 10   ② 20
③ 30   ④ 39

39 자동차의 안개등에 대한 성능기준으로 틀린 것은?
① 뒷면 안개등의 등광색은 백색일 것
② 앞면 안개등의 1등당 광도는 940칸델라 이상 1만칸델라 이하일 것
③ 앞면 안개등의 등광색은 백색 또는 황색으로 하고, 양쪽의 등광색은 동일하게 할 것
④ 뒷면에 안개등을 설치할 경우에는 2개 이하로 설치하고, 1등당 광도는 150칸델라이상 300칸델라이하일 것

40 자동차 앞면 안개등의 등광색은?
① 적색 또는 갈색   ② 백색 또는 적색
③ 백색 또는 황색   ④ 황색 또는 적색

---

32. 1인이 차지하는 입석면적이 0.14m²이므로 $\frac{4.5 \times 1.2}{0.14} = 38$
33. 차실 안의 전기단자 및 전기개폐기는 절연물질로 덮어씌워야 한다.
39. 뒷면 안개등의 등광색은 적색일 것

32.② 33.④ 34.② 35.② 36.③ 37.①
38.③ 39.① 40.③

41 후퇴등의 주광축은 하향으로 하되 후방 몇 m 이내의 지면을 비출 수 있도록 설치하여야 하는가?
① 50m ② 75m
③ 100m ④ 150m

42 후퇴등은 등화의 중심점이 공차상태에서 어느 범위가 되도록 설치하여야 하는가?
① 지상 15cm 이상 – 100cm 이하
② 지상 20cm 이상 – 110cm 이하
③ 지상 15cm 이상 – 95cm 이하
④ 지상 25cm 이상 – 120cm 이하

43 다음 중 자동차의 등광색이 적색이 아닌 것은?
① 제동등
② 후미등
③ 후부반사기(형광부)
④ 차폭등

44 다음 중 자동차의 성능기준에 적합하지 않은 것은?
① 차폭등의 등광색은 백색·황색 또는 호박색일 것
② 번호등의 등광색은 백색일 것
③ 후퇴등의 등광색은 백색 또는 황색일 것
④ 후미등의 등광색은 황색일 것

45 자동차 제동등이 다른 등화와 겸용하는 제동등일 경우 조작 시 그 광도가 몇 배 이상 증가하여야 하는가?
① 1.5배 ② 2배
③ 3배 ④ 4배

46 제동등에 대한 성능기준으로 적합하지 않는 것은?
① 등화 중심점은 공차 상태에서 지상 35센티미터 이상 150센티미터 이하의 높이에 좌우 대칭으로 설치할 것
② 등광 색은 적색으로 할 것
③ 1등당 광도는 400칸델라 이상 4200칸델라 이하일 것
④ 다른 등화와 겸용하는 제동등은 제동조작을 할 경우 그 광도가 3배 이상 증가할 것

47 자동차의 방향 지시등에 대한 설명으로 틀린 것은?
① 자동차 앞뒷면 양쪽 또는 옆면에 차량 중심선을 기준으로 좌우 대칭이 되게 설치한다.
② 등화의 중심점은 공차 상태에서 지상 35cm 이상 200cm 이하의 높이가 되게 한다.
③ 매분 60회 이상 100회 이하의 점멸 횟수를 가진다.
④ 등광색은 황색 또는 호박색이어야 한다.

---

43. 차폭등의 등광색은 백색황색 또는 호박색으로 하고, 양쪽의 등광색을 동일하게 할 것
44. 후미등의 등광색은 적색일 것
46. 제동등에 대한 성능기준
① 등화 중심점은 공차 상태에서 지상 35cm 이상 200cm 이하의 높이에 좌우 대칭으로 설치할 것
② 등광 색은 적색으로 할 것
③ 1등당 광도는 40cd 이상 420cd이하일 것
④ 다른 등화와 겸용하는 제동등은 제동조작을 할 경우 그 광도가 3배 이상 증가할 것

47. 방향 지시등
① 등화의 중심점은 공차 상태에서 지상 35cm이상 200cm 이하의 높이가 되게 한다.
② 자동차 앞·뒷면 양쪽 또는 옆면에 차량 중심선을 기준으로 좌우 대칭이 되게 설치한다.
③ 매분 60회 이상 120회 이하의 점멸 횟수를 가진다.
④ 등광색은 황색 또는 호박색이어야 한다.

41.② 42.④ 43.④ 44.④ 45.③ 46.③ 47.③

48 어린이 운송용 승합자동차의 표시등에 대한 설명으로 틀린 것은?

① 각 표시등의 발광면적은 120제곱센티미터 이상일 것
② 정지하거나 출발할 경우에는 적색 표시등과 황색 표시등이 동시에 점멸되는 구조일 것
③ 앞면과 뒷면에는 분당 60회 이상 120회 이하로 점멸되는 각각 적색 표시등 2개와 황색 표시등 2개를 설치할 것
④ 바깥쪽에는 적색 표시등을 설치하고 안쪽에는 황색 표시등을 설치하되, 좌·우 대칭 되도록 설치할 것

49 후부반사기에 대한 성능기준으로 잘못된 것은?

① 경형 및 소형자동차의 반사부는 10제곱센티미터 이상이어야 한다.
② 반사부는 삼각형 형상이어야 한다.
③ 후부반사기의 반사광은 적색이어야 한다.
④ 옆면 앞부분의 보조반사기 반사광은 황색 또는 호박색이어야 한다.

50 자동차 경음기의 경적음의 크기는 차체전방에서 2미터 떨어진 지상 1.2m 높이에서 측정한 데시벨 값이 성능기준에 맞는 것은?

① 115이상
② 90이하
③ 90이상
④ 50이상~90이하

51 평탄한 수평 노면에서의 최고속도가 매시 40km 이상의 자동차에 있어서 속도가 매시 40km인 경우 속도계의 지시오차 허용기준은?

① 정25%, 부10% 이하
② 정10%, 부15% 이하
③ 정20%, 부15% 이하
④ 정15%, 부20% 이하

52 자동차 속도계가 40km/h를 나타낼 때 속도계시험기의 검사기준 범위로 적당한 것은?

① 32km/h~44.4km/h
② 36.4km/h~44.4km/h
③ 33.4km/h~47.0km/h
④ 36.8km/h~46.4km/h

53 긴급자동차 중 경광등 색이 적색 또는 황색이 아닌 것은?

① 소방용 자동차
② 수사기관의 자동차 중 범죄수사를 위하여 사용되는 자동차
③ 교도소 또는 교도기관의 자동차 중 피수용자의 호송 및 경비를 위한 자동차
④ 구급자동차

---

48. ② 도로에 정지하려고 하거나 출발하려고 하는 때에는 황색 표시등 또는 호박색 표시등이 점멸되는 구조일 것.
49. 반사부는 삼각형 이외의 형으로서 경형 및 소형 자동차의 경우에는 1,000mm² 이상, 기타 자동차의 경우에는 2,000mm² 이상일 것
50. 경적음의 크기는 차체전방에서 2m 떨어진 지상 높이 1.2± 0.05m가 되는 지점에서 측정한 값이 90dB 이상일 것
53. 구급자동차의 경광등 색은 녹색이다.

48.② 49.② 50.③ 51.① 52.① 53.④

54 적색 또는 청색 경광등을 설치하여야 하는 자동차가 아닌 것은?
① 교통단속에 사용되는 경찰용 자동차
② 범죄수사를 위하여 사용되는 수사기관용 자동차
③ 소방용 자동차
④ 구급자동차

55 긴급자동차의 경광등은 1등당 광도가 135cd 이상 몇 cd 이하이어야 하는가?
① 1500   ② 2000
③ 2500   ④ 3000

56 자동차의 구조·장치의 변경승인을 얻은 자는 자동차정비업자로부터 구조·장치의 변경과 그에 따른 정비를 받고 얼마 이내에 구조변경검사를 받아야 하는가?
① 완료일로부터 45일 이내
② 완료일로부터 15일 이내
③ 승인일로부터 45일 이내
④ 승인일로부터 15일 이내

57 최대적재량 15톤인 일반형 화물자동차를 15000리터 휘발유 탱크로리로 구조변경승인을 얻은 후 구조변경검사를 시행할 경우 검사하여야 할 항목이 아닌 것은?
① 제동장치
② 물품적재장치
③ 조향장치
④ 제원측정

58 외국에서 이삿짐으로 수입된 자동차를 신규검사할 때의 절차 및 방법으로 틀린 것은?
① 신청서류는 신구검사신청서, 출처를 증명하는 수입신고서와 제원표이다.
② 차대번호가 차체 또는 차대에 표기되지 않고 알루미늄 명판에 표기된 경우에는 재 표기하여야 한다.
③ 신규검사에 합격한 경우에는 신규검사증명서를 교부한다.
④ 부적합한 경우에는 부적합 통지서에 재검사기간 5일을 부여하여 교부하여야 한다.

---

54. 구급 자동차는 녹색의 경광등을 설치하여야 한다.
58. 신규검사·구조변경검사 및 임시검사에서 부적합한 경우에는 부적합 통지서에 재검사 기간 10일을 부여하여 교부하여야 한다.

54.④   55.③   56.③   57.③   58.④

Part II

자동차 섀시 정비

- 동력전달장치
- 현가장치 및 조향장치
- 제동장치
- 주행 및 구동장치

1장 동력전달장치

1-1 클러치

1 개요

클러치는 엔진과 변속기 사이에 설치되어 엔진의 동력을 변속기에 전달하거나 차단하는 역할을 한다.

(1) 필요성
① 시동시 엔진을 무부하 상태로 유지하기 위하여 필요하다.(엔진 무부하 상태 유지)
② 엔진의 동력을 차단하여 기어 변속이 원활하게 이루어지도록 한다.(기어 바꿈을 위해)
③ 엔진의 동력을 차단하여 자동차의 관성 주행이 되도록 한다.(관성 주행을 위해)

(2) 클러치의 종류
① 마찰 클러치 : 플라이 휠과 클러치 판의 마찰력에 의해 엔진의 동력이 전달된다.
② 유체 클러치(토크컨버터) : 유체 에너지를 이용하여 엔진의 동력을 전달 또는 차단하는 역할을 한다.
③ 전자 클러치 : 전자석의 자력을 엔진의 회전수에 따라 자동으로 증감시켜 엔진의 동력을 전달 또는 차단한다.

2 마찰클러치

(1) 클러치의 작동
엔진의 동력은 엔진 플라이 휠 → 클러치 판 → 허브 스플라인 → 변속기 입력축(클러치축)으로 전달된다.

(2) 클러치의 구비 조건
① 동력의 차단이 신속하고 확실할 것.
② 동력의 전달을 시작할 경우에는 미끄러지면서 서서히 전달될 것.
③ 클러치가 접속된 후에는 미끄러지는 일이 없을 것.
④ 회전 부분은 동적 및 정적 평형이 좋을 것.

⑤ 회전 관성이 적을 것.
⑥ 방열이 양호하고 과열되지 않을 것.
⑦ 구조가 간단하고 고장이 적을 것.

(3) 마찰 클러치의 구조
① **클러치 판(클러치 디스크)** : 플라이 휠과 압력판 사이에 설치되며 변속기 입력축(클러치 축)의 스플라인을 통해 연결되어 변속기로 동력을 전달하는 마찰 판이다.

가. 클러치 라이닝
- 고온에 견디고 내마모성이 우수하여야 한다.
- 마찰 계수는 커야 한다.(라이닝의 마찰 계수 : 0.3~0.5μ)
- 온도 변화 및 마찰 계수의 변화가 적고 기계적 강도가 커야 한다.

나. 비틀림 코일스프링(토션댐퍼스프링)
- 클러치 판의 허브와 클러치 강판 사이에 설치된 코일 스프링이다.
- 클러치 판이 플라이 휠에 접속되어 동력의 전달이 시작될 때의 회전 충격을 흡수한다.

다. 쿠션 스프링
- 클러치 접속시에 직각 방향의 충격을 흡수한다.
- 클러치 판의 변형, 편마모, 파손을 방지한다.

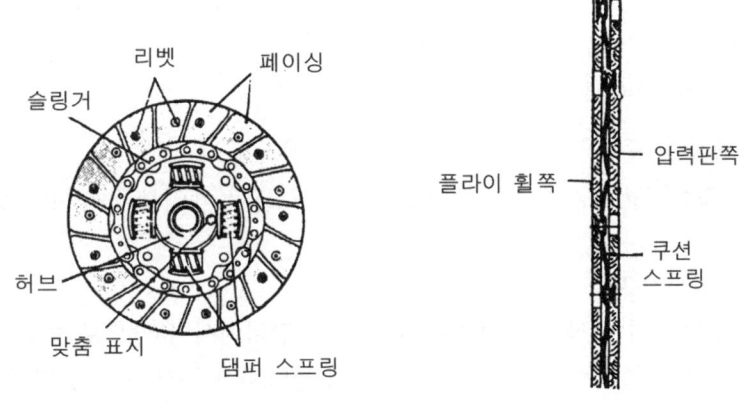

△ 클러치판의 구조

라. 클러치 판의 점검 항목
- 페이싱의 리벳 깊이
- 판의 비틀림
- 비틀림 코일 스프링(토션 스프링, 댐퍼 스프링)의 장력 및 파손
- 클러치 판의 런 아웃
- 쿠션 스프링의 파손

② **클러치 축(변속기 입력 축)** : 스플라인에 클러치 판의 허브 스플라인이 결합되어 있다
③ **압력판** : 클러치 스프링의 장력에 의해 클러치 판을 플라이 휠에 압착시키는 역할을 한다.

④ 클러치스프링
- 압력판과 클러치 커버 사이에 설치되어 압력판에 강력한 힘이 발생되도록 한다.
- 스프링의 종류에는 코일 스프링, 크라운프레셔 스프링, 다이어프램 스프링(막스프링) 등이 있다.

⑤ **릴리스 레버** : 클러치 페달을 밟아 동력을 차단할 때 지렛대 역할을 한다.

⑥ **클러치 커버** : 압력판과 클러치 스프링을 지지하는 역할을 한다.

⑦ 릴리스 베어링
- 릴리스 레버를 눌러주는 역할을 하며, 클러치 페달을 밟아 릴리스 레버와 릴리스 베어링이 접촉한 경우에만 작동하여 기관과 함께 회전한다.
- 릴리스 베어링의 종류에는 볼 베어링형, 앵귤러 접촉형, 카본형이 있다.
- 릴리스 베어링은 영구주유식(오일리스베어링)으로 솔벤트 등으로 세척해서는 안된다.

⑧ **릴리스 포크** : 클러치 페달을 밟아 동력을 차단할 때 릴리스 베어링을 미는 역할을 한다.

(4) 다이어프램식 클러치의 특징
① 압력판에 작용하는 압력이 균일하다.
② 부품이 원판형이기 때문에 평형을 잘 이룬다.
③ 고속 회전시에 원심력에 의한 스프링 장력의 변화가 없다.
④ 클러치 판이 어느 정도 마멸되어도 압력판에 가해지는 압력의 변화가 적다.
⑤ 클러치 페달을 밟는 힘이 적게 든다.
⑥ 구조와 다루기가 간단하다.

(5) 클러치 조작 기구
① **기계식 조작기구** : 클러치 페달의 조작력을 로드나 케이블을 통하여 릴리스 포크에 전달하여 동력을 차단한다.

② 유압식 조작기구
- 클러치 페달의 조작력을 클러치 마스터 실린더에서 유압으로 변환시킨다.
- 유압은 파이프를 통하여 릴리스 실린더에 전달되면 푸시 로드가 릴리스 포크에 전달하여 동력을 차단한다.
- 마스터 실린더, 파이프 및 플렉시블 호스, 릴리스 실린더, 푸시 로드로 구성되어 있다.
- 클러치 페달의 설치 위치를 자유롭게 선정할 수 있다.
- 유압의 전달이 신속하기 때문에 클러치 조작이 신속하게 이루어진다.
- 각부의 마찰이 적어 클러치 페달의 조작력이 작아도 된다.
- 클러치 조작 기구의 구조가 복잡하다.
- 오일이 누출되거나 공기가 유입되면 조작이 어렵다.

(6) 클러치의 용량
① 클러치스프링장력 T, 클러치판과 압력판 사이의 마찰계수 f, 클러치판의 평균 유효반경

r, 기관의 회전력 C일 경우 Tfr ≥ C 이어야 한다.
② 클러치의 용량은 엔진 회전력의 1.5~2.5배이다.
③ 용량이 크면 : 클러치 접속될 때 충격이 커 엔진이 정지된다.
④ 용량이 작으면 : 클러치가 미끄러져 클러치 판의 마멸이 촉진된다.

(7) 클러치의 정비
① 클러치가 미끄러지는 원인
- 클러치 페달의 유격(자유간격)이 작다.
- 클러치 판에 오일이 묻었다.
- 마찰 면(라이닝)이 경화되었다.
- 클러치 스프링의 장력이 작다.
- 클러치 스프링의 자유고가 감소되었다.
- 클러치 판 또는 압력판이 마멸되었다.

② 클러치 미끄러짐의 판별 사항
- 연료 소비량이 커진다.
- 등판할 때 클러치 판의 타는 냄새가 난다.
- 클러치에서 소음이 발생한다.
- 자동차의 증속이 잘되지 않는다.

③ 클러치 차단이 불량한 원인
- 클러치 페달의 유격이 크다.
- 릴리스 포크가 마모되었다.
- 릴리스 실린더 컵이 소손되었다.
- 유압 장치에 공기가 혼입되었다.

④ 클러치를 차단하고 공전시 또는 접속할 때 소음의 원인
- 릴리스 베어링이 마모되었다.
- 파일럿 베어링이 마모되었다.
- 클러치 허브 스플라인이 마모되었다.

3 유체클러치

(1) 유체 클러치
엔진에서 전달되는 동력을 유체의 운동 에너지로 변환하여 변속기에 전달한다.
① 유체 클러치의 구조
- 펌프 임펠러 : 크랭크축에 연결되어 엔진이 회전하면 유체 에너지를 발생한다.
- 터빈 러너 : 변속기 입력축 스플라인에 접속되어 있으며, 유체 에너지에 의해 회전한다.
- 가이드 링 : 유체의 와류에 의한 클러치 효율이 저하되는 것을 방지한다.

② 유체 클러치의 특성
- 유체 클러치는 펌프 임펠러와 터빈 러너의 회전속도가 동일할 때 전달 토크는 0이 된다.
- 유체 클러치는 속도비 0(터빈 러너 정지)인 상태를 스톨 포인트라 한다.
- 유체 클러치는 속도비가 증가함에 따라 효율이 증대된다.
- 유체 클러치의 동력 전달 효율은 95~98% 이다.

③ 유체 클러치의 성능
- 터빈 러너의 회전 속도에 관계없이 항상 토크비는 1 : 1 이다.
- 유체 클러치 효율은 터빈 러너의 회전수에 비례한다.

- 유체 클러치 효율은 속도비 0.95~0.98 부근에서 최대가 된다.

④ **유체 클러치 오일의 구비조건**
- 점도가 낮을 것.
- 비중이 클 것.
- 착화점이 높을 것.
- 내산성이 클 것.
- 유성이 좋을 것.
- 비점이 높을 것.
- 융점이 낮을 것.
- 윤활성이 클 것.

(2) 토크 컨버터
- 엔진에서 전달되는 동력을 유체의 운동 에너지로 변환시킨다.
- 유체 클러치에 스테이터를 추가로 설치하여 회전력을 증대시킨다.

① **토크 컨버터의 구조**
- 펌프 임펠러 : 크랭크축에 연결되어 엔진이 회전하면 유체 에너지를 발생한다.
- 터빈 런너 : 변속기 입력축 스플라인에 접속되어 있으며, 유체 에너지에 의해 회전한다.
- 스테이터 : 펌프 임펠러와 터빈 런너 사이에 설치되어 터빈 런너에서 유출된 오일의 흐름 방향을 바꾸어 펌프 임펠러에 유입되도록 한다.
- 가이드 링 : 유체의 와류에 의한 클러치 효율이 저하되는 것을 방지한다.

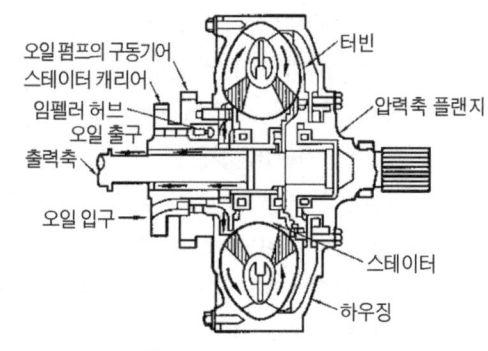

○ 토크 컨버터의 구조

② **토크 컨버터의 특징**
- 엔진의 회전력에 의한 충격과 회전 진동은 유체에 의해 흡수 및 감쇠된다.
- 토크 변환율은 2~3 : 1이며, 동력 전달 효율은 97~98% 이다.

③ **토크 컨버터의 성능**
- 토크 컨버터의 유체 충돌 손실은 속도비 0.6~0.7에서 가장 작다.
- 속도비가 0일 때(터빈 런너가 정지) 스톨 포인트 또는 드래그 포인트라 한다.
- 스톨포인트에서 토크비가 가장 크고 회전력이 최대가 된다.
- 스테이터가 공전을 시작할 때까지는 토크비가 직선적으로 감소된다.
- 클러치점 이상의 속도비에서 토크비는 1이 된다.
- 최대 토크비는 2~3 : 1이다

(3) 댐퍼(록업) 클러치 토크 컨버터
① **댐퍼 클러치의 개요** : 토크 컨버터는 펌프 임펠러와 터빈 런너의 회전차에 의해 엔진의 동력이 변속기에 전달 되기 때문에 펌프 임펠러와 터빈 런너의 회전이 동일해져서 미끄럼에 의한 손실이 커져 마찰 클러치에 비하여 약 10% 정도의 동력 전달 효율이 저하된다. 댐퍼 클러치는 펌프 임펠러와 터빈 런너를 직결시켜 동력 전달 효율 및 연비를 향상

시킨다.
- 엔진의 동력을 기계적으로 직결시켜 변속기 입력축에 직접 전달한다.
- 펌프 임펠러와 터빈 런너를 기계적으로 직결시켜 미끄럼을 방지하는 역할을 한다.
- 로크 업(Lock up)이 해제되었을 때 동력 전달 순서는 기관 → 프런트커버 → 펌프 → 터빈 → 출력축이다.

② 댐퍼 클러치 컨트롤 밸브 : 자동차 속도의 변화에 대응하는 거버너 압력(유압)으로 제어된다.
③ 댐퍼 클러치가 작동되지 않는 범위
- 출발 또는 가속성을 향상시키기 위해 1속 및 후진에서는 작동되지 않는다.
- 감속시에 발생되는 충격을 방지하기 위하여 엔진 브레이크시에 작동되지 않는다.
- 작동의 안정화를 위하여 유온이 60℃ 이하에서는 작동되지 않는다.
- 엔진의 냉각수 온도가 50℃ 이하에서는 작동되지 않는다.
- 3속에서 2속으로 시프트 다운될 때에는 작동되지 않는다.
- 엔진의 회전수가 800rpm 이하일 때는 작동되지 않는다.
- 엔진의 회전 속도가 2,000rpm 이하에서 스로틀 밸브의 열림이 클 때는 작동되지 않는다.
- 변속이 원활하게 이루어지도록 하기 위하여 변속시에는 작동되지 않는다.

1-2 수동 변속기(transmission)

1 개요

엔진에서 발생한 동력을 주행 조건에 알맞은 회전력과 속도로 바꾸어 구동 바퀴에 전달하는 역할을 한다.

(1) 필요성
① 엔진의 회전 속도를 감속하여 회전력을 증대시키기 위하여 필요하다.
② 엔진을 시동할 때 무부하 상태로 있게 하기 위하여 필요하다.
③ 엔진은 역회전할 수 없으므로 자동차의 후진을 위하여 필요하다.
④ 출발 및 등판 주행시 큰 구동력을 얻기 위해 필요하다.
⑤ 고속 주행시 구동 바퀴를 고속으로 회전시키기 위하여 필요하다.

(2) 구비 조건
① 단계없이 연속적으로 변속될 것.
② 조작이 쉽고, 신속, 확실, 정숙하게 행해질 것.
③ 전달 효율이 좋을 것.
④ 소형 경량이고 고장이 없으며, 다루기 쉬울 것.

(3) 변속비

$$\frac{기관의\ 회전수}{추진축의\ 회전수} \quad 또는 \quad \frac{부축\ 기어의\ 잇수 \times 주축\ 기어의\ 잇수}{주축\ 기어의\ 잇수 \times 부축\ 기어의\ 잇수}$$

① 변속비 $= \dfrac{엔진\ 회전수}{추진축\ 회전수} = \dfrac{피동\ 기어\ 잇수}{구동\ 기어\ 잇수}$

② 변속비 $= \dfrac{A\ 기어\ 회전수}{B\ 기어\ 회전수} = \dfrac{B\ 기어\ 잇수}{A\ 기어\ 잇수}$

2 수동 변속기

변속 레버(시프트 레버)에 의해 주축의 피동 기어를 부축의 구동 기어에 맞물리도록 하여 변속한다.

(1) 수동변속기의 종류

① **섭동 기어식 변속기** : 주축의 슬라이딩 기어를 부축 기어에 맞물리도록 하여 변속한다.

② **상시 물림식 변속기** : 주축의 스플라인에 설치된 도그 클러치가 주축 기어에 맞물리도록 하여 변속한다.

③ **동기 물림식 변속기** : 주축에 설치된 싱크로메시 기구의 원추 클러치가 주축 기어에 맞물리도록 하여 변속한다.

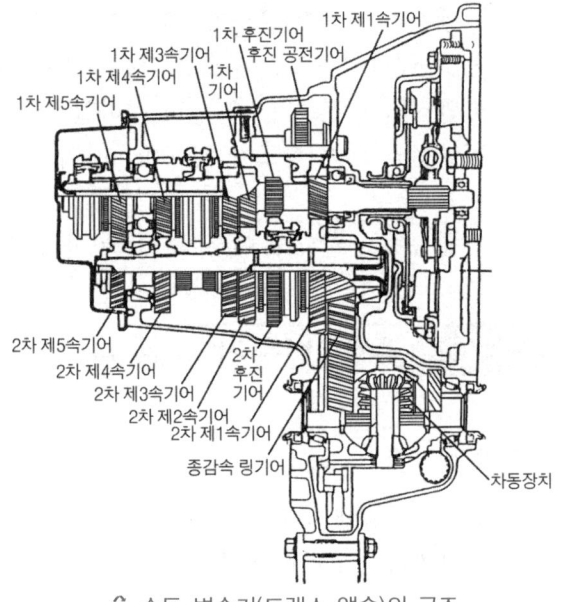

♻ 수동 변속기(트랜스 액슬)의 구조

(2) 동기 물림식 변속기의 구조

① **변속기 입력축** : 스플라인에 설치된 클러치 디스크에 의해 엔진의 동력을 부축 기어에 전달하는 역할을 한다.

② **부축 기어** : 주축에 설치된 각 기어에 동력을 전달하는 역할을 한다.

③ **주축 기어** : 기어가 설치되어 부축 기어에 의해 상시 공전한다.

④ **싱크로메시 기구**
 • 변속시에 주축의 회전수와 각 기어의 회전수 차이를 동기시키는 작용을 한다.
 • 마찰력으로 동기시켜 변속이 원활하게 이루어지도록 하는 역할을 한다.

⑤ **주축** : 변속된 회전력을 추진축으로 전달하는 역할을 한다.

⑥ **오조작 방지장치**
 • 록킹 볼 : 변속시에 기어의 물림이 이탈되는 것을 방지한다.

- 인터록 : 기어의 2중 물림을 방지한다.

(3) 수동 변속기의 정비

① **수동 변속기의 점검**
- 측정해야 할 항목은 주축 엔드플레이, 주축의 휨, 싱크로메시 기구, 기어의 백래시, 부축의 엔드플레이 등이다.
- 변속기 내의 싱크로메시 엔드플레이 측정은 필러 게이지로 한다.
- 변속기 부축의 축 방향 유격은 스러스트 와셔로 조정한다.

② **기어가 빠지는 원인**
- 각 기어가 지나치게 마멸되었다.
- 각 축의 베어링 또는 부싱이 마멸되었다.
- 기어 시프트 포크가 마멸되었다.
- 싱크로나이저 허브가 마모되었다.
- 싱크로나이저 슬리브의 스플라인이 마모되었다.
- 록킹 볼 스프링의 장력이 작다.

③ **변속이 어려운 원인**
- 클러치의 차단(끊김)이 불량하다.
- 각 기어가 마모되었다.
- 싱크로메시 기구가 불량하다.
- 싱크로나이저 링이 마모되었다.
- 기어 오일이 응고되었다.
- 컨트롤 케이블 조정이 불량하다.

④ **변속기에서 소음이 발생되는 원인**
- 기어 오일이 부족하다.
- 기어 오일의 질이 나쁘다.
- 기어 또는 베어링이 마모되었다.
- 주축의 스플라인이 마모되었다.
- 주축의 부싱이 마모되었다.

1-3 정속 주행 장치(Cruise control system)

(1) 정속 주행 장치의 기능
가속 페달을 밟지 않고도 운전자가 원하는 차량속도로 주행할 수 있다.

(2) 정속 주행이 일시 취소되는 원인
① 클러치 페달을 밟거나 브레이크를 작동할 때
② 자동변속기 차량에서 변속레버의 위치가 P 또는 N에 놓였을 때
③ 정상 크루즈 작동 중 실제 차속이 기억 차량 속도보다 17.5km/h 이상 차이가 나게 감속되었을 때
④ 차량속도가 40km/h 이하에서는 정속 주행이 해제된다.

(3) 오토 크루즈 컨트롤 유닛(auto cruise control unit)으로 입력되는 신호
클러치 스위치 신호, 브레이크 스위치 신호, 크루즈 컨트롤 스위치 신호 등

1-4 드라이브 라인 및 동력배분장치

1 오버 드라이브 장치(over drive system)

① 엔진의 여유 출력을 이용하여 추진축의 회전 속도를 엔진의 회전 속도보다 빠르게 한다.
② 자동차의 속도가 40km/h에 이르면 작동한다.
③ 오버 드라이브 발전기의 출력이 8.5V가 되면 작동한다.
④ 오버 드라이브 주행은 평탄 도로 주행에서만 작동한다.

(1) 오버 드라이브의 장점

① 엔진의 회전 속도를 30% 낮추어도 자동차는 주행 속도를 유지한다.
② 엔진의 회전 속도가 동일하면 자동차의 속도가 30% 정도 빠르다.
③ 평탄로 주행시 약 20% 정도의 연료가 절약된다.
④ 엔진의 운전이 정숙하고 수명이 연장된다.

(2) 오버 드라이브 기구

① 변속기와 추진축 사이에 설치되어 있다.
② 유성 기어 장치 : 선 기어, 유성 기어, 링 기어, 유성 기어 캐리어
  - 유성 기어 캐리어 : 유성 기어를 지지하며, 변속기 출력축 스플라인에 설치되어 엔진의 동력을 링 기어에 전달한다.
  - 선 기어 : 변속기 주축에 베어링을 사이에 두고 설치되어 보통 때에는 공전하고 오버 드라이브 주행 상태는 고정된다.
  - 링 기어 : 안쪽에는 유성 기어와 물리고 뒤쪽은 추진축과 연결되어 있다.
  - 오버 드라이브 주행 : 선 기어를 고정하고 유성 기어 캐리어를 회전시키면 링 기어는 오버 드라이브 주행이 된다. 선 기어를 고정하고 링 기어를 회전시키면 유성기어 캐리어는 링 기어보다 천천히 회전한다.
③ 프리휠링 : 한쪽 방향으로만 회전력을 전달한다.
  - 오버 드라이브가 들어가기 전과 오버 드라이브를 해제시켜 관성으로 주행하는 것.
  - 추진축의 회전력이 엔진에 전달되지 않는다.
  - 엔진 브레이크가 작동되지 않는다.
  - 유성 기어는 공전한다.

2 드라이브 라인

드라이브 라인은 변속기에서 전달되는 회전력을 종감속 기어장치에 전달하는 역할을 한다. 추진축, 슬립 이음, 자재 이음으로 구성되어 있다.

(1) 추진축(propeller shaft)
① 변속기와 종감속 장치 사이에 설치되어 변속기의 출력을 구동축에 전달한다.
② 양쪽 끝에 자재 이음을 장착하기 위한 요크가 설치되어 있다.
③ 튜브 외주에는 회전 질량의 평형을 유지하기 위해 밸런스 웨이트가 설치되어 있다.
④ 축의 기하학적 중심과 질량적 중심이 일치하지 않으면 굽음 진동(휠링)이 발생한다.

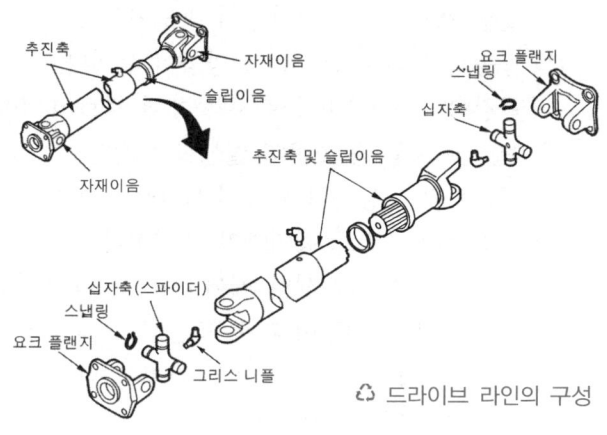
△ 드라이브 라인의 구성

(2) 슬립 이음(slip joint)
추진축 길이의 변화를 가능하게 하기 위하여 사용되며, 뒷차축이 상하운동을 할 때 추진축의 길이를 변화시킨다.

(3) 자재 이음(universal joint)
- 각도 변화에 대응하여 피동축에 원활한 회전력을 전달하는 역할을 한다.
- 자재 이음은 십자형 자재 이음(훅 조인트), 플렉시블 자재 이음, CV 자재이음(등속 조인트)로 분류된다.

① **십자형 자재 이음(훅 조인트, 유니버설 조인트)**
- 구조가 간단하고 동력 전달이 확실하다.
- 각 속도는 구동축이 등속 운동을 하여도 피동축은 90°마다 증속과 감속이 반복하여 변동된다.
- 구동축 요크와 피동축 요크의 방향은 동일 평면상에 있어야 진동이 방지된다.

② CV자재 이음(등속 조인트)
트랙터형, 벤딕스형, 버필드형, 제파형, 파르빌레형
- 구동축과 피동축의 교차각이 큰 경우에도 등속으로 원활한 동력이 전달된다.
- 독립 현가 방식의 앞바퀴 구동차(전륜 구동차)의 액슬축에 많이 사용된다.

③ 센터 베어링 : 프런트 추진축과 리어 추진축의 중심에 설치되어 중앙 부분을 지지하는 역할을 한다.

(4) 추진축의 정비
① 추진축이 진동하는 원인
- 니들 롤러 베어링의 파손 또는 마모되었다.

- 추진축이 휘었거나 밸런스 웨이트가 떨어졌다.
- 슬립 조인트의 스플라인이 마모되었다.
- 구동축과 피동축의 요크 방향이 틀리다.
- 종감속 기어 장치 플랜지와 체결 볼트의 조임이 헐겁다.

② 출발 및 주행 중 소음이 발생되는 원인
- 구동축과 피동축의 요크의 방향이 다르다.
- 추진축의 밸런스 웨이트가 떨어졌다.
- 프런트 추진축의 센터 베어링이 마모되었다.
- 니들 롤러 베어링이 파손 또는 마모되었다.
- 슬립 조인트의 스플라인이 마모되었다.
- 체결 볼트의 조임이 헐겁다.

3 종감속 기어 및 차동 기어 장치

(1) 종감속기어

① 종감속기어의 기능
- 회전 속도를 감속하여 회전력을 증대시킨다.
- FR (Front engine Rear drive)형식 : 추진축에서 전달되는 동력을 감속하여 뒤차축에 전달하는 역할을 한다.
- FF (Front engine Front drive)형식 : 변속기에서 전달되는 동력을 감속하여 앞차축에 전달하는 역할을 한다.

② 종감속 기어의 종류
- 웜엄 기어 : 감속비를 크게 할 수 있고 자동차의 높이를 낮게 할 수 있다.
- 스퍼 베벨 기어 : 기어의 물림률이 스파이럴 베벨 기어보다 낮다.
- 스파이럴 베벨 기어
 - 기어의 물림률이 스퍼 베벨 기어보다 크다.
 - 전동 효율이 높고 기어의 마멸이 적다.
- 하이포이드 기어
 - 하이포이드 기어는 구동 피니언을 편심(옵셋)시킨 것이다.
 - 추진축의 높이를 낮게 할 수 있다.
 - 차실의 바닥이 낮게 되어 거주성이 향상된다.
 - 자동차의 전고가 낮아 안전성이 증대된다.
 - 기어의 물림율이 크기 때문에 회전이 정숙하다.

③ 종감속비
- 종감속 기어는 링 기어와 구동 피니언 기어로 구성되어 있다.

- 종감속 기어의 감속비는 차량의 중량, 등판 성능, 엔진의 출력, 가속 성능 등에 따라 결정된다.
- 종감속비가 크면 등판 성능 및 가속 성능은 향상되고 고속 성능이 저하된다.
- 종감속비가 작으면 고속 성능은 향상되고 가속 성능 및 등판 성능은 저하된다.
- 종감속비는 나누어지지 않는 값으로 정하여 특정의 이가 물리는 것을 방지하여 이의 마멸을 고르게 한다.
- 종감속비 = $\dfrac{\text{링 기어 잇수}}{\text{구동 피니언 기어 잇수}} = \dfrac{\text{추진축 회전수}}{\text{액슬축 회전수}}$

④ 링 기어와 구동 피니언의 접촉상태

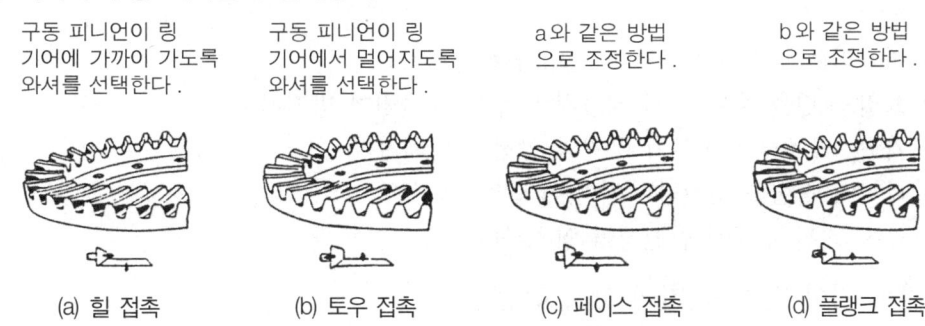

(a) 힐 접촉 — 구동 피니언이 링 기어에 가까이 가도록 와셔를 선택한다.
(b) 토우 접촉 — 구동 피니언이 링 기어에서 멀어지도록 와셔를 선택한다.
(c) 페이스 접촉 — a와 같은 방법으로 조정한다.
(d) 플랭크 접촉 — b와 같은 방법으로 조정한다.

△ 링 기어와 구동 피니언의 접촉상태

(2) 차동 기어 장치

① 차동기어의 기능
- 차동 기어 장치는 랙과 피니언 기어의 원리를 이용하여 좌우 바퀴의 회전수를 변화시킨다.
- 자동차가 주행 중 선회시에 양쪽의 바퀴가 미끄러지지 않고 원활하게 선회할 수 있도록 한다.
- 회전할 때 바깥쪽 바퀴의 회전수를 빠르게 하여 선회가 원활하게 이루어지도록 한다.
- 요철 노면을 주행할 경우 양쪽 바퀴의 회전수를 변화시켜 원활한 주행이 이루어지도록 한다.
- 차동 기어 장치에서 링 기어와 항상 같은 속도로 회전하는 것은 차동기 케이스이다.

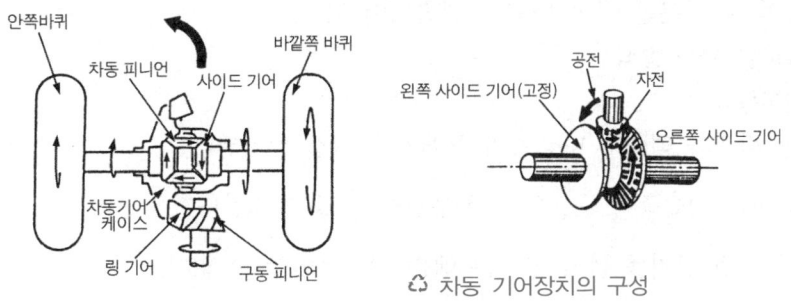

△ 차동 기어장치의 구성

② 차동기어의 구성
- 차동 피니언 기어, 차동 피니언 축, 사이드 기어로 구성되어 있다.
- 중앙부의 스플라인은 구동축 스플라인과 접속되어 있다.
- 직진시에는 좌우의 사이드 기어가 차동 기어 케이스와 함께 회전한다.

(3) 자동 제한 차동 기어 장치(LSD : limited slip differential)
① 개요
- 주행중 한쪽 바퀴가 진흙탕에 빠진 경우에 차동 피니언 기어의 자전을 제한한다.
- 노면에 접지된 바퀴와 진흙탕에 빠진 바퀴 모두에 엔진의 동력을 전달하여 주행할 수 있도록 한다.

② 특징
- 미끄러운 노면에서 출발이 용이하다.
- 요철 노면을 주행할 때 자동차의 후부 흔들림이 방지된다.
- 가속, 커브길 선회시에 바퀴의 공전을 방지한다.
- 타이어 슬립을 방지하여 수명이 연장된다.
- 급속 직진 주행에 안전성이 양호하다.

(4) 종감속 기어 및 차동 기어 장치 점검
① 링 기어의 흔들림 측정은 다이얼 게이지로 한다.
② 링 기어와 피니언의 접촉 점검은 광명단을 발라 검사한다.
③ 구동 피니언과 링 기어의 물림을 점검할 때 이의 면에 묻은 광명단은 3/4이상을 접촉해야 된다.
④ 차동 기어 케이스 내에 오일량이 과다하면 오일이 브레이크 드럼 내로 들어갈 수 있다.

4 차축과 차축하우징

(1) 차축(Axle shaft)
① 액슬축은 종감속 기어 및 차동 기어 장치에서 전달된 동력을 구동 바퀴에 전달하는 역할을 한다.
② 안쪽 끝 부분의 스플라인은 사이드 기어 스플라인에 결합되어 있다.
③ 바깥쪽 끝 부분은 구동 바퀴와 결합되어 있다.
④ 액슬축을 지지 방식
   가. 반부동식
   - 구동 바퀴가 액슬축 바깥쪽의 플랜지에 직접 설치된다.
   - 윤하중은 액슬축이 $\frac{1}{2}$, 액슬 하우징이 $\frac{1}{2}$을 지지한다.
   - 내부 고정 장치를 풀지 않고는 액슬축을 분해할 수 없다.

나. $\frac{3}{4}$ 부동식

다. 전부동식
- 액슬축 플랜지가 휠 허브에 볼트로 결합되어 있다.
- 액슬축은 외력을 받지 않고 동력만을 전달한다.
- 바퀴를 떼어내지 않고 액슬축을 분해할 수 있다.

(2) 액슬 하우징
① 종류 : 벤조우형, 스플릿형, 빌드업형
② 튜브 모양의 고정 축으로 자동차의 후부 하중을 지지한다.
③ 좌우 바퀴를 구동하는 액슬축이 내장되어 있다.
④ 중앙 부분에 종감속 및 차동 기어 장치가 설치되어 있다.

5 전륜 구동 장치(4WD : FOUR WHEEL DRIVE)

(1) 개요
① 엔진의 동력을 앞·뒤 바퀴에 전달하는 장치이다.
② 요철이 심한 도로, 미끄러지기 쉬운 도로, 급 경사 도로 등을 용이하게 주행할 수 있도록 한다.
③ 우천 및 적설시 노면의 악조건에서도 주행 안정성을 향상시킨다.

(2) 타이트 코너 브레이크 현상
① 4륜으로 주행할 경우 앞뒤 액슬축이 직결되어 앞 뒤 바퀴의 회전수는 동일하다.
② 건조한 포장 도로에서 급커브 등의 선회를 하는 경우에 앞 뒤 바퀴의 선회 반경차가 발생 된다.
③ 선회시 앞 뒤 바퀴의 선회차에 의해 앞바퀴에 제동의 느낌이 감지되는 현상을 타이트 코너 브레이크(tight corner brake)라 한다.

핵심기출문제

1. 마찰클러치

01 클러치의 구비조건이 아닌 것은?
① 동력전달이 확실하고 신속할 것.
② 방열이 잘 되어 과열되지 않을 것.
③ 회전부분의 평형이 좋을 것.
④ 회전관성이 클 것.

02 수동변속기 차량의 클러치 판은 어떤 축의 스플라인에 끼워져 있는가?
① 추진축
② 크랭크축
③ 액슬축
④ 변속기 입력축

03 클러치 판의 점검항목에 해당하지 않는 것은?
① 페이싱의 리벳 깊이
② 판의 비틀림
③ 토션 스프링의 장력
④ 페이싱의 폭

04 다음 중 클러치 페이싱의 마모가 촉진되는 가장 큰 원인은?
① 클러치 커버의 스프링 장력 과다
② 클러치 페달의 자유간극 부족
③ 스러스트 베어링에 기름 부족
④ 클러치 판 허브의 스플라인 마모 클러치 페이싱의 마모가 촉진된다.

05 클러치판의 비틀림 코일 스프링의 사용 목적으로 가장 적합한 것은?
① 클러치 작용시 회전충격을 흡수한다.
② 클러치판의 밀착력을 크게 한다.
③ 클러치판의 수직 충격을 완화한다.
④ 클러치판과 압력판의 마멸을 방지한다.

06 클러치 접속시 회전 충격을 흡수하는 스프링은?
① 쿠션 스프링   ② 리테이닝 스프링
③ 댐퍼 스프링   ④ 클러치 스프링

---

01. 클러치의 구비조건
① 회전 부분의 평형이 좋을 것
② 동력의 차단이 신속하고 확실할 것
③ 회전 관성이 적을 것
④ 방열이 양호하여 과열되지 않을 것
⑤ 구조가 간단하고 고장이 적을 것
⑥ 접속된 후에는 미끄러지지 않을 것
⑦ 동력의 전달을 시작할 경우에는 미끄러지면서 서서히 전달될 것
02. 수동변속기 차량의 클러치 판은 변속기 입력축의 스플라인에 끼워져 있다.
03. 클러치판의 점검항목은 ①, ②, ③항 이외에 클러치판의 런아웃, 쿠션 및 댐퍼 스프링의 파손이다.
04. 클러치가 미끄러져 페이싱의 마모가 촉진된다.
05. 비틀림 코일 스프링(댐퍼 스프링,토션 스프링)은 클러치판의 허브와 클러치 강판 사이에 설치된 코일 스프링으로 클러치 판이 플라이휠에 접속되어 동력의 전달이 시작될 때의 회전충격을 흡수하는 역할을 한다.
06. 비틀림 스프링 또는 댐퍼 스프링은 클러치판이 플라이휠에 접속될 때 회전 충격을 흡수하는 역할을 한다.

01.④ 02.④ 03.④ 04.② 05.① 06.③

07 클러치 압력판의 역할로 다음 중 가장 적당한 것은?
  ① 기관의 동력을 받아 속도를 조절한다.
  ② 제동거리를 짧게 한다.
  ③ 견인력을 증가시킨다.
  ④ 클러치 판을 밀어서 플라이 휠에 압착시키는 역할을 한다.

08 다음은 클러치의 릴리스 베어링에 관한 것이다. 맞지 않은 것은?
  ① 릴리스 베어링은 릴리스 레버를 눌러주는 역할을 한다.
  ② 릴리스 베어링의 종류에는 앵귤러 접촉형, 카본형, 볼베어링형이 있다.
  ③ 대부분 오일리스 베어링으로 되어 있다.
  ④ 항상 기관과 같이 회전한다.

09 클러치 릴리스 베어링으로 쓰이는 것이 아닌 것은?
  ① 앵귤러 접촉형   ② 평면 베어링형
  ③ 볼 베어링형   ④ 카본형

10 다음 부품 중 분해할 때에 솔벤트로 닦으면 안 되는 것은?
  ① 릴리스 베어링   ② 십자축 베어링
  ③ 허브 베어링   ④ 차동장치 베어링

11 클러치 부품 중 플라이휠에 조립되어 플라이휠과 같이 회전하는 부품은?
  ① 클러치 판   ② 변속기 입력축
  ③ 클러치 커버   ④ 릴리스 포크

12 클러치 페달 유격 및 디스크에 대한 설명으로 틀린 것은?
  ① 페달 유격이 작으면 클러치가 미끄러진다.
  ② 페달의 리턴 스프링이 약하면 동력 차단이 불량하게 된다.
  ③ 클러치판에 오일이 묻으면 미끄럼의 원인이 된다.
  ④ 페달 유격이 크면 클러치 끊김이 나빠진다.

13 클러치 압력판 스프링의 총 장력이 90kgf이고 레버비가 6 : 2일 때 클러치를 조작하는데 필요한 힘은?
  ① 20kgf   ② 30kgf
  ③ 40kgf   ④ 50kgf

14 클러치를 주행상태에서 점검하려고 한다. 주행상태에서 점검하는 것이 아닌 것은?
  ① 페달의 작동상태 점검
  ② 끊어짐 및 접속상태의 점검
  ③ 미끄러짐 유무의 점검
  ④ 소음 유무의 점검

---

07. 압력판은 클러치 스프링의 장력에 의해 클러치 판을 플라이 휠에 압착시키는 역할을 하며, 내마멸, 내열성이 양호하고 정적 및 동적 평형이 잡혀있어야 한다.
08. 클러치의 릴리스 베어링은 클러치 페달을 밟아 릴리스 레버와 릴리스 베어링이 접촉한 경우에만 기관과 함께 회전한다.
10. 릴리스 베어링은 영구 주입식(오일리스 베어링)이므로 솔벤트로 닦아서는 안 된다.
11. 클러치 커버 어셈블리는 플라이 휠에 볼트로 조립되어 있기 때문에 클러치 커버와 압력판은 플라이 휠과 같이 회전한다.
12. 클러치 페달의 리턴 스프링이 약하면 클러치의 미끄러지는 원인이 되어 동력의 전달이 불량하게 된다.
13. $6 : 2 = 90 : F$
$$F = \frac{90\,\text{kgf} \times 2}{6} = 30\,\text{kgf}$$

07.④ 08.④ 09.② 10.① 11.③ 12.②
13.② 14.①

15 클러치가 미끄러지는 원인 중 틀린 것은?
① 마찰면의 경화, 오일 부착
② 페달 자유간극 과대
③ 클러치 압력 스프링의 쇠약, 절손
④ 압력판 및 플라이 휠 손상

16 기계식 클러치에서 클러치가 미끄러지는 원인이 아닌 것은?
① 크랭크축 뒤 오일 실 마모로 오일이 누유될 때
② 클러치 판에 오일이 묻어 있다.
③ 압력 스프링이 약하다.
④ 릴리스 레버가 마모되었다.

17 클러치 판에 기름이 묻어 미끄러진다. 고장 개소는 어느 것인가?
① 압력 판 스프링이 노쇠하여 기름이 샌다.
② 페이싱이 닳아서 기름이 샌다.
③ 변속기 앞쪽 오일 실이 파손되었다.
④ 기관오일의 점도가 높다.

18 클러치페달을 밟을 때 무겁고, 자유간극이 없다면 나타나는 현상으로 거리가 먼 것은?
① 연료 소비량이 증대된다.
② 기관이 과냉된다.
③ 주행 중 가속 페달을 밟아도 차가 가속되지 않는다.
④ 등판 성능이 저하된다.

19 유압식 클러치에서 차단이 불량한 원인이 아닌 것은?
① 페달의 자유간극이 없음
② 유압계통의 공기 유입
③ 클러치 릴리스 실린더 불량
④ 클러치 마스터 실린더 불량

20 클러치 디스크의 런아웃이 클 때 나타날 수 있는 현상으로 옳은 것은?
① 클러치의 단속이 불량해진다.
② 클러치 페달의 유격에 변화가 생긴다.
③ 주행 중 소리가 난다.
④ 클러치 스프링이 파손된다.

21 클러치 페달을 밟아 클러치를 차단하려고 할 때 소리가 난다면 그 원인은?
① 비틀림 코일스프링이 절손 되었다.
② 변속기어의 백래시가 작다.
③ 클러치 스프링이 파손 되었다.
④ 릴리스 베어링이 마모 되었다.

---

15. **클러치가 미끄러지는 원인**
① 클러치 페달 및 시프트 포크에 틈새(자유 유격)가 없다.
② 클러치 라이닝(마찰면)의 경화 또는 오일이 묻어 있다.
③ 클러치 압력 스프링이 쇠손 또는 절손되었다.
④ 클러치 스프링의 자유고가 감소되었다.
⑤ 압력판 및 플라이 휠이 손상되었다.

16. **클러치가 미끄러지는 원인**
① 크랭크축 뒤 오일 실 마모로 오일이 누유 될 때
② 클러치 판에 오일이 묻었을 때
③ 압력 스프링이 약할 때
④ 클러치 판이 마모되었을 때
⑤ 클러치 페달의 자유간극이 작을 때

17. 클러치 판에 기름이 묻어 미끄러지는 경우 고장부위는 크랭크축 뒤 오일 실의 마모 또는 파손 및 변속기 앞쪽 오일 실이 파손되었다.

18. 클러치 페달의 자유간극이 없다면 주행시 클러치가 미끄러지는 원인이 되어 클러치 라이닝의 마모를 촉진시키고, 연료소비 증대, 가속성능의 저하, 등판 성능이 저하된다.

19. 클러치 페달의 자유 간극이 없는 경우에는 릴리스 베어링이 다이어프램의 핑거 부분을 누르기 때문에 클러치가 미끄러지는 원인이 된다.

21. 클러치를 차단하고 아이들링(idling, 공전)할 때 소리가 나는 원인은 릴리스 베어링이 마모된 경우이다.

15.② 16.④ 17.③ 18.② 19.① 20.① 21.④

22 다음 설명 중 틀린 것은?
① 클러치의 막 스프링 형식은 릴리스 레버가 없다.
② 릴리스 레버의 상호간의 높이 차이가 있으면 클러치 끊김이 불량해진다.
③ 클러치 판이 마모되면 유격이 커진다.
④ 클러치 끊김이 불량하면 변속이 원활하지 못하다.

2. 드라이브라인 및 동력배분장치

01 오버드라이브 장치에 관한 설명으로 옳은 것은?
① 고갯길을 올라갈 때 작동한다.
② 추진축의 회전속도를 크랭크축의 회전속도보다 빠르게 한다.
③ 토크를 증가시킬 때 작동한다.
④ 최고 출력을 낼 때 작동한다.

02 자동식 오버드라이브에 사용되는 유성기어의 구성 부품은?
① 유성기어, 유성기어 캐리어, 링 기어, 선 기어
② 유성캐리어, 임펠러, 런너
③ 유성기어장치, 프리휠링 장치, 솔레노이드 장치
④ 가이드 링, 스테이터, 임펠러

03 드라이브 라인의 설명 중 틀린 것은?
① 추진축의 앞뒤 요크는 동일 평면에 있어야 한다.
② 추진축의 토션 댐퍼는 충격을 흡수하는 일을 한다.
③ 슬립조인트 설치 목적은 거리의 신축성을 제공해주는 것이다.
④ 자재이음은 일정 한도 내의 각도를 가진 두 축 사이에 회전력을 전달하는 것이다.

04 드라이브 라인에서 추진축의 구조 및 설명에 대한 내용으로 틀린 것은?
① 길이가 긴 추진축은 플랙시블 자재이음을 사용한다.
② 길이와 각도변화를 위해 슬립이음과 자재이음을 사용한다.
③ 사용회전속도에서 공명이 일어나지 않아야 한다.
④ 회전시 평형을 유지하기 위해 평행추가 설치되어 있다.

05 등속도 자재이음의 종류가 아닌 것은?
① 훅 조인트 형(Hook Joint type)
② 트랙터 형(Tractor type)
③ 제파 형(Rzeppa type)
④ 버필드 형(Birfield type)

---

22. 클러치 판이 마모되면 페달의 유격이 작아지며, 클러치가 미끄러진다.
01. **오버 드라이브 장치**
① 엔진의 여유 출력을 이용하여 추진축의 회전 속도를 엔진의 회전 속도보다 빠르게 한다.
② 자동차의 속도가 40km/h에 이르면 작동한다.
③ 오버 드라이브 발전기의 출력이 8.5V가 되면 작동한다.
④ 오버 드라이브 주행은 평탄 도로 주행에서 가능하다.
02. **유성기어의 구성부품**은 유성기어, 유성기어 캐리어, 링 기어, 선 기어이다.
03. **추진축의 토션 댐퍼**는 비틀림 진동이 발생되면 댐퍼 고무의 변형과 탄성에 의한 내부 마찰로 진동 에너지를 열 에너지로 변화시켜 흡수하기 때문에 진동의 억제 작용을 한다.
04. **자재 이음**은 2개의 축이 동일 평면상에 있지 않은 축에 동력을 전달할 때 사용한다. 구동축과 피동축의 동력전달 각도가 3~5°이상 되면 진동이 발생되고 동력전달 효율이 저하된다.
05. **CV(등속도) 자재이음의 종류**
① 트랙터형 ② 벤딕스 와이스형
③ 제파형 ④ 버필드형

22. ③
01. ② 02. ① 03. ② 04. ① 05. ①

06 추진축의 진동이 생기는 원인 중 옳지 않은 것은?
① 요크 방향이 다르다.
② 밸런스 웨이트가 떨어졌다.
③ 중간 베어링이 마모되었다.
④ 플랜지부를 너무 조였다.

07 자동차에서 최종 감속기어에 일반적으로 가장 많이 사용되는 것은?
① 스퍼 기어
② 하이포이드 기어
③ 웜 기어
④ 스플라인 기어

08 종감속 기어장치에 사용되는 하이포이드 기어의 장점이 아닌 것은?
① 운전이 정숙하다.
② 제작이 쉽다.
③ 기어 물림율이 크다.
④ FR 방식에서는 추진축의 높이를 낮게 할 수 있다.

09 구동 피니언이 링 기어 중심선 밑에서 물리게 되어 있는 기어는?
① 직선베벨기어
② 스파이럴 기어
③ 스퍼어 기어
④ 하이포이드 기어

10 종감속비를 결정하는데 필요한 요소가 아닌 것은?
① 엔진의 출력   ② 차량 중량
③ 가속 성능   ④ 제동 성능

11 종감속 기어 감속비가 4 : 1 일 때 구동 피니언이 4 회전 하면 링 기어는 몇 회전하는가?
① 4회전   ② 3회전
③ 2회전   ④ 1회전

12 구동 피니언의 잇수가 8개, 링 기어의 잇수가 64개 일 경우 증 감속비는?
① 7 : 1   ② 8 : 1
③ 9 : 1   ④ 10 : 1

13 변속비 4.3, 종감속비 2.5일 때 총감속비는?
① 1.72   ② 6.8
③ 1.8   ④ 10.75

---

06. 추진축의 진동이 생기는 원인
① 요크 방향이 다르다.
② 밸런스 웨이트가 떨어졌다.
③ 중간 베어링이 마모되었다.
④ 플랜지부가 풀려 있다.
07. 자동차에서 최종 감속기어로 가장 많이 사용하는 것은 하이포이드 기어이다.
08. 하이포이드 기어의 장점
① 추진축의 높이를 낮게 할 수 있다.
② 차실의 바닥이 낮게 되어 거주성이 향상된다.
③ 자동차의 전고가 낮아 안전성이 증대된다.
④ 구동 피니언 기어를 크게 할 수 있어 강도가 증가된다.
⑤ 기어의 물림율이 크기 때문에 회전이 정숙하다.
⑥ 설치공간을 작게 차지한다.
09. 하이포이드 기어는 구동 피니언이 링 기어 중심선 밑에서 물리게 되어 있다.
10. 종감속비를 결정하는 요소
① 자동차의 중량   ② 엔진의 출력
③ 가속 성능   ④ 등판 능력
11. 종감속비가 4 : 1 이라는 것은 구동 피니언이 4회전하면 링 기어는 1회전 한다는 뜻이다.
12. 종감속비 = $\dfrac{링기어잇수}{구동피니언의잇수}$

종감속비 = $\dfrac{64}{8} = 8$
13. 총감속비 = 변속비 × 종감속비
      = 4.3 × 2.5 = 10.75

06.④ 07.② 08.② 09.④ 10.④ 11.④ 12.② 13.④

14 변속기의 1단 감속비가 4 : 1이고 종감속 기어의 감속비는 5 : 1이다. 이 때의 총감속비는?
① 1.25 : 1   ② 20 : 1
③ 0.8 : 1   ④ 30 : 1

15 변속기 제3속의 감속비가 1.5이고 종 감속장치의 구동 피니언 잇수가 6, 링 기어의 잇수가 48이다. 제3속으로 운전할 때의 총 감속비는?
① 9   ② 12
③ 14   ④ 21

16 종감속비가 6인 자동차에서 추진축의 회전수가 900rpm일 때 뒤차축의 회전수는 얼마인가?(단, 직진으로 주행하고, 변속기 변속비는 1.5 : 1 이다.)
① 100rpm   ② 150rpm
③ 600rpm   ④ 900rpm

17 종감속 기어의 구동 피니언의 잇수가 6, 링 기어의 잇수가 42인 자동차가 평탄한 도로를 직진할 때 추진축의 회전수가 2100rpm이라면 오른쪽 뒷바퀴의 회전수는?
① 150rpm   ② 300rpm
③ 450rpm   ④ 600rpm

18 기관의 회전수가 2400rpm, 변속비는 1.5, 종감속비가 4.0일 때 링기어는 몇 회전하는가?
① 400rpm   ② 600rpm
③ 800rpm   ④ 1000rpm

19 후륜 구동 자동차에서 최고출력이 70PS인 엔진이 4200rpm으로 회전하고 있다. 총감속비가 4.2라면 이때 후차축의 회전수는?
① 500rpm   ② 750rpm
③ 1000rpm   ④ 1250rpm

20 종감속장치에서 링 기어와 구동 피니언 기어의 접촉 상태를 설명한 용어가 맞지 않는 것은?
① 힐 접촉 : 구동 피니언이 링기어의 중간 부분에 접촉
② 토우 접촉 : 구동 피니언이 링기어의 소단부로 치우친 접촉
③ 페이스 접촉 : 구동 피니언이 링기어의 잇면 끝에 접촉
④ 플랭크 접촉 : 구동 피니언이 링기어의 이뿌리 부분에 접촉

---

14. 총감속비 = 변속비×종감속비 = 4×5=20
15. 총 감속비 = $1.5 \times \dfrac{48}{6} = 12$
16. 뒤차축 회전수 = $\dfrac{추진축\ 회전수}{종감속비} = \dfrac{900}{6} = 150 rpm$
17. 오른쪽 회전수 = $\dfrac{추진축\ 회전수}{종감속비} = \dfrac{2100}{\frac{42}{6}} = 300 rpm$
18. 링기어 회전수 = $\dfrac{엔진회전수}{총감속비}$
    링기어 회전수 = $\dfrac{2400rpm}{1.5 \times 4} = 400 rpm$
19. 후차축의 회전수 = $\dfrac{엔진\ 회전수}{총감속비} = \dfrac{4200}{4.2} = 1000$
20. 링기어와 구동 피니언 기어의 접촉상태에서 힐 접촉은 구동 피니언이 링 기어의 대단부로 치우친 접촉을 말한다.

14.② 15.② 16.② 17.② 18.① 19.③ 20.①

21 종감속장치(베벨 기어식)에서 구동 피니언과 링기어와의 접촉 상태 점검 방법으로 틀린 것은?
① 힐 접촉
② 페이스 접촉
③ 토(toe) 접촉
④ 캐스터 접촉

22 감속장치에서 구동 피니언과 링 기어의 물림을 점검할 때 이의 면에 묻은 광명단은 얼마이상을 접촉해야 좋은가?
① 1/4
② 1/3
③ 3/4
④ 접촉하면 안 된다.

23 차량이 선회할 때 바깥쪽 바퀴의 회전속도를 증가시키기 위해 설치하는 것은?
① 동력전달장치
② 변속장치
③ 차동장치
④ 현가장치

24 차동장치에서 차동기어의 작동원리는?
① 후크의 원리
② 파스칼의 원리
③ 래크 피니언의 원리
④ 에너지 불변의 원리

25 기관의 회전속도가 1800rpm, 변속기의 변속비가 1 : 1, 종감속비가 6 : 1인 자동차에서 오른쪽 바퀴를 고정시키고 왼쪽 바퀴만을 회전토록 한다면 회전수는 몇 rpm인가?
① 100
② 200
③ 300
④ 600

26 엔진의 회전수가 2200rpm이고 변속비가 4 : 1, 종감속비가 5.5 : 1이다. 이 차의 왼쪽 바퀴가 45rpm 이었다면 이 차의 오른쪽 바퀴의 회전수는?
① 505rpm
② 355rpm
③ 145rpm
④ 155rpm

27 변속기의 변속비가 1.5, 링 기어의 잇수 36, 구동 피니언의 잇수 6인 자동차를 오른쪽 바퀴만을 들어서 회전하도록 하였을 때 오른쪽 바퀴의 회전수는? (단, 추진축의 회전수는 2100rpm)
① 350rpm
② 450rpm
③ 600rpm
④ 700rpm

28 차동장치 링 기어의 흔들림을 측정하는데 사용되는 것은?
① 디크니스 게이지
② 다이얼 게이지
③ 마이크로미터
④ 실린더 게이지

---

21. 구동피니언과 링기어 접촉 상태 점검
① 힐 접촉 : 링기어의 대단부 접촉 상태
② 토 접촉 : 링기어의 소단부 접촉 상태
③ 페이스 접촉 : 링기어의 이끝면 접촉 상태
④ 플랭크 접촉 : 링기어의 이뿌리면 접촉 상태

22. 구동 피니언과 링 기어의 물림을 점검할 때 이의 면에 묻은 광명단은 3/4이상 접촉해야 된다.

23. 차동장치
① 래크와 피니언 기어의 원리를 이용하여 좌우 바퀴의 회전수를 변화시킨다.
② 회전할 때 바깥쪽 바퀴의 회전수를 빠르게 하여 선회가 원활하게 이루어지도록 한다.
제동시 휠의 록킹 현상을 방지하여 안정성을 증대시키는 역할을 하는 것은 ABS의 기능이다.

25. 바퀴 회전속도 $= \dfrac{\text{기관 회전속도}}{\text{변속비} \times \text{종감속비}} \times 2$

∴ $\dfrac{1800}{1 \times 6} \times 2 = 600\text{rpm}$

26. 바퀴회전수 $= \dfrac{\text{기관회전수}}{\text{변속비} \times \text{종감속비}} \times 2 - \text{상대바퀴회전수}$

∴ $\dfrac{2200}{4 \times 5.5} \times 2 - 45 = 155$

27. ① 종감속비 $= \dfrac{\text{링 기어 잇수}}{\text{구동 피니언의 잇수}} = \dfrac{36}{6} = 6$

② 바퀴회전수 $= \dfrac{\text{추진축회전수}}{\text{종감속비}} \times 2 = \dfrac{2100}{6} \times 2 = 700$

21.④ 22.③ 23.③ 24.③ 25.④ 26.④
27.④ 28.②

29 차동 기어 점검 중 광명 단을 발라 검사하는 것은?
① 백래시 측정
② 링 기어와 피니언의 접촉 점검
③ 사이드 기어의 스러스트 간극 점검
④ 구동 피니언의 프리로드 점검

30 자동차의 바퀴를 빼지 않고 액슬축을 빼낼 수 있는 형식은?
① 반부동식
② 전부동식
③ 분리식 차축
④ 3/4 부동식

31 차축에서 1/2, 하우징이 1/2 정도의 하중을 지지하는 차축 형식은?
① 전부동식   ② 반부동식
③ 3/4 부동식 ④ 독립식

32 전부동식 차축에서는 뒤 차축을 어떻게 작업하는가?
① 허브를 떼어낸다.
② 허브를 떼어내지 않고 작업한다.
③ 바퀴를 떼어낸 다음에 작업한다.
④ 바퀴를 꽉 조인 다음에 떼어낸다.

33 후차축 케이스에서 오일이 누유되는 원인이 아닌 것은?
① 오일의 점성이 높다.
② 오일이 너무 많다.
③ 오일 시일이 파손 되었다.
④ 액슬 축 베어링의 마멸이 크다.

34 자동차 FR방식 동력전달 장치의 동력전달 순서로 맞는 것은?
① 엔진-클러치-변속기-추진축-차동장치-액슬축-종감속기어-타이어
② 엔진-변속기-클러치-추진축-종감속기어-차동장치-액슬축-타이어
③ 엔진-클러치-추진축-종감속기어-변속기-액슬축-차동장치-타이어
④ 엔진-클러치-변속기-추진축-종감속기어-차동장치-액슬축-타이어

35 전자제어 섀시 장치에 속하지 않는 장치는?
① 종감속장치
② 자동변속기
③ 차속 감응형 조향장치
④ 차속 감응형 4륜 조향장치

---

31. **액슬축 지지방식**
① **전부동식** : 액슬축은 외력을 받지 않고 동력만을 전달한다.
② **반부동식** : 하중을 액슬축이 1/2, 액슬 하우징이 1/2을 지지한다.
③ **3/4 부동식** : 하중을 액슬축이 1/4, 액슬 하우징이 3/4을 지지한다.

32. **전부동식 차축**
① 휠 허브가 2개의 보올 베어링으로 액슬 하우징에 지지되어 있다.
② 액슬축 플랜지가 휠 허브에 볼트로 결합되어 있다.
③ 액슬축은 외력을 받지 않고 동력만을 전달한다.
④ 액슬 하우징은 수직 하중, 수평 하중, 충격, 휠의 옆방향 작용력 등 모든 외력을 받는다.
④ 바퀴 및 허브를 떼어내지 않고 액슬축을 분해할 수 있다.

29.② 30.② 31.② 32.② 33.① 34.④ 35.①

2장 현가장치 및 조향장치

2-1 일반 현가장치

1 현가장치의 개요

① 주행 중 노면에서 발생되는 진동이나 충격을 흡수 완화시킨다.
② 진동이나 충격이 승객에 직접 전달되는 것을 방지하여 승차감을 향상시킨다.
③ 진동이나 충격이 차체에 직접 전달되는 것을 방지하여 자동차의 안전성을 향상시킨다.

(1) 현가장치의 구성

① **일체 차축 현가장치** : 1개의 축에 좌우 바퀴가 설치되어 있는 형식의 현가장치.
② **독립 현가장치** : 좌우 바퀴가 각각 독립적으로 작용할 수 있도록 한 형식의 현가장치.
③ **섀시 스프링** : 차축과 프레임 사이에 설치되어 바퀴에 가해지는 진동이나 충격을 흡수한다.
④ **쇽업소버** : 스프링의 고유 진동을 제어하여 승차감을 향상시킨다.
⑤ **스태빌라이저** : 자동차의 롤링을 방지하여 평형을 유지한다.
⑥ **컨트롤 암 및 링크** : 프레임에 대하여 바퀴가 상하 운동을 할 때 최적의 위치로 유지시킨다.

(2) 섀시 스프링

- 주행 중 노면에 의해 발생되는 충격이 프레임에 직접 전달되는 것을 방지한다.
- 주행 중 노면에 의해서 발생되는 바퀴의 진동이 프레임에 직접 전달되는 것을 방지한다.

① 현가장치에서 스프링이 갖추어야 할 기능
- 승차감   • 주행 안정성   • 선회특성

② 판 스프링(일체식 차축에 사용)

가. 구조
- 아이 : 1번 스프링의 양 끝부분에 설치된 구멍으로 섀클핀에 의해 프레임에 설치된다.
- 스팬 : 스프링 아이와 아이 중심간의 수평 거리

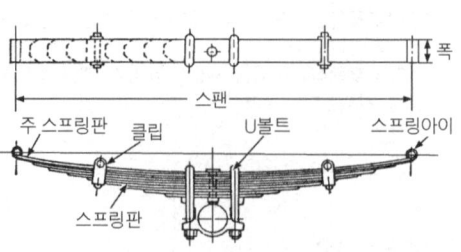
♻ 판 스프링의 구조

- 캠버 : 판 스프링의 휨량.
- 새클(shackle) : 스팬의 길이를 변화시키며, 차체에 스프링을 설치하는 부분이다.

나. 판 스프링의 장점
- 자체의 강성에 의해 액슬 하우징을 정위치로 유지할 수 있어 구조가 간단하다.
- 판 스프링은 큰 진동을 잘 흡수한다.

다. 판 스프링의 단점
- 판 스프링은 작은 진동을 흡수하지 못한다.
- 강판 사이의 마찰에 의해 진동을 흡수하기 때문에 마모 및 소음이 발생된다.
- 판 사이의 마찰에 의해 진동을 흡수하므로 승차감이 저하된다.

라. 섀클-압축 섀클, 인장 섀클
- 스프링 아이와 차체의 행어에 설치되어 스팬의 변화를 가능케 하는 역할을 한다.

③ **코일 스프링-부등피치형, 원추형** : 강 봉을 코일 모양으로 감아서 만든 스프링으로 비틀림으로 하중을 받는다.

가. 코일 스프링의 장점
- 단위 중량당 흡수율이 판 스프링보다 크고 유연하다.
- 판 스프링보다 승차감이 우수하다.

나. 코일 스프링의 단점
- 코일 사이에 마찰이 없기 때문에 진동의 감쇠 작용이 없다.
- 옆 방향의 작용력(비틀림)에 대한 저항력이 없다.
- 차축의 지지에 링크나 쇽업소버를 사용하여야 하기 때문에 구조가 복잡하다.

④ **토션바 스프링** : 스프링 강의 막대로 비틀림 탄성에 의한 복원성을 이용하여 완충 작용을 한다.

가. 토션바 스프링의 장점
- 단위 중량당 에너지 흡수율이 다른 스프링에 비해 크다.
- 다른 스프링보다 가볍고 구조가 간단하다.
- 작은 진동 흡수가 양호하여 승차감이 향상된다.

나. 토션바 스프링의 단점
- 코일 스프링과 같이 감쇠 작용을 할 수 없다.
- 쇽업소버와 함께 사용하여야 한다.

(3) 쇽업쇼버

① **쇽업쇼버의 역할**
- 주행 중 충격에 의해 발생된 스프링의 고유 진동을 흡수한다.
- 스프링의 상하 운동 에너지를 열 에너지로 변환시킨다.
- 스프링의 피로를 감소시킨다.

- 로드 홀딩 및 승차감을 향상시킨다.
- 진동을 신속히 감쇠시켜 타이어의 접지성 및 조향 안정성을 향상시킨다.

② 쇽업소버의 종류

가. 텔레스코핑형 쇽업소버

나. 드가르봉식 쇽업소버(가스 봉입형)
- 실린더의 하부에 프리 피스톤을 사이에 두고 질소 가스가 20~30kgf/cm²의 압력으로 봉입되어 있다.
- 피스톤은 늘어날 때 또는 압축될 때 밸브를 통과하는 오일의 저항에 의해 감쇠 작용을 한다.
- 실린더가 하나로 되어 있기 때문에 방열 효과가 좋다.
- 오일에서 가스를 완전히 분리하여 에멀션의 발생을 방지하여 안정된 감쇠력을 얻는다.
- 팽창, 수축시 쇽업소버 오일에 부압이 형성되지 않도록 하여 캐비테이션 현상을 방지한다.

> **Reference ▶ 용어정리**
> - 감쇠력 : 쇽업소버를 늘일 때나 압축할 때 힘을 가하면 그 힘에 저항하려는 힘이 더욱 강하게 작용되는 저항력을 말한다.
> - 노스 업 : 자동차가 출발할 때 앞 부분이 올라가는 현상.
> - 노스 다운 : 자동차가 주행 중 제동시에 앞 부분이 내려가는 현상.
> - 언더 댐핑 : 감쇠력이 적어 유연하기 때문에 승차감이 저하되는 현상.
> - 오버 댐핑 : 감쇠력이 커 딱딱하기 때문에 승차감이 저하되는 현상

(4) 스태빌라이저
① 독립 현가장치에 차체의 기울기를 방지하기 위한 일종의 토션 바 스프링이다.
② 선회시 발생되는 롤링(rolling)을 방지하여 차체의 평형을 유지하는 역할을 한다.

2 현가장치의 종류

(1) 일체차축 현가장치
- 일체로 된 차축의 양 끝에 바퀴가 설치되고 차축이 스프링에 의해 차체에 설치된 형식.
- 구조가 간단하고 강도가 크기 때문에 트럭 및 버스에 많이 사용된다.
- 일체차축 현가장치의 스프링으로는 판 스프링이 주로 사용된다.

① 일체차축 현가장치의 장점
- 차축의 위치를 정하는 링크나 로드가 필요 없다.
- 구조가 간단하고 부품수가 적다.
- 자동차가 선회시 차체의 기울기가 적다.

② 일체차축 현가장치의 단점
- 스프링 밑 질량이 크기 때문에 승차감이 저하된다.
- 스프링 상수가 너무 적은 것은 사용할 수 없다.
- 앞 바퀴에 시미가 발생되기 쉽다.

(2) 독립 현가장치
- 차축을 분할하여 좌우 바퀴가 독립적으로 작동할 수 있도록 되어 있는 형식
- 승차감과 조향 안정성을 요구하는 승용 자동차에 이용된다.

① 독립 현가장치의 장단점
가. 장점
- 스프링 밑 질량이 작기 때문에 승차감이 향상된다.
- 바퀴의 시미 현상이 적어 로드 홀딩이 우수하다.
- 스프링 정수가 적은 스프링을 사용할 수 있다.
- 작은 진동 흡수율이 크기 때문에 승차감이 향상된다.
- 차고를 낮게 할 수 있기 때문에 안정성이 향상된다.

나. 단점
- 바퀴의 상하 운동에 의해 윤거가 변화되어 타이어의 마멸이 촉진된다.
- 바퀴의 상하 운동에 의해 전차륜 정렬이 틀려져 타이어 마멸이 촉진된다.
- 구조가 복잡하고 취급 및 정비가 어렵다.
- 볼 이음부가 많아 마멸에 의한 전차륜 정렬이 틀려지기 쉽다.

② 위시본 형식
- 위아래 컨트롤 암이 부시를 통해 컨트롤 암 축에 지지되어 프레임에 고정되어 있다.
- 코일 스프링은 아래 컨트롤 암과 프레임에 설치되어 상하 방향의 하중을 지지한다.

가. 평행 사변형 형식
- 위아래 컨트롤 암의 길이가 동일하다.
- 바퀴가 상하 운동을 하면 조향 너클과 컨트롤 암이 평행하게 이동되어 윤거가 변화된다.
- 윤거의 변화에 의해 타이어 마멸이 촉진된다.
- 캠버의 변화가 없어 선회 주행에 안정감이 있다.

나. SLA 형식
- 위 컨트롤 암이 아래 컨트롤 암보다 짧다.
- 바퀴가 상하 운동을 하면 위아래 컨트롤 암의 원호 반경 차에 의해 캠버가 변화된다.
- 바퀴의 위쪽만 안쪽으로 변화되기 때문에 윤거의 변화가 없다.

③ 맥퍼슨 형식
가. 맥퍼슨 형식의 구성
- 조향 너클과 현가 장치가 일체로 된 형식
- 스트러트 : 쇽업소버가 내장되어 킹핀의 역할을 한다.
- 컨트롤 암 : 프레임과 스트러트 사이에 설치되어 진동에 의해 상하 운동을 한다.
- 볼 조인트 : 컨트롤 암과 스트러트 하부를 연결하여 조향 너클이 회전 운동을 할 수 있도록 한다.
- 코일 스프링 : 스트러트 상부와 프레임 사이에 설치되어 노면에서 발생되는 충격을 완화

시키는 역할을 한다.
나. 맥퍼슨 형식의 특징
- 위시본 형식에 비해 구성 부품이 적어 구조가 간단하다.
- 위시본 형식에 비해 마멸 및 손상되는 부분이 적어 정비가 용이하다.
- 현가장치와 조향 너클이 일체로 되어 있기 때문에 엔진 룸의 유효 체적이 넓다.
- 스프링 밑 질량이 적기 때문에 로드 홀딩이 우수하다.
- 진동의 흡수율이 크기 때문에 승차감이 향상된다.

④ 트레일링 암 형식
- 앞 바퀴 구동 자동차의 뒤 현가장치에 사용된다.
- 차체의 전후 방향에 트레일링 암이 1개 또는 2개가 설치되어 있다.
- 크로스 멤버의 기울기가 발생되면 트레일링 암이 상하로 움직여 위치가 유지된다.

⑤ 스윙 차축 형식
- 차축을 중앙에서 2개로 분할하여 진동을 받으면 좌우측 바퀴가 독립적으로 작용한다.
- 바퀴의 상하 운동에 따라 캠버 및 윤거가 크게 변화된다.

(3) 공기식 현가장치
- 공기의 압축 탄성을 이용하여 완충 작용을 한다.
- 작은 진동 흡수율이 크고 유연한 탄성을 얻을 수 있어 장거리 대형 차량에 사용된다.

① 공기 스프링의 장·단점
가. 공기 스프링의 장점
- 고유 진동이 작기 때문에 효과가 유연하다.
- 공기 자체에 감쇠성이 있기 때문에 작은 진동을 흡수할 수 있다.
- 하중의 변화와 관계없이 차체의 높이를 일정하게 유지할 수 있다.
- 스프링의 세기가 하중에 비례하여 변화되기 때문에 승차감의 변화가 없다.

나. 공기 스프링의 단점
- 공기 압축기, 레벨링 밸브 등이 설치되기 때문에 구조가 복잡하다.
- 옆 방향의 작용력에 대한 강성이 없다.
- 액슬 하우징을 지지하기 위한 링크 기구가 필요하다.
- 제작비가 비싸다.

② 구성 부품
- **공기 압축기** : 엔진 회전 속도의 $\frac{1}{2}$로 구동되어 공기를 압축시키는 역할
  - 언로더 밸브 : 공기 압축기의 흡입 밸브에 설치되어 공기 탱크 내의 압력이 8.5kgf/cm² 에 이르면 압축 작용을 정지시킨다.
  - 압력 조정기 : 공기 탱크 내의 압력을 5~7kgf/cm²로 유지시키는 역할을 한다.

- 공기 드라이어 : 압축 공기중에 포함되어 있는 수증기를 제거하여 압축 공기 탱크로 공급하는 역할
- 압축 공기 탱크
  - 공기 탱크는 프레임의 사이드 멤버에 설치되어 압축 공기를 저장하는 역할을 한다.
  - 안전 밸브 : 탱크 내의 압력이 7.0~8.5kgf/cm²로 유지시키고 탱크의 압축 공기를 대기 중으로 배출시켜 규정 압력 이상으로 상승되는 것을 방지 한다.
  - 첵 밸브 : 공기 탱크 입구 부근에 설치되어 압축 공기의 역류를 방지하는 역할을 한다.
- 레벨링 밸브 : 하중의 변화에 의해 공기 스프링 내의 공기 압력을 증감시켜 차고를 일정하게 유지시키는 역할을 한다.
- 서지 탱크 : 공기 스프링 내부의 압력 변화를 완화시켜 스프링 작용을 유연하게 한다.
- 공기 스프링 : 액슬 하우징과 프레임 사이에 설치되어 진동 및 충격을 완화시킨다.

(4) 현가장치의 정비

① 저속 시미의 원인
- 각 연결부의 볼 조인트가 마멸되었다.
- 링케이지의 연결부가 마멸되어 헐겁다.
- 타이어의 공기압이 낮다.
- 앞바퀴 정렬의 조정이 불량하다.
- 스프링의 정수가 적다.
- 휠 또는 타이어가 변형되었다.
- 좌, 우 타이어의 공기압이 다르다.
- 조향 기어가 마모되었다.
- 현가장치가 불량하다.

② 고속 시미의 원인
- 바퀴의 동적 불평형이다.
- 엔진의 설치 볼트가 헐겁다.
- 추진축에서 진동이 발생한다.
- 자재 이음의 마모 또는 급유가 부족하다.
- 타이어가 변형되었다.
- 보디의 고정 볼트가 헐겁다.

3 현가장치의 이론

(1) 자동차의 진동

① 스프링 위 질량의 진동
- 보디의 진동을 스프링 위 질량의 진동이라 한다.
- 바운싱 : 차체가 축방향과 평행하게 상하 방향으로 운동을 하는 고유 진동이다.
- 피칭 : 차체가 Y축을 중심으로 앞뒤 방향으로 회전 운동을 하는 고유 진동이다.
- 롤링 : 차체가 X축을 중심으로 좌우 방향으로 회전 운동을 하는 고유 진동이다.
- 요잉 : 차체가 Z축을 중심으로 회전 운동을 하는 고유 진동이다.

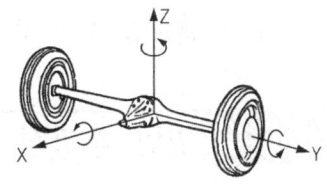

② 스프링 아래 질량의 진동
- 차축의 진동을 스프링 아래 질량의 진동이라 한다.
- 휠 홉 : 차축이 Z축 방향으로 회전 운동을 하는 진동이다.
- 휠 트램프 : 차축이 X축을 중심으로 회전 운동을 하는 진동이다.
- 와인드 업 : 차축이 Y축을 중심으로 회전 운동을 하는 고유 진동이다.

4 뒤 차축의 구동 방식

① 차체는 구동 바퀴로부터 추진력(추력)을 받아 전진하거나 후진을 한다.
② 바퀴의 구동력을 전달하는 방법에 따라 호치키스 구동, 토크 튜브 구동, 레디어스 암 구동 방식이 있다.
③ 리어 엔드 토크 : 엔진의 출력이 동력 전달장치를 통하여 구동 바퀴를 회전시키면 구동축은 그 반대 방향으로 회전하려는 힘이 작용한다.

(1) 호치키스 구동
① 판 스프링을 사용할 때 이용되는 형식
② 구동 바퀴의 구동력(추력)은 판 스프링을 통하여 차체에 전달된다.
③ 리어 엔드 토크(구동 바퀴를 회전시킬 때의 반력) 및 비틀림도 판 스프링이 받는다.

(2) 토크 튜브 구동
① 추진축이 토크 튜브 내에 설치되어 있다.
② 토크 튜브는 변속기와 종감속 기어 하우징 사이에 설치되어 있다.
③ 코일 스프링을 사용할 때 이용되는 형식
④ 구동 바퀴의 구동력은 토크 튜브를 통하여 차체에 전달된다.
⑤ 리어 엔드 토크 및 비틀림 등도 토크 튜브가 받는다.

(3) 레디어스 암 구동
① 코일 스프링을 사용할 때 이용되는 형식
② 액슬 하우징이 2개의 레디어스 암에 의해 차체에 지지되어 있다.
③ 구동 바퀴의 구동력이 2개의 레디어스 암을 통하여 차체에 전달된다.
④ 리어 엔드 토크 및 비틀림 등도 2개의 레디어스 암이 받는다.

2-2 일반 조향장치

1 조향 장치의 개요

자동차의 주행 방향을 임의로 변환시키는 장치로 조향 휠(스티어링 핸들), 조향 기어 박스, 링크 기구로 구성되어 있다.

(1) 앞 바퀴의 설치

① 일체 차축 현가 방식의 앞 차축 구조

가. 구조
- I형 단면으로 안쪽에 판 스프링을 설치하기 위한 시트가 설치되어 있다.
- 양 끝에는 조향 너클을 설치하기 위하여 킹핀을 끼우는 홈이 있다.

나. 조향 너클 지지 방식
- 엘리옷형 : 차축의 양끝이 요크로 되어 그 속에 조향 너클이 설치된다.
- 역 엘리옷형 : 조향 너클이 요크로 되어 그 속에 T자형의 차축이 설치된다.
- 마몬형 : 차축 위에 조향 너클이 설치된 형식.
- 르모앙형 : 차축 아래에 조향 너클이 설치된 형식.

② 조향 너클
- 자동차 앞 부분의 중량 및 노면에서 받는 충격을 지지한다.
- 자동차의 방향 변환시 킹핀을 중심으로 회전하여 조향 작용을 한다.
- 요크가 차축에 접촉되는 부분에 스러스트 베어링이 설치되어 방향 변환시 회전 저항을 감소시킨다.
- 킹핀을 설치하는 홈에는 청동제의 부싱에 의해 킹핀의 마멸을 방지한다.

③ 킹핀 : 차축과 조향 너클을 연결하는 핀이다.

(2) 조향 장치의 원리

① 애커먼 장토식

② 최소 회전 반경
- 자동차가 조향각을 최대로 하고 선회하였을 때 최외측 바퀴가 그리는 원의 반경을 최소 회전 반경이라 한다.
- 안쪽 앞바퀴와 안쪽 뒤바퀴와의 반경차를 내륜차라 한다.
- 내륜차는 축거가 클수록 커진다.

$$R = \frac{L}{\sin\alpha} + r$$

R : 최소 회전 반경(m)   L : 휠 베이스(축거, m)   sinα : 최외측 바퀴의 조향 각
r : 바퀴 접지면 중심과 킹핀 중심과의 거리(m)

③ 조향장치가 갖추어야 할 조건
- 조향 조작이 주행 중 발생되는 충격에 영향을 받지 않을 것.
- 조작하기 쉽고 방향 변환이 원활하게 이루어질 것.
- 회전 반경이 작아서 좁은 곳에서도 방향 변환이 원활하게 이루어질 것.
- 고속 주행에서도 조향 핸들이 안정될 것.
- 조향 핸들의 회전과 바퀴 선회차가 크지 않을 것.

2 조향 조작 기구

(1) 조향장치의 구조

조향 장치의 동력전달 순서는 조향 핸들-조향 기어박스-섹터 축-피트먼 암이다.

① **조향 휠(조향 핸들)** : 운전자의 조작력을 조향 축에 전달하는 역할을 한다.

② **조향축 및 조향 칼럼**
- 조향축 : 조향 휠의 조작력을 조향 기어 박스에 전달하는 역할을 한다.
- 조향 칼럼 : 조향 칼럼 튜브 내에 설치되어 있는 조향축을 지지하는 역할을 한다.

③ **조향 기어**
- 조향 휠의 회전을 감속하여 조작력을 증대시킴과 동시에 운동 방향을 변환시키는 역할을 한다.

가. 조향 기어의 조건
- 비 가역식-조향 휠의 조작에 의해서만 앞바퀴를 회전시킬 수 있다.
- 가역식
  - 조향 휠의 조작에 의해서 앞바퀴를 회전시킬 수 있다.
  - 앞바퀴의 조작에 의해서 조향 휠을 회전시킬 수 있다.
- 반 가역식-가역식과 비 가역식의 중간 성질을 갖는다.

나. 조향 기어의 종류
- 종류 : 웜 섹터형식, 웜 섹터 롤러형식, 볼 너트형식, 웜 핀형식, 스크루 너트형식, 스크루 볼형식, 랙과 피니언형식, 볼 너트 웜 핀형식.

다. 조향 기어비(볼 너트 형식)
- 조향 휠의 회전 각도와 피트먼 암의 회전 각도와의 비를 조향 기어비라 한다.
- 조향 기어비 $= \dfrac{\text{조향 휠의 회전각도}}{\text{피트먼 암의 회전각도}}$
- 조향 기어비를 크게 하면 조향 조작력이 가벼우나 조향 조작이 늦어진다.
- 조향 기어비를 작게 하면 조향 조작이 민속하나 조향 조작이 무겁다.

(2) 조향 링키지

- 조향 링키지는 조향 기어에 의해 변환되는 조향 조작력을 앞바퀴에 전달하는 역할을 한다.
- 앞바퀴 얼라인먼트의 일부를 정확히 유지시키는 역할을 한다.
- 현가장치의 상하 운동에 따라 추종하여 앞바퀴가 향하는 위치를 바르게 유지

① **일체차축 현가 방식의 조향 링키지**
- 차축보다 운전석이 앞에 있어 피트먼 암이 드래그 링크를 통하여 조향 너클 암을 작동시킨다.
- 축거가 차축에 의해 일정하게 유지되므로 조향 너클 암에 1개의 타이로드가 연결되어 있다.

가. 피트먼 암 : 섹터축의 회전 운동을 원호 운동으로 변환하여 드래그 링크에 전달하는 역할을 한다.
나. 드래그 링크 : 피트먼 암의 원호 운동을 직선 운동으로 변환하여 조향 너클 암에 전달하는 역할을 한다.
다. 조향 너클 암 : 드래그 링크의 직선 운동을 조향 너클 스핀들에 전달하는 역할을 한다.
라. 타이로드 및 타이로드 엔드
 * 좌우의 조향 너클 스핀들을 동시에 회전시키는 역할을 한다.
 * 한쪽은 오른 나사, 다른 한쪽은 왼 나사로 되어 타이로드를 회전시키면 토우가 조정된다.
② 독립 현가방식 랙과 피니언형 조향 링키지
 * 랙이 직접 릴레이 로드의 역할을 하기 때문에 릴레이 로드, 아이들 암이 없다
 * 타이로드 대신에 랙 엔드가 사용된다.
 * 랙 엔드는 랙의 직선 운동을 조향 너클에 전달하는 역할을 한다.
 * 랙 엔드는 조향 너클 측에 타이로드 엔드, 랙 측에 볼 조인트가 설치되어 있다.
 * 타이로드 엔드가 설치되는 부분에 나사가 있어 풀거나 조임량에 의해 토인이 조정된다.

3 조향장치의 정비

(1) 조향 핸들의 조작을 가볍게 하는 방법
① 타이어의 공기압을 높인다.
② 앞바퀴 정렬을 정확히 한다.
③ 조향 휠을 크게 한다.
④ 고속으로 주행한다.
⑤ 자동차의 하중을 감소시킨다.
⑥ 조향 기어 관계의 베어링을 잘 조정한다.
⑦ 포장도로로 주행한다.

(2) 조향 핸들의 유격이 크게 되는 원인
① 조향 링키지의 볼 이음 접속 부분의 헐거움 및 볼 이음이 마모되었다.
② 조향 너클이 헐겁다.
③ 앞바퀴 베어링(조향너클의 베어링)이 마멸되었다.
④ 조향 기어의 백래시가 크다.
⑤ 조향 링키지의 접속부가 헐겁다.
⑥ 피트먼 암이 헐겁다.

(3) 주행 중 조향 핸들이 무거워지는 이유
① 앞 타이어의 공기가 빠졌다.(공기압이 낮다)
② 조향 기어박스의 오일이 부족하다.
③ 볼 조인트가 과도하게 마모되었다.
④ 앞 타이어의 마모가 심하다.
⑤ 타이어 규격이 크다.
⑥ 현가 암이 휘었다.
⑦ 조향 너클이 휘었다.
⑧ 프레임이 휘었다.
⑨ 정의 캐스터가 과도하다.

(4) 조향 핸들이 흔들리는 원인
① 웜과 섹터의 간극이 너무 크다(조향 기어의 백래시가 크다).
② 킹 핀과 결합이 너무 헐겁다. ③ 캐스터가 고르지 않다.
④ 앞바퀴의 휠 베어링이 마멸되었다.

(5) 주행 중 조향 핸들이 한쪽 방향으로 쏠리는 현상의 원인
① 브레이크 라이닝 간격 조정이 불량하다.
② 휠의 불평형 때문이다.
③ 한쪽 쇽업소버가 불량하다.
④ 타이어 공기 압력이 불균일하다.
⑤ 앞바퀴 얼라인먼트의 조정이 불량하다.
⑥ 한쪽 휠 실린더의 작동 불량하다
⑦ 한쪽 허브 베어링이 마모되었다.
⑧ 뒷차축이 차량의 중심선에 대하여 직각이 되지 않는다.
⑨ 앞차축 한쪽의 현가 스프링이 파손되었다.
⑩ 한쪽 브레이크 라이닝에 오일이 묻었다.
⑪ 조향 너클이 휘었거나 스테빌라이저가 절손되었다.

(6) 핸들에 충격을 느끼는 원인
① 타이어 공기압이 높다.　　　　② 앞바퀴 정렬이 틀리다.
③ 바퀴가 불평형이다.　　　　　④ 쇽업소버의 작동이 불량하다.
⑤ 조향 기어의 조정이 불량하다.　⑥ 조향 너클이 휘었다.

2-3 동력조향장치

1 동력 조향 장치

(1) 동력 조향 장치의 개요
① 조향 조작력을 가볍게 함과 동시에 조향 조작이 신속하게 이루어지도록 한다.
② 조향 휠의 조작력이 배력 장치의 보조력으로 가볍게 이루어진다.
② 동력조향장치가 고장일 때 핸들을 수동으로 조작할 수 있도록 하는 것은 안전 첵밸브이다.
④ 동력 조향 장치의 장점
  • 적은 힘으로 조향 조작을 할 수 있다.
  • 조향 기어비를 조작력에 관계없이 선정할 수 있다.
  • 노면의 충격을 흡수하여 핸들에 전달되는 것을 방지한다.

- 앞 바퀴의 시미 모션을 감쇄하는 효과가 있다.
- 노면에서 발생되는 충격을 흡수하기 때문에 킥 백을 방지할 수 있다.

(2) 동력 조향 장치의 3대 주요부
① **동력 장치** : 오일 펌프, 유압 조절 밸브, 유량 조절 밸브
- 조향 조작력을 증대시키기 위한 유압을 발생한다.

② **작동 장치** : 동력 실린더, 동력 피스톤
- 유압을 기계적 에너지로 변환시켜 앞 바퀴에 조향력을 발생한다.

③ **제어 장치**
- 동력 장치에서 작동 장치로 공급되는 오일의 통로를 개폐시키는 역할을 한다.
- 조향 휠에 의해 컨트롤 밸브가 오일 통로를 개폐하여 동력 실린더의 작동 방향을 제어한다.

(3) 동력 조향 장치의 종류
- **링키지형**은 동력 실린더를 조향 링키지 중간에 설치하여 배력 작용을 한다.
- **인티그럴형(일체형)**은 동력 실린더를 조향 기어 박스에 설치하여 배력 작용을 한다.

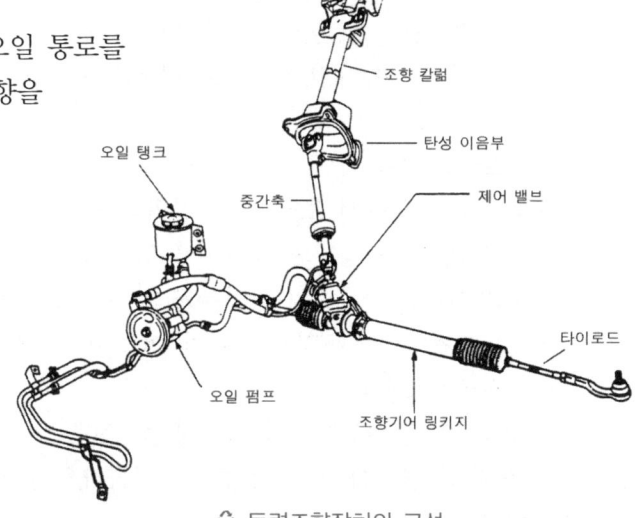

△ 동력조향장치의 구성

2-4 휠 얼라이먼트(wheel alignment)

1 개 요

휠 얼라이먼트(전차륜정렬, Front Wheel Alignment)이란 자동차의 각 바퀴가 차체나 노면에 대하여 어떤 위치와 방향 또는 각도를 두고 설치되어 있는가를 나타내는 것이다.

(1) 전차륜 정렬의 필요성
① 조향 핸들의 조작을 작은 힘으로 쉽게 할 수 있도록 한다.
② 조향 핸들의 조작을 확실하게 하고 안전성을 준다.
③ 진행 방향을 변환시키면 조향 핸들에 복원성을 준다.
④ 선회시 사이드 슬립을 방지하여 타이어의 마멸을 최소로 한다.

(2) 휠 얼라인먼트

① 캠 버

가. 캠버의 정의
- 앞바퀴를 앞에서 보았을 때 타이어 중심선이 수선에 대해 0.5~1.5°의 각도를 이룬 것.
- 정의 캠버 : 타이어의 중심선이 수선에 대해 바깥쪽으로 기울은 상태.
- 부의 캠버 : 타이어의 중심선이 수선에 대해 안쪽으로 기울은 상태.
- 0의 캠버 : 타이어 중심선과 수선이 일치된 상태.

나. 캠버의 필요성
- 조향 핸들의 조작을 가볍게 한다.
- 수직 방향의 하중에 의한 앞 차축의 휨을 방지한다.
- 바퀴가 허브 스핀들에서 이탈되는 것을 방지한다.
- 바퀴의 아래쪽이 바깥쪽으로 벌어지는 것을 방지한다.

② 캐스터

가. 캐스터의 정의
- 앞바퀴를 옆에서 보았을 때 킹핀의 중심선이 수선에 대해 1~3°의 각도를 이룬 것
- 정의 캐스터 : 킹핀의 상단부가 뒤쪽으로 기울은 상태
- 부의 캐스터 : 킹핀의 상단부가 앞쪽으로 기울은 상태
- 0의 캐스터 : 킹핀의 상단부가 어느 쪽으로도 기울어지지 않은 상태

나. 캐스터의 필요성
- 주행 중 바퀴에 방향성(직진성)을 준다.
- 조향 하였을 때 직진 방향으로 되돌아오는 복원력이 발생된다.

다. 부의 캐스터를 두는 이유
- 타이어 접지면이 크기 때문에 방향성이 안정되어 있으므로 조향력을 작게 하기 위함이다.
- 하중이 가해지거나 주행 중 자동차를 구동하는 토크와 공기 저항 때문에 중심이 이동되어 자동차의 뒷부분이 낮아져 캐스터가 커지기 때문이다.
- 승차감을 좋게 하기 위하여 뒤 스프링을 스프링 정수가 작은 것을 사용하기 때문이다.

③ 킹핀경사각 : 앞바퀴를 앞에서 보았을 때 킹핀의 중심선이 수선에 대해 5~8°의 각도를 이룬 것.

가. 킹핀 경사각의 필요성
- 캠버와 함께 조향 핸들의 조작력을 작게 한다.
- 바퀴의 시미 모션을 방지한다.
- 앞바퀴에 복원성을 주어 직진 위치로 쉽게 되돌아가게 한다.

④ 토인
- 앞바퀴를 위에서 보았을 때 좌우 타이어 중심선간의 거리가 앞쪽이 뒤쪽보다 좁은 것.

- 토인은 보통 2~6mm 정도이다

가. 토인의 필요성
- 앞바퀴를 평행하게 회전시킨다.
- 바퀴의 사이드 슬립의 방지와 타이어 마멸을 방지한다.
- 조향 링 케이지의 마멸에 의해 토 아웃됨을 방지한다.

나. 토인 측정방법
- 토인 측정은 차량을 수평 한 장소에 직진상태에 놓고 행한다.
- 차량의 앞바퀴는 바닥에 닿은 상태에서 한다.
- 타이어를 턴테이블에서 들었을 때 타이어 중심선을 긋는다.
- 토인의 측정은 타이어의 중심선에서 행한다.
- 토인의 조정은 타이로드로 행한다.

⑤ 토아웃
- 선회시 안쪽 바퀴의 조향 각도가 바깥쪽 바퀴의 조향 각도보다 크기 때문에 발생된다.
- 선회시 얼라인먼트가 바르지 못하면 타이어의 마멸이 촉진되고 주행 안정성이 불안정 된다.

⑥ 협각
- 협각은 킹핀 경사각과 캠버 각을 합한 각도를 말한다.
- 휠 얼라인먼트의 측정 결과가 기준값 이외의 경우에 부적합한 요소를 정확하게 찾아내는 방법으로 이용된다.
- 협각을 작게 하여 만나는 점이 노면 밑에 있으면 토 아웃의 경향이 생긴다.
- 협각의 만나는 점이 노면에 있으면 헌팅 현상이 생긴다.
- 협각의 만나는 점은 보통 노면 밑 15~25mm 되는 곳에서 만나게 하고 있다.

⑦ 셋 백
- 앞 뒤 차축의 평행도를 나타내는 것을 셋 백이라 한다.
- 앞 뒤 차축이 완전하게 평행되는 경우를 셋 백 제로라 한다.
- 일반적으로 셋 백은 뒤 차축을 기준으로 하여 앞 차축의 평행도가 30° 이하로 되어 있다.

⑧ 앞바퀴 얼라인먼트를 측정하기 전에 점검할 사항
- 볼 조인트의 마모 • 현가 스프링의 피로 • 타이어의 공기압력 • 휠 베어링 헐거움
- 타이로드 엔드의 헐거움   • 조향 링키지의 체결 상태 및 헐거움

핵심기출문제

1. 일반현가장치

01 다음 중 현가장치의 구성품과 관계없는 것은?
① 스태빌라이저 ② 타이로드
③ 쇽업소버 ④ 판스프링

02 현가장치에서 스프링에 대한 설명으로 틀린 것은?
① 스프링은 훅의 법칙에 따라 가해지는 힘에 의해 변형량은 비례한다.
② 스프링의 상수는 스프링의 세기를 표시한다.
③ 스프링 상수를 일정하게하고 하중을 증가시키면 진동수는 증가한다.
④ 스프링의 진동수는 스프링 상수에 비례하고 하중에 반비례한다.

03 현가장치에서 판스프링의 구조에 대한 내용으로 거리가 먼 것은?
① 스팬(span)
② 유(U) 볼트
③ 스프링 아이(spring eye)
④ 너클(knuckle)

04 다음 중 스팬의 길이 변화를 가능하게 하는 것은?
① 새클 ② 스팬
③ 행거 ④ U볼트

05 자동차에서 판 스프링은 무엇에 의해 프레임에 설치되는가?
① 킹핀 ② 코터핀
③ 새클 핀 ④ U 볼트

06 5cm인 스프링을 5.8cm로 늘였다. 이 때 필요한 힘은?(단, 스프링 정수는 3kgf/mm 이다)
① 2.4kgf ② 15kgf
③ 17kgf ④ 24kgf

07 스프링 상수가 5N/mm인 코일 스프링을 2cm 압축할 때의 힘은?
① 2.5N ② 10N

---

02. 스프링의 진동수는 하중에 반비례하기 때문에 스프링의 상수를 일정하게 하고 하중을 증가시키면 진동수는 감소한다.
03. 너클은 조향장치에서 요크와 바퀴의 허브가 설치되는 스핀들로 구성되어 있으며, 타이로드의 운동을 너클 스핀들에 전달하는 역할을 한다.
05. 판스프링은 1번 스프링의 양 끝부분에 설치된 구멍(아이)에 새클 핀을 통하여 프레임에 설치된다.
06. $K = \dfrac{W}{a}$

K : 스프링 상수(kgf/mm)
W : 하중(kgf) a : 변형량(mm)
$W = K \times a = 3 \times (58 - 50) = 24\,kgf$

07. $K = \dfrac{W}{a}$
$W = K \times a = 5 \times 20 = 100\,N$

01.② **02.**③ **03.**④ **04.**① **05.**③ **06.**④
07.④

③ 25N   ④ 100N

08 토션 바 스프링에 대하여 맞지 않는 것은?
① 단위 무게에 대한 에너지 흡수율이 다른 스프링에 비해 크기 때문에 가볍고 구조도 간단하다.
② 대형차에 적합하고, 현가 높이를 조정할 수 없다.
③ 구조가 간단하고, 가로 또는 세로로 자유로이 설치할 수 있다.
④ 쇽업소버를 병용한다.

09 스태빌라이저(stabilizer)에 관한 설명으로 가장 거리가 먼 것은?
① 일종의 토션바이다.
② 독립 현가식에 주로 설치된다.
③ 차체의 롤링(rolling)을 방지한다.
④ 차체가 피칭(pitching)할 때 작용한다.

10 자동차가 고속으로 선회할 때 차체의 좌우 진동을 완화하는 기능을 하는 것은?
① 타이로드   ② 토인
③ 겹판 스프링   ④ 스태빌라이저

11 독립 현가 장치의 장점으로 가장 거리가 먼 것은?
① 스프링 정수가 적은 스프링을 사용할 수 있다.
② 스프링 아래 질량이 적어 승차감이 우수하다.
③ 바퀴가 시미를 잘 일으키지 않고 로드 홀딩이 좋다.
④ 하중에 관계없이 승차감은 차이가 없다.

12 독립 현가 방식과 비교한 일체 차축 현가 방식의 특성이 아닌 것은?
① 구조가 간단하다.
② 선회시 차체의 기울기가 작다.
③ 승차감이 좋지 않다.
④ 로드홀딩(road holding)이 우수하다.

13 국내 승용차에 가장 많이 사용되는 현가장치로서 구조가 간단하고 스트러트가 조향시 회전하는 것은?
① 위시본형
② 맥퍼슨형
③ SLA형
④ 데디온형

14 독립현가식 자동차에서 주행 중 롤링(rolling)현상을 감소시키고 차의 평형을 유지시켜주는 장치는 무엇인가?
① 쇽업소버   ② 스태빌라이저
③ 스트럿 바   ④ 토크 컨버터

---

11. 독립 현가 장치의 장점
① 스프링 정수가 적은 스프링을 사용할 수 있다.
② 스프링 아래 질량이 적어 승차감이 우수하다.
③ 바퀴가 시미를 잘 일으키지 않고 로드 홀딩이 좋다.

12. 일체 차축 현가장치의 특징
① 차축의 위치를 정하는 링크나 로드가 필요 없다.
② 구조가 간단하고 부품수가 적다.
③ 자동차가 선회시 차체의 기울기가 적다.
④ 스프링 밑 질량이 크기 때문에 승차감이 저하된다.
⑤ 스프링 상수가 너무 적은 것은 사용할 수 없다.
⑥ 앞바퀴에 시미가 발생되기 쉽다.

13. 맥퍼슨 형식의 특징
① 구성 부품이 적어 구조가 간단하다.
② 위시본 형식에 비해 정비가 용이하다.
③ 엔진 룸의 유효 체적이 넓다.
④ 승차감이 향상된다.
⑤ 스프링 밑 질량이 적어 로드 홀딩이 우수하다.
⑥ 조향 너클과 현가장치(스트러트)가 일체로 되어 있어 조향시 스트러트가 회전한다.

14. 스태빌라이저는 토션바 스프링의 일종으로 양끝이 좌우의 컨트롤 암에 연결되며, 중앙부는 차체에 설치되어 선회할 때 차체의 롤링(rolling ; 좌우 진동) 현상을 감소시켜 차의 평형을 유지하는 역할을 한다.

08.②   09.④   10.④   11.④   12.④   13.②
14.②

15 뒤 현가장치의 독립 현가식 중 세미 트레일링 암(semi trailing arm) 방식의 단점으로 틀린 것은?
① 공차시와 승차시 캠버가 변한다.
② 종감속기어가 현가 암 위에 고정되기 때문에 그 진동이 현가장치로 전달되므로 차단할 필요성이 있다.
③ 구조가 복잡하고 가격이 비싸다.
④ 차실 바닥이 낮아진다.

16 자동차의 진동현상에 대해서 바르게 설명된 것은?
① 바운싱 : 차체의 상하 운동
② 피칭 : 차체의 좌우 흔들림
③ 롤링 : 차체의 앞뒤 흔들림
④ 요잉 : 차체의 비틀림 진동하는 현상

17 스프링 아래 질량의 고유진동에 관한 그림이다. X축을 중심으로 하여 회전운동을 하는 진동은?

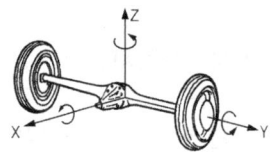

① 휠 트램프(wheel tramp)
② 와인드업(wind up)
③ 롤링(rolling)
④ 사이드 세이크(side shake)

18 자동차의 가로축(좌/우 방향 축)을 중심으로 하는 전/후 회전 진동은?
① 롤링(rolling)
② 요잉(yawing)
③ 피칭(pitching)
④ 바운싱(bouncing)

2. 일반 조향장치

01 조향장치가 갖추어야 할 조건으로 틀린 것은?
① 조향 조작이 주행 중의 충격을 적게 받을 것.
② 조향 핸들의 회전과 바퀴의 선회차가 클 것.
③ 회전 반경이 작을 것.
④ 조향하기 쉽고 방향 전환이 원활하게 이루어질 것.

---

16. 스프링 위 질량 진동
① 롤링 : 차체의 세로축(앞/뒤 방향 축)을 중심으로 좌우 방향으로 회전 운동을 하는 고유 진동이다
② 요잉 : 차체가 수직축(상/하 방향 축)을 중심으로 회전 운동을 하는 고유 진동이다
③ 피칭 : 차체가 가로축(좌/우 방향 축)을 중심으로 앞뒤 방향으로 회전 운동을 하는 고유 진동이다.
④ 바운싱 : 차체가 세로축방향과 평행하게 상하 방향으로 운동을 하는 고유 진동이다.
• 스프링 아래 질량의 고유 진동
① 휠 홉 : 차축이 Z축 방향으로 회전 운동을 하는 진동이다.
② 휠 트램프 : 차축이 X축을 중심으로 회전 운동을 하는 진동이다.
③ 와인드 업 : 차축이 Y축을 중심으로 회전 운동을 하는 고유 진동이다.

01. 조향장치가 갖추어야 할 조건
① 조향 조작이 주행 중 발생되는 충격에 영향을 받지 않을 것.
② 조작하기 쉽고 방향 변환이 원활하게 이루어질 것.
③ 회전 반경이 작아서 좁은 곳에서도 방향 변환이 원활하게 이루어질 것.
④ 주행 중 섀시 및 보디에 무리한 힘이 작용되지 않을 것.
⑤ 고속 주행에서도 조향 핸들이 안정될 것.
⑥ 조향 핸들의 회전과 바퀴 선회차가 크지 않을 것.
⑦ 수명이 길고 다루기나 정비가 쉬울 것.

15.④ 16.① 17.① 18.③
01.②

02 최소 회전반경(R)을 바르게 표시한 것은?
(단, L : 축거, α : 바깥쪽 앞바퀴의 조향각, r : 바퀴 접지면 중심과 킹 핀과의 거리)

① $R = \dfrac{\sin\alpha}{L} + r$ ② $R = \dfrac{L}{\sin\alpha} + r$

③ $R = \dfrac{\sin\alpha}{L} - r$ ④ $R = \dfrac{L}{\sin\alpha} - r$

03 축간거리가 3.5m이고, 조향각이 30°일 때 최소회전 반경은?
① 7m   ② 8m
③ 9m   ④ 10m

04 축거 3m, 바깥쪽 앞바퀴의 최대회전각 30° 안쪽 앞바퀴의 최대 회전각은 45°일 때의 최소회전반경은?(단, 바퀴의 접지 면과 킹 핀 중심선과의 거리는 무시)
① 15m   ② 12m
③ 10m   ④ 6m

05 조향장치의 동력전달 순서로 바른 것은?
① 핸들 → 타이로드 → 조향 기어박스 → 피트먼 암
② 핸들 → 섹터 축 → 조향 기어박스 → 피트먼 암
③ 핸들 → 조향 기어박스 → 섹터 축 → 피트먼 암
④ 핸들 → 섹터 축 → 조향 기어박스 → 타이로드

06 조향장치에서 많이 사용되는 조향기어의 종류가 아닌 것은?
① 래크-피니언(rack and pinion)형식
② 웜-섹터 롤러(worm and sector roller)형식
③ 롤러-베어링(roller and bearing)형식
④ 볼-너트(ball and nut)형식

07 조향장치에서 조향 기어비를 나타낸 것으로 맞는 것은?
① 조향 기어비 = 조향휠 회전각도 / 피트먼암 선회각도
② 조향 기어비 = 조향휠 회전각도 + 피트먼암 선회각도
③ 조향 기어비 = 피트먼암 선회각도 - 조향휠 회전각도
④ 조향 기어비 = 피트먼암 선회각도 × 조향휠 회전각도

08 조향 기어비를 구하는 식으로 맞는 것은?

① 조향 휠의 움직인 각도를 피트먼 암의 움직인 각도로 나눈 값
② 조향 휠의 움직인 량을 사이드슬립 량으로 나눈 값
③ 피트먼 암의 움직인 거리를 사이드슬립 량으로 나눈 값
④ 피트먼 암의 직선거리를 조향 휠의 직경으로 나눈 값

---

03. $R = \dfrac{L}{\sin\alpha} + r$
R : 최소회전반경(m) L : 축거(m)
$\sin\alpha$: 바깥쪽 바퀴의 조향각도
r : 킹핀 중심에서부터 타이어 중심선 사이의 거리(m)
$R = \dfrac{3.5m}{\sin 30} = \dfrac{3.5m}{0.5} = 7m$

04. $R = \dfrac{L}{\sin\alpha} + r$ $R = \dfrac{3m}{\sin 30} = 6m$

06. **조향 기어의 종류에는** 웜섹터형, 웜섹터 롤러형, 볼 너트형, 캠 레버형, 래크와 피니언형, 스크루 너트형, 스크루 볼형 등이 있다.

02.② 03.① 04.④ 05.③ 06.③ 07.①
08.①

09 조향 핸들이 1회전할 때 피트먼 암은 36° 움직인다면 조향 기어비는?
① 1 : 1
② 10 : 1
③ 5 : 1
④ 15 : 1

10 조향 핸들이 320° 회전할 때 피트먼 암이 32° 회전 하였다면 조향 기어비는?
① 5 : 1
② 10 : 1
③ 15 : 1
④ 20 : 1

11 조향 기어비가 15 : 1인 조향 기어에서 피트먼 암(pitman arm)을 20° 회전시키기 위해 핸들의 회전각도는?
① 30°
② 270°
③ 300°
④ 27°

12 차량이 커브를 회전할 때 원심력을 감소시키는 방법 중 틀린 것은?
① 차량의 속도를 줄인다.
② 커브의 바깥쪽을 따라간다.
③ 커브의 안쪽을 따라간다.
④ 차량의 무게를 줄인다.

13 조향장치에서 조향기어의 백래시가 너무 크면 어떻게 되는가?
① 조향각도가 크게 된다.
② 조향기어 비가 크게 된다.
③ 조향핸들의 유격이 크게 된다.
④ 핸들의 축방향 유격이 크게 된다.

14 후륜 구동 자동차에서 주행 중 핸들이 쏠리는 원인으로 거리가 먼 것은?
① 타이어 공기압의 불균형
② 휠 얼라인먼트의 조정 불량
③ 쇽업소버의 작동 불량
④ 조향기어 하우징의 풀림

15 자동차가 주행 중 핸들이 한쪽 방향으로 쏠리는 현상의 원인과 관계가 없는 것은?
① 브레이크 조정 불량
② 휠의 불평형
③ 쇽업소버의 불량
④ 타이어 공기압력이 높다.

16 주행 중 조향핸들이 무거워졌을 경우와 가장 거리가 먼 것은?
① 앞 타이어의 공기가 빠졌다.
② 조향기어 박스의 오일이 부족하다.
③ 볼 조인트가 과도하게 마모되었다.
④ 타이어의 밸런스가 불량하다.

3. 휠 얼라이먼트

01 전차륜 정렬에 관계되는 요소가 아닌 것은?
① 타이어의 이상마모를 방지한다.
② 주행시 앞·뒤차량 정렬 기능을 한다.
③ 조향핸들의 복원성을 준다.
④ 조향방향의 안정성을 준다.

---

09. 조향기어비 = $\dfrac{\text{조향핸들 회전각도}}{\text{피트먼암 회전각도}}$

조향기어비 = $\dfrac{360}{36}$ = 10

10. 조향 기어비 = $\dfrac{\text{조향핸들 회전각도}}{\text{피트먼암 회전각도}}$ = $\dfrac{320}{32}$ = 10

11. 회전각도 = 기어비 × 피트먼암각 = 15 × 20 = 300

14. 조향 핸들이 한쪽으로 쏠리는 원인
① 타이어 공기 압력이 불균일하다.
② 앞 차축 한쪽의 스프링이 절손되었다.
③ 브레이크 간극이 불균일하다.
④ 휠 얼라이먼트(캐스터)의 조정이 불량하다.
⑤ 한쪽의 허브 베어링이 마모되었다.
⑥ 한쪽 쇽업소버의 작동이 불량하다.
⑦ 조향 너클이 휘어 있다.

01. 전차륜 정렬의 필요 요소
① 조향 핸들의 조작을 작은 힘으로 쉽게 할 수 있도록 한다.
② 조향 핸들의 조작을 확실하게 하고 안전성을 준다.
③ 조향 핸들에 복원성을 준다.
④ 사이드 슬립을 방지하여 타이어의 마멸을 최소로 한다.

09.② 10.② 11.③ 12.③ 13.③ 14.④ 15.④ 16.④ / 01.②

02 앞바퀴 얼라인먼트의 역할이 아닌 것은?
① 조향 핸들의 조향 조작을 쉽게 한다.
② 조향 핸들에 알맞은 유격을 준다.
③ 타이어의 마모를 최소화 한다.
④ 조향 핸들에 복원성을 준다.

03 앞바퀴 얼라인먼트의 요소가 아닌 것은?
① 회전반경   ② 킹핀각
③ 캐스터   ④ 토인

04 자동차의 앞바퀴를 앞에서 보면 바퀴의 윗부분이 아래쪽 보다 더 벌어져 있다. 이 벌어진 바퀴의 중심선과 수직선 사이의 각을 무엇이라고 하는가?
① 킹핀각   ② 캐스터
③ 캠버   ④ 토인

05 자동차의 앞차륜 정렬에서 정(+) 캠버란?
① 앞바퀴의 아래쪽이 위쪽보다 좁은 것을 말한다.
② 앞바퀴의 앞쪽이 뒤쪽보다 좁은 것을 말한다.
③ 앞바퀴의 킹핀이 뒤쪽으로 기울어진 것을 말한다.
④ 앞바퀴의 위쪽이 아래쪽보다 좁은 것을 말한다.

06 앞바퀴가 하중을 받았을 때 아래쪽이 벌어지는 것을 방지하기 위해 둔 각도는?
① 캐스터   ② 캠버
③ 킹핀 경사각   ④ 토인

07 전차륜 정렬 중 조향 핸들의 조작력을 가볍게 하기 위하여 둔 것은?
① 캠버   ② 캐스터
③ 토인   ④ 토아웃

08 자동차의 앞 차륜 정렬에서 킹핀의 연장선과 캠버의 연장선이 지면 위에서 만나게 되는 것을 무엇이라고 하는가?
① 캐스터
② 스크러브 레디어스
③ 오버 스티
④ 코너링 포스

09 앞바퀴의 정렬 요소 중 킹핀 경사각과 캠버각을 합한 것을 무엇이라 하는가?
① 조향각   ② 협각
③ 최소회전각   ④ 캐스터각

10 킹핀 경사각과 함께 앞바퀴에 복원성을 주어 직진 위치로 쉽게 돌아오게 하는 앞바퀴 정렬과 관련이 가장 큰 것은?
① 캠버   ② 캐스터
③ 토   ④ 셋 백

---

03. 휠 얼라인먼트의 정의
① **캠버** : 앞 바퀴를 앞에서 보았을 때 타이어 중심선이 수선에 대해 30'~1° 30'의 각도를 이룬 것. 즉 바퀴의 윗부분이 아래쪽보다 더 벌어진 상태를 말한다.
② **캐스터** : 앞 바퀴를 옆에서 보았을 때 킹핀의 중심선이 수선에 대해 1~3°의 각도를 이룬 것.
③ **킹핀경사각** : 앞 바퀴를 앞에서 보았을 때 킹핀의 중심선이 수선에 대해 5~8°의 각도를 이룬 것.
④ **토인** : 앞 바퀴를 위에서 보았을 때 좌우 타이어 중심선 간의 거리가 앞쪽이 뒤쪽보다 좁은 것.
⑤ **선회시 토아웃** : 선회시 안쪽 바퀴의 조향 각도가 바깥쪽 바퀴의 조향 각도보다 크기 때문에 발생된다.

04. 캠버의 필요성
① 조향 핸들의 조작을 가볍게 한다.
② 수직 방향의 하중에 의한 앞 차축의 휨을 방지한다.
③ 하중을 받았을 때 바퀴의 아래쪽이 바깥쪽으로 벌어지는 것을 방지한다.

05. ②는 토인, ③는 정의 캐스터, ④는 부의 캠버를 설명한 것이다.

07. 전차륜 정렬 중 조향 핸들의 조작력을 가볍게 하기 위하여 둔 것은 캠버와 킹핀 경사각이다.

02.② 03.① 04.③ 05.① 06.②
07.① 08.② 09.② 10.②

11 토인의 필요성을 설명한 것으로 틀린 것은?
① 수직방향의 하중에 의한 앞차축 휨을 방지한다.
② 조향링키지의 마멸에 의해 토아웃이 되는 것을 방지한다.
③ 앞바퀴를 평행하게 회전시킨다.
④ 바퀴가 옆방향으로 미끄러지는 것과 타이어의 마멸을 방지한다.

12 토(toe)에 대한 설명으로 틀린 것은?
① 토인은 주행 중 타이어의 앞부분이 벌어지려고 하는 것을 방지 한다.
② 토는 타이로드의 길이로 조정한다.
③ 토의 조정이 불량하면 타이어의 편마모가 된다.
④ 토인은 조향 복원성을 위해 둔다.

13 조향장치에서 타이로드(tie rod)로 조정하는 것과 가장 관련 있는 것은?
① 캠버(camber)
② 캐스터(caster)
③ 킹핀(kingpin)
④ 토인(toe in)

14 자동차의 앞바퀴 정렬에서 토인 조정은 무엇으로 하는가?
① 드래그 링크의 길이
② 타이로드의 길이
③ 시임의 두께
④ 와셔의 두께

15 휠 얼라인먼트에서 앞차축과 뒷차축의 평행도에 해당되는 것은?
① 셋백(Set Back)
② 토인(Toe-in)
③ KPI(King Pin Inclination)
④ SAI(Steering Axis Inclination)

16 차륜 정렬 측정 및 조정을 해야 할 이유와 거리가 먼 것은?
① 브레이크의 제동력이 약할 때
② 현가장치를 분해, 조립 후에
③ 핸들이 흔들리거나 조작이 불량할 때
④ 충돌 사고로 인해 차체에 변형이 생겼을 때

17 자동차에서 앞바퀴 얼라인먼트(alignment) 예비점검 사항과 관계가 가장 적은 것은?
① 현가 스프링의 피로 등에 대해 점검한다.
② 허브 베어링의 헐거움에 대해 점검한다.
③ 앞 범퍼의 조립상태를 점검한다.
④ 타이어의 공기 압력을 점검한다.

---

11. 수직방향의 하중에 의한 앞차축 휨을 방지하기 위해서는 정의 캠버를 유지하여야 한다.
12. 정의 캐스터는 선회할 때 차체의 높이가 선회하는 바깥쪽보다 안쪽이 높아지게 되므로 조향륜의 복원성을 준다.
13. 타이로드는 릴레이 로드의 직선 운동을 조향 너클에 전달하며, 타이로드의 길이를 변화시켜 토인을 조정한다.
14. 타이로드는 릴레이 로드의 직선 운동을 좌우 조향 너클에 전달하며, 타이로드의 길이를 변화시켜 토인을 조정한다.
16. 차륜 정렬 측정 및 조정은 바퀴를 지지하는 여러 구성 요소 및 타이어가 올바르게 정렬되어 있지 않은 상태에 있을 경우에 한다.
17. 앞바퀴 얼라인먼트의 예비점검 사항
① 모든 타이어의 공기 압력을 규정값으로 주입하며, 트레드의 마모가 심한 것은 교환하여야 한다.
② 허브 베어링의 헐거움, 볼 조인트 및 타이로드 엔드의 헐거움이 있는가 점검한다.
③ 조향 링키지의 체결 상태 및 마모를 점검한다.
④ 쇽업소버의 오일 누출 및 현가 스프링의 쇠약(피로) 등을 점검한다.
⑤ 점검 대상 차량을 앞뒤로 흔들어 스프링 설치 상태가 안정되도록 한다.

11.① 12.④ 13.④ 14.② 15.①
16.① 17.③

18 앞바퀴 얼라인먼트를 측정하기 전에 점검하여야 할 개소가 아닌 것은?
① 볼 조인트의 마모
② 스프링의 피로
③ 브레이크의 작동상태
④ 타이어의 공기압력

19 차량에서 캠버, 캐스터 측정시 유의사항이 아닌 것은?
① 수평인 바닥에서 한다.
② 타이어 공기압을 규정치로 한다.
③ 차량의 화물은 적재상태로 한다.
④ 섀시스프링은 안전상태로 한다.

20 토-인(to-in)측정에 대한 설명으로 부적당한 것은?
① 토-인 측정은 차량을 수평 한 장소에 직진상태에 놓고 행한다.
② 토-인의 조정은 타이로드로 행한다.
③ 토-인의 측정은 타이어의 중심선에서 행한다.
④ 토-인의 측정은 잭(jack)으로 차량의 전륜을 들어올린 상태에서 행한다.

21 휠 얼라인먼트가 없는 현장에서 토인을 측정하려면 타이어에 중심선을 그어야 하는데 그 작업은?
① 캠버를 측정하기 전에 한다.
② 카스터를 측정하기 전에 한다.
③ 타이어를 턴테이블 위에 내려놓은 다음에 한다.
④ 타이어를 턴테이블에서 들었을 때 한다.

22 4휠 6센서의 휠얼라인먼트를 사용하여 점검할 수 있는 것으로 가장 거리가 먼 것은?
① 토(toe)   ② 캠버
③ 킹핀 경사각   ④ 휠 밸런스

23 사이드 슬립 테스터의 지시값이 4이다. 이것은 주행 1km에 대하여 앞바퀴의 슬립량이 얼마인 것을 표시하는가?
① 4mm   ② 4cm
③ 40cm   ④ 4m

24 사이드 슬립(side slip) 량은 무엇으로 조정하는가?
① 타이로드
② 타이어
③ 현가 스프링
④ 드래그 링크

---

18. 앞바퀴 얼라인먼트 측정전 점검 사항
① 타이어 공기압력 점검
② 타이어 트레드 마모 점검
③ 허브 베어링의 마모 점검
④ 볼 조인트의 마모 점검
⑤ 조향 링케이지 체결 상태 및 마모 점검
⑥ 쇽업쇼버의 오일 누출 점검
⑦ 현가 스프링의 피로 점검

20. 토인 측정방법
① 토-인 측정은 차량을 수평 한 장소에 직진상태에 놓고 행한다.
② 차량의 모든 바퀴가 바닥에 닿은 상태에서 한다.
③ 토-인의 측정은 타이어의 중심선에서 행한다.
④ 토-인의 조정은 타이로드로 행한다.

21. 토인을 측정하려고 타이어에 중심선을 긋고자 할 때에는 타이어를 턴테이블에서 들고 한다.

22. 4휠 6센서의 휠얼라인먼트를 사용하여 점검할 수 있는 것은 토(toe), 캠버, 킹핀 경사각 등이다.

24. 사이드 슬립(side slip)량은 타이로드의 길이로 조정한다.

18.③ 19.③ 20.④ 21.④ 22.④
23.④ 24.①

3장 제동장치

3-1 유압식 제동장치

1 개요

(1) 제동장치의 역할
① 주행중의 자동차를 감속 또는 정지시키는 역할을 한다.
② 자동차의 주차 상태를 유지시키는 역할을 한다.
③ 마찰력을 이용하여 자동차의 운동 에너지를 열 에너지로 바꾸어 제동 작용을 한다.

(2) 구비 조건
① 최고 속도와 차량 중량에 대하여 항상 충분한 제동 작용을 할 것.
② 작동이 확실하고 효과가 클 것.
③ 신뢰성이 높고 내구성이 우수할 것.
④ 점검이나 조정하기가 쉬울 것.
⑤ 조작이 간단하고 운전자에게 피로감을 주지 않을 것.
⑥ 브레이크를 작동시키지 않을 때에는 각 바퀴의 회전에 방해되지 않을 것.

(3) 브레이크의 종류
① 작동 방식에 따른 분류
- 기계식 브레이크(mechanical brake) : 로드나 와이어를 이용하여 제동력을 발생
- 유압식 브레이크(hydraulic brake) : 파스칼의 원리를 이용하여 브레이크 페달의 조작력을 유압으로 변환시켜 제동력을 발생.
- 배력식 브레이크 : 엔진 흡기 다기관의 진공이나 압축공기를 이용하여 브레이크 조작력을 증대시킨다.
- 공기식 브레이크(air brake) : 압축 공기의 압력을 이용하여 제동력을 발생시킨다.

2 유압식 브레이크

(1) 유압식 브레이크

① **유압식 브레이크의 작동**
- 브레이크 페달의 조작력에 의해 마스터 실린더에서 유압을 발생시킨다.
- 유압은 브레이크 파이프를 통하여 휠 실린더에 전달된다.
- 휠 실린더는 유압에 의해 피스톤이 이동되어 브레이크 슈가 확장되어 제동력을 발생시킨다.
- 휠 실린더는 유압에 의해 피스톤이 이동되어 패드가 디스크를 압착하여 제동력을 발생시킨다.

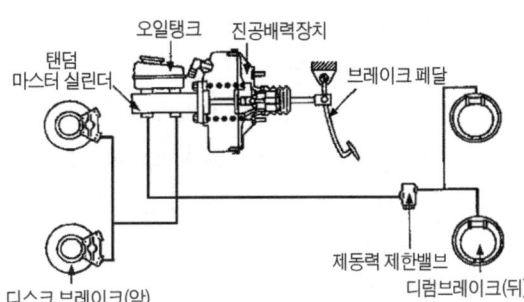
△ 제동장치의 구성

② **파스칼의 원리**
- 밀폐된 용기에 넣은 액체의 일부에 압력을 가하면 가해진 압력과 같은 크기의 압력이 액체 각부에 전달된다.
- 피스톤 B를 밀어올리는 힘 = 피스톤 A의 압력 $\times \dfrac{\text{피스톤 B의 면적}}{\text{피스톤 A의 면적}}$

③ **유압 브레이크의 장점**
- 제동력이 모든 바퀴에 균일하게 전달된다.
- 브레이크 오일에 의해 각 부품에 윤활되므로 마찰 손실이 적다.
- 브레이크 오일의 윤활 작용에 의해 조작력이 작아도 된다.

④ **유압 브레이크의 단점**
- 유압 계통의 파손 등으로 제동 기능이 상실된다.
- 브레이크 오일 라인에 공기가 유입되면 제동 성능이 저하된다.
- 브레이크 라인에 베이퍼록 현상이 발생되기 쉽다.

(2) 유압 브레이크의 구조

① **마스터 실린더**(master cylinder) : 브레이크 페달의 조작력을 유압으로 변환시킨다.

가. **피스톤** : 유압을 발생한다.

나. **피스톤 컵**
- 1차 컵 : 유압 발생과 유밀을 유지하는 역할을 한다.
- 2차 컵 : 오일이 실린더 외부로 누출되는 것을 방지하는 역할을 한다.

다. **첵 밸브** : 오일 라인에 0.6~0.8kg/cm²의 잔압을 유지시키는 역할을 한다.
- 잔압을 두는 이유
  - 브레이크 장치 내에 공기 침입 방지를 위해

- 제동의 늦음을 방지하기 위해
- 휠 실린더 내의 오일 누설을 방지하기 위해
- 베이퍼 록(vapor lock)현상을 방지하기 위해
● 잔압을 유지시키는 부품은 마스터 실린더의 첵 밸브와 브레이크 슈의 복귀(리턴) 스프링이다.

라. 리턴 스프링
● 첵 밸브와 피스톤 1차 컵 사이에 설치되어 있다.
● 브레이크 페달을 놓을 때 피스톤을 제자리로 복귀시킨다.
● 첵 밸브의 위치를 유지시켜 잔압이 형성되도록 한다.

마. 브레이크 오일 경고장치(브레이크 오일경고등) : 브레이크 오일이 부족하여 브레이크 효과가 저하되는 것을 방지한다.

② **탠덤 마스터 실린더**(tandem master cylinder)
● 앞·뒤 바퀴에 각각 독립적으로 작용하는 2계통의 회로를 둔 것이다.
- 1차 피스톤 : 브레이크 페달에 연동되어 있는 푸시로드에 의해 뒷바퀴용 유압을 발생한다.
- 2차 피스톤 : 1차 피스톤 리턴 스프링의 장력에 의해 작동하며 앞바퀴용 유압을 발생시킨다.
● 앞·뒤 브레이크를 분리시켜 제동시 안전성을 향상시킨다.

③ **휠 실린더** : 마스터 실린더에서 공급된 유압에 의해 브레이크 슈를 드럼에 압착시키는 역할을 한다.
● 종류 : ① 동일 직경형 휠 실린더, ② 계단 직경형 휠 실린더, ③ 단일 직경형 휠 실린더

④ **브레이크 파이프**
● 마스터 실린더와 휠 실린더 사이를 연결하는 오일 통로이다.
● 일반적으로 방청 처리한 강 파이프와 플렉시블 호스가 사용된다.

(3) 브레이크 오일
① 구비조건
● 빙점은 낮고, 인화점이 높을 것
● 비점이 높아 베이퍼 록을 일으키지 않을 것
● 윤활 성능이 있을 것
● 알맞은 점도를 가지고 온도에 대한 점도 변화가 작을 것

② 유압 계통의 공기 빼기 작업
● 오일 탱크내의 오일량을 확인하여 오일을 보충하면서 작업한다.
● 오일이 도장부분(페인팅한 부분)에 묻지 않도록 주의한다.
● 마스터 실린더에서 가장 먼 곳의 휠 실린더부터 작업을 한다.

- 공기는 휠 실린더 에어블리드 밸브에서 뺀다.
- 브레이크 페달의 조작을 너무 빨리하면 기포가 미세화되어 빠지지 않는 경우가 있으므로 주의한다.

(4) 드럼 브레이크
① 브레이크 슈 : 라이닝이 설치되어 드럼과 접촉하여 마찰력을 발생한다.
   가. 라이닝의 구비조건
   - 고열에 견디고 내마멸성이 우수할 것.
   - 마찰 계수가 클 것.
   - 온도 변화 및 물에 의한 마찰계수 변화가 적을 것.
   - 기계적 강도가 클 것.
   - 마찰계수는 0.3~0.5μ

② 브레이크 드럼 : 휠 허브에 볼트로 설치되어 바퀴와 함께 회전하며 브레이크 슈와의 마찰에 의해 제동력을 발생시키는 역할을 한다.
   가. 브레이크 드럼의 구비조건
   - 정적, 동적 평형이 잡혀 있을 것.
   - 브레이크가 확장되었을 때 변형되지 않을 만한 충분한 강성이 있을 것.
   - 마찰면에 충분한 내마멸성이 있을 것.
   - 방열이 잘될 것.
   - 가벼울 것.

③ 브레이크 슈와 드럼의 조합
   가. 자기 작동 작용
   - 자기 작동 작용 : 제동시 확장력이 커져 마찰력이 더욱 증대되는 작용을 말한다.
   - 리딩 슈 : 제동시 자기 작동 작용을 하는 슈
   - 트레일링 슈 : 제동시 자기 작동 작용을 하지 않는 슈
   나. 넌 서보 브레이크 형식
   - 동일 직경형 휠 실린더 1개와 1개의 플로트, 2개의 브레이크 슈로 구성되어 있다.
   - 브레이크가 작동할 때 자기 작동 작용이 해당 슈에만 발생된다.
   - 전진슈 : 전진시 자기 작동 작용이 발생하는 슈
   - 후진슈 : 후진시 자기 작동 작용이 발생하는 슈
   다. 유니서보 브레이크 형식(전진 제동시 2리딩슈, 후진 제동시 2트레일링슈)
   - 단일 직경 휠 실린더 1개와 조정기로 연결된 2개의 슈로 구성되어 있다.
   - 전진에서 제동시 모든 슈가 자기 작동 작용이 발생하여 제동력을 커진다.
   - 후진에서 제동시 모든 슈가 트레일링 슈가 되어 제동력이 감소된다.
   - 1차슈 : 자기 작동 작용이 먼저 발생하는 슈

- 2차슈 : 자기 작동 작용이 나중에 발생하는 슈
라. 듀어 서보 브레이크 형식(전·후진 제동시 모두 2리딩슈)
- 동일 직경 휠 실린더 1개, 스타휠 조정기, 2개의 슈, 앵커핀 1개로 구성되어 있다.
- 전진과 후진에서 제동시 모든 슈가 자기 작동 작용이 발생하여 제동력이 커진다.
④ **자동 조정 브레이크** : 라이닝이 마멸되어 드럼과 라이닝의 간극이 클 때 브레이크를 작동하면 자동적으로 드럼과 슈의 간극이 조정된다.

(5) 디스크 브레이크
바퀴와 함께 회전하는 원판형 디스크의 양쪽에서 패드를 강력하게 접촉시켜 제동력을 발생한다.
① 장 점
- 디스크가 대기 중에 노출되어 회전하기 때문에 방열성이 좋아 페이드 현상이 적다.
- 제동력의 변화가 적어 제동 성능이 안정된다.
- 한쪽만 브레이크 되는 경우가 적다.

> **Reference ▶ 용어정리**
> ■ 페이드현상 : 브레이크 라이닝 및 드럼에 마찰열이 축척되어 마찰계수 저하로 제동력이 감소되는 현상

② 단 점
- 마찰 면적이 작기 때문에 패드를 압착하는 힘을 크게 하여야 한다.
- 자기 작동 작용을 하지 않기 때문에 페달을 밟는 힘이 커야 한다.
- 패드는 강도가 큰 재료로 만들어야 한다.
③ **디스크 브레이크의 종류**
- 대향 피스톤형(고정 캘리퍼형)-캘리퍼 일체형, 캘리퍼 분할형
- 부동 캘리퍼형(유동 캘리퍼형)

3 배력식 브레이크 장치
운전자의 피로를 줄이고 작은 힘으로 큰 제동력을 얻기 위해 대기압과 압축 공기 또는 흡기 다기관의 진공과의 압력차를 이용하여 더욱 강한 제동력을 얻게 하는 보조 기구이다.

(1) 진공식 배력장치
엔진 흡기 다기관의 진공과 대기압의 압력차를 이용한다.
① **하이드로백** : 마스터 실린더와 휠 실린더 사이에 배력장치가 설치되어 있는 형식.
- 마스터 실린더에서 하이드로릭 실린더에 공급된 유압을 동력 피스톤에 의해 배력 작용을 한다.
- 브레이크 페달을 밟았을 때 하이드로 백 내의 작동
 - 진공밸브는 닫히고 공기밸브는 열린다.
 - 동력피스톤 앞쪽은 진공상태이다.
 - 동력피스톤이 하이드로릭 실린더 쪽으로 움직인다.

- 하이드로 백을 설치한 차량에서 브레이크 페달 조작이 무거운 원인
  - 진공용 첵밸브의 작동이 불량하다.
  - 진공파이프 각 접속부분에서 새는 곳이 있다.
  - 릴레이 밸브 피스톤의 작동이 불량하다.
② 마스터 백 : 브레이크 페달과 마스터 실린더 사이에 배력장치가 설치되어 있는 형식.
③ 브레이크 부스터 : 마스터 실린더와 브레이크 파이프 사이에 배력장치가 설치된 형식.

(2) 공기식 배력장치(하이드로 에어백)
공기 압축기의 압력과 대기압의 압력차를 이용한 것이다.

4 브레이크 장치 점검 및 정비

(1) 베이퍼 록(vapor lock) 원인
① 긴 내리막길에서 과도한 브레이크를 사용했을 때
② 비점이 낮은 브레이크 오일을 사용했을 때
③ 드럼과 라이닝의 끌림에 의한 가열
④ 브레이크 슈 리턴스프링의 쇠손에 의한 잔압의 저하

(2) 브레이크 페달의 유격이 과다한 이유
① 브레이크 슈의 조정불량   ② 브레이크 페달의 조정불량
③ 마스터 실린더의 파손   ④ 유압 회로에 공기 유입
⑤ 휠 실린더의 파손

(3) 브레이크가 풀리지 않는 원인
① 마스터 실린더의 리턴스프링 불량
② 마스터 실린더의 리턴구멍의 막힘
③ 드럼과 라이닝의 소결
④ 푸시로드의 길이가 너무 길 때

(4) 브레이크가 작동하지 않는 원인
① 브레이크 오일 회로에 공기가 들어있을 때
② 브레이크 드럼과 슈의 간격이 너무나 과다할 때
③ 휠 실린더의 피스톤 컵이 손상되었을 때

(5) 유압식 제동장치에서 제동력이 떨어지는 원인
① 브레이크 오일의 누설   ② 패드 및 라이닝의 마멸
③ 유압장치에 공기 유입

3-2 기계식 및 공기식 제동장치

1 기계식 제동장치

(1) 주차 브레이크(핸드 브레이크)
정차중인 자동차의 자유 이동을 방지하는 역할을 한다.

(2) 감속 브레이크
- 자동차가 주행할 때만 작동되는 제 3브레이크이다.
- 긴 내리막 길에서 풋 브레이크와 겸용하여 브레이크 계통을 보호한다.
- 긴 내리막 길에서 페이드 현상이나 베이퍼록 현상을 방지한다.

① 배기 브레이크
- 엔진 브레이크의 효과를 향상시키기 위해 배기관에 회전이 가능한 로터리 밸브가 설치되어 있다.
- 로터리 밸브를 닫아 배기관 내에서 압축되도록 한 것을 배기 브레이크라 한다.

② 와전류 리타더
- 추진축과 함께 회전할 수 있도록 로터가 스테이터 앞·뒤에 설치되어 있다.
- 프레임에 스테이터와 여자 코일이 설치되어 있다.
- 로터에 와전류가 발생되면 자장과 상호 작용으로 제동력이 발생된다.

③ 하이드로릭 리타더 : 스테이터는 유체의 운동 에너지를 기계적 에너지로 변환하여 종감속 장치 쪽의 추진축에 전달한다.

④ 엔진 브레이크
- 가속 페달을 놓으면 피스톤 헤드에 형성되는 압력과 부압에 의해 제동 효과가 발생된다.
- 효과가 크지 않기 때문에 긴 내리막 길에서 변속 기어를 저속에 놓으면 브레이크 효과가 향상된다.

(3) 앤티 롤 장치(Antiroll System or Hill Hold)
언덕길에서 일시 정지하였다가 다시 출발할 때 자동차가 뒤로 구르는 것을 방지한다.

2 공기 브레이크

(1) 개요
① 대형 차량에서 압축 공기를 이용하여 제동력을 발생시키는 형식이다.
② 브레이크 페달을 밟으면 압축 공기가 브레이크 슈를 드럼에 압착시켜 제동력을 발생한다.
③ 압축 공기 계통과 제동 계통으로 구분된다.

① 공기 브레이크의 장점
- 차량의 중량이 커도 사용할 수 있다.
- 공기가 누출되어도 브레이크 성능이 현저하게 저하되지 않아 안전도가 높다.
- 오일을 사용하지 않기 때문에 베이퍼록이 발생되지 않는다.
- 페달을 밟는 양에 따라서 제동력이 증가되므로 조작하기 쉽다.
- 트레일러를 견인하는 경우에 연결이 간편하고 원격 조종을 할 수 있다.
- 압축 공기의 압력을 높이면 더 큰 제동력을 얻을 수 있다.

② 공기 브레이크의 단점
- 제작비가 유압 브레이크보다 비싸다.
- 엔진의 출력을 이용하여 공기를 압축하므로 연료 소비율이 많다.

(2) 공기압축기의 구조

① 압축 공기 계통의 구성 부품
- 공기 압축기 : 엔진 회전 속도의 $\frac{1}{2}$로 구동되어 공기를 압축시키는 역할
- 언로더 밸브 : 공기 압축기의 흡입 밸브에 설치되어 공기 탱크 내의 압력이 $8.5 kgf/cm^2$에 이르면 압축 작용을 정지시킨다.
- 압축 공기 탱크 : 압축 공기를 저장하는 역할을 한다.
- 압력 조정기 : 공기 탱크 내의 압력을 $5~7 kgf/cm^2$로 유지시키는 역할을 한다.
- 공기 드라이어 : 압축 공기중에 포함되어 있는 수증기를 제거

② 브레이크 계통의 구성 부품
- 브레이크 밸브 : 배출 포트가 열리면 압축 공기가 앞 브레이크 챔버에 공급되어 제동력이 발생된다.
- 릴레이 밸브 : 브레이크 밸브에서 공급된 압축 공기를 뒤 브레이크 챔버에 공급하는 역할을 한다.
- 퀵 릴리스 밸브 : 퀵 릴리스 밸브는 양쪽 앞 브레이크 챔버에 설치되어 브레이크 해제시 압축 공기를 배출시킨다.
- 브레이크 챔버 : 공기의 압력을 기계적 에너지로 변환시키는 역할을 한다.
- 슬랙 어저스터
- 브레이크 캠 : 브레이크 슈를 드럼에 압착시켜 제동력이 발생된다.

③ 안전 계통
- 저압 표시기 : 공기 압력이 낮으면 접점이 닫혀 계기판의 경고등을 점등시킨다.
- 체크 밸브 : 공기 탱크의 공기가 압축기로 역류되는 것을 방지한다.
- 안전 밸브 : 공기 탱크 내의 압력을 $7~8.5 kgf/cm^2$로 유지시키는 역할을 한다.

(3) 제동장치 공식

① 제동 토크

$$TB = \mu \times p \times r$$

TB : 브레이크 토크 μ : 드럼과 라이닝의 마찰 계수
r : 드럼의 반지름 p : 드럼에 걸리는 브레이크 압력

② 제동 거리

$$L = \frac{V^2}{2\mu g} \quad \cdots\cdots\cdots\cdots (1)$$

L : 제동 거리(m) V : 제동 초속도(m/sec) g : 중력 가속도 9.8m/sec²
μ : 타이어와 노면과의 마찰 계수 (μ의 값은 포장도로에서는 0.5~0.7)

$$S = \frac{V^2}{254} \times W + \frac{W'}{F} \quad \cdots\cdots (2)$$

W : 자동차 총중량(kgf) F : 제동력 S : 제동거리(m) V : 주행속도(km/h) W' : 회전부분 상당중량(kgf)

③ 미끄럼률(slip률)

$$미끄럼률 = \frac{자동차\ 속도 - 바퀴\ 속도}{자동차\ 속도} \times 100$$

핵심기출문제

1. 유압식 제동장치

01 차량 속도를 감속하거나 정지시키기 위한 장치는?
  ① 현가장치 ② 조향장치
  ③ 주행장치 ④ 제동장치

02 유압식 브레이크는 어떤 원리를 이용한 것인가?
  ① 뉴톤의 원리
  ② 파스칼의 원리
  ③ 베르누이의 원리
  ④ 애커먼 장토의 원리

03 작용 면적이 30cm²인 피스톤에 20kgf/cm²의 압력이 작용하면 작동력은 얼마인가?
  ① 300 kgf ② 600kgf
  ③ 150 kgf ④ 6 kgf

04 제동장치에서 마스터 실린더의 내경이 2cm, 푸시로드에 100kgf의 힘이 작용할 때 브레이크 파이프에 작용하는 압력은 약 얼마인가?
  ① 32kgf/cm² ② 25kgf/cm²
  ③ 10kgf/cm² ④ 2kgf/cm²

05 탠덤 마스터 실린더(tandem master cylinder)의 사용 목적은?
  ① 앞·뒷바퀴의 제동거리를 짧게 한다.
  ② 뒤 바퀴의 제동효과를 증가시킨다.
  ③ 보통 브레이크와 차이가 없다.
  ④ 앞·뒤 브레이크를 분리시켜 제동안전을 유익하게 한다.

06 마스터 실린더에서 피스톤 1차 컵이 하는 일은?
  ① 오일 누출 방지
  ② 유압 발생
  ③ 잔압 형성
  ④ 베이퍼록 방지

---

01. 제동장치는 주행 중의 자동차를 감속 또는 정지시키며, 자동차의 주차 상태를 유지시키는 역할을 한다.
02. 유압 브레이크는 파스칼의 원리를 이용한 장치이며, 파스칼의 원리란 밀폐된 용기 내에 액체를 가득 채우고 압력을 가하면 모든 방향으로 같은 압력이 작용한다는 원리이다.
03. $P = \dfrac{W}{A} = \dfrac{W}{\dfrac{\pi \times D^2}{4}}$
  P : 압력(kgf/cm²), W : 작동력(kgf)
  A : 작용면적(cm²), D : 피스톤 지름(cm)
  $W = P \times A = 20 kgf/cm^2 \times 30 cm^2 = 600 kgf$

04. $P = \dfrac{W}{A} = \dfrac{W}{\dfrac{\pi \times D^2}{4}} = \dfrac{100}{\dfrac{\pi \times 2^2}{4}} = 31.83 kgf/cm^2$

06. 마스터 실린더
  ① **1차 컵** : 유압 발생 및 유밀을 유지하는 역할을 한다.
  ② **2차 컵** : 오일이 실린더 외부로 누출되는 것을 방지하는 역할을 한다.
  ③ **첵 밸브** : 오일 라인에 0.6~0.8kgf/cm²의 잔압을 유지시키는 역할을 한다.

01.④ **02.**② **03.**② **04.**① **05.**④ **06.**②

07 다음 보기의 ( ) 들어갈 적당한 말은?

> 브레이크를 작용시킬 때 브레이크 페달이 서서히 밑바닥으로 가라앉으면 마스터 실린더의 ( )부분에 결함이 있다.

① 부트
② 피스톤
③ 1차 컵
④ 타이어드럼

08 유압 브레이크에서 잔압과 관계가 있는 부품은?
① 마스터 실린더 피스톤 1차 컵과 2차 컵
② 마스터 실린더의 체크 밸브와 복귀 스프링
③ 마스터 실린더 오일 탱크
④ 마스터 실린더 피스톤

09 브레이크 마스터 실린더의 푸시로드 길이를 길게 하였을 때 발생할 수 있는 현상은?
① 라이닝 작용이 원활하다.
② 라이닝이 팽창하여 풀리지 않을 수 있다.
③ 브레이크 페달 높이가 낮아진다.
④ 라이닝 팽창이 풀린다.

10 브레이크 드럼이 갖추어야 할 조건이 아닌 것은?
① 정적, 동적 평형이 잡혀 있을 것.
② 슈와 마찰면에 내마멸성이 있을 것.
③ 방열이 잘되지 않을 것.
④ 충분한 강성이 있을 것.

11 브레이크 드럼 점검사항과 가장 거리가 먼 것은?
① 드럼의 진원도 ② 드럼의 두께
③ 드럼의 내경   ④ 드럼의 외경

12 브레이크 슈의 리턴스프링에 관한 설명으로 가장 거리가 먼 것은?
① 브레이크 슈의 리턴스프링이 약하면 휠 실린더 내의 잔압이 높아진다.
② 브레이크 슈의 리턴스프링이 약하면 드럼을 과열시키는 원인이 될 수도 있다.
③ 브레이크 슈의 리턴스프링이 강하면 드럼과 라이닝의 접촉이 신속히 해제된다.
④ 브레이크 슈의 리턴스프링이 약하면 브레이크 슈의 마멸이 촉진될 수 있다.

13 회전중인 브레이크 드럼에 제동을 걸면 슈는 마찰력에 의해 드럼과 함께 회전하려는 경향이 생겨 확장력이 커지므로 마찰력이 증대되는데 이러한 작용을 무엇이라 하는가?
① 자기작동 작용
② 브레이크 작용
③ 페이드 현상
④ 상승작용

14 제동장치에서 전진방향 주행시 자기작용이 발생되는 슈를 무엇이라 하는가?
① 서보 슈   ② 리딩 슈
③ 트레일링 슈 ④ 역전 슈

---

07. 마스터 실린더의 1차 컵이 손상되면 브레이크를 작용시킬 때 브레이크 페달이 서서히 밑바닥으로 가라앉는다.
10. 브레이크 드럼의 구비조건
  ① 정적, 동적 평형이 잡혀 있을 것.
  ② 브레이크가 확장되었을 때 변형되지 않을 만한 충분한 강성이 있을 것.
  ③ 마찰면에 충분한 내마멸성이 있을 것.
  ④ 방열이 잘될 것.
  ⑤ 가벼울 것.
12. 드럼식 브레이크에서 브레이크 슈 리턴 스프링의 장력이 약해지면 휠 실린더 내의 잔압이 낮아진다.
13. 자기 작동 작용 : 제동시 마찰력이 더욱 증대되는 작용을 말한다.

07.③ 08.② 09.② 10.③ 11.④ 12.①
13.① 14.②

15 드럼식 제동장치에서 자기작동 작용을 하는 슈는?
① 리딩 슈 ② 앵커 슈
③ 트레일링 슈 ④ 패드 슈

16 자동차의 제동장치에서 듀어 서보형 브레이크의 설명으로 옳은 것은?
① 전진시 브레이크를 작동하면 1차 및 2차 슈가 자기 작동하고, 후진 시는 자기작동을 하지 않는다.
② 전진시 브레이크를 작동하면 1차 슈만 자기 작동한다.
③ 전, 후진시 브레이크를 작동하면 1차 및 2차 슈가 자기 작동한다.
④ 후진시에만 1차 및 2차 슈가 자기 작동을 한다.

17 브레이크(brake) 장치 중 듀어 서보 형식에서 전진할 때 앞쪽의 슈를 무엇이라고 하는가?
① 서보슈 ② 후진슈
③ 1차슈 ④ 2차슈

18 디스크 브레이크에 대한 설명으로 맞는 것은?
① 드럼 브레이크에 비하여 브레이크의 평형이 좋다.
② 드럼 브레이크에 비하여 한쪽만 브레이크 되는 일이 많다.
③ 드럼 브레이크에 비하여 베이퍼록이 일어나기 쉽다.
④ 드럼 브레이크에 비하여 페이드 현상이 일어나기 쉽다.

19 브레이크장치에서 디스크 브레이크의 특징이 아닌 것은?
① 제동시 한쪽으로 쏠리는 현상이 적다.
② 패드 면적이 크기 때문에 높은 유압이 필요하다.
③ 브레이크 페달의 행정이 일정하다.
④ 수분에 대한 건조성이 빠르다.

---

15. 리딩 슈와 트레일링 슈
① **리딩 슈** : 드럼 브레이크에서 브레이크 슈를 드럼 안쪽면으로 밀어붙일 때 드럼의 회전 방향에 따라 앵커 핀을 작용점으로 하여 드럼을 밀어붙이는 방식. 마찰력이 작용하면 자동적으로 발생하는 자기작동 작용에 의하여 앵커 핀 주위에 슈를 한층 강하게 드럼을 밀어붙이도록 하는 토크가 발생하므로 브레이크의 작동 능력이 증가하는 효과(자기작동효과)가 발생한다.
② **트레일링 슈** : 브레이크 드럼에서 제동할 때 마찰(제동력)을 감소되는 슈로 마찰력에 의해 브레이크 드럼으로부터 안쪽으로 향하는 선회력이 작용하여 제동력이 작아진다.

16. ① **넌 서보 브레이크** : 전진에서 브레이크를 작동하면 1차 슈만 자기 작동한다.
② **유니 서보 브레이크** : 전진에서 브레이크를 작동하면 1차 및 2차 슈가 자기작동하고, 후진에서는 자기작동을 하지 않는다.
③ **듀어 서보 브레이크** : 전후진에서 브레이크를 작동하면 1차 및 2차 슈가 자기 작동한다.

17. 듀오서보 브레이크는 전후진시 브레이크를 작동시키면 1차 슈 및 2차 슈가 자기 작동하는 형식으로서 전진할 때 앞쪽의 슈를 1차 슈라 한다.

18. 디스크 브레이크의 특징
① 페이드 현상이 잘 일어나지 않는다.
② 구조가 간단하다.
③ 브레이크의 편제동 현상이 적다.
④ 브레이크의 평형이 좋다.
⑤ 자기작동 효과가 작다.

19. 디스크 브레이크의 단점
① 마찰 면적이 작기 때문에 패드를 압착하는 힘을 크게 하여야 한다.
② 자기 작동 작용을 하지 않기 때문에 페달을 밟는 힘이 커야 한다.
③ 패드는 강도가 큰 재료로 만들어야 한다.

15.① **16.**③ **17.**③ **18.**① **19.**②

20 자동차의 제동 배력장치는 제동력을 증가시켜주는 보조 장치이다. 진공을 이용한 작동원에 의한 분류가 아닌 것은?
① 하이드로 마스터 ② 마스터 백
③ 뉴 바이커 ④ 에어 마스터

21 마스터 백은 무엇을 이용하여 브레이크에 배력 작용을 하는가?
① 배기가스 압력을 이용한다.
② 대기 압력만을 이용한다.
③ 흡기다기관의 압력만을 이용한다.
④ 대기압과 흡기 다기관의 압력차를 이용한다.

22 브레이크를 밟았을 때 하이드로백 내의 작동이다. 틀린 것은?
① 공기 밸브는 닫힌다.
② 진공 밸브는 닫힌다.
③ 동력 피스톤이 하이드롤릭 실린더 쪽으로 움직인다.
④ 동력 피스톤 앞쪽은 진공상태이다.

23 배력식 브레이크에서 마스터백의 리액션 디스크가 탈락되면 어떻게 되겠는가?
① 브레이크가 전혀 듣지 않는다.
② 브레이크가 끌리게 된다.
③ 때때로 제동력이 변화한다.
④ 완만한 제동시 제어가 곤란하다.

24 일반적인 브레이크 오일의 주성분은?
① 윤활유와 경유
② 알코올과 피마자 기름
③ 알코올과 윤활유
④ 경유와 피마자 기름

25 다음은 브레이크 오일이 갖추어야 할 조건 설명이다. 적당치 않은 것은?
① 비점이 높아 베이퍼록을 일으키지 않을 것
② 윤활 성능이 있을 것
③ 알맞은 점도를 가지고 온도에 대한 점도 변화가 작을 것
④ 빙점이 낮고, 인화점이 낮을 것

26 유압식 브레이크 장치의 공기빼기 작업방법으로 틀린 것은?
① 공기는 블리더 플러그에서 뺀다.
② 마스터 실린더에서 먼 곳의 휠 실린더부터 작업한다.
③ 마스터 실린더에 브레이크액을 보충하면서 작업한다.
④ 브레이크 파이프를 빼면서 작업한다.

---

20. 에어 마스터는 압축 공기의 압력을 이용하여 제동력을 증가시켜주는 보조 장치이다.
21. 하이드로 백, 마스터 백, 브레이크 부스터는 엔진 흡기 다기관의 진공과 대기압의 압력차 0.7kgf/cm²를 이용하여 배력 작용을 한다.
22. 브레이크를 밟았을 때는 공기 밸브가 열려 대기압이 동력 피스톤의 뒤쪽에 공급되도록 하여 배력 작용이 이루어지도록 한다.
23. 배력식 브레이크에서 마스터백의 리액션 디스크가 탈락되면 완만한 제동에서 제어가 곤란하다.
25. **브레이크 오일의 구비 조건**
 ① 빙점은 낮고, 인화점이 높을 것
 ② 비점이 높아 베이퍼록을 일으키지 않을 것
 ③ 윤활 성능이 있을 것
 ④ 알맞은 점도를 가지고 온도에 대한 점도 변화가 작을 것
26. **유압식 브레이크의 공기빼기 작업**
 ① 일반적으로 마스터 실린더에서 제일 먼 곳의 휠 실린더부터 행한다.
 ② 마스터 실린더에 브레이크 오일을 보급하면서 행한다.
 ③ 공기는 휠 실린더 에어블리드 밸브에서 뺀다.
 ④ 브레이크 오일이 차체의 도장 부분에 묻지 않도록 주의한다.

20.④ 21.④ 22.① 23.④ 24.② 25.④ 26.④

27 브레이크의 파이프 내에 공기가 들어가면 일어나는 현상으로 가장 적당한 것은?
① 브레이크 오일이 냉각된다.
② 오일이 마스터 실린더에서 샌다.
③ 브레이크 페달의 유격이 크게 된다.
④ 브레이크가 지나치게 급히 작동한다.

28 자동차의 브레이크장치 유압회로 내에서 생기는 베이퍼록의 원인이 아닌 것은?
① 긴 내리막길에서 과도한 브레이크 사용
② 비점이 높은 브레이크 오일을 사용했을 때
③ 드럼과 라이닝의 끌림에 의한 가열
④ 브레이크 슈 리턴스프링의 쇠손에 의한 잔압의 저하

29 브레이크를 작동시키다 페달을 놓았을 때 브레이크가 풀리지 않는 원인과 관계없는 것은?
① 마스터 실린더의 리턴 스프링 불량
② 마스터 실린더의 리턴 구멍의 막힘
③ 드럼과 라이닝의 소결
④ 브레이크의 파열

30 브레이크 페달을 밟아도 브레이크 효과가 나쁘다. 그 원인이 아닌 것은?
① 브레이크 오일의 부족
② 라이닝에 오일 부착
③ 브레이크액에 공기 혼입
④ 브레이크 간격 조정이 지나치게 적을 때

31 유압식 제동장치에서 제동시 제동력 상태가 불량할 경우 고장 원인으로 거리가 먼 것은?
① 브레이크 액의 누설
② 브레이크 슈 라이닝의 과대 마모
③ 브레이크 액 부족 또는 공기 유입
④ 비등점이 높은 브레이크 액 사용

32 유압식 제동장치에서 제동력이 떨어지는 원인 중 틀린 것은?
① 브레이크 오일의 누설
② 엔진 출력 저하
③ 패드 및 라이닝의 마멸
④ 유압장치에 공기 유입

33 브레이크 페달을 밟았을 때 소음이 나거나 차량이 떨리는 요인에 가장 근접한 내용은?
① 브레이크계통에 공기가 유입됨
② 패드의 접촉면이 불균일함
③ 브레이크 페달 리턴 스프링이 약함
④ 패드 면에 그리스나 오일이 묻어 있을 때

---

28. 베이퍼록의 발생원인
① 내리막길에서 과도한 브레이크를 사용할 때
② 드럼과 라이닝의 끌림에 의한 과열
③ 브레이크 슈 리턴스프링의 쇠손에 의한 라이닝이 끌릴 때
④ 브레이크 오일의 변질에 의한 비점이 저하되었을 때
⑤ 불량한 브레이크 오일을 사용할 때
⑥ 브레이크 라인에 잔압이 낮을 때

29. 브레이크가 풀리지 않는 원인
① 마스터 실린더 리턴 스프링의 불량
② 마스터 실린더 리턴 구멍의 막힘
③ 마스터 실린더 컵이 부풀었을 경우
④ 브레이크 페달 리턴 스프링의 불량
⑤ 브레이크 드럼과 라이닝의 소결
⑥ 브레이크 페달 자유간극이 적을 경우

30. 제동력이 불충분한 원인
① 브레이크 오일이 부족한 경우
② 브레이크 계통 내에 공기가 혼입된 경우
③ 패드 및 라이닝이 과대 마모된 경우
④ 패드 및 라이닝에 오일이 묻었을 경우
⑤ 페이드 현상이 발생되었을 경우
⑥ 마스터 실린더에서 오일이 누설되는 경우
⑦ 휠 실린더에서 오일이 누설되는 경우

27.③ **28.**② **29.**④ **30.**④ **31.**④ **32.**②
33.②

34 브레이크를 밟았을 때 자동차가 한쪽으로 쏠리는 이유 중 틀린 것은?
① 좌우 타이어의 공기압이 차이가 있다.
② 라이닝의 접촉이 비정상적이다.
③ 휠 실린더의 작동이 불량하다.
④ 좌우 드럼의 마모가 균일하게 심하다.

35 하이드로 백을 설치한 차량에서 브레이크 페달 조작이 무거운 원인이 아닌 것은?
① 진공용 첵밸브의 작동이 불량하다.
② 진공 파이프 각 접속부에서 새는 곳이 있다.
③ 브레이크 페달 간극이 크다.
④ 릴레이 밸브 피스톤이 작동이 불량하다.

36 다음 브레이크 정비에 대한 설명 중 틀린 것은?
① 패드 어셈블리는 동시에 좌우, 안과 밖을 세트로 교환한다.
② 패드를 지지하는 록크 핀에는 그리스를 도포한다.
③ 마스터 실린더의 분해조립은 바이스에 물려 지지한다.
④ 브레이크액이 공기와 접촉하면 수분을 흡수하여 비등점이 상승하여 제동성능이 향상된다.

---

34. 제동시 조향 핸들이 한쪽으로 쏠리는 원인
① 좌우 타이어의 공기압력이 불균일하다.
② 앞차축 한쪽의 스프링이 절손되었다.
③ 좌우 브레이크 간극이 불균일하다.
④ 휠 얼라인먼트(캐스터)의 조정이 불량하다.
⑤ 한쪽의 허브 베어링이 마모되었다.
⑥ 한쪽 쇽업소버의 작동이 불량하다.
⑦ 조향 너클이 휘어 있다.
⑧ 한쪽 휠 실린더의 작동이 불량하다.

34.④ **35.**③ **36.**④

4장 주행 및 구동장치

4-1 휠 및 타이어

1 개요

① 타이어는 휠의 림에 설치되어 일체로 회전한다.
② 노면으로부터의 충격을 흡수하여 승차감을 향상시킨다.
③ 노면과 접촉하여 자동차의 구동이나 제동을 가능하게 한다.

(1) 타이어의 종류

① **사용 압력에 의한 분류**

가. 고압 타이어 : 공기 압력이 4.2~6.3kgf/cm²(60~90PSI), 트럭 및 버스에 사용한다.

나. 저압 타이어
- 타이어 공기 압력이 2.1~2.5kgf/cm²(30~36PSI) 정도이다.
- 단면적이 고압 타이어의 약 2배 정도이고 압력이 낮아 완충 효과가 양호하다.
- 압입 공기량이 많고 노면과의 접지 면적이 넓다.

다. 초 저압 타이어 : 공기 압력이 1.7~2.1kgf/cm²(24~30PSI), 승용 자동차에 많이 사용

② **튜브 유무에 의한 분류**

가. 튜브 타이어 : 타이어 내부에 내압을 유지하는 공기 주머니인 튜브가 설치된 타이어

나. 튜브 리스 타이어 : 공기 주머니인 튜브를 사용하지 않는 타이어이다.
- 장점
  - 고속 주행을 하여도 발열이 적다.
  - 튜브가 없기 때문에 중량이 가볍다.
  - 못 같은 것이 박혀도 공기가 잘 새지 않는다.
  - 펑크의 수리가 간단하다.
- 단점
  - 유리 조각 등에 의해 손상되면 수리하기가 어렵다
  - 림이 변형되면 타이어와 밀착이 불량하여 공기가 누출되기 쉽다.

③ 타이어 형상에 의한 분류

가. 바이어스 타이어(보통 타이어) : 버스 및 트럭에 사용된다.
- 카커스의 코드가 사선 방향으로 설치된 타이어이다.
- 카커스의 코드가 타이어 원주 방향의 중심선에 대하여 보통 25~40°의 각도로 교차시켜 접합된 타이어이다.

나. 편평 타이어(광폭 타이어)
- 타이어 단면의 높이와 폭의 비인 편평비로 표시된 것으로 보통 타이어보다 작다.
- 접지 면적이 크고 옆 방향 변형에 대해 강도가 크다.
- 제동시, 출발시, 가속시 미끄러짐이 작고 선회성이 좋아 승용 자동차에 많이 사용된다.

다. 레이디얼 타이어
- 카커스의 코드 방향이 원둘레 방향의 직각 방향으로 배열되어 있다.
- 브레이커는 원둘레 방향으로 카커스와 교차되어 배열되어 있다.
- 원 둘레 방향의 압력은 브레이커가 받고 직각 방향의 압력은 카커스가 받는다.

1) 장점
- 타이어 트레드의 접지 면적이 크고 타이어 단면의 편평율을 크게 할 수 있다.
- 보강대의 벨트를 사용하기 때문에 하중에 의한 트레드의 변형이 적다.
- 트레드가 얇기 때문에 방열성이 양호하다.
- 선회시에도 트레드의 변형이 적어 접지 면적이 감소되는 경향이 적다.
- 선회시의 사이드 슬립 또는 고속 주행시의 슬립에 의한 회전 손실이 적다.
- 로드 홀딩이 향상되며, 스탠딩 웨이브가 잘 일어나지 않는다.

2) 단점
- 보강대의 벨트가 단단하기 때문에 충격의 흡수가 잘 되지 않는다.
- 충격의 흡수가 나빠 승차감이 나빠진다.

라. 스노우 타이어
- 눈길에서 미끄러지지 않도록 타이어의 트레드 폭을 크게 한 타이어이다.
- 트레드 패턴의 홈 깊이가 깊어 눈 길에서 미끄럼이 방지되어 주행이 쉽다.
- 보통 타이어보다 트레드 폭이 10~20% 넓고, 홈 깊이는 50~70% 정도 깊게 되어 있다.
- 스노 타이어 사용시 주의 사항
 - 바퀴가 록 되면 제동 거리가 길어지기 때문에 급 브레이크를 사용하지 않는다.
 - 출발할 때에는 가능한 천천히 회전력을 전달하고 구동 바퀴에 가해지는 하중을 크게 하여 구동력을 높일 것.
 - 급한 경사로를 올라갈 때에는 저속 기어를 사용하고 서행할 것.
 - 50% 이상 마멸되면 스노우 타이어의 특성이 상실되기 때문에 타이어 체인을 병용할 것.

(2) 타이어의 구조

① 트레드 : 노면에 접촉되는 부분, 슬립의 방지와 열의 방산

② 카커스
- 내부의 공기 압력을 받으며, 타이어의 형상을 유지시키는 뼈대이다.
- 코드층의 수를 플라이 수로 표시하며, 플라이 수가 클수록 큰 하중에 견딘다.
- 승용차의 저압 타이어는 4~6ply, 트럭 및 버스의 고압 타이어는 8~16ply로 되어 있다.

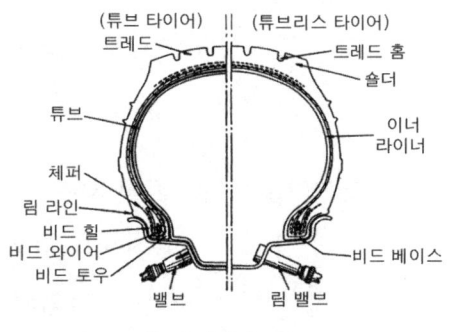

△ 타이어의 구조

③ 브레이커
- 브레이커는 카커스와 트레드 사이에 몇 겹의 코드층으로 설치되어 있다.
- 노면에서의 충격을 완화하고 트레드의 손상이 카커스에 전달되는 것을 방지한다.

④ 비드 : 타이어가 림에 부착 상태를 유지, 림에서 이탈되는 것을 방지하는 역할을 한다.

(3) 타이어 트레드 패턴

① 트레드 패턴의 필요성
- 타이어 내부의 열을 발산한다.
- 트레드에 생긴 절상 등의 확대를 방지한다.
- 전진 방향의 미끄러짐이 방지되어 구동력을 향상시킨다.
- 타이어의 옆방향 미끄러짐이 방지되어 선회 성능이 향상된다.

② 트레드 패턴의 종류

가. 러그 패턴 : 강력한 견인력이 발생되는 패턴으로 험한 도로 및 비포장 도로에 적합하다.

나. 리브 패턴
- 포장 노면에서 고속으로 주행하기 적합한 패턴이다.
- 주행 중 소음이 적기 때문에 승용 자동차에 많이 사용된다.
- 옆 방향의 슬립에 대한 저항이 크고 조향성, 승차감이 우수하다.

다. 리브 러그 패턴 : 리브 패턴과 러그 패턴을 조합시킨 형식이다.

(4) 타이어의 호칭

① 편평비는 고속 주행의 안전성을 향상시키기 위해 작을수록 좋다.

$$편평비 = \frac{타이어\ 높이}{타이어\ 폭} \times 100$$

② **저압 타이어의 호칭 치수** : 타이어 폭(inch) - 타이어 내경(inch) - 플라이수

③ **고압 타이어의 호칭 치수** : 타이어 외경(inch) × 타이어 폭(inch) - 플라이수

```
6.00 - 12 - 4PR              B70 - 13 - 4PR
6.00 : 타이어 폭(inch)         B : 부하 능력
12 : 타이어 내경(inch)         70 : 편평비(%)
4 : 플라이 수                  13 : 타이어 내경(inch)
```

④ 레이디얼 타이어 호칭 치수

```
185/70 H R 13                195/60 R 14 85 H
185 : 타이어 폭(mm)            195 : 타이어 폭(mm)
70 : 편평비(%)                60 : 편평비(%)
H : 속도 기호                 R : 레이디얼 타이어
R : 레이디얼 타이어            14 : 타이어 내경(inch)
13 : 타이어 내경(inch)         85 : 하중지수 / H : 속도 기호
```

(5) 타이어의 이상현상

① **스탠딩 웨이브 현상** : 타이어 공기압이 낮은 상태로 고속 주행 중 어느 속도 이상이 되면 타이어 트레드와 노면과의 접촉부 뒷면의 원주상에 파형이 발생된다.

② **하이드로 플레이닝(수막현상)** : 비 또는 눈이 올 때 타이어가 노면에 직접 접촉되지 않고 물위에 떠 있는 현상을 말한다.

△ 스탠딩 웨이브 현상

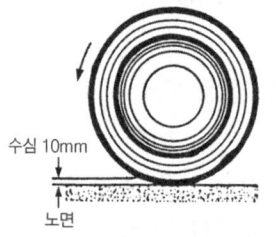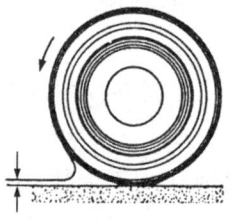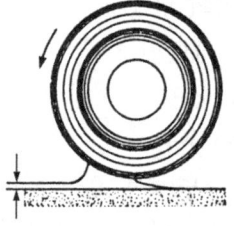

△ 하이드로 플래닝 현상

③ **바퀴의 평형**(wheel balance)
- 정적 평형(static balance) : 정적 밸런스가 유지되지 않으면 바퀴는 상하 방향으로 진동하는 트램핑 현상이 발생된다.
- 동적 평형(dynamic balance) : 동적 밸런스가 유지되지 않으면 바퀴는 좌우 방향으로 진동하는 시미 현상이 발생된다.

(6) 타이어의 정비

① 타이어 취급시 주의 사항
- 자동차의 용도에 알맞은 크기, 트레드 패턴, 플라이수의 것을 선택한다.

- 타이어의 공기 압력과 하중을 규정대로 지킬 것.
- 급출발, 급정지에서 타이어 마멸이 촉진되므로 가능한 피한다.
- 앞바퀴 얼라인먼트를 바르게 조정한다.
- 과부하를 걸지 말고 고속 운전을 삼가한다.
- 타이어의 온도가 120~130℃(임계 온도)가 되면 강도와 내마멸성이 급감된다.
- 알맞은 림을 사용한다.

② 타이어 위치 교환
- 타이어의 마모량을 평균화하기 위하여 위치를 교환하여야 한다.
- 타이어의 이상 마모를 방지하고 수명을 연장하기 위하여 위치를 교환하여야 한다.
- 타이어 위치 교환시기
  - 승용 자동차 : 8000km 주행마다 위치를 교환하여야 한다.
  - 트럭의 경우 : 3000~5000km 주행마다 위치를 교환하여야 한다.

2 프레임

① 엔진 및 섀시 부품을 장착할 수 있는 뼈대이다.
② 노면으로부터의 충격과 휨, 비틀림 등에 충분히 견딜 수 있는 강성과 강도가 있어야 한다.
③ 프레임은 가벼워야 한다.

(1) 모노코코 보디(일체 구조형)

① 프레임과 차체가 일체로 구성된 형식으로 승용 자동차에 사용된다.
② 세로 멤버나 가로 멤버를 두지 않고 차체 전체가 하중을 분담한다.
③ 보디에 강성을 높여 모든 부품을 장착하도록 되어 있다.
④ 차체를 낮게 유지할 수 있고 중량을 경량화 할 수 있다.

4-2 구동력 및 주행성능

1 구동력

(1) 구동력

① 구동력은 구동 바퀴가 자동차를 밀거나 끌어당기는 힘(kgf)을 말한다.
② 구동력은 구동축의 회전력에 비례한다.
③ 구동력은 주행 저항과 같거나 커야 자동차의 속도를 유지할 수 있다.
④ 구동력은 엔진의 회전수에 관계없이 일정하다.

$$F = \frac{T}{r} \quad \begin{array}{l} F : 구동력(kgf) \quad T : 회전력(m\text{-}kgf) \\ r : 구동 바퀴의 반경(m) \end{array}$$

(2) 가속 성능
① 기관의 가속력에 비례한다.
② 총 감속비에 비례한다.
③ 타이어 유효반경에 반비례한다.
④ 기관의 여유출력에 비례한다.

(3) 가속 성능을 향상시키기 위한 방법
① 여유 구동력을 크게 한다.
② 자동차의 총 중량을 작게 한다.
③ 종 감속비를 크게 한다.
④ 주행 저항을 적게 한다.
⑤ 변속단수를 많이 둔다.
⑥ 구동 바퀴의 유효반경을 작게 한다.

2 주행성능

(1) 주행속도(V)

$$V = \pi D \times \frac{N}{r \times rf} \times \frac{60}{1000}$$

D : 바퀴직경   N : 기관 회전수
r : 변속비   rf : 종감속비

(2) 주행 저항

주행저항에서 차량의 중량과 관계있는 저항은 구름저항, 가속저항, 구배 저항 등이며, 공기 저항은 자동차가 주행할 때 받는 저항으로 자동차의 앞면 투영 면적과 관계가 있다.

① 구름 저항(Rr)

$$Rr = \mu r \cdot W$$

μr : 구름저항 계수   W : 차량 총중량

가. 구름저항의 발생 원인
- 노면 및 타이어 접지부의 변형에 의한 것.
- 타이어의 미끄러짐에 의한 것.

② 공기 저항(Ra)

$$Ra = \mu a \cdot A \cdot V_2$$

μa : 공기저항 계수   A : 전면 투영면적
V : 주행속도

가. 공기 저항의 요소
- 자동차의 최대 단면적에 작용되는 풍압
- 자동차의 주위에서 발생되는 자동차 표면과 공기와의 마찰
- 공기 흐름의 맴돌이

③ 구배 저항(Rc)

$$Rc = W \cdot \sin\alpha$$

W : 차량 총중량   α : 경사각도

④ 가속 저항(Rc)

$$Rc = \frac{W + \Delta W}{g} \cdot \alpha \quad \text{또는} \quad \frac{(1+\alpha)W}{g} \cdot \alpha$$

W : 차량 총중량
α : 가속도
g : 중력 가속도

⑤ 전 주행 저항

전 주행 = 구름저항 + 공기저항 + 구배저항 + 가속저항

핵심기출문제

1. 휠 및 타이어

01 휠(Wheel)의 구성요소가 아닌 것은?
① 휠 허브   ② 휠 디스크
③ 트레드   ④ 림

02 레이디얼(radial) 타이어의 장점이 아닌 것은?
① 미끄럼이 적고 견인력이 좋다.
② 선회시 안전하다.
③ 조종 안정성이 좋다.
④ 저속 주행, 험한 도로 주행 시에 적합하다.

03 튜브리스 타이어의 특징으로 틀린 것은?
① 못에 찔려도 공기가 급격히 새지 않는다.
② 유리조각 등에 의해 찢어지는 손상도 수리하기 쉽다.
③ 고속 주행하여도 발열이 적다.
④ 림이 변형되면 공기가 새기 쉽다.

04 다음 중 타이어의 구조에 해당되지 않는 것은?
① 트레드   ② 브레이커
③ 카커스   ④ 압력판

05 지면과 직접 접촉은 하지 않고 주행 중 가장 많은 완충작용을 하고 타이어 규격 및 각종 정보가 표시된 부분은?
① 카커스(carcass)부
② 트레드(tread)부
③ 사이드월(side wall)부
④ 비드(bead)부

---

01. 트레드는 타이어를 구성하는 부분으로 노면에 접촉되기 때문에 내마멸성의 고무로 형성되어 있다.

02. 레이디얼 타이어의 장점
① 타이어 단면의 편평율을 크게 할 수 있다.
② 타이어 트레드의 접지 면적이 크다.
③ 보강대의 벨트를 사용하기 때문에 하중에 의한 트레드의 변형이 적다.
④ 선회시에도 트레드의 변형이 적어 접지 면적이 감소되는 경향이 적다.
⑤ 전동 저항이 적고 내미끄럼성이 향상된다.
⑥ 로드 홀딩이 향상되며, 스탠딩 웨이브가 잘 일어나지 않는다.

03. 튜브리스 타이어의 특징
① 고속 주행을 하여도 발열이 적다.
② 튜브가 없기 때문에 중량이 가볍다.
③ 못 등에 찔려도 공기가 급격히 새지 않는다.
④ 펑크의 수리가 간단하다.
⑤ 유리조각 등에 의해 손상되면 수리가 어렵다.
⑥ 림이 변형되면 공기가 새기 쉽다.

04. 타이어 각 부분의 기능
① **브레이커** : 고무로 피복된 코드를 여러 겹 겹친 층에 해당되며, 타이어 골격을 이루는 부분으로 노면에서의 충격을 완화하고 트레이드의 손상이 카커스에 전달되는 것을 방지한다.
② **카커스** : 타이어의 뼈대가 되는 부분으로서 공기의 압력을 견디어 일정한 체적을 유지하고 또 하중이나 충격에 따라 변형하여 완충작용을 한다.
③ **트레드** : 직접 노면과 접촉되어 마모에 견디고 적은 슬립으로 견인력을 증대시키는 역할을 한다.
④ **비드** : 자동차 타이어에서 내부에는 고탄소강의 강선(피아노선)을 묶음으로 넣고 고무로 피복한 링 상태의 보강 부위로 타이어 림에 견고하게 고정시키는 역할을 한다.
⑤ **사이드 월** : 자동차 바퀴에서 노면과 접촉을 하지 않지만 카커스를 보호하고 타이어 규격, 메이커 등 각종 정보가 표시되는 부분을 사이드 월이라고 한다.

01.③ 02.④ 03.② 04.④ 05.③

06 고무로 피복된 코드를 여러 겹 겹친 층에 해당 되며, 타이어에서 타이어 골격을 이루는 부분은?
① 카커스(carcass)부
② 트레드(tread)부
③ 숄더(should)부
④ 비드(bead)부

07 타이어의 구조에서 직접 노면과 접촉되어 마모에 견디고 적은 슬립으로 견인력을 증대시키는 곳의 명칭은?
① 트레드(thread)
② 브레이커(breaker)
③ 카커스(carcass)
④ 비드(bead)

08 주로 승용차에 사용되며 고속 주행에 알맞은 타이어의 트레드 패턴은?
① 러그 패턴   ② 리브 패턴
③ 볼록 패턴   ④ 오프 더 로드 패턴

09 타이어의 규격(제원) 표시가 "225/ 60S R17"로 되어있을 경우의 설명으로 틀린 것은?
① 225는 타이어의 폭을 의미(mm)
② 17은 타이어 외경을 의미(inch)
③ 60은 편평비를 의미
④ SR은 최대속도 의미

10 자동차의 타이어에서 60 또는 70시리즈라고 할 때 시리즈란?
① 단면 쪽   ② 단면 높이
③ 편평비   ④ 최대 속도표시

11 타이어의 높이가 180mm, 너비가 220mm 인 타이어의 편평비는?
① 1.22   ② 0.82
③ 0.75   ④ 0.62

12 타이어 폭이 180(mm)이고 단면 높이가 90(mm)이면 편평비는(%)?

① 500%   ② 50%
③ 600%   ④ 60%

---

07. 타이어 트레드 패턴의 역할
① 타이어 내부의 열을 발산한다.
② 트레드에 생긴 절상 등의 확대를 방지한다.
③ 전진 방향의 미끄러짐이 방지되어 구동력을 향상시킨다.
④ 타이어의 옆방향 미끄러짐이 방지되어 선회 성능이 향상된다.

09. 레이디얼 타이어 호칭 치수
225/60 S R 17
① 225 : 타이어 폭(mm)
② 60 : 편평비(%)
③ S : 속도 기호
④ R : 레이디얼 타이어
⑤ 17 : 타이어 내경 또는 림 직경(inch)

195/60 R 14 85 H
① 195 : 타이어 폭(mm)
② 60 : 편평비(%)
③ R : 레이디얼 타이어
④ 14 : 타이어 내경 또는 림 직경(inch)
⑤ 85 : 하중지수
⑥ H : 속도 기호

11. 편평비 $= \dfrac{높이}{너비} = \dfrac{180mm}{220mm} = 0.82$

12. 편평비 $= \dfrac{높이}{너비} \times 100 = \dfrac{90 \times 100}{180} = 50\%$

06.① **07.**① **08.**② **09.**② **10.**③ **11.**②
12.②

13 후축에 9890kgf의 하중이 작용될 때 4개 타이어를 장착하였다면 타이어 한 개당 받는 하중은?
① 약 2473kgf ② 약 2770kgf
③ 약 3473kgf ④ 약 3770kgf

14 관련법상 자동차의 공기압 고무타이어는 요철형 무늬의 깊이를 몇 mm 이상 유지하여야 하는가?
① 1.6 ② 1.8
③ 2.0 ④ 2.5

15 자동차의 타이어 마모량 측정방법 중 타이어 접지부 임의의 한 점에서 몇 도 되는 지점마다 트레드 홈의 깊이를 측정하는가?
① 60° ② 120°
③ 180° ④ 240°

16 타이어가 동적 불평형 상태에서 70~90km/h 정도로 달리면 바퀴에 어떤 형상이 발생하는가?
① 로드 홀딩 현상
② 트램핑 현상
③ 토-아웃 현상
④ 시미 현상

17 하이드로 플래닝 현상을 방지하는 방법이 아닌 것은?
① 트레드의 마모가 적은 타이어를 사용한다.
② 타이어의 공기압을 높인다.
③ 트레드 패턴은 카프형으로 셰이빙 가공한 것을 사용한다.
④ 러그 패턴의 타이어를 사용한다.

2. 주행 및 구동장치

01 구동바퀴가 차체를 추진시키는 힘(구동력)을 구하는 공식으로 옳은 것은? (단, F : 구동력, T : 축의 회전력, r : 바퀴의 반지름이다.)
① $F = T \times r$ ② $F = T \times r \times 2$
③ $F = \dfrac{T}{r}$ ④ $F = \dfrac{T}{r \times 2}$

02 구동력을 크게 하려면 축 회전력과 구동바퀴의 반경은 어떻게 되어야 하는가?
① 축 회전력 및 바퀴의 반경 모두 커져야 한다.
② 바퀴의 반경과는 관계가 없다.
③ 반경이 큰 바퀴를 사용한다.
④ 반경이 작은 바퀴를 사용한다.

---

13. 1개당 받는 하중 = $\dfrac{9890}{4}$ = 2472.5 kgf

15. 자동차 타이어 마모의 측정 방법은 타이어 접지부의 임의의 한 점에서 120도 각도가 되는 지점마다 접지부의 1/4 또는 3/4지점 주위의 트레드 홈의 깊이를 측정한다.

16. 타이어의 밸런스가 불량할 때
① 정적 언밸런스 : 트램핑 현상(상하 진동)이 발생된다.
② 동적 언밸런스 : 시미 현상(좌우 진동)이 발생된다.

17. 하이드로 플래닝 현상 방지법
하이드로 플래닝 현상은 비가 올 때 노면의 빗물에 의해 타이어가 노면이 직접 접촉되지 않고 수막만큼 공중에 떠있는 상태를 말하는 것으로 이를 방지하기 위해서는
① 트레드의 마모가 적은 타이어를 사용한다.
② 타이어의 공기 압력을 높인다.
③ 리브형 패턴의 타이어를 사용한다.
④ 트레드패턴은 카프형으로 셰이빙 가공한 것을 사용한다.
⑤ 주행 속도를 감속한다.

02. **구동력**
① 구동력은 구동 바퀴가 자동차를 밀거나 끌어당기는 힘(kgf)을 말한다.
② 구동력은 구동축의 회전력에 비례한다.
③ 구동력은 주행 저항과 같거나 커야 자동차의 속도를 유지할 수 있다.
④ 구동력은 엔진의 회전수에 관계없이 일정하다.
⑤ 구동력은 바퀴의 유효 반경에 반비례한다.

13.① 14.① 15.② 16.④ 17.④
01.③ 02.④

03 구동바퀴가 자동차를 미는 힘을 구동력이라 하며 이 때 구동력의 단위는?
① kgf ② m-kgf
③ ps ④ kgf·m/sec

04 타이어 반경 0.7m인 자동차가 회전속도 480rpm으로 주행할 때 회전력이 12m-kgf 이라고 하면 이 자동차의 구동력은?
① 약 8.6kgf ② 약 7.5kgf
③ 약 4.3kgf ④ 약 17.1kgf

05 엔진의 출력을 일정하게 하였을 때 가속성능을 향상시키기 위한 것이 아닌 것은?
① 여유 구동력을 크게 한다.
② 자동차의 총중량을 크게 한다.
③ 종감속비를 크게 한다.
④ 주행저항을 적게 한다.

06 엔진 회전수가 4800rpm인 자동차에서 최고 출력을 낼 때 총감속비가 4.8이고 바퀴의 반경이 320mm이면 차속은?
① 약 101km/h
② 약 121km/h
③ 약 1000km/h
④ 약 1200km/h

07 자동차 기관의 회전속도가 2000rpm, 제 2속의 변속비가 2 : 1, 종감속비가 3 : 1, 타이어의 유효반지름은 50cm이다. 이때 자동차의 시속은?
① 62.9km/h ② 46.8km/h
③ 34.8km/h ④ 17.8km/h

08 엔진의 회전수가 3500rpm, 제2속의 감속비가 1.5, 최종감속비 4.8 바퀴의 반경이 0.3m 일 때 차속은?(단, 바퀴와 지면과의 미끄럼은 무시한다.)
① 약 35km/h ② 약 45km/h
③ 약 55km/h ④ 약 65km/h

09 자동 정속 주행장치의 오토 크루즈 컨트롤 유닛 (auto cruise control unit)에 입력되는 신호가 아닌 것은?
① 클러치 스위치 신호
② 브레이크 스위치 신호
③ 크루즈 컨트롤 스위치 신호
④ 킥다운 스위치 신호

---

03. 구동력의 단위는 kgf이며, $F = \dfrac{T}{R}$ [여기서 F : 구동력, T : 차축에 가해지는 회전력, R : 바퀴의 반지름]로 나타낸다.

04. $F = \dfrac{T}{R} = \dfrac{12}{0.7} = 17.14 \text{kgf}$

05. 엔진의 출력이 일정할 때 가속성능을 향상시키는 방법
① 여유 구동력을 크게 할 것.
② 자동차의 중량을 작게 할 것.
③ 변속 단수를 많이 둘 것.
④ 종감속비를 크게 한다.
⑤ 주행저항을 작게 한다.
⑥ 구동 바퀴의 유효 반경을 작게 할 것.

06. $H = \dfrac{\pi \times D \times R \times 60}{Tr \times Fr \times 1000}$
H : 자동차의 속도(km/h), D : 타이어 지름(m)
R : 엔진 회전수(rpm), Tr : 변속비
Fr : 종감속비
$H = \dfrac{3.14 \times 2 \times 0.32 \times 4800 \times 60}{4.8 \times 1000} \fallingdotseq 121 km/h$

07. $H = \dfrac{\pi \times D \times R \times 60}{Tr \times Fr \times 1000}$
$H = \dfrac{3.14 \times 2 \times 0.5 \times 2000 \times 60}{2 \times 3 \times 1,000} = 62.8 km/h$

08. $H = \dfrac{3.14 \times 2 \times 0.3 \times 3500 \times 60}{1.5 \times 4.8 \times 1000} = 54.95 km/h$

09. 오토 크루즈 컨트롤 유닛 (auto cruise control unit)으로 입력되는 신호는 클러치 스위치 신호, 브레이크 스위치 신호, 크루즈 컨트롤 스위치 신호 등이다.

03.① **04.**④ **05.**② **06.**② **07.**① **08.**③ **09.**④

10 자동차에서 정속 주행장치의 구성품이 아닌 것은?
① 차속 센서   ② 타코 메터
③ 액추에이터 ④ 조작 스위치

11 주행저항에서 자동차의 중량과 관계없는 것은?
① 공기 저항   ② 구름 저항
③ 가속 저항   ④ 구배 저항

12 자동차가 주행하는 노면 중 30°의 언덕길은 약 몇 %의 언덕길이라 하는가?
① 0.5%   ② 30%
③ 58%   ④ 86%

---

10. 정속 주행장치의 구성품
① **액추에이터** : 컴퓨터의 신호에 의해 스로틀 밸브를 제어한다.
② **컨트롤 스위치** : 메인 스위치, 세트 스위치, 리줌 스위치로 구성되어 있다.
③ **차속 센서** : 정속 주행 또는 해제시키는 신호로 이용된다.
④ **해제 스위치** : 제동등 스위치, 인히비터 스위치로 구성되어 있다.

11. 주행 저항
① **공기저항** : 운동하는 모든 물체는 공기력의 작용을 받으며, 그 가운데서 진행 방향에 반대하는 공기력을 공기저항이라 한다.
$R_a = \mu a \cdot A \cdot V^2$
R_a : 공기저항(kgf) μa : 공기저항계수
A : 투영면적(m²)
V : 자동차 주행속도(km/h)
② **구름저항** : 바퀴가 수평 노면 위를 굴러갈 때 발생하는 저항을 구름 저항이라 한다.
$R_r = \mu r \cdot W$
R_r : 구름저항(kgf)
μr : 구름저항계수 W : 차량총중량(kgf)
③ **구배저항** : θ각의 언덕길을 올라갈 때 구름저항, 공기저항 이외의 차량 총중량의 분력이 진행방향의 반대로 작용되어 저항과 같은 효과가 저항이 증가한 것같이 작용되므로 구배저항 또는 등판 저항이라 한다.
$R_g = \dfrac{W \cdot G}{100}$
R_g : 구배저항(kgf) W : 차량 총중량(kgf)
G : 구배율(%)
④ **가속저항** : 자동차에 속도 변화를 주는데 필요한 힘을 가속 저항이라 하며, 일반적으로 자동차를 가속시키려면 자동차의 관성력을 이길 수 있는 힘이 필요하다.
$R_i = \dfrac{W + \Delta W}{g} \cdot a$
R_i : 가속저항(kgf) W : 차량총중량(kgf)
ΔW : 회전부분 상당중량(kgf)
g : 중력가속도(9.8m/sec²)
a : 가속도(m/sec²)

12. $\tan 30 \times 100 = 57.7\%$

10.② 11.① 12.③

Part III

자동차 전기·전자장치 정비

- 전기·전자
- 시동, 점화 및 충전장치
- 계기 및 보안장치
- 안전 및 편의장치

1장 전기·전자

1-1 전기 기초

1 전기

(1) 전류

도선을 통하여 전자가 이동하는 것을 전류라 한다.

① **전류의 단위**(amper : A)
- 전류의 단위는 암페어, 기호는 A
- 전류의 양은 도체의 단면에서 임의의 한 점을 매초 이동하는 전하의 양으로 나타낸다.
- 1A : 도체 단면에 임의의 한 점을 매초 1쿨롱의 전하가 이동할 때의 전류를 말한다.

② **전류의 3대 작용**
- 발열 작용 : 시거라이터, 예열 플러그, 전열기, 디프로스터, 전구
- 화학 작용 : 축전지, 전기 도금
- 자기 작용 : 전동기, 발전기, 솔레노이드

(2) 전압

도체에 전류를 흐르게 하는 전기적인 압력을 전압이라 한다.

① **전압의 단위**
- 단위로는 볼트, 기호는 V를 사용한다.
- 1V란 : 1Ω의 도체에 1A의 전류를 흐르게 할 수 있는 전기적인 압력을 말한다.
- 전류는 전압차가 클수록 많이 흐른다.

(3) 저항

전류가 물질 속을 흐를 때 그 흐름을 방해하는 것을 저항이라 한다.

① **저항의 단위**
- 저항의 단위는 옴, 기호는 Ω
- 1Ω이란 : 도체에 1A의 전류를 흐르게 할 때 1V의 전압을 필요로 하는 도체의 저항을 말한다.
- 물질의 고유저항 : 길이 1m, 단면적 $1m^2$인 도체 두면간의 저항값을 비교하여 나타낸 비

저항을 고유 저항이라 한다.
- 보통의 일반 금속은 온도가 상승하면 저항이 증가된다.

$$R = \rho \times \frac{l}{A}$$
R : 물체의 저항(Ω) ρ : 물체의 고유 저항(Ωcm)
l : 길이(cm) A : 단면적(cm)

② 저항의 종류
- 절연 저항 : 절연체의 저항을 절연 저항이라 한다.
- 접촉 저항 : 접촉면에서 발생되는 저항을 접촉 저항이라 한다.

③ 도체의 형상에 의한 저항
- 도체의 저항은 그 길이에 비례하고 단면적에는 반비례한다.
- 도체의 단면적이 크면 저항이 감소한다.
- 도체의 길이가 길면 저항이 증가한다.

④ 저항을 사용하는 목적
- 저항은 전기 회로에서 전압 강하를 위하여 사용한다.
- 회로에서 부품에 알맞는 전압으로 강하시키기 위해서 사용한다.
- 부품에 흐르는 전류를 감소시키기 위해서 사용한다.
- 변동되는 전압이나 전류를 얻기 위해서 사용한다.

⑤ 저항의 연결법

가. 직렬 접속
- 전압을 이용할 때 결선한다.
- 합성 저항의 값은 각 저항의 합과 같다.
- 동일 전압의 축전지를 직렬 연결하면 전압은 개수 배가 되고 용량은 1개 때와 같다.

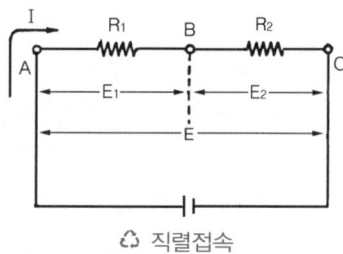
♻ 직렬접속

$$R = R_1 + R_2 + R_3 + \ldots\ldots + R_n$$

나. 병렬 접속
- 전류를 이용할 때 결선한다.
- 합성 저항은 각 저항의 역수의 합의 역수와 같다.
- 동일 전압의 축전지를 병렬 접속하면 전압은 1개 때와 같고 용량은 개수 배가 된다.

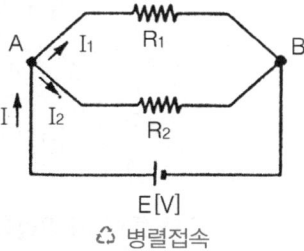
♻ 병렬접속

$$R = \frac{1}{\frac{1}{R_1} + \frac{1}{R_2} + \frac{1}{R_3} \cdots + \frac{1}{R_n}}$$

2 전기회로

(1) 옴의 법칙
① 도체에 흐르는 전류는 도체에 가해진 전압에 정비례한다.
② 도체에 흐르는 전류는 도체의 저항에 반비례한다.

$$I = \frac{E}{R} \qquad E = I \times R \qquad R = \frac{E}{I}$$

I : 도체에 흐르는 전류(A)   E : 도체에 가해진 전압(V)   R : 도체의 저항(Ω)

(2) 전압 강하
① 전류가 도체에 흐를 때 도체의 저항이나 회로 접속부의 접촉 저항 등에 의해 소비되는 전압.
② 전압 강하는 직렬 접속시에 많이 발생된다.
③ 전압 강하는 축전지 단자, 스위치, 배선, 접속부 등에서 발생된다.
④ 각 전장품의 성능을 유지하기 위해 배선의 길이와 굵기가 알맞은 것을 사용하여야 한다.

(3) 키르히호프 법칙
- 옴의 법칙을 발전시킨 법칙이다.
- 복잡한 회로에서 전류의 분포, 합성 전력, 저항 등을 다룰 때 이용한다.

① **키르히호프 제1법칙**
- 전하의 보존 법칙이다.
- 복잡한 회로에서 한점에 유입한 전류는 다른 통로로 유출된다.
- 회로 내의 한점으로 흘러 들어간 전류의 총합은 유출된 전류의 총합과 같다는 법칙이다.

$$I_1 + I_3 + I_4 = I_2 + I_5$$
$$(I_1 + I_3 + I_4) - (I_2 + I_5) = 0$$
$$\Sigma I = 0$$

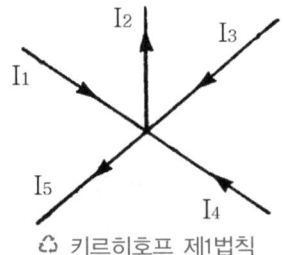
키르히호프 제1법칙

② **키르히호프 제 2법칙**
- 에너지 보존 법칙이다.
- 임의의 한 폐회로에서 한 방향으로 흐르는 전압 강하의 총합은 발생한 기전력의 총합과 같다.
- 기전력의 총합 = 전압 강하의 총합이다.

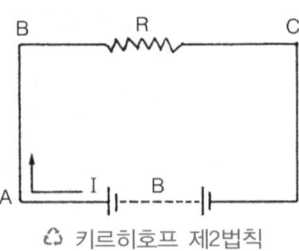
키르히호프 제2법칙

(4) 전력

① **전력의 표시**
- 전기가 하는 일의 크기를 말한다.
- 단위 : 와트, 기호 : w, kw
- $P = I \times E = I^2 \times R = E^2 / R$

② **와트와 마력**
- 마력은 기계적인 힘을 나타낸 것.
- 1불 마력 = 1PS = 75kgf-m/s = 736W = 0.736KW
- 1KW = 1.34HP, 1KW = 1.36PS

③ **전력량**
- 전력이 어떤 시간 동안에 한 일의 총량을 전력량이라 한다.
- 전력량은 전력과 사용 시간에 비례한다.
- 전력량은 전력에 사용한 시간을 곱한 것으로 나타낸다.

$$W = P \times t \quad W = I^2 \times R \times t$$

w : 전력량 P : 전력 t : 시간
I : 전류 R : 저항

④ **축전기** (condenser)
- 정전 유도 작용을 이용하여 전하를 저장하는 역할을 한다.
- 정전 용량 : 2장의 금속판에 단위 전압을 가하였을 때 저장되는 전하의 크기를 말한다.
- 1패럿 : 1V의 전압을 가하였을 때 1쿨롱의 전하를 저장하는 축전기의 용량을 말한다.
- 정전 용량
- 금속판 사이 절연체의 절연도에 정비례한다.
- 가해지는 전압에 정비례한다.
- 상대하는 금속판의 면적에 정비례한다.
- 상대하는 금속판 사이의 거리에는 반비례한다.

$$C = \frac{Q}{E} \quad \text{C : 정전 용량(F), Q : 전하량(C), E : 전압(V)}$$

3 자기

(1) 쿨롱의 법칙

① 전기력과 자기력에 관한 법칙이다.
② 2개의 대전체 사이에 작용하는 힘은 거리의 2승에 반비례하고 대전체가 가지고 있는 전하량의 곱에는 비례한다.
③ 2개의 자극 사이에 작용하는 힘은 거리의 2승에 반비례하고 두 자극의 곱에는 비례한다.

④ 두 자극의 거리가 가까우면 자극의 세기는 강해지고 거리가 멀면 자극의 세기는 약해진다.

$$F = \frac{M_1 \times M_2}{r^2}$$

F = 자극의 세기
M1, M2 = 2개 자극의 세기
r = 자극 사이의 거리

(2) 자기 유도
① 자성체를 자계 내에 넣으면 새로운 자석이 되는 현상을 자기 유도라 한다.
② 철편에 자석을 접근시키면 자극에 흡인되는 현상(자화 현상).
③ 솔레노이드 코일에 전류를 흐르게 하면 철심이 자석으로 변화되는 현상.

4 전자력

① 자계와 전류 사이에서 작용하는 힘을 전자력이라 한다.
② 자계 내에 도체를 놓고 전류를 흐르게 하면 도체에는 전류와 자계에 의해서 전자력이 작용한다.
③ 전자력의 크기는 자계의 방향과 전류의 방향이 직각이 될 때 가장 크다.
④ 전자력은 자계의 세기, 도체의 길이, 도체에 흐르는 전류의 양에 비례하여 증가한다.

(1) 플레밍의 왼손법칙
- 왼손 엄지(전자력), 인지(자력선방향), 중지(전류 방향)를 서로 직각이 되게 하면 도체에는 엄지손가락 방향으로 전자력이 작용한다.
- 기동 전동기, 전류계, 전압계

① **직류 전동기의 원리**
- 직권 전동기 : 계자 코일과 전기자 코일이 직렬로 접속(기동 전동기)
- 분권 전동기 : 계자 코일과 전기자 코일이 병렬로 접속(환풍기 모터, 자동차에서 냉각장치의 전동 팬)
- 복권 전동기 : 계자 코일과 전기자 코일이 직병렬로 접속

(2) 플레밍의 오른손 법칙
① 오른손 엄지(운동방향), 인지(자력선방향), 중지(기전력)를 서로 직각이 되게 하면 중지 손가락 방향으로 유도 기전력이 발생한다.

(3) 전자 유도 작용
① **렌쯔의 법칙** : 도체에 영향하는 자력선을 변화시켰을 때 유도 기전력은 코일내의 자속의 변화를 방해하는 방향으로 생긴다.
② **유도 기전력의 크기**
- 단위 시간에 잘라내는 자력선의 수에 비례한다.

- 상대 운동의 속도가 빠를수록 유도 기전력이 크다.

(4) 자기 유도 작용
① 하나의 코일에 흐르는 전류를 변화시키면 변화를 방해하는 방향으로 기전력이 발생되는 현상.
② 자기 유도 작용은 코일의 권수가 많을수록 커진다.
③ 자기 유도 작용은 코일 내에 철심이 들어 있으면 더욱 커진다.
④ 유도 기전력의 크기는 전류의 변화 속도에 비례한다.

(5) 상호 유도 작용
① 2개의 코일에서 한쪽 코일에 흐르는 전류를 변화시키면 다른 코일에 기전력이 발생되는 현상.
② 직류 전기 회로에 자력선의 변화가 생겼을 때 그 변화를 방해 하려고 다른 전기 회로에 기전력이 발생되는 현상.
③ 상호 유도 작용에 의한 기전력의 크기는 1차 코일의 전류 변화 속도에 비례한다.
④ 상호 유도 작용은 코일의 권수, 형상, 자로의 투자율, 상호 위치에 따라 변화된다.
⑤ 작용의 정도를 상호 인덕턴스 M으로 나타내고 단위는 헨리(H)를 사용한다.

$$E_2 = E_1 \times \frac{N_2}{N_1}$$

E_2 : 2차 코일의 유도 전압(V)
E_1 : 1차 코일의 전압(V)
N_1 : 1차 코일의 권수
N_2 : 2차 코일의 권수

1-2 전자기초(반도체)

1 반도체

(1) 도체, 반도체, 절연체
① **도체** : 자유 전자가 많기 때문에 전기를 잘 흐르게 하는 성질을 가진 물체
② **반도체** : 고유 저항이 $10^{-2} \sim 10^{-4}\ \Omega \cdot cm$ 정도로 도체와 절연체의 중간 성질을 나타내는 물질.
③ **절연체** : 자유 전자가 거의 없기 때문에 전기가 잘 흐르지 않는 성질을 가진 물체.

(2) 반도체
① **진성 반도체** : 게르마늄(Ge)과 실리콘(Si) 등 결정이 같은 수의 정공(hole)과 전자가 있는 반도체를 말한다.

② 불순물 반도체
- N형 반도체 : 실리콘의 결정(4가)에 5가의 원소[비소(As), 안티몬(Sb), 인(P)]를 혼합한 것으로 전자 과잉 상태인 반도체를 말한다.
- P형 반도체 : 실리콘의 결정(4가)에 3가의 원소[알루미늄(Al), 인듐(In)]를 혼합한 것으로 정공(홀) 과잉 상태인 반도체를 말한다.

③ 반도체의 특성
- 실리콘, 게르마늄, 셀렌 등의 물체를 반도체라 한다.
- 온도가 상승하면 저항이 감소되는 부온도 계수의 물질을 말한다.
- 빛을 받으면 고유저항이 변화하는 광전 효과가 있다.
- 자력을 받으면 도전도가 변하는 홀(Hall) 효과가 있다.
- 미소량의 다른 원자가 혼합되면 저항이 크게 변화된다.

(3) 서미스터(thermistor)
① 온도 변화에 대하여 저항값이 크게 변화되는 반도체의 성질을 이용하는 소자.
② **부특성 서미스터** : 온도가 상승하면 저항값이 감소되는 소자.
③ **정특성 서미스터** : 온도가 상승하면 저항값이 상승하는 소자.
② 수온 센서, 흡기 온도 센서 등 온도 감지용으로 사용된다.
③ 온도관련 센서 및 액추에이터 소자에는 서모스탯, 서미스터, 바이메탈 등이 있다.

(4) 다이오드
전류가 공급되는 단자는 애노드(A), 전류가 유출되는 단자를 캐소드(K)라 한다.

① **다이오드** : 교류 전기를 직류 전기로 변환시키는 정류용 다이오드이다.
- 순방향 접속에서만 전류가 흐르는 특성을 지니고 있으며, 자동차에서는 교류발전기 등에 사용한다.
- 한쪽 방향에 대해서는 전류를 흐르게 하고 반대방향에 대해서는 전류의 흐름을 저지하는 정류 작용을 한다.

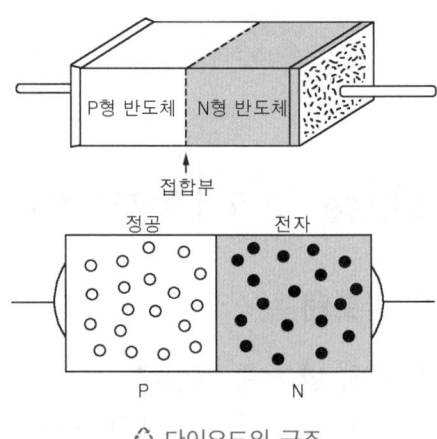
△ 다이오드의 구조

② **제너 다이오드** : 전압이 어떤 값에 이르면 역방향으로 전류가 흐르는 정전압용 다이오드이다.
③ **포토 다이오드** : 접합면에 빛을 가하면 역방향으로 전류가 흐르는 다이오드이다.
④ **발광 다이오드(LED)** : 순방향으로 전류가 흐르면 빛을 발생시키는 다이오드이다.
- PN 접합면에 순방향 전압을 걸어 전류를 공급하면 캐리어가 가지고 있는 에너지의 일부가 빛으로 되어 외부에 방사하는 다이오드이다.

- 자동차에서는 크랭크 각 센서, TDC 센서, 조향 핸들 각도 센서, 차고 센서 등에서 이용된다.

(5) 트랜지스터(TR)

① PNP형 트랜지스터
- N형 반도체를 중심으로 양쪽에 P형 반도체를 접합시킨 트랜지스터이다.
- 이미터(E), 베이스(B), 컬렉터(C)의 3개 단자로 구성되어 있다.
- 베이스에 흐르는 전류를 단속하여 이미터 전류를 단속하는 트랜지스터이다.
- 트랜지스터의 전류는 이미터에서 베이스로, 이미터에서 컬렉터로 흐른다.

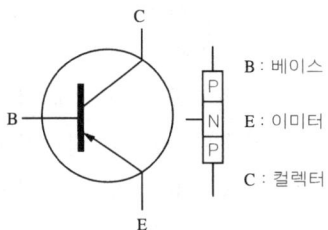

♻ PNP 트랜지스터

② NPN형 트랜지스터
- P형 반도체를 중심으로 양쪽에 N형 반도체를 접합시킨 트랜지스터이다.
- 이미터(E), 베이스(B), 컬렉터(C)의 3개 단자로 구성되어 있다.
- 베이스에 흐르는 전류를 단속하여 컬렉터 전류를 단속하는 트랜지스터이다.
- 트랜지스터의 전류는 컬렉터에서 이미터로, 베이스에서 이미터로 흐른다.

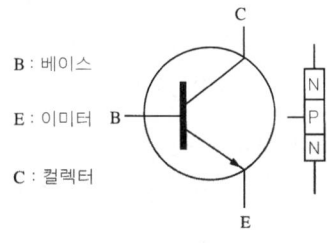

♻ NPN 트랜지스터

③ 트랜지스터의 작용

가. 증폭 작용
- 적은 베이스 전류로 큰 컬렉터 전류를 제어하는 작용을 증폭 작용이라 한다.
- 전류의 제어 비율을 증폭율이라 한다.

$$증폭율 = \frac{컬렉터\ 전류(I_c)}{베이스\ 전류(I_b)}$$

- 증폭율 100 : 베이스 전류가 1mA 흐르면 컬렉터 전류는 100mA로 흐를 수 있다.
- 트랜지스터의 실제 증폭율은 약 98정도이다.

나. 스위칭 작용
- 베이스에 전류가 흐르면 컬렉터도 전류가 흐른다.
- 베이스에 흐르는 전류를 차단하면 컬렉터도 전류가 흐르지 않는다.
- 베이스 전류를 ON, OFF시켜 컬렉터에 흐르는 전류를 단속하는 작용을 말한다.

④ 트랜지스터의 장·단점
　가. 장점
　　• 내부에서 전력 손실이 적다.
　　• 내부에서 전압 강하가 매우 적다.
　　• 예열하지 않고 곧 작동된다.
　　• 진동에 잘 견디는 내진성이 크다.
　　• 기계적으로 강하고 수명이 길다.
　　• 극히 소형이고 가볍다.
　나. 단점
　　• 역내압이 낮기 때문에 과대 전류 및 전압에 파손되기 쉽다.
　　• 온도 특성이 나쁘다.(접합부 온도 : Ge은 85℃, Si는 150℃이상일 때 파괴 된다)
　　• 정격값 이상으로 사용하면 파손되기 쉽다.
⑤ **포토트랜지스터**
　• 외부로부터 빛을 받으면 전류를 흐를 수 있게 하는 감광 소자 이다.
　• 빛에 의해 컬렉터 전류가 제어되며, 광량(光量) 측정, 광 스위치 소자로 사용된다.

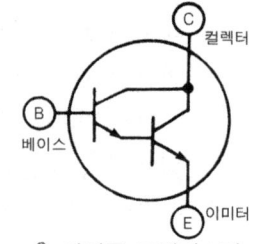
△ 다링톤 트랜지스터

⑥ **다링톤 트랜지스터**
　2개의 트랜지스터를 하나로 결합하여 전류 증폭도가 높다.

(6) 사이리스터
① 사이리스터는 PNPN 또는 NPNP의 4층 구조로 된 제어 정류기이다.
② ⊕쪽을 애노드(A), ⊖쪽을 캐소드(K), 제어 단자를 게이트(G)라 한다.

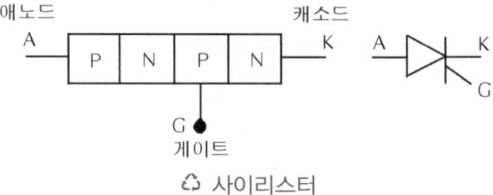
△ 사이리스터

2 센서

(1) 압력 센서
① 압력센서의 종류에는 LVDT(linear variable differential transformer), 용량형 센서, 반도체 피에조 저항형 센서, SAW형 센서 등이 있다.
② 반도체 피에조(piezo) 저항형 센서는 다이어프램 상하의 압력 차이에 비례하는 다이어프램 신호를 전압변화로 만들어 압력을 측정할 수 있다.
③ 반도체 피에조 저항형 센서 : MAP센서, 터보 차저의 과기압 센서 등에 사용된다.
④ 피에조 소자 압력 센서 : 엔진 노크 센서
⑤ 용량형 센서 : 게이지 압력 센서
⑥ LVDT형(차동 트랜지스터식) 센서 : 코일에 발생되는 인덕턴스의 변화를 압력으로 검출하는 센서이다.(MAP센서)

(2) 반도체의 효과

① **펠티어**(peltier) **효과** : 직류전원을 공급해 주면 한쪽 면에서는 냉각이 되고 다른 면은 가열되는 열전 반도체 소자이다.
② **피에조**(piezo) **효과** : 힘을 받으면 기전력이 발생하는 반도체의 효과를 말한다.
③ **지백**(zee back) **효과** : 열을 받으면 전기 저항 값이 변화하는 효과를 말한다.
④ **홀**(hall) **효과** : 자기를 받으면 통전 성능이 변화하는 효과를 말한다.

3 컴퓨터의 논리회로

(1) 기본 회로

① OR 회로(논리화 회로)
- 2개의 A, B스위치를 병렬로 접속한 회로이다.
- 입력 A와 B가 모두 0이면 출력 Q는 0이 된다.
  입력 A가 1이고, 입력 B가 0이면 출력 Q도 1이 된다.

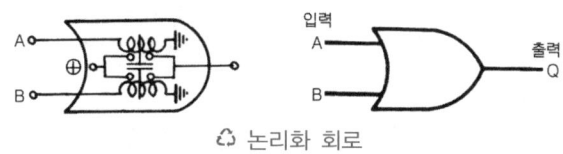

A	B	Q
0	0	0
1	0	1
0	1	1
1	1	1

△ 논리화 회로

② AND 회로(논리적 회로)
- 2개의 스위치 A, B를 직렬로 접속한 회로이다.
- 입력 A와 B가 모두 1이면 출력 Q는 1이 된다.

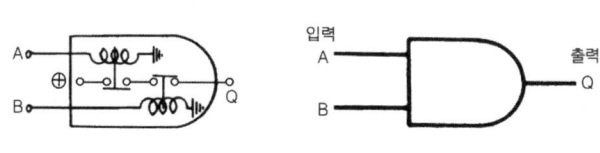

A	B	Q
0	0	0
1	0	0
0	1	0
1	1	1

△ 논리적 회로

③ NOT 회로(부정 회로)
- 입력 스위치와 출력이 병렬로 접속된 회로이다.
- 입력 A가 1이면 출력 Q는 0이 되며, 입력 A가 0이면 출력 Q는 1이 된다.

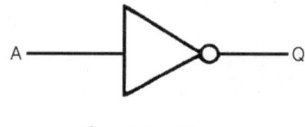

△ 부정 회로

핵심기출문제

1. 전기 기초

01 다음은 전류의 3대작용을 설명한 것으로 틀린 것은?
① 전구와 같이 열에너지로 인해 발열하는 작용을 한다.
② 축전지의 전해액과 같이 화학작용에 의해 기전력이 발생한다.
③ 코일에 전류가 흐르면 자계가 형성되는 자기작용을 한다.
④ 릴레이나 모터의 전류에 따라 홀 작용을 한다.

02 전자가 물질 속을 이동할 때 이 전자의 이동을 방해하는 것은?
① 전압
② 전력
③ 전류
④ 저항

03 다음 중 저항에 관한 설명으로 맞는 것은?
① 저항이 0Ω이라는 것은 저항이 없는 것을 말한다.
② 저항이 ∞Ω이라는 것은 저항이 너무 적어 저항 테스터로 측정할 수 없는 값을 말한다.
③ 저항이 0Ω이라는 것은 나무와 같이 전류가 흐를 수 없는 부도체를 말한다.
④ 저항이 ∞Ω이라는 것은 전선과 같이 저항이 없는 도체를 말한다.

04 자동차 전기장치에 흐르는 전압과 전류 그리고 저항에 관한 사항 중 틀린 것은?
① 부 특성 서미스터는 온도가 높아지면 저항이 커진다.
② 저항이 크고 전압이 낮을수록 전류는 작게 흐른다.
③ 도체의 단면적이 큰 경우 저항이 적다.
④ 도체의 경우 온도가 높아지면 저항은 커진다.

---

01. 전류의 3대 작용
① 열에너지로 인해 발열작용을 한다.
② 화학작용에 의해 기전력이 발생한다.
③ 코일에 전류가 흐르면 자계가 형성되는 자기작용을 한다.

02. ① **저항**(抵抗) : 전자의 이동을 방해하는 요소를 말한다.
② **전력**(電力) : 전류가 단위 시간 동안에 하는 일의 양을 말한다.
③ **전류**(電流) : 전자의 이동이지만 음, 양의 이동은 정공(正孔)의 이동인 경우도 있다.
④ **전압**(電壓) : 전력 계통에 있어서 도체(導體)와 대지(大地) 사이 또는 선 사이의 전위차를 말한다.

04. 정특성 서미스터는 온도가 상승하면 저항이 증가하는 반도체 소자이며, 부특성 서미스터는 온도가 상승하면 저항이 감소하는 반도체 소자이다.

01.④ **02.**④ **03.**① **04.**①

05 다음과 같은 병렬 회로에서 합성저항은?

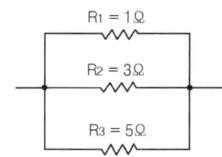

① $1\frac{8}{15}\Omega$ ② $\frac{15}{23}\Omega$
③ $\frac{9}{8}\Omega$ ④ $\frac{9}{15}\Omega$

06 다음 그림에서 전체저항을 구하면?

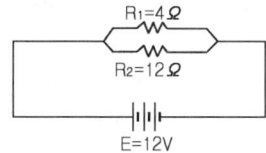

① $R=1\Omega$ ② $R=2\Omega$
③ $R=3\Omega$ ④ $R=4\Omega$

07 20Ω 저항의 양 끝에 전압을 가할 때 2A의 전류가 흐른다면 이 저항에 걸리는 전압은?

① 10V ② 20V
③ 30V ④ 40V

08 그림에서 2Ω과 4Ω 사이의 전선에 걸리는 전압은 얼마인가?

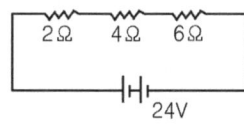

① 2V ② 4V
③ 8V ④ 12V

09 전기회로 중 그림과 같은 병렬 회로에 흐르는 전체 전류 I를 계산하는 식은?

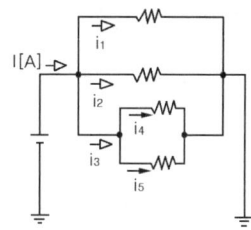

① $I = \frac{1}{i_1}+\frac{1}{i_2}+(\frac{1}{i_4}+\frac{1}{i_5})$
② $I = i_2 + i_3 + (i_4 + i_5)$
③ $I = i_1 + i_3 = i_1 + (i_4 + i_5)$
④ $I = i_1 + i_2 + i_3 = i_1 + i_2 + (i_4 + i_5)$

10 그림과 같은 회로에 20A의 전류가 흐른다면 2Ω의 저항이 연결된 곳에는 얼마의 전류가 흐르는가?

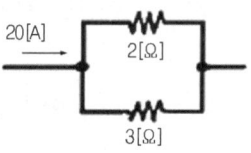

① 4A ② 8A
③ 12A ④ 16A

---

05. $\frac{1}{R}=\frac{1}{1}+\frac{1}{3}+\frac{1}{5}=\frac{15}{15}+\frac{5}{15}+\frac{3}{15}=\frac{23}{15}$
따라서 $R=\frac{15}{23}\Omega$

06. $\frac{1}{R}=\frac{1}{4}+\frac{1}{12}=\frac{4}{12}=\frac{1}{3}$
∴ $R=3$

07. $E = I \times R$
E : 전압(V), I : 전류(A), R : 저항(Ω)
$E = I \times R = 2A \times 20\Omega = 40V$

08. $I = \frac{E}{R} = \frac{24V}{2\Omega + 4\Omega + 6\Omega} = 2A$
$E = 2A \times 2\Omega = 4V$

10. ① 병렬회로의 합성저항 $= \frac{1}{2}+\frac{1}{3}=\frac{5}{6}$ ∴ $R=\frac{6}{5}$
② 전압(E) $= 20A \times \frac{6}{5}\Omega = 24V$
③ 전류(I) $= \frac{24V}{2\Omega} = 12A$

05.② 06.③ 07.④ 08.② 09.④ 10.③

11 그림과 같이 12V의 축전지에 저항 3개를 직렬로 접속하였을 때 전류계에 흐르는 전류는?

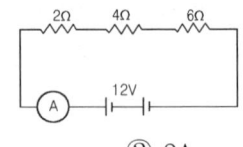

① 1A　　② 2A
③ 3A　　④ 4A

12 55W의 전구 2개를 12V 충전시켜 그림과 같이 접속하였을 때 약 몇 A의 전류가 흐르겠는가?

① 5.3A
② 9.2A
③ 12.5A
④ 20.3A

13 12V의 배터리에 12V용 전구 2개를 그림과 같이 결선하고 ①, ②스위치를 연결하였을 때 A에 흐르는 전류는 얼마인가?

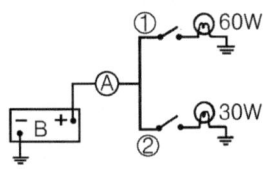

① 6.5A　　② 65A
③ 7.5A　　④ 75A

14 다음의 회로에 있어서 12V용 전구에 규정 전압을 넣었을 때 2.5A의 전류가 흘렀다. 이 전구의 용량은 얼마인가?

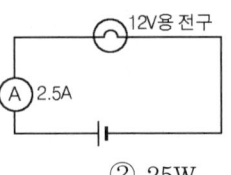

① 30W　　② 25W
③ 40W　　④ 35W

15 12V, 5W 전구 1개와 24V, 60W 전구 1개를 12V 배터리에 직렬로 연결하였다. 옳은 것은?

① 양쪽 전구가 똑같이 밝다.
② 5W 전구가 더 밝다.
③ 60W 전구가 더 밝다.
④ 5W 전구가 끊어진다.

16 다음 중 전력계산 공식으로 맞지 않는 것은?(단, P=전력, I=전류, E=전압, R=저항이다.)

① $P = EI$
② $P = E^2 R$
③ $P = \dfrac{E^2}{R}$
④ $P = I^2 R$

---

11. $I = \dfrac{E}{R}$
   I : 도체에 흐르는 전류(A)
   E : 도체에 가해진 전압(V)
   R : 도체의 저항(Ω)
   $I = \dfrac{E}{R} = \dfrac{12}{2+4+6} = 1A$

12. $P = E \cdot I$
   P : 전력(W), E : 전압(V), I : 전류(A)
   $I = \dfrac{P}{E} = \dfrac{(55+55)}{12} = 9.2A$

13. 2개의 스위치를 동시에 ON으로 하였으므로 전력은 60W+30W이다. 따라서 A에 흐르는 전류
   $(I) = \dfrac{90W}{12V} = 7.5A$

14. $P = E \cdot I$
   P : 전력(W), E : 전압(V), I : 전류(A)
   $P = 12 \times 2.5 = 30W$

16. 전력계산 공식에서는 $P = EI$, $P = I^2 R$, $P = \dfrac{E^2}{R}$ 이 있다.

11.① 12.② 13.③ 14.① 15.② 16.②

17 "회로 내의 어떤 한 점에 유입한 전류의 총합과 유출한 전류의 총합은 같다."는 법칙은?
① 렌쯔의 법칙
② 앙페르의 법칙
③ 뉴톤의 제1법칙
④ 키르히호프의 제1법칙

18 축전기(condenser)의 용량에 대한 사항으로 틀린 것은?
① 가한 전압에 정비례한다.
② 마주보는 금속판의 면적에 정비례한다.
③ 금속판 사이의 절연물의 절연도에 반비례한다.
④ 금속판 사이의 거리에 반비례한다.

19 다음의 축전기 중 걸리는 전압이 같을 때 전기적 에너지가 가장 큰 것은?
① 100μF   ② 32μF
③ 25μF   ④ 5μF

20 모터나 릴레이 작동할 때 라디오에 유기 되는 고주파 잡음을 억제하는 부품은 어는 것인가?
① 트랜지스터   ② 볼륨
③ 콘덴서   ④ 동소기

21 자기성질에 대한 설명으로 틀린 것은?
① 자석은 자기를 가지고 있는 물체를 말한다.
② 자석은 동종 반발, 이종 흡인의 성질이 있다
③ 자성체란 전자유도에 의해 자화되는 물질이다
④ 자성체에는 자성체와 반자성체가 있다

22 한 개의 코일에 흐르는 전류를 단속하면 코일에 유도전압이 발생하는 작용은?
① 자력선의 변화작용
② 상호 유도작용
③ 자기 유도작용
④ 배력 유도작용

23 다음 중 플레밍의 왼손법칙을 이용한 것은?
① 충전기
② DC발전기
③ AC발전기
④ 전동기

---

17. 키르히호프의 제1법칙은 "회로 내의 어떤 한 점에 유입한 전류의 총합과 유출한 전류의 총합은 같다."는 법칙이다.

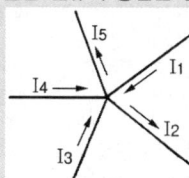

유입전류($I_1 + I_3 + I_4$)=유출전류($I_2 + I_5$)

18. **콘덴서의 정전 용량**
① 금속판 사이 절연체의 절연도에 정비례한다.
② 가해지는 전압에 정비례한다.
③ 상대하는 금속판의 면적에 정비례한다.
④ 상대하는 금속판 사이의 거리에는 반비례한다.

20. 모터나 릴레이 작동할 때 라디오에 유기 되는 고주파 잡음을 억제하기 위해 사용하는 부품은 콘덴서이다.

21. 자성체는 자계에 놓으면 자성을 갖는 물체로서 철·니켈·코발트·텅스텐 및 크롬 등이 있다.

22. 자기 유도작용이란 1개의 코일에 흐르는 전류를 단속하면 코일에 유도전압이 발생하는 작용을 말한다.

23. 플레밍의 왼손법칙을 이용한 것은 전동기이며, 플레밍의 오른손법칙을 이용한 것은 발전기이다.

17.④ **18.**③ **19.**① **20.**③ **21.**③ **22.**③
23.④

24 하나의 전기회로에 자력선의 변화가 생겼을 때 그 변화를 방해하려고 다른 전기회로에 기전력이 발생 되는 현상을 무엇이라 하는가?
① 히스테리시스 작용
② 자기유도 작용
③ 상호유도 작용
④ 전자유도 작용

25 플레밍의 오른손 법칙에서 엄지손가락은 어느 방향을 가리키는가?
① 자력선의 방향
② 도선의 운동 방향
③ 기전력의 방향
④ 전류의 방향

26 전동기의 기본원리는 어느 법칙에 해당되는가?
① 플레밍의 왼손법칙
② 렌쯔의 법칙
③ 오른나사의 법칙
④ 키르히호프의 법칙

2. 전자기초(반도체)

01 반도체의 성질로서 틀린 것은?
① 불순물의 유입에 의해 저항을 바꿀 수 있다.
② 빛을 받으면 고유저항이 변화하는 광전 효과가 있다.
③ 자력을 받으면 도전도가 변하는 홀(Hall) 효과가 있다.
④ 온도가 높아지면 저항이 증가하는 정 온도계수의 물질이다.

02 힘을 받으면 기전력이 발생하는 반도체의 성질은?
① 펠티어 효과   ② 피에조 효과
③ 지백 효과   ④ 홀 효과

03 다음 중 홀 효과(HALL EFFECT)를 이용한 센서로 가장 적당한 것은?
① 스로틀 포지션 센서
② 냉각수 온도센서
③ 흡입매니폴드 압력센서
④ 차량 속도 센서

---

23. ① **시스테리시스 현상** : 한 번 자화된 철편에서 자화력을 완전히 제거하여도 철편에 자기가 남아있는 현상을 말한다.
② **자기 유도 작용** : 코일 자신에 흐르는 전류를 방해시키면 코일과 교차하는 자력선도 변화되기 때문에 코일에 그 변화를 방해하는 방향으로 기전력이 생기는 현상을 말한다.
③ **상호 유도 작용** : 하나의 전기 회로에 자력선의 변화가 생겼을 때 그 변화를 방해하려고 다른 전기 회로에 기전력이 발생되는 현상을 말한다.
④ **전자 유도 작용** : 도체와 자력선이 교차되면 도체에 기전력이 발생되는 작용을 말한다.
25. 플레밍의 오른손 법칙에서 엄지 손가락은 도선의 운동방향, 인지는 자력선의 방향, 가운데 손가락은 기전력의 방향이다.
01. **반도체의 성질**
① 불순물의 유입에 의해 저항을 바꿀 수 있다.
② 빛을 받으면 고유저항이 변화하는 광전 효과가 있다.
③ 자력을 받으면 도전도가 변하는 홀(Hall) 효과가 있다.
④ 온도가 높아지면 저항 값이 감소하는 부(負) 온도계수의 물질이다.

02. ① **펠티에 효과** : 두 종류의 금속을 접속하여 전류를 흐르게 하였을 때 두 금속의 접합부에서 열이 발생하거나 또는 흡수되는 현상
② **피에조 효과** : 수정. 티탄산바륨 등의 결정체에 어느 방향으로부터 장력 또는 압력을 가하면 그 단면에 음양의 전하를 발생하고 반대로 전하를 가하면 변형을 일으키는 현상을 말한다.
③ **제벡 효과** : 서로 다른 2종의 금속을 접합시켜 폐회로를 만들고 접합면에 온도차를 갖게 하면 금속의 접합면에는 기전력(전압)이 발생하여 전류가 흐르게 되는 현상
④ **홀 효과** : 전류가 흐르고 있는 도체 또는 반도체를 전류의 흐름에 대하여 직각방향의 성분을 가진 장 자장 속에 두면 전류, 자기장의 어느 것에 대해서도 직각방향으로 전압이 발생되는 현상
03. 홀 효과란 자기를 받으면 통전 성능이 변화하는 것을 말하며, 차량속도 센서 등에서 사용된다.

24.③ 25.② 26.① / 01.④ 02.② 03.④

04 자동차용 센서 중 압전소자를 이용하는 것은?
① 스로틀 포지션 센서
② 조향각 센서
③ 맵 센서
④ 차고센서

05 게르마늄(Ge) 또는 실리콘(Si)에 어떤 불순물을 섞어야 P형 반도체가 되는가?
① 비소   ② 인
③ 안티몬   ④ 인듐

06 다음 센서 중 서미스터(Thermistor)에 해당되는 것으로 나열된 것은?
① 냉각수온 센서, 흡기온 센서
② 냉각수온 센서, 산소 센서
③ 산소 센서, 스로틀 포지션 센서
④ 스로틀 포지션 센서, 크랭크 앵글 센서

07 다이오드에 대한 설명으로 틀린 것은?
① 다이오드는 P형 반도체와 N형 반도체를 접합시킨 것이다.
② P형 반도체와 N형 반도체의 접합부를 공핍층이라 한다.
③ 발광 다이오드는 PN 접합면에 역방향 전압을 걸면 에너지의 일부가 빛으로 되어 외부에 발산한다.
④ 제너현상은 역방향 전압을 작용시키면 공핍층의 가전자는 역방향 전압의 힘에 전류가 흐르는 현상을 말한다.

08 제너 다이오드를 사용하는 회로는?
① 고주파 회로
② 저압 정류회로
③ 브리지 정류회로
④ 정 전압회로

09 어떤 기준 전압 이상이 되면 역방향으로 큰 전류가 흐르게 된 반도체는?
① PNP형 트랜지스터
② NPN형 트랜지스터
③ 포토 다이오드
④ 제너 다이오드

10 다음 중 한쪽 방향에 대해서는 전류를 흐르게 하고 반대방향에 대해서는 전류의 흐름을 저지하는 것은?
① 다이오드   ② 컬렉터
③ 콘덴서   ④ 전구

11 발광 다이오드에 대한 설명으로 틀린 것은?
① 순방향으로 전류가 흐를 때 빛이 발생된다.
② 가시광선, 적외선 및 레이저까지 여러 파장의 빛이 발생된다.
③ 빛을 받으면 전압이 발생되며, 스위칭 회로에 사용된다.
④ LED라 하며, 10mA 정도에서 발광이 가능하다.

---

04. 압전 소자는 피에조 저항형 센서라고도 부르며 반도체의 단결정이 압력을 받으면 결정 자체의 고유저항이 변화하는 성질을 이용한 것이며, 압력 변화에 대응하여 변화되는 전기저항의 변화를 전압으로 바꾸어 압력상태를 검출한다. 사용용도는 맵(MAP) 센서, 대기압력 센서, 노크센서 등이다.
07. 발광 다이오드는 PN 접합면에 순방향으로 전류가 흐를 때 에너지의 일부가 빛으로 되어 외부에 발산한다.
09. 제너 다이오드 : PN형 반도체에 불순물의 양을 증가시켜 제너 전압보다 높은 역 방향의 전압을 가하면 역 방향으로 전류가 급격히 흐르지만 전압은 일정한 정전압이 작용한다. 자동차에서는 트랜지스터 점화장치 및 트랜지스터 발전기 조정기 등에 사용한다.
11. 포토 다이오드는 PN 접합면에 빛을 가하면 빛의 에너지에 의해 역방향으로 전류가 흐르는 다이오드이다.

04.③ **05.**④ **06.**① **07.**③ **08.**④ **09.**④ **10.**① **11.**③

12 PN 접합 면에 순방향 전압을 걸어 전류를 흘리면 캐리어가 가지고 있는 에너지의 일부가 빛으로 되어 외부에 방사하는 다이오드는 어느 것인가?
① 포토 다이오드
② 발광 다이오드(LED)
③ 가변 용량 다이오드
④ 제너 다이오드

13 다음 중 포토 다이오드를 표시한 것은 무엇인가?

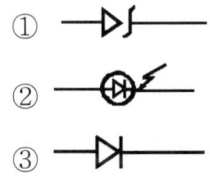

14 다음 그림에 나타낸 전기 회로도의 기호 명칭은?

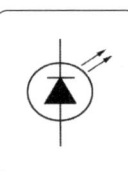
① 포토 다이오드
② 발광 다이오드(LED)
③ 트랜지스터(TR)
④ 제너 다이오드

15 외부 온도에 따라 저항값이 변하는 소자로서 수온센서 등 온도 감지용으로 쓰이는 반도체는?
① 게르마늄(germanium)
② 실리콘(silicone)
③ 서미스터(thermistor)
④ 인코넬(inconel)

16 다음과 같은 전기 회로용 기본 부호의 명칭은?

① 발광다이오드
② 트랜지스터
③ 제너다이오드
④ 포토다이오드

17 트랜지스터의 설명 중 장점이 아닌 것은?
① 소형·경량이며 기계적으로 강하다.
② 내부의 전압강하가 매우 높다.
③ 수명이 길고 내부에서 전력손실이 적다.
④ 예열하지 않고 곧 작동한다.

18 트랜지스터의 대표적 기능으로 릴레이와 같은 작용은?
① 스위칭 작용 ② 채터링 작용
③ 정류 작용   ④ 상호 유도 작용

---

12. 발광 다이오드(LED)는 PN 접합 면에 순방향 전압을 걸어 전류를 흘리면 캐리어가 가지고 있는 에너지의 일부가 빛으로 되어 외부에 방사하는 다이오드이다.
13. ①항은 제너 다이오드, ②항은 포토 다이오드, ③항은 다이오드, ④항은 발광 다이오드
15. 서미스터
온도에 따라 전기 저항값이 변화하는 반도체 소자로서 열전기를 뜻하는 서모(thermo)와 저항기를 뜻하는 레지스터(resistor)를 결합하여 만든 합성어로 니켈, 코발트, 망간 등에 산화물을 적당히 혼합한 다음 1,000℃ 이상의 고온에서 소결하여 만든 것으로 온도에 따라 저항값이 시간과 함께 변화되는 성질을 이용하며, 정특성 서미스터(PTC)와 부특성 서미스터(NTC)가 있다. 자동차에서는 연료 잔량 감지와 엔진의 수온 감지 등에 사용된다.
17. 트랜지스터의 장점
① 내부의 전압강하가 매우 낮다.
② 소형·경량이며 기계적으로 강하다.
③ 수명이 길고 내부에서 전력손실이 적다.
④ 예열하지 않고 곧 작동한다.

12.② **13.**② **14.**② **15.**③ **16.**④ **17.**②
18.①

19 다음 중 트랜지스터의 기본단자에 속하지 않는 것은?
① 베이스 ② 이미터
③ 캐소드 ④ 컬렉터

20 트랜지스터가 사용되는 회로가 아닌 것은?
① 논리 게이트 ② 증폭기
③ OP앰프 ④ 유압 게이지

21 얇은 P형 반도체를 중심으로 양쪽에 N형 반도체를 접한 트랜지스터를 무엇이라 하는가?
① PNPN형 TR
② NPNP형 TR
③ PNP형 TR
④ NPN형 TR

22 반도체에서 사이리스터의 구성부가 아닌 것은?
① 캐소드(Cathode)
② 게이트(Gate)
③ 애노드(Anode)
④ 컬렉터(Collector)

23 단방향 3단자 사이리스터(SCR)에 대한 설명 중 틀린 것은?
① 애노드(A), 캐소드(K), 게이트(G)로 이루어진다.
② 캐소드에서 게이트로 흐르는 전류가 순방향이다.
③ 게이트에 (+), 캐소드에 (−)전류를 흘려보내면 애노드와 캐소드 사이가 순간적으로 도통된다.
④ 애노드와 캐소드 사이가 도통된 것은 게이트 전류를 제거해도 계속 도통이 유지되며, 애노드 전위를 0으로 만들어야 해제된다.

24 다음 중 자동차의 조향 휠 각도 센서, 차고 센서 등에 의해 사용되는 반도체는?
① 포토 다이오드
② 발광 다이오드
③ 포토 트랜지스터
④ 사이리스트

---

21. NPN형 TR은 얇은 P형 반도체를 중심으로 양쪽에 N형 반도체를 접한 트랜지스터이다.
22. 사이리스터는 PNPN 또는 NPNP의 4층 구조로 된 제어 정류기로 입력⊕ 쪽을 애노드(A), 출력⊖ 쪽을 캐소드(K), 제어 단자를 게이트(G)라 한다. 발전기의 여자장치, 조광장치, 통신용 전원, 각종 정류장치에 사용된다.
23. **사이리스터**
  ① PNPN 또는 NPNP의 4층 구조로 된 제어 정류기이다.
  ② 애노드(A), 캐소드(K), 게이트(G)의 3단자로 구성되어 있다.
  ③ 순방향 전압은 애노드에 ⊕를 게이트에 ⊕, 캐소드에 ⊖를 접속하면 전류는 애노드에서 캐소드로 흐른다.
  ④ 애노드와 캐소드가 도통된 것은 게이트 전류를 제거해도 계속 도통이 유지되며, 애노드 전원을 0으로 만들어야 차단된다.

24. **포토 트랜지스터**
  ① PN 접합부에 입사 광선을 쪼이면 역방향으로 전류가 흐른다.
  ② 빛이 베이스 전류로 작용하기 때문에 베이스 단자가 없다.
  ③ PN 접합의 2극 소자 포토 트랜지스터와 NPN 접합의 3극 소자 포토 트랜지스터가 있다.
  ④ PN 접합부에 입사 광선이 가해지면 빛의 에너지에 의해 자유 전자와 정공(hole)이 발생된다.
  ⑤ 전자와 정공이 발생되어 역방향 전류가 증가하면 입사 광선에 대응하는 출력 전류(광전류)가 역방향으로 외부 회로에 흐른다.
  ⑥ 사용처 : 조향휠 각속도 센서, 차고 센서 등에 이용된다.

19.③ 20.④ 21.④ 22.④ 23.② 24.③

25 다음 그림은 자동차 경고등에 주로 사용되는 비교기(Comparator)와 작동 트랜지스터를 나타낸 것이다. 바르게 설명한 것은?

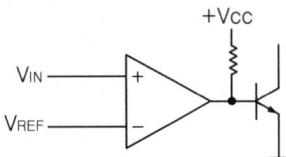

① 비교기의 (-)측의 전위가 (+)측보다 높을 때 작동하는 NPN형 트랜지스터이다.
② 비교기의 (+)측의 전위가 (-)측보다 높을 때 트랜지스터의 베이스 전압은 0V이다.
③ Vcc측에 전압이 걸리면 비교기는 (+)측에서 (-)측으로 전류가 흘러 트랜지스터는 작동된다.
④ 비교기의 (+)측의 전위가 (-)측보다 높을 때 트랜지스터의 콜렉터(C)에서 이미터(E)로 전류가 흐른다.

26 최근 자동차에 사용되는 센서를 설명하였다. 틀린 것은?
① 온도변화나 압력변화 등의 물리량을 전압이나 전류 등의 전기량으로 변화시킨다.
② 온도센서, 압력센서, 차속센서 등이 있다.
③ 복잡한 제어장치에 사용되며 주위상황이나 운전상태 등을 감지한다.
④ 온도변화나 압력변화 등에 상관없이 저항이 일정하다.

27 전자제어 연료분사장치의 구성 부품 중 다이어프램 상하의 압력 차이에 비례하는 다이어프램 신호를 전압변화로 만들어 압력을 측정할 수 있는 센서는?
① 반도체 피에조(piezo)저항형 센서
② 메탈코어형 센서
③ 가동 베인식 센서
④ SAW식 센서

28 온도관련 센서 및 액츄에이터 소자로 사용되지 않는 것은?
① 서모스탯
② 서미스터
③ 바이메탈
④ 사이리스터

29 그림의 전기회로도 기호의 명칭으로 올바른 것은?

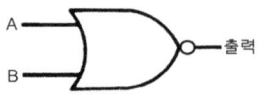

① 논리합((Logic OR)
② 논리적(Logic AND)
③ 논리 부정[Logic(NOT)]
④ 논리합 부정[Logic(NOR)]

---

25. 비교기(Comparator)와 작동 트랜지스터 작동은 비교기의 (+)측의 전위가 (-)측보다 높을 때 트랜지스터의 콜렉터(C)에서 이미터(E)로 전류가 흐른다.
26. 센서의 기능
   ① 온도변화나 압력변화 등의 물리량을 전압이나 전류 등의 전기량으로 변화시킨다.
   ② 온도센서, 압력센서, 차속센서 등이 있다.
   ③ 복잡한 제어장치에 사용되며 주위상황이나 운전상태 등을 감지한다.
27. 반도체 피에조(piezo) 저항형 센서는 다이어프램 상하의 압력 차이에 비례하는 다이어프램 신호를 전압변화로 만들어 압력을 측정할 수 있다.
28. 사이리스터(SCR)은 PNPN형 또는 NPNP형 반도체이며, 캐소드에 전류를 공급하면 통전되는 스위치 작용을 한다.

25.④ 26.④ 27.① 28.④ 29.④

2장 시동, 점화 및 충전장치

2-1 축전지(battery)

1 개요

화학적 에너지를 전기적 에너지로 변환시키는 장치이다.

(1) 축전지의 역할
① 기동 장치의 전기적 부하를 부담한다.
② 발전기 고장시 주행을 확보하기 위한 전원으로 작동한다.
③ 발전기 출력과 부하와의 불균형을 조정한다.

(2) 축전지의 구비조건
① 축전지의 용량이 클 것. ② 축전지의 충전, 검사에 편리한 구조일 것.
③ 소형이고 운반이 편리할 것. ④ 전해액의 누설 방지가 완전할 것.
⑤ 축전지는 가벼울 것. ⑥ 전기적 절연이 완전할 것.
⑦ 진동에 견딜 수 있을 것.

(3) 축전지의 종류
① **납산 축전지** : 셀당 기전력이 2.1V이다.
② **알칼리 축전지** : 셀당 기전력이 1.2V이다.

2 납산축전지

(1) 화학 작용

① **방전 중 화학 작용**
- 양극판 : 과산화 납(PbO_2) → 황산납($PbSO_4$)
- 음극판 : 해면상납(Pb) → 황산납($PbSO_4$)
- 전해액 : 묽은황산(H_2SO_4) → 물($2H_2O$)

② **충전 중 화학 작용**
- 양극판 : 황산납($PbSO_4$) → 과산화 납(PbO_2)

- 음극판 : 황산납(PbSO$_4$) → 해면상납(Pb)
- 전해액 : 물(2H$_2$O) → 묽은황산(H$_2$SO$_4$)

(2) 납산축전지의 구조

① 극 판
- 양극판 : 다공성으로 결합력이 약하다.(축전지 성능 저하의 원인)
- 음극판 : 한 셀당 화학적 평형을 고려하여 양극판보다 1장 더 많다.
- 격자 : 극판의 작용 물질을 유지시켜 탈락을 방지한다.

② 격리판 : 양극판과 음극판 사이에 설치되어 극판의 단락을 방지한다.

  가. 격리판의 구비 조건
  - 비전도성일 것.
  - 기계적인 강도가 있을 것.
  - 전해액의 확산이 잘 될 것.
  - 전해액에 부식되지 않을 것.
  - 다공성일 것.
  - 극판에 좋지 않은 물질을 내뿜지 않을 것.

③ 극판군(단전지, 셀) : 극판 군은 1셀(cell)이며, 완전 충전시 1셀 당 기전력은 2.1V이므로 12V 축전지의 경우 6개의 셀이 직렬로 연결되어 있다.

④ 케이스와 필러(벤트) 플러그 : 벤트플러그는 충전시 발생하는 가스(양극 : 산소가스, 음극 : 수소가스)를 배출한다.

⑤ 커넥터와 터미널 포스트(단자 기둥)

구 분	양극 기둥	음극 기둥
단자의 직경	크 다	작 다
단자의 색	적 갈 색	회 색
표시 문자	⊕, P	⊖, N
부식물의 생성	많 다	적 다

- 단자에서 케이블을 분리할 때에는 접지(−) 쪽을 먼저 분리하고 설치할 때에는 나중에 설치하여야 한다.
- 단자가 부식되었으면 깨끗이 청소를 한 다음 그리스를 얇게 바른다.

⑥ 전해액 : 비중은 완전 충전된 상태 20℃에서 1.260~1.280이다.

  가. 전해액 비중과 온도(반비례)
  - 전해액의 온도가 높으면 비중이 낮아지고 온도가 낮으면 비중은 높아진다.
  - 전해액의 비중은 20℃의 표준 온도로 환산하여 표시한다.
  - 축전지 전해액의 비중은 온도 1℃ 변화에 대하여 0.0007변화한다.

  $$S_{20} = S_t + 0.0007(t - 20)$$
  S_{20} : 표준 온도로 환산한 비중. S_t : t℃ 에서 실측한 비중. t : 측정시의 전해액의 온도(℃)

  - 전해액 비중은 흡입식 비중계 또는 광학식 비중계로 측정한다.

나. 비중에 의한 충방 상태의 판정
- 전해액의 비중은 방전량에 비례하여 낮아진다.
- 비중이 1.200(20℃) 정도로 저하되면 즉시 보충전하여야 한다.
- 1Ah의 방전에 대해 전해액 중의 황산은 3.660g이 소비되고 0.67g의 물이 생성된다.
- 1Ah의 충전량에 대해 0.67g의 물이 소비되고 3.660g의 황산이 생성된다.
- 1.260(20℃)의 묽은 황산 1L에 약 35%의 황산이 포함되어 있다.

(3) 납산축전지의 특성

① 기전력
- 셀당 2.1V~2.3V의 기전력이 발생된다.
- 전해액의 온도가 높으면 기전력도 높아진다.
- 전해액의 비중이 높으면 기전력도 높아진다.
- 축전지가 방전되면 기전력도 낮아진다.

② 방전 종지 전압
- 어떤 전압 이하로 방전하여서는 안되는 방전 한계 전압을 말한다.
- 셀당 방전 종지 전압은 1.7~1.8V 이다.
- 축전지를 방전 상태로 오랫동안 방치해 두면 극판이 영구 황산납이 된다.

가. 축전지 설페이션(sulfation) 원인
- 장시간 방전 상태로 방치한 경우
- 전해액 비중이 너무 높거나 낮은 경우
- 전해액에 불순물이 들어간 경우
- 과다 방전 상태인 경우
- 불충분한 충전이 반복된 경우
- 전해액 부족으로 극판이 노출된 경우

나. 자기 방전
- 외부의 전기 부하가 없는 상태에서 전기 에너지가 소멸되는 현상을 자기 방전이라 한다.
- 1일(24h) 자기 방전량은 실 용량의 0.3~1.5%이다.

$$충전\ 전류 = \frac{축전지\ 용량 \times 1일\ 자기\ 방전율}{24\ h}$$

③ 축전지 용량
- 완전 충전된 축전지를 일정의 전류로 연속 방전하여 방전 종지 전압까지 사용할 수 있는 전기량.

$$AH(암페어시\ 용량) = A(일정\ 방전\ 전류) \times H(방전\ 종지\ 전압까지의\ 연속\ 방전시간)$$

- 축전지 용량은 방전 전류와 방전 시간의 곱으로 나타낸다.

- 전해액의 온도가 높으면 용량은 증가한다.
- 축전지의 용량 결정요소
  - 극판의 크기, 극판의 형상 및 극판의 수
  - 전해액의 비중, 전해액의 온도 및 전해액의 양
  - 격리판의 재질, 격리판의 형상 및 크기
- 축전지 연결에 따른 전압과 용량의 변화
  - 직렬 연결 : 같은 용량, 같은 전압의 축전지 2개를 직렬로 접속([+]단자와 [−]단자의 연결)하면 전압은 2배가 되고, 용량은 한 개일 때와 같다.
  - 병렬 연결 : 같은 용량, 같은 전압의 축전지 2개를 병렬로 연결([+]단자는 [+]단자에 [−]단자는 [−]단자에 연결)하면 용량은 2배이고 전압은 한 개일 때와 같다.

④ 방전율
- 20시간율 : 일정한 전류로 방전하여 셀당 전압이 1.75V로 강하됨이 없이 20시간 방전할 수 있는 전류의 총량을 말한다.
- 25A율 : 80°F에서 25A의 전류로 방전하여 셀당 전압이 1.75V에 이를 때까지 방전하는 소요 시간으로 표시한다.
- 냉간율 : 0°F에서 300A로 방전하여 셀당 전압이 1V 강하하기까지 몇 분 소요되는가로 표시.
- 5시간율 : 방전 종지 전압에 도달할 때까지 소요되는 방전 전류의 크기로 자동차용 축전지는 엔진의 시동시 능력을 나타내기 때문에 5시간의 용량으로 표시한다.

(4) 축전지 충전
① **정 전류 충전** : 충전 시작에서 끝까지 일정한 전류로 충전하는 방법이다.
② **정 전압 충전** : 충전 시작에서 끝까지 일정한 전압으로 충전하는 방법이다.
③ **단별 전류 충전** : 충전 중 전류를 단계적으로 감소시키는 방법이다.
④ **급속 충전** : 축전지 용량의 50% 전류로 충전하는 것이며, 자동차에 축전지가 설치된 상태로 급속 충전을 할 경우에는 발전기 다이오드를 보호하기 위하여 축전지 (+)와 (−)단자의 양쪽 케이블을 분리하여야 한다. 또 충전시간은 가능한 짧게 하여야 한다.
⑤ **충전할 때 주의 사항**
- 충전하는 장소는 반드시 환기 장치를 한다.
- 각 셀의 전해액 주입구 마개(벤트 플러그)를 연다.
- 충전 중 전해액의 온도가 45℃ 이상되지 않게 한다.
- 과충전을 하지 말 것(양극판 격자의 산화 촉진 요인)
- 2개 이상의 축전지를 동시에 충전할 경우에는 반드시 직렬 접속을 한다.
- 암모니아수나 탄산소다(탄산나트륨) 등을 준비해 둔다.

3 축전지 정비

(1) 급속 충전 중 주의 사항
① 충전 중 수소 가스가 발생되므로 통풍이 잘되는 곳에서 충전할 것.
② 발전기 실리콘 다이오드의 파손을 방지하기 위해 축전지의 ⊕, ⊖케이블을 떼어낸다.
③ 충전 시간을 가능한 한 짧게 한다.
④ 충전 중 축전지 부근에서 불꽃이 발생되지 않도록 한다.
⑤ 충전 중 축전지에 충격을 가하지 말 것.
⑥ 전해액의 온도가 45℃ 이상이 되면 충전을 일시 중지하여 온도가 내려가면 다시 충전한다.

(2) 축전지의 용량 시험시 주의 사항
① 부하 전류는 축전지 용량의 3배 이상으로 하지 않을 것.
② 부하 시간은 15초 이상으로 하지 않는다.

(3) 부하 시험의 축전지 판정
① **경부하 시험**
- 전조등을 점등한 상태에서 측정한다.
- 셀당 전압이 1.95V 이상이면 양호하다.
- 셀당 전압차이는 0.05V 이내이면 양호하다.

② **중부하 시험**
- 축전지 용량 시험기를 사용하여 측정한다.
- 축전지 용량의 3배 전류로 15초 동안 방전시킨다.
- 축전지 전압이 9.6V 이상이면 양호하다.

4 MF(maintenance free battery) 축전지

격자를 저 안티몬 합금이나 납-칼슘 합금을 사용하여 전해액의 감소나 자기 방전량을 줄일 수 있는 축전지이다.

(1) MF 축전지의 특징
① 촉매 장치에 의해 증류수를 보충할 필요가 없다.
② 자기 방전이 적어 장기간 보관할 수 있다.
③ 국부 전지가 형성되지 않으므로 정비가 필요 없다.
④ 격자는 벌집 형태의 철망을 펀칭하여 사용한다.

2-2 시동장치(starting System)

1 개요
① 엔진을 시동하기 위한 장치를 말한다.
② 기동 토크가 크고 소형 경량인 직류 직권 전동기를 사용한다.

$$기동\ 회전력 = 회전\ 저항 \times \frac{피니언\ 이의\ 수}{링\ 기어\ 이의\ 수}$$

(1) 전동기의 원리
전동기의 기본 원리는 플레밍의 왼손 법칙을 이용한다.

(2) 전동기의 종류
① **직권 전동기**
- 전기자 코일과 계자 코일이 직렬로 접속되어 있다.
- 기동 회전력이 크기 때문에 기동 전동기에 사용된다.

② **분권 전동기**
- 전기자 코일과 계자 코일이 병렬로 접속되어 있다.
- 계자 코일에 흐르는 전류가 일정하기 때문에 회전 속도가 거의 일정하다.

③ **복권 전동기**
- 전기자 코일과 계자 코일이 직병렬로 접속되어 있다.
- 회전력이 크고 회전 속도가 거의 일정하기 때문에 와이퍼 모터에 사용된다.
- 직권 전동기에 비하여 구조가 복잡하다.

2 기동전동기

(1) 기동전동기의 형식
기동 전동기는 전기자 코일과 계자 코일이 직렬로 연결되는 직류 직권식을 사용하며, 직권 전동기의 특징은 다음과 같다.
① 기전력은 회전속도에 비례한다. ② 전기자 전류는 기전력에 반비례한다.
③ 회전력은 전기자의 전류가 클수록 크다. ④ 기동회전력이 크다.

(2) 기동 전동기의 구조
① 기동 전동기의 3주요 부분
- 회전력을 발생하는 부분
- 회전력을 플라이 휠 링 기어로 전달하는 부분
- 피니언을 미끄럼 운동시켜 플라이 휠 링 기어에 물리도록 하는 부분

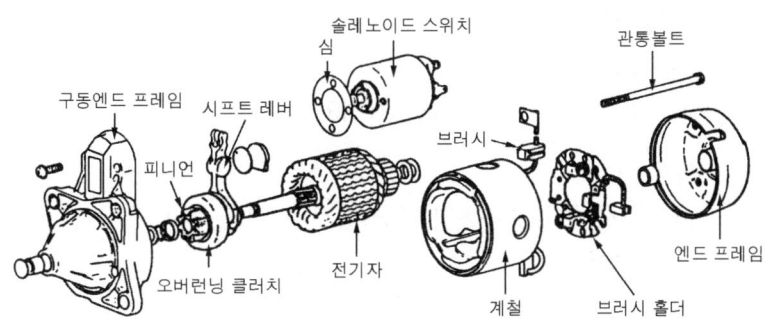

△ 기동 전동기의 분해도

② 회전력을 발생하는 부분

가. 회전 부분
- 전기자(armature) : 전기자 축에는 스플라인을 통하여 피니언과 오버런닝 클러치가 미끄럼 운동을 하며, 전기자 철심은 자력선의 통과를 쉽게 하고, 맴돌이 전류를 감소시키기 위해 성층 철심으로 구성되어 있으며, 전기자 코일 한쪽은 N극, 다른 한쪽은 S극이 되도록 철심의 홈에 절연되어 끼워지며, 코일의 양끝은 정류자 편에 납땜되어 있다.
- 정류자 : 브러시에서 전류를 일정한 방향으로 흐르도록 하며, 정류자 편과 편 사이에는 운모로 절연되어 있으며, 정류자 편보다 0.5~0.8mm 정도 언더 컷되어 있다.

나. 고정 부분
- 계자(yoke) : 자력선의 통로와 기동 전동기의 틀이 되는 부분이며, 내부에는 계자 철심이 있고 여기에 계자 코일이 감겨져 전류가 흐르면 자화된다.
- 브러시와 홀더 : 브러시는 정류자를 통하여 전기자 코일에 전류를 출입시키며 재질은 금속 흑연계이다. 브러시는 1/3이상 마모되면 교환하여야 하며, 브러시 스프링의 장력은 0.5~1.0kgf/cm²이다.

③ 동력 전달 기구

가. 벤딕스 방식 : 피니언의 관성과 직권 전동기가 무부하 상태에서 고속회전 하는 성질을 이용한 것이다.

나. 피니언 섭동식
- 피니언 섭동식에는 수동식과 전자식이 있다.
- 전기자가 회전하기 전에 피니언과 플라이 휠 링 기어를 미리 물림 시키는 방식이다.
- 전자식 피니언 섭동식 : 피니언 미끄럼 운동과 기동전동기 스위치의 개폐를 전자력을 이용한 형식이다.

④ 오버런닝 클러치
- 시동시 전동기의 회전력에 의해 링 기어가 회전한다.
- 시동 후 피니언 기어가 링 기어에 물려 있는 상태에서 피니언 기어가 공전하여 엔진 회전력이 전달되는 것을 방지한다.

- 시동된 후 계속해서 스위치를 작동시키면 기동 전동기의 전기자는 무부하 상태로 공회전하고 피니언은 고속 회전한다.
- 종류에는 롤러식, 스프래그식, 다판 클러치식이 있다.

(3) 기동 전동기 시험
① 전기자(armature)시험기(그로울러 시험기)로 시험할 수 있는 것은 코일의 단락, 코일의 접지, 코일의 단선이다.
② 기동전동기 시험에는 무부하 시험, 회전력 시험, 저항 시험이 있다.

3 시동장치의 정비

(1) 기동 전동기 취급
① 전동기의 시험
- 무부하 시험 : 전류 값과 회전수를 측정하여 기동전동기의 고장 여부를 판단하는 것이다.
  - 전류계, 전압계, 회전계, 가변 저항 등
- 회전력(토크) 시험 : 기동 전동기의 정지 회전력을 측정하는 시험이다.
- 저항 시험 : 전류의 크기로 저항을 판정한다.

② 회로 시험
- 12V 축전지일 때 기동 회로의 전압 강하가 0.2V 이하이면 정상이다.
- 6V 축전지일 때 기동 회로의 전압 강하가 0.1V 이하이면 정상이다.

2-3 점화장치(Ignition System)

1 개요

(1) 점화장치의 원리
① **자기 유도작용** : 한 개의 코일에 흐르는 전류를 단속하면 코일에 유도전압이 발생하는 작용을 말한다.
② **상호 유도 작용** : 하나의 전기회로에 자력선의 변화가 생겼을 때 그 변화를 방해하려고 다른 전기 회로에 기전력이 발생하는 작용을 말한다.

(2) 전트랜지스터식 점화장치
① 점화 코일의 1차 전류를 트랜지스터가 단속한다.
② 폐자로형 점화 코일을 사용하여 2차 전압이 저하되지 않는다.
③ 반트랜지스터식의 단속기 접점에서 발생되는 불꽃을 방지할 수 있다.

④ 반트랜지스터식의 단속기 접점에 의한 고장을 배제시킬 수 있다.
⑤ 점화 코일의 1차 전류를 제어하는 방식에 따라 신호 발전식과 컴퓨터 제어식으로 분류한다.

(3) 콘덴서 방전식 점화 장치(CDI, 용량 방전식)
① 12V의 축전지 전압이 DC-DC 컨버터에 의해 200~250V 정도로 승압시켜 콘덴서에 충전시킨다.
② 배전기의 점화 신호 발생기에서 점화 신호를 발생시킨다.
③ 콘덴서에 충전된 전압을 점화 신호에 따라 점화 1차 코일에 방전시킨다.
④ 콘덴서의 방전에 의해 점화 2차 코일에 고전압이 발생된다.

(4) 파워 TR을 이용하는 방식의 특징
① 원심, 진공 진각 기구를 사용하지 않아도 된다.
② 고속 회전에서 채터링 현상으로 기관부조 발생이 없다.
③ 노킹이 발생할 때 대응이 신속하다.
④ 기관 상태에 따른 적절한 점화시기 조절이 가능하다.

(5) 개자로 형식의 점화코일의 특징
① 1차 코일과 2차 코일의 권수비는 1 : 60~100으로 한다.
② 1차 코일을 바깥쪽에 감는 것은 방열이 잘 되도록 하기 위함이다.
③ 1차 코일의 감기 시작은 (+)단자에, 감기 끝은 (−)단자에 접속되어 있다.
④ 1차 코일은 2차 코일에 비하여 큰 전류가 흐르기 때문에 선의 단면적도 크다.

△ 개자로형 점화코일의 구조

(6) 점화 플러그
① **자기 청정 온도**
- 전극의 온도가 400~600℃인 경우 전극은 자기청정 작용을 한다.
- 전극 앞부분의 온도가 950℃ 이상되면 자연발화(조기점화) 될 수 있다.
- 전극 부분의 온도가 450℃ 이하가 되면 실화가 발생한다.

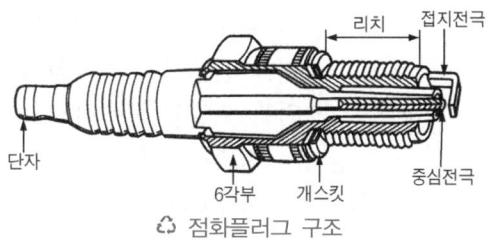

△ 점화플러그 구조

② 열값
- 냉형 점화 플러그 : 고압축비, 고속회전기관에 사용되며 냉각효과가 좋다.
- 열형 점화 플러그 : 저압축비, 저속회전기관에서 사용하며, 열을 받는 면적이 크다.

③ 점화플러그에서 불꽃이 발생하지 않는 원인
- 점화코일 불량
- 파워 TR 불량
- 고압 케이블 불량
- ECU 불량

④ 점화 플러그의 시험
- 절연 시험
- 불꽃 시험
- 기밀 시험

2 전자제어 점화장치

(1) 파워 트랜지스터

① 컴퓨터(ECU)의 신호를 받아 점화코일의 1차 전류를 단속하는 작용을 하는 부품이며, 구조는 ECU에 의해 제어되는 베이스 단자, 점화코일의 1차 코일과 연결되는 컬렉터 단자, 그리고 접지 되는 이미터 단자로 구성되어 있다.

② 트랜지스터(NPN형)에서 점화코일의 1차 전류는 컬렉터에서 이미터로 흐르게 한다.

③ 파워 TR이 불량할 때 일어나는 현상
- 기관 시동 성능 불량
- 공회전 상태에서 기관 부조현상 발생
- 기관 시동이 안됨(단, 크랭킹은 가능)

④ 파워 TR의 점검할 때에는 아날로그 회로 시험기, 1.5V 건전지, 파형 분석기 등이 필요하다.

⑤ 파워 TR을 단품으로 통전 시험을 할 때 아날로그 방식 멀티미터를 사용한다.

(2) HEI 점화 장치

① 특징
- 점화 1차 코일에 흐르는 전류를 컴퓨터에 의해 제어하여 저속 성능이 향상된다.
- 점화 1차 코일에 흐르는 전류를 신속하게 단속하여 고속 성능이 향상된다.
- 접점이 없기 때문에 불꽃을 강하게 하여 착화성이 향상된다.
- 엔진의 상태를 검출하여 최적의 점화시기를 컴퓨터가 조절한다.
- 폐자로형 점화 코일을 사용하므로 완전 연소가 가능하다.
- 노킹 발생시 점화시기를 컴퓨터가 조절하여 노킹을 제어한다.

② HEI 점화코일(폐자로형 점화코일)의 특징
- 유도작용에 의해 생성되는 자속이 외부로 방출되지 않는다.
- 1차 코일의 굵기를 크게 하여 큰 전류가 통과할 수 있다.
- 1차 코일과 2차 코일은 연결되어 있다.

점화코일에서 고전압을 얻도록 유도하는 공식

$$E_2 = \frac{N_2}{N_1} E_1$$

여기서, E_1 : 1차 코일에 유도된 전압,
E_2 : 2차 코일에 유도된 전압
N_1 : 1차 코일의 유효권수
N_2 : 2차 코일의 유효권수

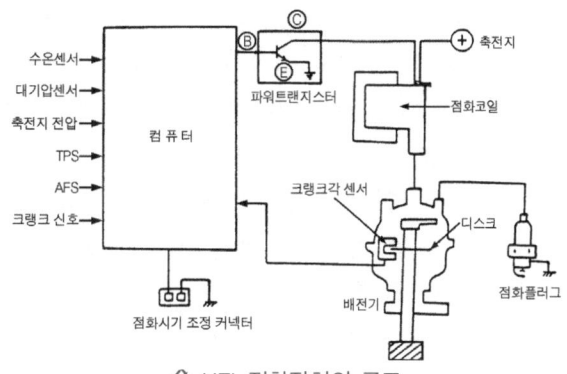

△ HEI 점화장치의 구조

③ 배전기의 1번 실린더 TDC센서 및 크랭크 각 센서의 작용
- 크랭크 각 센서용 4개의 슬릿과 안쪽에 1번 실린더 TDC센서용 1개의 슬릿이 설치되어 있다.
- 2종류의 슬릿을 검출하기 때문에 발광 다이오드 2개와 포트 다이오드 2개가 내장되어 있다.
- 발광 다이오드에서 방출된 빛은 슬릿을 통하여 포토 다이오드에 전달되며, 전류는 포토 다이오드의 역 방향으로 흘러 비교기에 약 5V의 전압이 감지된다.

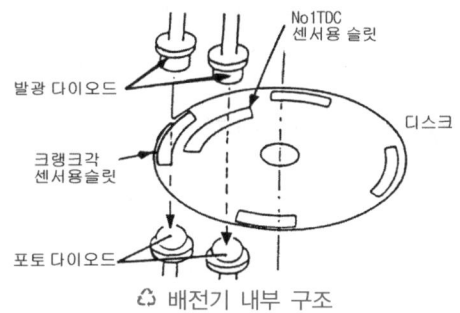

△ 배전기 내부 구조

- 배전기 축이 회전하여 디스크가 빛을 차단하면 비교기 단자는 0볼트(V)가 된다.

④ 크랭크 각 센서의 기능
- 기관 회전속도(RPM)를 컴퓨터로 입력시킨다.
- 크랭크 각 센서의 신호를 컴퓨터가 받으면 연료펌프 릴레이를 구동한다.
- 분사시기 및 점화시기를 설정하기 위한 기준 신호이다.
- 기관을 크랭킹(시동)할 때 가장 기본적으로 작동되어야 하는 센서이다.
- 크랭크 각 센서가 고장나면 연료가 분사되지 않아 시동이 되지 않는다.
- No1. TDC센서가 불량하면 시동은 걸리나 공전상태가 불안하다.

(3) DLI(직접점화장치, Direct Ignition System)

① 특 징
- 배전기가 없기 때문에 전파 장해의 발생이 없다.
- 정전류 제어 방식으로 엔진의 회전 속도에 관계없이 2차 전압이 안정된다.
- 전자적으로 진각시키므로 점화 시기가 정확하고 점화 성능이 우수하다.
- 고전압이 감소되어도 유효 에너지의 감소가 없기 때문에 실화가 적다.
- 범위 제한이 없이 진각이 이루어지고 내구성이 크다.
- 전파 방해가 없으므로 다른 전자 제어 장치에도 장해가 없다.

- 고압 배전부가 없기 때문에 누전의 염려가 없다.
- 실린더 별 점화 시기 제어가 가능하다.

② **DLI의 구성요소** : 컴퓨터(E.C.U), 파워 TR, 점화(이그니션)코일, 크랭크 각 센서, No1. TDC센서 등이다.
- 배전기 없이 점화 코일에서 점화 플러그에 직접 고전압을 전달한다.
- 2차 고전압을 압축 행정과 배기 행정 끝에 위치한 실린더의 점화 플러그에 분배한다.

③ **DLI방식의 종류**
- 독립점화형 전자 배전 방식
- 동시점화형 코일 분배방식 : 점화 코일의 고전압을 점화 플러그로 직접 분배시키는 방식이다.
- 동시점화형 다이오드 분배방식 : 다이오드에 의해 1개의 실린더에만 출력을 보내 점화시키는 방식이다.

3 점화시기 점검

① 초기 점화시기를 점검할 때 기관의 회전속도는 공전속도로 한다.
② 기관의 점화시기를 점검하고자 할 때에는 타이밍 라이트를 사용한다.
③ 타이밍 라이트를 기관에 설치 및 작업할 때 유의사항
- 시험기의 적색(+)클립은 축전지 (+)단자에 흑색(-)클립은 (-)단자에 연결한다.
- 고압 픽업 리드 선은 1번 점화 플러그 고압 케이블에 물린다.
- 청색(또는 녹색)리드선 클립은 배전기 1차 단자나 점화 코일 (-)단자에 연결한다.
- 회전계를 연결한 후 규정된 회전속도(공전속도)에서 점검을 한다.

④ **기관의 점화시기 변동 요건** : 기관의 회전속도, 기관에 가해진 부하, 사용연료의 옥탄가, 각종 센서
⑤ **기관의 점화시기가 너무 늦으면**
- 불완전 연소가 일어나 다량의 카본이 퇴적된다.
- 기관의 동력이 감소된다.
- 점화지연의 3가지는 기계적 지연, 전기적 지연, 화염 전파지연 등이다.

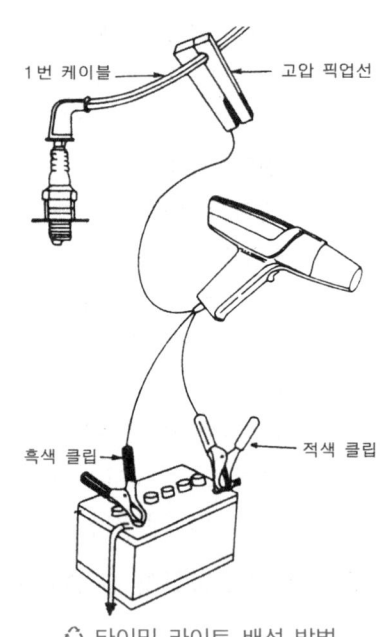

△ 타이밍 라이트 배선 방법

2-4 충전장치(Charging System)

1 개요

플레밍의 오른손 법칙을 이용하며, 엄지는 운동방향, 인지는 자력선 방향으로 두면 중지방향으로 유도 기전력이 발생한다.

(1) 필요성
① 발전기를 중심으로 전력을 공급하는 일련의 장치.
② 방전된 축전지를 신속하게 충전하여 기능을 회복시키는 역할을 한다.
③ 각 전장품에 전기를 공급하는 역할을 한다.
④ 발전기와 발전기 조정기로 구성되어 있다.

(2) 발전기의 기전력
① 자극의 수가 많아지면 여자되는 시간이 짧아져 기전력이 커진다.
② 로터의 회전이 빠르면 기전력은 커진다.
③ 로터코일을 통해 흐르는 여자 전류가 크면 기전력은 커진다.
④ 코일의 권수와 도선의 길이가 길면 기전력은 커진다.

(3) 종류
① **자려자 발전기** : 플레밍의 오른손 법칙을 이용하여 직류(DC) 발전기에 사용된다.
② **타려자 발전기** : 자동차용 교류 발전기로 이용된다.

(4) DC 발전기(직류 발전기)
① **직류 발전기 구조**
- 전기자(아마추어) : 자계 내에서 회전하여 교류 전류를 발생한다.
- 정류자(코뮤테이터) : 전기자의 교류 전류가 브러시를 통하여 직류 전류로 정류한다.
- 계자 철심(필드 코어) : 계자 코일에 전류가 흐르면 강력한 전자석이 되어 자계를 형성한다.
- 계자 코일(필드 코일) : 전류가 흐르면 계자 철심을 자화한다.
- 계자 코일과 전기자 코일은 병렬로 접속되어 있다.

② **발전기 조정기**
- 컷 아웃 릴레이 : 발생 전압이 낮을 때 축전지에서 발전기로 전류가 역류되는 것을 방지한다.
- 전압 조정기 : 계자 코일에 흐르는 전류를 제어하여 발생 전압을 일정하게 유지시키는 역할을 한다.
- 전류 제한기(전류 조정기) : 발전기의 발생 전류를 제어하여 발전기의 소손을 방지한다.

2 교류 발전기(AC)

(1) 교류발전기의 특징
① 3상 발전기로 저속에서 충전 성능이 우수하다.
② 정류자가 없기 때문에 브러시의 수명이 길다.
③ 정류자를 두지 않아 풀리비를 크게 할 수 있다.(허용 회전속도 한계가 높다)
④ 실리콘 다이오드를 사용하기 때문에 정류 특성이 우수하다.
⑤ 발전기 조정기는 전압 조정기 뿐이다.
⑥ 경량이고 소형이며, 출력이 크다.
⑤ 다른 전원으로부터 전류를 공급받아 발전을 시작하는 타려자 방식이다.

(2) 구비 조건
① 소형 경량이며, 출력이 커야 한다.
② 속도 범위가 넓고 저속에서 충전이 가능할 것.
③ 출력 전압은 일정하고 다른 전기 회로에 영향이 없을 것.
④ 불꽃 발생에 의한 전파 방해가 없을 것.
⑤ 출력 전압의 맥동이 없을 것.
⑥ 내구성이 좋고 점검, 정비가 쉬울 것.

(3) 교류 발전기의 구조

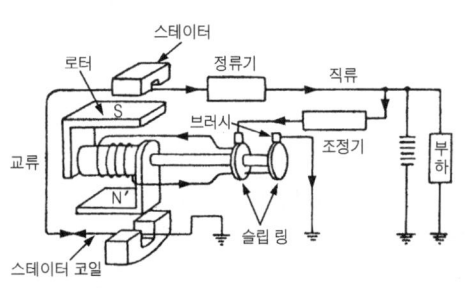 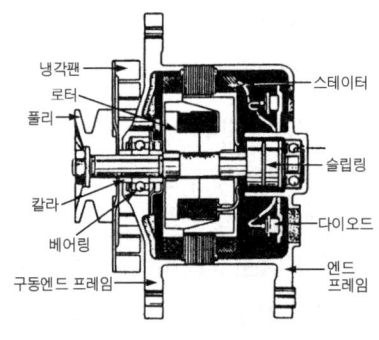

△ 교류 발전기의 구조

① 스테이터 코일
- 직류(DC)발전기의 전기자와 같은 역할을 하며, AC(교류) 발전기에서 전류가 발생하는 곳이다.
- 스테이터 코일에서 발생되는 전기는 삼상 교류전류이다.
- 3상 교류발전기에 Y결선을 주로 사용하는 이유는 선간 전압($\sqrt{3}$ 배)이 높기 때문이다.
  가. 코일의 결선 방법
  - 스타 결선(Y결선)
    - 각 코일의 한 끝을 중성점에 접속하고 다른 한 끝 셋을 끌어낸 것.
    - 선간 전압은 각 상전압의 $\sqrt{3}$ 배가 된다.

- 선간 전압이 높기 때문에 자동차용 교류 발전기에 사용된다.
- 저속 회전시 높은 전압 발생과 중성점의 전압을 이용할 수 있는 장점이 있다.
- 전압을 이용하기 위한 결선 방식이다.
- 3각형 결선(Δ결선)
- 각 코일 끝을 차례로 결선하여 접속점에서 하나씩 끌어낸 것.
- 각 상전압과 선간 전압이 같다.
- 선간 전류는 상전류의 $\sqrt{3}$ 배가 된다.
- 전류를 이용하기 위한 결선 방식이다.

② 로터
- 직류 발전기의 계자 코일과 계자 철심에 상당하며, 자속을 만드는 곳이다.
- 교류(AC) 발전기에서 브러시와 슬립 링은 로터 코일을 자화시킨다.
- 교류 발전기의 출력 변화조정은 로터의 전류에 의해 이루어진다.

③ 슬립 링 : 브러시와 접촉되어 축전지의 여자 전류를 로터 코일에 공급한다.

④ 브러시 : 로터 코일에 축전지 전류를 공급하는 역할을 한다.

⑤ 정류기(실리콘다이오드)
- 스테이터 코일에 유기된 교류를 직류로 변환시키는 정류 작용을 하여 외부로 내보낸다.
- 발전 전압이 낮을 때 축전지에서 발전기로 전류가 역류하는 것을 방지한다.
- 홀더에 ⊕ 다이오드 3개, ⊖ 다이오드 3개씩 설치하여 3상 교류를 전파 정류한다.

⑥ 발전기 조정기
- 회전 속도 및 부하 변동이 크기 때문에 전압 조정기만 필요하다.
- 축전지 전류에 의해 여자되기 때문에 전류 조정기가 필요 없다.
- 반도체 정류기를 사용하기 때문에 컷 아웃 릴레이가 필요 없다.

3 충전장치 정비

(1) 교류 발전기 취급시 주의 사항
① 축전지의 극성에 주의하며, 역접속 하여서는 안된다.
② 역접속하면 발전기에 과대 전류가 흘러 다이오드가 파괴된다.
③ 급속 충전시에는 다이오드의 손상을 방지하기 위해 축전지의 ⊕케이블을 떼어낸다.
④ 발전기 B단자에서 전선을 떼어내고 기관을 회전시켜서는 안된다.
⑤ 세차시에 다이오드 손상을 방지하기 위해 발전기에 물이 뿌려지지 않도록 한다.

(2) 충전 불량의 직접적인 원인
① 발전기 R(로터)단자 회로의 단선
② 발전기 슬립링 또는 브러시의 마모
③ 스테이터 코일 1상단선
④ 발전기 기능불량
⑤ 전압조정기 조정 불량
⑥ 팬(fan)벨트의 이완

2-5 하이브리드 장치

하이브리드 시스템(HEV ; hybrid electric system)이란 자동차에 2종류 이상의 동력원을 설치한 자동차를 말하는데, 내연기관과 전동기를 동시에 설치한 형태가 대표적이다.

1 하이브리드 시스템의 장점

① 연료소비율을 50%정도 감소시킬 수 있고 환경 친화적이다.
② 탄화수소, 일산화탄소, 질소산화물의 배출량이 90% 정도 감소된다.
③ 이산화탄소 배출량이 50% 정도 감소된다.

2 하이브리드 시스템의 단점

① 구조가 복잡해 정비가 어렵고 수리비용 높고, 가격이 비싸다.
② 고전압 축전지의 수명이 짧고 비싸다.
③ 동력전달 계통이 복잡하고 무겁다.

3 하이브리드 시스템의 형식

하이브리드 시스템은 바퀴를 구동하기 위한 전동기, 전동기의 회전력을 바퀴에 전달하는 변속기, 전동기에 전기를 공급하는 축전지, 그리고 전기 또는 동력을 발생시키는 기관으로 구성된다. 기관과 전동기의 연결방식에 따라 다음과 같다.

(1) 직렬형(series type)

직렬형은 기관을 가동하여 얻은 전기를 축전지에 저장하고, 차체는 순수하게 전동기의 힘만으로 구동하는 방식이다. 전동기는 변속기를 통해 동력을 구동바퀴로 전달한다. 전동기로 공급하는 전기를 저장하는 축전지가 설치되어 있으며, 기관은 바퀴를 구동하기 위한 것이 아니라 축전지를 충전하기 위한 것이다.

따라서 기관에는 발전기가 연결되고, 이 발전기에서 발생되는 전기는 축전지에 저장된다. 동력전달 과정은 기관 → 발전기 → 축전지 → 전동기 → 변속기 → 구동바퀴이다.

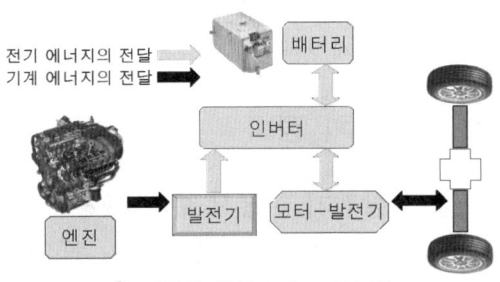

△ 직렬형 하이브리드 시스템

(2) 병렬형(parallel type)

병렬형은 기관과 변속기가 직접 연결되어 바퀴

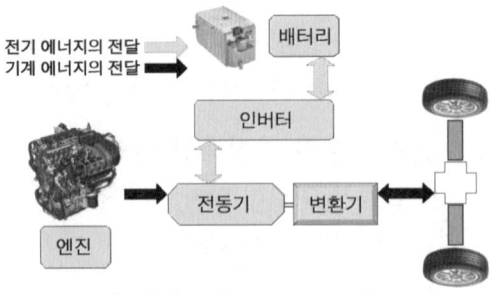

△ 병렬형 하이브리드 시스템

를 구동한다. 따라서 발전기가 필요 없다. 병렬형의 동력전달은 축전지 → 전동기 → 변속기 → 바퀴로 이어지는 전기적 구성과 기관 → 변속기 → 바퀴의 내연기관 구성이 변속기를 중심으로 병렬적으로 연결된다.

① **소프트 하이브리드 자동차** : 모터가 플라이휠에 설치되어 있는 FMED(Flywheel Mounted Electric Device)형식으로 변속기와 모터 사이에 클러치를 배치하여 제어하는 방식으로 SHEV라 호칭한다. 출발 할 때는 엔진과 전동 모터를 동시에 이용하여 주행하고 부하가 적은 평지의 주행에서는 엔진의 동력만을 이용하며, 가속 및 등판 주행과 같이 큰 출력이 요구되는 주행 상태에서는 엔진과 모터를 동시에 이용하여 주행함으로써 연비를 향상시킨다.

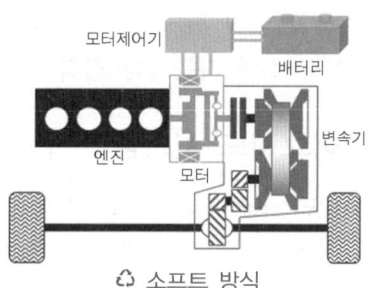

△ 소프트 방식

② **하드 하이브리드 자동차** : 모터가 변속기에 장착되어 있는 TMED(Transmission Mounted Electric Device) 형식으로 엔진과 모터 사이에 클러치를 배치하여 제어하는 방식으로 출발과 저속 주행 시에는 모터만을 이용하여 주행하고 부하가 적은 평지의 주행에서는 엔진의 동력만을

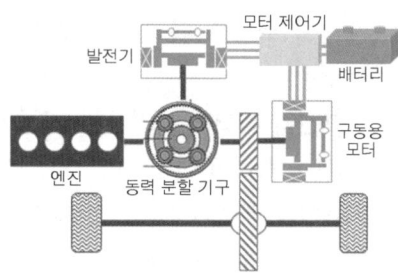

△ 하드 방식

이용하며, 가속 및 등판 주행과 같이 큰 출력이 요구되는 주행 상태에서는 엔진과 모터를 동시에 이용하여 주행함으로써 연비를 향상시킨다. 주행 중 엔진 시동을 위한 HSG(hybrid starter generator : 엔진의 크랭크축과 연동되어 엔진을 시동할 때에는 기동 전동기로, 발전을 할 경우에는 발전기로 작동하는 장치)가 있다.

(3) 직·병렬형(series-parallel type)

출발할 때와 경부하 영역에서는 축전지로부터의 전력으로 전동기를 구동하여 주행하고, 통상적인 주행에서는 기관의 직접구동과 전동기의 구동이 함께 사용된다. 그리고 가속, 앞지르기, 등판할 때 등 큰 동력이 필요한 경우, 통상주행에 추가하여 축전지로부터 전력을 공급하여 전동기의 구동력을 증가시킨다. 감속할 때에는 전동기를 발전기로 변환시켜 감속에너지로 발전하여 축전지에 충전하여 재생한다.

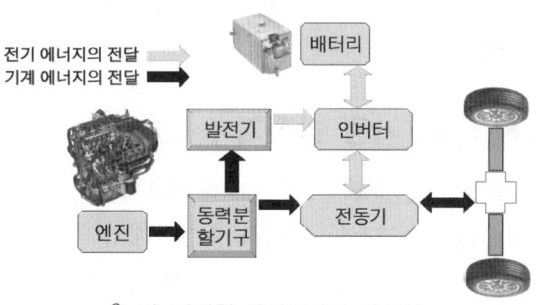

△ 직·병렬형 하이브리드 시스템

(4) 플러그 인 하이브리드 전기 자동차(Plug-in Hybrid Electric Vehicle)

플러그 인 하이브리드 전기 자동차(PHEV)의 구조는 하드 형식과 동일하거나 소프트 형식을 사용할 수 있으며, 가정용 전기 등 외부 전원을 이용하여 배터리를 충전할 수 있어 하이브리드 전기 자동차 대비 전기 자동차(Electric Vehicle)의 주행 능력을 확대하는 목적으로 이용된다. 하이브리드 전기 자동차와 전기 자동차의 중간 단계의 자동차라 할 수 있다.

4 하이브리드 시스템의 구성부품

① **모터**(motor) : 약 144V의 높은 전압의 교류(AC)로 작동하는 영구자석형 동기 모터이며, 시동제어와 출발 및 가속할 때 기관의 출력을 보조한다.

② **모터 컨트롤 유닛**(MCU, motor control unit) : HCU(hybrid control unit)의 구동 신호에 따라 모터에 공급되는 전류량을 제어하며, 인버터 기능(직류를 교류로 변환시키는 기능)과 배터리 충전을 위해 모터에서 발생한 교류를 직류로 변환시키는 컨버터 기능을 동시에 실행한다.

③ **고전압 배터리** : 전동기 구동을 위한 전기적 에너지를 공급하는 DC 144V의 니켈-수소(Ni-MH) 축전지이다. 최근에는 리튬계열을 축전지를 사용한다.

④ **고전압 배터리 시스템**(BMS, battery management system) : 축전지 컨트롤 시스템은 축전지 에너지의 입출력 제어, 축전지 성능유지를 위한 전류, 전압, 온도, 사용시간 등 각종 정보를 모니터링 하여 HCU나 MCU로 송신한다.

⑤ **통합 제어 유닛**(HCU, hybrid control unit) : 하이브리드 고유의 시스템의 기능을 수행하기 위해 ECU(엔진 컴퓨터), BMS, MCU, TCU(변속기 컴퓨터) 등 CAN 통신을 통해 각종 작동 상태에 따른 제어 조건들을 판단하여 해당 컨트롤 유닛을 제어한다.

5 저전압 배터리

오디오나 에어컨, 자동차 내비게이션, 그 밖의 등화장치 등에 필요한 전력으로 보조 배터리(12V 납산 배터리)가 별도로 탑재된다. 또한 하이브리드 모터로 시동이 불가능 할 때 엔진 시동 등이다.

6 HSG(기동 발전기 ; Hybrid Starter Generator)

HSG는 엔진의 크랭크축 풀리와 구동 벨트로 연결되어 있으며, 엔진의 시동과 발전 기능을 수행한다. 즉 고전압 배터리 충전상태(SOC : state of charge)가 기준 값 이하로 저하될 경우, 엔진을 강제로 시동하여 발전을 한다. EV(전기 자동차)모드에서 HEV(하이브리드 자동차) 모드로 전환할 때 엔진을 시동하는 기동 전동기로 작동하고, 발전을 할 경우에는 발전기로 작동하는 장치이며, 주행 중 감속할 때 발생하는 운동 에너지를 전기 에너지로 전환하여 배터리를 충전한다.

7 오토 스톱

오토 스톱은 주행 중 자동차가 정지할 경우 연료 소비를 줄이고 유해 배기가스를 저감시키기 위하여 엔진을 자동으로 정지시키는 기능으로 공조 시스템은 일정시간 유지 후 정지된다. 오토 스톱이 해제되면 연료 분사를 재개하고 하이브리드 모터를 통하여 다시 엔진을 시동시킨다.

오토 스톱이 작동되면 경고 메시지의 오토 스톱 램프가 점멸되고 오토 스톱이 해제되면 오토 스톱 램프가 소등된다. 또한 오토 스톱 스위치가 눌려 있지 않은 경우에는 오토 스톱 OFF 램프가 점등된다. 점화기 스위치 IG OFF 후 IG ON으로 위치시킬 경우 오토 스톱 스위치는 ON 상태가 된다.

(1) 엔진 정지 조건
① 자동차를 9km/h 이상의 속도로 2초 이상 운행한 후 브레이크 페달을 밟은 상태로 차속이 4km/h 이하가 되면 엔진을 자동으로 정지시킨다.
② 정차 상태에서 3회까지 재진입이 가능하다.
③ 외기의 온도가 일정 온도 이상일 경우 재진입이 금지된다.

(2) 엔진 정지 금지 조건
① 오토 스톱 스위치가 OFF 상태인 경우
② 엔진의 냉각수 온도가 45℃ 이하인 경우
③ CVT 오일의 온도가 -5℃ 이하인 경우
④ 고전압 배터리의 온도가 50℃ 이상인 경우
⑤ 고전압 배터리의 충전율이 28% 이하인 경우
⑥ 브레이크 부스터 압력이 250 mmHg 이하인 경우
⑦ 액셀러레이터 페달을 밟은 경우
⑧ 변속 레버가 P, R 레인지 또는 L 레인지에 있는 경우
⑨ 고전압 배터리 시스템 또는 하이브리드 모터 시스템이 고장인 경우
⑩ 급 감속시(기어비 추정 로직으로 계산)
⑪ ABS 작동시

(3) 오토 스톱 해제 조건
① 금지 조건이 발생된 경우
② D, N 레인지 또는 E 레인지에서 브레이크 페달을 뗀 경우
③ N 레인지에서 브레이크 페달을 뗀 경우에는 오토 스톱 유지
④ 차속이 발생한 경우

핵심기출문제

1. 축전지

01 자동차용 납산 배터리의 기능으로 틀린 것은?
① 기관시동에 필요한 전기에너지를 공급한다.
② 발전기 고장시에는 자동차 전기장치에 전기에너지를 공급한다.
③ 발전기의 출력과 부하사이의 시간적 불균형을 조절한다.
④ 시동 후에도 자동차 전기장치에 전기에너지를 공급한다.

02 전자제어 차량에서 배터리의 역할이 아닌 것은?
① 컴퓨터(ECU, ECM)를 작동시킬 수 있는 전원을 공급한다.
② 배터리 전압이 규정이하면 규정(정상)전압 상태보다 연료분사 시간을 길게 한다.
③ 연료 펌프를 작동시키는 전원을 공급한다.
④ P.C.V(포지티브 크랭크 케이스 벤틸레이션) 밸브를 작동시키는 전원을 공급한다.

03 축전지 충·방전 작용에 해당되는 것은?
① 발열작용
② 화학작용
③ 자기작용
④ 발광작용

04 자동차용 납산 축전지에서 기전력을 발생시킬 때 어떤 화학반응을 통해 발생시키는가?
① 전자결합을 통해서
② 이온결합을 통해서
③ 원자결합을 통해서
③ 전해결합을 통해서

05 납 축전지가 완전히 충전된 상태에서 (+)극판은?
① PbO_2
② Pb
③ PbO_4
④ H_2SO_4

---

01. 축전지의 역할
① 엔진 시동에 필요한 전기에너지를 공급한다.
② 발전기 고장시 주행을 확보하기 위해 전기 에너지를 공급한다.
③ 발전기 출력과 부하와의 시간적 불균형을 조절한다.

02. 전자제어 차량에서 배터리의 역할
① 컴퓨터(ECU, ECM)를 작동시킬 수 있는 전원을 공급한다.
② 배터리 전압이 규정이하면 규정(정상)전압 상태보다 연료분사 시간을 길게 한다.
③ 연료 펌프를 작동시키는 전원을 공급한다.

03. 배터리는 전해액의 화학작용에 의해 기전력이 발생한다.

04. 납산 축전지에서 기전력을 발생시킬 때에는 이온결합을 통해서 발생시킨다.

05. 납산 축전지가 완전히 충전된 상태에서 (+)극판은 과산화납(PbO_2)이다.

01.④ 02.④ 03.② 04.② 05.①

06 축전지(battery)의 방전시 화학반응에 관계된 설명 중 틀린 것은?
① ⊕극판의 과산화납은 점점 황산납으로 변한다.
② ⊖극판의 해면상납은 점점 황산납으로 변한다.
③ 전해액의 황산은 점점 물로 변한다.
④ 전해액의 비중은 점점 높아진다.

07 축전지 셀의 음극과 양극의 판수는?
① 각각 같은 수다.
② 음극판이 1장 더 많다.
③ 양극판이 1장 더 많다.
④ 음극판이 2장 더 많다.

08 축전지를 구성하는 요소가 아닌 것은?
① 양극판   ② 음극판
③ 정류자   ④ 전해액

09 축전지에서 셀의 극판 면적을 크게 하면?
① 이용전류가 많아진다.
② 전압이 낮아진다.
③ 저항이 크게 된다.
④ 전해액의 비중이 높게 된다.

10 납산 축전지 격리판의 필요조건으로 틀린 것은?
① 비전도성일 것.
② 다공성일 것.
③ 기계적 강도가 있을 것.
④ 전해액의 확산이 차단될 것.

11 납산 축전지에 사용되는 전해액은?
① 과산화납
② 황산납
③ 에틸렌글리콜
④ 묽은 황산

12 배터리의 전해액을 만들 때 반드시 해야 할 것은?
① 황산을 물에 부어야 한다.
② 물을 황산에 부어야 한다.
③ 철제의 용기를 사용한다.
④ 황산을 가열하여야 한다.

13 비중이 1.280(20℃)의 묽은황산 1L 속에 35%(중량)의 황산이 포함되어 있다면 물은 몇 g포함되어 있는가?
① 932   ② 832
③ 719   ④ 819

---

06. 축전지가 방전되면 전해액의 비중은 점점 낮아진다.
07. 축전지의 음극판과 양극판의 수는 한 셀당 화학적 평형을 고려하여 양극판보다 음극판이 1장 더 많다.
08. 기동 전동기의 정류자는 브러시에서 공급되는 전류를 일정한 방향으로만 흐르게 하고 DC 발전기 정류자는 전기자 코일에서 발생된 교류를 직류로 정류하는 작용을 한다.
09. 축전지의 극판은 전류를 저항하는 용기의 역할을 하기 때문에 극판 면적을 크게 하면 저장되는 전류가 많아 이용전류가 증가된다.
10. 격리판의 요구(필요)조건
① 전해액에 부식되지 않을 것
② 비전도성일 것
③ 다공성일 것
④ 기계적인 강도가 있을 것
⑤ 극판에 좋지 않은 물질을 내뿜지 않을 것
⑥ 전해액의 확산이 잘 될 것
11. 납산 축전지의 양극판은 과산화납, 음극판은 해면상납, 전해액은 묽은황산이다.
12. 배터리의 전해액을 만들 때에는 반드시 황산을 물에 부어야 한다.
13. 묽은황산 1L 속에 35%(중량)의 황산이 포함되어 있으면 물이 65% 들어있으므로 1280g×0.65=832g

06.④ 07.② 08.③ 09.① 10.④ 11.④ 12.① 13.②

14 온도에 따른 축전지 전해액 비중의 변화에 대한 설명 중 맞는 것은?
① 온도가 올라가면 비중도 올라간다.
② 온도가 올라가면 비중은 내려간다.
③ 비중은 온도와는 상관없다.
④ 일정 온도 이상에서만 비중이 올라간다.

15 자동차용 납산 축전지의 방전 종지전압은 보통 어느 정도에 해당되는가?
① 1.1~1.2V ② 1.4~1.5V
③ 1.7~1.8V ④ 2.0~2.2V

16 극판의 크기, 판의 수 및 황산 양에 의해서 결정되는 것은?
① 축전지의 용량
② 축전지의 전압
③ 축전지의 전류
④ 축전지의 전력

17 일반적으로 사용되는 축전지 용량 표시방법이 아닌 것은?
① 20시간율 ② 25암페어율
③ 냉간율   ④ 50시간 방전율

18 5A의 전류로 연속 방전하여 방전 종자 전압에 이를 때까지 30시간이 걸렸다. 이 축전지의 용량은?
① 6Ah   ② 15Ah
③ 60Ah   ④ 150Ah

19 45AH의 용량을 가진 자동차용 축전지를 정전류 충전방법으로 충전하고자 할 때 표준 충전 전류는 몇 A가 가장 적당한가?
① 4.5A   ② 9A
③ 10A   ④ 7.5A

20 12V용 배터리를 급속충전 하는데 전압이 얼마 이상 초과되어서는 안되는가?
① 10.5V ② 12V
③ 13.5V ④ 15.5V

21 축전지를 충전할 때 화기를 가까이 하면 위험한 이유는?
① 산소가스가 인화성 가스이기 때문에
② 수소가스가 폭발성 가스이기 때문에
③ 산소가스가 폭발성 가스이기 때문에
④ 수소가스가 조연성 가스이기 때문에

22 축전지를 급속 충전할 때 주의사항이 아닌 것은?
① 통풍이 잘되는 곳에서 충전한다.
② 축전지의 (+), (−)케이블을 자동차에 연결한 상태로 충전한다.
③ 전해액의 온도가 45℃가 넘지 않도록 한다.
④ 충전 중인 축전지에 충격을 가하지 않도록 한다.

---

18. $Ah = A \times h$
    Ah : 축전지의 용량
    A : 방전전류 h : 방전시간
    $Ah = 5A \times 30h = 150Ah$
19. 정전류 충전시 충전전류
    ① 표준 전류 : 축전지 용량의 10% 전류로 충전한다.
    ② 최소 전류 : 축전지 용량의 5% 전류로 충전한다.
    ③ 최대 전류 : 축전지 용량의 20% 전류로 충전한다.
22. 발전기 다이오드를 보호하기 위해 축전지의 (+), (−)케이블을 분리한 상태에서 충전한다.
23. 배터리를 급속 충전할 때 충전시간은 가급적 짧아야 한다.

14.② 15.③ 16.① 17.④ 18.④ 19.①
20.④ 21.② 22.②

23 60AH의 배터리를 급속 충전할 때 주의사항 중 옳지 못한 것은?
① 충전시간은 가급적 짧아야 한다.
② 충전시간은 24시간 이상이 적당하다.
③ 충전 중 전해액의 온도가 45℃가 넘지 않도록 한다.
④ 충전전류는 축전지 용량의 1/2이 좋다.

24 축전지를 급속 충전할 때 축전지의 접지 단자에서 케이블을 떼어내는 이유는?
① 과충전을 방지하기 위함이다.
② 발전기의 다이오드를 보호하기 위함이다.
③ 조정기의 접점을 보호하기 위함이다.
④ 충전기를 보호하기 위함이다.

25 완전 충전된 축전지가 낮은 충전율로 충전되고 있다면 조치사항은?
① 전압 설정을 재조정해야 한다.
② 전류 설정을 재조정하여야 한다.
③ 정상이므로 조치하지 않아도 된다.
④ 전해액의 비중을 조정해야 한다.

26 정상적인 12V 축전지인 경우, 크랭킹 시 일반적인 전압은?
① 약 20 ~ 23 V   ② 약 15 ~ 18 V
③ 약 9 ~ 11 V   ④ 약 5 ~ 7 V

27 축전지 셀의 경부하 시험에서 각 셀의 전압 차이가 몇 V이내이면 양호한 축전지인가?
① 0.05V이내   ② 0.06V이내
③ 0.07V이내   ④ 0.09V이내

28 축전지의 용량시험에서 부하조정 손잡이는 축전지용량의 몇 배가 되도록 조절해 두어야 하는가?
① 1배   ② 2배
③ 3배   ④ 4배

29 차량에 축전지를 설치할 때 안전하게 작업하려면 어떻게 하는 것이 제일 좋은가?
① 두 케이블을 동시에 함께 연결한다.
② 점화 스위치를 넣고 연결한다.
③ 접지 케이블을 나중에 연결한다.
④ 절연 케이블을 나중에 연결한다.

30 축전지에 대한 설명 중 틀린 것은?
① 전해액의 온도가 올라가면 비중은 낮아진다.
② 전해액의 온도가 낮아지면 전압은 높아진다.
③ 온도가 높으면 자기 방전량이 많아진다.
④ 극판수가 많으면 용량이 증가한다.

31 축전지를 과방전 상태로 오래두면 못쓰게 되는 이유로 가장 타당한 것은?
① 극판에 수소가 형성된다.
② 극판이 산화납이 되기 때문이다.
③ 극판이 영구 황산납이 되기 때문이다.
④ 황산이 증류수가 되기 때문이다.

---

26. 12V 축전지인 경우 크랭킹 할 때의 정상적인 전압은 약 9~11V이며, 전류는 축전지 용량의 3배 정도이다.
27. 축전지 셀의 경부하 시험에서 각 셀의 전압 차이가 0.05V 이내이면 양호하다.
28. 축전지의 용량시험에서 부하조정 손잡이는 축전지용량의 3배가 되도록 조절해 두어야 한다.
30. 전해액의 온도가 높으면 기전력도 높아진다.

23.② 24.② 25.③ 26.③ 27.① 28.③
29.③ 30.② 31.③

32 축전지에 대한 설명으로 옳은 것은?
① 충전 중의 전압은 셀당 2.0V를 초과할 수 없다.
② 전해액은 진한 황산으로 한다.
③ 전해액의 비중은 온도에 따라 변화한다.
④ 충전하면 전해액의 온도는 저하한다.

33 자동차용 납산 축전지에 관한 설명으로 맞는 것은?
① 일반적으로 축전지의 음극 단자는 양극 단자 보다 크다.
② 정전류 충전이란 일정한 충전 전압으로 충전하는 것을 말한다.
③ 일반적으로 충전시킬 때는 (+)단자는 수소가, (-)단자는 산소가 발생한다.
④ 전해액의 황산 비율이 증가하면 비중은 높아진다.

34 축전지 취급사항이다. 맞는 것은?
① 전해액 또는 황산은 인체에 무해하므로 접촉하여도 된다.
② 전해액을 만들 때 한번에 많은 황산을 넣어야 한다.
③ 충전할 때 산소가스 발생으로 폭발의 위험성이 있다.
④ 축전지는 (-)단자를 먼저 떼고, 나중에 접속한다.

35 축전지를 취급할 때 주의해야 할 사항이 아닌 것은?
① 중 탄산소다수와 같은 중화제를 항상 준비하여 둘 것
② 축전지의 충전 실은 항상 환기장치가 잘 되어 있을 것
③ 전해액을 혼합할 때에는 황산에 물을 서서히 부어 넣을 것
④ 황산액이 담긴 병을 옮길 때는 보호상자에 넣어 운반 할 것

36 납산 축전지를 분해하였더니 브리지 현상을 일으키고 있다. 그 원인은?
① 극판이 황산화되었다.
② 사이클링 쇠약이다.
③ 과 충전하였다.
④ 고율 방전하였다.

2. 시동장치

01 자동차용 기동전동기로 많이 사용되는 형식은?
① 직권식 전동기
② 분권식 전동기
③ 복권식 전동기
④ 유도식 전동기

02 직권식 기동 전동기의 전기자 코일과 계자 코일의 접속은?
① 직렬 접속   ② 병렬 접속
③ 직병렬 접속 ④ 각각 접속

---

32. 완전 충전된 축전지의 셀당 전압은 2.1V 이며, 전해액은 묽은 황산으로 변화되고 충전하면 전해액의 온도는 상승한다.
33. 축전지의 음극단자는 양극단자보다 작으며, 정전류 충전은 일정한 충전 전류로 충전하는 것을 말한다. 축전지를 충전시킬 때는 +극판에서는 산소가, -극판에서는 수소가스가 발생한다.
36. 납산 축전지가 브리지 현상을 일으키는 원인은 사이클링 쇠약이다.
02. 자동차에 사용되는 기동전동기는 직류 전동기를 사용하며, 전기자 코일과 계자코일이 직렬로 연결되어 있다.

32.③ 33.④ 34.④ 35.③ 36.②
01.① 02.①

03 기동전동기에서 회전하는 부분은?
① 계자 코일   ② 계철
③ 전기자   ④ 솔레노이드

04 전기자(아마추어) 시험기로 시험하기에 가장 부적절한 것은?
① 코일의 단락   ② 코일의 저항
③ 코일의 접지   ④ 코일의 단선

05 정류자에 대한 설명으로 틀린 것은?
① 정류자는 경동으로 정류자 편을 원형으로 만든다.
② 정류자에서 정류자 편과 편 사이의 절연체로는 운모를 주로 사용한다.
③ 언더컷은 운모가 정류자 편 윗부분보다 약 0.5mm 정도 낮은 것이다.
④ 정류자는 언더컷이 적을수록 브러시와 슬립링의 접촉이 양호해 진다.

06 기동전동기 전자식 스위치의 풀인 코일 접속 방법은?
① 직렬 접속
② 병렬 접속
③ 직·병렬 접속
④ 기동시만 병렬로 접속

07 기동 전동기에서 회전력을 기관의 플라이 휠에 전달하는 동력기구는?
① 피니언   ② 아마추어
③ 브러시   ④ 시동 스위치

08 기동 전동기의 피니언과 링기어의 물림 방식에 속하지 않는 것은?
① 피니언 섭동식
② 벤딕스식
③ 전기자 섭동식
④ 유니버셜식

09 전동기의 동력전달기구 중에서 관성을 이용한 기동방식은?
① 벤딕스식
② 수동슬라이딩 기어식
③ 피니언 섭동식
④ 전기자 이동식

10 기동전동기에서 오버런닝 클러치를 사용하지 않는 방식은?
① 벤딕스식
② 전기자 섭동식
③ 피니언 섭동식
④ 링기어 섭동식

11 기동전동기에서 오버런닝 클러치의 종류에 해당되지 않는 것은?
① 롤러식
② 스프래그식
③ 전기자식
④ 다판 클러치식

---

04. 그로울러 시험기는 전기자의 단선, 단락, 접지 시험을 할 수 있다.
06. 풀인 코일은 굵은 코일로 플런저를 잡아당기는 역할을 하며, 기동 전동기 ST 단자에서 M단자에 직렬로 연결되어 있다.
07. 기동 전동기의 회전력을 기관의 플라이 휠에 전달하는 동력기구는 피니언이다.
09. 벤딕스식은 피니언의 관성과 직류전동기가 무부하에서 고속 회전하려는 특성을 이용한 것이다.
10. 벤딕스식은 피니언의 관성과 전동기의 고속회전을 이용하여 전동기의 회전력을 엔진에 전달하는 형식으로 오버닝 클러치를 사용하지 않는다.

03.③ 04.② 05.④ 06.① 07.① 08.④
09.① 10.① 11.③

12 오버런닝 클러치 형식의 기동 전동기에서 기관이 시동 된 후 계속해서 스위치를 작동시키면 발생될 수 있는 현상으로 가장 적합한 것은?
  ① 기동 전동기의 전기자가 타기 시작하여 곧 바로 소손된다.
  ② 기동 전동기의 전기자는 무부하 상태로 공회전하고 피니언은 고속회전하거나 링 기어와 미끄러지면서 소음을 발생한다.
  ③ 기동 전동기 전기자가 정지된다.
  ④ 기동 전동기의 전기자가 기관회전보다 고속회전 한다.

13 어느 기관의 회전저항이 7kgf·m 이고, 플라이휠의 링기어 잇수가 115개, 기동전동기 피니언의 잇수가 9개일 때 기동 전동기에 필요한 회전력은?
  ① 약 0.3kgf·m
  ② 약 0.55kgf·m
  ③ 약 1.52kgf·m
  ④ 약 3.27kgf·m

14 기관 전동기의 시험과 관계없는 것은?
  ① 저항시험   ② 회전력시험
  ③ 고부하 시험   ④ 무부하 시험

15 기동전동기에 흐르는 전류 값과 회전수를 측정하여 기동전동기의 고장 유무를 판단하는 시험은?
  ① 단선시험   ② 단락시험
  ③ 접지시험   ④ 부하시험

16 기동전동기의 무부하 시험을 할 때 필요 없는 것은?
  ① 축전지   ② 전류계
  ③ 전압계   ④ 스프링 저울

17 기동 전동기의 회전력 시험은 어떠한 것을 측정하는가?
  ① 정지 회전력을 측정한다.
  ② 공전 회전력을 측정한다.
  ③ 중속 회전력을 측정한다.
  ④ 고속 회전력을 측정한다.

18 전자제어 엔진 시동시 라디오가 작동되지 않도록 한 이유는?
  ① 시동모터 작동을 원활하게 하기 위하여
  ② 발전기 작동을 원활하게 시키기 위하여
  ③ 에어컨 작동을 원활하게 시키기 위하여
  ④ 고장 발생 원인이 되기 때문에

---

12. 기동 전동기의 오버런닝 클러치는 기동 전동기의 회전은 플라이휠에 전달하고 플라이휠의 회전은 기동 전동기로 전달되지 않도록 하는 역할을 한다. 따라서 시동된 후 계속해서 스위치를 작동시키면 기동 전동기의 전기자는 무부하 상태로 공회전을 하고 피니언 기어는 플라이휠에 의해서 고속 회전 한다.

13. 회전력$(T) = \dfrac{\text{회전저항}(R) \times \text{피니언 잇수}}{\text{링기어 잇수}}$
    $= \dfrac{7 \times 9}{115} = 0.55 m\text{-}kgf$

14. **기동 전동기의 시험항목**
  ① **저항 시험** : 정지 회전력의 부하상태에서 전류의 크기로 저항을 판정한다.
  ② **무부하 시험** : 규정 전압으로 조정하고 전류와 전동기의 회전수를 측정한다.
  ③ **회전력 시험** : 규정 전압으로 조정하고 정지 회전력을 측정한다.

16. 기동전동기 무부하 시험은 가변 저항을 이용하여 규정 전압으로 조정하고 스위치를 접속하여 전류와 회전수를 측정하는 것으로서 축전지, 전류계, 전압계, 가변 저항, 회전계, 기동전동기, 점퍼 리드선이 필요하다.

12.② 13.② 14.③ 15.④ 16.④ 17.①
18.①

3. 점화장치

01 점화 스위치의 IG회로와 연결되지 않는 것은?
① 기동 전동기　② 점화코일의 1차
③ 인젝터　　　　④ 크랭크 앵글 센서

02 다음 그림과 같이 자동차 전원장치에서 IG1과 IG2로 구분된 이유로 옳은 것은?

① 점화 스위치의 ON/OFF에 관계없이 배터리와 연결을 유지하기 위해
② START시에도 와이퍼회로, 전조등회로 등에 전원을 공급하기 위해
③ 점화 스위치가 ST일 때만 점화코일, 연료펌프회로 등에 전원을 공급하기 위해
④ START시 시동에 필요한 전원이외의 전원을 차단하여 시동을 원활하게 하기 위해

03 자기유도작용과 상호유도작용 원리를 이용한 것은?
① 발전기　　　② 점화코일
③ 기동모터　　④ 축전지

04 축전지의 전압이 12V이고, 권선비가 1 : 40인 경우 1차 유도 전압이 350V이면 2차 유도전압은?
① 7000V　　② 12000V
③ 13000V　　④ 14000V

05 3300V를 110V로 전압을 강하시킬 때 변압기의 권선 비는?
① 10 : 1　　② 11 : 1
③ 30 : 1　　④ 33 : 1

06 점화장치에서 폐자로 점화코일에 흐르는 1차 전류를 차단했을 때 생기는 2차 전압은 약 몇 V인가?
① 10000~15000V
② 25000~30000V
③ 40000~50000V
④ 50000~65000V

07 점화코일의 절연 저항을 시험할 때 가장 적당한 것은?
① 진공 시험기
② 회로 시험기
③ 메가 옴 시험기
④ 축전지 용량 시험기

08 점화코일의 시험에 있어 일반적으로 적당한 방법은?
① 오실로스코프 시험기를 사용하고 있다.
② 고주파 코일 시험기를 사용하고 있다.
③ 네온관 시험기를 사용하고 있다.
④ 축전기 시험기를 사용하고 있다.

---

01. 기동 전동기는 점화 스위치의 ST 회로와 연결되어 있다.
04. $E_2 = \dfrac{N_2}{N_1} \times E_1$
　　E_2 : 2차 전압(V), N_2 : 2차 코일의 권수
　　N_1 : 1차 코일의 권수, E_1 : 1차 전압(V)
　　$E_2 = 40 \times 350 V = 14,000 V$
05. 권선비 $= \dfrac{2\text{차 전압}}{1\text{차 전압}} = \dfrac{3300}{110} = 30 : 1$
06. 점화장치에서 폐자로 점화코일에 흐르는 1차 전류를 차단했을 때 생기는 2차 전압은 약 25000~30000V 정도이다.

01.① **02.**④ **03.**② **04.**④ **05.**③ **06.**②
07.③ **08.**①

09 다음 중 점화코일 1차 전류 제어방식이 아닌 것은?
① 접점 방식 ② 트랜지스터 방식
③ CDI 방식 ④ 핫 와이어방식

10 점화코일 1차 전류 차단방식 중 TR을 이용하는 방식의 특징으로 옳은 것은?
① 원심, 진공 진각 기구 사용
② 고속 회전에서 채터링 현상으로 기관부조 발생
③ 노킹이 발생할 때 대응이 불가능함
④ 기관 상태에 따른 적절한 점화시기 조절이 가능함

11 다음 중 점화플러그에 대한 설명으로 틀린 것은?
① 전극 앞부분의 온도가 950℃이상 되면 자연 발화될 수 있다.
② 전극부의 온도가 450℃이하가 되면 실화가 발생한다.
③ 점화플러그의 열 방출이 가장 큰 부분은 단자부분이다.
④ 전극의 온도가 400~600℃인 경우 전극은 자기 청정작용을 한다.

12 점화플러그에서 자기청정온도가 정상보다 높아졌을 때 나타날 수 있는 현상은?
① 실화 ② 후화
③ 조기점화 ④ 역화

13 점화플러그의 자기청정온도로 가장 알맞은 것은?
① 250~300℃ ② 450~800℃
③ 850~950℃ ④ 1000~1250℃

14 고압축비, 고속 회전기관에 사용되며 냉각 효과가 좋은 점화플러그는?
① 냉형 ② 열형
③ 초열형 ④ 중간형

15 점화플러그에서 불꽃이 발생하지 않는 원인 설명 중 틀린 것은?
① 점화코일 불량
② 파워 TR 불량
③ 고압 케이블 불량
④ 밸브간극 불량

16 전자제어 가솔린 차량에서 점화 불꽃이 발생되는 계통으로 옳은 것은?
① 크랭크각 센서→ECU→파워 TR→점화코일
② 크랭크각 센서→파워 TR→ECU→점화코일
③ 파워 TR→크랭크각 센서→ECU→점화코일
④ 파워 TR→ECU→크랭크각 센서→점화코일

---

09. 점화코일 1차 전류 제어방식에는 단속기 접점 방식, 트랜지스터 방식, 파워 트랜지스터 방식, 축전기 방전(CDI)방식 등이 있다.
10. TR(트랜지스터)을 이용하는 방식의 특징
① 원심, 진공 진각 기구를 사용하지 않아도 된다.
② 고속회전에서 채터링 현상으로 인한 기관부조 발생이 없다.
③ 노킹이 발생할 때 대응이 신속하다.
④ 기관 상태에 따른 적절한 점화시기 조절이 가능하다.
11. 점화 플러그가 실린더 헤드에 결합되는 셀 부분에서 열 방출이 가장 크다.
14. 점화 플러그의 종류
① 냉형 플러그 : 방열 효과가 높은 특성을 가진 점화 플러그로 고압축비, 고속 회전의 엔진에 사용된다.
② 열형 플러그 : 방열 효과가 낮은 특성을 가진 점화 플러그로 저압축비, 저속 회전의 엔진에 사용된다.

09.④ 10.④ 11.③ 12.③ 13.② 14.①
15.④ 16.①

17 전자점화기구에서 점화신호를 컨트롤 유닛(control unit)으로 전송하는 기능을 가진 부품은?
① 아마추어
② 점화코일
③ 로터
④ 마그네틱 픽업 어셈블리

18 전자제어 점화장치의 파워 트랜지스터(Power TR)의 역할은?
① 1차 전류 단속
② 점화 코일의 냉각
③ 고압 발생
④ 잡음 방지

19 트랜지스터(NPN형)에서 점화코일의 1차 전류는 어느 쪽으로 흐르게 하는가?
① 이미터에서 컬렉터로
② 베이스에서 컬렉터로
③ 컬렉터에서 베이스로
④ 컬렉터에서 이미터로

20 NPN 파워트랜지스터에 접지되는 단자는?
① 이미터
② 베이스
③ 이미터와 베이스
④ 콜렉터

21 전자제어 점화장치의 파워 TR 회로에서 ECU와 연결된 단자는?
① 이미터
② 베이스
③ 컬렉터
④ 애노드

22 파워 TR을 통전 시험을 할 때 가장 적합한 계기장치는?(단, 단품 점검)
① 아날로그 타입 멀티미터
② 오실로스코프
③ 기관 자기진단기
④ 배선을 쇼트시키면서 점검

23 파워 TR의 점검방법에서 필요 없는 것은?
① 아날로그 회로 시험기
② 1.5V 건전지
③ 파형 분석기
④ 타이밍 라이트

24 점화장치의 파워트랜지스터가 비정상시 발생되는 현상이 아닌 것은?
① 엔진시동이 어렵다.
② 연료소모가 많다.
③ 주행시 가속력이 떨어진다.
④ 크랭킹이 안된다.

---

18. 전자제어 점화장치의 파워 트랜지스터(Power TR)의 역할은 1차 전류 단속작용이다.
19. 파워 트랜지스터는 NPN형을 이용하여 점화코일의 1차 전류를 단속하는 역할을 하며, 베이스는 컴퓨터와 컬렉터는 점화코일 (-)단자와 이미터는 접지 된다. 따라서 1차 전류는 컬렉터에서 이미터로 흐른다.
20. **파워 트랜지스터**
  ① ECU의 제어 신호에 의해 점화 1차 코일에 흐르는 전류를 단속하는 역할을 한다.
  ② **베이스** : ECU에 접속되어 컬렉터 전류를 단속한다.
  ③ **컬렉터** : 점화코일 ⊖단자에 접속되어 있다.
  ④ **이미터** : 차체에 접지되어 있다.
  ⑤ 점화 신호가 ECU에 입력되면 베이스 전류를 차단한다.
21. 파워 트랜지스터에서 베이스는 컴퓨터와, 컬렉터는 점화코일 (-)단자와 이미터는 접지 된다.
22. 파워 TR을 단품으로 통전 시험을 할 때 아날로그 타입 멀티미터를 사용한다.
23. 파워 TR의 점검할 때에는 아날로그 회로 시험기, 1.5V 건전지, 파형 분석기 등이 필요하다.
24. 크랭킹은 기동 전동기가 엔진의 플라이 휠을 회전시키는 상태로 크랭킹이 안되는 원인은 기동전동기 고장, 솔레노이드 고장, 배터리 과방전 등이다.

17.④ **18.**① **19.**④ **20.**① **21.**② **22.**①
23.④ **24.**④

25 가솔린 기관 무배전기(DLI) 시스템의 장점을 배전기식과 비교한 것이다. 틀린 것은?
① 단속 트랜지스터의 수가 적어져 간단하다.
② 기계적인 마모가 없다.
③ 캠축 내의 배전기 구동 장치가 필요 없다.
④ 코일에서 최대출력을 내기 위하여 1차 전류를 형성하는 시간이 적게 걸린다.

26 점화장치에서 DLI 방식의 특징들을 열거한 것 중 틀린 것은?
① 배전기에 의한 누전이 없다.
② 배전기 방식에 비해 내구성이 떨어지는 부품이 많아 신뢰성이 없다.
③ 배전기가 없기 때문에 로터와 접지간극 사이의 고압 에너지 손실이 적다.
④ 배전기 캡에서 발생하는 전파 잡음이 없다.

27 무 배전기식 점화장치의 드웰 시간(dwell time)이 짧아도 되는 이유는?
① 1차 전류 회복시간이 짧기 때문
② 점화 코일의 2차 코일 감은 수가 많기 때문
③ 파워 트랜지스터를 이용하여 단속하기 때문
④ 배전기가 없어 손실이 적어 전압이 낮아도 되기 때문

28 DLI(무배전기 점화) 방식의 종류에 해당되지 않는 것은?
① 독립점화형 전자 배전 방식
② 동시점화형 코일 분배방식
③ 동시점화형 다이오드 분배방식
④ 로터 접점형 배전 방식

29 DOHC기관에서 DLI장치의 점화코일 1차 전류 제어를 하는 것은?
① 파워 트랜지스터
② 컨트롤 릴레이
③ TDC 센서
④ MAP 센서

30 전자제어 점화장치에서 점화시기는 다음과 같은 센서의 신호에 의해 제어된다. 틀린 것은?
① 크랭크각 센서
② 대기압력 센서
③ 산소 센서
④ 냉각수 온도 센서

31 기관을 크랭킹 할 때 가장 기본적으로 작동되어야 하는 센서는?
① 크랭크 각 센서
② 수온 센서
③ 산소 센서
④ 대기압 센서

---

26. 배전기 방식이 DLI 방식에 비해 내구성이 떨어지는 부품이 많아 신뢰성이 없다.
27. 무 배전기식 점화 장치의 드웰 시간(dwell time)이 짧아도 되는 이유는 1차 전류 회복시간이 짧기 때문이다.
28. DLI(무배전기 점화) 방식의 종류에는 독립점화형 전자 배전 방식, 동시점화형 코일 분배방식, 동시점화형 다이오드 분배방식 등이 있다.
29. DLI장치의 점화코일 1차 전류를 제어하는 것은 파워 트랜지스터이다.
30. 산소 센서는 지르코니아 또는 티탄 등을 사용하여 배기가스 중에 산소 농도를 검출하여 ECU에 입력시키면 ECU는 배기가스의 정화를 위해 연료 분사량을 정확한 이론 공연비로 유지시켜 유해가스를 저감시킨다.
31. 기관을 크랭킹 할 때 가장 기본적으로 작동되어야 하는 센서는 크랭크 각 센서이다.

25.① 26.② 27.① 28.④ 29.① 30.③ 31.①

32 배전기의 1번 실린더 TDC센서 및 크랭크 각 센서에 대한 설명이다. 옳지 않은 것은?
① 크랭크 각 센서용 4개의 슬릿과 내측에 1번 실린더 TDC센서용 1개의 슬릿이 설치되어 있다.
② 2종류의 슬릿을 검출하기 때문에 발광 다이오드 2개와 포트 다이오드 2개가 내장되어 있다.
③ 발광 다이오드에서 방출된 빛은 슬릿을 통하여 포토 다이오드에 전달되며 전류는 포토 다이오드의 순방향으로 흘러 비교기에 약 5V의 전압이 감지된다.
④ 배전기가 회전하여 디스크가 빛을 차단하면 비교기 단자는 0볼트(V)가 된다.

33 기관이 회전할 때 TDC와 TDC 사이의 소요되는 시간으로부터 회전수를 계산하는데 사용하는 센서는?
① 스로틀 포지션 센서
② 맵 센서
③ 크랭크 포지션 센서
④ 노크 센서

34 고압전류가 흐르지 않는 곳은?
① 배전기 회전자
② 단속기 접점
③ 점화플러그
④ 점화코일의 2차 코일

35 점화장치의 고전압을 구성하는 것이 아닌 것은?
① 배전기   ② 점화코일
③ 고압케이블   ④ 다이오드

36 점화지연의 3가지 중 해당 없는 것은?
① 기계적 지연
② 화학적 지연
③ 전기적 지연
④ 화염 전파지연

37 전자제어 장치에서 점화시기에 변화를 주는 항목이 아닌 것은?
① 냉각수 온도센서
② 기관 회전수
③ 대기압 센서
④ 2차 코일 저항 값

38 기관의 점화시기 변동요건이 아닌 것은 어느 것인가?
① 기관의 회전수
② 기관에 가해진 부하
③ 사용연료의 옥탄가
④ 사용 윤활유

39 전자제어 점화장치에서 크랭킹 중에 고정 점화시기는?
① BTDC 0°   ② BTDC 5°
③ ATDC 12°   ④ BTDC 15°

---

32. 발광 다이오드에서 방출된 빛은 슬릿을 통하여 포토 다이오드에 전달되며 전류는 포토 다이오드의 역방향으로 흘러 비교기에 약 5V의 전압이 감지된다.
33. 크랭크 포지션 센서는 기관이 회전할 때 TDC와 TDC 사이의 소요되는 시간으로부터 회전수를 계산하는데 사용된다.
34. 단속기 접점에는 1차 전류(저압 전류)가 흐른다.
36. 점화지연의 3가지는 기계적 지연, 전기적 지연, 화염 전파지연 등이다.

38. **기관의 점화시기 변동요건**
① 기관의 회전수
② 기관에 가해진 부하
③ 사용연료의 옥탄가

32.③ 33.③ 34.② 35.④ 36.② 37.④ 38.④ 39.②

40 초기 점화시기를 점검할 때 기관의 회전속도는?
① 공전속도 ② 중속
③ 고속 ④ 속도에 관계없다.

41 점화시기를 점검할 때 사용하는 것은?
① 가스 분석기 ② 진공계
③ 압축계 ④ 타이밍 라이트

42 점화시기를 점검하기 위해 타이밍 라이트를 기관에 설치 및 작업할 때 유의사항이다. 틀린 것은?
① 고압 픽업 리드 선을 2번 점화 플러그에 연결
② 시험기의 적색(+)클립은 축전지 터미널에 연결
③ 회전계를 동시에 사용
④ 규정된 회전에서 작업

43 전자 점화시기 조정 차량들은 점화시기 조정시 점검 단자를 접지 시킨다. 이러한 이유로 적당한 것은?
① 자기진단 내용을 보면서 점화시기를 조정하기 위해
② 컴퓨터의 점화시기 진각 보정을 차단하기 위해
③ 엔진을 공회전 상태로 유지하기 위해
④ 연료 압력을 규정 값으로 하기 위해

44 기관의 회전속도가 2500rpm, 연소지연시간이 1/600 초라고 하면 연소지연시간 동안에 크랭크축의 회전각도는?

① 20° ② 25°
③ 30° ④ 35°

45 기관스코프 스크린의 수평선은 무엇을 나타내는가?
① 1차 전압 ② 2차 전류
③ 2차 전압 ④ 시간

46 기관 스코프(Auto Scope)에 관한 설명이다. 맞지 않는 것은?
① 가솔린기관의 시험을 쉽게 할 수 있는 오실로스코프 (Osirocilo scope)의 한 종류이다.
② 스크린(screen)에 나타나는 패턴(patterns)에 의해, 점화장치의 상태가 판단된다.
③ 배전기, 점화코일, 점화 플러그 등의 고장 상태를 볼 수가 있다.
④ 4행정 사이클 4실린더 가솔린기관의 시험에만 사용된다.

47 다음 그림은 점화 일차 회로의 회로도이다. 그림 중 점화 일차 파형을 측정할 가장 좋은 지점은?

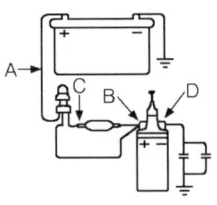

① A점 ② B점
③ C점 ④ D점

---

42. 고압 픽업 리드 선은 1번 점화 플러그 고압 케이블에 물린다.
43. 전자 점화시기 조정 차량에서 점화시기를 조정할 때 점검 단자를 접지 시키는 이유는 컴퓨터의 점화시기 진각 보정을 차단하기 위함이다.
44. 크랭크축 회전각도 = 초당 회전수×360°× 연소지연시간
$= \dfrac{2500}{60} \times 360 \times \dfrac{1}{600} = 25$

40.① 41.④ 42.① 43.② 44.② 45.④ 46.④ 47.④

4. 충전장치

01 자동차에서 발전기가 하는 역할을 설명한 것 중 가장 관련이 적은 것은?
① 소비되는 전류를 보상한다.
② 축전지만 충전한다.
③ 전기부하 에너지를 공급하고 축전지를 충전한다.
④ 등화장치에 필요한 전류를 공급한다.

02 자동차용 교류 발전기에서 응용한 것은?
① 플레밍의 왼손 법칙
② 플레밍의 오른손 법칙
③ 옴의 법칙
④ 자기포화의 법칙

03 다음은 교류발전기와 직류발전기에 대한 설명이다. 틀린 것은?
① 교류발전기의 전류는 스테이터에서 발생한다.
② 교류발전기의 여자방법은 자여자 방법을 사용한다.
③ 직류발전기는 컷 아웃 릴레이에 의해 역류가 방지된다.
④ 직류발전기에서 발생한 전류는 브러시와 정류자에 의해 정류된다.

04 충전장치의 AC 발전기에서 DC 발전기의 전기자와 같은 역할을 하는 것은?
① 스테이터   ② 로터
③ 실드   ④ 다이오드

05 발전기의 3상 교류에 대한 설명으로 틀린 것은?
① 3조의 코일에서 생기는 교류 파형이다.
② Y결선을 스타결선, △결선을 델타결선이라 한다.
③ 각 코일에 발생하는 전압을 선간 전압이라 하며, 스테이터 발생전류는 직류전류가 발생된다.
④ △결선은 코일의 각 끝과 시작점을 서로 묶어서 각각의 접속점을 외부단자로 한 결선방식이다.

06 교류 발전기의 스테이터에서 발생한 교류는?
① 실리콘 다이오드에 의해 직류로 정류시킨 뒤에 내부로 들어간다.
② 정류자에 의해 교류로 정류되어 외부로 나온다.
③ 실리콘에 의해 교류로 정류되어 내부로 나온다.
④ 실리콘 다이오드에 의해 직류로 정류시킨 뒤에 외부로 나온다.

---

03. 교류 발전기는 타여자 방식을, 직류 발전기는 자여자 방식을 사용한다.
  • 교류 발전기의 특징
  ① 소형·경량이다.   ② 저속에서도 출력이 크다.
  ③ 회전수의 제한을 받지 않는다.   ④ 전압 조정기만 필요
04. ① **스테이터** : 직류 발전기의 전기자에 해당하는 것으로 3상 교류가 유기된다.
  ② **로터** : 직류 발전기의 계자 코일과 계자 철심에 해당하는 것으로 회전하여 자속을 형성한다.
  ③ **슬립 링** : 브러시와 접촉되어 축전지의 여자 전류를 로터 코일에 공급한다.
  ④ **브러시** : 로터 코일에 축전지 전류를 공급하는 역할을 한다.
  ⑤ **실리콘 다이오드** : 스테이터 코일에 유기된 교류를 직류로 변환시키는 정류 작용을 하여 외부로 내보낸다.
05. 스타 결선(Y 결선)
  ① 각 코일의 한 끝을 중성점에 접속하고 다른 한 끝 셋을 끌어낸 것.
  ② 선간 전압은 각 상전압의 $\sqrt{3}$ 배가 된다.
  ③ 선간 전압이 높기 때문에 자동차용 교류 발전기에 사용된다.
  ④ 저속 회전시 높은 전압 발생과 중성점의 전압을 이용할 수 있는 장점이 있다.
  ⑤ 전압을 이용하기 위한 결선 방식이다.

01.② 02.② 03.② 04.① 05.③ 06.④

07 D.C 발전기의 계자코일과 계자철심에 상당하며 자속을 만드는 것을 A.C 발전기에서는 무엇이라 하는가?
① 정류기   ② 전기자
③ 로터   ④ 스테이터

08 교류발전기 계자코일에 과대한 전류가 흐르는 원인은?
① 계자코일의 단락
② 슬립 링의 불량
③ 계자코일의 높은 저항
④ 계자코일의 단선

09 자동차의 교류 발전기에서 발생된 교류 전기를 직류로 정류하는 부품은 무엇인가?
① 전기자(armature)
② 조정기(regulator)
③ 실리콘 다이오드(diode)
④ 릴레이

10 AC발전기의 다이오드가 하는 역할은?
① 교류를 정류하고 역류를 방지한다.
② 전류를 조정하고 교류를 정류한다.
③ 여자전류를 조정하고 역류를 방지한다.
④ 전압을 조정하고 교류를 정류한다.

11 교류발전기에서 직류발전기 컷아웃 릴레이와 같은 일을 하는 것은?
① 다이오드   ② 로터
③ 전압조정기 ④ 브러시

12 일반적으로 자동차에 사용되는 교류 발전기용 조정기에 관한 설명 중 틀린 것은?
① 발전기 자신이 전류제한 작용을 하지 않기 때문에 전류 제한기가 필요하다.
② 전류용 다이오드가 축전지로부터 역류를 방지하기 때문에 컷아웃 릴레이가 필요하지 않다.
③ 교류 발전기용 조정기로는 전압 조정기만으로 충분하다.
④ 교류 발전기 6개의 다이오드는 3상 교류를 직류로 바꾸는 일을 한다.

13 IC 조정기를 사용하는 발전기 내부부품 중 사용하지 않는 것은?
① 사이리스터   ② 제너 다이오드
③ 트랜지스터   ④ 다이오드

14 충전장치에서 교류 발전기의 출력을 조정할 때 변화시키는 것은?
① 로터 코일의 전류
② 회전 속도
③ 브러시의 위치
④ 스테이터 전류

---

09. 교류 발전기에서 발생된 교류를 직류로 변환시키는 부품은 실리콘 다이오드이며, 직류 발전기에서 발생된 교류는 정류자가 직류로 변환시키는 역할을 한다.
11. 교류 발전기의 실리콘 다이오드는 교류를 직류로 정류하여 외부로 출력시키며, 축전지에서 발전기로 역류되는 것을 방지하는 역할을 한다. 직류 발전기의 컷 아웃 릴레이는 역류를 방지하는 일을 하며, 교류 발전기는 다이오드가 역류를 방지하는 일을 한다.
12. 교류 발전기는 자속을 형성하기 위해 로터 코일에 공급되는 전류가 축전지에서 공급되는 타려자 발전기이기 때문에 전류 제한기가 필요 없다.
13. 사이리스터는 PNPN 접합 층으로 구성되어 있으며, 주로 스위치작용을 한다.
14. 교류 발전기의 출력은 자속을 형성하는 로터 코일의 전류를 조절한다.

07.③ 08.① 09.③ 10.① 11.① 12.①
13.① 14.①

15 일반 승용차에서 교류 발전기의 충전전압 범위를 표시한 것 중 맞는 것은?(단, 12V Battery의 경우이다.)

① 10~12V ② 13.8~14.8V
③ 23.8~24.8V ④ 33.8~34.8V

16 12V-100A의 발전기에서 나오는 출력은?

① 1.73PS ② 1.63PS
③ 1.53PS ④ 1.43PS

17 발전기 출력이 낮고 축전지 전압이 낮을 때 원인으로 해당되지 않는 것은?

① 충전회로에 높은 저항이 걸려있을 때
② 발전기 조정전압이 낮을 때
③ 다이오드의 단락 및 단선이 되었을 때
④ 축전지 터미널에 접촉이 불량할 때

18 발전기 자체의 고장이 아닌 것은?

① 발전기 정류자의 고장
② 브러시 소손에 의한 고장
③ 슬립 링의 오손에 의한 고장
④ 릴레이 오손과 소손에 의한 고장

19 충전전류가 부족하게 되는 요인으로 적합하지 않은 것은?

① 발전기 기능 불량
② 전압조정기 조정 불량
③ 팬(fan)벨트의 이완
④ 시동모터 기능 불량

20 아래 그림 (가)는 정상적인 발전기 충전 파형이다. 그림 (나)와 같은 파형이 나오는 경우는?

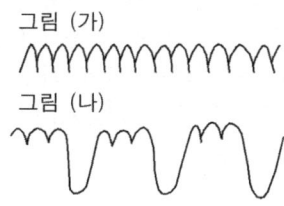

① 브러시 불량
② 다이오드 불량
③ 레귤레이터 불량
④ L(램프)선이 끊어졌음

21 전기장치와 관련된 설명 중 틀린 것은?

① 기동 전동기의 오버런닝 클러치는 엔진이 시동 되었을 때 기동전동기가 크랭크 축에 의하여 구동되지 않게 한다.
② 자동차의 축전지를 급속 충전할 때는 반드시 축전지 단자 선을 떼고 한다.
③ 전압조정기의 조정전압은 축전지 단자 전압보다 낮다.
④ AC 발전기의 다이오드는 교류를 직류로 변하게 하고 축전지에서의 역류를 방지하는 역할을 한다.

---

16. $PS = \dfrac{P}{736}$, $P = E \cdot I$
P : 전력(W), E : 전압(V), I : 전류(A)
$PS = \dfrac{12 \times 100}{736} = 1.63$

18. 릴레이 오손과 접점의 소손에 의한 고장은 발전 조정기 자체의 고장이다.

20. 그림의 (나)와 같은 파형이 나오는 원인은 다이오드의 불량이다.

21. 전압 조정기의 조정 전압은 축전지 단자 전압보다 높다.

15.② 16.② 17.④ 18.④ 19.④ 20.② 21.③

5. 하이브리드 장치

01 주행거리가 짧은 전기 자동차의 단점을 보완하기 위하여 만든 자동차로 전기 자동차의 주동력인 전기 배터리에 보조 동력장치를 조합하여 만든 자동차는?
① 하이브리드 자동차
② 태양광 자동차
③ 천연가스 자동차
④ 전기자동차

02 하이브리드 자동차의 장점에 속하지 않은 것은?
① 연료소비율을 50% 정도 감소시킬 수 있고 환경 친화적이다.
② 탄화수소, 일산화탄소, 질소산화물의 배출량이 90% 정도 감소된다.
③ 이산화탄소 배출량이 50% 정도 감소된다.
④ 값이 싸고 정비작업이 용이하다.

03 하이브리드 자동차의 동력 전달방식에 해당되지 않는 것은?
① 직렬형   ② 병렬형
③ 수직형   ④ 직·병렬형

04 직렬형 하이브리드 자동차의 특징에 대한 설명으로 틀린 것은?
① 병렬형보다 에너지 효율이 비교적 높다.
② 엔진, 발전기, 전동기가 직렬로 연결된다.
③ 모터의 구동력만으로 차량을 주행시키는 방식이다.
④ 엔진을 가동하여 얻은 전기를 배터리에 저장하는 방식이다.

05 직렬형 하이브리드 자동차에 관한 설명이다. 설명이 잘못된 것은?
① 기관, 발전기, 전동기가 직렬로 연결된 형식이다.
② 기관을 항상 최적시점에서 작동시키면서 발전기를 이용해 전력을 전동기에 공급한다.
③ 순수하게 기관의 구동력만으로 자동차를 주행시키는 형식이다.
④ 제어가 비교적 간단하고, 배기가스 특성이 우수하며, 별도의 변속장치가 필요 없다.

06 하이브리드 자동차에서 변속기 앞뒤에 기관 및 전동기를 병렬로 배치하여 주행상황에 따라 최적의 성능과 효율을 발휘할 수 있도록 자동차 구동에 필요한 동력을 기관과 전동기에 적절하게 분배하는 형식?
① 직·병렬형   ② 직렬형
③ 교류형   ④ 병렬형

---

01. 하이브리드 자동차는 전기 자동차의 주행 능력을 확대하기 위한 목적으로 가솔린 혹은 디젤 엔진과 전기 모터를 조합하여 만든 자동차이다.
02. 하이브리드 자동차의 장점은 ①, ②, ③항 이외에 기관의 효율을 향상시킬 수 있다.
03. 하이브리드 자동차의 동력 전달방식에 따라 직렬형, 병렬형, 직·병렬형으로 분류한다.
04. 직렬형의 하이브리드 자동차는 엔진, 발전기, 모터(전동기)가 직렬로 연결되며, 엔진에서 출력되는 기계적 에너지는 발전기를 통하여 전기적 에너지로 변환되고 이 전기적 에너지가 배터리와 모터로 공급되어 항상 모터의 구동력만으로 주행하는 형식이다.
05. 직렬형 하이브리드 자동차의 특징은 ①, ②, ④항 이외에 순수하게 전동기의 구동력만으로 자동차를 주행시키는 형식이며, 기관은 축전지를 충전하기 위한 발전기를 구동하기 위한 것이다. 전체 시스템의 에너지 효율이 병렬형에 비해 낮고, 고성능의 전동기 개발이 필요하며, 동력전달 장치의 구조가 크게 바뀌어야 하므로 기존의 차량에 사용하기 어려운 결점이 있다.
06. 병렬형은 변속기 앞뒤에 기관 및 전동기를 병렬로 배치하여 주행상황에 따라 최적의 성능과 효율을 발휘할 수 있도록 자동차 구동에 필요한 동력을 기관과 전동기에 적절하게 분배하는 형식이다.

01.① 02.④ 03.③ 04.① 05.③
06.④

07 병렬형 하이브리드 자동차의 특징이 아닌 것은?
① 동력전달 장치의 구조와 제어가 간단하다.
② 기관과 전동기의 힘을 합한 큰 동력성능이 필요할 때 전동기를 구동한다.
③ 기관의 출력이 운전자가 요구하는 이상으로 발휘될 때에는 여유동력으로 전동기를 구동시켜 전기를 축전지에 저장한다.
④ 기존 자동차의 구조를 이용할 수 있어 제조비용 측면에서 직렬형에 비해 유리하다.

08 병렬형 하이브리드 자동차의 특징을 설명한 것 중 거리가 먼 것은?
① 모터는 동력 보조만 하므로 에너지 변환 손실이 적다.
② 기존 내연기관 차량을 구동장치의 변경 없이 활용 가능하다.
③ 소프트 방식은 일반 주행 시 모터 구동을 이용한다.
④ 하드 방식은 EV 주행 중 엔진 시동을 위해 별도의 장치가 필요하다.

09 병렬형은 주행조건에 따라 기관과 전동기가 상황에 따른 동력원을 변경할 수 있는 시스템으로 동력전달 방식을 다양화 할 수 있는데 다음 중 이에 따른 구동방식에 속하지 않는 것은?
① 소프트 방식   ② 하드방식
③ 플렉시블 방식   ④ 플러그인 방식

10 병렬형 하드 타입 하이브리드 자동차에 대한 설명으로 옳은 것은?
① 배터리 충전은 엔진이 구동시키는 발전기로만 가능하다.
② 구동 모터가 플라이휠에 장착되고 변속기 앞에 엔진 클러치가 있다.
③ 엔진과 변속기 사이에 구동 모터가 있는데 모터만으로는 주행이 불가능하다.
④ 구동 모터는 엔진의 동력보조 뿐만 아니라 순수 전기 모터로도 주행이 가능하다.

11 병렬형(Parallel) TMED(Transmission Mounted Electric Device)방식의 하이브리드 자동차(HEV)에 대한 설명으로 틀린 것은?
① 모터가 변속기가 직결되어 있다.
② 모터 단독 구동이 가능하다.
③ 모터가 엔진과 연결되어 있다.
④ 주행 중 엔진 시동을 위한 HSG가 있다.

---

07. **병렬형 하이브리드 자동차의 특징**은 ②, ③, ④항 이외에 동력전달 장치의 구조와 제어가 복잡한 결점이 있다.
08. **소프트 하이브리드 자동차**는 모터가 플라이휠에 설치되어 있는 FMED(fly wheel mounted electric device)형식으로 변속기와 전동기 사이에 클러치를 설치하여 제어하는 방식이다. 출발을 할 때는 엔진과 모터를 동시에 사용하고, 부하가 적은 평지에서는 엔진의 동력만을 이용하며, 가속 및 등판 주행과 같이 큰 출력이 요구되는 경우에는 엔진과 모터를 동시에 사용한다.
09. **병렬형 하이브리드 자동차의 구동방식**에는 소프트 방식, 하드방식, 플러그인 방식 등 3가지가 있다.
10. **하드형식의 하이브리드 자동차**는 기관, 구동 모터, 발전기의 동력을 분할 및 통합하는 장치가 필요하므로 구조가 복잡하지만 구동 모터가 기관의 동력보조 뿐만 아니라 순수한 전기 자동차로도 작동이 가능하다. 이러한 특성 때문에 회생제동 효과가 커 연료 소비율은 우수하지만, 큰 용량의 축전지와 구동 모터 및 2개 이상의 모터 제어장치가 필요하므로 소프트 방식의 하이브리드 자동차에 비해 부품의 비용이 1.5~2.0배 이상 소요된다.
11. **병렬형 하드 형식의 하이브리드 자동차**는 모터와 변속기가 직결되어 있는 TMED(transmission mounted electric device)형식으로 모터 단독 구동이 가능하며, 주행 중 엔진 시동을 위한 HSG(hybrid starter generator : 엔진의 크랭크축과 연동되어 엔진을 시동할 때에는 기동 전동기로, 발전을 할 경우에는 발전기로 작동하는 장치)가 있다.

07.① 08.③ 09.③ 10.④ 11.③

12 하이브리드 자동차(HEV)에 대한 설명으로 거리가 먼 것은?

① 병렬형(Parallel)은 엔진과 변속기가 기계적으로 연결되어 있다.
② 병렬형(Parallel)은 구동용 모터 용량을 크게 할 수 있는 장점이 있다.
③ FMED(fly wheel mounted electric device)방식은 모터가 엔진 측에 장착되어 있다.
④ TMED(Transmission Mounted Electric Device)는 모터가 변속기 측에 장착되어 있다.

[해설] 병렬형 하이브리드 자동차의 장점 및 단점

병렬형 방식의 장점	병렬형 방식의 단점
① 기존의 내연기관의 차량을 구동장치 변경 없이 활용이 가능하다. ② 모터는 동력보조로 사용되므로 에너지 손실이 적다. ③ 저성능 모터, 저용량 배터리로도 구현이 가능하다. ④ 전체적으로 효율이 직렬형에 비해 우수하다.	① 차량의 상태에 따라 엔진, 모터의 작동점 최적화 과정이 필수적이다. ② 유단 변속 기구를 사용할 경우 엔진의 작동 영역이 주행상황에 따라 변경된다.

13 병렬형(Parallel) TMED(Transmission Mounted Electric Device)방식의 하이브리드 자동차(HEV)의 주행 패턴에 대한 설명으로 틀린 것은?

① 엔진 OFF 시에는 EOP(Electric Oil Pump)를 작동해 자동변속기 구동에 필요한 유압을 만든다.
② 엔진 단독 구동 시에는 엔진 클러치를 연결하여 변속기에 동력을 전달한다.
③ EV 모드 주행 중 HEV 주행 모드로 전환할 때 엔진동력을 연결하는 순간 쇼크가 발생할 수 있다.
④ HEV 주행 모드로 전환할 때 엔진 회전 속도를 느리게 하여 HEV모터 회전 속도와 동기화 되도록 한다.

14 하이브리드 시스템에 대한 설명 중 틀린 것은?

① 직렬형 하이브리드는 소프트 타입과 하드 타입이 있다.
② 소프트 타입은 순수 EV(전기차) 주행 모드가 없다.
③ 하드 타입은 소프트 타입에 비해 연비가 향상된다.
④ 플러그-인 타입은 외부 전원을 이용하여 배터리를 충전한다.

15 하이브리드 전기 자동차와 일반 자동차와의 차이점에 대한 설명 중 틀린 것은?

① 하이브리드 차량은 주행 또는 정지 시 엔진의 시동을 끄는 기능을 수반한다.
② 하이브리드 차량은 정상적인 상태일 때 항상 엔진 기동 전동기를 이용하여 시동을 건다.
③ 차량의 출발이나 가속 시 하이브리드 모터를 이용하여 엔진의 동력을 보조하는 기능을 수반한다.
④ 차량 감속 시 하이브리드 모터가 발전기로 전환되어 배터리를 충전하게 된다.

14. 하이브리드 시스템
① 하이브리드 자동차는 소프트 타입과 하드 타입, 플러그-인 타입으로 구분된다.
② 소프트 타입은 변속기와 구동 모터 사이에 클러치를 두고 제어하는 FMED(Flywheel mounted Electric Device) 방식이며, 전기 자동차(EV) 주행 모드가 없다.
③ 하드 타입은 기관과 구동 모터 사이에 클러치를 설치하여 제어하는 TMED방식으로, 저속운전 영역에서는 구동 모터로 주행하여 연비가 향상된다. 또 구동 모터로 주행 중 엔진의 시동을 위한 별도의 기동 발전기(Hybrid Starter Generator)가 장착되어 있다.
④ 플러그-인 하이브리드 타입은 전기 자동차의 주행 능력을 확대한 방식으로 배터리지의 용량이 보다 커지게 된다. 또 가정용 전기 등 외부 전원을 사용하여 배터리를 충전할 수 있다.

15. 하이브리드 시스템에서는 하이브리드 전동기를 이용하여 기관을 시동하는 방법과 기동 전동기를 이용하여 시동하는 방법이 있으며, 시스템이 정상일 경우에는 하이브리드 전동기를 이용하여 기관을 시동한다.

12.② **13.**④ **14.**① **15.**②

16 하이브리드 시스템을 제어하는 컴퓨터의 종류가 아닌 것은?

① 모터 컨트롤 유닛(Motor control unit)
② 하이드로릭 컨트롤 유닛(Hydraulic control unit)
③ 배터리 컨트롤 유닛(Battery control unit)
④ 통합 제어 유닛(Hybrid control unit)

17 하이브리드 자동차의 특징이 아닌 것은?

① 회생 제동
② 2개의 동력원으로 주행
③ 저전압 배터리와 고전압 배터리 사용
④ 고전압 배터리 충전을 위해 LDC 사용

18 하이브리드 시스템 자동차에서 등화장치, 각종 전장부품으로 전기 에너지를 공급하는 것은?

① 보조 축전지
② 인버터
③ 하이브리드 컨트롤 유닛
④ 엔진 컨트롤 유닛

19 하이브리드 전기 자동차에서 자동차의 전구 및 각종 전기장치의 구동 전기 에너지를 공급하는 기능을 하는 것은?

① 보조 배터리   ② 변속기 제어기
③ 모터 제어기   ④ 엔진 제어기

20 하이브리드 자동차에서 저전압(12V) 배터리가 장착된 이유로 틀린 것은?

① 오디오 작동
② 등화장치 작동
③ 내비게이션 작동
④ 하이브리드 모터 작동

21 하이브리드 자동차의 보조 배터리가 방전으로 시동 불량일 때 고장원인 또는 조치방법에 대한 설명으로 틀린 것은?

① 단시간에 방전되었다면 암전류 과다 발생이 원인이 될 수도 있다.
② 장시간 주행 후 바로 재시동시 불량하면 LDC 불량일 가능성이 있다.
③ 보조 배터리가 방전이 되었어도 고전압 배터리로 시동이 가능하다.
④ 보조 배터리를 점프 시동하여 주행 가능하다.

22 직·병렬형 하드타입(hard type) 하이브리드 자동차에서 엔진 시동 기능과 공전상태에서 충전기능을 하는 장치는?

① MCU(motor control unit)
② PRA(power relay assemble)
③ LDC(low DC-DC converter)
④ HSG(hybrid starter generator)

---

16. 하이브리드 시스템을 제어하는 컴퓨터는 모터 컨트롤 유닛(MCU), 통합 제어 유닛(HCU), 배터리 컨트롤 유닛(BCU)이다.
17. LDC(Low DC-DC Converter)는 고전압 배터리의 전압을 12V로 변환시키는 장치로 저전압 배터리를 충전시키는 장치이다.
18. 하이브리드 시스템에서는 고전압 축전지를 동력으로 사용하므로 일반 전장부품은 보조 축전지(12V)를 통하여 전원을 공급 받는다.
19. 오디오나 에어컨, 자동차 내비게이션, 그 밖의 등화장치 등에 필요한 전력으로 보조 배터리(12V 납산 배터리)가 별도로 탑재된다.
20. 저전압(12V) 배터리를 장착한 이유는 오디오 작동, 등화장치 작동, 내비게이션 작동, 하이브리드 모터로 시동이 불가능 할 때 엔진 시동 등이다.
22. HSG는 엔진의 크랭크축 풀리와 구동 벨트로 연결되어 있으며, 엔진의 시동과 발전 기능을 수행한다. 즉 고전압 축전지의 충전상태(SOC : state of charge)가 기준 값 이하로 저하될 경우 엔진을 강제로 시동하여 발전을 한다.

16.② 17.④ 18.① 19.① 20.④
21.③ 22.④

23 병렬형(Parallel) TMED(Transmission Mounted Electric Device)방식의 하이브리드 자동차의 HSG(Hybrid Starter Generator)에 대한 설명 중 틀린 것은?
① 엔진 시동과 발전 기능을 수행한다.
② 감속 시 발생하는 운동 에너지를 전기 에너지로 전환하여 배터리를 충전한다.
③ EV 모드에서 HEV(Hybrid Electronic Vehicle)모드로 전환 시 엔진을 시동한다.
④ 소프트 랜딩(soft landing) 제어로 시동 ON 시 엔진 진동을 최소화하기 위해 엔진 회전수를 제어한다.

24 하이브리드 시스템 자동차가 정상적일 경우 기관을 시동하는 방법은?
① 하이브리드 전동기와 기동전동기를 동시에 작동시켜 기관을 시동한다.
② 기동전동기만을 이용하여 기관을 시동한다.
③ 하이브리드 전동기를 이용하여 기관을 시동한다.
④ 주행관성을 이용하여 기관을 시동한다.

25 하이브리드 자동차에서 기동 발전기(hybrid starter & generator)의 교환 방법으로 틀린 것은?
① 안전스위치를 OFF 하고, 5분 이상 대기한다.
② HSG 교환 후 반드시 냉각수 보충과 공기빼기를 실시한다.
③ HSG 교환 후 진단 장비를 통해 HSG 위치 센서(레졸버)를 보정한다.
④ 점화스위치를 OFF하고, 보조 배터리의 (−)케이블은 분리하지 않는다.

26 다음 하이브리드 자동차 계기판(cluster)에 대한 설명이다. 틀린 것은?
① 계기판에 'READY' 램프가 소등(OFF) 시 주행이 안 된다.
② 계기판에 'READY' 램프가 점등(ON) 시 정상 주행이 가능하다.
③ 계기판에 'READY' 램프가 점멸(BLINKING) 시 비상 모드 주행이 가능하다.
④ EV 램프는 HEV(Hybrid Electronic Vehicle) 모터에 의한 주행 시 소등된다.

27 하이브리드 자동차 계기판에 있는 오토 스톱(Auto Stop)의 기능에 대한 설명으로 옳은 것은?
① 배출가스 저감
② 엔진 오일 온도 상승 방지
③ 냉각수 온도상승 방지
④ 엔진 재시동성 향상

---

23. HSG는 엔진의 크랭크축과 연동되어 EV(전기 자동차)모드에서 HEV 모드로 전환할 때 엔진을 시동하는 기동 전동기로 작동하고, 발전을 할 경우에는 발전기로 작동하는 장치이며, 주행 중 감속할 때 발생하는 운동에너지를 전기에너지로 전환하여 배터리를 충전한다.
24. 하이브리드 시스템에서는 하이브리드 전동기를 이용하여 기관을 시동하는 방법과 기동 전동기를 이용하여 시동하는 방법이 있으며, 시스템이 정상일 경우에는 하이브리드 전동기를 이용하여 기관을 시동한다.
26. EV 램프는 HEV 모터에 의한 주행 시 점등된다.
27. 오토 스톱(auto stop)모드는 연비와 배출가스 저감을 위해 자동차가 정지하여 일정한 조건을 만족할 때에는 엔진의 작동을 정지시킨다.

23.④ **24.**③ **25.**④ **26.**④ **27.**①

28 하이브리드에 적용되는 오토 스톱 기능에 대한 설명으로 옳은 것은?
① 모터 주행을 위해 엔진을 정지
② 위험물 감지 시 엔진을 정지시켜 위험을 방지
③ 엔진에 이상이 발생 시 안전을 위해 엔진을 정지
④ 정차 시 엔진을 정지시켜 연료소비 및 배출가스 저감

29 하이브리드 자동차에서 정차 시 연료소비 절감, 유해 배기가스 저감을 위해 기관을 자동으로 정지시키는 기능은?
① 아이들 스톱 기능
② 고속주행 기능
③ 브레이크 부압 보조기능
④ 정속주행 기능

30 하이브리드 자동차에서 엔진 정지 금지조건이 아닌 것은?
① 브레이크 부압이 낮은 경우
② 하이브리드 모터 시스템이 고장인 경우
③ 엔진의 냉각수 온도가 낮은 경우
④ D레인지에서 차속이 발생한 경우

---

30. 엔진 정지 금지 조건
① 오토 스톱 스위치가 OFF 상태인 경우
② 엔진의 냉각수 온도가 45℃ 이하인 경우
③ CVT 오일의 온도가 -5℃ 이하인 경우
④ 고전압 배터리의 온도가 50℃ 이상인 경우
⑤ 고전압 배터리의 충전율이 28% 이하인 경우
⑥ 브레이크 부스터 압력이 250 mmHg 이하인 경우
⑦ 액셀러레이터 페달을 밟은 경우
⑧ 변속 레버가 P, R 레인지 또는 L 레인지에 있는 경우
⑨ 고전압 배터리 시스템 또는 하이브리드 모터 시스템이 고장인 경우
⑩ 급 감속 시(기어비 추정 로직으로 계산)
⑪ ABS 작동 시

28. ④ **29.** ① **30.** ④

3장 계기 및 보안장치

3-1 계기 및 보안장치

1 계기장치

(1) 속도계

속도계는 1시간당의 주행 거리(km/H)로 표시된다.
변속기의 출력축에서 속도계의 구동 케이블을 통하여 구동된다.
① **종류** : 원심력식과 자기식이 있으며, 현재는 자기식을 사용한다.
② **원리** : 영구 자석의 자력에 의하여 발생한 맴돌이 전류와 영구 자석의 상호작용에 의하여 지침이 돌아가는 계기이다.

(2) 온도계

실린더 헤드 물 재킷(물통로) 내의 냉각수 온도를 표시한다.
① **종류**
1) 부어든 튜브식
2) 전기식 : ① 밸런싱 코일식   ② 서모스탯 바이메탈식   ③ 바이메탈 저항식

(3) 유압계

윤활장치 내를 순환하는 오일의 압력을 표시한다.
① **종류**
1) 부어든 튜브식
2) 전기식 : ① 밸런싱 코일식   ② 서모스탯 바이메탈식   ③ 바이메탈 저항식
② **유압경고등** : 유압이 규정값 이하로 저하되면 점등된다.

(4) 연료계

연료탱크의 연료량을 표시
① **연료계 형식** : 밸런싱 코일식, 서미스터식, 바이메탈 저항식

(5) 전류계

축전지의 충·방전 상태와 크기를 표시한다.

3-2 전기 회로(각종 전기장치)

1 배선 회로도

(1) 배선 기호와 색

기호	색	기호	색	기호	색
W	흰색	G	녹색	Gr	회색
B	검정색	L	청색	Br	갈색
R	적색	Y	노랑		

(2) 배선의 표시

0.85RW   0.85 : 전선의 단면적(㎠), R : 바탕색, W : 줄색

(3) 배선
① 단선식 배선 : 적은 전류가 흐르는 회로에 이용한다.
② 복선식 배선 : 전조등과 같이 큰 전류가 흐르는 회로에 이용한다.

2 전기회로의 보호장치

(1) 퓨저블 링크

(2) 퓨즈
① 전기회로에 직렬로 설치된다.
② 단락 및 누전에 의해 과대 전류가 흐르면 차단되어 전류의 흐름을 방지한다.
③ 회로에 합선이 되면 퓨즈가 단선되어 전류의 흐름을 차단한다.
④ 퓨즈는 납과 주석의 합금으로 만들어진다.

(3) 퓨즈 단선 원인
① 회로의 합선에 의해 과도한 전류가 흘렀을 때
② 퓨즈가 부식되었을 때
④ 퓨즈가 접촉이 불량할 때

3 전기배선 작업에서 주의할 점

① 배선을 차단할 때에는 먼저 어스(earth)를 떼고 차단한다.
② 배선을 연결할 때에는 먼저 절연선(+)을 연결하고 어스(접지)를 나중에 연결한다.
③ 배선 작업장은 건조해야 한다.
④ 배선작업에서의 접속과 차단은 신속히 하는 것이 좋다.

⑤ 배선에서 저항, 전압, 전류를 측정 하고자 할 경우에는 멀티 미터를 사용한다.

4 전장계통 취급방법

① 전장부품을 정비할 때에는 축전지 (−)단자를 분리한 상태에서 한다.
② 배선 연결부분을 분리할 때에는 배선을 잡아 당겨서 분리해서는 안 된다.
③ 연결 커넥터를 고정할 때는 연결부분이 결합되었는지 확인한다.
④ 각종 센서나 릴레이는 떨어뜨리지 않도록 한다.

3-3 등화장치

1 조도

① 등화의 밝기를 나타내는 척도이다.
② 조도의 단위는 룩스(LUX)이다.
③ 조도는 광도에 비례하고 광원의 거리의 2승에 반비례한다.

$$E = \frac{cd}{r^2}$$

E : 조도(Lx), cd : 광도, r : 거리(m)

2 전조등

(1) 전조등의 구조

① 전조등 회로는 안전을 고려하여 병렬 복선식으로 연결되어 있다.
② 필라멘트, 반사경, 렌즈의 3요소로 구성되어 있다.

(2) 전조등의 종류

① 실드빔 전조등
- 렌즈, 반사경, 필라멘트의 3요소가 1개의 유닛으로 된 전구이다.
- 내부에 불활성 가스가 봉입되어 있다.
- 대기조건에 따라 반사경이 흐려지지 않는다.
- 사용에 따르는 광도의 변화가 적다.
- 필라멘트가 끊어지면 전조등 전체를 교환한다.

② 세미 실드빔 전조등
- 렌즈와 반사경이 일체로 되어 있는 전조등이다.
- 필라멘트가 끊어지면 전구만 교환한다.
- 반사경이 흐려지기 쉽다.

③ **할로겐 전조등**
- 필라멘트가 텅스텐으로 되어 있다.
- 내부의 질소 가스에 미소량의 할로겐을 혼합시킨 불활성 가스가 봉입되어 있다.
- 동일의 용량보다 밝고 광도가 안정된다.

④ **고휘도 방전**(HID : High Intensity Discharge) **전조등**
- 방전관 내에 제논(Xenon)가스, 수은가스, 금속할로겐 성분 등이 봉입된다.
- 플라즈마 방전을 이용하는 장치이다.
- 광도 및 조사거리가 향상된다.
- 햇빛의 색 온도에 가까운 밝은 흰색이다.
- 일반 전조등보다 전력 소모량이 낮고 수명이 길다.
- 가격이 비싸고 화재의 위험이 있어 개조가 불가능하다.

3 오토라이트

주위의 밝기를 조도(포토)센서로 감지하여 오토(Auto)모드에서 헤드램프 등의 라이트를 자동으로, 어두우면 점등시키고 밝아지면 소등시킨다.

① **조도센서**
- 광량센서(cds)(광도전 셀) : 빛이 강할 때는 저항값이 적고 빛이 약할 때는 저항값이 커져 광도전 셀에 흐르는 전류의 변화를 외부 회로에 보내어 검출한다.

핵심기출문제

01 연료탱크의 연료량을 표시하는 연료계의 형식 중 계기식의 형식에 속하지 않는 것은?
① 밸런싱 코일식
② 연료면 표시기식
③ 서미스터식
④ 바이메탈 저항식

02 다음 중 맴돌이 전류와 영구 자석의 상호작용에 의하여 계기지침이 움직이는 계기는?
① 속도계　　② 전류계
③ 유압계　　④ 연료계

03 계기판의 엔진 회전계가 작동하지 않는 결함의 원인에 해당되는 것은?
① VSS(Vehicle Speed Sensor) 결함
② CPS(Crankshaft Position Sensor) 결함
③ MAP(Manifold Absolute Sensor) 결함
④ CTS(Coolant Temperature Sensor) 결함

04 계기판의 속도계가 작동하지 않는 결함에 대한 고장 원인으로 적합한 것은?
① 차량 속도센서(VSS : Vehicle Speed Sensor) 결함
② 크랭크 각 센서(CPS : Crankshaft Position Sensor) 결함
③ 흡기매니폴드 압력센서(MAP : Manifold Absolute Pressure Sensor) 결함
④ 냉각수온 센서(CTS : Coolant Temperature Sensor) 결함

05 다음 중 가솔린엔진 차량의 계기판에 있는 경고등 또는 지시등의 종류가 아닌 것은?
① 엔진오일 경고등
② 충전 경고등
③ 연료 수분감지 경고등
④ 연료 잔량 경고등

06 바이메탈을 이용한 것으로 과도한 전류가 흐르면 바이메탈이 열을 받아 휨으로써 접점이 떨어지고 온도가 낮아지면 접촉부가 붙게 되어 전류가 흐르게 하는 것은?
① 퓨즈
② 퓨저블 링크
③ 서키트 브레이커
④ 전기 브레이크

---

02. 속도계는 1시간당의 주행 거리(km/H)로 표시되며, 변속기의 출력축에서 속도계의 구동 케이블을 통하여 구동된다. 종류는 원심력식과 자기식이 있으며, 현재는 자기식을 사용한다. 속도계는 영구 자석의 자력에 의하여 발생한 맴돌이 전류와 영구 자석의 상호작용에 의하여 지침이 돌아가는 계기이다.

05. 연료 수분 감지 경고등은 디젤 차량의 계기판에 설치되어 있는 경고등이다.

01.② 02.① 03.② 04.① 05.③ 06.③

07 속도계 기어가 설치되는 곳으로 맞는 것은?
① 변속기 1속 기어
② 변속기 부축
③ 변속기 출력축
④ 변속기 톱 기어

08 차속 센서(Vehicle Speed Sensor)는 무엇을 이용하여 ECU에서 속도를 판단 할 수 있도록 되어 있는가?
① 저항   ② 전류
③ TR(트랜지스터)   ④ 홀 센서

09 배선에 있어서 기호와 색의 연결이 틀린 것은?
① Gr : 보라   ② G : 녹색
③ L : 청색   ④ Y : 노랑

10 자동차 전기회로의 보호장치로 맞는 것은?
① 안전 밸브   ② 캠버
③ 퓨저블 링크   ④ 턴 시그널 램프

11 퓨즈에 관한 설명으로 맞는 것은?
① 퓨즈는 정격전류가 흐르면 회로를 차단하는 역할을 한다.
② 퓨즈는 과대 전류가 흐르면 회로를 차단하는 역할을 한다.
③ 퓨즈는 용량이 클수록 전류가 정격전류가 낮아진다.
④ 용량이 작은 퓨즈는 용량을 조정하여 사용한다.

12 자동차 전기장치에 사용되는 퓨즈에 대한 설명으로 틀린 것은?
① 전기회로에 직렬로 설치된다.
② 단락 및 누전에 의해 과대 전류가 흐르면 차단되어 전류의 흐름을 방지한다.
③ 재질은 알루미늄(25%)+주석(13%)+구리(50%) 등으로 구성된다.
④ 회로에 합선이 되면 퓨즈가 단선되어 전류의 흐름을 차단한다.

13 자동차용 퓨즈의 단선 원인과 가장 거리가 먼 것은?
① 회로의 합선에 의해 과도한 전류가 흘렀을 때
② 퓨즈가 부식되었을 때
③ 퓨즈가 접촉이 불량할 때
④ 용량이 큰 퓨즈로 교체하였을 때

14 전기배선에서 저항을 측정 하고자 한다. 어느 장비를 사용하여야 하는가?
① 점퍼 와이어   ② 테스트 램프
③ 멀티 미터   ④ 자기진단기

15 전조등 종류 중 반사경, 렌즈, 필라멘트가 일체인 방식은?
① 실드빔형
② 세미 실드빔형
③ 분할형
④ 통합형

---

12. 퓨즈는 납과 주석의 합금으로 만들어지며, 전기 회로에 과대한 전류가 흐르면 녹아 끊어져 회로를 차단하여 전선이 타거나 부하에 과대한 전류가 흐르지 않도록 한다.
15. 실드빔 전조등
① 렌즈, 반사경, 필라멘트의 3요소가 1개의 유닛으로 된 전구이다.
② 내부에 불활성 가스가 봉입되어 있다.
③ 반사경은 글라스의 표면에 알루미늄 도금이 되어 있다.
④ 실드 빔은 필라멘트의 위쪽에 설치된 차광 캡에 의해 빛이 필라멘트 위쪽으로 향하는 것을 차단한다.

07.③ 08.④ 09.① 10.③ 11.② 12.③
13.④ 14.③ 15.①

16 전조등 회로의 구성부품이 아닌 것은?
① 라이트 스위치
② 전조등 릴레이
③ 스테이터
④ 딤머 스위치

17 전조등의 배선연결은?
① 직렬이다. ② 병렬이다.
③ 직·병렬이다. ④ 단식배선이다.

18 전조등의 광도가 광원에서 25000cd의 밝기일 경우 전방 100m 지점에서 조도는?
① 250Lux ② 50Lux
③ 12.5Lux ④ 2.5Lux

19 12V를 사용하는 자동차에 60W 헤드라이트 2개를 병렬로 연결하였을 때 흐르는 전류는 얼마인가?
① 5A ② 10A
③ 8A ④ 2.5A

20 그림과 같은 자동차의 전조등 회로에서 헤드라이트 1개의 출력은?

① 30W ② 60W
③ 90W ④ 120W

21 최근에 전조등으로 많이 사용되고 있는 크세논(Xenon)가스방전등에 관한 설명이다. 틀린 것은?
① 전구의 가스 방전 실에는 크세논 가스가 봉입되어 있다.
② 전원은 12~24V를 사용한다.
③ 크세논 가스등의 발광 색은 황색이다.
④ 크세논 가스등은 기존의 전구에 비해 광도가 약 2배 정도이다.

22 차량 주위의 밝기에 따라 미등 및 전조등을 작동시키는 기능을 무엇이라 하는가?
① 레인 센서 기능
② 자동 와이퍼 기능
③ 오토 라이트 기능
④ 램프 오토 컷 기능

---

16. 스테이터는 교류 발전기에서 유도 기전력을 유기하는 역할을 하며, 토크 컨버터에서는 펌프와 터빈 사이에 설치되어 오일의 흐름 방향을 바꾸어 주는 역할을 한다.
17. 전조등은 안전을 고려하여 병렬로 연결되어 있다.
18. $E = \dfrac{cd}{r^2}$
E : 조도(Lx), cd : 광도, r : 거리(m)
$E = \dfrac{25000}{100^2} = 2.5 Lux$
19. $P = EI$ 에서 $I = \dfrac{P}{E}$
∴ 전류 $= \dfrac{60W \times 2}{12V} = 10A$
20. $P = E \times I$
P : 출력(전력 W), E : 전압(V), I : 전류(A)
$P = 6 \times \dfrac{10}{2} = 30W$
21. 크세논 가스등의 발광 색은 햇빛의 색 온도에 가까운 밝은 흰색이다.
22. **오토 라이트 기능** : 주위의 밝기를 포토센서로 감지하여 어두워지면 자동적으로 헤드램프 등의 라이트를 점등시키고 밝아지면 소등하는 장치를 말한다. 계속하여 운전하고 있으면 밝기에 둔감해지며, 황혼녘이나 비가 오는 경우 테일 램프(tail lamp)의 점등을 잊는 경우가 있다. 또한 터널의 출입으로 라이트를 소등시키는 것을 잊는 경우도 있으나 이 장치를 이용하면 이러한 불안도 경감할 수 있다. 또한 작동과 동시에 계기와 내비게이션 화면의 주야 전환이 일치되도록 하고 있다.

16.③ 17.② 18.④ 19.② 20.① 21.③ 22.③

23 다음 중 오토라이트에 사용되는 조도 센서는 무엇을 이용한 센서인가?
① 다이오드 ② 트랜지스터
③ 서미스터 ④ 광도전 셀

24 빛의 세기에 따라 저항이 적어지는 반도체로 자동전조등 제어장치에 사용되는 반도체 소자는?
① 광량센서(Cds)
② 피에조 소자
③ NTC 서미스터
④ 발광다이오드

25 전조등의 광량을 검출하는 라이트 센서에서 빛의 세기에 따라 광전류가 변화되는 원리를 이용한 소자는?
① 포토 다이오드 ② 발광 다이오드
③ 제너 다이오드 ④ 사이리스트

26 다음 중 헤드램프가 작동되지 않는 원인으로 가장 적합한 것은?
① 미등 퓨즈 소손
② 비상 경고등 스위치 소손
③ 와이어링 혹은 접지 불량
④ 방향지시등 퓨즈가 끊어짐

27 다음 회로에서 스위치 ON시 램프가 점등되지 않아 A-B간 전압을 측정하였더니 12V였다면 예측 할 수 있는 고장은?

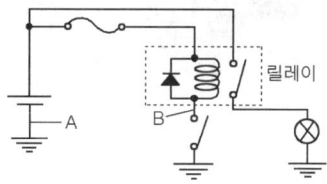

① 퓨즈 단선
② 다이오드 단선
③ 스위치쪽 단선
④ 램프 단선

---

23. 광도전 셀은 빛의 강약에 따라 저항값이 변화되는 성질을 이용하여 광량(光量) 검출을 한다. 빛이 강할 때는 저항값이 적고 빛이 약할 때는 저항 값이 커져 광도전 셀에 흐르는 전류의 변화를 외부 회로에 보내어 검출하는 것으로서 카메라의 노출계, 가로등의 자동 점멸기, 광전 스위치, 자동차의 조명장치 등의 광량(光量)을 검출하는 데 이용된다.
25. 광량을 검출하여 그 강도를 전기 신호로 변환하는 트랜스듀서로서 광전지(실리콘, 셀렌), 광도전 소자(황화카드뮴, 셀렌화카드뮴), 포토다이오드, 포토트랜지스터 등이 있다.
27. 그림의 회로에서 스위치가 ON 되었을 때 램프가 점등되지 않아 A-B간 전압을 측정하여 12V였다면 릴레이 코일에는 이상이 없으므로 스위치 쪽의 단선을 점검하여야 한다.

23.④ **24.**① **25.**① **26.**③ **27.**③

4장 안전 및 편의장치

4-1 안전장치

1 경음기

① 종류
- 전기방식 : 전자석에 의해 진동판을 진동시킨다.
- 공기방식 : 압축공기에 의해 진동판을 진동시킨다.

② 음질 불량의 원인
- 다이어프램의 균열이 발생한다.
- 전류 및 스위치 접촉이 불량하다.
- 가동판 및 코어의 헐거운 현상이 있다.

2 윈드실드 와이퍼

① 구조
- 와이퍼전동기, 링크기구, 블레이드의 3요소로 구성된다.
- 와이퍼전동기 : 직류복권식전동기로 전기자 코일과 계자코일이 직·병렬 연결
- 자동 정위치 정지장치 : 캠판을 이용하여 블레이드의 정지위치를 일정하게 한다.
- 타이머 : 와이퍼의 작동속도를 조절한다.

② 오토 와이퍼
- 레인센서(rain sensor)
- 앞창 유리 상단의 강우량을 감지하여 자동으로 와이퍼 속도를 제어한다.
- 컨트롤러가 작동시켜 와이퍼 모터에 전류를 공급함으로써 운전자가 스위치를 조작하지 않고도 와이퍼의 작동시간 및 저속 또는 고속의 속도를 자동적으로 조절한다.

4-2 편의장치(ETACS)

1 에탁스(ETACS ; Electronic, Time, Alarm, Control, System)

에탁스는 자동차 전기장치 중 시간에 의하여 작동되는 장치와 경보를 발생시켜 운전자에게 알려주는 장치 등을 종합한 장치라 할 수 있다. 에탁스에 의해 제어되는 기능은 다음과 같다.

① 와셔연동 와이퍼 제어
② 간헐와이퍼 및 차속감응 와이퍼 제어
③ 점화스위치 키 구멍 조명제어
④ 파워윈도 타이머 제어
⑤ 안전벨트 경고등 타이어 제어
⑥ 열선 타이머 제어(사이드 미러 열선 포함)
⑦ 점화스위치(키) 회수 제어
⑧ 미등 자동소등 제어
⑨ 감광방식 실내등 제어
⑩ 도어 잠금 해제 경고 제어
⑪ 자동 도어 잠금 제어
⑫ 중앙 집중방식 도어 잠금장치 제어
⑬ 점화스위치를 탈거할 때 도어 잠금(lock)/잠금 해제(un lock) 제어
⑭ 도난경계 경보제어
⑮ 충돌을 검출하였을 때 도어 잠금/잠금 해제제어
⑯ 원격관련 제어
  • 원격시동 제어
  • 키 리스(keyless) 엔트리 제어
  • 트렁크 열림 제어
  • 리모컨에 의한 파워윈도 및 폴딩 미러 제어

2 도난방지장치

도난방지 차량에서 경계상태가 되기 위한 입력요소는 후드 스위치, 트렁크 스위치, 도어 스위치 등이다. 그리고 다음의 조건이 1개라도 만족하지 않으면 도난방지 상태로 진입하지 않는다.

① 후드스위치(hood switch)가 닫혀있을 때
② 트렁크스위치가 닫혀있을 때
③ 각 도어스위치가 모두 닫혀있을 때
④ 각 도어 잠금 스위치가 잠겨있을 때

3 이모빌라이저

이모빌라이저는 무선통신으로 점화스위치(IG 키)의 기계적인 일치뿐만 아니라 점화스위치와 자동차가 무선통신을 하여 암호코드가 일치할 경우에만 기관이 시동되도록 한 도난방지 장치이다. 이 장치의 점화스위치 손잡이(트랜스폰더)에는 자동차와 무선통신

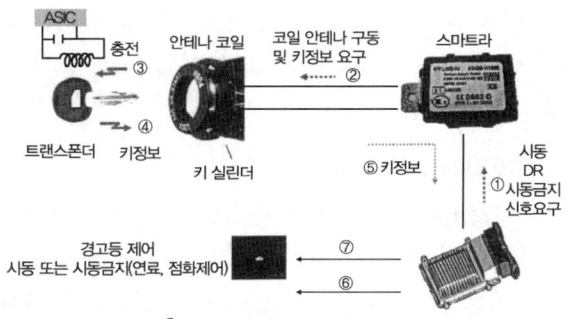

△ 이모빌라이저의 구성

을 할 수 있는 반도체가 내장되어 있다.

4 IMS(통합 메모리 시스템 : Integrated Memory System)

IMS는 운전자 자신이 설정한 최적의 시트 위치를 IMS 스위치 조작에 의하여 파워 시트 유닛에 기억시켜 시트 위치가 변해도 IMS 스위치로 자신이 설정한 시트의 위치에 재생시킬 수 있다. 안전상 주행 시의 재생 동작은 금지하고 재생 및 연동 동작을 긴급 정지하는 기능을 가지고 있다.

5 TPMS(타이어 압력 모니터링 장치 ; Tire Pressure Monitoring System)

자동차의 운행 조건에 영향을 줄 수 있는 타이어 내부의 압력 변화를 경고하기 위해 타이어 내부의 압력 및 온도를 지속적으로 감시한다. TPMS 컨트롤 모듈은 각각의 휠 안쪽에 장착된 TPMS 센서로부터의 정보를 분석하여 타이어 상태를 판단한 후 경고등 제어에 필요한 신호를 출력한다. 타이어의 압력이 규정값 이하이거나 센서가 급격한 공기의 누출을 감지하였을 경우에 타이어 저압 경고등(트레드 경고등)을 점등하여 경고한다.

(1) TPMS 센서

타이어의 휠 밸런스를 고려하여 약 30~40g 정도의 센서로서 휠의 림(Rim)에 있는 공기 주입구에 각각 장착되며, 바깥쪽으로 돌출된 알루미늄 재질부가 센서의 안테나 역할을 한다. 센서 내부에는 소형의 배터리가 내장되어 있으며, 배터리의 수명은 약 5~7년 정도이지만 타이어의 사이즈와 운전조건에 따른 온도의 변화 때문에 차이가 있다.

타이어의 위치를 감지하기 위해 이니시에이터로부터 LF(Low Frequency) 신호를 받는 수신부가 센서 내부에 내장되어 있으며, 압력 센서는 타이어의 공기 압력과 내부의 온도를 측정하여 TPMS(Tire Pressure Monitoring System) 리시버로 RF(Radio Frequency)전송을 한다. 배터리의 수명 연장과 정확성을 위하여 온도와 압력을 항시 리시버로 전송하는 것이 아니라 주기적인 시간을 두고 전송한다.

(2) 이니시에이터(Initiator)

이니시에이터는 TPMS(Tire Pressure Monitoring System)의 리시버와 타이어의 압력 센서를 연결하는 무선통신의 중계기 역할을 한다. 차종에 따라 다르지만 자동차의 앞·뒤에 보통 2개~4개 정도가 장착되며, 타이어의 압력 센서를 작동시키는 기능과 타이어의 위치를 판별하기 위한 도구이다.

(3) 리시버(Receiver)

리시버는 TPMS의 독립적인 ECU로서 다음과 같은 기능을 수행한다.
① 타이어 압력 센서로부터 압력과 온도를 RF(무선 주파수) 신호로 수신한다.
② 수신된 데이터를 분석하여 경고등을 제어한다.

③ LF(저주파) 이니시에이터를 제어하여 센서를 Sleep 또는 Wake Up 시킨다.
④ 시동이 걸리면 LF 이니시에이터를 통하여 압력 센서들을 '정상모드' 상태로 변경시킨다.
⑤ 차속이 20km/h 이상으로 연속 주행 시 센서를 자동으로 학습(Auto Learning)한다.
⑥ 차속이 20km/h 이상이 되면 매 시동시 마다 LF 이니시에이터를 통하여 자동으로 위치의 확인 (Auto Location)과 학습(Auto Learning)을 수행한다.
⑦ 자기진단 기능을 수행하여 고장코드를 기억하고 진단장비와 통신을 하지만 차량 내의 다른 장치의 ECU들과 데이터 통신을 하지 않는다.

(4) 경고등

타이어 압력 센서에서 리시버에 입력되는 신호가 타이어의 공기 압력이 규정 이하일 경우 저압 경고등을 점등시켜 운전자에게 위험성을 알려주는 역할을 한다. 히스테리시스 구간을 설정하여 두고 정해진 압력의 변화 이상으로 변동되지 않으면 작동하지 않는다.

6 라디오 글라스 안테나

글라스의 실내쪽 상부에 디포거와 같이 프린트한 라디오 안테나
① 유리 중간층에 0.3mm 이하의 도선 안테나를 삽입하는 방식도 사용된다.
② 유리 안쪽 면에 도체선을 프린트 한 것도 사용된다.
③ 디포거용 발열 도체선을 병용하여 AM수신 감도를 향상 시킨다.
④ 상·하 조작이나 풍절음도 없다.

4-3 주행안전 보조 장치

1 에어 백 시스템(air back system)

(1) 개 요
① 에어 백은 자동차가 충돌할 때 조향 핸들 또는 앞 유리에 충돌하는 것을 방지한다.
② 자동차가 충돌시 운전자 및 승객의 머리와 가슴을 보호한다.

(2) 에어 백 시스템의 구성
① **에어 백 모듈** : 조향 핸들 하단 중앙에 설치되어 제어 모듈의 제어 신호에 의해 에어 백을 작동시킨다.
  - 에어백, 패트커버, 인플레이터로 구성된다.
  - 안전벨트 프리텐셔너 : 에어백이 작동하기 전에 충돌로 인한 승객의 움직임을 고정시킨다.
② **제어 모듈** : 자동차가 충돌할 때 충격 에너지를 판정하고 인플레이터를 제어한다.
③ **세이핑 충격 센서** : 제어 모듈내에 설치되어 정면 충돌시 감속도에 의한 점화 신호를 제어

모듈에 입력시킨다.
④ **앞 충격 센서** : 자동차의 좌우측 사이드 멤버 하단에 설치되어 측면 충돌시 충격의 감속도에 의한 점화 신호를 제어 모듈에 입력시킨다.

(3) 에어백을 작업할 때 주의사항
① 에어백 관계의 정비 작업을 할 때에는 반드시 축전지 전원을 차단 할 것
② 에어백 부품은 절대로 떨어뜨리지 말 것
③ 스티어링 휠(조향 핸들)을 장착할 때 클럭 스프링의 중립을 확인 할 것
④ 인플레이터를 테스터로 저항 측정하지 말 것

(4) 에어 백 진단 기기를 사용할 때 안전 및 유의사항
① 인플레이터에 직접적인 전원 공급을 삼가 해야 한다.
② 에어 백 모듈의 분해, 수리, 납땜 등의 작업을 하지 않아야 한다.
③ 미 전개된 에어백은 모듈의 커버 면을 바깥쪽으로 하여 운반하여야 한다.
④ 에어 백 장치에 대한 부품을 떼어 내든지 점검할 때에는 축전지 단자를 분리하여야 한다.

2 후진경고장치(Back Warning System)

후진할 때 운전자의 편의성 및 안정성을 확보하기 위하여 변속레버의 위치가 후진일 때 초음파 센서를 이용하여 경고음을 울린다.
① 차량 후방의 장애물을 감지하여 운전자에게 알려주는 장치이다.
② 차량 후방의 장애물은 초음파 센서를 이용하여 감지한다.
③ 차량 후방의 장애물 형상에 따라 감지되지 않을 수도 있다.

3 후방 주차 보조 시스템(RPAS ; Rear Parking Assist System)

후방 주차 보조 시스템은 초음파의 특성을 이용하여 주차 시 또는 주차하기 위해 전방 저속 주행 시 자동차 측면 및 후방 시야의 사각지대 장애물을 감지하여 운전자에게 경고하는 안전 운전 보조 장치이다.

4개의 전방 센서와 4개의 후방 센서로 구성되며, 8개의 센서를 통해 물체를 감지하고 그 결과를 거리별로 1차(전방 61~100cm±15cm, 후방 61~120cm±15cm), 2차(31~60cm±15cm), 3차(30cm 이하 ±10cm) 경보로 나누어 LIN 통신을 통해 BCM으로 전달한다. BCM은 센서에서 받은 통신 메시지를 판단하여 경보 단계를 판단하고 각 차종별 시스템의 구성에 따라 버저를 구동하거나 디스플레이를 위한 데이터를 전송한다.

4 전방 충돌방지 보조 장치(FCA ; Front Collision-Avoidance Assist)

전방 레이더와 전방 카메라에서 감지하는 신호를 종합적으로 판단하여 선행 차량 및 보행자와의 추돌 위험 상황이 감지될 경우 운전자에게 경고를 하고 필요시 자동으로 브레이크를 작동시

켜 충돌을 방지하거나 충돌 속도를 늦춰 운전자와 차량의 피해를 경감하는 장치이다.

5 차선 유지 보조 장치(LKA : Lane Keeping Assist)

차선 유지 보조 장치는 전동 조향 장치(MDPS ; Motor Driven Power Steering)가 장착된 차량에서 60~180km/h 범위에서 작동하며, 전방 카메라 센서를 통해 운전자의 의도 없이 차선을 벗어날 경우 조향 핸들을 조종하여 주행 중인 차선을 벗어나지 않도록 보조하는 장치이다.

자동차가 운전자의 의도 없이 차로를 이탈하려고 할 경우 경고를 한 후 3초 이내에 운전자의 응대가 없다고 판단되면 컴퓨터의 제어 신호에 의해 스스로 모터를 구동하여 조향 핸들을 조종하여 자동차 전용도로 및 일반도로에서도 스마트 크루즈 컨트롤(SCC ; Smart Cruise control)과 연계하여 자동차의 속도, 차간거리 유지 제어 및 차로 중앙 주행을 보조하는 한다.

6 급제동 경보 시스템(ESS ; Emergency Stop Signal)

운전자가 일정속도 이상에서 급제동을 하거나 ABS가 작동될 경우 브레이크 램프 또는 비상등을 자동으로 점멸하여 후방 차량에게 위험을 경보하여 사고를 미연에 방지할 수 있는 장치이다.

7 후측방 경보 시스템(BSD ; Blind Spot Detection system)

후측방 경보 시스템은 레이더 센서 2개가 리어 범퍼에 장착하고 전파 레이더를 이용하여 뒤따라오는 자동차와의 거리 및 속도를 측정하여 주행 중 후측방 사각 지역의 장애물 감지 및 경보(시각, 청각)를 운전자에게 제공하는 시스템이다. 경고음은 외장 스피커 또는 외장 앰프 적용 시 방향성 경고음은 외장 앰프를 통하여 출력한다.

후측방 경보 시스템에서의 기능은 후방 사각 지역에 있는 자동차를 감지하여 사이드 미러 경고 표시를 통해 운전자에게 경고를 하며, 차선 변경 보조 시스템에서의 기능은 자동차 양쪽의 후측방에서 고속으로 접근하는 자동차를 감지하여 운전자에게 경고를 한다. 또한 후측방 접근 경보 시스템에서의 기능은 자신의 자동차를 후진할 때 후방 측면에서 접근하는 대상 차량에 대해서 경보를 발생한다.

8 차선 이탈 경보 시스템(LDWS ; Lane Departure Warning System)

차선 이탈 경보 시스템은 카메라 영상과 차량 정보(CAN 통신)를 이용하여 2가지의 기능을 지원한다. 차선 이탈 경보 시스템에서의 기능은 전방의 차선을 인식하여 차선을 이탈 할 위험이 예측되는 경우 경보를 수행하며, 상향등 자동 제어에서의 기능은 주행 차량 전방의 선행(앞서 주행하는) 차량 및 대향(반대 차로에서 주행하는) 차량의 헤드라이트 광원을 인지하여 상향등의 점등 및 소등을 제어하는 시스템이다.

핵심기출문제

01 윈드 시일드 와이퍼 주요부의 3 구성 요소가 아닌 것은?
① 와이퍼 전동기
② 블레이드
③ 링크 기구
④ 보호 상자

02 다음에서 와이퍼 전동기의 자동 정위치 정지장치와 관계되는 부품은?
① 전기자　② 캠판
③ 브러시　④ 계자철심

03 자동차의 경음기에서 음질 불량의 원인으로 가장 거리가 먼 것은?
① 다이어프램의 균열이 발생한다.
② 전류 및 스위치 접촉이 불량하다.
③ 가동판 및 코어의 헐거운 현상이 있다.
④ 경음기 스위치 쪽 배선의 접지가 되었다.

04 내비게이션 시스템에서 사용하는 센서가 아닌 것은?
① 지자기 센서　② 중력 센서
③ 진동 자이로　④ 광섬유 자이로

05 고속으로 회전하는 회전체는 그 회전체를 일정하게 유지하려는 성질이 있다. 이 성질은 어떤 것을 설명한 것인가?
① NTC 효과
② 피에조 효과
③ 자이로 효과
④ 자기 유도 효과

06 전자제어 와이퍼 시스템에서 레인 센서와 유닛(unit)의 작동으로 틀린 것은?
① 레인센서 및 유닛은 다기능 스위치의 통제를 받지 않고 종합제어장치 회로와 별도로 작동한다.
② 레인센서는 센서 내부의 LED와 포토다이오드로 비의 양을 감지한다.
③ 비의 양은 레인센서에서 감지, 유닛은 와이퍼 속도와 구동시간을 조절한다.
④ 자동모드에서 비의 양이 부족하면 레인센서는 오토딜레이(auto delay) 모드에서 길게 머문다.

---

04. 내비게이션 시스템에 사용하는 센서
① 지자기 센서 ② 진동 자이로 ③ 광섬유 자이로
④ 가스 레이트 자이로

06. 레인센서는 발광다이오드(LED)와 포토다이오드에 의해 비의 양을 검출한다. 즉 발광다이오드로부터 적외선이 방출되면 유리표면의 빗물에 의해 반사되어 돌아오는 적외선을 포토다이오드가 검출하여 비의 양을 검출한다. 레인센서는 유리 투과율을 스스로 보정하는 서보(servo)회로가 설치되어 있으며, 종합제어장치 회로를 통하여 앞 창유리의 투과율에 관계없이 일정하게 빗물을 검출하는 기능이 있으며, 앞 창유리의 투과율은 발광다이오드와 포토다이오드와의 중앙점 바로 위에 있는 유리 영역에서 결정된다.

01.④ **02.**② **03.**④ **04.**② **05.**③ **06.**①

07 레인 센서가 장착된 자동 와이퍼 시스템(RSWCS)에서 센서와 유닛의 작동 특성에 대한 내용으로 틀린 것은?
① 레인센서 및 유닛은 다기능스위치의 통제를 받지 않고 종합제어 장치 회로와 별도로 작동한다.
② 레인센서는 LED로부터 적외선이 방출되면 빗물에 의해 반사되는 포토다이오드로 비의 양을 감지한다.
③ 레인센서의 기능은 와이퍼 속도와 구동지연시간을 조절하고 운전자가 설정한 빗물측정량에 따라 작동한다.
④ 비의 양이 부족하여 자동모드로 와이퍼를 동작시킬 수 없으면 레인센서는 오토 딜레이 모드에서 길게 머문다.

08 자동차의 레인 센서 와이퍼 제어장치에 대한 설명 중 옳은 것은?
① 엔진오일의 양을 감지하여 운전자에게 자동으로 알려주는 센서이다.
② 자동차의 와셔액량을 감지하여 와이퍼가 작동시 와셔 액을 자동조절 하는 장치이다.
③ 앞 창유리 상단의 강우량을 감지하여 자동으로 와이퍼 속도를 제어하는 센서이다.
④ 온도에 따라서 와이퍼 조작시 와이퍼 속도를 제어하는 장치이다.

09 편의장치 중 중앙집중식 제어장치(ETACS 또는 ISU)의 기능 항목이라고 할 수 없는 것은?
① 도어 열림 경고
② 디포거 타이머
③ 엔진 체크 경고등
④ 점화 키 홀 조명

10 와셔 연동 와이퍼의 기능으로 틀린 것은?
① 와셔 액의 분사와 같이 와이퍼가 작동한다.
② 연료를 절약하기 위해서이다.
③ 전면 유리에 이물질을 제거하기 위해서이다.
④ 와이퍼 스위치를 별도로 작동하여야 하는 불편을 해소하기 위해서이다.

11 점화키 홀 조명기능에 대한 설명 중 틀린 것은?
① 야간에 운전자에게 편의를 제공한다.
② 야간주행 시 사각지대를 없애준다.
③ 이그니션 키 주변에 일정시간 동안 램프가 점등된다.
④ 이그니션 키 홀을 쉽게 찾을 수 있도록 도와준다.

---

07. 레인센서는 발광다이오드(LED)와 포토다이오드에 의해 비의 양을 검출한다. 즉 발광다이오드로부터 적외선이 방출되면 유리표면의 빗물에 의해 반사되어 돌아오는 적외선을 포토다이오드가 검출하여 비의 양을 검출한다. 레인센서는 유리 투과율을 스스로 보정하는 서보(servo)회로가 설치되어 있으며, 종합제어장치 회로를 통하여 앞 창유리의 투과율에 관계없이 일정하게 빗물을 검출하는 기능이 있으며, 앞 창유리의 투과율은 발광다이오드와 포토다이오드와의 중앙점 바로 위에 있는 유리 영역에서 결정된다.
08. 레인센서 와이퍼 제어장치는 앞 창유리 상단의 강우량을 감지하여 자동으로 와이퍼 속도를 제어하는 장치이다.
09. 중앙 집중식 제어장치의 기능
① 와셔 연동 와이퍼   ② 뒷 유리 열선
③ 안전벨트 경고등   ④ 감광식 룸 램프
⑤ 점화 키 홀 조명   ⑥ 파워 윈도 타이머
⑦ 도어 열림 경고   ⑧ 속도 감응 와이퍼
⑨ 램프 AUTO CUT   ⑩ 리어 파워 윈도
⑪ 도난 경보기   ⑫ 주행중 도어 록
⑬ 점화 키 OFF 후 언록   ⑭ 디포거 타이머
10. 와셔 연동 와이퍼 기능은 와이퍼 스위치를 별도로 작동하여야 하는 불편을 해소하기 위한 것이며, 와셔 액의 분사와 같이 와이퍼가 작동한다. 또 전면 유리에 이물질을 제거할 때도 사용된다.
11. 점화키 홀 조명은 야간에 이그니션 키 홀을 쉽게 찾을 수 있도록 이그니션 키 주변에 일정시간 동안 램프가 점등되어 운전자에게 편의를 제공한다.

07.① 08.③ 09.③ 10.② 11.②

12 파워 윈도우 타이머 제어에 관한 설명으로 틀린 것은?
① IG 'ON'에서 파워 윈도우 릴레이를 ON 한다.
② IG 'OFF'에서 파워윈도우 릴레이를 일정시간 동안 ON 한다.
③ 키를 뺐을 때 윈도우가 열려 있다면 다시 키를 꽂지 않아도 일정시간 이내 윈도우를 닫을 수 있는 기능이다.
④ 파워 윈도우 타이머 제어 중 전조등을 작동시키면 출력을 즉시 OFF한다.

13 전자제어 방식의 뒷 유리 열선제어에 대한 설명으로 틀린 것은?
① 엔진 시동상태에서만 작동한다.
② 열선은 병렬회로로 연결되어 있다.
③ 정확한 제어를 위해 릴레이를 사용하지 않는다.
④ 일정시간 작동 후 자동으로 OFF된다.

14 자동차 문이 닫히자마자 실내가 어두워지는 것을 방지해 주는 램프는?
① 도어 램프 ② 테일 램프
③ 패널 램프 ④ 감광식 룸램프

15 미등 자동 소등(auto lamp cut) 기능에 대한 설명으로 틀린 것은?
① 키 오프(key off)시 미등을 자동으로 소등하기 위해서이다.
② 키 오프(key off)후 미등 점등을 원활시엔 스위치를 off 후 on으로 하면 미등은 재 점등된다.
③ 키 오프(key off)시에도 미등 작동을 쉽고 빠르게 점등하기 위해서이다.
④ 키 오프(key off)상태에서 미등 점등으로 인한 배터리 방전을 방지하기 위해서이다.

16 미등 자동 소등제어에서 입력요소로서 틀린 것은?
① 점화스위치 ② 미등스위치
③ 미등릴레이 ④ 운전석 도어스위치

17 도어 록 제어(door lock control)에 대한 설명으로 옳은 것은?
① 점화스위치 ON 상태에서만 도어를 unlock으로 제어한다.
② 점화스위치를 OFF로 하면 모든 도어 중 하나라도 록 상태일 경우 전 도어를 록(lock)시킨다.
③ 도어 록 상태에서 주행 중 충돌 시 에어백 ECU로부터 에어백 전개신호를 입력받아 모든 도어를 unlock 시킨다.
④ 도어 unlock 상태에서 주행 중 차량 충돌 시 충돌센서로부터 충돌정보를 입력받아 승객의 안전을 위해 모든 도어를 잠김(lock)으로 한다.

---

12. 파워윈도우 타이머 기능은 점화스위치를 OFF로 한 후 일정시간 동안 파워윈도우를 UP/DOWN시킬 수 있는 기능이며, 목적은 운전자가 점화스위치를 제거했을 때 윈도우가 열려 있다면 다시 점화스위치를 꼽고 윈도우를 올려야 하는 불편함을 해소시키기 위한 기능이다. 또 점화스위치 OFF 후에도 일정시간 동안 파워윈도우 릴레이를 작동시킨다.
13. 뒷 유리 열선제어는 엔진 시동상태에서만 작동하며, 열선은 병렬회로로 연결되어 있고, 일정시간 작동 후 자동으로 OFF된다.
14. 감광식 룸램프는 도어를 열고 닫을 때 실내등이 즉시 소등되지 않고 서서히 소등되도록 하여 시동 및 출발준비를 할 수 있도록 편의를 제공한다.
15. 미등 자동소등의 기능은 키를 오프(key off)로 하였을 때 미등을 자동으로 소등하고, 또 미등 점등으로 인한 배터리 방전을 방지하기 위함이다. 키 오프(key off) 후 미등 점등하고자 할 때에는 스위치를 off 후 on으로 하면 된다.
17. 도어 록 제어는 주행 중 약 40km/h 이상이 되면 모든 도어를 록(lock)시키고 점화스위치를 OFF로 하면 모든 도어를 언록(unlock)시킨다. 또 도어 록 상태에서 주행 중 충돌 시 에어백 ECU로부터 에어백 전개신호를 입력받아 모든 도어를 unlock 시킨다.

12.④ 13.③ 14.④ 15.③ 16.③ 17.③

18 차량의 도어 록(lock) 제어에 대한 설명으로 맞는 것은?
① 차량이 일정속도(예, 40km/h)이상으로 일정시간 운행을 지속할 경우 자동으로 도어를 록(lock)시킨다.
② 고속주행 중 록(lock) 스위치를 조작하면 모든 도어는 언록(unlock)된다.
③ 모든 도어가 언록(unlock)일 경우에만 도어를 록(lock)시킨다.
④ 도어가 열린 상태로 주행 중 충돌이 발생할 경우 자동으로 도어를 록(lock)시킨다.

19 아래 회로와 같은 정특성 서미스터를 이용한 도어 록 시스템에 대한 설명으로 맞는 것은?

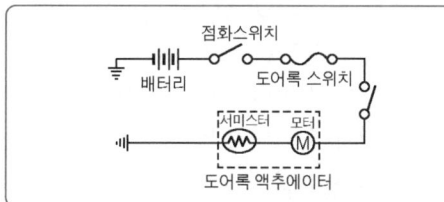

① 도어 록 스위치가 작동되어 한도 이상의 전류가 흐르면 서미스터가 발열하여 저항이 증가되어 전류를 제한한다.
② 도어 록 스위치가 작동되어 한도 이상의 전류가 흐르면 서미스터가 발열하여 저항이 감소되어 전류를 제한한다.
③ 도어 록 스위치가 작동되어 한도 이상의 전류가 흐르면 서미스터가 끊어져 저항이 감소된다.
④ 도어 록 스위치가 작동되어 한도 이상의 전류가 흐르면 서미스터가 발열하여 저항이 감소되고 많은 전류를 흐르도록 유도한다.

20 스마트 키 시스템에서 전원분배 모듈(Power Distribution module)의 기능이 아닌 것은?
① 스마트 키 시스템 트랜스폰더 통신
② 버튼 시동관련 전원공급 릴레이 제어
③ 발전기 부하응답 제어
④ 엔진 시동버튼 LED 및 조명제어

21 편의장치 중 중앙집중식 제어장치(ETACS 또는 ISU)의 입·출력 요소의 역할에 대한 설명으로 틀린 것은?
① 모든 도어 스위치 : 각 도어의 잠김 여부 감지
② INT 스위치 : 와셔 작동여부 감지
③ 핸들 록 스위치 : 키 삽입여부 감지
④ 열선스위치 : 열선 작동여부 감지

22 편의장치 중 중앙집중식 제어장치(ETACS 또는 ISU) 입·출력요소의 역할에 대한 설명으로 틀린 것은?
① INT 볼륨 스위치 : INT 볼륨위치 검출
② 모든 도어스위치 : 각 도어 잠김 여부 검출
③ 키 리마인드 스위치 : 키 삽입여부 검출
④ 와셔 스위치 : 열선 작동여부 검출

---

19. 도어록 시스템은 도어 록 스위치가 작동되어 한도 이상의 전류가 흐르면 서미스터가 발열하여 저항이 증가되어 전류를 제한한다.
20. 전원분배 모듈의 기능은 스마트 키 시스템 트랜스폰더 통신, 버튼 시동관련 전원공급 릴레이 제어, 엔진 시동버튼 LED 및 조명제어 등이다.
21. INT 스위치 : 운전자의 의지인 볼륨의 위치 검출
22. 와셔 스위치 : 와셔의 작동여부 검출, 열선 스위치 : 열선 작동여부 검출
23. 승객 유무 검출 센서(PPD)는 동승석에 탑승한 승객 유무를 검출하여 승객이 탑승한 경우에는 정상적으로 에어백을 전개시킬 목적으로 설치되어 있으며, 센서의 신호는 SRSCM에 입력시킨다.

18.① 19.① 20.③ 21.② 22.④

23 차량의 종합 경보장치에서 입력 요소로 거리가 먼 것은?
① 도어 열림
② 시트벨트 미착용
③ 주차 브레이크 잠김
④ 승객석 과부하 감지

24 종합 경보 장치(Total Warning System)의 제어에 필요한 입력요소가 아닌 것은?
① 열선스위치
② 도어 스위치
③ 시트벨트 경고등
④ 차속센서

25 자동차의 종합경보장치에 포함되지 않는 제어기능은?
① 도어록 제어기능
② 감광식 룸램프 제어기능
③ 엔진 고장지시 제어기능
④ 도어 열림 경고 제어기능

26 자동차의 IMS(Integrated Memory System)에 대한 설명으로 옳은 것은?
① 도난을 예방하기 위한 시스템이다.
② 편의장치로서 장거리 운행시 자동운행 시스템이다.
③ 배터리 교환주기를 알려주는 시스템이다.
④ 스위치 조작으로 설정해둔 시트위치로 재생시킨다.

27 통합 운전석 기억장치는 운전석 시트, 아웃 사이드 미러, 조향 휠, 룸미러 등의 위치를 설정하여 기억된 위치로 재생하는 편의 장치다. 재생금지 조건이 아닌 것은?
① 점화스위치가 OFF되어 있을 때
② 변속레버가 위치 "P"에 있을 때
③ 차속이 일정속도(예, 3km/h 이상) 이상일 때
④ 시트 관련 수동 스위치의 조작이 있을 때

28 자동차 도난경보 시스템의 경보작동 조건이 아닌 것은?(단, 경계진입 상태이다.)
① 후드가 승인되지 않은 상태에서 열릴 때
② 도어가 승인되지 않은 상태에서 열릴 때
③ 트렁크가 승인되지 않은 상태에서 열릴 때
④ 윈도우가 승인되지 않은 상태에서 열릴 때

---

24. 4편의장치(ETACS) 제어 항목에는 실내등 제어, 간헐와이퍼제어, 안전띠 미착용 경보, 열선스위치 제어, 각종 도어 스위치 제어, 파워윈도우 제어, 와셔 연동 와이퍼 제어, 주차 브레이크 잠김 경보 등이 있으며, 시트벨트(안전띠) 경고등은 출력신호이다.

25. 종합경보 제어장치(ETACS 또는 ISU)의 기능 항목은 안전띠 경보제어, 열선 타이머 제어, 점화스위치 미회수 경보제어, 파워윈도 타이머제어, 감광 룸램프 제어, 중앙 집중 방식 도어 잠김/풀림 제어, 트렁크 열림 제어, 방향지시등 및 비상등 제어, 도난경보 제어, 도어 열림 경고, 디포거 타이머, 점화 키 홀 조명 등이다.

26. IMS는 운전자가 자신에게 맞는 최적의 시트위치, 사이드 미러 위치 및 조향핸들의 위치 등을 IMS 컴퓨터에 입력시킬 수 있으며, 다른 운전자가 운전하여 위치가 변경되었을 경우 컴퓨터가 기억시킨 위치로 자동적으로 복귀시켜주는 장치이다.

27. 재생 금지 조건
① 점화스위치가 OFF되어 있을 때
② 자동변속기의 인히비터 "P" 위치스위치가 OFF일 때
③ 주행속도가 3km/h 이상일 때
④ 시트 관련 수동스위치를 조작하는 경우

28. 도난방지장치의 작동 : 도난방지장치가 경계 중에 외부에서 강제로 도어를 열었을 때, 강제로 트렁크를 열었을 때, 기관 후드를 외부에서 강제로 열었을 때 경보가 울린다.

23.④ 24.③ 25.③ 26.④ 27.② 28.④

29 자동차용 도난 방지장치의 작동 설명으로 틀린 것은?
① 도난 방지장치가 경계 중에 외부에서 강제로 도어를 열었을 때 경보가 울린다.
② 도난 방지장치가 경계 중에 외부에서 강제로 트렁크를 열었을 때 경보가 울린다.
③ 도난 방지장치가 경계 중에 내부에서 도어 록을 로브로 언록 했을 때 경보가 울린다.
④ 도난 방지장치가 경계 중에 기관 후드를 외부에서 강제로 열었을 때 경보가 울린다.

30 자동차에 도난 방지장치의 편의장치를 부착하기 위한 전원 연결 작업을 실시할 때의 작업방법이 옳은 것은?
① 전원 연결시 전조등 선과 직렬로 연결한다.
② 전원 연결시 방향지시등과 병렬로 연결한다.
③ 전원 연결시 브레이크 및 미등과 직렬로 연결한다.
④ 전원 연결시 축전지에서 공급되는 선과 직접 연결한다.

31 자동차의 도난 방지장치에 전원을 연결하기 위한 작업방법으로 가장 적절한 것은?
① 방향지시등과 병렬로 연결한다.
② 전조등 배선과 직렬로 연결한다.
③ 브레이크 및 미등과 직렬로 연결한다.
④ 배터리에서 공급되는 선과 직접 연결한다.

32 도난 방지장치에서 리모컨을 이용하여 경계상태로 돌입하려고 하는데 잘 안 되는 경우 점검부위가 아닌 것은?
① 리모컨 자체점검
② 글로브 박스 스위치 점검
③ 트렁크 스위치 점검
④ 수신기 점검

33 도난 방지장치에서 리모컨으로 록(lock) 버튼을 눌렀을 때 문은 잠기지만 경계상태로 진입하지 못하는 현상이 발생한다면 그 원인으로 가장 거리가 먼 것은 무엇인가?
① 후드 스위치 불량
② 트렁크 스위치 불량
③ 파워윈도우 스위치 불량
④ 운전석 도어 스위치 불량

34 리모컨으로 도어 잠금 시 도어는 모두 잠기나 경계 진입 모드가 되지 않는다면 고장 원인은?
① 리모컨 수신기 불량
② 트렁크 및 후드의 열림 스위치 불량
③ 도어 록·언록 액추에이터 내부 모터 불량
④ 제어모듈과 수신기 사이의 통신선 접촉 불량

35 도난 방지장치가 장착된 자동차에서 도난 경계 상태로 진입하기 위한 조건이 아닌 것은?
① 후드가 닫혀 있을 것
② 트렁크가 닫혀 있을 것
③ 모든 도어가 닫혀 있을 것
④ 모든 전기장치가 꺼져 있을 것

31. 도난방지 장치의 전원은 축전지에서 공급되는 선과 직접 연결한다.
34. 도난방지 차량에서 경계상태가 되기 위한 입력요소는 후드 스위치, 트렁크 스위치, 도어 스위치 등이다.
35. 도난경계 상태로 진입하기 위한 조건은 후드가 닫혀 있을 것, 트렁크가 닫혀 있을 것, 모든 도어가 닫혀 있을 것

29.③ 30.④ 31.④ 32.② 33.③ 34.② 35.④

36 이모빌라이저 시스템에 대한 설명으로 틀린 것은?
① 차량의 도난을 방지할 목적으로 적용되는 시스템이다.
② 도난상황에서 시동이 걸리지 않도록 제어한다.
③ 도난상황에서 시동키가 회전되지 않도록 제어한다.
④ 엔진의 시동은 반드시 차량에 등록된 키로만 시동이 가능하다.

37 이모빌라이저 시스템에 대한 설명으로 틀린 것은?
① 자동차의 도난을 방지할 수 있다.
② 키 등록(이모빌라이저 등록)을 해야만 시동을 걸 수 있다.
③ 차량에 등록된 인증키가 아니어도 점화 및 연료공급은 된다.
④ 차량에 입력된 암호와 트랜스폰더에 입력된 암호가 일치해야 한다.

38 이모빌라이저의 구성품으로 틀린 것은?
① 트랜스폰더 ② 코일 안테나
③ 엔진 ECU   ④ 스마트키

39 자동차에 적용된 이모빌라이저 시스템의 구성부품이 아닌 것은?
① 외부 수신기
② 안테나 코일
③ 트랜스폰더 키
④ 이모빌라이저 컨트롤 유닛

40 다음 중 하이브리드 자동차에 적용된 이모빌라이저 시스템의 구성품이 아닌 것은?
① 스마트라(Smatra)
② 트랜스폰더(Transponder)
③ 안테나 코일(Coil Antenna)
④ 스마트 키 유닛(Smart Key Unit)

---

36. 이모빌라이저는 차량의 도난을 방지할 목적으로 적용되는 장치이며, 도난상황에서 시동이 걸리지 않도록 제어한다. 그리고 엔진 시동은 반드시 차량에 등록된 키로만 시동이 가능하다. 엔진 시동을 제어하는 장치는 점화장치, 연료장치, 시동장치이다.

37. 이모빌라이저는 무선통신으로 점화스위치(시동 키)의 기계적인 일치뿐만 아니라 점화스위치와 자동차가 무선으로 통신하여 암호코드가 일치하는 경우에만 엔진이 시동되도록 한 도난방지장치이다. 이 장치에 사용되는 점화스위치(시동 키) 손잡이(트랜스폰더)에는 자동차와 무선으로 통신할 수 있는 특수 반도체가 들어있다. 따라서 기계적으로 일치하는 복제된 점화스위치나 또는 다른 수단으로는 엔진의 시동을 할 수 없기 때문에 도난을 원천적으로 봉쇄할 수 있다.

38. 이모빌라이저 구성부품의 기능
① 엔진 ECU : 점화스위치를 ON으로 하였을 때 스마트라를 통하여 점화스위치 정보를 수신 받고, 수신된 점화스위치 정보를 이미 등록된 점화스위치 정보와 비교 분석하여 엔진의 시동 여부를 판단한다.
② 스마트라 : 엔진 ECU와 트랜스폰더가 통신을 할 때 중간에서 통신매체의 역할을 하며 어떠한 정보도 저장되지 않는다.
③ 트랜스폰더 : 스마트라로부터 무선으로 점화스위치 정보 요구 신호를 받으면 자신이 가지고 있는 신호를 무선으로 보내주는 역할을 한다.
④ 코일 안테나 : 스마트라로부터 전원을 공급받아 트랜스폰더에 무선으로 에너지를 공급하여 충전시키는 작용을 한다. 그리고 스마트라와 트랜스폰더 사이의 정보를 전달하는 신호전달 매체로 작용을 한다.

40. 이모빌라이저 장치의 구성 : 점화스위치를 ON으로 하면 컴퓨터는 스마트라에게 점화스위치 정보와 암호를 요구한다. 이때 스마트라는 안테나 코일을 구동(전류공급)함과 동시에 안테나 코일을 통해 트랜스폰더에게 점화스위치 정보와 암호를 요구한다. 따라서 트랜스폰더는 안테나 코일에 흐르는 전류에 의해 무선으로 에너지를 공급받음과 동시에 점화스위치 정보와 암호를 무선으로 송신한다.

36.③ **37.**③ **38.**④ **39.**① **40.**④

41 타이어 압력 모니터링(TPMS)에 대한 설명 중 틀린 것은?
① 타이어의 내구성 향상과 안전운행에 도움이 된다.
② 휠 밸런스를 고려하여 타이어 압력 센서가 장착되어 있다.
③ 타이어의 압력과 온도를 감지하여 저압 시 경고등을 점등한다.
④ 가혹한 노면 주행이 가능하도록 타이어 압력을 조절한다.

42 TPMS(Tire Pressure Monitoring System)의 설명으로 틀린 것은?
① 타이어 내부의 수분량을 감지하여 TPMS 전자제어 모듈(ECU)에 전송한다.
② TPMS 전자제어 모듈(ECU)은 타이어 압력센서가 전송한 데이터를 수신 받아 판단 후 경고등 제어를 한다.
③ 타이어 압력센서는 각 휠의 안쪽에 장착되어 압력, 온도 등을 측정한다.
④ 시스템의 구성품은 전자제어 모듈(ECU), 압력 센서, 클러스터 등이 있다.

43 타이어 공기압 경고 장치(TPMS)에서 타이어 압력 센서 작동 모드가 아닌 것은?
① 비작동 모드(off mode)
② 정지 모드(stationary mode)
③ 가속 모드(acceleration mode)
④ 주행 모드(rolling mode)

44 다음은 TPMS의 압력센서를 설명한 것이다. 괄호 안에 알맞은 것을 순서대로 적은 것은?

> 타이어의 위치를 감지하기 위해 이니시에이터로부터 (　)신호를 받은 수신부가 센서 내부에 내장되어 있다. 또한 타이어 공기압 및 내부 온도를 측정하여 TPMS 리시버로 (　)전송을 한다.

① RF, LF
② MF, TF
③ TF, MF
④ LF, RF

45 타이어 압력 모니터링 장치(TPMS)의 점검 정비 시 잘못 된 것은?
① 타이어 압력센서는 공기주입 밸브와 일체로 되어 있다.
② 타이어 압력센서 장착용 휠은 일반 휠과 다르다.
③ 타이어 분리 시 타이어 압력센서가 파손되지 않게 한다.
④ 타이어 압력센서용 배터리 수명은 영구적이다.

---

41. TPMS는 휠 밸런스를 고려하여 타이어압력센서가 장착되어 있어 타이어의 압력과 온도를 감지하여 타이어의 공기압이 낮으면 경고등을 점등하므로 타이어의 내구성 향상과 안전운행에 도움을 준다.
42. TPMS는 전자제어 모듈(ECU), 압력 센서, 클러스터 등으로 구성되며, 타이어 압력 센서는 각 휠의 안쪽에 장착되어 압력, 온도 등을 측정하여 전자제어 모듈로 전송하며, TPMS 전자제어 모듈(ECU)은 타이어 압력센서가 전송한 데이터를 수신 받아 판단 후 경고등 제어를 한다.
45. 타이어 압력 센서용 배터리는 내장형으로 수명은 반영구적이다.

41.④ **42.**① **43.**③ **44.**④ **45.**④

46 다음은 자동차의 안전장치에 대한 설명이다. ( )에 들어갈 용어는?

> 충돌 시 에어백이 작동하기 전 ( )를(을) 작동시켜 안전벨트의 느슨한 부분을 되감아 충돌로 인하여 움직임이 커질 승객을 시트에 확실히 고정시킴으로서 크러시 패드나 유리에 승객이 부딪히는 것을 예방하며, 에어백 전개시 올바른 자세로 충격을 최소화할 수 있다.

① 트랜스폰더
② 중력가속도 센서
③ 프리텐셔너
④ 전기모터 제어모듈

47 다음 중 가속도(G) 센서가 사용되는 전자제어장치는?
① 에어 백
② 배기장치
③ 정속도 주행 장치
④ 속도 감응형 파워 스티어링

48 에어백 시스템을 구성하는 센서가 아닌 것은?
① 세핑 센서   ② 센터 G센서
③ 프런트 G센서   ④ 맵 센서

49 에어백이 장착된 차량의 경음기 장치에 관련된 구성부품이 아닌 것은?
① 릴레이   ② 스위치
③ 콘택트 코일   ④ 리모컨

50 에어백 작업시 주의사항으로 옳지 않는 것은?
① 에어백 정비시 반드시 배터리 전원을 연결 할 것
② 에어백 부품은 절대로 떨어뜨리지 말 것
③ 스티어링 휠 장착시 클럭 스프링의 중립을 확인 할 것
④ 테스터기로 인플레이터의 저항을 측정하지 말 것

51 에어백 진단기기 사용시 안전 및 유의사항이 아닌 것은?
① 인플레이터에 직접적인 전원 공급을 삼가야 한다.
② 에어백 모듈의 분해, 수리, 납땜 등의 작업을 하지 않아야 한다.
③ 미 전개된 에어백은 모듈의 커버 면을 바깥쪽으로 하여 운반하여야 한다.
④ 에어백 장치에 대한 부품을 떼어내든지 점검할 때에는 축전지 단자를 분리하지 않는다.

---

46. **에어백의 작동**
    ① 자동차가 충돌할 때 에어백을 순간적으로 부풀게 하여 부상을 경감시킨다.
    ② 컨트롤 모듈은 충격에너지가 규정값 이상일 때 전기 신호를 인플레이터에 공급한다.
    ③ 인플레이터에 공급된 전기 신호에 의해 가스 발생제가 연소되어 에어백이 팽창된다.
    ④ 에어백이 질소 가스에 의해 팽창되어 운전자 및 승객에 전달되는 충격을 완화시킨다.
47. 자동차가 주행 중 충돌이 발생하였을 때 가속도 값(G 값)이 충격 한계 이상이면 에어백을 전개시켜 운전자의 안전을 보호 한다.
48. **가속도 센서**
    ① 충돌감지 센서(acceleration sensor) : 에어백 ECU 내에 설치되어 차량의 충돌상태 즉, 가·감속값(G값)을 산출하는 센서이다.
    ② 안전 센서(safing sensor) : 충돌시 기계적으로 작동하는 센서로서 센서 한쪽은 전원과 연결되고 다른 한쪽은 에어백 모듈과 연결되어 있다.
50. 에어백을 정비하는 경우에는 배터리의 전원을 차단하여야 한다.

46.③ 47.① 48.④ 49.④ 50.① 51.④

52 주차 보조 장치에서 차량과 장애물의 거리 신호를 컨트롤 유닛으로 보내주는 센서는?
① 초음파 센서
② 레이저 센서
③ 마그네틱 센서
④ 적분센서

53 백워닝(후방경보) 시스템의 기능과 가장 거리가 먼 것은?
① 차량 후방의 장애물을 감지하여 운전자에게 알려주는 장치이다.
② 차량 후방의 장애물은 초음파 센서를 이용하여 감지한다.
③ 차량 후방의 장애물을 감지 시 브레이크가 작동하여 차속을 감속시킨다.
④ 차량 후방의 장애물 형상에 따라 감지되지 않을 수도 있다.

54 후진 경보장치에 대한 설명으로 틀린 것은?
① 후방의 장애물을 경고음으로 운전자에게 알려 준다.
② 변속레버를 후진으로 선택하면 자동 작동된다.
③ 초음파 방식은 장애물에 부딪쳐 되돌아 오는 초음파로 거리가 계산된다.
④ 초음파 센서의 작동주기는 1분에 60~120회 이내이어야 한다.

55 보기는 후방 주차보조 시스템의 후방감지 센서와 관련된 초음파 전송속도 공식이다. 이 공식의 'A'에 해당하는 것은?

[보기]
V=331.5+0.6A

① 대기습도 ② 대기온도
③ 대기밀도 ④ 대기건조도

56 자동차 음향장치의 잡음을 감소하기 위한 방법으로 틀린 것은?
① 저항을 사용하는 방법
② 콘덴서를 사용하는 방법
③ 고전압을 발생시키는 방법
④ 다이오드를 사용하는 방법

57 자동차에서 무선시스템에 간섭을 일으키는 전자기파를 방지하기 위한 대책이 아닌 것은?
① 캐패시터와 같은 여과소자를 사용하여 간섭을 억제한다.
② 불꽃 발생원에 배터리를 직렬로 접속하여 고주파 전류를 흡수한다.
③ 불꽃 발생원의 주위를 금속으로 밀봉하여 전파의 방사를 방지한다.
④ 점화케이블의 심선에 고저항 케이블을 사용한다.

---

52. 주차 보조 장치는 후진할 때 편의성과 안전성을 확보하기 위하여 변속 레버를 후진으로 선택하면 후방 주차 보조 장치가 작동하여 장애물이 있을 때 초음파 센서에서 초음파를 발사하여 장애물에 부딪혀 되돌아오는 초음파를 받아서 BCM(body control module)에서 차량과 장애물과의 거리를 계산하여 버저 경고음(장애물과의 거리에 따라 1차, 2차, 3차 경보를 순차적으로 울린다.)으로 운전자에게 열려주는 장치이다.

53. 백워닝 시스템의 기능은 차량 후방의 장애물을 감지하여 운전자에게 알려주는 장치이며, 장애물은 초음파 센서를 이용하여 감지한다. 후방의 장애물 형상에 따라 감지되지 않을 수도 있다.

54. 후진 경보장치는 후진할 때 편의성 및 안전성을 확보하기 위해 운전자가 변속레버를 후진으로 선택하면 후진경고 장치가 작동하여 장애물이 있다면 초음파 센서에서 초음파를 발사하여 장애물에 부딪혀 되돌아오는 초음파를 받아서 컴퓨터에서 자동차와 장애물과의 거리를 계산하여 버저(buzzer)의 경고음으로 운전자에게 알려주는 장치이다.

52.① 53.③ 54.④ 55.② 56.③ 57.②

58 차량 안전운전 보조 장치의 주요 구성부품에 대한 설명으로 틀린 것은?

① 자동 주차 보조 장치(SPAS)는 초음파 센서, 전자식 조향 모터 등으로 구성
② 차선 이탈 경고장치(LDWS)는 초음파 센서와 전자식 조향 모터 등으로 구성
③ 정속 주행 장치(ACC)는 전방 감지 센서, 엔진 제어 유닛, 전자식 제동 유닛 등으로 구성
④ 차선 유지 보조 장치(LKAS)는 전방 카메라, 조향 각 센서, 전자식 조향 모터 등으로 구성

58. 차선 이탈 경보 장치(lane departure warning system)는 운전할 때 집중력 저하, 졸음 등으로 인해 방향지시등을 켜지 않고 차선을 이탈할 경우에 앞 유리 상단에 장착된 카메라를 통해 전방의 차선의 상태를 인식하고 조향핸들의 진동, 경고음 등으로 운전자에게 알림으로써 사고를 예방하는 장치.

58. ②

Part IV
안전관리

- 산업안전일반
- 기계 및 기구에 대한 안전
- 공구에 대한 안전
- 작업상의 안전

1장 산업안전일반

1-1 성능기준 및 재해

1 성능기준

(1) 사고예방 대책의 5단계
① 제1단계 : 조직(안전관리조직)
② 제2단계 : 사실의 발견(현상 파악)
③ 제3단계 : 분석평가(원인 규명)
④ 제4단계 : 시정방법의 선정(대책 선정)
⑤ 제5단계 : 시정책의 적용(목표 달성)

(2) 재해 예방의 4원칙
① 예방가능의 원칙   ② 손실우연의 원칙
③ 원인연계의 원칙   ④ 대책선정의 원칙

(3) 안전점검
① **인적인 면** : 건강상태, 보호구 착용, 기능상태, 자격 적정배치 등
② **물적인 면** : 기계기구의 설비, 공구, 재료 적치보관상태, 준비상태, 전기시설, 작업발판
③ **관리적인 면** : 작업 내용, 작업 순서 기준, 직종간 조정, 긴급시 조치, 작업방법, 안전수칙, 작업중 임을 알리는 표지
④ **환경적인 면** : 작업 장소, 환기, 조명, 온도, 습도, 분진, 청결상태
⑤ **불안전한 행위**
- 불안전한 자세 및 행동, 잡담, 장난을 하는 경우
- 안전장치의 제거 및 불안전한 속도를 조절하는 경우
- 작동중인 기계에 주유, 수리, 점검, 청소 등을 하는 경우
- 불안전한 기계의 사용 및 공구 대신 손을 사용하는 경우
- 안전 복장을 착용하지 않았거나 보호구를 착용하지 않은 경우
- 위험한 장소의 출입

2 산업재해

(1) 재해조사의 목적
재해의 원인과 자체의 결함 등을 규명함으로써 동종의 재해 및 유사 재해의 발생을 방지하기 위한 예방대책을 강구하기 위해서 실시한다.

(2) 재해율의 정의
① **연천인율** : 1000명의 근로자가 1년을 작업하는 동안에 발생한 재해 빈도를 나타내는 것.

$$연천인율 = \frac{재해자수}{연평균\ 근로자수} \times 1000$$

② **강도율** : 근로시간 1000시간당 재해로 인하여 근무하지 않는 근로 손실일수로서 산업재해의 경·중의 정도를 알기 위한 재해율로 이용된다.

$$강도율 = \frac{근로\ 손실일수}{연근로\ 시간} \times 1,000$$

③ **도수율** : 연 근로시간 100만 시간 동안에 발생한 재해 빈도를 나타내는 것.

$$도수율 = \frac{재해\ 발생\ 건수}{연\ 근로\ 시간\ 수} \times 1,000,000$$

④ **천인율** : 평균 재적근로자 1000명에 대하여 발생한 재해자수를 나타내어 1000배 한 것

$$천인율 = \frac{재해자수}{평균\ 근로자수} \times 1,000$$

◆ 안전점검을 실시할 때 유의사항
- 점검한 내용은 상호 이해하고 협조하여 시정책을 강구할 것
- 안전 점검이 끝나면 강평을 실시하고 사소한 사항이라도 묵인하지 말 것
- 과거에 재해가 발생한 곳에는 그 요인이 없어졌는지 확인할 것
- 점검자의 능력에 적응하는 점검내용을 활용할 것

◆ 사고가 발생하는 원인
- 기계 및 기계장치가 너무 좁은 장소에 설치되어 있을 때
- 안전장치 및 보호장치가 잘되어 있지 않을 때
- 적합한 공구를 사용하지 않을 때
- 정리 정돈 및 조명장치가 잘되어 있지 않을 때

(3) 화재
- **연소의 3요소** : 공기(산소), 점화원, 가연물

① 화재의 분류
- A급 화재 : 목재, 종이, 섬유 등의 재를 남기는 일반 가연물 화재, 물
- B급 화재 : 가솔린, 알코올, 석유 등의 유류 화재, 모래

- C급 화재 : 전기 기계, 전기 기구 등의 전기화재
- D급 화재 : 마그네슘 등의 금속 화재
- E급 화재 : 가스화재

② 소화기의 종류
- 분말소화기 : ABC 급
- 포말소화기 : AB급
- 이산화탄소(CO_2)소화기 : BC급, 전기화재에 가장 적합

③ 소화 작업
- 화재가 일어나면 화재 경보를 한다.
- 배선의 부근에 물을 공급할 때에는 전기가 통하는 지의 여부를 알아본 후에 한다.
- 가스 밸브를 잠그고 전기 스위치를 끈다.
- 카바이드 및 유류(기름)에는 물을 끼얹어서는 안 된다.
- 물 분무 소화 설비에서 화재의 진화 및 연소를 억제시키는 요인
  - 연소물의 온도를 인화점 이하로 냉각시키는 효과
  - 발생된 수증기에 의한 질식 효과
  - 연소물의 물에 의한 희석 효과

1-2 안전보건조치

1 안전·보건표지의 종류

안전·보건표지의 종류에는 금지표지, 경고표지, 지시표지, 안내표지, 유해물질 표지, 소방표지가 있다.

1. 금지표지	101 출입금지	102 보행금지	103 차량통행금지	104 사용금지	105 탑승금지	106 금연
107 화기금지	108 물체이동금지	2. 경고표지	201 인화성물질 경고	202 산화성물질 경고	203 폭발성물질 경고	204 급성독성물질 경고
205 부식성물질 경고	206 방사성물질 경고	207 고압전기 경고	208 매달린 물체 경고	209 낙하물 경고	210 고온 경고	211 저온 경고

212 몸균형 상실 경고	213 레이저광선 경고	214 발암성·변이원성·생식 독성·전신독성·호흡기 과민성 물질 경고	215 위험장소 경고	3. 지시표지	301 보안경 착용	302 방독마스크 착용
303 방진마스크 착용	304 보안면 착용	305 안전모 착용	306 귀마개 착용	307 안전화 착용	308 안전장갑 착용	309 안전복 착용
4. 안내표지	401 녹십자표지	402 응급구호표지	403 들것	404 세안장치	405 비상용기구	406 비상구
407 좌측비상구	408 우측비상구	5. 관계자외 출입금지	501 허가대상물질 작업장 관계자외 출입금지 (허가물질 명칭) 제조/사용/보관 중 보호구/보호복 착용 흡연 및 음식물 섭취 금지	502 석면취급/해체 작업장 관계자외 출입금지 석면 취급/해체 중 보호구/보호복 착용 흡연 및 음식물 섭취 금지	503 금지대상물질의 취급 실험실 등 관계자외 출입금지 발암물질 취급 중 보호구/보호복 착용 흡연 및 음식물 섭취 금지	
6. 문자추가시 예시문	휘발유화기엄금	▶ 내 자신의 건강과 복지를 위하여 안전을 늘 생각한다. ▶ 내 가정의 행복과 화목을 위하여 안전을 늘 생각한다. ▶ 내 자신의 실수로써 동료를 해치지 않도록 안전을 늘 생각한다. ▶ 내 자신이 일으킨 사고로 인한 회사의 재산과 손실을 방지하기 위하여 안전을 늘 생각한다. ▶ 내 자신의 방심과 불안전한 행동이 조국의 번영에 장애가 되지 않도록 하기 위하여 안전을 늘 생각한다.				

2 작업복

① 작업에 따라 보호구 및 기타 물건을 착용할 수 있어야 한다.
② 소매나 바지자락이 조여질 수 있어야 한다.
③ 화기사용 직장에서는 방염성, 불연성의 것을 사용하도록 한다.
④ 작업복은 몸에 맞고 동작이 편하도록 제작한다.
⑤ 상의의 끝이나 바지자락 등이 기계에 말려 들어갈 위험이 없도록 한다.
⑥ 옷소매는 폭이 좁게 된 것으로, 단추가 달린 것은 되도록 피한다.

3 작업장의 조명

① **초정밀 작업** : 750LUX 이상
② **정밀작업** : 300LUX 이상
③ **보통작업** : 150LUX 이상
④ **기타 작업** : 75LUX 이상
⑤ **통로** : 보행에 지장이 없는 정도의 밝기

핵심기출문제

1. 성능기준 및 재해

01 다음 중 재해 예방의 4원칙에 해당되지 않는 것은?
① 예방가능의 원칙
② 사고발생의 원칙
③ 손실우연의 원칙
④ 원인연계의 원칙

02 다음 중 사고예방 원리의 4단계 중 그 대상이 아닌 것은?
① 사실의 발견
② 평가분석
③ 시정방법의 선정
④ 엄격한 규율의 책정

03 연 100만 근로 시간당 몇 건의 재해가 발생되었는가의 재해율 산출을 무엇이라 하는가?
① 연천인율
② 도수율
③ 강도율
④ 천인율

04 $\dfrac{\text{재해건수}}{\text{연근로시간수}} \times 1,000,000$ 의 식이 나타내는 것은?
① 강도율
② 도수율
③ 휴업율
④ 천인율

05 연 근로시간 1000시간 중에 발생한 재해로 인하여 손실된 일수로 나타내는 것은?
① 연 천인율
② 강도율
③ 도수율
④ 손실율

---

01. 재해 예방의 4원칙
① 예방가능의 원칙 ② 손실우연의 원칙
③ 원인연계의 원칙 ④ 대책선정의 원칙

02. 재해 예방 대책의 기본 원리 5단계
① 1 단계 : 안전 관리 조직(안전 관리 조직과 책임부여, 안전 관리 규정의 제정, 안전 관리 계획수립)
② 2 단계 : 사실의 발견(자료수집, 작업 공정의 분석 및 점검, 위험의 확인 검사 및 조사 실시)
③ 3 단계 : 분석 평가(재해 조사의 분석, 안전성의 진단 및 평가, 작업 환경의 측정)
④ 4 단계 : 시정 방법의 선정(기술적인 개선안, 관리적인 개선안, 제도적인 개선안)
⑤ 5 단계 : 시정책의 적용(목표의 설정 및 실시, 재평가의 실시)

03.05. 재해율의 정의
① **연천인율** : 1000명의 근로자가 1년을 작업하는 동안에 발생한 재해 빈도를 나타내는 것.

연천인율 = $\dfrac{\text{재해자수}}{\text{연평균 근로자수}} \times 1000$

② **강도율** : 근로시간 1000시간당 재해로 인하여 근무하지 않는 근로 손실일수로서 산업재해의 경중의 정도를 알기 위한 재해율로 이용된다.

강도율 = $\dfrac{\text{근로 손실일수}}{\text{연근로 시간}} \times 1,000$

③ **도수율** : 연 근로시간 100만 시간 동안에 발생한 재해 빈도를 나타내는 것.

도수율 = $\dfrac{\text{재해 발생 건수}}{\text{연 근로 시간 수}} \times 1,000,000$

④ **천인률** : 평균 재적근로자 1000명에 대하여 발생한 재해자수를 나타내어 1000배한 것이다.

천인율 = $\dfrac{\text{재해자수}}{\text{평균 근로자수}} \times 1,000$

01.② 02.④ 03.② 04.② 05.②

06 어느 정비 공장의 연 근로시간수가 150,000시간이며, 근로 총 손실수가 150일이라면 강도율은 약 얼마인가?
① 10 ② 1
③ 0.1 ④ 0.001

07 산업재해 분석을 위한 다음 식은 어떤 재해율을 나타낸 것인가?

$$\frac{재해자수}{평균근로자수} \times 1000$$

① 연천인율 ② 도수율
③ 강도율 ④ 하인리히율

08 근로자 500명인 직장에서 1년간 8건의 사상자를 냈다면 연 천인율은?
① 12 ② 14
③ 16 ④ 18

09 재해조사 목적을 가장 확실하게 설명한 것은?
① 적절한 예방 대책을 수립하기 위하여
② 재해를 당한 당사자의 책임을 추궁하기 위하여
③ 재해 발생 상태와 그 동기에 대한 통계를 작성하기 위하여
④ 작업능률 향상과 근로기강 확립을 위하여

10 작업시작 전의 안전점검에 관한 사항 중 잘못 짝 지워진 것은?
① 인적인면 – 건강상태, 기능상태
② 물적인면 – 기계기구 설비, 공구
③ 관리적인면 – 작업내용, 작업순서
④ 환경적인면 – 작업방법, 안전수칙

11 안전점검을 실시할 때의 유의사항 중 맞지 않는 것은?
① 점검한 내용은 상호 이해하고 협조하여 시정책을 강구할 것
② 안전점검이 끝나면 강평을 실시하고 사소한 사항은 묵인할 것
③ 과거에 재해가 발생한 곳에는 그 요인이 없어졌는지 확인할 것
④ 점검자의 능력에 적응하는 점검내용을 활용할 것

12 산업체에서 안전을 지킴으로서 얻을 수 있는 이점으로 틀린 것은?
① 직장의 신뢰도를 높여준다.
② 상하 동료 간에 인간관계가 개선된다.
③ 기업의 투자 경비가 늘어난다.
④ 회사 내 규율과 안전수칙이 준수되어 질서유지가 실현된다.

---

06. 강도율 = $\frac{근로\ 손실일수}{연근로\ 시간} \times 1{,}000$

강도율 = $\frac{150}{150{,}000} \times 1{,}000 = 1$

08. 천인율 : 평균 재직 근로자 1,000명에 대해 발생한 재해자의 수 즉, 일정한 기간에 근무한 근로자의 평균 근로자 수에 대한 재해자의 수를 나타내어 1,000배를 한 것
천인율 = $\frac{재해자수}{평균\ 근로자수} \times 1{,}000 = \frac{8 \times 1000}{500} = 16$

09. 재해조사의 목적은 재해의 원인과 자체의 결함 등을 규명함으로써 동종의 재해 및 유사 재해의 발생을 방지하기 위한 예방대책을 강구하기 위해서 실시한다.

10. 작업시작 전의 안전점검
① **인적인 면** : 건강상태, 보호구 착용, 기능상태, 자격 적정배치등
② **물적인 면** : 기계기구의 설비, 공구, 재료 적치보관상태, 준비상태, 전기시설, 작업발판
③ **관리적인 면** : 작업 내용, 작업 순서 기준, 직종간 조정, 긴급시 조치, 작업방법, 안전수칙 작업중 임을 알리는 표지
④ **환경적인 면** : 작업 장소, 환기, 조명, 온도, 습도, 분진, 청결상태

11. 안전점검이 끝나면 강평을 실시하고 사소한 사항이라도 묵인하지 말 것

06.② 07.① 08.③ 09.① 10.④ 11.②
12.③

13 산업현장에서 안전을 확보하기 위해 인적 문제와 물적 문제에 대한 실태를 파악하여야 한다. 다음 중 인적문제에 해당하는 것은?
① 기계자체의 결함
② 안전교육의 결함
③ 보호구의 결함
④ 작업환경의 결함

14 산업재해는 직접원인과 간접원인으로 구분되는데 다음 직접원인 중에서 인적 불안전 요인이 아닌 것은?
① 작업 태도 불안전
② 위험한 장소의 출입
③ 기계공구의 결함
④ 부적당한 작업복의 착용

15 사고의 원인으로서 불안전한 행위는?
① 안전 조치의 불이행
② 고용자의 능력부족
③ 물적 위험상태
④ 기계의 결함상태

16 작업현장에서 안전사고 원인으로 가장 높은 비율에 해당되는 것은?
① 시설장비의 결함
② 불안전한 행동
③ 작업환경
④ 작업순서

17 재해의 원인 중 생리적인 원인은?
① 작업자의 피로
② 작업복의 부적당
③ 안전장치의 불량
④ 안전수칙의 미 준수

18 중량물을 들어 올리거나 내릴 때 손이나 발이 중량물과 지면 등에 끼어 발생하는 재해는?
① 낙하　　② 충돌
③ 전도　　④ 협착

19 다음 중 작업환경 조건에 포함되지 않는 것은?
① 채광　　② 조명
③ 작업자　④ 소음

20 작업장 표준의 보통작업과 정밀작업에서 조명은 몇 LUX 이상이어야 하는가?
① 보통작업 : 75, 정밀작업 : 150
② 보통작업 : 150, 정밀작업 : 300
③ 보통작업 : 300, 정밀작업 : 500
④ 보통작업 : 400, 정밀작업 : 1,000

21 작업현장에서 기계의 안전조건이 아닌 것은?
① 덮개　　② 안전장치
③ 안전교육　④ 보전성의 개선

---

13. 인적문제에 해당하는 것은 안전교육의 결함이다.
15. **불안전한 행위**
① 불안전한 자세 및 행동, 잡담, 장난을 하는 경우
② 안전장치의 제거 및 불안전한 속도를 조절하는 경우
③ 작동중인 기계에 주유, 수리, 점검, 청소 등을 하는 경우
④ 불안전한 기계의 사용 및 공구 대신 손을 사용하는 경우
⑤ 안전 복장을 착용하지 않았거나 보호구를 착용하지 않은 경우
⑥ 위험한 장소의 출입
16. 작업현장에서 안전사고 원인으로 가장 높은 비율을 차지하는 것은 불안한 행동이다.
20. **작업장의 조명**
① 초정밀 작업 : 750 LUX 이상
② 정밀작업 : 300 LUX이상
③ 보통작업 : 150 LUX 이상
④ 기타 작업 : 75 LUX이상
⑤ 통로 : 보행에 지장이 없는 정도의 밝기

13.② 14.③ 15.① 16.② 17.① 18.④
19.③ 20.② 21.③

22 연소의 3요소에 해당 되지 않는 것은?
① 물
② 공기(산소)
③ 점화원
④ 가연물

23 다음 중 인화성 물질이 아닌 것은?
① 아세틸렌가스
② 가솔린
③ 프로판가스
④ 산소

24 카바이트 취급시 주의할 점 중 잘못 설명한 것은?
① 밀봉해서 보관한다.
② 건조한 곳보다 약간 습기가 있는 곳에 보관한다.
③ 인화성이 없는 곳에 보관한다.
④ 저장소에 전등을 설치할 경우 방폭 구조로 한다.

25 소화 작업의 기본요소가 아닌 것은?
① 가연 물질을 제거하면 된다.
② 산소를 차단하면 된다.
③ 점화원을 냉각시키면 된다.
④ 연료를 기화시키면 된다.

26 소화 작업시 적당하지 않은 것은?
① 화재가 일어나면 먼저 인명구조를 해야 한다.
② 전기배선이 있는 곳을 소화 할 때는 전기가 흐르는지 먼저 확인해야 한다.
③ 가스 밸브를 잠그고 전기 스위치를 끈다.
④ 카바이트 및 유류에는 물을 끼얹는다.

27 화재 현장에서 제일 먼저 하여야 할 조치는?
① 소화기 사용
② 화재 신고
③ 인명구조
④ 분말소화기 사용

28 소화설비에 적용하여야 할 사항이 아닌 것은?
① 작업의 성질
② 작업장의 환경
③ 화재의 성질
④ 작업자의 성격

29 작업장 내에서의 화재분류로 알맞은 것은?
① A급 화재-전기화재
② B급 화재-휘발유, 벤젠 등의 화재
③ C급 화재-금속화재
④ D급 화재-목재, 종이, 석탄화재

30 일반가연성 물질의 화재로서 물질이 연소된 후에 재를 남기는 일반적인 화재는?
① A급 화재
② B급 화재
③ C급 화재
④ D급 화재

---

25. 카바이트는 습기가 있는 곳에 보관할 경우 가스가 발생되기 때문에 습기가 있는 곳보다는 건조한 곳에 보관하여야 안전하다.
27. 유류화재의 소화 작업은 분말 소화기를 이용하여야 한다.
30. 화재의 종류 및 소화기 표식
① **A급 화재** : 일반 가연물의 화재로 냉각소화의 원리에 의해서 소화되며, 소화기에 표시된 원형 표식은 백색으로 되어 있다.
② **B급 화재** : 가솔린, 알코올, 석유 등의 유류 화재로 질식소화의 원리에 의해서 소화되며, 소화기에 표시된 원형의 표식은 황색으로 되어 있다.
③ **C급 화재** : 전기 기계, 전기 기구 등에서 발생되는 화재로 질식소화의 원리에 의해서 소화되며, 소화기에 표시된 원형의 표식은 청색으로 되어 있다.
④ **D급 화재** : 마그네슘 등의 금속 화재로 질식소화의 원리에 의해서 소화시켜야 한다.

22.① 23.④ 24.② 25.④ 26.④ 27.③
28.④ 29.② 30.①

31 화재의 분류에서 유류 화재는?
① A급　② B급
③ C급　④ D급

32 유류 화재시 불을 끄기 위한 방법으로 틀린 것은?
① 물을 사용한다.
② ABC 소화기를 사용한다.
③ 모래를 사용한다.
④ 탄산(CO_2)가스를 사용한다.

33 자동차에 사용되는 가솔린 연료 화재는 어느 화재에 속하는가?
① A급 화재　② B급 화재
③ C급 화재　④ D급 화재

34 기관 기동시 화재가 발생하였다. 다음 중 소화작업으로 가장 안전한 방법은?
① 기관을 가속하여 팬의 바람으로 끈다.
② 물을 붓는다.
③ 자연적으로 모두 연소 될 때 까지 기다린다.
④ 점화원을 차단한 후 소화기를 사용한다.

2. 안전보건조치

01 색에 맞는 안전표시가 잘못 짝지어진 것은?
① 녹색 – 안전, 피난, 보호표시
② 노란색 – 주의, 경고 표시
③ 청색 – 지시, 수리 중, 유도 표시
④ 자주색 – 안전지도 표시

02 작업 현장의 안전표시 색채에서 재해나 상해가 발생하는 장소의 위험 표시로 사용되는 색채는?
① 녹색　② 파랑색
③ 주황색　④ 보라색

03 다음 중 안전 표지 색채의 연결이 맞는 것은?
① 주황색 – 화재의 방지에 관계되는 물건에 표시
② 흑색 – 방사능 표시
③ 노란색 – 충돌, 추락 주의 표시
④ 청색 – 위험, 구급 장소 표시

04 안전표지에 사용되는 색채에서 보라색은 주로 어느 용도에 사용하는가?
① 방화표시　② 주의표시
③ 방향표시　④ 방사능표시

---

03. 안전 표지 색채
① **적색** : 위험, 방화(고압선, 폭발물, 화재의 방지에 관계되는 물건에 표시)
② **흑색 및 백색** : 통로표시, 방향지시 및 안내표시
③ **청색** : 조심, 금지(수리, 조절 및 검사중인 기타 장비의 작동을 방지하기 위해 표시)
④ **자주색** : 방사능(방사능의 위험을 경고하기 위해 표시)
⑤ **녹색** : 안전, 구급(안전에 직접 관련된 설비와 구급용 치료 설비를 식별하기 위해 표시)
⑥ **노란색(황색)** : 주의(충돌, 추락, 전도 및 기타 유사 사고의 방지를 위해 물리적 위험성을 표시)
⑦ **오렌지색** : 기계의 위험 경고(기계 또는 전기 설비의 위험 위치를 식별하고 기계의 방호조치를 제거함으로써 노출되는 위험성을 인식하기 위해 표시)

31.② 32.① 33.② 34.④
01.④ 02.③ 03.③ 04.④

05 안전 표시에서 주의표시로 주로 사용하는 색은?
① 녹색　　② 백색
③ 황색　　④ 적색

06 안전표지 중 안전위생, 안전지도 표지는 어느 색인가?
① 백색　　② 흑색
③ 적색　　④ 녹색

07 안전표지의 종류가 아닌 것은?
① 위험표지　　② 경고표지
③ 지시표지　　④ 금지표지

08 안전표지 종류 중 설명이 맞는 것은?
① 금지표지는 흰색 바탕에 기본모형은 빨강, 관련부호, 그림은 검정 색이다.
② 경고표지는 흰색 바탕에 기본모형, 관련부호, 그림은 검정 색이다.
③ 지시표지는 녹색 바탕에 그 관련 그림은 흰색이다.
④ 안내표지는 파란색 바탕에 기본모형, 관련부호, 그림은 흰색이다.

09 안전·보건표지의 종류와 형태에서 경고표지 색깔로 맞는 것은?
① 검정색 바탕에 노란색 테두리
② 노란색 바탕에 검정색 테두리
③ 빨강색 바탕에 흰색 테두리
④ 흰색 바탕에 빨강색 테두리

10 안전표지 중 녹십자 표지, 응급구호 표지, 들 것, 세안장치, 비상구 등을 나타내는 표지는?
① 금지 표지
② 경고 표지
③ 지시 표지
④ 안내 표지

11 바탕은 노란색, 기본 모형 관련부호 및 그림은 검정색인 안전보건 표지는?
① 금지표지　　② 경고표지
③ 지시표지　　④ 안내표지

12 다음 그림은 안전표지의 어떠한 내용을 나타내는가?

보안경 착용

① 지시표지　　② 금지표지
③ 경고표지　　④ 안내표지

---

07. 안전보건표지의 종류로는 금지표지, 경고표지, 지시표지, 안내표지, 유해물질 표지, 소방표지가 있다.
09. 10. 산업 안전 보건 표지
　1) **금지 표지**
　　① 특정의 통행을 금지시키는 표지이다.
　　② 적색 원형(바탕은 흰색, 기본 모형은 빨강색, 관련 부호 및 그림은 검정색)
　2) **안내 표지**
　　① 비상구, 의무실, 구급용구 등의 위치를 알리는 표지이다.
　　② 녹색 사각형(바탕은 흰색, 기본 모형 및 관련부호는 녹색 또는 바탕은 녹색, 관련부호 및 그림은 흰색)

　3) **경고 표지**
　　① 위험물 또는 위험물에 대한 주의를 환기시키는 표지이다.
　　② 흑색 삼각형의 황색표지(바탕은 노랑색, 기본모형 관련부호 및 그림은 검정색)
　4) **지시 표지**
　　① 보호구 착용을 지시하는 명령 표지이다.
　　② 청색 원형 바탕에 백색(바탕은 파랑색, 관련 그림은 흰색)

05.③　**06.**④　**07.**①　**08.**①　**09.**②　**10.**④
11.②　**12.**①

13 안전·보건표지의 종류와 형태에서 그림이 나타내는 것은?

① 저온경고   ② 고온경고
③ 고압전기경고   ④ 방화성 물질경고

14 다음 중 안전·보건표지의 종류와 형태에서 그림이 나타내는 것은?

① 보행금지   ② 비상구
③ 일방통행   ④ 안전복착용

15 안전·보건표지의 종류와 형태에서 그림이 나타내는 것은?

① 출입금지   ② 보행금지
③ 차량통행금지   ④ 사용금지

16 산업현장에서 산업재해를 예방하기 위한 안전·보건표지의 종류와 형태에서 다음 그림이 나타내는 표시는?

① 지게차 사용금지
② 수하물 적하금지
③ 차량운전 주의표지
④ 차량통행금지

17 안전·보건표지의 종류와 형태에서 그림이 나타내는 것은?

① 출입금지   ② 사용금지
③ 이동금지   ④ 보행금지

18 안전 보건표지의 종류와 형태에서 그림이 나타내는 것은?

① 직진금지   ② 출입금지
③ 보행금지   ④ 차량 통행금지

19 안전·보건표지의 종류와 형태에서 다음 그림이 나타내는 것은?

① 인화성 물질 경고 ② 폭발성 물질 경고
③ 금연   ④ 화기금지

20 보호구는 반드시 한국산업안전공단으로부터 보호구 검정을 받아야 한다. 검정을 받지 않아도 되는 것은?
① 안전모   ② 방한복
③ 안전장갑   ④ 보안경

13.③ 14.② 15.④ 16.④   17.④ 18.② 19.③ 20.②

21 방독 마스크를 착용하지 않아도 되는 곳은?
① 일산화탄소 발생 장소
② 아황산가스 발생 장소
③ 암모니아 발생 장소
④ 산소 발생 장소

22 작업 중 착용하는 차광용 안경 착용목적과 관계없는 것은?
① 가시광선
② 햇빛
③ 자외선(아크 용접을 할 때)
④ 적외선(산소 용접을 할 때)

23 안전상 보안경 착용의 적합성을 보기 항에서 모두 고른 것은?

> A. 유해 광선으로부터 눈을 보호하기 위해서
> B. 유해 약물로부터 눈을 보호하기 위하여
> C. 중량물이 떨어질 때 눈을 보호하기 위하여
> D. 칩의 비산(飛散)으로부터 눈을 보호하기 위하여

① A-B-C   ② B-C-D
③ A-B-D   ④ A-B-C-D

24 다음 중 보안경을 착용하여야 하는 작업은?
① 기관 탈착 작업
② 납땜 작업
③ 변속기 탈착 작업
④ 전기배선 작업

25 귀 마개를 착용하여야 하는 작업과 가장 거리가 먼 것은?
① 공기압축기가 가동되는 기계실 내에서 작업
② 디젤엔진 시동 작업
③ 단조 작업
④ 제관 작업

26 강산, 알카리 등의 액체를 취급할 때 다음 중 가장 적합한 복장은?
① 가죽으로 만든 옷
② 면직으로 만든 옷
③ 나일론으로 만든 옷
④ 고무로 만든 옷

27 감전되거나 전기화상을 입을 위험이 있는 작업을 할 때 작업자가 착용해야 할 것은?
① 구명구   ② 보호구
③ 구명조끼   ④ 비상벨

28 작업장에서 작업복을 착용하는 이유로 가장 적합한 것은?
① 작업장의 질서를 확립시키기 위해서
② 작업 능률을 올리기 위해서
③ 재해로부터 작업자의 몸을 지키기 위해서
④ 작업자의 복장 통일을 위해서

---

24. 클러치 떼어내기와 설치 및 변속기 탈착 작업등 차량 밑에서 작업을 할 경우에는 반드시 보안경을 착용하여야 한다.
27. 감전되거나 전기화상을 입을 위험이 있는 작업을 할 때 작업자는 보호구를 착용하여야 한다.

21.④ 22.② 23.③ 24.③ 25.②
26.④ 27.② 28.③

29 다음 중 작업복의 조건으로서 가장 알맞은 것은?

① 작업자의 편안함을 위하여 자율적인 것이 좋다.
② 도면, 공구 등을 넣어야 하므로 주머니가 많아야 한다.
③ 작업에 지장이 없는 한 손발이 노출되는 것이 간편하고 좋다.
④ 주머니가 적고 팔이나 발이 노출되지 않는 것이 좋다.

30 안전작업을 하기 위하여 작업 복장을 선정할 때 유의사항과 가장 거리가 먼 것은?

① 화기사용 직장에서는 방염성, 불연성의 것을 사용하도록 한다.
② 착용자의 취미, 기호 등을 감안하여 적절한 스타일을 선정한다.
③ 작업복은 몸에 맞고 동작이 작업하기 편하도록 제작한다.
④ 상의의 끝이나 바지 자락 등이 기계에 말려 들어갈 위험이 없도록 한다.

31 옷에 묻은 먼지를 털 때 사용하여서는 안되는 것은?

① 털이개　　② 손수건
③ 솔　　　　④ 압축공기

29.④　30.②　31.④

기계 및 기구에 대한 안전

2-1 엔진 취급

1 엔진주요부 취급시 주의사항

(1) 실린더블록과 실린더
① 보링 : 마모된 실린더를 절삭하는 작업으로 보링머신을 이용한다.
② 호닝 : 엔진을 보링한 후에는 바이트 자국을 없애기 위한 작업으로 호닝 머신을 이용한다.
③ 리머
- 드릴 구멍보다 더 정밀도가 높은 구멍을 가공하는데 사용한다.
- 칩을 제거할 때는 절삭유를 충분히 써서 유출시키는 것이 안전하다.

(2) 실린더 헤드
① 실린더 헤드 볼트를 풀 때는 바깥쪽에서 안쪽을 향하여 대각선 방향으로 푼다.
② 실린더 헤드를 조일 때는 2~3회에 나누어 토크 렌치를 사용하여 규정 값으로 조인다.
③ 실린더 헤드가 고착되었을 경우 떼어 내는데 안전한 작업 방법
- 나무 해머나 플라스틱 해머 등의 연질해머로 가볍게 두드린다.
- 압축 공기를 사용한다.
- 헤드를 호이스트로 들어서 블록 자중으로 떼어 낸다.

(3) 크랭크축
① 기관의 크랭크축 분해 정비시 주의사항
- 축받이 캡을 탈거 후 조립시에는 제자리 방향으로 끼워야 한다.
- 뒤 축받이 캡에는 오일 실이 있으므로 주의를 요한다.
- 스러스트 판이 있을 때에는 변형이나 손상이 없도록 한다.
② 크랭크축의 휨 측정
- v 블록에 크랭크축을 올려놓고 중앙의 저널에 다이얼 게이지를 설치한다.
- 크랭크축을 서서히 1회전시켰을 때 나타난 값의 1/2이 휨 값이다.

(4) 밸브장치

① **밸브장치 정비시 작업 방법**
- 밸브 탈착시 스프링이 튀어 나가지 않도록 한다.
- 분해된 밸브에 표시를 하여 바뀌지 않도록 한다.
- 분해 조립시 밸브 스프링 전용 공구를 이용한다.

② 밸브 래핑 작업을 할 때는 래퍼를 양손에 끼고 좌우로 돌리면서 이따금 가볍게 충격을 준다.

2 윤활 및 냉각장치 취급시 주의사항

(1) 윤활장치

① **기관오일의 점검**
- 계절 및 기관에 알맞은 오일을 사용한다.
- 기관을 수평으로 한 상태에서 한다.
- 오일은 정기적으로 점검, 교환한다.

② 오일의 보충 또는 교환시에는 점도가 다른 것은 서로 섞어서 사용하지 않는다.

(2) 냉각장치

① **냉각장치 점검**
- 방열기는 상부온도가 하부온도보다 높다.
- 팬벨트의 장력이 약하면 과열의 원인이 된다.
- 물 펌프 부싱이 마모되면 물의 누수원인이 된다.
- 실린더 블록에 물때(scale)가 끼면 엔진과열의 원인이 된다.

② 과열된 기관에 냉각수를 보충할 때는 기관 시동을 끄고 완전히 냉각시킨 후 물을 보충한다.

(3) 연료장치 취급시 주의사항

① **연료를 공급할 때의 주의 사항**
- 차량의 모든 전원을 OFF하고 주유한다.
- 소화기를 비치한 후 주유한다.
- 엔진 시동을 끈 후 주유한다.

② **연료장치 점검시 주의사항**
- 깨끗하고 먼지가 없는 곳에서 실시한다.
- 작업장 가까이에 소화기를 준비한다.
- 기관의 회전부분에 손이나 옷이 닿지 않도록 한다.

(4) LPG 연료 취급시 주의사항

① LPG 충전 사업의 시설에서 저장 탱크와 가스 충전 장소의 사이에는 방호벽을 설치해야 한다.

② LPG 자동차 관리에 대한 주의사항
- LPG는 고압이고, 누설이 쉬우며 공기보다 무겁다.
- LPG는 온도상승에 의한 압력상승이 있다.
- 가스 충전시에는 합격 용기인가를 확인하고, 과충전 되지 않도록 해야 한다.
- 용기는 직사광선 등을 피하는 곳에 설치하고 과열되지 않아야 한다.
- 엔진 룸이나 트렁크 실 내부 등을 점검할 때는 가스 누출 탐지기를 이용하여야 한다.

(5) 내연기관의 가동
① 기관을 시동하기 전 윤활유, 냉각수, 축전지 등을 점검한다.
② 기관 운전상태에서 점검사항
- 배기가스의 색을 관찰하는 일
- 오일압력 경고등을 관찰 하는 일
- 엔진의 이상음을 관찰하는 일

③ 내연기관을 가동할 때의 주의할 점
- 냉각 팬이 있는 곳에 접근하지 말 것.
- 윤활유는 규정 양을 보충할 것.
- 벨트 장력 조정시는 기관을 정지시키고 할 것.

2-2 섀시 취급

1 동력 전달장치 취급시 주의사항
① 기어가 회전하고 있는 곳은 뚜껑으로 잘 덮어 위험을 방지한다.
② 천천히 움직이는 벨트라도 손으로 잡지 말 것
③ 회전하고 있는 벨트나 기어에 필요 없는 접근을 금한다.

(1) 유압 라인 내의 공기빼기 작업
① 마스터 실린더의 오일 저장 탱크에 오일을 채우고 공기빼기 작업을 해야 한다.
② 작동오일이 차체의 도장 부분에 묻지 않도록 주의해야 한다.
③ 블리더 스크루 주변을 청결히 하여 이물질 유입이 되지 않도록 해야 한다.

(2) 변속기 작업시 자동차 밑에서 작업할 때에는 보안경을 쓸 것.

(3) 자동변속기 취급시 주의사항
① 자동차는 평지에 완전하게 세우고 바퀴는 고임목으로 고여야 한다.
② 변속기를 탈착하기 위해서는 차량을 승강기(리프트)로 들어올린 후 변속기 스탠드를 지지한 후 작업한다.
③ 자동변속기 분해 조립시 유의사항
- 작업시 청결을 유지하고 작업한다.

- 클러치판, 브레이크 디스크는 자동변속기 오일로 세척한다.
- 조립시 개스킷, 오일 실 등은 새 것으로 교환한다.
- 해머가 필요할 경우 나무 또는 플라스틱 등의 연질해머를 사용한다.

2 제동장치 취급시 주의사항

(1) 브레이크 정비시 주의사항
① 패드는 동시에 좌·우, 안과 밖을 세트로 교환한다.
② 패드를 지지하는 록 핀에는 그리스를 도포한다.
③ 마스터 실린더의 분해조립은 바이스에 물려 지지한다.

(2) 공기 브레이크 장치 취급시 주의사항
① 라이닝의 교환은 반드시 세트(조)로 한다.
② 매일 공기 압축기의 물을 빼낸다.
③ 규정 공기압을 확인한 다음 출발해야 한다.

2-3 전장품 취급

1 축전지 취급시 주의사항

① 전해액이 옷이나 피부에 닿지 않도록 한다.
② 중탄산소다수와 같은 중화제를 항상 준비하여 둘 것
③ 황산 액이 담긴 병을 옮길 때는 보호 상자에 넣어 운반할 것
④ 축전지 전해액량은 정기적으로 점검한다.
⑤ 축전지 육안검사는 벤트 플러그의 공기구멍 막힘 상태, 케이스의 균열점검, 단자의 부식 상태 등을 검사한다.
⑥ 축전지 케이스의 균열에 대하여 점검하고 정도에 따라 수리 또는 교환한다.
⑦ 전해액을 혼합할 때에는 증류수에 황산을 천천히 붓는다.

2 축전지 충전시 주의사항

① 전해액 비중 점검결과 방전되었으면 보충전 한다.
② 충전기로 충전할 때에는 극성에 주의한다.
③ 축전지의 충전실은 항상 환기장치가 잘되어 있을 것
④ 충전 중 전해액의 온도가 45℃가 넘지 않도록 한다.
⑤ 충전 중인 배터리에 화기를 가까이 해서는 안된다.
⑥ 축전지를 과충전 하여서는 안된다.

3 충전장치 취급시 주의사항

(1) 발전기 점검 및 구동벨트 교환 작업시 주의사항
① 발전기 출력전압 점검시 배터리 (−)케이블을 분리하지 않는다.
② 배터리를 단락 시키지 않는다.
③ 회로를 단락시키거나 극성을 바꾸어 연결하지 않는다.

4 회로시험기 사용시 주의사항

① 고온, 다습, 직사광선을 피한다.
② 제로위치를 확인하고 측정한다.
③ 선택 스위치는 직류전압은 DC-V, 교류전압은 AC-V에 놓는다.
④ 지침은 정면 위에서 읽는다.
⑤ 테스터 리드의 적색은 +단자에, 흑색은 −단자에 꽂는다.
⑥ 전류 측정시는 회로를 연결하고 그 회로에 직렬로 테스터를 연결하여야 한다.
⑦ 각 측정 범위의 변경은 큰 쪽부터 작은 쪽으로 하고 역으로는 하지 않는다.
⑧ 중앙 손잡이 위치를 측정 단자에 합치시켜야 한다.
⑨ 회로 시험기의 0점 조정은 측정 범위가 변경될 때마다 실시하여야 한다.

2-4 기계 및 기기 취급

1 기계 취급

(1) 측정공구 사용시 안전사항

① **다이얼 게이지를 취급할 때의 안전사항**
- 다이얼 게이지로 측정할 때 측정부분의 위치는 공작물에 수직으로 놓는다.
- 분해 소제나 조정은 하지 않는다.
- 다이얼 인디케이터에 어떤 충격이라도 가해서는 안 된다.
- 측정할 때에는 측정 물에 스핀들을 직각으로 설치하고 무리한 접촉은 피한다.

② **마이크로미터를 보관할 때 주의사항**
- 깨끗하게 하여 보관함에 넣어 보관한다.
- 앤빌과 스핀들을 접촉시키지 않는다.
- 습기가 없는 곳에 보관한다.
- 사용 중 떨어뜨리거나 큰 충격을 주지 않도록 한다.

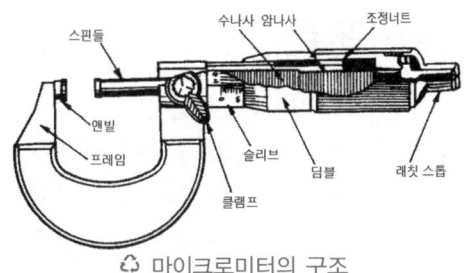
♻ 마이크로미터의 구조

- 래칫 스톱을 1회전~2회전 정도의 측정력을 가한다.
- 기름, 쇳가루, 먼지 등에 의한 오차 발생에 주의한다.

③ 버니어캘리퍼스
- 부품의 바깥지름, 안지름, 길이, 깊이 등을 측정

(2) 정비작업시 안전사항
① 작업에 맞는 공구를 사용한다.
② 부품을 분해할 때에는 앞에서부터 순서대로 푼다.
③ 전기장치는 기름기 없이 작업을 한다.
④ 잭(Jack)을 사용할 때 손잡이를 빼놓는다.
⑤ 사용 목적에 적합한 공구를 사용한다.
⑥ 연료를 공급할 때는 소화기를 비치한다.
⑦ 차축을 정비할 때는 잭과 스탠드로 고정하고 작업한다.
⑧ 전기장치의 시험기를 사용할 때 정전이 되면 즉시 스위치는 OFF에 놓는다.

(3) 리프트 작업시 안전사항
① 차축, 차륜을 정비할 때는 잭과 안전스탠드로 고정하고 작업한다.
② 잭(jack)으로 차체를 들어 올리는 방법
- 차체를 올리고 난 후 잭 손잡이를 뺀다.
- 잭을 올리고 나서 받침대(스탠드)로 받친다.
- 잭은 물체의 중심위치에 설치한다.
- 잭은 중앙 밑 부분에 놓아야 한다.
- 잭만 받쳐진 중앙 밑 부분에는 들어가지 않는 것이 좋다.
- 잭은 밑바닥이 견고하면서 수평이 되는 곳에 놓고 작업하여야 한다.

(4) 자동차 정비 공장에서 지켜야 할 안전수칙
① 지정된 흡연 장소 외에서는 흡연을 못하도록 할 것.
② 작업자 및 정비책임자는 작업안전수칙을 지켜 안전사고가 발생되지 않도록 할 것.
③ 리프터 작업시 차량 밑에서 안전장치를 반드시 하여 사용할 것.
④ 도장작업 중에는 분진방지에 신경 써서 작업한다.

2 기기취급

(1) 차량 시험기기의 취급
① 시험기기 전원의 종류와 용량을 확인한 후 전원 플러그를 연결한다.
② 눈금의 정확도는 수시로 점검해서 0점을 조정해 준다.
③ 시험기기의 누전 여부를 확인한다.

(2) 전조등 시험
① 차량을 수평인 지면에 세운다.
② 적절히 예비운전이 된 공차 상태의 자동차에 운전자 1인이 승차한 상태로 한다.
③ 시험기에 차량을 마주보게 할 것.
④ 타이어 공기압은 표준 공기압으로 한다.
⑤ 자동차의 축전지는 충전한 상태로 한다.
⑥ 4등식 전조등의 경우 측정하지 아니하는 등화에서 발산하는 빛을 차단한 상태로 한다.

(3) 속도계 시험
① 롤러에 묻은 기름, 흙을 닦아낸다.
② 시험차량의 타이어 공기압이 정상인가 확인한다.
③ 시험차량은 공차상태로 하고 운전자 1인이 탑승한다.

(4) 휠 밸런스 시험
① 시험기 사용 순서를 숙지 후 사용한다.
② 휠 탈·부착 시에는 무리한 힘을 가하지 않는다.
③ 시험하고자 하는 바퀴 규격에 맞는 테이퍼콘을 선택한다.
④ 타이어를 과속으로 돌리거나 진동이 일어나게 해서는 안된다.
⑤ 타이어의 회전 방향에 서지 말아야 한다.
⑥ 회전하는 휠에 손을 대지 않는다.
⑦ 점검 후 테스터 스위치를 끈 다음 자연히 정지하도록 한다.
⑧ 균형추를 정확히 부착한다.

(5) 사이드슬립 시험
① 시험기의 운동부분은 항상 청결하여야 한다.
② 시험기의 답판 및 타이어에 부착된 수분, 오일, 흙 등을 제거한다.
③ 시험기에 대하여 직각으로 서서히 진입시켜야 한다.
④ 답판 상에서는 브레이크 페달을 밟지 않는다.
⑤ 답판 상에서는 조향 핸들을 좌우로 틀지 않는다.
⑥ 답판을 통과하는 속도는 5km/h로 직진 상태로 통과하여야 한다.

(6) 제동력 시험
① 타이어 트레드의 표면에 습기를 제거한다.
② 브레이크 페달을 확실히 밟은 상태에서 측정한다.
③ 시험 중 타이어와 가이드 롤러와의 접촉이 없도록 한다.
④ 주 제동장치와 주차제동장치의 제동력의 크기를 시험한다.

핵심기출문제

1. 엔진 취급

01 가솔린기관을 시동하기 전 확인하지 않아도 무방한 것은?
① 냉각수   ② 엔진온도
③ 축전지   ④ 윤활유

02 기관을 운전상태에서 점검하는 부분이 아닌 것은?
① 배기가스의 색을 관찰하는 일
② 오일압력 경고등을 관찰 하는 일
③ 엔진의 이상음을 관찰하는 일
④ 오일 팬의 오일량을 측정하는 일

03 내연기관을 가동할 때의 주의할 점과 관계가 적은 것은?
① 냉각 팬이 있는 곳에 접근하지 말 것.
② 정비사의 복장은 간편하고 자유로울 것.
③ 윤활유는 규정 양을 보충할 것.
④ 벨트 장력 조정시는 기관을 정지시키고 할 것.

04 엔진을 보링한 절삭면을 연마하는 기계로 적당한 것은?
① 보링머신   ② 호닝머신
③ 리머   ④ 평면 연삭기

05 리머가공에 관한 설명으로 옳은 것은?
① 직경 10mm 이상의 리머는 없다.
② 드릴 구멍보다 먼저 작업한다.
③ 드릴 구멍보다 더 정밀도가 높은 구멍을 가공하는데 필요하다.
④ 드릴 구멍보다 더 작게 하는데 사용한다.

06 엔진작업에서 실린더 헤드 볼트를 올바르게 풀어내는 방법은?
① 반드시 토크 렌치를 사용한다.
② 풀기 쉬운 것부터 푼다.
③ 바깥쪽에서 안쪽을 향하여 대각선 방향으로 푼다.
④ 시계 방향으로 차례대로 푼다.

07 헤드 볼트를 조일 때 토크 렌치를 사용하는 이유로 가장 옳은 것은?
① 신속하게 조이기 위해서
② 작업상 편리하기 위해서
③ 강하게 조이기 위해서
④ 규정 값으로 조이기 위해서

---

04. 엔진을 보링한 후에는 바이트 자국을 없애기 위해 호닝 머신을 이용하여 연마한다.
05. 리머는 드릴구멍보다 더 정밀도가 높은 구멍을 가공하는데 필요하다.

01.② 02.④ 03.② 04.② 05.③ 06.③ 07.④

08 실린더 헤드 볼트를 풀었는데도 실린더 헤드가 떨어지지 않을 때 조치사항으로 가장 적당한 것은?
① 쇠 해머로 두들긴다.
② 쇠꼬챙이로 구멍을 뚫는다.
③ 정을 넣고 때린다.
④ 플라스틱 해머로 두들긴다.

09 기관에서 크랭크축의 휨 측정시 가장 적합한 것은?
① 스프링 저울과 V블록
② 버니어캘리퍼스와 곧은 자
③ 마이크로미터와 다이얼게이지
④ 다이얼게이지와 V블록

10 기관의 크랭크축 분해 정비시 주의사항으로 부적합한 것은?
① 축받이 캡을 탈거 후 조립시에는 제자리 방향으로 끼워야 한다.
② 뒤 축받이 캡에는 오일 실이 있으므로 주의를 요한다.
③ 스러스트 판이 있을 때에는 변형이나 손상이 없도록 한다.
④ 분해시에는 반드시 규정된 토크 렌치를 사용해야 한다.

11 실린더 헤드의 밸브장치 정비시 안전작업 방법으로 틀린 것은?
① 밸브 탈착시 리테이너 로크는 반드시 새 것으로 교환한다.
② 밸브 탈착시 스프링이 튀어 나가지 않도록 한다.
③ 분해된 밸브에 표시를 하여 바뀌지 않도록 한다.
④ 분해 조립시 밸브 스프링 전용 공구를 하용한다.

12 밸브 래핑 작업을 수작업으로 할 때 가장 효율적이며, 안전하게 작업하는 방법은?
① 래퍼를 양손에 끼고 오른쪽으로 돌렸다.
② 래퍼를 양손에 끼고 왼쪽으로 돌리면서 이따금 가볍게 충격을 준다.
③ 래퍼를 양손에 끼고 좌우로 돌리면서 이따금 가볍게 충격을 준다.
④ 래퍼를 양손에 끼고 좌우로 돌렸다.

13 기관오일의 보충 또는 교환시 가장 주의할 점으로 옳은 것은?
① 점도가 다른 것은 서로 섞어서 사용하지 않는다.
② 될 수 있는 한 많이 주유한다.
③ 소량의 물이 섞여도 무방하다.
④ 제조회사에 관계없이 보충한다.

14 오일 팬 속의 오일 색깔을 살펴보았더니 우유색을 나타냈다면 그 원인은?
① 점도가 높은 오일을 사용했을 때
② 냉각수가 오일에 침입 되었을 때
③ 4에틸 납이 오일에 침입 되었을 때
④ 가솔린이 오일에 침입 되었을 때

15 기관 분해조립 시 기관의 급유통로가 막혔을 때의 검사방법은?
① 유압계로 검사
② 압축공기로 검사
③ 물감을 넣어 검사
④ 긴 철사를 넣어 검사

---

09. 크랭크축의 휨을 측정하는 경우에는 v 블록에 크랭크축을 올려놓고 중앙의 저널에 다이얼 게이지를 설치하여 크랭크축을 서서히 1회전시켰을 때 나타난 값의 1/2이 휨 값이다.

08.④ 09.④ 10.④ 11.① 12.③ 13.① 14.② 15.②

16 자동차에서 엔진오일 압력 경고등의 식별 색상으로 가장 많이 사용되는 색은?
① 녹색　　② 황색
③ 청색　　④ 적색

17 냉각장치의 제어장치를 점검, 정비할 때 설명으로 틀린 것은?
① 냉각팬 단품 점검 시 손으로 만지지 않는다.
② 전자제어 유닛에는 직접 12V를 연결한다.
③ 기관이 정상 온도일 때 각 부품을 점검한다.
④ 각 부품은 점화스위치 OFF 상태에서 축전지 (-) 케이블을 탈거한 후 정비한다.

18 과열된 기관에 냉각수를 보충하려 한다. 다음 중 가장 안전한 방법은?
① 기관 공전상태에서 잠시 후 캡을 열고 물을 보충한다.
② 기관을 가속시키면서 물을 보충한다.
③ 자동차를 서행하면서 물을 보충한다.
④ 기관 시동을 끄고 완전히 냉각시킨 후 물을 보충한다.

19 다음 중 설명이 잘못된 것은?
① 부동액은 차체의 도색 부분을 손상시킬 수 있다.
② 전해액은 차체를 부식시킨다.
③ 냉각수는 경수를 사용하는 것이 좋다.
④ 자동변속기 오일은 제작회사의 추천 오일을 사용한다.

20 연료장치 점검시 안전 및 유의사항이 아닌 것은?
① 깨끗하고 먼지가 없는 곳에서 실시한다.
② 기관의 공전조정 나사는 토크렌치로 조인다.
③ 작업장 가까이에 소화기를 준비한다.
④ 기관의 회전부분에 손이나 옷이 닿지 않도록 한다.

21 LPG 충전 사업의 시설에서 저장 탱크와 가스 충전 장소의 사이에 설치해야 되는 것은?
① 역화방화 장치　　② 역류방지 장치
③ 방호벽　　　　　④ 경계표시 라인

22 LPG 자동차 관리에 대한 주의사항 중 틀린 것은?
① LPG는 고압이고, 누설이 쉬우며 공기보다 무겁다.
② 가스 충전시에는 합격 용기인가를 확인하고, 과충전 되지 않도록 해야 한다
③ 엔진실이나 트렁크 실 내부 등을 점검할 때 라이터나 성냥 등을 켜고 확인한다.
④ LPG는 온도상승에 의한 압력상승이 있기 때문에 용기는 직사광선 등을 피하는 곳에 설치하고 과열되지 않아야 한다.

23 가솔린 엔진의 조작 불량으로 불완전 연소를 했을 때 인체에 해로운 배기가스로 가장 많이 발생하는 가스는?
① H_2가스　　② SO_2가스
③ CO 가스　　④ CO_2가스

---

18. 과열된 기관에 냉각수를 보충하여야 하는 경우 가장 안전한 방법은 기관의 시동을 끄고 완전히 냉각시킨 후 물을 보충하여야 한다.
22. LPG 차량의 엔진 룸이나 트렁크 실 내부 등을 점검할 때는 가스 누출 탐지기를 이용하여야 한다. 가스가 누출된 경우에 라이터나 성냥 등을 이용하는 경우에는 폭발 및 화재의 위험이 있다.

16.④　17.②　18.④　19.③　20.②　21.③
22.③　23.③

24 기관부품을 점검시 작업 방법으로 가장 적합한 것은?
① 기관을 가동과 동시에 부품의 이상 유무를 빠르게 판단한다.
② 부품을 정비할 때 점화스위치를 ON상태에서 축전지케이블을 탈거한다.
③ 산소센서의 내부저항을 측정하지 않는다.
④ 출력전압은 쇼트시킨 후 점검한다.

25 엔진의 세척과 카본 제거에 대한 안전한 방법으로 틀린 것은?
① 알칼리 세척액, 산성 세척액의 용기는 위험표시를 한다.
② 몸, 옷, 눈 등에 알칼리가 들어갔을 때는 규산으로 중화한다.
③ 손으로 알칼리 액을 만질 때는 손을 깨끗하게 하고 만진다.
④ 알칼리 액 취급시 내산성의 안경, 고무제 앞치마를 착용한다.

26 기관을 운반하기 위해 체인 블록을 사용할 때의 안전사항 중 가장 옳은 것은?
① 기관은 반드시 체인으로만 묶어야 한다.
② 노끈 및 밧줄은 무조건 굵은 것을 사용한다.
③ 가는 철선이나 체인으로 기관을 묶어도 좋다.
④ 체인 및 리프팅을 중심부에 튼튼히 매어야 한다.

27 정비공장에서 엔진을 이동시키는 방법 가운데 가장 옳은 것은?
① 사람이 들고 이동한다.
② 지렛대를 이용한다.
③ 로프를 묶고 잡아당긴다.
④ 체인블록이나 호이스트를 사용한다.

2. 섀시 취급

01 동력 전달장치에서 안전 상 주의할 사항이다. 옳지 못한 것은?
① 기어가 회전하고 있는 곳은 뚜껑으로 잘 덮어 위험을 방지한다.
② 천천히 움직이는 벨트라도 손으로 잡지 말 것
③ 회전하고 있는 벨트나 기어에 필요 없는 접근을 금한다.
④ 동력전달을 빨리 전달하기 위하여 벨트를 회전하는 풀리에 손으로 걸어도 좋다.

02 자동차에 소음 및 작동 점검시 운전(작동) 상태에서 점검해야 할 사항이 아닌 것은?
① 클러치의 작동 상태
② 기어 부분의 이상음
③ 기어의 급유 상태
④ 베어링 작동부 온도상승 여부

---

25. 엔진의 세척과 카본 제거에 대한 안전 사항
① 알칼리 세척액, 산성 세척액의 용기는 위험 표시를 한다.
② 손으로 만질 때에는 고무장갑을 낀다.
③ 알칼리 액 취급시 내 산성의 안경고무 제 앞치마를 착용한다.

27. 정비공장에서 엔진을 이동시키고자 할 때에는 체인블록이나 호이스트를 사용한다.

24.③ **25.**③ **26.**④ **27.**④
01.④ **02.**③

03 유압식 클러치에서 유압 라인 내의 공기빼기 작업시 안전하지 못한 것은?
① 차량을 들고 작업할 때에는 잭으로 간단하게 들어올린 상태에서 작업을 실시해야 한다.
② 작동오일이 차체의 도장 부분에 묻지 않도록 주의해야 한다.
③ 마스터 실린더의 오일 저장 탱크에 오일을 채우고 공기빼기 작업을 해야 한다.
④ 블리더 스크루 주변을 청결히 하여 이물질 유입이 되지 않도록 해야 한다.

04 다음 부품 중 분해시 솔벤트로 닦으면 안 되는 것은?
① 릴리스 베어링 ② 십자축 베어링
③ 허브 베어링 ④ 차동장치 베어링

05 변속기 작업을 할 때 안전한 작업 방법으로 옳은 것은?
① 잭으로만 견고하게 든 상태에서 작업할 것.
② 차체의 도장이 손상되지 않게 고무신을 신을 것.
③ 엔진을 작동시키면서 변속기 설치 볼트를 풀 것.
④ 자동차 밑에서 작업할 때에는 보안경을 쓸 것.

06 자동변속기 분해 조립시 유의사항으로 틀린 것은?
① 작업시 청결을 유지하고 작업한다.
② 분해된 모든 부품은 걸레로 닦아낸다.
③ 클러치판, 브레이크 디스크는 자동변속기 오일로 세척한다.
④ 조립시 개스킷, 오일 실 등은 새 것으로 교환한다.

07 차량에서 허브(hub) 작업을 할 때 지켜야 할 사항으로 가장 적당한 것은?
① 잭(jack)으로 든 상태에서 작업한다.
② 잭(jack)과 견고한 스탠드로 받치고 작업한다.
③ 프레임(frame)의 한쪽을 받치고 작업한다.
④ 차체를 로프(rope)로 고정시키고 작업한다.

08 타이어 및 튜브를 어떠한 곳에 보관하는 것이 가장 적합한가?
① 그늘진 창고에 보관한다.
② 밖에 쌓아 둔다.
③ 오일, 그리스 및 석유가 있는 곳에 방치하여 둔다.
④ 물이 있는 곳에 둔다.

09 타이어의 공기압에 대한 설명으로 틀린 것은?
① 공기압이 낮으면 일반 포장도로에서 미끄러지기 쉽다.
② 좌, 우 공기압에 편차가 발생하면 브레이크 작동 시 위험을 초래한다.
③ 공기압이 낮으면 트레드 양단의 마모가 많다.
④ 좌, 우 공기압에 편차가 발생하면 차동 사이드 기어의 마모가 촉진된다.

10 브레이크에 페이드 현상이 일어났을 때의 운전자가 취할 응급처리 방법으로 가장 적합한 것은?
① 자동차의 속도를 조금 올려준다.
② 자동차를 세우고 열이 식도록 한다.
③ 브레이크를 자주 밟아 열을 발생시킨다.
④ 주차 브레이크를 대신 사용한다.

03.① 04.① 05.④ 06.②   07.② 08.① 09.① 10.②

11 다음 브레이크 정비에 대한 설명 중 틀린 것은?
① 패드는 동시에 좌우, 안과 밖을 세트로 교환한다.
② 패드를 지지하는 록크 핀에는 그리스를 도포한다.
③ 마스터 실린더의 분해조립은 바이스에 물려 지지한다.
④ 브레이크액은 공기와 접촉시 비등점이 상승하여 제동성능이 향상된다.

12 브레이크 드럼을 연삭할 때 전기가 정전 되었다. 가장 먼저 취해야 할 조치사항은?
① 스위치를 끄고 주전원의 퓨즈를 확인한다.
② 스위치는 그대로 넣어 두고 정전원인을 확인한다.
③ 작업하던 공작물을 탈거 한다.
④ 연삭에 실패했으므로 새 것으로 교환하고, 작업을 마무리 한다.

13 자동차의 공기 브레이크 장치 취급시 유의사항 중 틀린 것은?
① 라이닝의 교환은 반드시 세트(조)로 한다.
② 매일 공기 압축기의 물을 빼낸다.
③ 규정 공기압을 확인한 다음 출발해야 한다.
④ 길고 급한 내리막길을 내려갈 때 반 브레이크를 사용한다.

14 ECS(전자제어 현가장치) 정비 작업시 안전 작업 방법으로 틀린 것은?
① 차고조정은 공회전 상태로 평탄하고 수평인 곳에서 한다.
② 배터리 접지 단자를 분리하고 작업한다.
③ 부품의 교환은 시동이 켜진 상태에서 작업한다.
④ 공기는 드라이어에서 나온 공기를 사용한다.

3. 전장품 취급

01 축전지 전해액이 흘렀을 때 중화 용액으로 가장 알맞은 것은?
① 중탄산소다   ② 황산
③ 증류수   ④ 수돗물

02 전해액을 만드는 방법 및 필요한 사항 중 틀린 것은?
① 증류수에 황산을 붓는다.
② 전해액을 만들 때는 온도계가 필요하다.
③ 비중계가 필요하다.
④ 증류수에는 철분이 있는 것이 좋다.

03 축전지를 급속 충전할 때 축전지의 접지 단자에서 케이블을 떼어내는 목적은?
① 발전기의 다이오드를 보호하기 위함이다.
② 충전기를 보호하기 위함이다.
③ 과충전을 방지하기 위함이다.
④ 레귤레이터를 보호하기 위함이다.

---

14. 부품의 교환은 엔진의 시동이 정지된 상태에서 실시하여야 한다.
02. 철분은 도전성이 있기 때문에 증류수에는 철분이 없어야 한다.

11.④ 12.① 13.④ 14.③
01.① 02.④ 03.①

04 축전지의 점검 및 취급시 지켜야할 사항으로 틀린 것은?
① 전해액이 옷이나 피부에 닿지 않도록 한다.
② 충전기로 충전할 때에는 극성에 주의한다.
③ 축전지의 단자 전압은 교류 전압계로 측정한다.
④ 전해액 비중 점검결과 방전되었으면 보충전한다.

05 납산축전지 점검·관리 및 안전 사항으로 적합하지 않은 것은?
① 축전지 케이스의 균열에 대하여 점검하고 정도에 따라 수리 또는 교환한다.
② 축전지 케이스 상부면의 유산이나 먼지는 휘발유나 알콜 등으로 닦아낸다.
③ 축전지 전해액량은 정기적으로 점검한다.
④ 축전지 전해액은 인체나 피복에 묻지 않도록 한다.

06 축전지 취급 시의 안전수칙으로 올바른 것은?
① 축전지 표면에 있는 침식물이나 먼지 등은 압축공기를 이용하여 청소한다.
② 황산을 엎지르거나 흐르지 않도록 맨 손으로 취급한다.
③ 축전지 취급 시 전해액이 신체에 닿지 않도록 한다.
④ 축전지 취급 시 반지를 끼고 작업하면 안전하다.

07 축전지의 육안검사 사항이 아닌 것은?
① 벤트 플러그의 공기구멍 막힘 상태
② 전해액의 비중 측정
③ 케이스의 균열점검
④ 단자의 부식상태

08 축전지의 용량을 시험할 때 안전 및 주의사항으로 틀린 것은?
① 축전지 전해액이 옷에 묻지 않게 한다.
② 기름이 묻은 손으로 시험기를 조작하지 않는다.
③ 부하시험에서 부하시간을 15초 이상으로 하지 않는다.
④ 부하시험에서 부하전류는 축전지의 용량에 관계없이 일정하게 한다.

09 축전지 시험기의 취급에 대한 주의사항으로 틀린 것은?
① 시험기는 진동을 주지 말고 축전지는 극성을 바르게 해야 한다.
② 시험기의 부하를 최대가 된 상태로 해서 배터리와 연결한다.
③ 축전지는 충분히 충전되어 전압강하가 없는 것을 사용하여야 한다.
④ 축전지 극성을 연결할 시는 전원 스위치가 꺼진 상태에서 한다.

10 차량에서 발전기 점검 및 구동벨트 교환 작업시 주의사항으로 틀린 것은?
① 발전기 출력전압 점검시 배터리 (-)케이블을 분리하지 않는다.
② 배터리를 단락 시키지 않는다.
③ 풀리 쪽에 드라이버를 대고 시동 스위치를 2~3회 on, off 시켜 벨트를 이탈시킨다.
④ 회로를 단락시키거나 극성을 바꾸어 연결하지 않는다.

---

04. 자동차에 사용하는 축전지(battery)는 직류 전원이기 때문에 직류 전압계를 이용하여 전압을 점검하여야 한다.
08. 부하 전류는 축전지 용량의 3배 이상으로 조정하여서는 안된다.

04.③ 05.② 06.③ 07.② 08.④ 09.②
10.③

11 발전기 및 레귤레이터 취급시 주의사항으로 틀린 것은?
① 발전기 작업시 배터리 (-)케이블을 분리하지 않는다.
② 배터리를 단락 시키지 않는다.
③ 발전기 작동 중 배터리 배선을 분리해도 무관하다.
④ 회로를 단락시키거나 극성을 바꾸어 연결하지 않는다.

12 점화플러그 점검 및 교환시 안전 유의사항 중 맞지 않은 것은?
① 점화플러그 절연체 부분은 파손되기 쉬우므로 취급시 주의하여야 한다.
② 전극의 간극을 조정할 때에는 무리하게 구부리면 절단되기 쉬우므로 주의하여야 한다.
③ 카본이나 오물을 청소할 때에는 끝이 뾰족한 공구를 사용하여 깨끗이 제거한다.
④ 점화플러그를 탈착한 경우에는 실린더에 이물질이 유입되지 않도록 주의한다.

13 회로시험기를 사용할 때의 주의사항 중 틀린 것은?
① 고온, 다습, 직사광선을 피한다.
② 제로위치를 확인하고 측정한다.
③ 직류전압의 측정시 선택 스위치는 AC.V에 놓는다.
④ 지침은 정면 위에서 읽는다.

14 회로 시험기로 전기회로의 측정 점검을 하고자 한다. 측정기 취급이 잘못된 것은?
① 테스터 리드의 적색은 (+)단자에, 흑색은 (-)단자에 꽂는다.
② 전류 측정시는 회로를 연결하고 그 회로에 병렬로 테스터를 연결하여야 한다.
③ 각 측정 범위의 변경은 큰 쪽부터 작은 쪽으로 하고 역으로는 하지 않는다.
④ 중앙 손잡이 위치를 측정 단자에 합치시켜야 한다.

15 측정기 취급에 대한 설명 중 잘못된 것은?
① 비중계의 눈금은 눈 높이에서 읽는다.
② 점화플러그 세척시에는 보안경을 사용한다.
③ 파워 밸런스 시험은 가능한 짧은 시간 내에 실시한다.
④ 회로시험기의 0점 조정은 측정범위에 관계없이 1회만 실시한다.

16 계기 및 보안장치를 정비할 때 안전사항이 잘못된 것은?
① 엔진이 정지 상태이면 계기판을 점화스위치 ON 상태에서 분리한다.
② 충격이나 이물질이 들어가지 않도록 한다.
③ 회로내에 규정치보다 높은 전류가 흐르지 않도록 한다.
④ 센서를 단품 점검시 배터리 전원을 직접 연결하지 않는다.

---

11. 발전기 및 레귤레이터 취급시 주의사항
① 알터네이터(AC 발전기)와 조정기간의 연결 플러그는 정확히 할 것
② 배터리는 쇼트(단락) 시켜서는 절대 안된다.
③ 알터네이터 작동 중 배터리 전선을 분리해서는 안된다.
④ 알터네이터 부근에서 다른 전기 작업을 할 경우에는 축전지 케이블을 분리한다.
⑤ 회로를 단락시키거나 극성을 바꾸어 연결하여서는 안된다.
13. 직류 전압을 측정하는 경우 선택 스위치는 DC. V에 선정하여야 한다.
15. 회로 시험기의 0점 조정은 측정 범위가 변경될 때마다 실시하여야 한다.

11.③ 12.③ 13.③ 14.② 15.④ 16.①

17 전기장치의 점검 및 안전 사항으로 틀린 것은?
① 계기 사용시는 최대 측정범위를 초과해서 사용하지 않아야 한다.
② 전류계는 부하에 병렬로 접속해야 한다.
③ 축전지 결선시는 단락되지 않도록 유의해야 한다.
④ 절연된 전극이 접지되지 않도록 하여야 한다.

18 자동차 전기장치 취급시 안전 유의사항이 아닌 것은?
① 축전지 단자 연결시 스파크가 발생하지 않도록 한다.
② 점화코일 극성 시험시 감전되지 않도록 한다.
③ 고압케이블을 탈거 할 때는 절연 집게를 이용하여 안전하게 뽑아낸다.
④ 회로시험기는 정확하게 측정하기 위하여 자석을 연결한다.

4. 기계 및 기기 취급

01 부품의 바깥지름, 안지름, 길이, 깊이 등을 측정할 수 있는 측정 기구는?
① 마이크로미터 ② 버니어 캘리퍼스
③ 다이얼 게이지 ④ 직각자

02 마이크로미터의 취급시 안전사항이 아닌 것은?
① 사용 중 떨어뜨리거나 큰 충격을 주지 않도록 한다.
② 온도 변화가 심하지 않은 곳에 보관한다.
③ 앤빌과 스핀들은 접촉되어 있는 상태로 보관한다.
④ 눈금은 시차를 작게 하기 위해서 수직위치에서 읽는다.

03 다이얼 게이지 취급시 안전사항이다. 잘못 설명한 것은?
① 작동이 불량하면 스핀들에 주유하던가 그리스를 발라서 사용한다.
② 분해 소제나 조정은 하지 않는다.
③ 다이얼 인디케이터에 어떤 충격을 가해서는 안된다.
④ 측정시는 측정물에 스핀들을 직각으로 설치하고 무리한 접촉은 피한다.

04 다이얼 게이지의 사용시 가장 알맞은 사항은?
① 반드시 정해진 지지대에 설치하고 사용한다.
② 가끔 분해 소제나 조정을 한다.
③ 스핀들에는 가끔 주유해야 한다.
④ 스핀들이 움직이지 않으면 충격을 가해 움직이게 한다.

05 다이얼 게이지로 휨을 측정할 때 게이지를 놓는 방법은?
① 보기 좋은 위치에 놓는다.
② 공작물에 수직으로 놓는다.
③ 공작물의 우측으로 기울이게 놓는다.
④ 공작물의 좌측으로 기울이게 놓는다.

---

02. 마이크로미터를 보관하는 경우에는 온도 변화에 따른 변형을 고려하여 앤빌과 스핀들을 접촉시켜서는 안된다.
05. 다이얼 게이지를 이용하여 휨을 측정할 경우에 측정 부위를 깨끗한 걸레로 닦아내고 스핀들을 공작물에 수직으로 가볍게 접촉시켜 측정한다.

17.② 18.④
01.② 02.③ 03.① 04.① 05.②

06 다음 측정기 중 각도측정에 사용되는 것은?
① 사인바　　② 다이얼게이지
③ 마이크로미터　④ 버니어캘리퍼스

07 실린더 보어 게이지 취급시 안전사항과 관련이 없는 것은?
① 스핀들이 잘 움직이지 않을 때 휘발유로 세척한다.
② 스핀들은 공작물에 가만히 접촉하도록 한다.
③ 보관시는 건조된 헝겊으로 닦아서 보관한다.
④ 스핀들이 잘 움직이지 않으면 고급 스핀들유를 바른다.

08 블록게이지 사용 후 보관시 가장 옳은 것은?
① 깨끗이 닦은 후 겹쳐 보관한다.
② 먼지, 칩 등을 깨끗이 닦고 방청유를 발라 보관함에 보관한다.
③ 철재 공구 상자에 블록을 하나씩 보관한다.
④ 기름이나 먼지를 깨끗이 닦고 헝겊에 싸서 보관한다.

09 측정이나 정비 작업시 주의사항으로 틀린 것은?
① 버니어 캘리퍼스 사용시 측정물에 강하게 접촉시킨다.
② 측정부위는 깨끗이 닦는다.
③ 피스톤 링 탈착 시는 전용공구로 한다.
④ 정밀계기는 떨어뜨리거나 무리하게 취급하지 않는다.

10 차량 정비작업을 할 때 안전사항으로 결여된 것은?
① 기관을 운전할 때에는 일산화탄소가 생성되므로 환기장치를 해야 한다.
② 헤드 가스켓이 닿는 표면에는 와이어 브러시나 스크레이퍼로 큰 압력을 가하며 닦는다.
③ 점화플러그를 청소할 때에는 보안경을 쓰는 것이 좋다.
④ 기관을 들어낼 때 체인 및 리프팅 브래킷은 중심부에 튼튼히 걸어야 한다.

11 정비 작업시 지켜야 할 안전수칙 중 잘못된 것은?
① 작업에 맞는 공구를 사용한다.
② 작업장 바닥에는 오일을 떨어뜨리지 않는다.
③ 전기장치는 기름기 없이 작업을 한다.
④ 잭을 사용하여 차체를 올린 후 손잡이를 그대로 두고 작업한다.

12 자동차 하체 작업에서 잭을 설치할 때의 주의할 점으로 틀린 것은?
① 잭은 중앙 밑 부분에 놓아야 한다.
② 잭은 자동차를 작업할 수 있게 올린 다음에도 잭 손잡이는 그대로 둔다.
③ 잭만 받쳐진 중앙 밑 부분에는 들어가지 않는 것이 좋다.
④ 잭은 밑바닥이 견고하면서 수평이 되는 곳에 놓고 작업하여야 한다.

06.① 07.① 08.② 09.① 10.② 11.④ 12.②

13 정비작업상의 안전수칙 설명으로 틀린 것은?
① 정비작업을 위하여 차를 받칠 때는 안전잭이나 고임목으로 고인다.
② 노즐시험기로 노즐분사상태를 점검할 때는 분사되는 연료에 손이 닿지 않도록 해야 한다.
③ 알칼리성 세척유가 눈에 들어갔을 때는 먼저 알칼리유로 씻어 중화한 뒤 깨끗한 물로 씻는다.
④ 기관 시동 시에는 소화기를 비치해야 한다.

14 차량정비에 대한 안전수칙 중 틀린 것은?
① 사용 목적에 적합한 공구를 사용한다.
② 연료를 공급할 때는 소화기를 비치한다.
③ 차축을 정비할 때는 잭만 고정하고 작업한다.
④ 전기 장치의 시험기를 사용할 때 정전이 되면 즉시 스위치는 OFF에 놓는다.

15 자동차 정비시 공장에서 지켜야 할 안전수칙 중 틀린 것은?
① 지정된 흡연 장소 외에서는 흡연을 못하도록 할 것.
② 작업자 및 정비책임자는 작업안전수칙을 지켜 안전사고가 발생되지 않도록 할 것.
③ 리프터 작업시 차량 밑에서 안전장치를 반드시 하여 사용할 것.
④ 공구나 부속품은 반드시 휘발유를 사용해서 세척하되 특정 장소에서 할 것

16 부품을 분해 정비시 반드시 새것으로 교환하여야 할 부품이 아닌 것은?
① 오일실
② 볼트 및 너트
③ 가스킷
④ O 링

17 정비작업시 벨트를 풀리에 걸 때는 어떤 상태에서 거는 것이 좋은가?
① 고속상태 ② 중속상태
③ 저속상태 ④ 정지상태

18 작업 중 분진방지에 특히 신경 써야 하는 작업은?
① 도장작업
② 타이어 교환 작업
③ 기관 분해 조립작업
④ 판금작업

19 차량 시험기기에 대한 설명으로 틀린 것은?
① 시험기기 전원의 종류와 용량을 확인한 후 전원 플러그를 연결한다.
② 시험기기의 보관은 깨끗한 곳이면 아무 곳이나 좋다.
③ 눈금의 정확도는 수시로 점검해서 0점을 조정해 준다.
④ 시험기기의 누전 여부를 확인한다.

20 집광식 전조등 시험기로 전조등을 시험할 때 집광 렌즈와 전조등 사이의 거리는?
① 1m ② 2m
③ 3m ④ 4m

---

14. 차축을 정비할 때는 잭과 스탠드로 고정하고 작업한다.
21. 집광식 전조등 시험기로 전조등을 시험할 때 집광 렌즈와 전조등 사이의 거리는 1m이다.

13.③ 14.③ 15.④ 16.② 17.④ 18.①
19.② 20.①

21 집광식 전조등 시험기로 전조등 시험시 주의사항 중 틀린 것은?
① 각 타이어의 공기압은 규정대로 할 것.
② 시험기에 차량을 마주보게 할 것.
③ 밑바닥이 수평일 것.
④ 공차상태의 차량에 운전자 및 보조자 두 사람이 탈 것.

22 차량 속도계 시험시 유의 사항이다. 틀린 것은?
① 롤러에 묻은 기름, 흙을 닦아낸다.
② 시험차량의 타이어 공기압이 정상인가 확인한다.
③ 시험차량은 공차상태로 하고 운전자 1인이 탑승한다.
④ 리프트가 하강 된 상태에서 차량을 중앙으로 진입한다.

23 속도계 시험기(speed tester)를 취급할 때 주의할 사항이 아닌 것은?
① 롤러의 이물질 부착여부를 확인할 것
② 시험기는 정밀도 유지를 위해 정기적으로 정도검사를 받을 것
③ 시험 중 안전을 위해 구동바퀴에 고임목을 설치할 것
④ 시험기 설치는 수평면이어야 하고 청결해야 한다.

24 휠 평형잡기의 시험 중 안전사항에 해당되지 않는 것은?
① 타이어의 회전방향에 서지 말아야 한다.
② 타이어를 과속으로 돌리거나 진동이 일어나게 해서는 안된다.
③ 회전하는 휠에 손을 대지 말아야 한다.
④ 휠을 정지 시킬 때는 손으로 정지시켜도 무방하다.

25 휠 밸런스 시험기를 사용하여 휠을 정비하려고 한다. 올바른 작업 방법은?
① 시험하고자 하는 바퀴 규격에 맞는 테이퍼콘을 선택한다.
② 휠 밸런스 시험시 타이어의 회전방향에서 계기판을 읽는다.
③ 바퀴에 설치된 평형추는 손으로 제거한다.
④ 휠 밸런스 시험기 안전커버는 작업의 능률을 위해서 제거한다.

26 휠 밸런스 시험기 사용시 적합하지 않은 것은?
① 휠 탈·부착 시에는 무리한 힘을 가하지 않는다.
② 균형추를 정확히 부착한다.
③ 계기판은 회전이 시작되면 즉시 판독한다.
④ 시험기 사용 순서를 숙지 후 사용한다.

---

20. 전조등 시험 시 주의사항
① 차량을 수평인 지면에 세운다.
② 적절히 예비운전이 된 공차 상태의 자동차에 운전자1인이 승차한 상태로 한다.
③ 시험기에 차량을 마주보게 할 것.
④ 타이어 공기압은 표준 공기압으로 한다.
⑤ 자동차의 축전지는 충전한 상태로 한다.
⑥ 4등식 전조등의 경우 측정하지 아니하는 등화에서 발산하는 빛을 차단한 상태로 한다.

22. 속도계 시험기(speed tester)를 취급할 때 주의할 사항
① 롤러의 이물질 부착여부를 확인할 것
② 시험기는 정밀도 유지를 위해 정기적으로 정도검사를 받을 것
③ 시험기 설치는 수평면이어야 하고 청결해야 한다.

23. 휠 밸런스 시험시 안전사항
① 검사 후 테스터 스위치를 끈 다음 자연히 정지하도록 함
② 타이어의 회전 방향에 서지 말아야 한다.
③ 과도하게 속도를 내지 말고 검사한다.
④ 타이어를 과속으로 돌리거나 진동이 일어나게 해서는 안된다.

21.④ **22.**④ **23.**③ **24.**④ **25.**① **26.**③

27 차량에서 캠버, 캐스터 측정시 유의사항이 아닌 것은?
① 수평인 바닥에서 한다.
② 타이어 공기압을 규정치로 한다.
③ 차량의 화물은 적재상태로 한다.
④ 섀시스프링은 안전상태로 한다.

28 사이드슬립 시험기 사용시 주의할 사항 중 틀린 것은?
① 시험기의 운동부분은 항상 청결하여야 한다.
② 시험기의 답판 및 타이어에 부착된 수분, 기름, 흙 등을 제거한다.
③ 시험기에 대하여 직각방향으로 진입시킨다.
④ 답판 위에서 차속이 빠르면 브레이크를 사용하여 차속을 맞춘다.

29 제동력시험기 사용시 주의할 사항으로 틀린 것은?
① 타이어 트레드의 표면에 습기를 제거한다.
② 롤러 표면은 항상 그리스로 충분히 윤활시킨다.
③ 브레이크 페달을 확실히 밟은 상태에서 측정한다.
④ 시험 중 타이어와 가이드 롤러와의 접촉이 없도록 한다.

30 브레이크 시험기로 시험할 수 있는 것은?
① 브레이크 페달의 유효행정 측정
② 브레이크 라이닝의 간극 측정
③ 브레이크 리턴 스프링 장력 측정
④ 제동력의 크기를 측정

---

28. 사이드슬립 시험기 사용시 주의사항
① 시험기의 운동부분은 항상 청결하여야 한다.
② 시험기의 답판 및 타이어에 부착된 수분, 오일, 흙 등을 제거한다.
③ 시험기에 대하여 직각으로 서서히 진입시켜야 한다.
④ 답판 상에서는 브레이크 페달을 밟지 않는다.
⑤ 답판 상에서는 조향 핸들을 좌우로 틀지 않는다.
⑥ 답판을 통과하는 속도는 5km/h로 직진 상태로 통과하여야 한다.

30. 브레이크 시험기로 시험할 수 있는 것은 주 제동장치와 주차제동장치의 제동력의 크기이다.

27.③ 28.④ 29.② 30.④

3장 공구에 대한 안전

3-1 전동 및 공기공구

1 전동 공구

(1) 선반 작업
① 선반의 베드 위나 공구대 위에 직접 측정기나 공구를 올려놓지 않는다.
② 돌리 개는 적당한 크기의 것을 사용한다.
③ 공작물을 고정한 후 렌치 종류는 제거해야 한다.
④ 치수를 측정할 때는 기계를 정지시키고 측정을 한다.
⑤ 내경 작업 중에는 구멍 속에 손가락을 넣어 청소하거나 점검하려고 하면 안 된다.

(2) 드릴 작업
드릴작업 때 칩의 제거는 회전을 중지시킨 후 솔로 제거한다.
① 드릴 작업을 할 때의 안전대책
- 드릴은 사용 전에 균열이 있는가를 점검한다.
- 드릴의 탈·부착은 회전이 멈춘 다음 행한다.
- 가공물이 관통될 즈음에는 알맞게 힘을 가하여야 한다.
- 드릴 끝이 가공물을 관통하였는지를 손으로 확인해서는 안 된다.
- 공작물은 단단히 고정시켜 따라 돌지 않게 한다.
- 작업복을 입고 작업한다.
- 테이블 위에 고정시켜서 작업한다.
- 드릴작업은 장갑을 끼고 작업해서는 안 된다.
- 머리가 긴 사람은 안전모를 쓴다.
- 작업 중 쇳가루를 입으로 불어서는 안 된다.
- 드릴작업에서 둥근 공작물에 구멍을 뚫을 때는 공작물을 V블록과 클램프로 잡는다.
- 드릴 작업을 하고자 할 때 재료 밑의 받침은 나무판이 적당하다.

(3) 그라인더(연삭 숫돌) 작업
① 숫돌의 교체 및 시험운전은 담당자만이 하여야 한다.

② 그라인더 작업에는 반드시 보호안경을 착용하여야 한다.
③ 숫돌의 받침대는 3mm 이상 열렸을 때에는 사용하지 않는다.
④ 숫돌작업은 측면에 서서 숫돌의 정면을 이용하여 연삭한다.
⑤ 안전커버를 떼고서 작업해서는 안 된다.
⑥ 숫돌 차를 고정하기 전에 균열이 있는지 확인한다.
⑦ 숫돌 차의 회전은 규정이상 빠르게 회전시켜서는 안 된다.
⑧ 플랜지가 숫돌 차에 일정하게 밀착하도록 고정시킨다.
⑨ 그라인더 작업에서 숫돌 차와 받침대 사이의 표준간격은 2~3mm 정도가 가장 적당하다.
⑩ 탁상용 연삭기의 덮개 노출각도는 90°이거나 전체원주의 1/4을 초과해서는 안 된다.

(4) 기계작업에서의 주의 사항
① 구멍 깎기 작업을 할 때에는 운전도중 구멍 속을 청소해서는 안 된다.
② 치수측정은 운전을 멈춘 후 측정토록 한다.
③ 운전 중에는 다듬면 검사를 절대로 금한다.
④ 베드 및 테이블의 면을 공구대 대용으로 쓰지 않는다.
⑤ 주유를 할 때에는 지정된 기름 외에 다른 것은 사용하지 말고 기계는 운전을 정지시킨다.
⑥ 고장의 수리, 청소 및 조정을 할 때에는 동력을 끊고 다른 사람이 작동시키지 않도록 표시해 둔다.
⑦ 운전 중 기계로부터 이탈할 때는 운전을 정지시킨다.
⑧ 기계 운전 중 정전이 발생되었을 때는 각종 모터의 스위치를 꺼(off) 둔다.

(5) 안전장치를 선정할 때의 고려사항
① 안전장치의 사용에 따라 방호가 완전할 것
② 안전장치의 기능 면에서 신뢰도가 클 것
③ 정기 점검 이외에는 사람의 손으로 조정할 필요가 없을 것

2 공기 공구

(1) 공기 압축기
① 각 부의 조임 상태를 확인한다.
② 윤활유의 상태를 수시로 점검한다.
③ 압력계 및 안전밸브의 이상 유무를 확인한다.
④ 규정 공기압력을 유지한다.
⑤ 압축공기 중의 수분을 제거하여 준다.

(2) 공기압축기 운전시 점검 사항
① 압력계, 안전밸브 등의 이상 유무

② 이상소음 및 진동
③ 이상온도 상승

(3) 공기 공구 사용 방법
① 공구의 교체시에는 반드시 밸브를 꼭 잠그고 하여야 한다.
② 활동 부분은 항상 윤활유 또는 그리스로 급유한다.
③ 사용시에는 반드시 보호구를 착용해야 한다.
④ 공기 공구를 사용하는 경우에는 밸브를 서서히 열고 닫아야 한다.
⑤ 공기기구를 사용할 때는 보호안경을 사용할 것
⑥ 고무 호수가 꺾여 공기가 새는 일이 없도록 할 것
⑦ 공기기구의 반동으로 생길 수 있는 사고를 미연에 방지할 것
⑧ 에어 그라인더는 회전수를 점검한 후 사용한다.

3-2 수공구

1. 수공구 사용에서 안전사고 원인
① 사용방법이 미숙하다.
② 수공구의 성능을 잘 알지 못하고 선택하였다.
③ 힘에 맞지 않는 공구를 사용하였다.
④ 사용공구의 점검정비를 잘하지 않았다.

2. 수공구를 사용할 때 일반적 유의사항
① 수공구를 사용하기 전에 이상유무를 확인 후 사용한다.
② 작업자는 필요한 보호구를 착용한 후 작업한다.
③ 공구는 규정대로 사용해야 한다.
④ 용도 이외의 수공구는 사용하지 않는다.
⑤ 수공구 사용 후에는 정해진 장소에 보관한다.
⑥ 작업대 위에서 떨어지지 않게 안전한 곳에 둔다.
⑦ 공구를 사용한 후 제자리에 정리하여 둔다.
⑧ 예리한 공구 등을 주머니에 넣고 작업을 하여서는 안 된다.
⑨ 사용 전에 손잡이에 묻은 기름 등은 닦아내어야 한다.
⑩ 공구를 던져서 전달해서는 안 된다.

3. 펀치 및 정 작업할 때의 유의 사항
① 펀치 작업을 할 경우에는 타격하는 지점에 시선을 둘 것
② 정 작업을 할 때에는 서로 마주 보고 작업하지 말 것

③ 열처리한(담금질 한)재료에는 사용하지 말 것
④ 정 작업은 시작과 끝을 조심할 것
⑤ 정 작업에서 버섯머리는 그라인더로 갈아서 사용할 것
⑥ 쪼아내기 작업은 방진안경을 쓰고 작업할 것
⑦ 정의 머리 부분은 기름이 묻지 않도록 할 것
⑧ 금속 깎기를 할 때는 보안경을 착용할 것
⑨ 정의 날을 몸 바깥쪽으로 하고 해머로 타격할 것
⑩ 정의 생크나 해머에 오일이 묻지 않도록 할 것
⑪ 보관을 할 때에는 날이 부딪쳐서 무디어지지 않도록 할 것

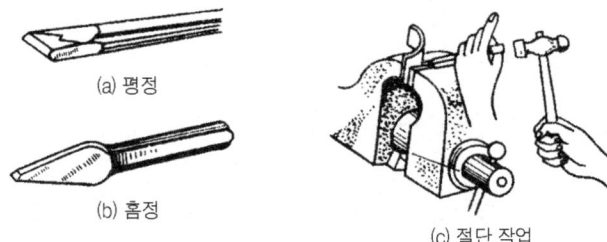

△ 정의 종류와 절단 작업

4. 렌치를 사용할 때 주의 사항

① 너트에 맞는 것을 사용한다(볼트 및 너트 머리 크기와 같은 조(jaw)의 오픈렌치를 사용한다).
② 렌치를 몸 안으로 잡아 당겨 움직이게 한다.
③ 해머대용으로 사용하지 않는다.
④ 파이프 렌치를 사용할 때는 정지상태를 확실히 한다.
⑤ 너트에 렌치를 깊이 물린다.
⑥ 높거나 좁은 장소에서는 몸을 안전하게 한 다음 작업한다.
⑦ 힘의 전달을 크게 하기 위하여 한쪽 렌치 조에 파이프 등을 끼워서 사용해서는 안 된다.
⑧ 렌치를 해머로 두들겨서 사용하지 않는다.
⑨ 복스렌치를 오픈엔드 렌치보다 더 많이 사용하는 이유는 볼트·너트 주위를 완전히 싸게 되어 있어 사용 중에 미끄러지지 않기 때문이다.

5. 조정 렌치를 취급하는 방법

① 고정 조 부분에 렌치의 힘이 가해지도록 할 것(조정 렌치를 사용할 때에는 고정 조에 힘이 걸리도록 하여야만 렌치의 파손을 방지할 수 있으며 또 안전한 자세이다.)
② 렌치에 파이프 등을 끼워서 사용하지 말 것
③ 작업할 때 몸 쪽으로 당기면서 작업 할 것
④ 볼트 또는 너트의 치수에 밀착 되도록 크기를 조절할 것

△ 조정 렌치

6. 토크렌치를 사용할 때 주의사항

① 핸들을 잡고 몸 안쪽으로 잡아당긴다.
② 조임력은 규정 값에 정확히 맞도록 한다.

③ 볼트나 너트를 조일 때 조임력을 측정한다.
④ 손잡이에 파이프를 끼우고 돌리지 않도록 한다.

7. 해머 작업을 할 때 주의할 점
① 녹슨 것을 칠 때는 주의할 것(해머로 녹슨 것을 때릴 때에는 반드시 보안경을 쓸 것)
② 기름이 묻은 손이나 장갑을 끼고 작업하지 말 것
③ 해머는 처음부터 힘을 주어 치지 말 것
④ 해머 대용으로 다른 것을 사용하지 말 것
⑤ 타격 면이 평탄한 것을 사용할 것
⑥ 손잡이는 튼튼한 것을 사용할 것
⑦ 타격 가공하려는 것을 보면서 작업 할 것
⑧ 해머를 휘두르기 전에 반드시 주위를 살필 것
⑨ 사용 중에 자루 등을 자주 조사할 것
⑩ 좁은 곳에서는 작업을 금할 것

8. 줄 작업을 할 때의 주의사항
① 사용 전 줄의 균열 유무를 점검한다.
② 줄 작업은 전신을 이용할 수 있게 하여야 한다.
③ 줄에 오일 등을 칠해서는 안 된다.
④ 작업대 높이는 작업자의 허리 높이로 한다.
⑤ 허리는 펴고 몸의 안정을 유지한다.
⑥ 목은 수직으로 하고 눈은 일감을 주시한다.
⑦ 줄 작업 높이는 팔꿈치 높이로 한다.

핵심기출문제

1. 전동 및 공기공구

01 드릴 작업을 할 때 주의할 점 중 틀린 것은?
① 일감은 정확히 고정한다.
② 작은 일감은 손으로 잡고 작업한다.
③ 작업복을 입고 작업한다.
④ 테이블 위에 가공물을 고정시켜서 작업한다.

02 드릴 작업을 할 때의 안전대책 중 맞지 않는 것은?
① 드릴은 사용 전에 균열이 있는가를 점검한다.
② 드릴의 탈·부착은 회전이 멈춘 다음 행한다.
③ 가공물이 관통될 즈음에는 알맞게 힘을 가하여야 한다.
④ 드릴 끝이 가공물을 관통하였는가 손으로 확인한다.

03 드릴링 머신 사용시 안전수칙으로 틀린 것은?
① 구멍 뚫기를 시작하기 전에 자동이송장치를 쓰지 말 것

② 드릴을 회전시킨 후 테이블을 조정하지 말 것
③ 드릴을 끼운 뒤에는 척키를 반드시 꽂아 놓을 것
④ 드릴 회전 중에는 쇳밥을 손으로 털거나 불지 말 것

04 드릴링 머신의 사용에 있어서 안전상 옳지 못한 것은?
① 드릴회전 중 칩을 손으로 털거나 불어내지 말 것
② 가공물에 구멍을 뚫을 때 가공물을 바이스에 물리고 작업할 것
③ 솔로 절삭유을 바를 경우에는 위에서 바를 것
④ 드릴을 회전시킨 후에 머신 테이블을 조정할 것

05 드릴로 큰 구멍을 뚫으려고 할 때에 먼저 할 일은?
① 금속을 무르게 한다.
② 작은 구멍을 뚫는다.
③ 스핀들의 속도를 빠르게 한다.
④ 드릴 커팅 앵글을 증가 시킨다.

---

01. 드릴 작업시의 주의사항
① 장갑을 끼고 작업하지 않는다.
② 드릴은 마모나 균열이 있는 것은 사용하지 않는다.
③ 테이블 위에서 해머작업을 하지 않도록 한다.
④ 드릴의 착탈은 회전이 멈춘 다음 행한다.
⑤ 드릴 구멍의 관통 여부는 봉을 넣어 조사한다.

03. 드릴을 끼운 뒤에는 척키를 반드시 빼 놓아야 한다.

01.② **02.**④ **03.**③ **04.**④ **05.**②

06 다음 중 탁상드릴로 둥근 공작물에 구멍을 뚫을 때 가장 적합한 것은?
① 손으로 잡는다.
② 바이스 플라이어로 잡는다.
③ V블록과 클램프로 잡는다.
④ 헝겊으로 싸서 바이스에 고정한다.

07 얇은 판에 드릴 작업시 재료 밑의 받침은 무엇이 적합한가?
① 나무판   ② 연강판
③ 스테인레스판   ④ 벽돌

08 선반작업 중의 안전수칙으로 틀린 것은?
① 선반의 베드 위나 공구대 위에 직접 측정기나 공구를 올려놓지 않는다.
② 치수를 측정할 때는 기계를 정지시키고 측정을 한다.
③ 내경 작업중에는 구멍 속에 손가락을 넣어 청소하거나 점검하려고 하면 안된다.
④ 바이트는 끝을 길게 장치하여야 한다.

09 선반작업에서 작업 전에 점검하여야 할 것이 아닌 것은?
① 급유상태를 검사한다.
② 양 센터 중심이 일치되는가 검사한다.
③ 회전속도 조정이 되어 있는가 검사한다.
④ 주축에 센터가 고정되어 있는가 검사한다.

10 선반 주축의 변속은 기계를 어떠한 상태에서 하는 것이 가장 좋은가?
① 저속으로 회전시킨 후 한다.
② 기계를 정지시킨 후 한다.
③ 필요에 따라 운전 중에 할 수 있다.
④ 어느 때이든 변속시킬 수 있다.

11 연삭 작업시 안전사항 중 옳지 않은 것은?
① 나무 해머로 연삭 숫돌을 가볍게 두들겨 맑은 음이 나면 정상이다.
② 연삭 숫돌의 표면이 심하게 변형된 것은 반드시 수정한다.
③ 받침대는 숫돌차의 중심선보다 낮게 한다.
④ 연삭 숫돌과 받침대와의 간격은 3mm 이내로 유지한다.

12 연삭작업 시 지켜야 할 안전수칙 중 잘못된 것은?
① 보안경을 반드시 착용한다.
② 숫돌의 측면을 사용한다.
③ 숫돌차와 연삭대 간격은 3mm 이하로 한다.
④ 정상 회전속도에서 연삭을 시작한다.

13 연삭기 중 안전커버의 노출각도가 가장 큰 것은?
① 평면 연삭기   ② 탁상 연삭기
③ 휴대용 연삭기   ④ 공구 연삭기

---

08. 선반 작업 중의 안전수칙
① 장갑을 끼고 작업하지 않는다.
② 회전 중 측정을 해서는 안된다.
③ 바이트는 끝을 짧게 장치하여야 한다.
④ 회전 중 칩은 손으로 제거해서는 안된다.
⑤ 돌리개(dog) 고정 나사는 되도록 짧게 나오게 한다.
⑥ 회전체에는 안전 커버를 씌우도록 한다.
⑦ 바이트, 계측기는 정해진 일정한 장소에 놓고 베드(bed) 위에는 놓지 않는다.
⑧ 급유 상태를 검사한다.
⑨ 양 센터 중심이 일치되는가 검사한다.
⑩ 회전속도 조정이 되어 있는가 검사한다.
12. 숫돌의 측면을 이용하여 연마작업을 하는 경우에는 숫돌이 파손될 위험이 있다.

06.③ 07.① 08.④ 09.④ 10.② 11.③
12.② 13.③

14 연삭작업 시 안전사항이 아닌 것은?
① 연삭숫돌 설치 전 해머로 가볍게 두들겨 균열여부를 확인해 본다.
② 연삭숫돌의 측면에 서서 연삭한다.
③ 연삭기의 커버를 벗긴 채 사용하지 않는다.
④ 연삭숫돌의 주위와 연삭 지지대 간의 간격은 5mm 이상으로 한다.

15 고속 절단기로 파이프를 절단작업 중 안전사항에 어긋난 것은?
① 보안경을 착용하여 작업을 한다.
② 절단 후 절단면은 숫돌의 측면을 이용해서 연마한다.
③ 파이프는 바이스로 고정시켜 작업을 한다.
④ 안전커버를 반드시 부착한다.

16 공작기계 작업시의 주의사항으로 틀린 것은?
① 몸에 묻은 먼지나 철분 등 기타의 물질은 손으로 털어 낸다.
② 정해진 용구를 사용하여 파쇄 철이 긴 것은 자르고 짧은 것은 막대로 제거한다.
③ 무거운 공작물을 옮길 때는 운반기계를 이용한다.
④ 기름걸레는 정해진 용기에 넣어 화재를 방지하여야 한다.

17 전동공구를 사용하여 작업할 때의 준수사항이다. 올바른 것은?
① 코드는 방수제로 되어 있기 때문에 물이나 기름이 있는 곳에 놓아도 좋다.
② 무리하게 코드를 잡아당기지 않는다.
③ 드릴의 이동이나 교환시는 모터를 손으로 멈추게 한다.
④ 코드는 예리한 걸이에도 절단이나 파손이 안되므로 걸어도 좋다.

18 전동공구 및 전기기계의 안전 대책으로 잘못된 것은?
① 전기 기계류는 사용 장소와 환경에 적합한 형식을 사용하여야 한다.
② 운전, 보수 등을 위한 충분한 공간이 확보되어야 한다.
③ 리드선은 기계진동이 있을시 쉽게 끊어질 수 있어야 한다.
④ 조작부는 작업자의 위치에서 쉽게 조작이 가능한 위치여야 한다.

19 전기로 작동되는 기계운전 중 기계에서 이상한 소음, 진동, 냄새 등이 날 경우 가장 먼저 취해야 할 조치는?
① 즉시 전원을 내린다.
② 상급자에게 보고한다.
③ 기계를 가동하면서 고장여부를 파악한다.
④ 기계 수리공이 올 때까지 기다린다.

20 다음은 공기공구 사용에 대한 설명이다. 틀린 것은?
① 공구의 교체시에는 반드시 밸브를 꼭 잠그고 하여야 한다.
② 활동 부분은 항상 윤활유 또는 그리스로 급유한다.
③ 사용시에는 반드시 보호구를 착용해야 한다.
④ 공기구를 사용할 때에는 밸브를 일시에 열고 닫는다.

20. 공기 공구를 사용하는 경우에는 밸브를 서서히 열고 닫아야 한다.

14.④ 15.② 16.① 17.② 18.③ 19.① 20.④

21 공기기구 사용에서 적합하지 않은 것은?
① 공기기구의 활동부위에는 윤활유가 묻지 않게 할 것
② 공기기구를 사용할 때는 보호안경을 사용할 것
③ 고무 호수가 꺾여 공기가 새는 일이 없도록 할 것
④ 공기기구의 반동으로 생길 수 있는 사고를 미연에 방지할 것

22 다음은 공기 압축기의 안전장치이다. 배관 중간에 설치하여 규정 이상의 압력에 달하면 작동하여 배출시키는 장치는 무엇인가?
① 언로더 밸브   ② 체크밸브
③ 압력계   ④ 안전밸브

23 자동차 정비작업시 압축 공기를 이용한 공구를 사용할 필요가 없는 작업은?
① 타이어 교환 작업
② 클러치 탈거 작업
③ 축전지 단자 케이블 연결
④ 엔진 분해·조립

24 임팩트 렌치의 사용시 안전 수칙으로 거리가 먼 것은?
① 렌치 사용 시 헐거운 옷은 착용하지 않는다.
② 위험요소를 항상 점검한다.
③ 에어호스를 몸에 감고 작업을 한다.
④ 가급적 회전부에 떨어져서 작업을 한다.

2. 수공구

01 다음 중 안전하게 공구를 취급하는 방법 중 틀린 것은?
① 공구를 사용한 후 제자리에 정리하여 둔다.
② 예리한 공구 등을 주머니에 넣고 작업을 하여서는 안된다.
③ 사용 전에 공구 손잡이에 묻은 기름 등을 닦아내어야 한다.
④ 작업 중 공구를 타인에게 숙달된 자가 던져 전달하면 작업능률이 좋아진다.

02 수공구의 사용방법 중 잘못된 것은?
① 공구를 청결한 상태에서 보관할 것
② 공구를 취급할 때에 올바른 방법으로 사용할 것
③ 공구를 지정된 장소에 보관할 것
④ 공구를 사용 전·후 오일을 발라둘 것

03 기관 정비용 수공구의 설명 중 틀린 것은?
① 용도 이외의 수공구는 사용하지 않는다.
② 수공구 사용 후에는 정해진 장소에 보관한다.
③ 수공으로 적당히 만든 공구를 사용하여도 된다.
④ 작업대 위에서 떨어지지 않게 안전한 곳에 둔다.

21.① 22.④ 23.③ 24.③   01.④ 02.④ 03.③

04 수공구 사용시 발생할 수 있는 재해의 원인으로 거리가 먼 것은?
① 수공구 사용방법이 미숙하다.
② 수공구의 성능을 잘 알고 선택하였다.
③ 힘에 맞지 않는 공구를 사용하였다.
④ 사용공구의 점검·정비를 잘하지 않았다.

05 스패너 사용에 관한 설명 중 가장 옳은 것은?
① 스패너와 너트 사이에 쐐기를 넣어 사용한다.
② 스패너는 너트보다 약간 큰 것을 사용한다.
③ 스패너가 너트에서 벗겨지더라도 넘어지지 않도록 몸의 균형을 잡는다.
④ 스패너 자루에 파이프 등을 끼워서 힘이 덜 들도록 사용한다.

06 렌치 작업 요령 설명으로 틀린 것은?
① 스패너의 자루가 짧다고 느낄 때는 긴 파이프를 연결하여 사용할 것.
② 스패너를 사용할 때는 앞으로 당길 것.
③ 스패너는 조금씩 돌리며 사용할 것.
④ 파이프 렌치는 반드시 둥근 물체에만 사용할 것.

07 조정 렌치를 취급하는 방법 중 잘못된 것은?
① 조정 조(jaw)부분에 렌치의 힘이 가해지도록 할 것
② 렌치에 파이프 등을 끼워서 사용하지 말 것
③ 작업할 때 몸 쪽으로 당기면서 작업 할 것
④ 볼트 또는 너트의 치수에 밀착 되도록 크기를 조절할 것

08 그림의 화살표 방향으로 조정 렌치를 사용하여야 하는 가장 중요한 이유는?

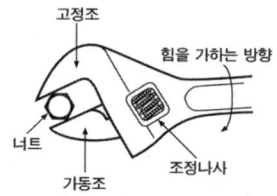

① 볼트나 너트의 머리 손상을 방지하기 위하여
② 작은 힘으로 풀거나 조이기 위해
③ 렌치의 파손을 방지하기 위함이며, 또 안전한 자세이기 때문에
④ 작업의 자세가 편리하기 때문에

09 다음 중 볼트나 너트를 조이거나 풀 때 부적합한 공구는?
① 복스 렌치
② 소켓 렌치
③ 오픈 엔드 렌치
④ 바이스 플라이어

10 물체를 잡을 때 사용하고 조(jaw)에 세레이션이 설치되어 있어서 미끄러지지 않으며, 물체의 크기에 따라 조를 조절할 수 있는 공구는?
① 와이어 스트립퍼
② 알렌 렌치
③ 바이스 플라이어
④ 복스 렌치

---

06. 렌치를 사용하여 작업하는 경우에는 긴 파이프 등의 연장대를 연결하여 사용하여서는 안된다.

04.② 05.③ 06.① 07.① 08.③ 09.④
10.③

11 줄 작업시 주의사항으로 틀린 것은?
① 사용 전 줄의 균열 유무를 점검한다.
② 줄 작업은 전신을 이용할 수 있게 하여야 한다.
③ 작업의 효율을 높이기 위해 줄에 오일을 칠하여 작업한다.
④ 작업대 높이는 작업자의 허리높이로 한다.

12 줄 작업시 주의사항이 아닌 것은?
① 뒤로 당길 때만 힘을 가한다.
② 공작물은 바이스에 확실히 고정한다.
③ 날이 메꾸어지면 와이어 브러시로 털어낸다.
④ 절삭가루는 솔로 쓸어낸다.

13 줄(file)을 사용할 때의 주의사항들이다. 안전에 어긋나는 점은?
① 줄 작업의 높이는 작업자의 팔꿈치 높이로 하거나 조금 낮춘다.
② 작업자세는 허리를 낮추고, 전신을 이용할 수 있게 한다.
③ 절삭가루가 많이 쌓일 때는 불어가면 작업한다.
④ 줄을 잡을 때는 한손으로 줄을 확실히 잡고, 다른 한 손으로 끝을 가볍게 쥐고 앞으로 가볍게 민다.

14 줄 작업에서 줄에 손잡이를 꼭 끼우고 사용하는 이유는?
① 평형을 유지하기 위해
② 열의 전도를 막기 위해
③ 보관에 편리하도록 하기 위해
④ 사용자에게 상처를 입히지 않기 위해

15 정 작업에 대한 주의사항으로 틀린 것은?
① 정 작업을 할 때는 서로 마주보고 작업하지 말 것
② 정 작업은 반드시 열처리한 재료에만 사용할 것
③ 정 작업은 시작과 끝에 조심할 것
④ 정 작업에서 버섯 머리는 그라인더로 갈아서 사용할 것

16 정 작업을 할 때의 안전수칙이 아닌 것은?
① 나란히 옆에서 작업하지 말고 가능한 서로 마주보고 작업하도록 한다.
② 쪼아내기 작업은 방진안경을 쓰고 작업한다.
③ 열처리한 재료는 정 작업을 하지 않는다.
④ 정의 머리 부분은 기름이 묻지 않도록 한다.

---

11. 줄 작업의 안전수칙
① 줄 작업을 할 때 절삭 분(가루)은 반드시 솔로 몸 밖으로 쓸어내어 처리한다.
② 일감을 바이스에 고정할 때에는 단단히 고정할 것
③ 균열 여부를 확인할 것
④ 줄 작업을 할 때 높이는 작업자의 허리 높이로 하거나 조금 낮춘다.
⑤ 작업 자세는 허리를 낮추고 전신을 이용한다.
⑥ 줄을 잡을 때에는 한 손으로 줄을 확실히 잡고, 다른 한 손으로 끝을 가볍게 쥐고 앞으로 민다.
12. 줄 작업에서 당길 때에는 힘을 빼고 줄의 무게만 얹고 원위치로 복귀하여야 한다.
13. 절삭가루가 많이 쌓일 때는 솔로 털어내고 작업한다.
16. 열처리한 재료에는 정 작업을 해서는 안된다.

11.③ **12.**① **13.**③ **14.**④ **15.**② **16.**①

17 다음 중 해머 작업시의 안전수칙으로 틀린 것은?
① 해머는 처음과 마지막 작업시 타격하는 힘을 크게 할 것
② 해머로 녹슨 것을 때릴 때에는 반드시 보안경을 쓸 것
③ 해머의 사용면이 깨진 것은 사용하지 말 것
④ 해머 작업시 타격 가공하려는 곳에 눈을 고정 시킬 것

18 해머작업을 할 때 주의사항 중 틀린 것은?
① 타격 면이 찌그러진 것은 사용치 않는다.
② 손잡이가 튼튼한 것을 사용한다.
③ 반드시 장갑을 끼고 작업한다.
④ 손에 묻은 기름을 깨끗이 닦고 작업한다.

19 해머를 사용할 때 안전사항이 아닌 것은?
① 녹이 쓴 공작물에는 보호안경을 착용할 것
② 처음에는 힘차게 치고, 나중에는 서서히 칠 것
③ 장갑을 끼지 말 것
④ 해머를 자루에 꼭 끼울 것

20 쇠톱 작업에 대한 것으로 옳은 것은?
① 항상 오일을 발라야 한다.
② 전진 행정에서만 절단되게 작업을 한다.
③ 전·후진 행정에서 절단되게 작업을 한다.
④ 한 방향으로 사용한 후 다시 바꾸어 끼우고 사용한다.

---

17. 해머 작업시는 처음과 마지막에 타격하는 힘을 작게 하여야 한다.

17.① 18.③ 19.② 20.②

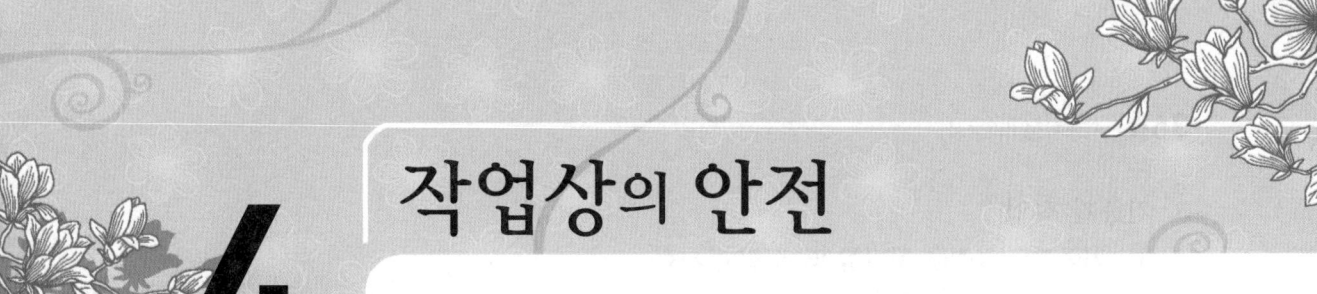

4장 작업상의 안전

4-1 일반 및 운반기계

1. 운반 차량을 이용한 운반작업
① 차량의 동요로 안정이 파괴되기 쉬울 때는 비교적 무거운 물건을 아래에 쌓는다.
② 여러 가지 물건을 쌓을 때는 가벼운 물건을 위에 올린다.
③ 하물 위나 운반 차량에 사람의 탑승은 절대 금한다.
④ 긴 물건을 실을 때는 맨 끝 부분에 위험 표시를 해야 한다.

2. 운반 기계에 대한 안전수칙
① 무거운 물건을 운반할 경우에는 반드시 경종을 울린다.
② 흔들리는 화물은 로프 등으로 고정한다.
③ 기중기는 규정 용량을 초과하지 않는다.
④ 무거운 물건을 상승시킨 채 오랫동안 방치하지 않는다.
⑤ 무거운 것은 밑에, 가벼운 것은 위에 쌓는다.
⑥ 긴 물건을 쌓을 때는 끝에 위험 표시를 한다(적재물이 차량의 적재함 밖으로 나올 때는 적색으로 위험표시를 한다).
⑦ 구르기 쉬운 짐은 로프로 반드시 묶는다.

3. 중량물 운반수레를 취급할 때 안전사항
① 적재는 가능한 한 중심이 아래로 오도록 한다.
② 화물은 자체에 앞뒤 또는 측면에 편중되지 않도록 한다.
③ 사용 전에 운반수레의 각부를 점검한다.
④ 앞이 안 보일 정도로 화물을 적재하지 않는다.

4. 운반작업을 할 때 주의 사항
① 드럼통, 봄베 등을 굴려서 운반해서는 안 된다.
② 공동운반에서는 서로 협조를 하여 작업한다.
③ 긴 물건은 앞쪽을 위로 올린다.
④ 무리한 몸가짐으로 물건을 들지 않는다.

5. 기중기 작업

① 기중기로 물건을 운반할 때 주의할 사항
- 규정 무게보다 초과해서는 안 된다.
- 적재물이 떨어지지 않도록 한다.
- 로프 등의 안전여부를 항상 점검한다.
- 선회 작업을 할 때 사람이 다치지 않도록 한다.

② 기중기로 중량물을 운반할 때 안전한 작업 방법
- 운전자는 반드시 신호인의 지시에 따라 운전한다.
- 제한 하중 이상을 기중해서는 안 된다.
- 달아 올리기는 반드시 수직으로 하고, 옆 방향으로 힘이 가해지지 않도록 한다.
- 급격한 가속이나 정비를 피하고, 추락 방지를 위해 노력한다.
- 와이어 로프로 동일중량의 물건을 매달아 올릴 때 로프에 걸리는 인장력이 가장 적은 로프의 각도는 30°, 인장력이 가장 큰 각도는 75°이다.

4-2 기타 작업상의 안전

1 산소 아세틸렌 가스 용접

산소 아세틸렌 가스 용접할 때 가장 적합한 복장은 용접안경, 모자 및 장갑이다.

(1) 용해 아세틸렌을 사용할 때에 주의해야 할 사항
① 아세틸렌은 1.0kg/cm² 이하로 사용한다.
② 용기에 충격을 주지 않는다.
③ 화기에 주의한다.
④ 누설 점검은 비눗물로 한다.

△ 산소-아세틸렌 가스 용접장치

(2) 산소용접 작업을 할 때의 유의사항
① 반드시 소화기를 준비한다.
② 아세틸렌 밸브를 열어 점화한 후 산소밸브를 연다.
③ 점화는 성냥불로 직접하지 않는다.
④ 역화가 발생하면 곧 토치의 산소밸브를 먼저 닫고 아세틸렌 밸브를 닫는다.
⑤ 산소 통의 메인 밸브가 얼었을 때 40℃ 이하의 물로 녹인다.
⑥ 산소는 산소병에 35℃에서 150기압으로 압축 충전한다.
⑦ 아세틸렌 용기내의 아세틸렌은 게이지 압력이 1.5kgf/cm² 이상되면 폭발할 위험이 있다.

(3) 산소용기 취급상의 주의사항
① 산소를 사용한 후 용기가 비었을 때는 반드시 밸브를 잠가 둘 것
② 조정기에는 기름을 칠하지 말 것
③ 밸브의 개폐는 조용히 할 것
④ 산소 봄베를 운반할 때에는 충격을 주지 않도록 한다.
② 산소 봄베는 40℃ 이하의 그늘진 곳에 보관한다.
④ 토치 점화는 마찰식 라이터를 사용한다.

(4) 카바이드
① 카바이드는 수분과 접촉하면 아세틸렌 가스를 발생하므로 카바이드 저장소에는 전등 스위치가 옥내에 있으면 안 된다.
② 카바이드를 취급할 때 주의할 점
- 밀봉해서 보관한다.
- 건조한 곳에 보관한다.
- 인화성이 없는 곳에 보관한다.
- 저장소에 전등을 설치할 경우 방폭 구조로 한다.

2 아크(ARC)용접기

① 아크(ARC)용접기의 감전방지를 위해 자동 전격 방지기를 부착한다.
② 전기 용접기에서 누전이 일어나면 스위치를 끄고 누전 된 부분을 찾아 절연시킨다.
③ 전기용접 작업할 때 주의사항
- 슬랙(slag)제거 때에는 보안경을 착용한다.
- 우천(雨天)에서는 옥외 작업을 금한다.
- 가열된 용접봉 홀더를 물에 넣어 냉각시켜서는 안 된다.
- 피부가 노출되지 않도록 한다.

3 폭발의 우려가 있는 장소에서 금지해야 할 사항

① 화기의 사용 금지
② 과열함으로써 점화의 원인이 될 우려가 있는 기계의 사용 금지
③ 사용도중 불꽃이 발생하는 공구의 사용 금지
④ 가연성 재료의 사용 금지

4 작업장에서의 태도

① 작업장 환경 조성을 위해 노력한다.
② 자신의 안전과 동료의 안전을 고려한다.

③ 안전 작업 법을 준수한다.

5 정비 공장에서 지켜야 할 안전수칙

① 작업 중 입은 부상은 응급치료를 받고 즉시 보고한다.
② 밀폐된 실내에서는 시동을 걸지 않는다.
③ 통로나 마룻바닥에 공구나 부품을 방치하지 않는다.
④ 기름걸레나 인화물질은 철제상자에 보관한다.
⑤ 정비공장에서 작업자가 작업할 때 반드시 알아두어야 할 사항은 안전수칙이다.
⑥ 전동공구 사용 중 정전이 되면 스위치를 OFF에 놓아야 한다.

6 기계시설을 배치할 때 안전 유의사항

① 회전부분(기어, 벨트, 체인) 등은 위험하므로 반드시 커버를 씌워둔다.
② 발전기, 아크용접기, 엔진 등 소음이 나는 기계는 분산시켜 배치한다.
③ 작업장의 통로는 근로자가 안전하게 다닐 수 있도록 정리정돈을 한다.
④ 작업장의 바닥이 미끄러워 보행에 지장을 주지 않도록 한다.

7 감전사고 방지 대책

① 고압의 전류가 흐르는 부분은 표시하여 주의를 준다.
② 전기작업을 할 때는 절연용 보호구를 착용한다.
③ 스위치의 개폐는 오른손으로 하고 물기가 있는 손으로 전기장치나 기구에 손을 대지 않는다.

핵심기출문제

1. 일반 및 운반기계

01 다음 작업 중 전기가 정전되었을 때 해야 할 일이다. 해당 없는 것은?
① 주위의 공구를 정리하고 스위치는 그대로 둔다.
② 기계의 스위치를 끊는다.
③ 경우에 따라서는 메인 스위치도 끊는다.
④ 절삭공구는 일감에서도 떼어 낸다.

02 기계 취급에 관한 안전수칙 중 잘못된 것은?
① 기계운전 중에는 자리를 지킨다.
② 기계의 청소는 작동 중 수시로 한다.
③ 기계운전 중 정전시는 즉시 주 전원 스위치를 끈다.
④ 기계공장에서는 반드시 작업복과 안전화를 착용한다.

03 기계시설의 배치시 안전 유의사항에 맞지 않는 것은?
① 회전부분(기어, 벨트, 체인) 등은 위험하므로 반드시 커버를 씌워둔다.
② 발전기, 아크 용접기, 엔진 등 소음이 발생하는 기계는 한곳에 모아서 배치한다.
③ 작업장의 통로는 근로자가 안전하게 다닐 수 있도록 정리정돈을 한다.
④ 작업장의 바닥이 미끄러워 보행에 지장을 주지 않도록 한다.

04 기계작업시의 일반적인 안전사항이 아닌 것은?
① 주유시는 지정된 오일을 사용하며, 기계는 운전을 정지 시킨다.
② 고장의 수리, 청소 및 조정시에는 동력을 끊고 다른 사람이 작동시키지 않도록 표시해 둔다.
③ 운전중 기계로부터 이탈할 때는 운전을 정지시킨다.
④ 기계운전 중 정전이 발생되었을 때는 각종 모터의 스위치를 켜둔다.

05 정비용 기계의 검사, 유지, 수리에 대한 내용으로 틀린 것은?
① 청소 및 급유시에는 서행한다.
② 동력기계의 이동장치에는 동력 차단장치를 설치한다.
③ 동력 차단장치는 작업자 가까이에 설치한다.
④ 청소할 때는 운전을 정지한다.

06 작동기계의 정지상태에서 점검할 사항이 아닌 것은?
① 안전장치 점검
② 동력전달장치 점검
③ 기어의 이상음 점검
④ 볼트, 너트 풀림 점검

---

05. 정비용 기계의 청소 및 급유는 작동을 정지시킨 상태에서 하여야 한다.

01.① 02.② 03.② 04.④ 05.① 06.③

07 기계를 점검시 기관을 운전상태로 점검해야 할 것이 아닌 것은?
① 클러치의 상태
② 매연 상태
③ 기어의 소음 상태
④ 급유 상태

08 안전장치 선정시 고려사항 중 맞지 않는 것은?
① 안전장치의 사용에 따라 방호가 완전할 것
② 안전장치의 기능 면에서 신뢰도가 클 것
③ 정기 점검시 이외에는 사람의 손으로 조정할 필요가 없을 것
④ 안전장치를 제거하거나 또는 기능의 정지를 용이하게 할 수 있을 것

09 안전장치에 관한 사항 중 틀린 것은?
① 안전장치는 효과 있게 사용한다.
② 안전장치는 작업 형편상 부득이한 경우에는 일시 제거해도 좋다.
③ 안전장치가 불량할 때는 즉시 수리한 후 작업한다.
④ 안전장치는 반드시 작업 전에 점검한다.

10 다음 중 사고로 인한 재해가 가장 많이 발생하는 기계장치는?
① 타이어
② 벨트와 풀리
③ 종 감속기어
④ 기동전동기

11 다음에서 기계장치를 불안전하게 취급할 때의 사고 발생 원인이 아닌 것은?
① 적합한 공구를 사용하지 않을 때
② 안전장치 및 보호장치가 잘되어 있지 않을 때
③ 정리정돈 및 조명장치가 잘되어 있지 않을 때
④ 기계장치가 넓은 장소에 설치되어 있을 때

12 동력 전달장치인 치차(gear)가 통행 또는 작업시에 접촉할 위험이 있는 곳의 안전 조치로 가장 옳은 것은?
① 덮게 판을 덮는다.
② 통행을 금지 한다.
③ 조심해서 통행한다.
④ 작업을 중지하고 방치한다.

13 정밀한 부속품을 세척하기 위한 방법으로 가장 안전한 것은?
① 와이어 브러시를 사용한다.
② 걸레를 사용한다.
③ 솔을 사용한다.
④ 에어건을 사용한다.

14 운반 작업을 할 때 틀리는 것은?
① 드럼통, 봄베 등을 굴려서 운반한다.
② 공동운반에서는 서로 협조를 하여 작업한다.
③ 긴 물건은 앞쪽을 위로 올린다.
④ 무리한 몸가짐으로 물건을 들지 않는다.

---

07. 기계의 급유 상태는 기관을 정지시킨 후 점검하여야 한다.
12. 기어 또는 벨트가 통행 또는 작업시에 접촉할 위험이 있는 경우는 덮게 판을 덮어 안전 조치를 하여야 한다.

07.④ 08.④ 09.② 10.② 11.④ 12.①
13.④ 14.①

15 공동작업으로 물건을 들어 이동하는 방법 설명으로 잘못된 것은?
① 힘의 균형을 유지하여 이동 한다.
② 불안전한 물건은 드는 방법에 주의한다.
③ 긴밀히 연락 하면서 조심하여 든다.
④ 운반도중 기운 센 사람이 한쪽에 힘을 더 가한다.

16 무거운 짐을 이동할 때 적당하지 않은 것은?
① 힘겨우면 기계를 이용한다.
② 기름이 묻은 장갑을 끼고 한다.
③ 지렛대를 이용한다.
④ 힘센 사람과 약한 사람과의 균형을 잡는다.

17 운반차를 이용한 운반작업 방법으로 적합하지 않은 것은?
① 여러 가지 물건을 쌓을 때는 가벼운 물건을 위에 올린다.
② 차의 동요로 안전이 파괴되기 쉬운 때는 비교적 무거운 물건을 위에 쌓는다.
③ 화물 위나 운반차에 사람의 탑승은 절대 금한다.
④ 긴 물건을 실을 때는 맨 끝 부분에 위험 표시를 해야 한다.

18 중량물 운반수레의 취급시 안전사항 중 틀린 것은?
① 적재는 가능한 한 중심이 위로 오도록 한다.
② 화물은 자체에 앞뒤 또는 측면에 편중되지 않도록 한다.
③ 사용 전에 운반수레의 각 부를 점검한다.
④ 앞이 안 보일 정도로 화물을 적재하지 않는다.

19 운반기계에 대한 안전수칙으로 틀린 것은?
① 무거운 물건을 운반할 경우에는 반드시 경종을 울린다.
② 흔들리는 큰 화물은 사람이 승차하여 붙잡도록 한다.
③ 기중기는 규정 용량을 초과하지 않는다.
④ 무거운 물건을 상승시킨 채 오랫동안 방치하지 않는다.

20 운반기계를 이용하여 운반작업을 할 경우 틀린 사항은?
① 무거운 것은 밑에, 가벼운 것은 위에 쌓는다.
② 긴 물건을 쌓을 때는 끝에 위험 표시를 한다.
③ 긴 물건이나 높은 화물을 실을 경우는 보조자가 편승한다.
④ 구르기 쉬운 짐은 로프로 반드시 묶는다.

21 호이스트 사용시 안전사항 중 틀린 것은?
① 규격 이상의 하중을 걸지 않는다.
② 무게 중심 바로 위에서 달아 올린다.
③ 사람이 짐에 타고 운반하지 않는다.
④ 운반중에는 물건이 흔들리지 않도록 짐에 타고 운반한다.

18. 적재 중심은 가능한 아래로 오도록 하여야 한다.
20. 운반기계에는 사람이 편승하여서는 안된다.

15.④ 16.② 17.② 18.① 19.② 20.③ 21.④

22 크레인으로 중량물을 달아 올리려고 할 때 적합하지 않은 것은?
① 수직으로 달아 올린다.
② 제한용량 이상을 달지 않는다.
③ 옆으로 달아 올린다.
④ 신호에 따라 움직인다.

23 와이어 로프로 동일중량의 물건을 매달아 올릴 때 로프에 걸리는 인장력이 가장 적은 로프의 각도는?
① 45° ② 85°
③ 30° ④ 60°

24 기중기로 중량물 등을 운반시 안전한 작업방법으로 틀린 것은?
① 운전자는 신호자의 지시에 따라 운전한다.
② 제한 하중을 조금 넘는 중량물은 제동장치가 감당할 수 있는지를 확인 후 작업해야 한다.
③ 급격한 가속이나 정지를 피하고 추락방지를 위해 주의해서 작업한다.
④ 달아 올리기는 중량물의 중심을 잘 맞추어 옆 방향으로 힘이 가해지지 않도록 한다.

25 기중기로 물건을 운반할 때 주의할 사항이다. 잘못 설명한 것은?
① 경우에 따라서는 규정 무게보다 약간 초과 할 수도 있다.
② 적재물이 떨어지지 않도록 한다.
③ 로프 등의 안전여부를 항상 점검한다.
④ 선회 작업을 할 때 사람이 다치지 않도록 한다.

26 지게차로 물건을 운반시 안전한 작업과 거리가 먼 것은?
① 포크는 지상 약 20cm 높이로 운전한다.
② 포크를 사용하지 않을 때는 최저위치로 한다.
③ 모퉁이를 돌 때 천천히 회전반경을 크게 운전한다.
④ 짐을 싣고 급경사 길을 내려갈 때는 전진 운전한다.

27 앤빌(anvil)과 같이 무거운 물건을 운반할 때의 안전사항 중 틀린 것은?
① 인력으로 운반시 다른 사람과 협조하에 조심성 있게 운반한다.
② 체인블럭이나 리프트를 이용한다.
③ 작업장에 내려놓을 때에는 충격을 주지 않도록 주의한다.
④ 반드시 혼자 힘으로 운반한다.

---

23. 와이어 로프로 동일중량의 물건을 매달아 올릴 때 로프에 걸리는 인장력이 가장 적은 로프의 각도는 30°이고, 가장 큰 각도는 75°이다.
24. 기중기로 중량물을 운반하는 경우에는 제한 하중을 초과하여서는 안된다.
25. 기중기로 물건을 운반할 때 주의할 사항
① 규정 무게보다 초과해서는 안된다.
② 적재물이 떨어지지 않도록 한다.
③ 로프 등의 안전여부를 항상 점검한다.
④ 선회 작업을 할 때 사람이 다치지 않도록 한다.

22.③ 23.③ 24.② 25.① 26.④ 27.④

2. 기타 작업상의 안전

01 산소 아세틸렌 가스 용접할 때 가장 적합한 복장은?
① 장갑 및 헬멧
② 장갑·용접안경 및 헬멧
③ 모자·장갑 및 헬멧
④ 용접안경·모자 및 장갑

02 산소용접 작업을 할 때의 유의사항으로 틀린 것은?
① 반드시 소화기를 준비한다.
② 역화는 아세틸렌 순도가 낮으면 일어난다.
③ 아세틸렌 밸브를 열어 점화한 후 산소밸브를 연다.
④ 점화는 성냥불로 직접하지 않는다.

03 가스 용접에서 안전 작업방법을 설명하였다. 옳지 못한 것은?
① 작업을 시작할 때에는 아세틸렌 밸브를 먼저 열고 점화한 후 산소 밸브를 연다.
② 작업 착수 전에 반드시 소화수 준비를 잊지 말아야 한다.
③ 작업을 시작할 때에는 산소 밸브와 아세틸렌 밸브를 동시에 연다.
④ 역화가 발생하면 곧 토치의 산소 밸브를 닫고 아세틸렌 밸브를 닫는다.

04 아세틸렌 용기내의 아세틸렌은 게이지 압력이 얼마 이상 되면 폭발할 위험이 있는가?
① 0.2kgf/cm² ② 0.6kgf/cm²
③ 0.8kgf/cm² ④ 1.5kgf/cm²

05 고압가스 종류별 용기의 도색으로 틀린 것은?
① 산소-녹색
② 아세틸렌-노란색
③ 액화암모니아-흰색
④ 수소-갈색

06 정비공장에서 아크(ARC)용접기의 감전방지를 위해 무엇을 부착하는가?
① 중성점 접지 ② 리미트 스위치
③ 2차 권선 장치 ④ 자동 전격 방지기

07 전기용접기가 누전이 되었을 때 가장 적절한 행동은?
① 전압이 낮기 때문에 계속 용접하여도 된다.
② 스위치는 손대지 말고 누전 된 부분을 절연시킨다.
③ 용접기만 만지지 않으면 된다.
④ 스위치를 끄고 누전 된 부분을 찾아 절연시킨다.

08 전기용접 작업할 때 주의사항 중 틀린 것은?
① 피부의 노출을 없이한다.
② 슬랙제거 때에는 보안경을 착용한다.
③ 가열된 용접봉 홀더는 물에 넣어 냉각시킨다.
④ 우천(雨天)에서는 옥외 작업을 금한다.

---

03. 역화가 발생하면 곧 토치의 산소 밸브를 닫고 아세틸렌 밸브를 닫는다.
05. 고압가스 용기의 색
 ① 아세틸렌 : 황색(노란색)
 ② 산소 : 녹색(공업용), 백색(의료용)
 ③ 아르곤 : 회색 ④ 수소 : 주황색
 ⑤ 이산화탄소 : 청색
 ⑥ 질소 : 회색, 의료용(흑색)
 ⑦ **액화암모니아** : 흰색(백색)
08. 가열된 용접봉 홀더를 물에 넣어 냉각시켜서는 안 된다.

01.④ 02.② 03.③ 04.④ 05.④ 06.④
07.④ 08.③

09 정비공장에서 작업자가 작업할 때 반드시 알아두어야 할 사항은 어느 것인가?
① 기계기구의 성능
② 1인당 작업량
③ 종업원의 기술정도
④ 안전수칙

10 정비 공장에서 지켜야 할 안전수칙이 아닌 것은?
① 작업중 입은 부상은 응급치료를 받고 즉시 보고한다.
② 밀폐된 실내에서는 시동을 걸지 않는다.
③ 통로나 마룻바닥에 공구나 부품을 방치하지 않는다.
④ 기름걸레나 인화물질은 나무상자에 보관한다.

11 작업장의 안전수칙 중 맞지 않는 것은?
① 공구는 오래 사용하기 위하여 기름을 묻혀서 사용한다.
② 작업복과 안전장구는 반드시 착용한다.
③ 각종 기계를 불필요하게 공회전시키지 않는다.
④ 기계의 청소나 손질은 운전을 정지시킨 후 실시한다.

12 정비공장에 대한 안전 수칙이다. 틀린 것은?
① 전장 테스터 사용 중 정전이 되면 스위치를 ON에 놓아야 한다.
② 액슬 작업을 할 때에는 잭과 스탠드로 고정해야 한다.
③ 엔진을 시동하고자 할 때 소화기를 비치해야 한다.
④ 적재적소의 공구를 사용해야 한다.

13 감전사고 방지책과 관계가 먼 것은?
① 고압의 전류가 흐르는 부분은 표시하여 주의를 준다.
② 전기작업을 할 때는 절연용 보호구를 착용한다.
③ 정전일 때에는 제일 먼저 퓨즈를 검사한다.
④ 스위치의 개폐는 오른손으로 하고 물기가 있는 손으로 전기장치나 기구에 손을 대지 않는다.

14 감전 위험이 있는 곳에 전기를 차단하여 수선점검을 할 때의 조치와 관계가 없는 것은?
① 스위치 박스에 통전장치를 한다.
② 위험에 대한 방지장치를 한다.
③ 스위치에 안전장치를 한다.
④ 필요한 곳에 통전금지 기간에 관한 사항을 게시한다.

15 회로의 정격 전압이 일정수준 이하의 낮은 전압으로 절연파괴 등의 사고에도 인체에 위험을 주지 않게 되는 전압을 무슨 전압이라 하는가?
① 안전전압   ② 접촉전압
③ 접지전압   ④ 절연전압

16 작업장에서 작업자가 가져야 할 태도 중 틀린 것은?
① 작업장 환경조성을 위해 노력한다.
② 작업에 임해서는 아무런 생각 없이 작업한다.
③ 자신의 안전과 동료의 안전을 고려한다.
④ 작업안전 사항을 준수한다.

---

10. 기름걸레나 인화 물질은 철제 용기에 보관하여야 한다.

09.④ 10.④ 11.① 12.① 13.③ 14.①
15.① 16.②

Part V

CBT
자동차정비기능사
모의고사

1회~4회

제 1 회 CBT 자동차정비기능사 모의고사

01 배터리를 충전할 때 음극에서 발생하는 폭발 위험성이 있는 가스는?
① SO_4　② CO
③ CO_2　④ H_2

≪ 배터리를 충전할 때는 양극에서는 산소가, 음극에서는 수소가 발생한다.

02 전기회로에서 전위차는 무엇의 차이를 뜻하는가?
① 전압　② 전류
③ 전자　④ 용량

≪ ① 전압(전위차) : 전압은 전하가 이동하려는 힘으로 전위차라고 한다.
② 전류 : 전류는 전자의 이동을 말하며, 전위차가 클수록 많이 흐른다.
③ 전자 : 전자는 최소량의 ⊖전기를 가지고 빛의 1/10정도의 빠른 속도로서 원자핵 주위를 돌고 있는 미립자이다.
④ 용량 : 일정한 상태에서 일정한 물질이 가질 수 있는 열량이나 전기량을 말한다.

03 재해 조사 목적을 가장 올바르게 설명한 것은?
① 재해 발생 상태의 통계자료 확보
② 작업능률 향상과 근로 기강 확립
③ 재해를 당한 당사자의 책임을 추궁
④ 적절한 예방대책을 수립

≪ 재해 조사의 목적
① 재해 원인의 규명 및 예방자료 수집
② 적절한 예방대책을 수립하기 위하여
③ 동종 재해의 재발방지
④ 유사 재해의 재발방지

04 인화성 액체 또는 기체가 아닌 것은?
① 솔벤트　② 산소
③ 가솔린　④ 프로판가스

≪ 산소는 산소 원소로 만들어진 이원자 분자로, 공기의 주성분이면서 맛과 빛깔과 냄새가 없는 물질이다. 사람의 호흡과 동식물의 생활에 없어서는 안 되는 기체로 대부분의 원소와 잘 화합하여 산화물을 만들며, 화합할 때는 열과 빛을 낸다.

05 엔진의 유압이 낮아지는 경우가 아닌 것은?
① 오일이 부족할 때
② 오일펌프가 마멸된 때
③ 오일 압력 경고등이 소등되어 있을 때
④ 유압 조절 밸브 스프링이 약화되었을 때

≪ 유압이 낮아지는 원인
① 오일펌프가 마멸되었다.
② 오일 점도가 낮아졌다.
③ 유압 조절 밸브 스프링이 약화되었다.
④ 오일이 누출되어 오일 팬 내의 오일량이 부족하다.
⑤ 베어링의 오일 간극이 크다.
⑥ 윤활유 공급라인에 공기가 유입되었다.

06 쇽업소버에서 오일이 상·하 실린더로 이동할 때 통과하는 구멍은?
① 로터리 밸브　② 스텝 구멍
③ 밸브 하우징　④ 오리피스

≪ 오리피스는 통로의 일부분을 좁게 하여 오일의 흐름을 제어하는 것으로서 길이에 비하여 비교적 짧은 흐름에 저항을 갖도록 한다. 쇽업소버는 스프링이 압축되었다가 원위치로 되돌아올 때 상·하 실린더의 작은 구멍(오리피스)을 통과하는 오일의 저항으로 진동을 감소시킨다.

07 플레밍의 오른손 법칙과 관계있는 것은?
① 전압계 ② 시동 전동기
③ 발전기 ④ 전류계

≪ 플레밍의 오른손 법칙은 자계 속에서 도체를 움직일 때에 도체에 발생하는 유도 기전력을 가리키는 법칙으로 발전기의 원리로 이용한다. 기동 전동기, 전압계, 전류계는 플레밍의 왼손 법칙의 원리를 이용한다.

08 12V-100A의 발전기에서 나오는 출력은?
① 1.53PS ② 1.73PS
③ 1.63PS ④ 1.43PS

≪ $P = E \times I$
P : 출력(W), E : 전압(V), I : 전류(A)
1PS = 735W
출력(PS) = $\frac{12 \times 100}{735}$ = 1.63

09 가솔린 전자제어 엔진에는 칼만 와류방식을 사용하는 흡입 공기량 센서가 있다. 흡입 공기량 센서 내에 없는 구성품은?
① 흡기 온도 센서
② 공기 유량 센서
③ 모터포지션 센서
④ 대기압 센서

≪ 흡입 공기량 센서는 칼만 와류 현상을 이용하여 흡입 공기량을 전기적 디지털 신호로 바꾸어 ECU에 보내는 역할을 하며, 흡기 온도 센서, 대기압 센서, 송신기, 수신기, 와류 발생 기둥으로 구성되어 있다.

10 수동변속기에서 싱크로메시(synchro mesh) 기구의 기능이 작용하는 시기는?
① 변속기어가 물려있을 때
② 클러치 페달을 놓을 때
③ 변속기어가 물릴 때
④ 클러치 페달을 밟을 때

≪ 싱크로메시 기구는 싱크로나이저 허브, 싱크로나이저 슬리브, 싱크로나이저 링으로 구성되어 있으며, 변속 기어가 물릴 때 싱크로나이저 링이 주축의 해당 기어와 주축의 회전 속도를 마찰력으로 동기시켜 변속이 이루어진다.

11 다음 중 캠축의 캠 형상이 아닌 것은?
① 오목 캠 ② 접선 캠
③ 볼록 캠 ④ 직선 캠

≪ 밸브의 운동 상태, 열려있는 기간, 밸브 양정 등은 캠의 형상에 따라 정해지며, 캠의 종류는 접선 캠, 볼록 캠(원호 캠), 오목 캠으로 분류된다.

12 전자제어 가솔린 엔진에서 흡기다기관의 압력과 인젝터에 공급되는 연료 압력 편차를 일정하게 유지시키는 것은?
① 릴리프 밸브
② 맵 센서
③ 연료 샌더
④ 연료 압력 레귤레이터

≪ 연료 압력 레귤레이터(연료 압력 조절기)는 흡기다기관 내의 압력변화에 대응하여 연료 분사량을 일정하게 유지하기 위해 인젝터에 걸리는 연료 압력의 편차를 일정하게 유지시키는 역할을 한다.

13 렌치 작업의 주의사항으로 틀린 것은?
① 렌치의 크기는 너트보다 조금 큰 치수를 사용한다.
② 작업장소가 협소하거나 높은 경우 안전을 확보한 후 작업한다.
③ 해머로 렌치를 타격하여 작업하지 않는다.
④ 렌치를 놓치지 않도록 미끄럼 방지에 유의한다.

≪ 렌치 사용 시 주의사항
① 힘이 가해지는 방향을 확인하여 사용하여야 한다.
② 렌치를 잡아 당겨 볼트나 너트를 죄거나 풀어야 한다.
③ 사용 후에는 건조한 헝겊으로 닦아서 보관하여야 한다.
④ 볼트나 너트를 풀 때 렌치를 해머로 두들겨서는 안 된다.
⑤ 렌치에 파이프 등의 연장대를 끼워 사용하여서는 안 된다.
⑥ 산화 부식된 볼트나 너트는 오일이 스며들게 한 후 푼다.
⑦ 조정 렌치를 사용할 경우에는 조정 조에 힘이 가해지지 않도록 주의한다.
⑧ 볼트나 너트를 죄거나 풀 때에는 볼트나 너트의 머리에 꼭 맞는 것을 사용하여야 한다.

14 자동차 높이의 최대 허용기준으로 옳은 것은?

① 4.5m　② 3.8m
③ 3.5m　④ 4.0m

≪ 자동차 길이, 너비, 높이 기준
① 길이 : 13m(연결자동차의 경우에는 16.7m를 말한다)
② 너비 : 2.5m[간접시계장치·환기장치 또는 밖으로 열리는 창의 경우 이들 장치의 너비는 승용자동차에 있어서는 25cm, 기타의 자동차에 있어서는 30cm 다만, 피견인자동차의 너비가 견인자동차의 너비보다 넓은 경우 그 견인자동차의 간접시계장치에 한하여 피견인자동차의 가장 바깥쪽으로 10cm를 초과할 수 없다]
③ 높이 : 4m

15 다이얼 게이지 사용 시 유의사항으로 틀린 것은?

① 분해 청소나 조정을 임의로 하지 않는다.
② 게이지에 충격을 가하지 않는다.
③ 스핀들에 주유를 하거나 그리스를 발라서 보관한다.
④ 게이지 설치 시 지지대의 암을 가능한 짧고 견고하게 고정한다.

≪ 다이얼 게이지 사용시 유의 사항
① 다이얼 게이지로 측정할 때 측정 부분의 위치는 공작물에 수직으로 놓는다.
② 분해 청소나 조정은 하지 않는다.
③ 다이얼 인디케이터에 어떤 충격이라도 가해서는 안 된다.
④ 측정할 때에는 측정 물에 스핀들을 직각으로 설치하고 무리한 접촉은 피한다.
⑤ 게이지 설치 시 지지대의 암을 가능한 짧고 견고하게 고정한다.

16 드릴작업의 안전사항 중 틀린 것은?

① 공작물을 단단히 고정시킨다.
② 작업 효율을 위해 항상 고속회전 작업을 한다.
③ 작업 중 쇳가루를 입으로 불어서는 안 된다.
④ 머리카락이 긴 경우, 흘러내리지 않도록 작업모를 착용한다.

≪ 드릴 작업의 안전사항
① 드릴은 사용 전에 균열이 있는가를 점검한다.
② 드릴의 탈·부착은 회전이 멈춘 다음 행한다.
③ 가공물이 관통될 즈음에는 알맞게 힘을 가하여야 한다.
④ 드릴 끝이 가공물을 관통여부를 손으로 확인해서는 안 된다.
⑤ 공작물은 단단히 고정시켜 따라 돌지 않게 한다.
⑥ 작업복을 입고 작업한다.
⑦ 테이블 위에 고정시켜서 작업한다.
⑧ 드릴작업은 장갑을 끼고 작업해서는 안 된다.
⑨ 머리가 긴 사람은 안전모를 쓴다.
⑩ 작업 중 쇳가루를 입으로 불어서는 안 된다.
⑪ 드릴작업에서 둥근 공작물에 구멍을 뚫을 때는 공작물을 V블록과 클램프로 잡는다.
⑫ 드릴작업을 하고자 할 때 재료 밑의 받침은 나무판을 이용한다.

17 배터리에 대한 설명으로 틀린 것은?

① 전해액 온도가 낮으면 황산의 확산이 활발해진다.
② 극판수가 많으면 용량이 증가한다.
③ 전해액 온도가 올라가면 비중은 낮아진다.
④ 온도가 높으면 자기 방전량이 많아진다.

≪ 전해액의 온도가 낮으면 황산의 분자 운동이 둔화된다.

18 다음 중 가솔린 엔진에서 고속 회전 시 토크가 낮아지는 원인으로 가장 적합한 것은?

① 체적 효율이 낮아지기 때문이다.
② 화염전파 속도가 상승하기 때문이다.
③ 점화시기가 빨라지기 때문이다.
④ 혼합기가 농후해지기 때문이다.

≪ 엔진의 회전 속도가 높아질 경우 체적 효율이 낮아지고 마찰 토크 또한 커지므로 고속 회전 시 토크가 낮아진다.

19 산소 센서 고장으로 인해 발생되는 현상으로 옳은 것은?

① 연비 향상
② 가속력 향상
③ 변속 불능
④ 유해 배출가스 증가

≪ 산소 센서 고장 시 발생되는 현상
① 유해 배출가스가 증가된다.
② 공회전시 엔진 진동 발생 및 엔진이 정지된다.
③ 연비가 저하된다.
④ 가속력이 부족하다.

20 전기자 코일과 계자 코일을 병렬로 접속한 전동기 형식은?

① 직권 전동기
② 차동 전동기
③ 분권 전동기
④ 복권 전동기

≪ 전동기의 종류
① 직권 전동기 : 전기자 코일과 계자 코일이 직렬로 접속되어 있다.
② 분권 전동기 : 전기자 코일과 계자 코일이 병렬로 접속되어 있다.
③ 복권 전동기 : 전기자 코일과 계자 코일이 직·병렬로 접속되어 있다.

21 주행 중 자동차의 조향 휠이 한쪽 방향으로 쏠리는 원인과 가장 거리가 먼 것은?

① 쇽업소버 한쪽 파손
② 휠 얼라인먼트의 조정 불량
③ 엔진 출력 불량
④ 타이어 공기압력 불균일

≪ 주행 중 조향 휠이 한쪽 방향으로 쏠리는 원인
① 브레이크 라이닝 간극 조정이 불량하다.
② 휠이 불평형하다.
③ 쇽업소버의 작동이 불량하다.
④ 타이어 공기압력이 불균일하다.
⑤ 앞바퀴 정열(얼라인먼트)이 불량하다.
⑥ 한쪽 휠 실린더의 작동이 불량하다.
⑦ 뒤 차축이 차량의 중심선에 대하여 직각이 되지 않는다.

22 변속기에서 제3속의 감속비가 1.5 : 1, 구동 피니언의 잇수가 7, 링 기어의 잇수가 42인 경우 최종 감속비는?

① 14 : 1
② 10 : 1
③ 9 : 1
④ 12 : 1

≪ 최종 감속비 = 변속비 × 종감속비
종감속비 = 링기어 잇수 ÷ 구동 피니언 잇수
최종 감속비 $= 1.5 \times \frac{42}{7} = 9$

23 배력장치가 장착된 자동차에서 브레이크 페달의 조작이 무겁게 되는 원인이 아닌 것은?

① 진공용 체크 밸브의 작동이 불량하다.
② 푸시로드의 부트가 파손되었다.
③ 릴레이 밸브 피스톤의 작동이 불량하다.
④ 하이드로릭 피스톤 컵이 손상되었다.

≪ 배력장치를 설치한 차량에서 브레이크 페달 조작이 무거운 원인
① 진공용 체크 밸브의 작동이 불량하다.
② 진공 파이프 각 접속부분에서 새는 곳이 있다.
③ 릴레이 밸브 피스톤의 작동이 불량하다.
④ 하이드롤릭 피스톤 컵의 작동이 불량하다.
⑤ 진공 및 공기 밸브의 작동이 불량하다.

24 실린더 지름 220mm, 행정이 360mm, 회전수가 400mm일 때 피스톤의 평균속도는?

① 4.2m/s
② 6.6m/s
③ 3.1m/s
④ 4.8m/s

≪ $S = \frac{2 \times N \times L}{60}$
S : 피스톤 평균속도(m/sec) N : 엔진 회전수(rpm)
L : 피스톤 행정(m)
$S = \frac{2 \times 400 \times 0.36}{60} = 4.8 \text{m/s}$

25 유압식 브레이크는 어떤 원리를 이용한 것인가?
① 에커먼 장토의 원리
② 베르누이의 원리
③ 뉴턴의 원리
④ 파스칼의 원리

≪ 유압식 브레이크는 밀폐된 용기에 넣은 액체의 일부에 압력을 가하면 가해진 압력과 같은 크기의 압력이 모든 부분에 작용한다는 파스칼의 원리를 응용한 것이다.

26 공랭식 엔진에서 냉각효과를 증대시키기 위한 장치로서 적합한 것은?
① 방열 탱크 ② 방열 초크
③ 방열 밸브 ④ 방열 핀

≪ 방열 핀은 공랭식 엔진의 실린더 헤드 또는 실린더 벽 주위에 공기의 접촉 면적을 넓게 하여 냉각효과를 증대시키기 위해 설치된 냉각핀을 말한다.

27 작업장의 안전점검을 실시할 때 유의사항이 아닌 것은?
① 안전점검 후 강평하고 사소한 사항은 묵인한다.
② 과거 재해 요인이 해결되었는지 확인한다.
③ 점검내용을 서로가 이해하고 숙지한다.
④ 안전 점검자는 점검사항을 충분히 확인한다.

28 엔진 분해·조립할 때 주의사항이 아닌 것은?
① 분해된 순서로 정리정돈 한다.
② 알맞은 공구를 사용한다.
③ 접촉면이 바닥으로 향하게 한다.
④ 개스킷은 신품으로 교환한다.

≪ 접촉면을 바닥으로 향하여 정돈하면 접촉면에 손상이 발생될 우려가 있다.

29 엔진의 회전속도가 2500rpm, 연소지연시간이 1/600초라고 하면 연소지연시간 동안에 크랭크축의 회전각도는?
① 20° ② 35°
③ 30° ④ 25°

≪ 크랭크축 회전각도 = $\dfrac{회전속도}{60} \times 360 \times 연소지연시간$

크랭크축 회전각도 = $\dfrac{2500}{60} \times 360 \times \dfrac{1}{600} = 25$

30 전자제어 엔진 점화장치의 파워 TR에서 ECU에 의해 제어되는 단자는?
① 이미터 단자 ② 베이스 단자
③ 콜렉터 단자 ④ 접지 단자

≪ 파워 트랜지스터의 베이스는 컴퓨터(ECU)에 의해 제어되고, 컬렉터는 점화 1차 코일의 (-)단자와 연결되며, 이미터는 접지된다.

31 자동차 배출가스의 분류에 속하지 않는 것은?
① 증발가스 ② 블로바이 가스
③ 할로겐 가스 ④ 배기가스

≪ 자동차에서 배출되는 가스
① 연료증발가스 : 자동차에서 배출되는 전 탄소량의 15%
② 블로바이가스 : 자동차에서 배출되는 전 탄소량의 25%
③ 배기가스 : 자동차에서 배출되는 전 탄소량의 60%

32 LPG 차량에서 공전 시 에어컨 부하, 파워스티어링 등의 전기부하가 걸릴 때 공전회전수 저하를 방지하기 위해 혼합기를 추가로 공급하는 것은?
① 크랭크축 센서
② 스로틀 위치 센서
③ 아이들 업 솔레노이드 밸브
④ 산소 센서

≪ 아이들 업 솔레노이드 밸브는 공회전 상태에서 부하에 의해 엔진 회전수가 저하되는 것을 방지하기 위해 아이들 업 포트를 열어 혼합기를 추가로 공급하여 엔진의 회전 속도를 상승시킨다.

33 괄호 안에 들어갈 알맞은 소자는?

> SRS(Supplemental Restraint System) 시스템 점검 시 반드시 배터리의 (-)터미널을 탈거하고 약 5분간 대기한 후 점검한다. 이는 ECU 내부에 있는 데이터를 유지하기 위한 내부( )에 충전되어 있는 전하량을 방전시키기 위한 안전지침이다.

① G센서　　② 사이리스터
③ 서미스터　　④ 콘덴서

≪ SRS를 점검할 때 반드시 배터리의 (-)터미널을 탈거후 5분 정도 대기한 후 점검하여야 하는데 이는 ECU 내부에 있는 데이터를 유지하기 위한 내부 콘덴서에 충전되어 있는 전하량을 방전시키기 위함이다.

34 냉각장치에서 왁스실에 왁스를 넣어 온도가 높아지면 팽창축을 열게 하는 온도 조절기는?

① 바이패스 밸브형
② 펠릿형
③ 벨로즈형
④ 바이메탈형

≪ 펠릿형 수온 조절기
① 실린더에 왁스와 합성 고무가 봉입되어 있다.
② 냉각수의 온도가 상승하면 고체 상태의 왁스가 액체로 변화되어 밸브가 열린다.
③ 냉각수의 온도가 낮으면 액체 상태의 왁스가 고체로 변화되어 밸브가 닫힌다.
④ 내구성이 우수하고 압력에 의한 영향이 작아 많이 사용된다.
⑤ 지글 핀 : 냉각 계통 내의 기포를 배출시킨다.

35 자동 헤드라이트 장치의 구성부품이 아닌 것은?

① 아이들 스위치　② 헤드램프 릴레이
③ 조도 센서　　　④ 라이트 스위치

≪ 아이들 스위치
① 공전 속도 조절 서보를 작동시키기 위한 스위치.
② 엔진의 공전 상태를 검출하여 컴퓨터에 입력시킨다.
③ 스로틀 밸브가 닫히면 공전 위치 스위치는 ON 된다.

36 차동장치 링 기어의 흔들림(런 아웃)을 측정하는데 사용되는 것은?

① 다이얼 게이지
② 실린더 게이지
③ 마이크로미터
④ 간극 게이지

≪ 다이얼 게이지는 축의 휨, 흔들림(런 아웃), 엔드 플레이, 백래시 등을 측정하는데 사용된다.

37 변속기가 필요한 이유로 틀린 것은?

① 자동차의 후진을 가능하게 하기 위해서
② 엔진의 회전력을 바퀴에 필요한 회전력으로 증대시키기 위해서
③ 바퀴의 회전속도를 항상 일정하게 유지하기 위해서
④ 필요에 따라 엔진을 무부하로 하기 위해서

≪ 변속기의 필요성
① 무부하 상태로 공전운전 할 수 있도록 한다.(엔진을 무부하 상태로 한다.)
② 회전방향을 역으로 하기 위함이다.(후진을 가능하게 한다.)
③ 차량이 발진할 때 중량에 의한 관성으로 인해 큰 구동력이 필요하기 때문이다.
④ 엔진의 회전력을 변환시켜 바퀴에 전달한다.
⑤ 정차할 때 엔진의 공전운전을 가능하게 한다.

38 공기식 현가장치에서 공기 스프링의 종류가 아닌 것은?

① 벨로우즈식(bellows type)
② 복합형식(combination type)
③ 텔레스코픽식(telescopic type)
④ 다이어프램식(diaphragm type)

≪ 텔레스코픽식 쇽업소버
① 비교적 가늘고 긴 실린더로 조합되어 있다.
② 차체와 연결되는 피스톤과 차축에 연결되는 실린더로 구분되어 있다.
③ 피스톤에는 오일이 통과하는 오리피스 및 밸브가 설치되어 있다.

39 동력 조향장치의 주요 3부로 옳은 것은?

① 작동부, 제어부, 동력부
② 작동부, 제어부, 링키지부
③ 작동부, 동력부, 링키지부
④ 동력부, 링키지부, 조향부

≪ 동력 조향 장치의 3대 주요부
① 동력부 : 조향 조작력을 증대시키기 위한 유압을 발생한다.
② 작동부 : 유압을 기계적 에너지로 변환시켜 앞바퀴에 조향력을 발생한다.
③ 제어부 : 동력부에서 작동부 공급되는 오일의 통로를 개폐시키는 역할을 한다.

40 실린더의 안지름 83mm, 행정이 78mm인 4실린더 엔진의 총 배기량은?

① 약 1800cc
② 약 1580cc
③ 약 1200cc
④ 약 1688cc

≪ $V = \dfrac{\pi \times D^2}{4} \times L \times N$
V : 총배기량(cc), D : 실린더 내경(cm)
L : 피스톤 행정(cm) N : 실린더 수
$V = \dfrac{\pi \times 8.3^2}{4} \times 7.8 \times 4 = 1688.11\,cc$

41 엔진 점화장치의 파워 TR 불량 시 나타나는 현상이 아닌 것은?

① 주행 시 가속력이 저하된다.
② 연료 소모가 많다.
③ 크랭킹이 불가능하다.
④ 시동이 불량하다.

≪ 파워 TR 불량 시 나타나는 현상
① 엔진 시동 불량 또는 시동 불가능(크랭킹은 가능하다)
② 공회전시 엔진 부조 현상이 발생한다.
③ 공회전 또는 주행 중 시동이 꺼진다.
④ 주행 시 가속력이 저하된다.
⑤ 연료 소모가 많다.

42 전기장치의 점검사항에 대한 설명 중 ( )안에 적합한 것은?

점프와이어는 (a)의 (b)상태를 점검하는데 사용한다.

① a : 통전 또는 접지, b : 연결부의 제거
② a : 전원, b : 통전 또는 접지
③ a : 점프, b : 통전 또는 접지
④ a : 통전 또는 접지, b : 점프

≪ 점프와이어는 전원의 통전 또는 접지상태에서 점검하는데 사용한다.

43 추진축의 자재이음은 어떤 변화를 가능하게 하는가?

① 축의 길이
② 회전속도
③ 회전축의 각도
④ 회전 토크

≪ 드라이브 라인은 추진축, 자재이음, 슬립이음으로 구성되어 있으며, 자재이음은 추진축의 각도 변화를 가능하게 하고 슬립이음은 길이 변화에 대응하고 있다.

44 엔진의 타이밍 벨트 교환 작업으로 틀린 것은?

① 타이밍 벨트의 소음을 줄이기 위해 윤활을 한다.
② 타이밍 벨트의 텐셔너도 함께 교환한다.
③ 타이밍 벨트의 정렬과 장력을 정확히 맞춘다.
④ 타이밍 벨트 교환 시 엔진 회전 방향에 유념한다.

≪ 타이밍 벨트에는 오일, 물기 또는 증기 등이 접촉되지 않도록 하여야 한다.

45 엔진의 회전수가 5500rpm이고 엔진 출력이 70PS이며, 총 감속비가 5.5일 때 뒤 액슬축의 회전수(rpm)는?

① 1400 ② 1200
③ 1000 ④ 800

≪ $Ran = \dfrac{En}{Tr}$
Ran : 뒤 액슬축의 회전수   En : 엔진 회전수
Tr : 총 감속비
$Ran = \dfrac{5500rpm}{5.5} = 1000rpm$

46 내연기관 사이클에서 가솔린 엔진의 표준 사이클은?

① 사바테 사이클
② 정적 사이클
③ 정압 사이클
④ 복합 사이클

≪ 내연기관 기본 사이클
① 정적(오토) 사이클 : 가솔린 엔진, 가스엔진의 기본 사이클
② 정압(디젤) 사이클 : 저속 디젤엔진의 기본 사이클
③ 복합(사바테) 사이클 : 고속 디젤엔진의 기본 사이클

47 가솔린 엔진의 밸브 간극이 규정 값보다 클 때 어떤 현상이 일어나는가?

① 흡입 밸브 간극이 크면 흡입량이 많아진다.
② 소음이 감소하고 밸브기구에 충격을 준다.
③ 엔진의 체적 효율이 증대된다.
④ 정상 작동분포에서 밸브가 완전하게 개방되지 않는다.

≪ 밸브 간극이 규정보다 크면 흡·배기 효율이 저하되고 마멸 및 소음이 발생되며, 밸브가 완전하게 개방되지 않는다. 밸브 간극이 작으면 블로 백 현상이 발생되어 엔진의 출력이 저하되고, 밸브가 완전하게 닫히지 않는다.

48 차륜 정렬에서 킹핀 오프셋이란?

① 차륜의 중심선과 킹핀 중심선의 연장선이 노면에서 만나는 거리이다.
② 앞뒤 차축 타이어의 접지 중심으로부터 세로 중심면에 내린 수직선 사이의 거리이다.
③ 킹핀의 중심선이 노면이 수직인 직선에 대해 어느 한쪽으로 기울어진 상태이다.
④ 직진 위치에서 좌우 바퀴를 위에서 보았을 때 임의의 각도를 두고 설치되어 있는 상태이다.

≪ 킹핀 오프셋 : 자동차를 앞에서 보았을 때 타이어 중심선과 킹핀 중심선의 연장선이 노면에서 만나는 거리이다. 타이어의 접지 중심과 킹핀 중심선이 노면과의 교차점에서 바깥쪽에 있는 것이 일반적이었으나, 반대로 안쪽에 오도록 한 네거티브 킹핀 오프셋이나 제로(0) 오프셋에 가까운 센터 포인트 조향이 주류를 이루고 있다.

49 가솔린 연료에서 옥탄가의 정의로 옳은 것은?

① $\dfrac{노멀헵탄}{이소옥탄+노멀헵탄} \times 100$
② $\dfrac{이소옥탄+노멀헵탄}{노멀헵탄} \times 100$
③ $\dfrac{이소옥탄}{이소옥탄+노멀헵탄} \times 100$
④ $\dfrac{이소옥탄+노멀헵탄}{이소옥탄} \times 100$

50 병렬형 하이브리드 자동차의 특징에 대한 설명으로 틀린 것은?

① 순수 전기차 주행 기능을 구현하기는 어렵다.
② 고속영역에서 최고의 효율을 목표로 할 수 있다.
③ 내연기관에 비해 배기가스 저감이 가능하다.
④ 희생제동이 가능하다.

≪ 병렬형 하이브리드 자동차의 FMED(Flywheel Mounted Electric Device) 방식은 엔진과 모터가 직결되어 있으므로 전기자동차 주행(모터 단독 구동)이 불가능하다. 그러나 TMED(Transmission Mounted Electric Device) 방식은 모터가 변속기에 직결되어 있고 전기자동차 주행(모터 단독 구동)을 위해 엔진과는 클러치로 분리되어 있다.

51 유압식 동력 조향장치의 구성요소로 틀린 것은?

① 브레이크 스위치
② 오일펌프
③ 스티어링 기어박스
④ 압력 스위치

≪ 브레이크 스위치는 브레이크 페달을 밟을 때부터 놓을 때까지 ON되어 자동차 뒷부분의 제동등을 점등시켜 뒤따르는 운전자에게 알리는 제동장치의 구성요소이다.

52 수동변속기 차량에서 클러치의 필요조건으로 틀린 것은?

① 회전관성이 커야 한다.
② 내열성이 좋아야 한다.
③ 방열이 잘되어 과열되지 않아야 한다.
④ 회전부분의 평형이 좋아야 한다.

≪ 클러치의 구비조건
① 회전관성이 작을 것
② 동력전달이 확실하고 신속할 것
③ 방열이 잘되어 과열되지 않을 것
④ 회전부분의 평형이 좋을 것
⑤ 동력을 차단할 경우에는 신속하고 확실할 것

53 삼원촉매에 대한 설명으로 옳은 것은?

① HC, CO, NOx를 저감하는 촉매이다.
② 매연을 저감하는 촉매이다.
③ O_3, CO_2, λ를 저감하는 촉매이다.
④ HC, CO_2, λ를 저감하는 촉매이다.

≪ 촉매장치의 종류
① 산화촉매 장치 : 배기가스에 외부 공기를 가하여 300℃ 정도의 온도로 유지된 촉매의 중앙을 통과하면 유해한 CO(일산화탄소)와 HC(탄화수소)를 산화시켜 각각 무해한 CO_2(이산화탄소)와 H_2O(물)로 바꾸는 장치
② 삼원촉매 장치 : 삼원은 배기가스 중 유해 성분인 CO, HC, NOx 가스 중 CO와 HC를 CO_2와 H_2O로 환원시키고 NOx는 N_2로 환원시켜 배출한다.
③ 환원촉매 장치 : 배기가스 중에 포함된 일산화탄소(CO)·탄화수소(HC) 및 질소산화물(NOx)을 이산화탄소(CO_2)·수증기(H_2O)·산소(O_2) 및 질소(N_2)로 환원시켜 대기 중으로 방출한다.

54 자동차 VIN(Vehicle identification number)의 정보에 포함되지 않는 것은?

① 자동차 종별
② 안전벨트 구분
③ 제동장치 구분
④ 엔진의 종류

≪ VIN의 정보
① 국적 ② 제작사 ③ 자동차 종별 ④ 차종 ⑤ 차체 형상
⑥ 안전벨트 구분 ⑦ 변속기 구분 ⑧ 엔진 형식
⑨ 제작년도 ⑩ 생산 공장 ⑪ 차량 생산 번호

55 자동차 문이 닫히자마자 실내가 어두워지는 것을 방지해 주는 램프는?

① 도어 램프   ② 테일 램프
③ 패널 램프   ④ 감광식 룸램프

≪ 감광식 룸램프는 도어를 열고 닫을 때 실내등이 즉시 소등되지 않고 서서히 소등되도록 하여 시동 및 출발 준비를 할 수 있도록 편의를 제공한다.

56 클러치가 미끄러지는 원인 중 틀린 것은?

① 페달 자유 간극 과대
② 마찰 면의 경화, 오일 부착
③ 압력판 및 플라이휠 손상
④ 클러치 압력스프링 쇠약, 절손

≪ 클러치가 미끄러지는 원인
① 클러치 페달 및 시프트 포크에 틈새(자유 유격)가 없다.
② 클러치 마찰면의 경화 또는 오일이 묻어 있다.
③ 클러치 압력 스프링이 쇠약, 절손 되었다.
④ 클러치 스프링의 자유고가 감소되었다.
⑤ 압력판 및 플라이휠이 손상되었다.

57 엔진정비 작업 시 피스톤 링의 이음 간극을 측정할 때 측정 도구로 가장 알맞은 것은?

① 시크니스게이지
② 마이크로미터
③ 버니어캘리퍼스
④ 다이얼게이지

58 가솔린 차량의 배출가스 중 NOx의 배출을 감소시키기 위한 방법으로 적당한 것은?

① 캐니스터 설치
② 간접연료 분사 방식 채택
③ EGR장치 채택
④ DPF시스템 채택

≪ 배기가스 재순환(EGR)장치는 엔진의 출력 감소가 최소가 되는 범위에서 배기가스의 일부를 재순환시켜 연소실에 공급함으로써 연소 온도를 낮추어 NOx의 배출량을 감소시킨다.

59 그림과 같은 커먼레일 인젝터 파형에서 주분사 구간을 가장 알맞게 표시한 것은?

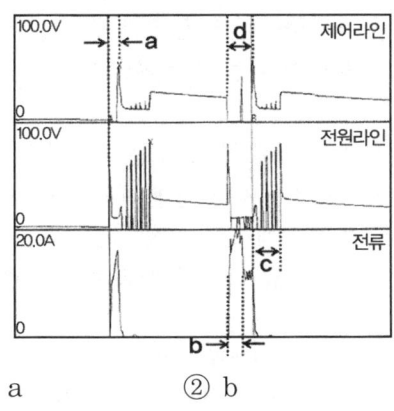

① a
② b
③ c
④ d

60 디스크 브레이크에서 패드 접촉면에 오일이 묻었을 때 나타나는 영향은?

① 패드가 과냉되어 제동력이 증가된다.
② 브레이크가 잘 듣지 않는다.
③ 브레이크 작동이 원활하게 되어 제동이 잘 된다.
④ 디스크 표면의 마찰이 증대된다.

≪ 디스크 브레이크에서 패드 접촉면에 오일이 묻으면 브레이크가 잘 듣지 않는다.

제 1 회 모의고사 정답

01.④	02.①	03.④	04.②	05.③
06.④	07.③	08.③	09.③	10.③
11.④	12.④	13.①	14.④	15.③
16.②	17.①	18.①	19.④	20.③
21.③	22.③	23.②	24.④	25.④
26.④	27.①	28.③	29.④	30.②
31.③	32.③	33.④	34.②	35.①
36.①	37.③	38.③	39.③	40.④
41.③	42.②	43.③	44.①	45.③
46.②	47.④	48.①	49.③	50.①
51.①	52.①	53.①	54.④	55.④
56.①	57.①	58.③	59.④	60.②

제 2 회 CBT 자동차정비기능사 모의고사

01 냉각수 온도 센서 고장 시 엔진에 미치는 영향으로 틀린 것은?
① 공회전 상태가 불안정하게 된다.
② 워밍업 시기에 검은 연기가 배출될 수 있다.
③ 배기가스 중에 CO 및 HC가 증가 된다.
④ 냉간 시동성이 양호하다.

≪ 수온 센서에 결함이 있으면
① 공회전 상태가 불안정하게 된다.
② 냉각수 온도의 상태에 따른 연료 분사량의 보정을 할 수 없다.
③ 고장이 발생하면(단선) 온도를 80℃로 판정한다.
④ 엔진 시동에서 냉각수 온도에 따라 연료 분사량을 보정할 수 없다.
⑤ 워밍업 할 때 검은 연기가 배출된다.
⑥ 배기가스 중에 CO 및 HC가 증가된다.

02 디젤 연소실의 구비조건 중 틀린 것은?
① 연소시간이 짧을 것
② 열효율이 높을 것
③ 평균유효 압력이 낮을 것
④ 디젤노크가 적을 것

≪ 디젤 엔진 연소실의 구비조건
① 분사된 연료를 가능한 한 짧은 시간 내에 완전 연소시킬 것
② 평균유효 압력이 높고, 연료소비율이 적을 것
③ 고속회전에서의 연소상태가 좋을 것
④ 엔진의 시동이 쉬울 것
⑤ 노크 발생이 적을 것
⑥ 열효율이 높을 것

03 베어링에 작용하중이 80kgf의 힘을 받으면서 베어링 면의 미끄럼 속도가 30m/s일 때 손실 마력은?(단, 마찰계수는 0.2이다.)
① 4.5PS   ② 6.4PS
③ 7.3PS   ④ 8.2PS

≪ $F_{PS} = \dfrac{W \times s \times \mu}{75}$
F_{PS} : 손실마력, W : 베어링에 작용하는 하중, s : 미끄럼속도, μ : 마찰계수
$F_{PS} = \dfrac{80 \times 30 \times 0.2}{75} = 6.4 PS$

04 자동차의 앞면에 안개등을 설치할 경우에 해당되는 기준으로 틀린 것은?
① 비추는 방향은 앞면 진행방향을 향하도록 할 것
② 후미등이 점등된 상태에서 전조등과 연동하여 점등 또는 소등할 수 있는 구조일 것
③ 등광색은 백색 또는 황색으로 할 것
④ 승용자동차 앞면 안개등의 발광면은 공차상태에서 지상 250mm 이상 800mm 이하에 설치하여야 한다.

≪ 앞면 안개등의 기준
① 좌·우에 각각 1개를 설치할 것.
② 너비가 130센티미터 이하인 초소형자동차에는 1개를 설치할 수 있다.
③ 등광색은 백색 또는 황색일 것
④ 너비 방향의 설치 위치 : 발광면 외측 끝은 자동차 최외측으로부터 400mm 이하일 것
⑤ 높이 방향 설치 위치 : 승용자동차 앞면 안개등의 발광면은 공차상태에서 지상 250mm 이상 800mm 이하에 설치하여야 한다.
⑥ 앞면 안개등 발광면의 최상단은 변환빔 전조등 발광면의 최상단보다 낮게 설치할 것

05 디젤 엔진에서 기계식 독립형 연료 분사펌프의 분사시기 조정방법으로 맞는 것은?

① 거버너의 스프링을 조정
② 랙과 피니언으로 조정
③ 피니언과 슬리브로 조정
④ 펌프와 타이밍 기어의 커플링으로 조정

≪ 독립형 연료 분사펌프의 분사시기 조정은 펌프와 타이밍기어의 커플링으로 한다.

06 4기통인 4행정 사이클 엔진에서 회전수가 1800rpm, 행정이 75mm인 피스톤의 평균속도는?

① 2.55m/sec ② 2.45m/sec
③ 2.35m/sec ④ 4.5m/sec

≪ $S = \dfrac{2 \times N \times L}{60}$
S : 피스톤 평균속도(m/s), N : 엔진 회전속도(rpm),
L : 피스톤 행정(m)
$S = \dfrac{2 \times 1800 \times 75}{60 \times 1000} = 4.5 \text{m/sec}$

07 가솔린 노킹(knocking)의 방지책에 대한 설명 중 잘못 된 것은?

① 압축비를 낮게 한다.
② 냉각수의 온도를 낮게 한다.
③ 화염전파 거리를 짧게 한다.
④ 착화지연을 짧게 한다.

≪ 가솔린 기관의 노킹방지 방법
① 화염 전파거리를 짧게 하는 연소실 형상을 사용한다.
② 자연 발화온도가 높은 연료를 사용한다.
③ 동일 압축비에서 혼합기의 온도를 낮추는 연소실 형상을 사용한다.
④ 연소속도가 빠른 연료를 사용한다.
⑤ 점화시기를 늦춘다.
⑥ 옥탄가가 높은 가솔린을 사용한다.
⑦ 혼합가스에 와류가 발생하도록 한다.
⑧ 냉각수 온도를 낮춘다.

08 연료의 온도가 상승하여 외부에서 불꽃을 가까이 하지 않아도 자연히 발화되는 최저 온도는?

① 인화점   ② 착화점
③ 발열점   ④ 확산점

≪ 착화점이란 연료의 온도가 높아지면 외부로부터 불꽃을 가까이 하지 않아도 발화하여 연소되는데 이 때의 최저 온도를 말한다.

09 점화순서가 1-3-4-2인 4행정 엔진의 3번 실린더가 압축행정을 할 때 1번 실린더는?

① 흡입행정   ② 압축행정
③ 폭발행정   ④ 배기행정

≪ 점화순서 1-3-4-2에서 3번 실린더가 압축행정을 하면 2번 실린더는 배기행정, 3번 실린더가 폭발행정을 준비하기 위한 행정이므로 1번 실린더는 폭발행정, 4번 실린더는 흡입행정, 2번 실린더는 배기행정을 각각 한다.

10 엔진의 윤활유 유압이 높을 때의 원인과 관계 없는 것은?

① 베어링과 축의 간격이 클 때
② 유압 조정 밸브 스프링의 장력이 강할 때
③ 오일 파이프의 일부가 막혔을 때
④ 윤활유의 점도가 높을 때

≪ 배어링과 축의 간격이 크면 유압이 낮아지는 원인이 되며, 유압이 높아지는 원인은 유압 조정 밸브(릴리프 밸브)스프링의 장력이 강할 경우, 윤활계통의 일부가 막혔을 경우, 윤활유의 점도가 높을 경우이다.

11 연소실 체적이 40cc 이고, 총배기량이 1280cc인 4기통 기관의 압축비는?

① 6 : 1   ② 9 : 1
③ 18 : 1   ④ 33 : 1

≪ ① 배기량$(V_s) = \dfrac{\text{총배기량}}{\text{실린더 수}} = \dfrac{1280}{4} = 320$

② $\epsilon = \dfrac{V_c + V_s}{V_c}$
ε : 압축비, V_s : 실린더 배기량(행정체적),
V_c : 연소실 체적
$\epsilon = \dfrac{40 + 320}{40} = 9$

12 전자제어 엔진의 흡입 공기량 측정에서 출력이 전기 펄스(Pulse, digital) 신호인 것은?

① 벤(Vane)식
② 칼만(Karman) 와류식
③ 핫 와이어(hot wire)식
④ 맵 센서(MAP sensor)식

≪ 칼만 와류식
① 공기의 흐름 속에서 발생된 와류를 이용하여 흡입 공기량을 검출한다.
② 초음파가 와류에 의해서 밀집되거나 분산된 신호를 컴퓨터에 보낸다.
③ 흡입 공기의 체적 유량의 측정은 전기 펄스 신호 출력한다.

13 실린더 지름이 80mm이고 행정이 70mm인 엔진의 연소실 체적이 50cc인 경우의 압축비는?

① 8 ② 8.5
③ 7 ④ 7.5

해설 ① $V_s = \dfrac{3.14 \times D^2 \times L}{4}$

V_s : 배기량, D : 실린더 안지름(내경), L : 피스톤행정

$V_s = \dfrac{3.14 \times 8^2 \times 7}{4} = 351.68cc$

② $\epsilon = \dfrac{V_c + V_s}{V_c} = \dfrac{50 + 351.68}{50} = 8.03$

14 내연기관의 일반적인 내용으로 다음 중 맞는 것은?

① 2행정 사이클 엔진의 인젝션 펌프 회전속도는 크랭크축 회전속도의 2배이다.
② 엔진 오일은 일반적으로 계절마다 교환한다.
③ 크롬 도금한 라이너에는 크롬 도금된 피스톤 링을 사용하지 않는다.
④ 가압식 라디에이터 부압 밸브가 밀착불량이면 라디에이터가 손상하는 원인이 된다.

≪ 내연기관의 일반적인 내용
① 2행정 사이클 엔진의 인젝션 펌프 회전속도는 크랭크축 회전속도와 같다.
② 엔진 오일은 일정 주행거리마다 교환한다.
③ 가압식 라디에이터의 압력 밸브가 열리지 않으면 라디에이터가 손상하는 원인이 된다.

15 디젤 엔진의 연료분사 장치에서 연료의 분사량을 조절하는 것은?

① 연료 여과기
② 연료 분사노즐
③ 연료 분사펌프
④ 연료 공급펌프

≪ 디젤 엔진의 연료 분사량은 연료 분사펌프에 설치된 조속기에서 엔진의 부하에 의해 조절된다.

16 부동액 성분의 하나로 비등점이 197.2℃, 응고점이 -50℃인 불연성 포화액인 물질은?

① 에틸렌글리콜 ② 메탄올
③ 글리세린   ④ 변성 알코올

≪ 에틸렌글리콜의 특징
① 비등점이 197.2℃, 응고점이 최고 -50℃ 이다.
② 도료(페인트)를 침식하지 않는다.
③ 냄새가 없고 휘발하지 않으며, 불연성이다.
④ 엔진 내부에 누출되면 교질 상태의 침전물이 생긴다.
⑤ 금속 부식성이 있으며, 팽창계수가 크다.

17 블로다운(blow down) 현상에 대한 설명으로 옳은 것은?

① 밸브와 밸브시트 사이에서의 가스 누출 현상
② 압축행정 시 피스톤과 실린더 사이에서 공기가 누출되는 현상
③ 피스톤이 상사점 근방에서 흡배기 밸브가 동시에 열려 배기 잔류가스를 배출시키는 현상
④ 배기행정 초기에 배기 밸브가 열려 배기가스 자체의 압력에 의하여 배기가스가 배출되는 현상

≪ ① 블로 백 : 밸브와 밸브시트 사이에서의 가스 누출 현상이다.

② 블로바이 : 압축행정 시 피스톤과 실린더 사이에서 공기가 누출되는 현상이다.
③ 오버랩 : 피스톤이 상사점 근방에서 흡배기 밸브가 동시에 열려 배기 잔류가스를 배출시키는 현상이다.
④ 블로다운 : 배기행정 초기에 배기 밸브가 열려 배기가스 자체의 압력에 의하여 배기가스가 배출되는 현상이다.

18 LPG 차량에서 연료를 충전하기 위한 고압용기는?

① 봄베
② 베이퍼라이저
③ 슬로 컷 솔레노이드
④ 연료 유니온

≪ LPG 연료 장치의 구성품
① 봄베 : 연료를 저장하는 고압용 탱크로 액체 상태로 유지하기 위한 압력은 7~10kgf/cm²이다.
② 베이퍼라이저 : 봄베에서 공급된 연료의 압력을 감압하여 기화시킨다.
③ 슬로 컷 솔레노이드 : 슬로 컷 솔레노이드 밸브는 엔진 작동 중 엔진 컴퓨터로 제어되며, 베이퍼라이저 1차실의 LPG를 저속 LPG 라인을 통해 믹서로 공급한다.

19 가솔린을 완전 연소시키면 발생되는 화합물은?

① 이산화탄소와 아황산
② 이산화탄소와 물
③ 일산화탄소와 이산화탄소
④ 일산화탄소와 물

≪ 가솔린은 탄소와 수소의 화합물이므로 가솔린을 완전 연소시키면 이산화탄소와 물이 생성된다.

20 흡기 시스템의 동적효과 특성을 설명한 것 중 ( )안에 알맞은 단어는?

> 흡입행정의 마지막에 흡입 밸브를 닫으면 새로운 공기의 흐름이 갑자기 차단되어 (㉠)가 발생한다. 이 압력파는 음으로 흡기다기관의 입구를 향해서 진행하고, 입구에서 반사되므로 (㉡)가 되어 흡입 밸브 쪽으로 음속으로 되돌아온다.

① ㉠ 간섭파, ㉡ 유도파
② ㉠ 서지파, ㉡ 정압파
③ ㉠ 정압파, ㉡ 부압파
④ ㉠ 부압파, ㉡ 서지파

≪ 흡입행정의 마지막에 흡입 밸브를 닫으면 새로운 공기의 흐름이 갑자기 차단되어 정압파가 발생한다. 이 압력파는 음으로 흡기다기관의 입구를 향해서 진행하고, 입구에서 반사되므로 부압파가 되어 흡입 밸브 쪽으로 음속으로 되돌아온다.

21 가솔린 엔진에서 발생되는 질소산화물에 대한 특징을 설명한 것 중 틀린 것은?

① 혼합비가 농후하면 발생 농도가 낮다.
② 점화시기가 빠르면 발생 농도가 낮다.
③ 혼합비가 일정할 때 흡기다기관의 부압은 강한 편이 발생 농도가 낮다.
④ 엔진의 압축비가 낮은 편이 발생 농도가 낮다.

≪ 질소산화물은 혼합비가 농후할 경우, 혼합비가 일정하고 흡기다기관의 부압이 강할 경우, 엔진의 압축비가 낮을 경우에는 발생 농도가 낮다.

22 피스톤 간극이 크면 나타나는 현상이 아닌 것은?

① 블로바이가 발생한다.
② 압축압력이 상승한다.
③ 피스톤 슬랩이 발생한다.
④ 엔진의 시동이 어려워진다.

≪ 피스톤 간극이 크면
① 피스톤 슬랩(piston slap) 현상이 발생된다.
② 압축압력이 저하된다.
③ 엔진 오일이 연소실로 올라온다.
④ 블로바이가 일어난다.
⑤ 엔진 오일이 연료로 희석된다.
⑥ 엔진의 출력이 낮아진다.
⑦ 백색 배기가스가 발생한다.

23 가솔린 엔진의 연료 펌프에서 연료라인 내의 압력이 과도하게 상승하는 것을 방지하기 위한 장치는?

① 체크 밸브(Check Valve)
② 릴리프 밸브(Relief Valve)
③ 니들 밸브(Needle Valve)
④ 사일런서(Silencer)

≪ 연료 펌프에 설치된 릴리프 밸브의 역할은 연료 압력이 과다하게 상승하는 것을 억제시키고, 모터의 과부하를 억제하며, 펌프에서 나오는 연료를 다시 탱크로 복귀시키는 역할을 한다.

24 중·고속 주행 시 연료 소비율의 향상과 엔진의 소음을 줄일 목적으로 변속기의 입력 회전수 보다 출력 회전수를 빠르게 하는 장치는?

① 클러치 포인트
② 오버 드라이브
③ 히스테리시스
④ 킥 다운

≪ 오버드라이브 장치는 엔진의 여유출력을 이용하여 변속기의 입력 회전수보다 출력 회전수를 빠르게 하여 연료 소비율을 향상시킨다.

25 현가장치가 갖추어야 할 기능이 아닌 것은?

① 승차감의 향상을 위해 상하 움직임에 적당한 유연성이 있어야 한다.
② 원심력이 발생되어야 한다.
③ 주행 안정성이 있어야 한다.
④ 구동력 및 제동력 발생 시 적당한 강성이 있어야 한다.

≪ 현가장치의 구비 조건
① 상하 방향이 유연하여 노면에서 받는 충격을 완화시킬 것.
② 수평 방향의 연결이 견고하고 내구성일 것.
③ 자동차가 선회할 때 발생되는 원심력에 견딜 수 있는 강도와 강성이 있을 것.
④ 바퀴에서 발생되는 구동력에 견딜 수 있는 강도와 강성이 있을 것.
⑤ 제동 시 발생되는 제동력에 견딜 수 있는 강도와 강성이 있을 것.
⑥ 각 바퀴를 프레임에 대하여 정위치로 유지시킬 것.
⑦ 주행 안정성이 있을 것.

26 추진축의 자재이음은 어떤 변화를 가능하게 하는가?

① 축의 길이   ② 회전속도
③ 회전축의 각도 ④ 회전 토크

≪ 추진축의 자재이음은 동력전달 각도의 변화를 가능하게 하고, 슬립이음은 길이변화를 가능하게 한다.

27 휠 얼라인먼트를 사용하여 점검할 수 있는 것으로 가장 거리가 먼 것은?

① 토(toe)   ② 캠버
③ 킹핀 경사각 ④ 휠 밸런스

≪ 휠 밸런스
(1) 정적 평형(static balance)
① 여러 번 바퀴를 자유롭게 회전시켰을 때 정지 위치가 일치되는 상태를 정적 밸런스, 일치하지 않는 상태를 정적 언밸런스라 한다.
② 정적 밸런스는 상하의 중량이 일치될 때를 정적 밸런스라 한다.
③ 정적 밸런스가 유지되지 않으면 바퀴는 상하 방향으로 진동하는 트램핑 현상이 발생된다.
(2) 동적 평형(dynamic balance)
① 동적 평형은 좌우의 중량이 일치될 때를 동적 밸런스라 한다.
② 동적 밸런스가 유지되지 않으면 바퀴는 좌우 방향으로 진동하는 시미 현상이 발생된다.

28 동력 조향장치의 스티어링 휠 조작이 무겁다. 의심되는 고장부위 중 가장 거리가 먼 것은?

① 랙 피스톤 손상으로 인한 내부 유압작동 불량
② 스티어링 기어 박스의 과다한 백래시
③ 오일 탱크 오일부족
④ 오일펌프 결함

≪ 조향 기어 박스(스티어링 기어 박스)의 백래시가 너무 크면(기어가 마모되면) 조향 핸들의 유격이 커진다.

29 클러치 작동기구 중에서 세척유로 세척하여서는 안 되는 것은?

① 릴리스 포크
② 클러치 커버
③ 릴리스 베어링
④ 클러치 스프링

≪ 릴리스 베어링은 대부분 오일리스 베어링으로 되어 있어 세척유로 세척하면 그리스가 세척유에 의해 용융되어 윤활작용이 불량하게 되어 교환하여야 한다.

30 조향 유압 계통에 고장이 발생되었을 때 수동 조작을 이행하는 것은?

① 밸브 스풀   ② 볼 조인트
③ 유압 펌프   ④ 오리피스

≪ 컨트롤 밸브는 밸브 보디와 밸브 스풀로 구성되어 있으며, 컨트롤 밸브에는 유압 계통에 고장이 발생된 경우 수동으로 조향 조작을 할 수 있도록 안전 첵 밸브가 설치되어 있다.

31 브레이크 페달의 유격이 과다한 이유로 틀린 것은?

① 드럼 브레이크 형식에서 브레이크 슈의 조정 불량
② 브레이크 페달의 조정 불량
③ 타이어 공기압의 불균형
④ 마스터 실린더의 파손 피스톤과 브레이크 부스터 푸시로드의 간극 불량

≪ 브레이크 페달의 유격이 과다한 이유
① 브레이크 슈의 조정이 불량하다.
② 브레이크 페달의 조정이 불량하다.
③ 마스터 실린더의 피스톤 컵이 파손되었다.
④ 유압회로에 공기가 유입되었다.
⑤ 휠 실린더의 피스톤이 파손되었다.
⑥ 마스터 실린더의 파손 피스톤과 브레이크 부스터 푸시로드의 간극이 불량하다.

32 싱크로나이저 슬리브 및 허브 검사에 대한 설명이다. 가장 거리가 먼 것은?

① 싱크로나이저와 슬리브를 끼우고 부드럽게 돌아가는지 점검한다.
② 슬리브의 안쪽 앞부분과 뒤쪽 끝이 손상되지 않았는지 점검한다.
③ 허브 앞쪽 끝부분이 마모되지 않았는지를 점검한다.
④ 싱크로나이저 허브와 슬리브는 이상 있는 부위만 교환한다.

≪ 싱크로나이저 허브와 슬리브는 어느 한쪽이 손상이 있으면 세트로 교환하여야 한다.

33 동력 조향장치 정비 시 안전 및 유의사항으로 틀린 것은?

① 자동차 하부에서 작업할 때는 시야확보를 위해 보안경을 벗는다.
② 공간이 좁으므로 다치지 않게 주의한다.
③ 제작사의 정비지침서를 참고하여 점검 정비한다.
④ 각종 볼트 너트는 규정 토크로 조인다.

≪ 자동차 하부에서 작업할 경우에는 이물질이 떨어져 눈에 들어갈 수 있으므로 보안경을 착용하고 작업을 실시하여야 한다.

34 변속기의 변속비(기어비)를 구하는 식은?

① 엔진의 회전수를 추진축의 회전수로 나눈다.
② 부축의 회전수를 엔진의 회전수로 나눈다.
③ 입력축의 회전수를 변속단 카운터축의 회전수로 곱한다.
④ 카운터 기어 잇수를 변속단 카운터 기어 잇수로 곱한다.

≪ 엔진의 회전수가 변속기에 입력되어 감속된 후 출력되기 때문에 변속비란 엔진의 회전수를 변속기 주축(또는 추진축)의 회전수로 나눈 값이다.

35 다음 중 브레이크 드럼이 갖추어야 할 조건과 관계가 없는 것은?

① 무거워야 한다.
② 방열이 잘 되어야 한다.
③ 강성과 내마모성이 있어야 한다.
④ 동적·정적 평형이 되어야 한다.

≪ 브레이크 드럼의 구비조건
① 정적동적 평형이 잡혀 있을 것
② 슈와 마찰 면에 내마멸성이 있을 것
③ 방열이 잘 될 것
④ 강성이 있을 것
⑤ 무게가 가벼울 것

36 다음에서 스프링의 진동 중 스프링 위 질량의 진동과 관계없는 것은?

① 바운싱(bouncing)
② 피칭(pitching)
③ 휠 트램프(wheel tramp)
④ 롤링(rolling)

≪ 스프링 위 질량의 진동은 바운싱, 피칭, 롤링, 요잉 등이 있으며, 스프링 아래 질량의 진동은 휠 트램프, 휠 홉, 와인드 업 등이 있다.

37 변속장치에서 동기물림 기구에 대한 설명으로 옳은 것은?

① 변속하려는 기어와 메인 스플라인과의 회전수를 같게 한다.
② 주축기어의 회전속도를 부축기어의 회전속도보다 빠르게 한다.
③ 주축기어와 부축기어의 회전수를 같게 한다.
④ 변속하려는 기어와 슬리브와의 회전수에는 관계없다.

≪ 동기물림 기구는 싱크로나이저 슬리브와 싱크로나이저 링으로 변속하려는 기어와 메인 스플라인과의 회전수를 같게 한다.

38 자동차로 서울에서 대전까지 187.2 km를 주행하였다. 출발시간은 오후 1시 20분, 도착시간은 오후 3시 8분이었다면 평균 주행속도는?

① 약 126.5km/h
② 약 104km/h
③ 약 156km/h
④ 약 60.78km/h

≪ ① 속도 = $\frac{이동 거리}{걸린 시간}$ 이며, 걸린 시간이 108분($\frac{108}{60}$h)
② 평균속도(km/h) = $\frac{187.2 \times 60}{108}$ = 104km/h

39 유압 브레이크는 무슨 원리를 응용한 것인가?

① 아르키메데스의 원리
② 베르누이의 원리
③ 아인슈타인의 원리
④ 파스칼의 원리

≪ 파스칼의 원리는 밀폐된 용기 내에 액체를 가득 채우고 압력을 가하면 모든 방향으로 같은 압력이 작용한다는 원리로 유압 브레이크는 이 원리를 이용하여 모든 바퀴에 일정한 제동력을 발생한다.

40 그림과 같은 브레이크 페달에 100N의 힘을 가하였을 때 피스톤의 면적이 5cm²라고 하면 작동 유압은?

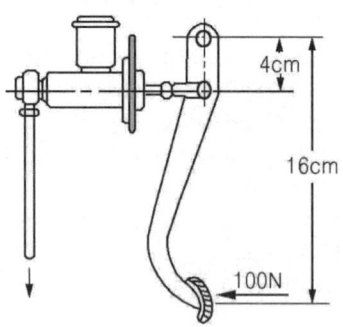

① 100kPa   ② 500kPa
③ 1000kPa ④ 5000kPa

≪ ① 지렛대 비 = (16+4) : 4 = 5 : 1
② 푸시로드에 작용하는 힘=지렛대 비율×페달 밟는 힘

$5 \times 100N = 500N$

③ 작동유압 $= \dfrac{500N}{5cm^2} = \dfrac{500N}{0.0005m^2}$
$= 1,000,000 N/m^2 = 1000 kPa$

41 다음은 배터리 격리판에 대한 설명이다. 틀린 것은?

① 격리판은 전도성이어야 한다.
② 전해액에 부식되지 않아야 한다.
③ 전해액의 확산이 잘되어야 한다.
④ 극판에서 이물질을 내뿜지 않아야 한다.

《《 축전지 격리판의 요구조건
① 다공성이어서 전해액의 확산이 잘 될 것
② 기계적 강도가 있고, 전해액에 산화 부식되지 말 것
③ 비전도성 일 것
④ 극판에 좋지 않은 물질을 내뿜지 말 것

42 자동차용 납산 배터리를 급속충전 할 때 주의 사항으로 틀린 것은?

① 충전시간을 가능한 길게 한다.
② 통풍이 잘되는 곳에서 충전한다.
③ 충전 중 배터리에 충격을 가하지 않는다.
④ 전해액의 온도가 약 45℃가 넘지 않도록 한다.

《《 배터리를 급속충전 할 때 주의사항
① 통풍이 잘되는 곳에서 충전한다.
② 충전 중인 배터리에 충격을 가하지 않는다.
③ 전해액의 온도가 45℃가 넘지 않도록 한다.
④ 배터리 접지 케이블을 분리한 상태에서 배터리 용량의 50%의 전류로 충전하기 때문에 충전시간은 가능한 짧게 하여야 한다.
⑤ 충전 중인 배터리에 충격을 가하지 않도록 한다.

43 스파크 플러그 표시기호의 한 예이다. 열가를 나타내는 것은?

BP6ES

① P ② 6
③ E ④ S

《《 BP6ES에서 B는 점화 플러그 나사부분 지름, P는 자기 돌출형(프로젝티드 코어 노스 플러그), 6은 열가(열 값), E는 점화 플러그 나사길이, S는 표준형을 의미한다.

44 배터리 전해액의 비중을 측정하였더니 1.180이었다. 이 배터리의 방전률은? (단, 비중 값이 완전충전 시 1.280이고, 완전방전 시의 비중 값은 1.080이다.)

① 20%
② 30%
③ 50%
④ 70%

《《 방전률 $= \dfrac{\text{완전 충전시 비중} - \text{측정한 비중}}{\text{완전 충전시 비중} - \text{완전 방전시 비중}}$

방전률 $= \dfrac{1.280 - 1.180}{1.280 - 1.080} \times 100 = 50\%$

45 연료 탱크의 연료량을 표시하는 연료계의 형식 중 계기식의 형식에 속하지 않는 것은?

① 밸런싱 코일식
② 연료면 표시기식
③ 서미스터식
④ 바이메탈 저항식

《《 연료면 표시기식은 경고등 방식이다.

46 AC 발전기의 출력 변화 조정은 무엇에 의해 이루어지는가?

① 엔진의 회전수
② 배터리의 전압
③ 로터의 전류
④ 다이오드 전류

《《 AC 발전기의 출력 변화의 조정은 로터 코일에 공급되는 전류를 조절하여 출력이 조절된다.

47 그림에서 I₁=5A, I₂=2A, I₃=3A, I₄= 4A라고 하면 I₅에 흐르는 전류(A)는?

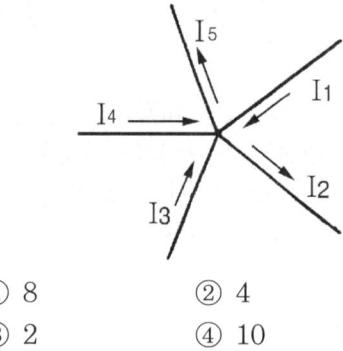

① 8 ② 4
③ 2 ④ 10

≪ 유입 전류($I_1+I_3+I_4$) = 유출 전류(I_2+I_5)에서
$5A+3A+4A=2A+I_5$
$I_5=10A$

48 플레밍의 왼손 법칙을 이용한 것은?
① 충전기
② DC 발전기
③ AC 발전기
④ 전동기

≪ 플레밍의 왼손 법칙을 이용한 것은 전동기이며, 플레밍의 오른손 법칙을 이용한 것은 발전기이다.

49 시동 전동기를 엔진에서 떼어내고 분해하여 결함 부분을 점검하는 그림이다. 옳은 것은?

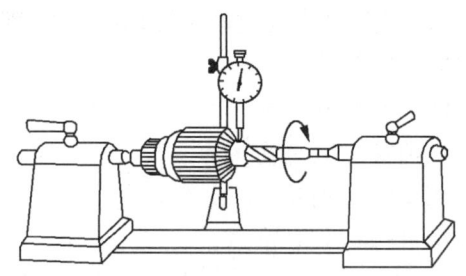

① 전기자 축의 휨 상태점검
② 전기자 축의 마멸 점검
③ 전기자 코일 단락 점검
④ 전기자 코일 단선 점검

50 반도체의 장점으로 틀린 것은?
① 극히 소형이고 경량이다.
② 내부 전력 손실이 매우 적다.
③ 고온에서도 안정적으로 동작한다.
④ 예열을 요구하지 않고 곧바로 작동을 한다.

≪ 반도체의 장점
① 극히 소형이며, 가볍고 기계적으로 강하다.
② 예열시간이 불필요하다.
③ 내부 전력 손실이 작다.
④ 내진성이 크고, 수명이 길다.
⑤ 내부의 전압강하가 적다.

51 드릴링 머신 작업을 할 때 주의사항으로 틀린 것은?
① 드릴은 주축에 튼튼하게 장치하여 사용한다.
② 공작물을 제거할 때는 회전을 완전히 멈추고 한다.
③ 가공 중에 드릴이 관통했는지를 손으로 확인한 후 기계를 멈춘다.
④ 드릴의 날이 무디어 이상한 소리가 날 때는 회전을 멈추고 드릴을 교환하거나 연마한다.

≪ 드릴이 관통되었는지는 기계를 멈추고 확인하여야 한다.

52 산업체에서 안전을 지킴으로서 얻을 수 있는 이점으로 틀린 것은?
① 직장의 신뢰도를 높여준다.
② 상하 동료 간에 인간관계가 개선된다.
③ 기업의 투자 경비가 늘어난다.
④ 회사 내 규율과 안전수칙이 준수되어 질서유지가 실현된다.

≪ 기업체에서 안전을 지킴으로써 얻을 수 있는 이점은 투자 경비가 감소한다.

53 색에 맞는 안전표시가 잘못 짝지어진 것은?
① 녹색 - 안전, 피난, 보호표시
② 노란색 - 주의, 경고표시
③ 청색 - 지시, 수리 중, 유도표시
④ 자주색 - 안전지도 표시

≪ 안전·보건표지의 색채와 용도
① 빨간색 : 위험, 방화(금지, 고압선, 폭발물, 화학류, 화재 방지에 관계되는 물체에 표시)
② 청색 : 조심, 금지(수리, 조절 및 검사 중인 그 밖의 장비의 작동을 방지하기 위해 표시)
③ 흑색 및 백색 : 통로표시, 방향지시 및 안내표시
④ 보라색 : 방사능의 위험을 경고하기 위한 표시
⑤ 녹색 : 안전, 구급(안전에 직접 관련된 설비와 구급용 치료 설비를 식별하기 위해 표시)
⑥ 노란색 : 주의(충돌, 추락, 전도 및 그 밖의 비슷한 사고의 방지를 위해 물리적 위험성을 표시)
⑦ 오렌지색(주황색) : 기계의 위험경고

54 작업 안전상 드라이버 사용 시 유의사항이 아닌 것은?
① 날 끝이 홈의 폭과 길이가 같은 것을 사용한다.
② 날 끝이 수평이어야 한다.
③ 작은 부품은 한 손으로 잡고 사용한다.
④ 전기 작업 시 금속부분이 자루 밖으로 나와 있지 않아야 한다.

≪ 작은 부품이라도 한 손은 부품을 잡고 다른 한 손은 드라이버를 잡고 작업을 하여야 한다.

55 지렛대를 사용할 때 유의사항으로 틀린 것은?
① 깨진 부분이나 마디 부분에 결함이 없어야 한다.
② 손잡이가 미끄러지지 않도록 조치를 취한다.
③ 화물의 치수나 중량에 적합한 것을 사용한다.
④ 파이프를 철제 대신 사용한다.

≪ 파이프는 둥글기 때문에 지렛대로 사용하면 미끄러져 위험하다.

56 수동변속기 작업과 관련된 사항 중 틀린 것은?
① 분해와 조립순서에 준하여 작업한다.
② 세척이 필요한 부품은 반드시 세척한다.
③ 로크너트는 재사용 가능하다.
④ 싱크로나이저 허브와 슬리브는 일체로 교환한다.

≪ 로크너트는 분해한 후에는 신품으로 교환하여 체결하여야 한다.

57 물건을 운반 작업할 때 안전하지 못한 경우는?
① LPG 봄베, 드럼통을 굴려서 운반한다.
② 공동 운반에서는 서로 협조하여 운반한다.
③ 긴 물건을 운반할 때는 앞쪽을 위로 올린다.
④ 무리한 자세나 몸가짐으로 물건을 운반하지 않는다.

≪ LPG 봄베, 드럼통 등을 굴려서 운반하면 위험하며, 운반기계를 이용하여 운반하여야 한다.

58 연료압력 측정과 진공점검 작업 시 안전에 관한 유의사항이 잘못 설명된 것은?
① 엔진 운전이나 크랭킹 시 회전부위에 옷이나 손 등이 접촉하지 않도록 주의한다.
② 배터리 전해액이 옷이나 피부에 닿지 않도록 한다.
③ 작업 중 연료가 누설되지 않도록 하고 화기가 주위에 있는지 확인한다.
④ 소화기를 준비한다.

≪ 배터리에 관련된 작업을 할 경우에는 배터리 전해액이 옷이나 피부에 닿지 않도록 하여야 한다.

59 전동기나 조정기를 청소한 후 점검하여야 할 사항으로 옳지 않은 것은?

① 연결의 견고성 여부
② 과열 여부
③ 아크 발생 여부
④ 단자부 주유상태 여부

≪ 전기장치의 단자부에 주유를 하면 쇼트가 되기 때문에 주유를 하지 않는다.

60 자동차 엔진이 과열된 상태에서 냉각수를 보충할 때 적합한 것은?

① 시동을 끄고 즉시 보충한다.
② 시동을 끄고 냉각시킨 후 보충한다.
③ 엔진을 가·감속하면서 보충한다.
④ 주행하면서 조금씩 보충한다.

≪ 엔진이 과열된 경우에는 시동을 끄고 냉각시킨 후 냉각수를 보충하여야 한다.

제 2 회 모의고사 정답

01.④	02.③	03.②	04.②	05.④
06.④	07.④	08.②	09.③	10.①
11.②	12.②	13.①	14.③	15.③
16.①	17.④	18.①	19.②	20.③
21.②	22.②	23.②	24.②	25.②
26.③	27.④	28.②	29.③	30.①
31.③	32.④	33.①	34.①	35.①
36.③	37.①	38.②	39.④	40.③
41.①	42.①	43.②	44.③	45.②
46.③	47.④	48.④	49.①	50.③
51.③	52.③	53.④	54.③	55.④
56.③	57.①	58.②	59.④	60.②

제 3 회 CBT 자동차정비기능사 모의고사

01 가솔린 엔진에서 배기가스에 산소량이 많이 존재하고 있다면 연소실 내의 혼합기는 어떤 상태인가?
① 농후하다.
② 희박하다.
③ 농후하기도 하고 희박하기도 하다.
④ 이론공연비 상태이다.

≪ 배기가스에 산소량이 많이 존재하고 있다면 연소실 내의 혼합기는 희박하다.

02 크랭크축 메인 베어링의 오일간극을 점검 및 측정할 때 필요한 장비가 아닌 것은?
① 마이크로미터
② 시크니스 게이지
③ 시임 스톡 방식
④ 플라스틱 게이지

≪ 오일간극 점검 방법에는 마이크로미터 사용, 시임 스톡 방식, 플라스틱 게이지 등이 사용되고 있으며, 그 중에서 플라스틱 게이지가 가장 사용되고 있다.

03 연료는 온도가 높아지면 외부로부터 불꽃을 가까이 하지 않아도 발화하여 연소된다. 이때의 최저온도를 무엇이라 하는가?
① 인화점
② 착화점
③ 연소점
④ 응고점

≪ 착화점이란 연료의 온도가 높아지면 외부로부터 불꽃을 가까이 하지 않아도 발화하여 연소되는데 그 때의 최저온도를 말한다.

04 연료 파이프나 연료 펌프에서 가솔린이 증발해서 일으키는 현상은?
① 엔진 록
② 연료 록
③ 베이퍼 록
④ 앤티 록

≪ 베이퍼 록(증기폐쇄)이란 액체(가솔린)가 흐르는 연료 펌프나 파이프의 일부가 열을 받으면 파이프 내의 액체(가솔린)가 비등하여 증기가 발생하며, 이 증기가 액체의 유동을 방해하는 현상이다.

05 연료 누설 및 파손을 방지하기 위해 전자제어 엔진의 연료 시스템에 설치된 것으로 감압 작용을 하는 것은?
① 체크 밸브
② 제트 밸브
③ 릴리프 밸브
④ 포핏 밸브

≪ 릴리프 밸브는 연료 펌프에 설치되어 연료의 압력이 과다하게 상승되는 것을 억제시키고 모터의 과부하를 방지하며, 펌프에서 나오는 연료를 다시 탱크로 복귀시켜 연료의 송출 압력을 조절하는 역할을 한다.

06 디젤엔진에서 열효율이 가장 우수한 형식은?
① 예연소실식
② 와류실식
③ 공기실식
④ 직접분사식

≪ 직접분사식의 장점
① 실린더 헤드의 구조가 간단하여 열효율이 높고, 연료 소비율이 적다.
② 연소실 체적에 대한 표면적의 비율이 적어 냉각 손실이 적다.
③ 엔진의 시동이 쉽다.

07 다음 중 내연기관에 대한 내용으로 맞는 것은?
① 실린더의 이론적 발생마력을 제동마력이라 한다.
② 6실린더 엔진의 크랭크축 위상각은 90도이다.
③ 베어링 스프레드는 피스톤 핀 저널에 베어링을 조립 시 밀착되게 끼울 수 있게 한다.
④ 모든 DOHC 엔진의 밸브 수는 16개이다.

≪ ① 실린더의 이론적 발생마력은 지시마력이다.
② 6실린더 엔진의 크랭크축 위상각은 120도이다.
③ 모든 DOHC 엔진의 밸브 수는 실린더 수나 엔진의 출력에 따라 다르다.

08 LPG 엔진에서 액체상태의 연료를 기체상태의 연료로 전환시키는 장치는?
① 베이퍼라이저
② 솔레노이드 밸브 유닛
③ 봄베
④ 믹서

≪ LPG 연료장치의 구성 부품
① 베이퍼라이저 : 감압, 기화, 압력조절 등의 기능을 하며, 봄베로부터 압송된 높은 압력의 액체 LPG를 감압하여 기체 LPG로 기화시켜 엔진의 출력 및 연료 소비량에 만족할 수 있도록 압력을 조절한다.
② 솔레노이드 밸브 유닛 : 운전석에서 연료의 송출 및 차단을 하는 전자석 밸브이며, 기체 솔레노이드 밸브와 액체 솔레노이드 밸브로 구성되어 있다.
③ 봄베 : 주행에 필요한 연료를 저장하는 고압용 탱크이며, 체 상태로 유지하기 위한 압력은 7~10kgf/cm² 이다.
④ 믹서 : 공기와 LPG를 혼합하여 각 실린더에 공급한다.

09 가솔린 엔진에서 체적 효율을 향상시키기 위한 방법으로 틀린 것은?
① 흡기 온도의 상승을 억제한다.
② 흡기 저항을 감소시킨다.
③ 배기 저항을 감소시킨다.
④ 밸브 수를 줄인다.

≪ 체적효율을 향상시키는 방법
① 흡기 온도의 상승을 억제한다.
② 흡기 저항을 감소시킨다.
③ 배기 저항을 감소시킨다.
④ 밸브 수를 증가시킨다.

10 맵 센서의 점검조건에 해당되지 않는 것은?
① 냉각 수온 약 80~95℃ 유지
② 각종 램프, 전기 냉각 팬, 부장품 모두 ON 상태 유지
③ 트랜스 액슬 중립(A/T 경우 N 또는 P 위치)유지
④ 스티어링 휠 중립상태 유지

≪ 맵 센서의 점검조건
① 엔진의 냉각수 온도 80~95℃ 유지
② 각종 램프, 전기 냉각 팬, 부장품 모두 OFF 상태 유지
③ 트랜스 액슬 중립(A/T 경우 N 또는 P 위치)유지
④ 스티어링 휠(조향핸들) 중립 상태 유지

11 커넥팅 로드 대단부의 배빗메탈의 주재료는?
① 주석(Sn) ② 안티몬(Sb)
③ 구리(Cu) ④ 납(Pb)

≪ 배빗메탈은 Sn 80~90%, Sb 3~12%, Cu 3~7%, Pb 1% 의 합금으로 주재료는 주석이다.

12 전자제어 연료 분사식 엔진의 연료 펌프에서 릴리프 밸브의 작용 압력은 약 몇 kgf/cm²인가?
① 0.3~0.5 ② 1.0~2.0
③ 3.5~5.0 ④ 10.0~11.5

≪ 전자제어 연료분사 엔진의 릴리프 밸브 작용 압력은 3.5~5.0kgf/cm²이다.

13 화물자동차 및 특수자동차의 차량 총중량은 몇 톤을 초과해서는 안 되는가?
① 20톤 ② 30톤
③ 40톤 ④ 50톤

≪ 화물자동차 및 특수자동차의 차량 총중량은 40톤을 초과해서는 안 된다.

14 연소실 체적이 30cc이고, 행정체적이 180cc이다. 압축비는?

① 6 : 1　　② 7 : 1
③ 8 : 1　　④ 9 : 1

> $\epsilon = \dfrac{Vc+Vs}{Vc}$
> ε : 압축비, Vs : 실린더 배기량(행정체적),
> Vc : 연소실 체적
> $\epsilon = \dfrac{30+180}{30} = 7$

15 평균유효 압력이 7.5kgf/cm², 행정체적 200cc, 회전수 2400rpm일 때 4행정 4기통 엔진의 지시마력은?

① 14PS
② 16PS
③ 18PS
④ 20PS

> $I_{PS} = \dfrac{P \times A \times L \times R \times N}{75 \times 60}$
> I_{PS} : 지시(도시)마력, P : 평균유효 압력,
> A : 실린더 단면적, L : 피스톤 행정,
> R : 엔진 회전속도(4행정 사이클=R/2, 2행정 사이클=R),
> N : 실린더 수
> $\therefore \ I_{PS} = \dfrac{7.5 \times 200 \times 2400 \times 4}{75 \times 60 \times 2 \times 100} = 16PS$

16 삼원 촉매장치 설치 차량의 주의사항 중 잘못된 것은?

① 주행 중 점화 스위치를 꺼서는 안 된다.
② 잔디, 낙엽 등 가연성 물질 위에 주차시키지 않아야 한다.
③ 엔진의 파워 밸런스 측정 시 측정 시간을 최대로 단축해야 한다.
④ 반드시 유연 가솔린을 사용한다.

> 촉매 변환기 설치 차량의 운행 및 시험할 때 주의사항
> ① 무연 가솔린을 사용한다.
> ② 주행 중 점화 스위치 OFF시키면 미연소 가스에 의해 촉매 변환기가 손상된다.
> ③ 차량을 밀어서 시동하면 미연소 가스에 의해 촉매 변환기가 손상된다.
> ④ 파워 밸런스 시험은 실린더 당 10초 이내로 할 것
> ⑤ 잔디, 낙엽 등 가연성 물질 위에 주차시키지 않아야 한다.

17 일반적인 오일의 양부 판단 방법이다. 틀린 것은?

① 오일의 색깔이 우유색에 가까운 것은 물이 혼입되어 있는 것이다.
② 오일의 색깔이 회색에 가까운 것은 가솔린이 혼입되어 있는 것이다.
③ 종이에 오일을 떨어뜨려 금속 분말이나 카본의 유무를 조사하고 많이 혼입한 것은 교환한다.
④ 오일의 색깔이 검은색에 가까운 것은 너무 오랫동안 사용했기 때문이다.

> 오일의 색깔이 노란색에 가까운 것은 가솔린이 혼입되어 있는 것이다.

18 평균유효 압력이 4kgf/cm², 행정체적이 300cc인 2행정 사이클 단기통 엔진에서 1회의 폭발로 몇 kgf·m의 일을 하는가?

① 6　　② 8
③ 10　　④ 12

> $W_k = Pm \times Vs$
> W_k : 일, Pm : 평균유효 압력, Vs : 행정체적
> $W_k = 4\text{kgf/cm}^2 \times 300\text{cc} = 1200\text{kgf·cm} = 12\text{kgf·m}$

19 다음에서 설명하는 디젤 엔진의 연소과정은?

> 분사 노즐에서 연료가 분사되어 연소를 일으킬 때까지의 엔진이며 이 기간이 길어지면 노크가 발생한다.

① 착화 지연기간　② 화염 전파기간
③ 직접 연소시간　④ 후기 연소기간

> 착화지연 기간은 연료가 연소실에 분사된 후 착화될 때까지의 기간으로 약 1/1000~4/1000초 정도 소요되며, 이 기간이 길어지면 노크가 발생한다.

20 피스톤의 평균속도를 올리지 않고 회전수를 높일 수 있으며 단위 체적 당 출력을 크게 할 수 있는 엔진은?

① 장 행정 엔진
② 정방형 엔진
③ 단 행정 엔진
④ 고속형 엔진

《《 단 행정 엔진의 특징
① 흡·배기 밸브의 지름을 크게 하여 효율을 증대할 수 있다.
② 엔진의 높이를 낮게 할 수 있다.
③ 피스톤의 평균속도를 올리지 않고 엔진의 회전속도를 높일 수 있다.
④ 피스톤이 과열하기 쉽고, 폭발압력이 커 엔진 베어링의 폭이 넓어야 한다.
⑤ 회전속도가 증가하면 관성력의 불평형으로 회전부분의 진동이 커진다.
⑥ 실린더 안지름이 커 엔진의 길이가 길어진다.

21 엔진이 과열되는 원인으로 가장 거리가 먼 것은?

① 서모스탯이 열린 상태로 고착
② 냉각수 부족
③ 냉각팬 작동불량
④ 라디에이터의 막힘

《《 엔진의 과열원인
① 냉각수가 부족하다.
② 냉각팬 모터의 고장 또는 수온 조절기(서모스탯)의 작동이 불량하다.
③ 수온 조절기가 닫힌 상태로 고장이 났다.
④ 라디에이터 코어가 20% 이상 막혔다.
⑤ 팬벨트의 마모 또는 이완되었다(벨트 장력 부족).
⑥ 물 펌프의 작동이 불량하다.
⑦ 냉각수 통로가 막혔다.
⑧ 냉각장치 내부에 물때가 쌓였다.

22 부특성 서미스터를 이용하는 센서는?

① 노크 센서
② 냉각수 온도 센서
③ MAP 센서
④ 산소 센서

《《 부특성 서미스터는 온도가 올라가면 저항이 감소하는 서지로 냉각수 온도 센서, 흡기 온도 센서, 유온 센서 등에 사용되고 있다.

23 가솔린 엔진의 밸브 간극이 규정 값보다 클 때 어떤 현상이 일어나는가?

① 정상 작동 온도에서 밸브가 완전하게 개방되지 않는다.
② 소음이 감소하고 밸브기구에 충격을 준다.
③ 흡입밸브 간극이 크면 흡입량이 많아진다.
④ 엔진의 체적효율이 증대된다.

《《 밸브 간극이 규정 값보다 크면 정상 작동 온도에서 밸브가 완전하게 개방되지 않으며, 밸브에 충격을 가해 소음이 발생하고 밸브의 열림량이 적어 흡입 효율이 감소한다.

24 브레이크슈의 리턴 스프링에 관한 설명으로 거리가 먼 것은?

① 리턴 스프링이 약하면 휠 실린더 내의 잔압이 높아진다.
② 리턴 스프링이 약하면 드럼을 과열시키는 원인이 될 수도 있다.
③ 리턴 스프링이 강하면 드럼과 라이닝의 접촉이 신속히 해제된다.
④ 리턴 스프링이 약하면 브레이크슈의 마멸이 촉진될 수 있다.

《《 브레이크슈 리턴 스프링은 페달을 놓으면 오일이 휠 실린더에서 마스터 실린더로 되돌아가게 하며, 슈의 위치를 확보하여 슈와 드럼의 간극을 유지해 준다. 그리고 리턴 스프링이 약하면 휠 실린더 내의 잔압이 낮아진다.

25 자동차가 선회할 때 차체의 좌·우 진동을 억제하고 롤링을 감소시키는 것은?

① 스태빌라이저
② 겹판 스프링
③ 타이로드
④ 킹핀

≪ 스태빌라이저는 토션 바 스프링의 일종으로 양끝이 좌우의 컨트롤 암에 연결되고 중앙부는 차체에 설치되며, 선회할 때 차체의 롤링(rolling ; 좌우 진동) 현상을 감소시켜 자동차의 평형을 유지하는 역할을 한다.

26 유압 브레이크 장치에서 잔압을 형성하고 유지시켜 주는 것은?

① 마스터 실린더 피스톤 1차 컵과 2차 컵
② 마스터 실린더의 체크 밸브와 리턴 스프링
③ 마스터 실린더 오일탱크
④ 마스터 실린더 피스톤

≪ 마스터 실린더의 체크 밸브는 유압 브레이크 장치에서 잔압을 형성하고, 리턴 스프링은 체크 밸브를 유지시켜 주는 역할을 한다.

27 주행 중 제동 시 좌우 편제동의 원인으로 틀린 것은?

① 드럼의 편 마모
② 휠 실린더의 오일누설
③ 라이닝 접촉 불량, 기름 부착
④ 마스터 실린더의 리턴 구멍 막힘

≪ 마스터 실린더의 리턴 구멍이 막히면 브레이크 페달을 놓아도 제동력이 해제되지 않는다.

28 수동변속기 자동차에서 변속이 어려운 이유 중 틀린 것은?

① 클러치의 끊김 불량
② 컨트롤 케이블의 조정 불량
③ 기어오일 과다 주입
④ 싱크로 메시 기구의 불량

≪ 기어의 변속이 잘 안 되는 원인
① 클러치의 차단이 불량하다.
② 기어오일이 응고되었다.
③ 각 기어가 마모되었다.
④ 싱크로라이저 링이 마모되었다.
⑤ 컨트롤 케이블의 조정이 불량하다.

29 타이어 트레드 패턴의 종류가 아닌 것은?

① 러그 패턴
② 블록턴
③ 리브러그 패턴
④ 카커스 패턴

≪ 타이어 트레드 패턴은 타이어 내부의 열을 발산하고 트레드에 생긴 절상 등의 확대를 방지하며, 선회 성능 및 구동력이 향상된다. 패턴의 종류는 리브 패턴, 러그 패턴, 리브러그 패턴, 블록 패턴, 오프 더 로드 패턴 등이 있다.

30 조향장치에서 사용되는 조향기어의 종류가 아닌 것은?

① 래크-피니언(rack and pinion) 형식
② 웜-섹터 롤러(worm and sector roller) 형식
③ 롤러-베어링(roller and bearing)형식
④ 볼-너트(ball and nut) 형식

≪ 조향 기어는 조향 휠의 회전을 감속하여 조작력을 증대시킴과 동시에 운동 방향을 변환시키는 역할을 하며, 웜 섹터 형식, 웜 섹터 롤러 형식, 볼 너트 형식, 웜 핀 형식, 스크루 너트 형식, 스크루 볼 형식, 랙과 피니언 형식, 보올 너트 웜 핀형식 등이 있다.

31 조향장치가 갖추어야 할 조건으로 틀린 것은?

① 조향 조작이 주행 중의 충격을 적게 받을 것
② 안전을 위해 고속 주행 시 조향력을 작게 할 것
③ 회전반경이 작을 것
④ 조작 시에 방향 전환이 원활하게 이루어질 것

≪ 조향장치가 갖추어야 할 조건
① 고속 주행에서도 조향 핸들이 안정되고, 복원력이 좋을 것
② 수명이 길고 다루기나 정비가 쉬울 것
③ 조향 핸들의 회전과 바퀴의 선회차이가 작을 것
④ 조향 조작이 주행 중의 충격을 적게 받을 것
⑤ 진행 방향을 바꿀 때 섀시 및 보디 각부에 무리한 힘이

작용하지 않을 것
⑥ 회전반경이 작으며, 조작하기 쉽고 방향전환이 원활하게 이루어 질 것

32 유압식 브레이크 마스터 실린더에 작용하는 힘이 120kgf 이고, 피스톤 면적이 3cm²일 때 마스터 실린더 내에 발생되는 유압은?

① 50kgf/cm²
② 40kgf/cm²
③ 30kgf/cm²
④ 25kgf/cm²

≪ $P = \dfrac{W}{A}$
P : 유압, W : 푸시로드에 작용하는 힘,
A : 피스톤 면적
$P = \dfrac{120\text{kgf}}{3\text{cm}^2} = 40\text{kgf/cm}^2$

33 수동변속기 차량에서 클러치가 미끄러지는 원인은?

① 클러치 페달 자유간극 과다
② 클러치 스프링 장력 약화
③ 릴리스 베어링 파손
④ 유압라인 공기혼입

≪ 클러치가 미끄러지는 원인
① 크랭크축 뒤 오일 실 마모로 오일이 누유 될 때
② 클러치 판에 오일이 묻었을 때
③ 압력 스프링이 약할 때
④ 클러치 판이 마모되었을 때
⑤ 클러치 페달의 자유간극이 작을 때

34 동력 조향장치 정비 시 안전 및 유의사항으로 틀린 것은?

① 자동차 하부에서 작업할 때는 시야 확보를 위해 보안경을 벗는다.
② 공간이 좁으므로 다치지 않게 주의한다.
③ 제작사의 정비지침서를 참고하여 점검 정비한다.
④ 각종 볼트 너트는 규정 토크로 조인다.

≪ 자동차 하부에서 작업할 경우에는 이물질이 눈에 들어 갈 염려가 있으므로 보안경을 착용하고 시행하여야 한다.

35 변속기의 기능 중 틀린 것은?

① 엔진의 회전력을 변환시켜 바퀴에 전달한다.
② 엔진의 회전수를 높여 바퀴의 회전력을 증가시킨다.
③ 후진을 가능하게 한다.
④ 정차할 때 엔진의 공전운전을 가능하게 한다.

≪ 변속기의 기능
① 엔진의 공전(무부하)운전을 가능하게 한다.
② 엔진의 회전력을 증대시켜 바퀴에 전달한다.
③ 자동차의 후진을 가능하게 한다.

36 수동변속기 차량의 클러치 판에서 클러치 접속 시 회전 충격을 흡수하는 것은?

① 쿠션 스프링
② 댐퍼 스프링
③ 클러치 스프링
④ 막 스프링

≪ 비틀림 코일 스프링(댐퍼 스프링 또는 토션 스프링이라고도 함)은 클러치가 접속할 때 발생하는 회전 충격을 흡수하는 작용을 한다.

37 주행 중 자동차의 조향 휠이 한쪽으로 쏠리는 원인과 거리가 먼 것은?

① 타이어의 공기 압력 불균일
② 바퀴 얼라인먼트의 조정 불량
③ 쇽업소버 파손
④ 조향 휠 유격 조정 불량

≪ 주행 중 조향 핸들이 한쪽 방향으로 쏠리는 원인
① 브레이크 라이닝 간극 조정이 불량하다.
② 휠이 불평형하거나 컨트롤 암(위 또는 아래)이 휘었다.
③ 쇽업소버의 작동이 불량하다.
④ 좌우 타이어 공기 압력이 불균일하다.
⑤ 바퀴 정열(얼라인먼트)이 불량하다.
⑥ 한쪽 휠 실린더의 작동이 불량하다.
⑦ 뒤 차축이 차량의 중심선에 대하여 직각이 되지 않는다.

38 액슬축의 지지방식이 아닌 것은?
① 반부동식 ② 3/4 부동식
③ 고정식   ④ 전부동식

≪ 액슬축(차축)의 지지방식에는 3/4 부동식, 반부동식, 전부동식 등이 있다.

39 수동변속기 차량의 클러치 판은 어떤 축의 스플라인에 조립되어 있는가?
① 추진축   ② 크랭크축
③ 액슬축   ④ 변속기 입력축

≪ 클러치 판은 변속기 입력축의 스플라인에 끼워져 클러치 페달을 놓았을 때 엔진의 동력을 변속기에 전달하는 역할을 한다.

40 현가장치에서 스프링이 압축되었다가 원위치로 되돌아올 때 작은 구멍(오리피스)을 통과하는 오일의 저항으로 진동을 감소시키는 것은?
① 스태빌라이저
② 공기 스프링
③ 토션 바 스프링
④ 쇽업소버

≪ 쇽업소버는 스프링이 압축되었다가 원위치로 되돌아올 때 작은 구멍(오리피스)을 통과하는 오일의 저항으로 진동을 감소시킨다.

41 자동차용 교류 발전기에 대한 특성 중 거리가 먼 것은?
① 브러시 수명이 일반적으로 직류 발전기보다 길다.
② 중량에 따른 출력이 직류 발전기보다 1.5배 정도 높다.
③ 슬립링 손질이 불필요하다.
④ 자여자 방식이다.

≪ 교류 발전기는 타여자 방식을, 직류 발전기는 자여자 방식을 사용한다.

42 순방향으로 전류를 흐르게 하였을 때 빛이 발생되는 다이오드?
① 제너다이오드
② 포토다이오드
③ 사이리스터
④ 발광다이오드

≪ 발광다이오드는 순방향으로 전류를 흐르게 하였을 때 캐리어가 가지고 있는 에너지의 일부가 빛으로 되어 외부에 방사하는 다이오드이다.

43 다음 전기 기호 중에서 트랜지스터의 기호는?

① 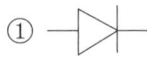   ②

③    ④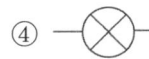

≪ ① 다이오드, ③ 가변저항, ④ 램프 기호

44 150Ah의 배터리 2개를 병렬로 연결한 상태에서 15A의 전류로 방전시킨 경우 몇 시간 사용할 수 있는가?
① 5
② 10
③ 15
④ 20

≪ 150Ah 배터리 2개를 병렬로 연결하면 300Ah가 된다.
$AH = A \times h$에서 $H = \dfrac{Ah}{A}$
$\therefore h = \dfrac{300Ah}{15A} = 20$

45 축전지의 충방전 화학식이다. ( )속에 해당되는 것은?

$$PbO_2 + (\ ) + Pb \rightleftarrows PbSO_4 + 2H_2O + PbSO_4$$

① H_2O ② $2H_2O$
③ $2PbSO_4$ ④ $2H_2SO_4$

46 점화 코일의 2차 쪽에서 발생되는 불꽃 전압의 크기에 영향을 미치는 요소 중 거리가 먼 것은?
① 점화 플러그 전극의 형상
② 점화 플러그 전극의 간극
③ 엔진 윤활유 압력
④ 혼합기 압력

≪ 불꽃 전압은 중심 전극과 접지 전극 사이에서 불꽃을 발생시킬 수 있는 전압으로 점화 플러그의 간극, 형상, 혼합기의 압력 등이 영향을 미친다.

47 전류에 대한 설명으로 틀린 것은?
① 자유 전자의 흐름이다.
② 단위는 A를 사용한다.
③ 직류와 교류가 있다.
④ 저항에 항상 비례한다.

≪ 전류란 자유 전자의 흐름이며, 단위는 A를 사용하며, 직류와 교류가 있고 전류는 전압에 비례하고 저항에는 반비례한다.

48 전자제어 엔진의 점화장치에서 1차 전류를 단속하는 부품은?
① 다이오드
② 점화 스위치
③ 파워 트랜지스터
④ 컨트롤 릴레이

≪ 파워 트랜지스터(Power TR)는 ECU의 제어 신호로 1차 전류 단속시켜 점화 2차 코일에서 고전압이 발생되도록 한다.

49 퓨즈에 관한 설명으로 맞는 것은?
① 퓨즈는 정격 전류가 흐르면 회로를 차단하는 역할을 한다.
② 퓨즈는 과대 전류가 흐르면 회로를 차단하는 역할을 한다.
③ 퓨즈는 용량이 클수록 전류가 정격 전류가 낮아진다.
④ 용량이 적은 퓨즈는 용량을 조정하여 사용한다.

≪ 퓨즈는 단락 및 누전에 의해 과대 전류가 흐르면 차단되어 전류의 흐름을 방지하는 부품으로 전기회로에 직렬로 설치된다. 재질은 납과 주석의 합금이다.

50 시동 전동기 무부하 시험을 하려고 한다. A와 B에 필요한 것은?

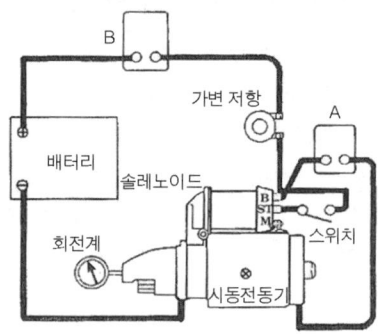

① A는 전류계, B는 전압계
② A는 전압계, B는 전류계
③ A는 전류계, B는 저항계
④ A는 저항계, B는 전압계

51 헤드 볼트를 체결할 때 토크 렌치를 사용하는 이유로 가장 옳은 것은?
① 신속하게 체결하기 위해
② 작업상 편리하기 위해
③ 강하게 체결하기 위해
④ 규정 토크로 체결하기 위해

52 작업장 내에서 안전을 위한 통행방법으로 옳지 않은 것은?
① 자재 위에 앉지 않도록 한다.
② 좌우측의 통행 규칙을 지킨다.
③ 짐을 든 사람과 마주치면 길을 비켜준다.
④ 바쁜 경우 기계 사이의 지름길을 이용한다.

53 카바이드 취급 시 주의할 점으로 틀린 것은?
① 밀봉해서 보관한다.
② 건조한 곳보다 약간 습기가 있는 곳에 보관한다.
③ 인화성이 없는 곳에 보관한다.
④ 저장소에 전등을 설치할 경우 방폭 구조로 한다.

≪ 카바이드는 수분과 접촉하면 아세틸렌가스를 발생하므로 건조한 저장소에 보관하여야 한다.

54 작업자가 기계작업 시의 일반적인 안전사항으로 틀린 것은?
① 급유 시 기계는 운전을 정지시키고 지정된 오일을 사용한다.
② 운전 중 기계로부터 이탈할 때는 운전을 정지시킨다.
③ 고장수리, 청소 및 조정 시 동력을 끊고 다른 사람이 작동시키지 않도록 표시해둔다.
④ 정전이 발생 시 기계 스위치를 켜둬서 정전이 끝남과 동시에 작업 가능하도록 한다.

≪ 작업 중에 정전이 발생되면 기계의 스위치를 OFF시켜 정전이 끝나도 기계가 작동되지 않도록 조치하여야 한다.

55 재해조사 목적을 가장 바르게 설명한 것은?
① 적절한 예방 대책을 수립하기 위하여
② 재해를 당한 당사자의 책임을 추궁하기 위하여
③ 재해 발생 상태와 그 동기에 대한 통계를 작성하기 위하여
④ 작업능률 향상과 근로기강 확립을 위하여

≪ 재해조사의 목적은 적절한 예방대책을 수립하기 위함이다.

56 전자제어 시스템을 정비할 때 점검방법 중 올바른 것을 모두 고른 것은?

> a. 배터리 전압이 낮으면 자기진단이 불가할 수 있으므로 점검하기 전에 배터리 전압을 확인한다.
> b. 배터리 또는 ECU 커넥터를 분리하면 고장 항목이 지워질 수 있으므로 고장진단 결과를 완전히 읽기 전에는 배터리를 분리시키지 않는다.
> c. 전장품을 교환할 때에는 배터리 (-)케이블을 분리 후 작업한다.

① a, b
② a, c
③ b, c
④ a, b, c

57 위험성 정도에 따라 제2종으로 구분되는 유기용제의 색 표시는?
① 빨강
② 파랑
③ 노랑
④ 초록

≪ 유기용제의 색 표시
① 제1종 유기용제 : 빨강색 바탕 검정글자
② 제2종 유기용제 : 노랑색 바탕 검정글자
③ 제3종 유기용제 : 파랑색 바탕 검정글자

58 점화 플러그 청소기를 사용할 때 보안경을 쓰는 이유로 가장 적당한 것은?
① 발생하는 스파크의 색상을 확인하기 위해
② 이물질이 눈에 들어갈 수 있기 때문에
③ 빛이 너무 자주 깜박거리기 때문에
④ 고전압에 의한 감전을 방지하기 위해

≪ 점화 플러그 청소기는 모래를 고압으로 분사하여 점화 플러그의 전극 부분을 청소함으로 이물질이 눈에 들어갈 염려가 있으므로 보안경을 반드시 착용하여야 한다.

59 정밀한 부속품을 세척하기 위한 방법으로 가장 안전한 것은?

① 와이어 브러시를 사용한다.
② 걸레를 사용한다.
③ 솔을 사용한다.
④ 에어건을 사용한다.

≪ 정밀한 기계 부속품의 세척(청소)은 에어건을 사용하여 공기로 불어내야 한다.

60 전자제어 가솔린 엔진의 실린더 헤드 볼트를 규정 토크로 조이지 않았을 때 발생하는 현상으로 거리가 먼 것은?

① 냉각수의 누출
② 스로틀 밸브의 고착
③ 실린더 헤드의 변형
④ 압축가스의 누설

≪ 헤드 볼트를 규정 토크로 조이지 않았을 때 발생되는 현상
① 압축압력 및 폭발압력이 낮아진다.
② 냉각수가 실린더로 유입된다.
③ 엔진오일이 냉각수와 섞인다.
④ 엔진의 출력이 저하한다.
⑤ 실린더 헤드가 변형되기 쉽다.
⑥ 냉각수 및 엔진오일이 누출된다.

제 3 회 모의고사 정답

01.②	02.②	03.②	04.③	05.③
06.④	07.③	08.①	09.④	10.②
11.①	12.③	13.③	14.②	15.②
16.④	17.②	18.④	19.①	20.③
21.①	22.②	23.①	24.①	25.①
26.②	27.④	28.③	29.④	30.③
31.②	32.②	33.②	34.①	35.②
36.②	37.④	38.③	39.④	40.④
41.④	42.④	43.②	44.④	45.④
46.③	47.④	48.③	49.②	50.②
51.④	52.④	53.②	54.④	55.①
56.④	57.③	58.②	59.④	60.②

제 4 회 CBT 자동차정비기능사 모의고사

01 디젤 엔진의 연소실 형식으로 틀린 것은?
① 직접분사식
② 예연소실식
③ 와류실식
④ 연료실식

≪ 디젤 엔진 연소실의 종류에는 단실식인 직접분사실식과 복실식인 예연소실식, 와류실식, 공기실식이 있다.

02 EGR(Exhaust Gas Recirculation)밸브에 대한 설명 중 틀린 것은?
① 배기가스 재순환 장치이다.
② 연소실 온도를 낮추기 위한 장치이다.
③ 증발가스를 포집하였다가 연소시키는 장치이다.
④ 질소산화물(NOx) 배출을 감소하기 위한 장치이다.

≪ EGR 밸브는 배기가스 재순환 장치이며, 연소실 온도를 낮춰 질소산화물(NOx)의 배출을 감소하기 위한 장치이다.

03 가솔린 엔진의 흡기다기관과 스로틀 보디 사이에 설치되어 있는 서지탱크의 역할 중 틀린 것은?
① 실린더 상호간에 흡입공기 간섭 방지
② 흡입공기 충진 효율을 증대
③ 연소실에 균일한 공기공급
④ 배기가스 흐름 제어

≪ 서지 탱크는 실린더 상호간에 흡입 공기의 간섭을 방지하여 충진 효율을 증대시키며, 공기의 맥동적인 흐름을 방지하고 연소실에 균일한 공기를 공급한다.

04 전자제어 연료분사 가솔린 엔진에서 연료펌프의 체크밸브는 어느 때 닫히게 되는가?
① 엔진회전 시
② 엔진정지 후
③ 연료압송 시
④ 연료분사 시

≪ 연료펌프의 체크밸브는 엔진의 가동이 정지된 후(연료의 압송이 정지될 때)닫혀 연료 라인 내에 잔압을 유지시켜 고온에서의 베이퍼록 현상을 방지하고 재시동성을 향상시킨다.

05 엔진에 사용하는 윤활유의 기능이 아닌 것은?
① 마멸 작용
② 기밀 작용
③ 냉각 작용
④ 방청 작용

≪ 윤활유는 밀봉 작용, 냉각 작용, 부식 방지(방청)작용, 응력 분산작용, 마찰감소 및 마멸방지 작용, 세척작용 등의 기능을 한다.

06 가솔린 엔진 압축압력의 단위로 쓰이는 것은?
① rpm
② mm
③ ps
④ kgf/cm^2

≪ 압축압력의 측정 단위는 PSI 또는 kgf/cm²를 사용한다.

07 압력식 라디에이터 캡을 사용하므로 얻어지는 장점과 거리가 먼 것은?
① 비등점을 올려 냉각효율을 높일 수 있다.
② 라디에이터를 소형화할 수 있다.
③ 라디에이터 무게를 크게 할 수 있다.
④ 냉각장치 내의 압력을 높일 수 있다.

≪ 압력식 캡으로 냉각계통 내를 밀봉시켜 압력이 냉각수를 가압하여 냉각수가 비등되지 않도록 함으로써 냉각수의 비등점을 높여 냉각효율을 높일 수 있고 냉각장치 내의 압력을 높일 수 있으며, 라디에이터를 소형화하여 라디에이터의 무게를 가볍게 할 수 있다.

08 실린더 안지름이 100mm, 피스톤 행정 130mm, 압축비가 21일 때 연소실 용적은 약 얼마인가?

① 25cc
② 32cc
③ 51cc
④ 58cc

≪ $V_c = \dfrac{V_s}{\epsilon}$
V_c : 연소실 체적, V_s : 실린더 배기량(행정체적),
ϵ : 압축비
$V_c = \dfrac{3.14 \times 10^2 \times 13}{(21-1) \times 4} = 51.025\text{cc}$

09 가솔린의 주요 화합물로 맞는 것은?

① 탄소와 수소
② 수소와 질소
③ 탄소와 산소
④ 수소와 산소

≪ 가솔린은 탄소와 수소의 화합물이다.

10 점화 지연의 3가지에 해당되지 않는 것은?

① 기계적 지연
② 점성적 지연
③ 전기적 지연
④ 화염 전파지연

≪ 점화가 지연되는 현상은 기계적 지연, 전기적 지연, 화염 전파지연 등의 원인이 있다.

11 평균유효 압력이 10kgf/cm², 배기량이 7500cc, 회전속도 2400rpm, 단 기통인 2행정 사이클의 지시마력은?

① 200PS
② 300PS
③ 400PS
④ 500PS

≪ $I_{PS} = \dfrac{P \times A \times L \times R \times N}{75 \times 60}$
I_{PS} : 지시(도시)마력, P : 평균유효 압력,
A : 실린더 단면적, L : 피스톤 행정,
R : 기관 회전속도(4행정 사이클=$\dfrac{R}{2}$, 2행정 사이클=R),
N : 실린더 수
$I_{PS} \dfrac{10 \times 7500 \times 2400}{75 \times 60 \times 100} = 400$

12 피스톤 링의 주요 기능이 아닌 것은?

① 기밀 작용
② 감마 작용
③ 열전도 작용
④ 오일 제어 작용

≪ 피스톤 링은 기밀 유지 작용(밀봉 작용), 오일 제어 작용, 열전도 작용(냉각 작용)의 3대 작용을 한다.

13 어떤 물체가 초속도 10m/s로 마루 면을 미끄러진다면 몇 m를 진행하고 멈추는가? (단, 물체와 마루면 사이의 마찰계수는 0.5 이다.)

① 0.51
② 5.1
③ 10.2
④ 20.4

≪ $S = \dfrac{v^2}{2 \times \mu \times g}$
S : 정지거리, v : 초속도, μ : 마찰계수,
g : 중력가속도(9.8m/s²)
$S = \dfrac{10^2}{2 \times 0.5 \times 9.8} = 10.2\text{m}$

14 전자제어 가솔린 분사장치에서 엔진의 각종 센서 중 입력 신호가 아닌 것은?

① 스로틀 포지션 센서
② 냉각 수온 센서
③ 크랭크 각 센서
④ 인젝터

≪ ECU의 출력 신호는 인젝터 작동 신호, ISC(공전속도 조절기구) 작동 신호, PCSV 작동 신호, 에어컨 릴레이 작동 신호 등이 있다.

15 LPG 엔진의 연료장치에서 냉각수의 온도가 낮을 때 시동성을 좋게 하기 위해 작동되는 밸브는?

① 기상 밸브
② 액상 밸브
③ 안전 밸브
④ 과류 방지 밸브

≪ 기상 밸브는 봄베의 기체 부분에 설치되어 LPG 엔진의 냉각수의 온도가 낮을 때 시동성을 좋게 하기 위해 기체의 연료를 공급하는 역할을 한다.

16 3원 촉매장치의 촉매컨버터에서 정화 처리하는 배기가스로 거리가 먼 것은?

① CO
② NOx
③ SO
④ HC

≪ 3원 촉매장치는 배기가스 중의 CO, HC, NOx를 N_2, H_2O, CO_2 등으로 산화 또는 환원시킨다.

17 행정의 길이가 250mm인 가솔린 엔진에서 피스톤의 평균속도가 5m/s라면 크랭크축의 1분간 회전수(rpm)은 약 얼마인가?

① 500
② 600
③ 700
④ 800

≪ $S = \dfrac{2 \times N \times L}{60}$
S : 피스톤 평균속도(m/s), N : 엔진 회전속도(rpm),
L : 피스톤 행정(m)
$N = \dfrac{60 \times 1000 \times 5}{2 \times 250} = 600 rpm$

18 디젤 엔진의 연료 분사에 필요한 조건으로 틀린 것은?

① 무화
② 분포
③ 조정
④ 관통력

≪ 연료 분사에 필요한 3대 조건은 무화(안개화), 분무(분포), 관통력이다.

19 가솔린 전자제어 엔진에서 배터리 전압이 낮아졌을 때 연료 분사량을 보정하기 위한 방법은?

① 분사시간을 증가시킨다.
② 엔진의 회전속도를 낮춘다.
③ 공연비를 낮춘다.
④ 점화시기를 지각시킨다.

≪ ECU는 배터리 전압이 낮아지면 인젝터의 무효 분사시간이 길어지므로 연료 분사시간을 증가시킨다.

20 자동차 주행빔 전조등의 발광면은 상측, 하측, 내측, 외측의 몇 도 이내에서 관측 가능해야 하는가?

① 5
② 10
③ 15
④ 20

≪ 주행빔 전조등의 발광면은 상측, 하측, 내측, 외측의 5도 이내에서 관측 가능해야 한다.

21 배기 밸브가 하사점 전 55°에서 열려 상사점 후 15°에서 닫힐 때 총 열림각은?

① 240°
② 250°
③ 255°
④ 260°

≪ 배기 밸브 열림 각도
= 배기 밸브 열림+배기 밸브 닫힘+180°
배기 밸브 열림 각도 = 55°+15°+180°=250°

22 엔진의 습식 라이너(wet type)에 대한 설명 중 틀린 것은?

① 습식 라이너를 끼울 때에는 라이너 바깥 둘레에 비눗물을 바른다.
② 실링이 파손되면 크랭크 케이스로 냉각수가 들어간다.
③ 냉각수와 직접 접촉하지 않는다.
④ 냉각 효과가 크다.

≪ 습식 라이너는 냉각수와 직접 접촉하는 방식으로 냉각 효과 크다. 실링이 파손되면 크랭크 케이스로 냉각수가 들어갈 우려가 있으며, 습식 라이너를 끼울 때에는 라이너 바깥둘레에 비눗물을 바른다.

23 공기량 계측방식 중에서 발열체와 공기 사이의 열전달 현상을 이용한 방식은?

① 열선식 질량유량 계량방식
② 베인식 체적유량 계량방식
③ 칼만와류 방식
④ 맵 센서 방식

≪ 열선식은 백금선의 온도를 일정하게 유지시키는데 필요한 전류에 의해 흡입 공기량이 계량된다. 즉 발열체와 공기 사이의 열전달 현상을 이용하여 흡입 공기량을 계량한다.

24 동력 조향장치에서 오일펌프에 걸리는 부하가 엔진 아이들링 안정성에 영향을 미칠 경우 오일펌프 압력 스위치는 어떤 역할을 하는가?

① 유압을 더욱 다운시킨다.
② 부하를 더욱 증가시킨다.
③ 엔진 아이들링 회전수를 증가시킨다.
④ 엔진 아이들링 회전수를 다운시킨다.

≪ 동력 조향장치에서 오일펌프에 걸리는 부하가 엔진 아이들링 안정성에 영향을 미칠 경우 오일펌프 압력 스위치는 엔진 아이들링 회전수를 증가시킨다.

25 제동 배력 장치에서 브레이크 페달을 밟았을 때 하이드로 백 내의 작동 설명으로 틀린 것은?

① 공기 밸브는 닫힌다.
② 진공 밸브는 닫힌다.
③ 동력 피스톤이 하이드로릭 실린더 쪽으로 움직인다.
④ 동력 피스톤 앞쪽은 진공상태이다.

≪ 브레이크 페달을 밟았을 때 하이드로 백 내의 작동
① 진공 밸브는 닫히고, 공기 밸브는 열린다.
② 동력 피스톤 앞쪽은 진공상태이다.
③ 동력 피스톤이 하이드로릭 실린더 쪽으로 움직인다.

26 일반적인 브레이크 오일의 주성분은?

① 윤활유와 경유
② 알코올과 피마자기름
③ 알코올과 윤활유
④ 경유와 피마자기름

≪ 브레이크 오일의 주성분은 알코올과 피마자기름의 식물성 오일이다.

27 자동차의 앞바퀴 정렬에서 토인 조정은 무엇으로 하는가?

① 드래그 링크의 길이
② 타이로드의 길이
③ 시임의 두께
④ 와셔의 두께

≪ 토인을 조정하는 경우 좌우 타이로드 길이를 동일하게 증감시켜 조정한다.

28 후축에 9890kgf의 하중이 작용될 때 후축에 4개의 타이어를 장착하였다면 타이어 한 개당 받는 하중은?

① 약 2473kgf
② 약 2770kgf
③ 약 3473kgf
④ 약 3770kgf

≪ 1개당 타이어 하중 = $\frac{9890 \text{kgf}}{4}$ = 2472.7kgf

29 독립 현가장치의 종류가 아닌 것은?
① 위시본 형식
② 스트럿 형식
③ 트레일링 암 형식
④ 옆 방향 판스프링 형식

≪ 옆 방향 판스프링 형식은 일체차축 현가장치이다.

30 수동변속기에서 기어변속 시 기어의 이중 물림을 방지하기 위한 장치는?
① 파킹 볼 장치
② 인터록 장치
③ 오버드라이브 장치
④ 록킹 볼 장치

≪ 수동변속기에서 기어의 물림이 빠지지 않도록 하는 장치는 록킹 볼 장치이며, 기어의 이중 물림을 방지하는 장치는 인터록 장치이다.

31 수동변속기에서 기어 변속이 힘든 경우로 틀린 것은?
① 클러치 자유간극(유격)이 부족할 때
② 싱크로나이저 스프링이 약화된 경우
③ 변속 축 혹은 포크가 마모된 경우
④ 싱크로나이저 링과 기어 콘의 접촉이 불량한 경우

≪ 수동변속기에서 변속이 어려운 이유
① 클러치 페달의 자유간극이 커 끊김이 불량할 때
② 컨트롤 케이블의 조정 불량
③ 싱크로나이저 스프링이 약화된 경우
④ 변속 축 혹은 포크가 마모된 경우
⑤ 싱크로나이저 링과 기어 콘의 접촉이 불량한 경우

32 엔진의 회전수가 3500rpm, 제2속의 감속비 1.5, 최종 감속비 4.8, 바퀴의 반경이 0.3m일 때 차속은?(단, 바퀴의 지면과 미끄럼은 무시한다.)
① 약 35km/h
② 약 45km/h
③ 약 55km/h
④ 약 65km/h

≪ $V = \frac{\pi \times D \times En}{Rt \times Rf} \times \frac{60}{1000}$
V : 주행속도(km/h), D : 바퀴지름, En : 기관 회전수, Rt : 변속비, Rf : 최종감속비
$V = \frac{3.14 \times 0.3 \times 2 \times 3500}{1.5 \times 4.8} \times \frac{60}{1000} = 54.95 \text{km/h}$

33 유압식 브레이크는 어떤 원리를 이용한 것인가?
① 뉴톤의 원리
② 파스칼의 원리
③ 베르누이의 정리
④ 애커먼 장토의 원리

≪ 파스칼의 원리란 밀폐된 용기 내에 액체를 가득 채우고 압력을 가하면 모든 방향으로 같은 압력이 작용한다는 원리이며, 유압 브레이크는 파스칼의 원리를 이용하여 모든 바퀴에 동일한 유압을 전달하여 제동력을 발생한다.

34 주행 시 혹은 제동 시 핸들이 한쪽 방향으로 쏠리는 원인으로 거리가 가장 먼 것은?
① 좌우 타이어의 공기 압력이 같지 않다.
② 앞바퀴의 정렬이 불량하다.
③ 조향 핸들 축의 축 방향 유격이 크다.
④ 한쪽 브레이크 라이닝 간격 조정이 불량하다.

≪ 주행 중 조향 핸들이 한쪽 방향으로 쏠리는 원인
① 브레이크 라이닝 간극 조정이 불량하다.
② 휠이 불평형하거나 컨트롤 암(위 또는 아래)이 휘었다.
③ 쇽업소버의 작동이 불량하다.
④ 좌우 타이어 공기압력이 불균일하다.
⑤ 앞바퀴 정열(얼라인먼트)이 불량하다.

⑥ 한쪽 휠 실린더의 작동이 불량하다.
⑦ 뒤 차축이 차량의 중심선에 대하여 직각이 되지 않는다.

35 엔진의 최고 출력이 70PS, 4800rpm인 자동차가 최고 출력을 낼 때의 총감속비가 4.8 : 1 이라면 뒤차축의 액슬축은 몇 rpm인가?

① 336rpm
② 1000rpm
③ 1250rpm
④ 1500rpm

≪ $Ran = \dfrac{En}{Tr}$
Ran : 뒤액슬축 회전수, En : 엔진 회전수,
Tr : 총감속비
$Ran = \dfrac{4800rpm}{4.8} = 1000rpm$

36 차동장치에서 차동 피니언과 사이드 기어의 백 래시 조정은?

① 축받이 차축의 왼쪽 조정 심을 가감하여 조정한다.
② 축받이 차축의 오른쪽 조정 심을 가감하여 조정한다.
③ 차동장치의 링 기어 조정장치를 조정한다.
④ 스러스트(thrust) 와셔의 두께를 가감하여 조정한다.

≪ 차동 피니언과 사이드 기어의 백 래시 조정은 스러스트 와셔의 두께를 가감하여 조정한다.

37 빈 칸에 알맞은 것은?

애커먼장토의 원리는 조향각도를(㉠)로 하고, 선회할 때 선회하는 안쪽 바퀴의 조향 각도가 바깥쪽 바퀴의 조향 각도보다 (㉡)되며, (㉢)의 연장선상의 한 점을 중심으로 동심원을 그리면서 선회하여 사이드슬립 방지와 조향 핸들 조작에 따른 저항을 감소시킬 수 있는 방식이다.

① ㉠최소, ㉡작게, ㉢앞차축
② ㉠최대, ㉡작게, ㉢뒷차축
③ ㉠최소, ㉡크게, ㉢앞차축
④ ㉠최대, ㉡크게, ㉢뒷차축

≪ 애커먼 장토의 원리는 조향 각도를 최대로 하고, 선회할 때 선회하는 안쪽바퀴의 조향 각도가 바깥쪽 바퀴의 조향 각도보다 크게 되며, 뒷차축의 연장선상의 한 점을 중심으로 동심원을 그리면서 선회하여 사이드슬립 방지와 조향 핸들 조작에 따른 저항을 감소시킬 수 있는 방식이다.

38 디스크 브레이크와 비교해 드럼 브레이크의 드럼 브레이크의 특성으로 맞는 것은?

① 페이드 현상이 잘 일어나지 않는다.
② 구조가 간단하다.
③ 브레이크의 편제동 현상이 적다.
④ 자기작동 효과가 크다.

≪ 드럼 브레이크는 디스크 브레이크에 비해 자기작동 효과가 큰 장점이 있다.

39 조향장치가 갖추어야 할 조건 중 적당하지 않은 사항은?

① 적당한 회전감각이 있을 것
② 고속 주행에서도 조향 핸들이 안정될 것
③ 조향 휠의 회전과 구동 휠의 선회차가 클 것
④ 선회 후 복원성이 좋을 것

≪ 조향장치가 갖추어야 할 조건
① 고속 주행에서도 조향 핸들이 안정되고, 복원력이 좋을 것
② 수명이 길고 다루기나 정비가 쉬울 것
③ 조향 핸들의 회전과 바퀴의 선회차이가 작을 것
④ 조향 조작이 주행 중의 충격을 적게 받을 것
⑤ 진행 방향을 바꿀 때 섀시 및 보디 각부에 무리한 힘이 작용하지 않을 것
⑥ 회전반경이 작으며, 조작하기 쉽고 방향 전환이 원활하게 이루어 질 것

40 수동변속기에서 클러치의 미끄러지는 원인으로 틀린 것은?

① 클러치 디스크에 오일이 묻었다.
② 플라이휠 및 압력판이 손상되었다.
③ 클러치 페달의 자유간극이 크다.
④ 클러치 디스크의 마멸이 심하다.

≪ 클러치가 미끄러지는 원인
① 크랭크축 뒤 오일 실 마모로 오일이 누유 될 때
② 클러치판(디스크)에 오일이 묻었을 때
③ 플라이휠 및 압력판이 손상 및 압력 스프링이 약할 때
④ 클러치판(디스크)이 마모되었을 때
⑤ 클러치 페달의 자유간극이 작을 때

41 자동차의 교류 발전기에서 발생된 교류 전기를 직류로 정류하는 부품은 무엇인가?

① 전기자
② 조정기
③ 실리콘 다이오드
④ 릴레이

≪ 실리콘 다이오드는 교류 발전기에서 발생된 교류를 직류로 정류하여 출력하며, 배터리로부터 전류가 역류하는 것을 방지한다.

42 시동 전동기에서 오버런닝 클러치의 종류에 해당되지 않는 것은?

① 롤러식   ② 스프래그식
③ 전기자식   ④ 다판 클러치식

≪ 시동 전동기에서 오버런닝 클러치는 플라이휠에서 동력이 시동 전동기로 전달되는 것을 방지하며, 종류에는 롤러식, 스프래그식, 다판 클러치식 등이 있다.

43 엔진 ECU 내부의 마이크로컴퓨터 구성 요소로서 산술연산 또는 논리연산을 수행하기 위해 데이터를 일시 보관하는 기억장치는?

① FET 구동회로
② A/D컨버터
③ 인터페이스
④ 레지스터

≪ 레지스터(Register)는 컴퓨터에서 여러 가지 처리를 할 경우 필요한 데이터의 기억, 실행 과정에서의 연산결과의 일시기억, 발생한 여러 가지 조건의 기억 등을 하는 회로이다.

44 12V의 전압에 20Ω의 저항을 연결하였을 경우 몇 A의 전류가 흐르겠는가?

① 0.6A
② 1A
③ 5A
④ 10A

≪ $I = \dfrac{E}{R}$
I : 전류(A), E : 전압(V), R : 저항(Ω)
$I = \dfrac{12V}{20\Omega} = 0.6A$

45 자동차 전조등회로에 대한 설명으로 맞는 것은?

① 전조등 좌우는 직렬로 연결되어 있다.
② 전조등 좌우는 병렬로 연결되어 있다.
③ 전조등 좌우는 직병렬로 연결되어 있다.
④ 전조등 작동 중에는 미등이 소등된다.

≪ 전조등은 안전을 고려하여 좌우가 병렬로 연결되어 있다.

46 축전기(condenser)와 관련된 식 표현으로 틀린 것은?(Q=전기량, E=전압, C=비례상수)

① $Q = CE$
② $C = \dfrac{Q}{E}$
③ $E = \dfrac{Q}{C}$
④ $C = QE$

≪ 축전기의 전기량을 구하는 식 $Q = CE$ 이다.

47 자동차의 레인 센서 와이퍼 제어장치에 대한 설명 중 옳은 것은?
① 엔진 오일의 양을 감지하여 운전자에게 자동으로 알려주는 센서이다.
② 자동차의 와셔액량을 감지하여 와이퍼가 작동 시 와셔 액을 자동조절 하는 장치이다.
③ 앞 창유리 상단의 강우량을 감지하여 자동으로 와이퍼 속도를 제어하는 센서이다.
④ 온도에 따라서 와이퍼 조작시 와이퍼 속도를 제어하는 장치이다.

≪ 레인 센서 와이퍼 제어장치는 앞 창유리 상단의 강우량을 감지하여 자동으로 와이퍼 속도를 제어하는 장치이다.

48 자동차 전기장치에서 "임의의 한 점으로 유입된 전류의 총합은 유출한 전류의 총합은 같다."는 현상을 설명한 것은?
① 앙페르의 법칙
② 키르히호프의 제1법칙
③ 뉴턴의 제1법칙
④ 렌츠의 법칙

49 배터리에 대한 설명 중 틀린 것은?
① 전해액 온도가 올라가면 비중은 낮아진다.
② 전해액 온도가 낮으면 황산의 확산이 활발해진다.
③ 온도가 높으면 자기 방전량이 많아진다.
④ 극판수가 많으면 용량이 증가한다.

≪ 전해액 온도가 낮으면 분자 운동이 둔화되어 황산의 확산이 둔해진다.

50 자기 방전률은 배터리 온도가 상승하면 어떻게 되는가?
① 높아진다.
② 낮아진다.
③ 변함없다.
④ 낮아진 상태로 일정하게 유지된다.

≪ 자기 방전율은 배터리 온도가 높고, 비중 및 용량이 클수록 높아진다.

51 산업 안전표지 종류에서 비상구 등을 나타내는 표지는?
① 금지표지   ② 경고표지
③ 지시표지   ④ 안내표지

≪ 산업 안전표지
① 금지 표지 : 바탕은 흰색, 기본 모형은 빨간색, 관련 부호 및 그림은 검은색이며, 출입금지, 보행금지, 차량 통행금지, 사용금지, 탑승금지, 금연, 화기금지, 물체 이동금지 등을 나타낸다.
② 경고 표지(1) : 바탕은 무색, 기본 모형은 빨간색(검은색도 가능), 관련 부호 및 그림은 검은색이며, 인화성 물질 경고, 산화성 물질 경고, 폭발성 물질 경고, 급성 독성 물질 경고, 부식성 물질 경고, 발암성·변이원성·생식독성·전신독성·호흡기 과민성 물질 경고 등을 나타낸다.
③ 경고 표지(2) : 바탕은 노란색, 기본 모형은 검은색, 관련 부호 및 그림은 검은 색이며, 방사성 물질 경고, 고압 전기 경고, 매달린 물체 경고, 낙하물 경고, 고온 경고, 저온 경고, 몸 균형 상실 경고, 레이저 광선 경고, 위험 장소 경고 등을 나타낸다.
④ 지시 표지 : 바탕은 파란색, 관련 그림은 흰색이며, 보안경 착용 지시, 방독 마스크 착용 지시, 방진 마스크 착용 지시, 보안면 착용 지시, 안전모 착용 지시, 귀마개 착용 지시, 안전화 착용 지시, 안전 장갑 착용 지시, 안전복 착용 지시 등을 나타낸다.
⑤ 안내 표지 : 바탕은 흰색, 기본 모형 및 관련 부호는 녹색(바탕은 녹색, 기본 모형 및 관련 부호는 흰색)이며, 녹십자 표지, 응급구호 표지, 들것, 세안장치, 비상용기구, 비상구, 좌측 비상구, 우측 비상구

52 차량 시험기기의 취급 주의사항에 대한 설명으로 틀린 것은?

① 시험기기 전원 및 용량을 확인한 후 전원 플러그를 연결한다.
② 시험기기 보관은 깨끗한 곳이면 아무 곳이나 좋다.
③ 눈금의 정확도는 수시로 점검해서 0점을 조정해 준다.
④ 시험기기의 누전여부를 확인한다.

《《《 시험기기는 지정된 보관 장소에 보관하여야 한다.

53 줄 작업 시 주의사항이 아닌 것은?

① 몸 쪽으로 당길 때에만 힘을 가한다.
② 공작물은 바이스에 확실히 고정한다.
③ 날이 메꾸어 지면 와이어 브러시로 털어낸다.
④ 절삭가루는 솔로 쓸어낸다.

《《《 줄 작업을 할 때에는 앞으로 밀 때만 힘을 가하여 절삭한다.

54 중량물을 인력으로 운반하는 과정에서 발생할 수 있는 재해의 형태(유형)와 거리가 먼 것은?

① 허리 요통
② 협착(압상)
③ 급성 중독
④ 충돌

55 산업안전보건법상의 "안전·보건 표지의 종류와 형태"에서 아래 그림이 의미하는 것은?

① 직진금지   ② 출입금지
③ 보행금지   ④ 차량통행금지

56 배터리 단자에 터미널 체결 시 올바른 것은?

① 터미널과 단자를 주기적으로 교환할 수 있도록 가 체결한다.
② 터미널과 단자 접속부 틈새에 흔들림이 없도록 (-)드라이버로 단자 끝에 망치를 이용하여 적당한 충격을 가한다.
③ 터미널과 단자 접속부 틈새에 녹슬지 않도록 냉각수를 소량 도포한 후 나사를 잘 조인다.
④ 터미널과 단자 접속부 틈새에 이물질이 없도록 청소 후 나사를 잘 조인다.

《《《 배터리 단자에 터미널을 연결할 경우에는 접촉 불량이 없도록 틈새에 이물질 등을 청소한 후 나사를 잘 조여야 한다.

57 엔진의 분해 정비를 결정하기 위해 엔진을 분해하기 전 점검해야 할 사항으로 거리가 먼 것은?

① 실린더 압축압력 점검
② 엔진오일 압력점검
③ 엔진 운전 중 이상소음 및 출력 점검
④ 피스톤 링 갭(gap)점검

《《《 피스톤 링의 갭 점검은 엔진을 완전히 분해한 후에 점검할 수 있다.

58 작업장에서 중량물 운반수레의 취급 시 안전사항 중 틀린 것은?

① 적재중심은 가능한 한 위로 오도록 한다.
② 화물이 앞뒤 또는 측면으로 편중되지 않도록 한다.
③ 사용 전 운반수레의 각부를 점검한다.
④ 앞이 안 보일 정도로 화물을 적재하지 않는다.

《《《 중량물 운반 수레에 적재 중심은 가능한 아래로 오도록 하여야 한다.

59 브레이크 드럼을 연삭할 때 전기가 정전되었다. 가장 먼저 취해야 할 조치사항은?
① 스위치 전원을 내리고(off) 주전원의 퓨즈를 확인한다.
② 스위치는 그대로 두고 정전원인을 확인한다.
③ 작업하던 공작물을 탈거한다.
④ 연삭에 실패했으므로 새 것으로 교환하고, 작업을 마무리한다.

≪ 드럼을 연삭할 때 정전이 되었다면 기계의 스위치 전원을 OFF시키고 주 전원의 퓨즈를 확인하여야 한다.

60 멀티 회로시험기를 사용할 때의 주의사항 중 틀린 것은?
① 고온, 다습, 직사광선을 피한다.
② 영점 조정 후에 측정한다.
③ 직류 전압의 측정 시 선택 스위치는 AC.(V)에 놓는다.
④ 지침은 정면에서 읽는다.

≪ 멀티 회로시험기를 사용하여 직류 전압을 측정하는 경우 선택 스위치는 DC(V)에 놓아야 한다.

제 4 회 모의고사 정답

01.④	02.③	03.④	04.②	05.①
06.④	07.③	08.③	09.①	10.②
11.③	12.②	13.③	14.④	15.①
16.③	17.②	18.③	19.①	20.①
21.②	22.③	23.①	24.③	25.①
26.②	27.②	28.①	29.④	30.②
31.①	32.③	33.②	34.③	35.②
36.④	37.④	38.④	39.③	40.③
41.③	42.③	43.④	44.①	45.②
46.④	47.③	48.②	49.②	50.①
51.④	52.②	53.①	54.③	55.②
56.④	57.④	58.①	59.①	60.③

Part VI

CBT
자동차정비기능사
기출복원문제

- 2022년 1~3회
- 2023년 1~2회

CBT 기출복원문제
2022년 1회

▶ 정답 425쪽

01 도난 경보장치 제어 시스템에서 경계 모드로 진입하는 조건으로 옳은 것은?

① 후드 스위치, 트렁크 스위치, 각 도어 스위치가 모드 열려 있고, 각 도어 잠김 스위치도 열려 있을 것
② 후드 스위치, 트렁크 스위치, 각 도어 스위치가 모두 열려 있고, 각 도어 잠김 스위치가 잠겨 있을 것
③ 후드 스위치, 트렁크 스위치, 각 도어 스위치가 모두 닫혀 있고, 각 도어 잠김 스위치가 열려 있을 것
④ 후드 스위치, 트렁크 스위치, 각 도어 스위치가 모두 닫혀 있고, 각 도어 잠김 스위치가 잠겨 있을 것

● 경계 모드 진입 조건
① 후드 스위치(hood switch)가 닫혀 있을 것
② 트렁크 스위치가 닫혀 있을 것
③ 각 도어 스위치가 모두 닫혀 있을 것
④ 각 도어 잠금 스위치가 잠겨 있을 것

02 브레이크 드럼의 지름이 600mm, 브레이크 드럼에 작용하는 힘이 180kgf인 경우 드럼에 작용하는 토크(kgf.cm)는? (단, 마찰계수는 0.15이다.)

① 810   ② 8100
③ 4050   ④ 405

● $T_B = \mu \times P \times r$
T_B : 브레이크 드럼에 발생하는 제동 토크(kgf · cm)
μ : 브레이크 드럼과 라이닝의 마찰계수
P : 브레이크 드럼에 가해지는 힘(kgf)
r : 브레이크 드럼의 반지름(cm)
$T_B = \dfrac{0.15 \times 180\text{kgf} \times 60\text{cm}}{2} = 810\text{kgf} \cdot \text{cm}$

03 산소 센서 고장으로 인해 발생되는 현상으로 옳은 것은?

① 연비 향상   ② 유해 배출가스 증가
③ 변속 불능   ④ 가속력 향상

산소 센서는 배기가스 내의 산소 농도를 검출하고 이를 전압으로 변환하여 엔진 컴퓨터로 입력시키면 엔진 컴퓨터는 이 신호를 기초로 하여 연료 분사량을 조절하여 이론 공연비로 유지하고 EGR 밸브를 작동시켜 피드백 시킨다. 산소 센서가 고장인 경우 피드백 제어가 불가능 하여 유해 배출가스가 증가된다.

04 안전벨트 프리텐셔너의 역할에 대한 설명으로 틀린 것은?

① 차량 충돌 시 전체의 구속력을 높여 안전성을 향상시켜 주는 역할을 한다.
② 에어백 전개 후 탑승객의 구속력이 일정시간 후 풀어주는 리미터 역할을 한다.
③ 자동차 충돌 시 2차 상해를 예방하는 역할을 한다.
④ 자동차의 후면 추돌 시 에어백을 빠르게 전개시킨 후 구속력을 증가시키는 역할을 한다.

자동차가 전방 충돌할 때 에어백이 작동하기 전에 안전벨트 프리 텐셔너를 작동시켜 안전벨트의 느슨한 부분을 되감아 충돌로 인하여 움직임이 심해질 승객을 확실하게 시트에 고정시켜 크러시 패드(crush pad)나 앞 창유리에 부딪히는 것을 방지하며, 에어백이 펼쳐질 때 올바른 자세를 가질 수 있도록 한다. 또 충격이 크지 않은 경우에는 에어백은 펼쳐지지 않고 안전벨트 프리 텐셔너만 작동하기도 한다.

05 자동차 주행 속도를 감지하는 센서는?

① 크랭크 각 센서   ② 차속 센서
③ 경사각 센서   ④ TDC 센서

● 센서의 기능
① 크랭크 각 센서 : 크랭크축의 회전수(엔진 회전수)를 감지한다.
② 차속 센서 : 자동차의 주행속도를 감지한다.
③ 경사각 센서 : 밀림 방지 장치의 주요 입력 신호인 자동차의 경사각을 감지하여 HCU에 입력시키는 역할을 한다.
④ TDC 센서 : 1번 실린더의 압축 상사점을 감지하는 것으로 각 실린더를 판별하여 연료 분사 및 점화순서를 결정하는 신호로 이용된다.

06 타이로드의 길이를 조정하여 수정하는 바퀴 정렬은?

① 토우   ② 캠버
③ 킹핀 경사각   ④ 캐스터

토우는 좌우 타이로드의 길이를 조정하여 토인(toe-in)을 조정한다.

07 유압식 제동장치에서 제동력이 떨어지는 원인으로 가장 거리가 먼 것은?

① 유압장치에 공기 유입
② 기관 출력 저하
③ 패드 및 라이닝에 이물질 부착
④ 브레이크 오일 압력의 누설

● 제동력이 떨어지는 원인
① 브레이크 오일이 누설되는 경우
② 패드 및 라이닝이 마멸된 경우
③ 패드 및 라이닝에 이물질이 부착된 경우
④ 유압장치에 공기가 유입된 경우

08 저항이 4Ω인 전구를 12V의 축전지에 연결했을 때 흐르는 전류(A)는?

① 3.0A   ② 2.4A
③ 4.8A   ④ 6.0A

$I = \dfrac{E}{R}$
I : 도체에 흐르는 전류(A), E : 도체에 가해진 전압(V),
R : 도체의 저항(Ω)
$I = \dfrac{12V}{4\Omega} = 3A$

09 하이드로 플레이닝 현상을 방지하는 방법이 아닌 것은?

① 러그 패턴의 타이어를 사용한다.
② 타이어의 공기압을 높인다.
③ 트레드의 마모가 적은 타이어를 사용한다.
④ 카프형으로 셰이빙 가공한 것을 사용한다.

● 하이드로 플레이닝 현상(수막현상)을 방지하는 방법
① 트레드의 마모가 적은 타이어를 사용한다.
② 타이어의 공기압을 높인다.
③ 트레드 패턴은 카프형으로 셰이빙 가공한 것을 사용한다.
④ 리브 패턴의 타이어를 사용한다.
⑤ 저속으로 주행한다.

10 가솔린 차량의 배출가스 중 NOx의 배출을 감소시키기 위한 방법으로 적당한 것은?

① EGR 장치 채택
② 간접 연료 분사 방식 채택
③ DPF 시스템 채택
④ 캐니스터 설치

배기가스 재 순환장치(EGR)는 배기가스의 일부를 흡기다기관으로 다시 되돌려 보내어 혼합기가 연소할 때 최고 온도를 낮추어 NOx의 생성량을 저감시킨다.

11 NPN 트랜지스터의 순방향 전류는 어떤 방향으로 흐르는가?

① 이미터에서 베이스로 흐른다.
② 베이스에서 컬렉터로 흐른다.
③ 컬렉터에서 이미터로 흐른다.
④ 이미터에서 컬렉터로 흐른다.

PNP형 트랜지스터의 순방향 전류는 이미터에서 베이스, 이미터에서 컬렉터이며, NPN형 트랜지스터의 순방향 전류는 베이스에서 이미터, 컬렉터에서 이미터이다.

12 종감속 기어의 하이포이드 기어 구동 피니언은 일반적으로 링 기어 지름 중심의 몇 %정도 편심되어 있는가?

① 5~10%   ② 10~20%
③ 25~30%   ④ 20~30%

하이포이드 기어는 링 기어의 중심보다 구동 피니언의 중심이 10~20% 정도 편심되어 있는 스파이럴 베벨기어의 전위(off-set)기어이다.

13 등화장치 검사기준에 대한 설명으로 틀린 것은? (단, 자동차관리법상 자동차 검사기준에 의한다.)
① 진폭은 10m 위치에서 측정한 값을 기준으로 한다.
② 광도는 3천 칸델라 이상이어야 한다.
③ 등광색은 관련 기준에 적합해야 한다.
④ 진폭은 주행빔을 기준으로 측정한다.

> 진폭은 변환빔을 기준으로 측정한다.

14 점화장치의 점화회로 점검사항으로 틀린 것은?
① 점화코일 쿨러의 냉각 상태 점검
② 배터리 충전상태 및 단자 케이블 접속 상태
③ 점화순서 및 고압 케이블의 접속 상태
④ 메인 및 서브 퓨저블 링크의 단선 유무

15 유효반지름이 0.5m인 바퀴가 500rpm으로 회전할 때 차량의 속도(km/h)는?
① 10.98   ② 25.00
③ 94.2   ④ 50.92

> $V = \dfrac{\pi \times D \times E_N}{Rt \times Rf} \times \dfrac{60}{1000}$
> V : 자동차의 시속(km/h), D : 타이어 지름(m),
> E_N : 엔진 회전수(rpm), Rt : 변속비,
> Rf : 종감속비
> $V = \dfrac{2 \times 3.14 \times 0.5 \times 500 \times 60}{1000} = 94.2 \text{km/h}$

16 전조등 회로의 구성부품이 아닌 것은?
① 스테이터
② 전조등 릴레이
③ 라이트 스위치
④ 딤머 스위치

> 스테이터는 교류 발전기의 구성부품으로 3상 교류가 유기된다.

17 기관에서 화재가 발생하였을 때 조치방법으로 가장 적절한 것은?
① 점화원을 차단한 후 소화기를 사용한다.
② 자연적으로 모두 연소 될 때까지 기다린다.
③ 물을 붓는다.
④ 기관을 가속하여 팬의 바람으로 끈다.

18 특별한 경우를 제외하고 자동차에 설치되는 등화장치 중 좌·우에 각각 2개씩 설치 가능한 것은?(단, 자동차 및 자동차부품의 성능과 기준에 관한 규칙에 의한다.)
① 주간 주행등   ② 제동등
③ 후미등   ④ 후퇴등

> ● 등화장치 설치기준
> ① 주간 주행등 : 좌·우에 각각 1개를 설치할 것. 다만, 너비가 130센티미터 이하인 초소형자동차에는 1개를 설치할 수 있다.
> ② 제동등 : 좌·우에 각각 1개를 설치할 것.
> ③ 후미등 : 좌·우에 각각 1개를 설치할 것.
> ④ 후퇴등 : 1개 또는 2개를 설치할 것.

19 흡기 다기관 교환 시 함께 교환하는 부품으로 옳은 것은?
① 흡기 다기관 고정 볼트
② 엔진 오일
③ 에어 클리너
④ 흡기 다기관 개스킷

> 모든 부품의 분해 조립 시에 개스킷은 소모품으로 교환하여야 한다.

20 지시마력이 50PS이고, 제동마력이 40PS 일 때 기계효율(%)은?
① 75   ② 90
③ 85   ④ 80

> 기계효율 = $\dfrac{\text{제동마력}}{\text{지시마력}} \times 100$
> $= \dfrac{40}{50} \times 100 = 80\%$

21 흡기 다기관의 검사 항목으로 옳은 것은?
① 흡기 다기관의 압축 상태를 점검한다.
② 흡기 다기관과 밀착되는 헤드의 배기구 면을 확인한다.
③ 엔진 시동 후 흡기 다기관 주위에 엔진 오일을 분사하면서 엔진 rpm의 변화 여부를 살펴본다.
④ 흡기 다기관의 변형과 균열 여부를 검사한다.

> ● 흡기 다기관의 검사 항목
> ① 흡기 다기관의 변형과 균열 여부를 검사한다.
> ② 흡기 다기관과 밀착되는 헤드의 흡기구 면을 확인한다.
> ③ 흡기 다기관의 카본 누적 여부와 정상 작동 여부를 검사한다.
> ④ 흡기 다기관의 진공 상태를 점검한다.

22 가속할 때 일시적인 가속 지연 현상을 나타내는 용어는?
① 스톨링(stalling)
② 스텀블(stumble)
③ 헤지테이션(hesitation)
④ 서징(surging)

> ① 스톨링(stalling) : 공급된 부하 때문에 기관의 회전을 멈추기 바로 전의 상태
> ② 스텀블(stumble) : 가·감속할 때 차량이 앞뒤로 과도하게 진동하는 현상
> ③ 헤지테이션(hesitation) : 가속 중 순간적인 멈춤으로서, 출발할 때 가속 이외의 어떤 속도에서 스로틀의 응답성이 부족한 상태
> ④ 서징(surging) : 펌프나 송풍기 등을 설계 유량(流量)보다 현저하게 적은 유량의 상태에서 가동하였을 때 압력, 유량, 회전수, 동력 등이 주기적으로 변동하여 일종의 자려(自勵) 진동을 일으키는 현상

23 보기의 조건에서 밸브 오버랩 각도는?

> 흡입 밸브 : 열림 BTDC 18°,
> 　　　　　 닫힘 ABDC 46°
> 배기 밸브 : 열림 BBDC 54°,
> 　　　　　 닫힘 ATDC 10°

① 8°　　② 44°
③ 64°　　④ 28°

> 밸브 오버랩 = 흡입 밸브 열림 + 배기 밸브 닫힘
> 밸브오버랩 = BTDC18 + ATDC10 = 28

24 2m 떨어진 위치에서 측정한 승용자동차의 후방 보행자 안전장치 경고음 크기는?(단, 자동차 및 자동차부품의 성능과 기준에 관한 규칙에 의한다.)
① 80dB(A)이상 105dB(A)이하
② 90dB(A)이상 115dB(A)이하
③ 60dB(A)이상 85dB(A)이하
④ 70dB(A)이상 95dB(A)이하

> 후방 보행자 안전장치 경고음의 크기는 자동차 후방 끝으로부터 2m 떨어진 위치에서 측정하였을 때 승용자동차와 승합자동차 및 경형·소형의 화물·특수자동차는 60데시벨(A) 이상 85데시벨(A) 이하이고, 이외의 자동차는 65데시벨(A) 이상 90데시벨(A) 이하일 것.

25 타이어에서 호칭치수가 225 - 55R - 16에서 "55"는 무엇을 나타내는가?
① 단면 폭　　② 최대 속도표시
③ 단면 높이　④ 편평비

> ● 타이어 호칭치수
> ① 225 : 타이어 폭(mm)
> ② 55 : 편평비
> ③ R : Radial 타이어
> ④ 16 : 림의 지름(inch)

26 자동차에서 통신시스템을 통해 작동하는 장치로 틀린 것은?
① LED 테일 램프
② 바디 컨트롤 모듈(BCM)
③ 운전석 도어 모듈(DDM)
④ 스마트 키 시스템(PIC)

> ● 통신 시스템을 통해 작동하는 장치
> ① 바디 컨트롤 모듈(BCM)
> ② 운전석 도어 모듈(DDM)
> ③ 동승석 도어 모듈(ADM)
> ④ 통합 메모리 시스템(IMS)
> ⑤ 스마트 키 시스템(PIC)
> ⑥ 인터페이스 유닛(IFU)

27 파워 TR의 구성요소 중 일반적으로 ECU에 의해 제어되는 단자는?

① 이미터　② 점화코일
③ 베이스　④ 컬렉터

> 파워 트랜지스터에서 베이스는 ECU와, 컬렉터는 점화 1차 코일의 (−)단자와 이미터는 접지되며, ECU에 의해 제어되는 단자는 베이스이다.

28 엔진 오일 팬의 장착에 대한 설명으로 틀린 것은?

① 교환할 신품 엔진 오일 팬과 구품 엔진 오일 팬이 동일한 제품인지 확인 후, 신품 엔진 오일 팬을 조립한다.
② 오일 팬에 실런트를 4.0~5.0mm 도포하여 실런트가 충분히 경화된 후 조립한다.
③ 엔진 오일 팬을 재사용하는 경우 조립 전 실런트와 이물질, 그리고 엔진 오일 등을 깨끗이 제거한다.
④ 오일 팬을 장착하고 오일 팬 장착 볼트를 여러 차례에 걸쳐 균일하게 체결한다.

> 오일 팬에 실런트를 3.0mm 도포하여 5분 이내에 장착한다. 5분 이상 경과된 경우 도포된 실런트를 제거한 후 다시 도포하여 장착한다.

29 클러치 페달 교환 후 점검 및 작업 사항으로 옳은 것은?

① 클러치 오일 교환
② 마스터 실린더 누유 점검
③ 릴리스 실린더 누유 점검
④ 클러치 페달 높이 및 유격 조정

30 엔진 작업에서 실린더 헤드 볼트를 올바르게 풀어내는 방법은?

① 바깥쪽에서 안쪽을 향하여 대각선 방향으로 푼다.
② 반드시 토크 렌치를 사용한다.
③ 풀기 쉬운 것부터 푼다.
④ 시계방향으로 차례대로 푼다.

> 헤드 볼트를 풀 때에는 바깥쪽에서 안쪽을 향하여 대각선 방향으로 풀고, 조일 때는 안쪽에서 바깥쪽을 향하여 대각선 방향으로 조여야 한다.

31 화상으로 수포가 발생되어 응급조치가 필요한 경우 대처 방법으로 가장 적절한 것은?

① 화상 연고를 바른 후 수포를 터뜨려 치료한다.
② 응급조치로 수포를 터뜨린 후 구조대를 부른다.
③ 수포를 터뜨린 후 병원으로 후송한다.
④ 수포를 터뜨리지 않고, 소독가제로 덮어준 후 의사에게 치료를 받는다.

> 수포를 터뜨리면 이물질에 오염됨으로 수포를 터뜨리지 않고, 소독가제로 덮어준 후 의사에게 치료를 받아야 한다.

32 엔진 오일의 유압이 규정 값보다 높아지는 원인이 아닌 것은?

① 유압 조절 밸브 스프링의 장력 과다
② 윤활 라인의 일부 또는 전부 막힘
③ 오일량 부족
④ 엔진 과냉

> ● 유압이 높아지는 원인
> ① 윤활유의 점도가 높은 경우
> ② 윤활 라인의 일부 또는 전부 막힌 경우
> ③ 유압 조절 밸브 스프링 장력이 큰 경우
> ④ 엔진의 과냉으로 인해 오일의 점도가 높아진 경우

33 자동차 발전기 풀리에서 소음이 발생할 때 교환 작업에 대한 내용으로 틀린 것은?

① 구동 벨트를 탈거한다.
② 배터리의 (−)단자부터 탈거한다.
③ 배터리의 (+)단자부터 탈거한다.
④ 전용 특수공구를 사용하여 풀리를 교체한다.

> 배터리의 (−)단자부터 탈거한 후 배터리의 (+)단자를 탈거하여야 한다.

34 암 전류(parasitic current)에 대한 설명으로 틀린 것은?

① 암 전류가 큰 경우 배터리 방전의 요인이 된다.
② 전자제어장치 차량에서는 차종마다 정해진 규정치 내에서 암 전류가 있는 것이 정상이다.
③ 일반적으로 암 전류의 측정은 모든 전기장치를 OFF하고, 전체 도어를 닫은 상태에서 실시한다.
④ 배터리 자체에서 저절로 소모되는 전류이다.

> 암 전류는 점화 키 스위치를 탈거한 후 자동차에서 소모되는 기본적인 전류를 말하며, 배터리 자체에서 저절로 소모되는 전류는 자기방전이라 한다.

35 점화 스위치에서 점화코일, 계기판, 컨트롤 릴레이 등의 시동과 관련된 전원을 공급하는 단자는?

① ST   ② ACC
③ IG2   ④ IG1

> ● 단자의 기능
> ① ACC : 시계, 라디오, 시거라이터 등으로 배터리 전원을 공급하는 단자이다.
> ② IG1 : 점화 코일, 계기판, 컴퓨터, 방향 지시등 릴레이, 컨트롤 릴레이 등으로 실제 자동차가 주행할 때 필요한 전원을 공급한다.
> ③ IG2 : 와이퍼 전동기, 방향 지시등, 파워 윈도, 에어컨 압축기 등으로 전원을 공급하는 단자이다.
> ④ ST : 엔진을 크랭킹할 때 배터리 전원을 기동 전동기 솔레노이드 스위치로 공급해 주는 단자이며, 엔진 시동 후에는 전원이 차단된다.

36 브레이크 드럼 연삭작업 중 전기가 정전 되었을 때 가장 먼저 취해야 할 조치사항은?

① 작업하던 공작물을 탈거한다.
② 연삭에 실패했으므로 새 것으로 교환하고 작업을 마무리 한다.
③ 스위치는 그대로 두고 정전 원인을 확인한다.
④ 스위치 전원을 내리고(OFF) 주전원의 퓨즈를 확인한다.

> 브레이크 드럼 연삭 작업 중 전기가 정전된 경우 가장 먼저 연삭기 스위치 전원을 OFF시킨 후 주 전원의 퓨즈를 확인하는 순서로 조치하여야 한다.

37 유압식 제동장치의 작동상태 점검 시 누유가 의심되는 경우 점검 위치로 틀린 것은?

① 마스터 실린더의 브레이크 파이프 피팅부
② 마스터 실린더 리저브 탱크 내에 설치된 리드 스위치
③ 모든 브레이크 파이프와 파이프의 연결 상태
④ 브레이크 캘리퍼 또는 휠 실린더

> 유압식 제동장치의 누유는 브레이크액이 흘러서 밖으로 나오는 현상으로 마스터 실린더 내에 설치된 리드 스위치는 유면 높이를 나타내는 접점으로 관련이 없다.

38 20℃에서 100Ah의 양호한 상태의 축전지는 200A의 전기를 얼마 동안 발생시킬 수 있는가?

① 20분   ② 1시간
③ 30분   ④ 2시간

> 용량(Ah) = A × h
> Ah : 축전지 용량, A : 일정방전 전류,
> h : 방전종지 전압까지의 연속 방전시간
> $h = \dfrac{Ah}{A} = \dfrac{100Ah}{200A} = 0.5h = 30\min$

39 엔진 냉각장치의 누설 점검 시 누설 부위로 틀린 것은?

① 프런트 케이스의 누설
② 워터 펌프 개스킷의 누설
③ 수온 조절기 개스킷의 누설
④ 라디에이터의 누설

> 프런트 케이스는 타이밍 벨트 커버 또는 타이밍 체인 커버라고 한다.

40 LPG 자동차 관리에 대한 주의사항으로 틀린 것은?

① LPG는 고압이고, 누설이 쉬우며 공기보다 무겁다.
② 가스 충전 시에는 합격 용기인가를 확인하고, 과충전 되지 않도록 해야 한다.
③ 엔진 실이나 트렁크 실 내부 등을 점검할 때 라이터나 성냥 등을 켜고 확인한다.
④ LPG는 온도 상승에 의한 압력 상승이 있기 때문에 용기는 직사광선 등을 피하는 곳에 설치하고 과열되지 않아야 한다.

> 엔진 실이나 트렁크 실 내부 등을 점검할 때 성냥불, 라이터불, 촛불과 같은 화기 또는 담배를 피우는 행위는 절대 금하여야 하며, 밀폐된 공간에서의 작업은 피해야 한다. 가스가 새어 나오는 곳을 점검할 때는 반드시 비누 거품과 같은 검지 액을 사용하거나 LPG 가스 누출 탐지기를 이용하여 점검한다.

41 냉각수 규정 용량이 15ℓ인 라디에이터에 냉각수를 주입하였더니 12ℓ가 주입되어 가득 찼다면 이 경우 라디에이터의 코어 막힘률은?

① 20%   ② 25%
③ 30%   ④ 45%

$$\text{막힘율} = \frac{\text{신품용량} - \text{사용품용량}}{\text{신품용량}} \times 100$$

$$\text{막힘률} = \frac{15-12}{15} \times 100 = 20\%$$

42 전자제어 연료장치에서 기관이 정지된 후 연료 압력이 급격히 저하되는 원인으로 옳은 것은?

① 연료 필터가 막혔을 때
② 연료 펌프의 릴리프 밸브가 불량할 때
③ 연료의 리턴 파이프가 막혔을 때
④ 연료 펌프의 체크 밸브가 불량할 때

> 전자제어 기관에서 연료 펌프의 체크 밸브가 불량하면 기관이 정지한 후 연료의 압력이 급격히 저하된다.

43 LPG 자동차의 계기판에서 연료계의 지침이 작동하지 않는 결함 원인으로 옳은 것은?

① 인젝터 결함   ② 필터 불량
③ 액면계 결함   ④ 연료 펌프 불량

> 액면 게이지는 LPG의 액면에 따라 뜨개가 상하로 움직여 섹터 축이 회전하면 섹터 축 쪽의 자석에 의해 경합금제 플랜지를 사이에 두고 설치된 눈금판 쪽의 자석을 회전시켜 충전 지침을 가리키도록 되어 있다. 또한 눈금판 쪽에는 저항선이 있어 이것이 운전석의 연료계로 연결되어 항상 LPG 보유량을 알 수 있다.

44 축전지 점검과 충전작업 시 안전에 관한 사항으로 틀린 것은?

① 축전지 충전은 용접장소 등과 같이 불꽃이 일어나는 장소와는 떨어진 곳에서 실시하여야 한다.
② 축전지 전해액 취급 시 보안경, 고무장갑, 고무 앞치마를 착용하여야 한다.
③ 축전지 충전 중에는 주입구(벤트 플러그) 마개를 모두 열어 놓아야 한다.
④ 축전지 충전은 외부와 밀폐된 공간에서 실시하여야 한다.

> 축전지 충전 중에는 수소 가스가 발생되므로 통풍이 잘되는 곳에서 충전을 실시하여야 한다.

45 드라이브 샤프트(등속조인트) 고무 부트 교환 시 필요한 공구가 아닌 것은?

① 스냅 링 플라이어
② 부트 클립 플라이어
③ 육각 렌치
④ (−)드라이버

46 자동차의 발전기가 정상적으로 작동하는지를 확인하기 위한 점검 내용으로 틀린 것은?

① 시동을 건 후 배터리에서 전압을 측정하였을 때 시동 전 배터리 전압과 동일하다면 정상이다.
② 자동차 시동 후 계기판의 충전 경고등이 소등되는지를 확인한다.
③ 자동차의 시동을 걸기 전후의 배터리 전압을 전압계로 측정하여 비교한다.
④ 시동 후 발전기의 B단자와 차체 사이의 전압을 측정한다.

시동을 건 후 발전기의 충전 전압 규정 값은 2,500rpm 기준으로 13.8 ~ 14.9V이면 정상이다.

47 현가장치가 갖추어야 할 기능이 아닌 것은?
① 원심력이 발생되어야 한다.
② 주행 안정성이 있어야 한다.
③ 승차감 향상을 위해 상하 움직임에 적당한 유연성이 있어야 한다.
④ 구동력 및 제동력 발생 시 적당한 강성이 있어야 한다.

● 현가장치가 갖추어야 할 조건
① 상하 방향이 유연하여 노면에서 받는 충격을 완화시킬 것.
② 수평 방향의 연결이 견고하고 내구성일 것.
③ 자동차가 선회할 때 발생되는 원심력에 견딜 수 있는 강도와 강성이 있을 것.
④ 바퀴에서 발생되는 구동력에 견딜 수 있는 강도와 강성이 있을 것.
⑤ 제동 시 발생되는 제동력에 견딜 수 있는 강도와 강성이 있을 것.
⑥ 각 바퀴를 프레임에 대하여 정위치로 유지시킬 것.

48 기관에서 윤활의 목적이 아닌 것은?
① 마찰과 마멸감소
② 응력집중작용
③ 세척작용
④ 밀봉작용

윤활의 목적은 밀봉 작용, 냉각 작용, 부식방지(방청) 작용, 응력분산 작용, 마찰 감소 및 마멸방지 작용, 세척 작용 등이다.

49 아래 파형 분석에 대한 설명으로 틀린 것은?

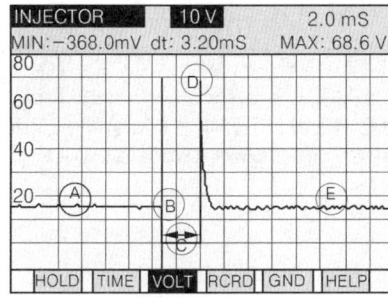

① C : 인젝터의 연료 분사 시간

② B : 연료 분사가 시작되는 지점
③ A : 인젝터에 공급되는 전원 전압
④ D : 폭발 연소 구간의 전압

● 인젝터 파형 분석
① A : 인젝터에 공급되는 전원 전압
② B : 연료 분사가 시작되는 지점
③ C : 인젝터의 연료 분사 시간
④ D : 서지 전압
⑤ E : 발전기 전압 또는 배터리 단자 전압

50 점화장치 구성부품의 단품 점검 사항으로 틀린 것은?
① 점화 플러그는 간극 게이지를 활용하여 중심 전극과 접지 전극 사이의 간극을 측정한다.
② 폐자로 점화코일의 2차 코일은 멀티테스터를 활용하여 점화코일 중심단자와 (+)단자간의 저항을 측정한다.
③ 고압 케이블은 멀티테스터를 활용하여 양 단자간의 저항을 측정한다.
④ 폐자로 점화코일의 1차코일은 멀티테스터를 활용하여 점화코일 (+)와 (−)단자간의 저항을 측정한다.

폐자로 점화코일의 2차 코일은 멀티테스터를 활용하여 점화코일 중심단자와 (−)단자간의 저항을 측정하여야 한다.

51 수냉식 냉각장치의 장·단점에 대한 설명으로 틀린 것은?
① 공랭식보다 보수 및 취급이 복잡하다.
② 실린더 주위를 균일하게 냉각시켜 공랭식보다 냉각효과가 좋다.
③ 공랭식보다 소음이 크다.
④ 실린더 주위를 저온으로 유지시키므로 공랭식보다 체적효율이 좋다.

수냉식 냉각장치는 공랭식보다 실린더 주위를 균일하게 냉각시키기 때문에 냉각효과가 좋고, 실린더 주위를 저온으로 유지시키므로 체적효율이 좋으나 보수 및 취급이 복잡하다.

52 동력 조향장치 유압계통 점검사항으로 틀린 것은?

① 캠 링과 프런트 사이드 플레이트의 긁힘
② 유량 제어 밸브의 상태
③ 베인의 확실한 고정 상태
④ 펌프 축과 풀리 균열이나 변형

● 유압계통 점검사항
① 캠 링과 프런트 사이드 플레이트의 긁힘 점검
② 로터 베인의 형태가 둥글게 유지되어 있는지 확인하고, 로터 홈에서 충분한 유격으로 움직이고 있는지 확인한다.
③ 유량 제어 밸브가 하우징 내의 구멍에서 원활하게 움직이는지를 점검한다.

53 사이드슬립 측정 전 준비사항으로 틀린 것은?

① 보닛을 위·아래로 눌러 ABS시스템을 확인한다.
② 타이어의 공기압력이 규정 압력인지 확인한다.
③ 바퀴를 잭으로 들고 좌·우로 흔들어 엔드 볼 및 링키지를 확인한다.
④ 바퀴를 잭으로 들고 위·아래로 흔들어 허브 유격을 확인한다.

● 사이드슬립 측정 전 준비사항
① 타이어 공기 압력이 규정 압력인가를 확인한다.
② 바퀴를 잭(jack)으로 들고 다음 사항을 점검한다.
㉮ 위·아래로 흔들어 허브 유격을 확인한다.
㉯ 좌·우로 흔들어 엔드 볼 및 링키지 확인한다.
③ 보닛을 위·아래로 눌러보아 현가 스프링의 피로를 점검한다.

54 조향 핸들이 1회전할 때 피트먼 암은 36°움직인다면 조향 기어비는?

① 10 : 1   ② 15 : 1
③ 5 : 1   ④ 1 : 1

$$조향\ 기어비 = \frac{조향핸들이\ 회전한\ 각도}{피트먼\ 암이\ 움직인\ 각도}$$

$$조향\ 기어비 = \frac{360}{36} = 10$$

55 부동액 교환 작업에 대한 설명으로 틀린 것은?

① 여름철 온도를 기준으로 물과 원액을 혼합하여 부동액을 희석
② 냉각계통 냉각수를 완전히 배출시키고 세척제로 냉각장치 세척
③ 보조 탱크의 'FULL'까지 부동액 보충
④ 부동액이 완전히 채워지기 전까지 엔진을 구동하여 냉각 팬이 가동되는지 확인

● 부동액 교환 작업
① 겨울철 온도를 기준으로 물과 원액을 혼합하여 부동액을 희석시켜야 한다.
② 부동액이 완전히 채워지기 전까지 엔진을 구동하여 냉각 팬이 가동되는지 확인하여야 한다.
③ 보조 탱크의 'FULL'까지 부동액 보충을 완료하여야 한다.
④ 냉각계통의 냉각수를 완전히 배출시키고 세척제로 냉각장치를 세척하여야 한다.

56 LPG 기관에서 LPG 최고 충전량은 봄베 체적의 약 몇 %인가?

① 75%   ② 85%
③ 90%   ④ 70%

LPG 봄베는 고압가스안전관리법에 의하여 31kgf/cm²의 내압시험과 18.6kgf/cm²의 기밀시험에 만족하여야 하며, 안전을 위하여 최고 충전량은 봄베 체적의 85%정도를 충전하도록 하고 있다.

57 리머 가공을 설명한 것으로 옳은 것은?

① 드릴 구멍보다 먼저 작업한다.
② 드릴 구멍보다 더 작게 하는데 사용한다.
③ 축의 바깥지름 가공 작업 시 사용한다.
④ 드릴 가공보다 더 정밀도가 높은 가공 면을 얻기 위한 가공 작업이다.

리머는 드릴로 뚫어 놓은 구멍을 더 정밀도가 높은 가공면을 얻기 위해 정확한 치수의 지름으로 넓히거나 안쪽 면을 깨끗하게 다듬질하는 데 사용하는 공구로 절삭량은 구멍의 지름 10mm에 대해 0.05mm가 적당하다.

58 자동차 발진 시 마찰 클러치 떨림 현상으로 적합한 것은?

① 주축의 스플라인에서 디스크가 축 방향으로 이동이 자유롭지 못할 때
② 클러치 유격이 너무 클 경우
③ 디스크 페이싱 마모가 균일하지 못할 때
④ 디스크 페이싱의 오염 또는 유지 부착

> 클러치 허브 스플라인이 마모되었거나 엔드 플레이가 불량일 경우 수동변속기에서 떨림이나 소음이 발생할 수 있다.

59 전동기나 조정기를 청소한 후 점검하여야 할 사항으로 틀린 것은?

① 아크 발생 여부
② 과열 여부
③ 단자부 주유 상태 여부
④ 연결의 견고성 여부

60 자동차에 적용된 전기장치에서 "유도 기전력은 코일 내의 자속의 변화를 방해하는 방향으로 생긴다."와 관련 있는 이론은?

① 키르히호프의 제1법칙
② 앙페르의 법칙
③ 뉴턴의 제1법칙
④ 렌츠의 법칙

> ● 법칙의 정의
> ① 키르히호프의 제1법칙 : 임의의 한 점으로 유입된 전류의 총합은 유출한 전류의 총합은 같다는 법칙이다.
> ② 앙페르의 법칙 : 전류의 방향을 오른 나사의 진행 방향에 일치시키면 자력선의 방향은 오른 나사가 돌려지는 방향과 일치한다는 법칙을 말한다.
> ③ 뉴턴의 제1법칙 : 외적인 힘이 작용하지 않는 한 정지하여 있으며, 운동을 하던 물체는 그 상태를 지속한다는 관성의 법칙을 말한다.
> ④ 렌츠의 법칙 : 도체에 영향하는 자력선을 변화시켰을 때 유도기전력은 코일 내의 자속의 변화를 방해하는 방향으로 생긴다.

CBT기출복원문제 2022년 1회

01.④	02.①	03.②	04.④	05.②
06.①	07.②	08.①	09.①	10.①
11.③	12.②	13.④	14.①	15.③
16.①	17.①	18.④	19.④	20.④
21.④	22.③	23.④	24.③	25.④
26.①	27.③	28.②	29.①	30.①
31.④	32.③	33.③	34.④	35.④
36.④	37.②	38.③	39.①	40.③
41.①	42.④	43.③	44.④	45.③
46.①	47.①	48.②	49.④	50.②
51.③	52.④	53.①	54.①	55.①
56.②	57.④	58.①	59.③	60.④

CBT 기출복원문제
2022년 2회

▶ 정답 436쪽

01 연료의 저위발열량 10,500kcal/kgf, 제동마력 93PS, 제동열효율 31%인 기관의 시간당 연료 소비량(kgf/h)은?

① 약 17.07 ② 약 18.07
③ 약 5.53   ④ 약 16.07

● 제동 열효율(η) = $\dfrac{632 \times PS}{H_L \times B} \times 100$

Ne : 제동마력(PS), H_L : 연료의 저위 발열량(kcal/kgf),
B : 연료소비량(kgf/h)

$B = \dfrac{632.3 \times PS}{H_L \times \eta} \times 100 = \dfrac{632.3 \times 93 \times 100}{10500 \times 31} = 18.07 \text{kgf/h}$

02 종감속 기어장치에 사용되는 하이포이드 기어의 장점이 아닌 것은?

① 제작이 쉽다.
② FR방식에서는 추진축의 높이를 낮게 할 수 있다.
③ 운전이 정숙하다.
④ 기어 물림율이 크다.

● 하이포이드 기어 시스템의 장점
① 추진축의 높이를 낮게 할 수 있다.
② 차실의 바닥이 낮게 되어 거주성이 향상된다.
③ 자동차의 전고가 낮아 안전성이 증대된다.
④ 구동 피니언 기어를 크게 할 수 있어 강도가 증가된다.
⑤ 기어의 물림율이 크기 때문에 회전이 정숙하다.
⑥ 설치공간을 작게 차지한다.

03 수동변속기 장치에서 클러치 압력판의 역할로 옳은 것은?

① 견인력을 증가시킨다.
② 클러치판을 밀어서 플라이휠에 압착시키는 역할을 한다.
③ 기관의 동력을 받아 속도를 조절한다.
④ 제동거리를 짧게 한다.

● 클러치 압력판의 역할
① 클러치 스프링의 장력에 의해 클러치판을 플라이휠에 압착시키는 역할을 한다.
② 특수 주철을 사용하여 클러치판과 접촉면은 정밀하게 평면으로 가공되어 있다.
③ 내마멸, 내열성이 양호하고 정적 및 동적 평형이 잡혀 있어야 한다.
④ 압력판의 변형은 0.4mm 이내이어야 한다.

04 자동차에서 통신시스템을 통해 작동하는 장치로 틀린 것은?

① 스마트 키 시스템(PIC)
② LED 테일 램프
③ 운전석 도어 모듈(DDM)
④ 바디 컨트롤 모듈(BCM)

● 자동차에 적용되는 전기 통신의 종류
① CAN 통신 : 파워트레인 제어기 및 바디 전장간의 데이터 전송
② KWP2000 통신 : 고장진단 장비와의 통신
③ LIN 통신 : 윈도우 스위치·액추에이터, 시트 제어 및 소규모 지역 통신
④ MOST : AV 장비, 내비게이션 등의 멀티미디어 통신

05 NPN 트랜지스터의 순방향 전류는 어떤 방향으로 흐르는가?

① 컬렉터에서 이미터로 흐른다.
② 이미터에서 컬렉터로 흐른다.
③ 베이스에서 컬렉터로 흐른다.
④ 이미터에서 베이스로 흐른다.

PNP형 트랜지스터의 순방향 전류는 이미터에서 베이스, 이미터에서 컬렉터이며, NPN형 트랜지스터의 순방향 전류는 베이스에서 이미터, 컬렉터에서 이미터이다.

06 맵 센서 단품 점검·진단·수리 방법에 대한 설명으로 틀린 것은?

① 키 스위치 ON 후 스캐너를 연결하고 오실로스코프 모드를 선택한다.
② 측정된 맵 센서와 TPS 파형이 비정상인 경우에는 맵 센서 또는 TPS 교환 작업을 한다.
③ 점화 스위치를 OFF하고 맵 센서 및 TPS 신호 선에 프로브를 연결한다.
④ 엔진 시동을 ON하고 공회전 상태에서 파형을 점검한다.

> 가능하면 맵 센서는 TPS와 함께 비교하는 것이 바람직하며, 가속시 맵 센서와 TPS의 출력이 동시에 증가하는지 확인하여야 한다. 반대로 감속 시에는 맵 센서의 신호가 감소하는 것을 확인할 수 있다. MAP 센서의 파형 점검은 엔진의 액셀러레이터 페달을 급격히 밟아 급가속 상태를 만들고 파형을 점검한다.

07 최대 분사량 53cc 최소 분사량이 45cc 각 실린더의 평균 분사량은 50cc였다. 이 때 최소 분사량의 불균율은?

① 5%   ② 10%
③ 3%   ④ 1%

> $(-)\ 불균율 = \dfrac{최소\ 분사량 - 평균\ 분사량}{평균\ 분사량} \times 100(\%)$
> $(-)\ 불균율 = \dfrac{45-50}{50} \times 100 = -10(\%)$

08 다이얼 게이지를 사용하여 측정할 수 없는 것은?

① 브레이크 디스크 두께
② 액슬 샤프트 런 아웃
③ 프로펠러 샤프트 휨
④ 차동기어 백래시

> 다이얼 게이지는 축(shaft)의 휨이나 런 아웃, 기어의 백래시(back lash) 점검, 평행도 및 평면의 양부 상태 등을 측정하는 경우에 사용되며, 브레이크 디스크의 두께의 측정은 외경 마이크로미터 또는 버니어 캘리퍼스를 이용한다.

09 전조등 회로의 구성부품이 아닌 것은?

① 스테이터   ② 전조등 릴레이
③ 라이트 스위치   ④ 딤머 스위치

> 전조등 회로는 퓨즈, 라이트 스위치, 전조등 릴레이, 디머 스위치(dimmer switch) 등으로 구성되어 있으며, 양쪽의 전조등은 상향 빔(high beam)과 하향 빔(low beam)별로 병렬 접속되어 있다. 스테이터는 교류 발전기의 구성부품이다.

10 연료 압력 조절기 교환 방법에 대한 설명으로 틀린 것은?

① 연료 압력 조절기 고정 볼트 또는 로크 너트를 푼 다음 압력 조절기를 탈거한다.
② 연료 압력 조절기를 교환한 후 시동을 걸어 연료 누출 여부를 점검한다.
③ 연료 압력 조절기와 연결된 연결 리턴 호스와 진공 호스를 탈거한다.
④ 연료 압력 조절기를 딜리버리 파이프(연료 분배 파이프)에 장착할 때, O링은 기존 연료 압력 조절기에 장착된 것을 재사용한다.

> ● 연료 압력 조절기 교환 방법
> ① 연료 압력 조절기와 연결된 리턴 호스와 진공 호스를 탈거한다.
> ② 압력 조절기를 탈거한다.
> ③ 연료 압력 조절기 딜리버리 파이프(연료 분배 파이프)에 장착할 때 신품 O-링에 경유를 도포한 후 O-링이 손상되지 않도록 주의하면서 집어넣는다.
> ④ 고정 볼트 또는 로크 너트를 규정 토크에 맞게 조인다.
> ⑤ 연료 압력 조절기를 교환한 후 시동을 걸어 연료 누출 여부를 점검한다.

11 등화장치 검사기준에 대한 설명으로 틀린 것은?(단, 자동차관리법상 자동차 검사기준에 의한다.)

① 등광색은 관련기준에 적합해야 한다.
② 진폭은 주행빔을 기준으로 측정한다.
③ 진폭은 10m 위치에서 측정한 값을 기준으로 한다.
④ 광도는 3천 칸델라 이상이어야 한다.

● 등화장치 검사기준
① 변환빔의 광도는 3천 칸델라 이상일 것.
② 변환빔의 진폭은 10미터 위치에서 측정한 값을 기준으로 한다.
③ 컷오프선의 꺽임점(각)이 있는 경우 꺽임점의 연장선은 우측 상향일 것
④ 정위치에 견고히 부착되어 작동에 이상이 없고, 손상이 없어야 하며, 등광색이 안전 기준에 적합할 것
⑤ 후부반사기 및 후부반사판의 설치상태가 안전기준에 적합할 것
⑥ 어린이운송용 승합자동차에 설치된 표시등이 안전기준에 적합할 것
⑦ 안전기준에서 정하지 아니한 등화 및 안전 기준에서 금지한 등화가 없을 것

12 저항이 4Ω인 전구를 12V의 축전지에 연결했을 때 흐르는 전류(A)는?

① 6.0A   ② 2.4A
③ 4.8A   ④ 3.0A

$I = \dfrac{E}{R}$
I : 도체에 흐르는 전류(A), E : 도체에 가해진 전압(V), R : 도체의 저항(Ω)
$I = \dfrac{E}{R} = \dfrac{12V}{4Ω} = 3A$

13 도난 경보장치 제어 시스템에서 경계 모드로 진입하는 조건으로 옳은 것은?

① 후드 스위치, 트렁크 스위치, 각 도어 스위치가 모두 열려 있고, 각 도어 잠김 스위치도 열려 있을 것
② 후드 스위치, 트렁크 스위치, 각 도어 스위치가 모두 닫혀 있고, 각 도어 잠김 스위치가 열려 있을 것
③ 후드 스위치, 트렁크 스위치, 각 도어 스위치가 모두 닫혀 있고, 각 도어 잠김 스위치가 잠겨 있을 것
④ 후드 스위치, 트렁크 스위치, 각 도어 스위치가 모두 열려 있고, 각 도어 잠김 스위치가 잠겨 있을 것

● 경계 모드 진입 조건
① 후드 스위치(hood switch)가 닫혀있을 때
② 트렁크 스위치가 닫혀있을 때
③ 각 도어 스위치가 모두 닫혀있을 때
④ 각 도어 잠금 스위치가 잠겨있을 때

14 엔진 냉각장치 성능 점검 사항으로 틀린 것은?

① 서모스탯의 작동상태를 확인한다.
② 워터 펌프의 작동상태를 확인한다.
③ 블로워 모터의 작동상태를 확인한다.
④ 냉각팬의 작동상태를 확인한다.

● 냉각장치의 성능 점검 사항
① 라디에이터 누수 상태를 점검한다.
② 라디에이터 캡 누수 상태를 점검한다.
③ 서모스탯의 작동 상태를 점검한다.
④ 부동액을 점검한다.
⑤ 워터 펌프의 작동 상태를 점검한다.
⑥ 냉각 팬 벨트의 상태를 점검한다.
⑦ 냉각 팬의 작동 상태를 점검한다.

15 진공계로서 기관의 흡기다기관 진공도를 측정해 보니 진공계 바늘이 13~45cmHg에서 규칙적으로 강약이 있게 흔들린다면 어떤 상태인가?

① 배기 장치가 막혔다.
② 실린더 개스킷이 파손되어 인접한 2개의 실린더 사이가 통해져 있다.
③ 공회전 조정이 좋지 않다.
④ 정상 상태이다.

● 진공도 판정 방법
① 정상 상태 : 진공계의 지침이 45~50cmHg 사이에서 정지되거나 조용하게 약간 움직인다.
② 배기 장치의 막힘 : 진공계의 지침이 엔진 시동 직후에는 0cmHg 까지 내려가고 다시 점차로 조용히 회복되어 정상 이상으로 올라간다.
③ 실린더 개스킷이 파손되어 인접한 2개의 실린더 사이가 통해져 있을 경우 : 진공계의 지침이 13~45 cmHg 의 낮은 위치에서 높은 위치까지 규칙적으로 강약 있게 움직인다.
④ 공회전 조정의 불량 : 진공계의 지침이 33~43cmHg 사이를 완만하게 움직인다.
⑤ 실린더 벽이나 피스톤 링이 마멸된 경우 : 진공계의 지침이 정상보다 낮은 30~40cmHg 사이에서 정지되어 있다.
⑥ 밸브가 타이밍이 맞지 않은 경우 : 진공계의 지침이 20~40cmHg 사이에서 정되어 있다.

16 왁스실에 왁스를 넣어 온도가 높아지면 팽창축을 열어 냉각수 온도를 조절하는 장치는?

① 벨로즈형　　② 펠릿형
③ 바이패스 밸브형　④ 바이메탈형

- 펠릿형 수온 조절기
① 실린더(왁스실)에 왁스와 합성 고무가 봉입되어 있다.
② 냉각수의 온도가 높아지면 고체 상태의 왁스가 액체로 변화되어 팽창 축을 밀어밸브가 열린다. 냉각수의 온도가 낮아지면 액체 상태의 왁스가 고체로 변화되어 밸브가 닫힌다.

17 엔진의 오일양이 부족할 경우 발생할 수 있는 사항으로 틀린 것은?

① 실린더의 마멸 촉진
② 피스톤 스커트 마멸 촉진
③ 엔진 출력 저하
④ 엔진의 과냉

- 엔진 오일량이 부족할 경우 미치는 영향
① 윤활 부족으로 인해 실린더의 마멸이 촉진된다.
② 피스톤 슬랩 현상의 발생으로 피스톤 스커트의 마멸이 촉진된다.
③ 기밀 불량으로 인해 엔진의 출력이 저하된다.
④ 블로바이 현상으로 연료 소비가 증대된다.

18 실린더 안지름이 91mm, 행정이 95mm인 4기통 디젤 엔진의 회전속도가 700rpm일 때 피스톤의 평균 속도는?

① 4.4m/s　　② 2.2m/s
③ 2.2cm/s　　④ 4.4cm/s

$V = \dfrac{2 \times N \times L}{60}$

V : 피스톤 평균속도(m/s), N : 엔진 회전수(rpm),
L : 피스톤 행정(m)

$V = \dfrac{2 \times 700 \times 0.095}{60} = 2.2 \text{m/s}$

19 기관 회전수가 2500rpm, 변속비가 1.5 : 1, 종감속기어 구동피니언 기어 잇수 7개, 링 기어 잇수 42개 일 때 왼쪽 바퀴의 회전수는?(단, 오른쪽 바퀴의 회전수는 150rpm이다.)

① 약 315rpm　② 약 406rpm
③ 약 464rpm　④ 약 432rpm

$\text{왼쪽 회전수} = \dfrac{\text{기관 회전수}}{\text{변속비} \times \text{종감속비}} \times 2 - \text{오른쪽 회전수}$

$= \dfrac{2500}{1.5 \times \dfrac{42}{7}} \times 2 - 150 = 405.5 \text{rpm}$

20 자동차에서 제동 시 슬립율(%)을 구하는 식으로 옳은 것은?

① $\dfrac{\text{자동차 속도} - \text{바퀴 속도}}{\text{바퀴 속도}} \times 100$

② $\dfrac{\text{바퀴 속도} - \text{자동차 속도}}{\text{바퀴 속도}} \times 100$

③ $\dfrac{\text{자동차 속도} - \text{바퀴 속도}}{\text{자동차 속도}} \times 100$

④ $\dfrac{\text{바퀴 속도} - \text{자동차 속도}}{\text{자동차 속도}} \times 100$

슬립율 = $\dfrac{\text{자동차(차체)속도} - \text{바퀴(차륜)속도}}{\text{자동차(차체)속도}} \times 100(\%)$

슬립율은 ABS를 작동 및 비작동 영역을 구분하기 위한 기준이다.

21 EGR(Exhaust Gas Recirculation) 장치에 대한 설명으로 틀린 것은?

① 냉각수가 일정온도 이하에서는 EGR 밸브의 작동이 정지 된다.
② 연료 증발가스(HC) 발생을 억제 시키는 장치이다.
③ 배기가스 중의 일부를 연소실로 재순환시키는 장치이다.
④ 질소산화물(NOx) 발생을 감소시키는 장치이다.

- 배기가스 재순환 장치
 (EGR ; Exhaust Gas Recirculation)
① 배기가스의 약 15~20% 정도를 연소실로 재순환하여 연소온도를 낮춰 질소산화물(NOx)의 발생을 저감시키기 위한 장치이다.
② EGR 파이프, EGR 밸브 및 서모 밸브로 구성되어 있다.
③ 연소된 가스가 흡입됨으로 엔진의 출력이 저하된다.
④ 엔진의 냉각수 온도가 낮을 때는 EGR 밸브가 작동하지 않는다.

22 승용차 앞바퀴 허브 엔드 플레이 규정 값은 일반적으로 어느 정도가 적정한가?

① 0.018mm ② 0.08mm
③ 0.008mm ④ 0.18mm

23 6실린더 엔진의 점화장치를 엔진 스코프로 점검한 아래 파형에서 엔진의 캠각은?

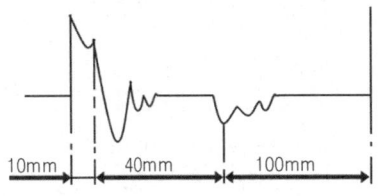

① 40° ② 50°
③ 60° ④ 36°

> 캠각 = $\dfrac{360}{실린더\ 수} \times \dfrac{드웰부분의\ 파형\ 길이}{총\ 파형의\ 길이}$
> 캠각 = $\dfrac{360}{6} \times \dfrac{100}{10+40+100} = 40$

24 유압식 클러치에서 유압라인 내의 공기빼기 작업 시 안전사항으로 틀린 것은?

① 차량을 작업할 때에는 잭으로 간단하게 들어 올린 상태에서 작업을 실시해야 한다.
② 클러치 오일이 작업장 바닥에 흐르지 않도록 주의한다.
③ 클러치 오일이 차체의 도장 부분에 묻지 않도록 주의한다.
④ 저장 탱크에 액을 보충할 경우 넘치지 않게 주의한다.

> 차량을 작업할 때에는 잭으로 들어 올리고 스탠드로 지지한 후 안전한지 확인을 하고 작업을 실시해야 한다.

25 패치를 이용한 타이어 펑크 수리 방법으로 틀린 것은?

① 손상 부위를 충분히 덮을 수 있는 패치를 준비한다.
② 차량을 리프트로 올린 후 타이어를 분리하지 않고 작업한다.
③ 패치를 붙일 부분을 거칠게 연마한 후 잘 닦아낸다.
④ 패치를 붙인 후 고무망치로 두드리거나 압착기로 압착한다.

> 패치 작업 시에는 차량을 리프트로 올린 후 타이어를 분리하여 작업을 실시하여야 한다.

26 조향장치의 작동상태를 점검하기 위한 방법으로 틀린 것은?

① 스티어링 휠 복원 점검
② 스티어링 휠 진동 점검
③ 스티어링 각 점검
④ 조향 핸들 자유 유격 점검

> ● 조향장치의 작동상태 점검 방법
> ① 조향 앤들 자유 유격 점검
> ② 조향 핸들 작동 상태 점검
> ③ 스티어링 각 점검
> ④ 스티어링 휠 복원 점검

27 크랭크축 점검 항목으로 틀린 것은?

① 크랭크축과 베어링 사이의 간극
② 크랭크축의 축방향 흔들림
③ 크랭크축의 질량
④ 크랭크축의 휨

> ● 크랭크축 점검 항목
> ① 크랭크축 휨 점검
> ② 크랭크축 메인 저널 마모량
> ③ 크랭크축 축방향 흔들림(엔드 플레이)
> ④ 크랭크축 핀 저널 마모량
> ⑤ 크랭크축 오일 간극(베어링 사이의 간극)

28 자동차에 설치되는 자동차용 소화기가 아닌 것은?

① 분말 소화기
② 할로겐화물 소화기
③ 이산화탄소 소화기
④ 물 소화기

> 승차정원 7인 이상의 승용자동차 및 경형승합자동차, 승합자동차, 화물자동차(피견인자동차는 제외한다) 및 특수자동차에는 에이·비·씨(분말, 할로겐화물, 이산화탄소) 소화기를 자동차 및 자동차 부품의 성능과 기준에 관한 규칙에 따라 사용하기 쉬운 위치에 설치하여야 한다.

29 유압식 제동장치에서 제동력이 떨어지는 원인으로 가장 거리가 먼 것은?

① 패드 및 라이닝에 이물질 부착
② 유압장치에 공기 유입
③ 기관 출력 저하
④ 브레이크 오일 압력의 누설

● 제동력이 떨어지는 원인
① 브레이크 오일이 부족한 경우
② 브레이크 계통 내에 공기가 혼입된 경우
③ 패드 및 라이닝의 접촉이 불량한 경우
④ 패드 및 라이닝에 이물질이 부착된 경우
⑤ 페이드 현상이 발생된 경우
⑥ 브레이크 오일 압력이 누설되는 경우

30 강판의 탄성을 이용한 판 스프링의 일반적인 특성으로 틀린 것은?

① 강판 사이의 마찰에 의한 제진 작용을 한다.
② 스프링 자체의 강성에 의해 액슬축을 정위치에 지지할 수 있으므로 구조가 간단하다.
③ 작은 진동 흡수에 탁월하다.
④ 내구성이 강하다.

● 판 스프링의 특성
① 스프링 자체의 강성으로 액슬축을 정해진 위치에 지지할 수 있으므로 구조가 간단하다.
② 판간 마찰에 의한 진동의 억제(제진) 작용을 한다.
③ 내구성이 강하다.
④ 판간 마찰이 있기 때문에 작은 진동은 흡수하지 못한다.
⑤ 너무 유연한 스프링을 사용하면 액슬축의 지지력이 부족하여 불안정하게 된다.

31 점화플러그 간극 조정 시 일반적인 규정 값은?

① 약 3mm
② 약 0.2mm
③ 약 5mm
④ 약 1mm

점화플러그의 간극은 일반적으로 0.7mm~1.1mm정도이다.

32 축전지 점검과 충전작업 시 안전에 관한 사항으로 틀린 것은?

① 축전지 충전 중에는 주입구(벤트플러그) 마개를 모두 열어 놓아야 한다.
② 축전지 전해액 취급 시 보안경, 고무장갑, 고무 앞치마를 착용 하여야 한다.
③ 축전지 충전은 외부와 밀폐된 공간에서 실시하여야 한다.
④ 축전지 충전은 용접장소 등과 같이 불꽃이 일어나는 장소와는 떨어진 곳에서 실시하여야 한다.

● 축전지 충전 시 유의사항
① 축전지의 충전은 충전 중 수소가스가 발생되므로 통풍이 잘 되는 곳에서 실시하여야 한다.
② 축전지의 충전은 용접장소 등과 같이 불꽃이 일어나는 장소와는 떨어진 곳에서 실시하여야 한다.
③ 전해액의 수준이 일정하게 유지되는지 확인하여야 한다.
④ 축전지의 충전하기 전에 벤트 플러그를 열어 놓아야 한다.
⑤ 축전지 전해액 취급 시 고무장갑, 보안경, 앞치마를 착용하여야 한다.
⑥ 축전지와 충전기를 연결하거나 떼어낼 때에는 항상 충전기의 스위치를 OFF시킨 후에 실시하여야 한다.

33 자동차 발전기 풀리에서 소음이 발생할 때 교환 작업에 대한 내용으로 틀린 것은?

① 구동 벨트를 탈거한다.
② 배터리의 (-)단자부터 탈거한다.
③ 배터리의 (+)단자부터 탈거한다.
④ 전용 특수공구를 사용하여 풀리를 교환한다.

발전기 교환 작업을 실시하려면 제일 먼저 실행하여야 하는 것은 배터리의 (-)단자로부터 케이블을 탈거하여야 한다. 교환 작업이 완료되면 마지막으로 배터리 (+)단자에 케이블을 연결하여야 한다.

34 핸들이 1회전 하였을 때 피트먼 암이 30° 회전하였다면 조향 기어비는?

① 14 : 1
② 12 : 1
③ 10 : 1
④ 8 : 1

$$\text{조향 기어비} = \frac{\text{조향 핸들 회전각도}}{\text{피트먼 암의 회전각도}}$$

$$\text{조향 기어비} = \frac{360}{30} = 12$$

35 자동차의 발전기가 정상적으로 작동하는지를 확인하기 위한 점검 내용으로 틀린 것은?

① 자동차의 시동을 걸기 전후의 배터리 전압을 전압계로 측정하여 비교한다.
② 시동을 건 후 배터리에서 전압을 측정하였을 때 시동 전 배터리 전압과 동일하다면 정상이다.
③ 자동차 시동 후 계기판의 충전 경고등이 소등되는지를 확인한다.
④ 시동 후 발전기의 B단자와 차체 사이의 전압을 측정한다.

> 발전기가 정상적인 경우 출력 전압은 13.5~14.5V이다. 발전기가 정상적으로 작동하였을 경우 출력 전압은 시동을 걸기 전보다 출력 전압이 높아야 한다.

36 연료 분사장치에서 산소 센서의 설치 위치는?

① 라디에이터
② 흡입 매니폴드
③ 배기 매니폴드 또는 배기관
④ 실린더 헤드

> 산소 센서(HO_2S)는 지르코니아(Zirconia)와 알루미나(Alumina)로 이루어진 박막 적층형의 센서로서 MCC(Manifold Catalytic Converter) 전단과 후단에 각각 장착되어 배기가스 속의 산소 농도를 감지하여 ECM(Engine Control Module)에 전달하는 역할을 한다.

37 안전벨트 프리텐셔너의 역할에 대한 설명으로 틀린 것은?

① 차량 충돌 시 신체의 구속력을 높여 안전성을 향상시켜 주는 역할을 한다.
② 에어백 전개 후 탑승객의 구속력이 일정시간 후 풀어주는 리미터 역할을 한다.
③ 자동차의 후면 추돌 시 에어백을 빠르게 전개시킨 후 구속력을 증가시키는 역할을 한다.
④ 자동차 충돌 시 2차 상해를 예방하는 역할을 한다.

> ● 안전 벨트 프리텐셔너(BPT ; Seet Belt Pretensioner)안전벨트 프리텐셔너(BPT)는 좌우측 필러 하단부에 장착되어 있다. 전방 충돌 사고가 발생하였을 때 안전벨트 프리텐셔너는 안전벨트를 감아 운전석 및 동승석 승객의 몸이 앞으로 쏠려서 차량의 내부 부품들과 부딪치는 것을 방지하여 2차 상해를 예방하는 역할을 한다. 또한 에어백 전개 후 탑승객의 구속력이 일정시간 후 풀어주는 리미터 역할을 한다.

38 정(+)의 캠버 효과에 대한 설명으로 틀린 것은?

① 전륜 구동 차량에서 직진성을 좋게 한다.
② 조향 핸들 조작력을 가볍게 한다.
③ 킹핀 오프셋(스크러브 반경)을 작게 한다.
④ 선회력(코너링 포스)이 증대된다.

> ● 정(+)의 캠버 효과
> ① 조향 핸들의 조작력을 가볍게 한다.
> ② 전륜 구동 차량에서 직진성을 좋게 한다.
> ③ 킹핀 오프셋을(스크러브 반경) 작게 한다.
> ④ 선회력(코너링 포스)이 감소한다.

39 가솔린 연료의 구비조건으로 틀린 것은?

① 온도에 관계없이 유동성이 좋을 것
② 연소속도가 빠를 것
③ 체적 및 무게가 크고 발열량이 작을 것
④ 옥탄가가 높을 것

> ● 가솔린 연료의 구비조건
> ① 발열량이 크고, 인화점이 적당할 것
> ② 인체에 무해하고, 취급이 용이할 것
> ③ 발열량이 크고, 연소 후 탄소 등 유해 화합물을 남기지 말 것
> ④ 온도에 관계없이 유동성이 좋을 것
> ⑤ 연소속도가 빠르고 자기 발화온도는 높을 것
> ⑥ 인화 및 폭발의 위험이 적고 가격이 저렴할 것
> ⑦ 옥탄가가 높을 것

40 20°C에서 100Ah의 양호한 상태의 축전지는 200A의 전기를 얼마 동안 발생시킬 수 있는가?

① 20분
② 30분
③ 2시간
④ 1시간

> $AH = A \times H$
> AH : 축전지 용량(AH), A : 일정 방전 전류(A),

H : 방전종지 전압까지의 연속 방전시간(h)

$$H = \frac{100AH}{200H} = 0.5H = 30분$$

41 디젤 분사펌프 시험기(Injection Pump Tester)로 확인할 수 있는 것은?

① 분사초기 압력
② 연료 온도
③ 후적
④ 분무상태

분사펌프 시험기로 시험할 수 있는 사항은 연료의 분사시기 측정 및 조정, 연료 분사량의 측정과 조정, 조속기 작동 시험과 조정, 연료의 온도를 확인하며, 분사노즐 시험기는 분사 초기(분사 개시) 압력, 분무 상태, 분사 각도, 후적 유무를 점검한다.

42 디젤 엔진의 후적에 대한 설명으로 틀린 것은?

① 분사 노즐 팁(tip)에 연료 방울이 맺혔다가 연소실에 떨어지는 현상이다.
② 후적으로 인해 엔진 출력 저하의 원인이 된다.
③ 후적으로 인해 후연소기간이 짧아진다.
④ 후적으로 인해 엔진이 과열되기 쉽다.

분사 노즐에서 후적이 발생되면 후연소기간이 길어진다.

43 자동차에 적용된 전기장치에서 "유도 기전력은 코일 내의 지속의 변화를 방해하는 방향으로 생긴다."와 관련 있는 이론은?

① 키르히호프의 제1법칙
② 앙페르의 법칙
③ 렌츠의 법칙
④ 뉴턴의 제1법칙

● 전기 관련 법칙의 정의
① 키르히호프의 제1법칙 : 임의의 한 점으로 유입된 전류의 총합은 유출한 전류의 총합은 같다는 법칙을 말한다.
② 앙페르의 법칙 : 전류의 방향을 오른 나사의 진행 방향에 일치시키면 자력선의 방향은 오른 나사가 돌려지는 방향과 일치한다는 법칙을 말한다.
③ 렌츠의 법칙 : 유도 기전력은 코일 내의 지속의 변화를 방해하는 방향으로 생긴다는 법칙을 말한다.
④ 뉴턴의 제1법칙 : 외적인 힘이 작용하지 않는 한 정지하여 있으며, 운동을 하던 물체는 그 상태를 지속한다는 관성의 법칙을 말한다.

44 방열기를 압력 시험할 때 안전사항으로 옳지 않은 것은?

① 방열기 필러 넥이 손상되지 않도록 한다.
② 점검한 부분은 물기를 완전히 제거한다.
③ 냉각수가 뜨거울 때는 방열기 캡을 열고 측정한다.
④ 시험기를 장착할 때 냉각수가 뿌려지지 않게 한다.

● 방열기 압력시험 시 안전사항
① 라디에이터의 냉각수는 매우 뜨거우므로 냉각계통이 뜨거울 경우에 캡을 열면 뜨거운 물이 분출되어 위험하므로 주의한다.(부득이 열어야 할 경우에는 캡에 수건 등을 씌우고 연다.)
② 점검한 부분은 물기를 완전히 닦아낸다.
③ 테스터를 탈착할 때 냉각수가 뿌려지지 않도록 주의한다.
④ 테스터를 탈·부착시나 시험을 행할 때 라디에이터의 필러 넥이 손상되지 않도록 주의한다.
⑤ 누출이 있으면 적정한 부품으로 교환한다.

45 다이얼 게이지로 캠축의 휨을 측정 할 때 올바른 설치 방법은?

① 스핀들의 앞 끝을 설치하기 편한 위치에 설치한다.
② 스핀들의 앞 끝을 기준면인 축(shaft)에 수직으로 설치한다.
③ 스핀들의 앞 끝을 공작물의 좌측으로 기울여 설치한다.
④ 스핀들의 앞 끝을 공작물의 우측으로 기울여 설치한다.

다이얼 게이지로 캠축의 휨을 측정 할 때 스탠드에 설치하고 다이얼 게이지의 스핀들 앞 끝은 피측정물에 대하여 직각이 되도록 설치하며, 스탠드의 암은 될 수 있는 대로 짧게 한다.

46 다음 단자 배열을 이용하여 지르코니아 타입 산소 센서의 신호 점검 방법으로 옳은 것은?

1. 산소 센서 신호
2. 센서 접지
3. 산소 센서 히터 전원
4. 산소 센서 히터 제어

① 배선 측 커넥터 1번 단자와 접지 간 전압점검
② 배선 측 커넥터 1번, 2번 단자 간 전류 점검
③ 배선 측 커넥터 3번, 4번 단자 간 전류 점검
④ 배선 측 커넥터 3번 단자와 접지 간 전압 점검

> 엔진의 시동을 걸고 센서의 출력 전압이 나오는 1번과 2번 단자에 전압계를 연결하여 측정 또는 산소 센서 신호 단자인 1번 단자와 접지간의 전압을 점검하여도 된다.

47 LPG 자동차의 계기판에서 연료계의 지침이 작동하지 않는 결함 원인으로 옳은 것은?

① 필터 불량
② 연료펌프 불량
③ 인젝터 결함
④ 액면계 결함

> LPG 자동차의 액면계는 LPG의 과충전을 방지하고 충전량을 알기 위한 장치로서 액면에 따라 뜨개가 상하로 움직여 섹터 축이 회전하면 섹터 축 쪽의 자석에 의해 경합금제 플랜지를 사이에 두고 설치된 눈금판 쪽의 자석을 회전시켜 충전 지침을 가리키도록 되어 있다. 또한 눈금판 쪽에는 저항선이 있어 이것이 운전석의 연료계로 연결되어 항상 LPG 보유량을 알 수 있다.

48 2m 떨어진 위치에서 측정한 승용자동차의 후방보행자 안전장치 경고음 크기는?(단, 자동차 및 자동차부품의 성능과 기준에 관한 규칙에 의한다.)

① 60dB(A)이상 85dB(A)이하
② 90dB(A)이상 115dB(A)이하
③ 80dB(A)이상 105dB(A)이하
④ 70dB(A)이상 95dB(A)이하

> 후방보행자 안전장치 : 경고음의 크기는 자동차 후방 끝으로부터 2m 떨어진 위치에서 측정하였을 때 다음의 기준에 적합할 것
> ① 승용자동차와 승합자동차 및 경형·소형의 화물·특수자동차 : 60dB(A) 이상 85dB(A) 이하일 것
> ② ① 외의 자동차는 65dB(A) 이상 90dB(A) 이하일 것

49 브레이크 드럼 연삭작업 중 전기가 정전 되었을 때 가장 먼저 취해야 할 조치사항은?

① 스위치는 그대로 두고 정전원인을 확인한다.
② 연삭에 실패했으므로 새 것으로 교환하고 작업을 마무리 한다.
③ 작업하던 공작물을 탈거한다.
④ 스위치 전원을 내리고(OFF) 주전원의 퓨즈를 확인한다.

> 드럼의 연삭 작업 중 정전이 된 경우에는 먼저 스위치 전원을 OFF시키고 작업하던 드럼에서 연삭기를 분리한 후 주 전원의 퓨즈를 확인하여야 한다.

50 엔진오일의 유압이 규정 값보다 높아지는 원인이 아닌 것은?

① 유압 조절 밸브 스프링의 장력 과다
② 윤활 라인의 일부 또는 전부 막힘
③ 엔진 과냉
④ 오일량 부족

> ● 유압이 규정 값보다 높아지는 원인
> ① 엔진의 온도가 낮아 점도가 높아졌다.
> ② 윤활 회로에 막힘이 있다.
> ③ 유압 조절 밸브 스프링 장력이 과다하다.

51 암 전류(parasitic current)에 대한 설명으로 틀린 것은?

① 암 전류가 큰 경우 배터리 방전의 요인이 된다.
② 배터리 자체에서 저절로 소모되는 전류이다.
③ 일반적으로 암 전류의 측정은 모든 전기장치를 OFF 하고, 전체 도어를 닫은 상태에서 실시한다.
④ 전자제어장치 차량에서는 차종마다 정해진 규정치 내에서 암 전류가 있는 것이 정상이다.

전기장치의 스위치를 OFF시키면 시스템의 기본적인 작동과 관련된 전원은 OFF되지만, 나중에 다시 ON시키는 경우에 그 ON 동작이 즉시 이루어지도록 함과 더불어 전기장치의 기본적인 작동이 지속적으로 이루어지도록 하기 위한 각종 컨트롤러 등에 전류의 공급이 이루어지게 되는데, 이러한 전류를 암 전류(dark current)라 한다. 배터리 자체에서 저절로 소모되는 전류는 자연 방전이라 한다.

52 엔진 오일 소비 증대의 가장 큰 원인이 되는 것은?
① 비산과 누설 ② 비산과 압력
③ 연소와 누설 ④ 희석과 혼합

윤활유의 소비가 증대되는 원인은 연소실에 유입되어 연소되는 경우와 타이밍 체인 커버 및 실린더 헤드 커버 등으로 누설되는 경우이다.

53 크랭크샤프트 포지션 센서 부착에 대한 내용으로 틀린 것은?
① 크랭크샤프트 포지션 센서 부착 시 규정 토크를 준수하여 부착한다.
② 크랭크샤프트 포지션 센서 부착 전에 센서 O링에 실런트를 도포한다.
③ 크랭크샤프트 포지션 센서 부착 시 부착 홀에 밀어 넣어 부착한다.
④ 크랭크샤프트 포지션 센서에 충격을 가하지 않도록 주의한다.

● 크랭크샤프트 포지션 센서 부착
① 크랭크샤프트 포지션 센서 부착 시 규정 토크를 준수하여 부착한다.
② 크랭크샤프트 포지션 센서를 떨어뜨렸을 경우, 보이지 않은 손상이 유발될 수 있으니 성능을 확인한 후 사용한다.
③ 크랭크샤프트 포지션 센서 부착 시 O-링에 엔진 오일을 도포한다.
④ 크랭크샤프트 포지션 센서 부착 시 부착 홀에 밀어 넣어 부착한다.
⑤ 크랭크샤프트 포지션 센서에 충격을 가하지 않도록 주의한다.

54 전동기나 조정기를 청소한 후 점검하여야 할 사항으로 틀린 것은?
① 단자부 주유 상태 여부
② 아크 발생 여부
③ 과열 여부
④ 연결의 견고성 여부

전장부품의 단자부에 주유를 하면 단락되어 손상되기 때문에 주유하지 않는다.

55 후축에 9890kgf의 하중이 적용될 때 후축에 4개의 타이어를 장착하였다면 타이어 한 개당 받는 하중은?
① 약 3473kgf ② 약 2473kgf
③ 약 2770kgf ④ 약 3770kgf

● 타이어 한 개당 받는 하중
$$한\ 개당\ 받는\ 하중 = \frac{하중}{타이어\ 수} = \frac{9890 kgf}{4} = 2473 kgf$$

56 수동변속기 차량의 주행 중 떨림이나 소음이 발생되는 원인으로 가장 거리가 먼 것은?
① 트랜스 액슬과 엔진 장착이 풀리거나 마운트가 손상 되었을 때
② 샤프트의 엔드 플레이가 부적당할 때
③ 기어가 손상되었을 때
④ 록킹 볼이 마모되었을 때

록킹 볼의 기능은 변속 기어가 빠지는 것을 방지하는 역할을 한다. 록킹 볼이 마모된 경우에는 주행 중 변속된 기어가 이탈되는 원인이 된다.

57 특별한 경우를 제외하고 자동차에 설치되는 등화장치 중 좌·우에 각각 2개씩 설치 가능한 것은?(단, 자동차 및 자동차 부품의 성능과 기준에 관한 규칙에 의한다.)
① 후미등 ② 주간 주행등
③ 제동등 ④ 후퇴등

● 등화장치의 설치기준
① 후미등 : 좌·우에 각각 1개를 설치할 것.
② 주간 주행등 : 좌·우에 각각 1개를 설치할 것.
③ 제동등 : 좌·우에 각각 1개를 설치할 것.
④ 후퇴등 : 1개 또는 2개를 설치할 것. 다만, 길이가 600cm 이상인 자동차(승용자동차는 제외한다)에는 자동차 측면 좌·우에 각각 1개 또는 2개를 추가로 설치할 수 있다.

58 고압 케이블(High Tension Cable) 점검 내용으로 틀린 것은?

① 멀티 테스트기의 셀렉터를 저항 20kΩ으로 선정한다.
② 엔진 회전수를 상승시키면서 점화 플러그 고압 케이블을 1개씩 탈거하면서 엔진 작동 성능의 변화에 대해 점검한다.
③ 고압 케이블의 저항을 점검하여 규정 값 범위에 있으면 정상이다.
④ 고압 케이블을 탈거했는데도 엔진 성능이 변하지 않는다면 해당 점화 플러그 고압 케이블을 탈거한다.

● 고압 케이블(High Tension Cable) 점검
① 엔진의 공회전 상태에서 점화 플러그 고압 케이블을 1개씩 탈거하면서 엔진 작동 성능의 변화에 대해 점검한다.
② 고압 케이블을 탈거했는데도 엔진 성능이 변하지 않는다면 점화 플러그 고압 케이블을 탈거한다.
③ 멀티 테스트기의 셀렉터를 저항(20KΩ)으로 선정한다.
④ 고압 케이블의 저항을 점검하여 규정 값 범위에 있으면 정상이다.

59 고속 주행할 때 바퀴가 상하로 진동하는 현상은?

① 트램핑　　② 롤링
③ 요잉　　　④ 킥다운

● 용어의 정의
① 트램핑 : 바퀴가 정적 언밸런스인 경우 고속으로 주행할 때 바퀴가 상하로 진동하는 현상이다.
② 롤링 : 차체의 세로축(앞/뒤 방향 축)을 중심으로 좌우 방향으로 회전 운동을 하는 고유 진동이다
③ 요잉 : 차체가 수직축(상/하 방향 축)을 중심으로 회전 운동을 하는 고유 진동이다
④ 킥다운 : 자동차가 스로틀 밸브의 개도량이 적은 상태에서 일정한 속도로 주행중 급격히 스로틀 밸브의 개도량을 약 85% 이상으로 증가시키면 변속 패턴이 시프트 다운되어 큰 구동력을 얻을 수 있도록 감속되는 현상이다.

60 라디에이터의 일정압력 유지를 위해 캡이 열리는 압력(kgf/cm²)은?

① 약 3.1 ~ 4.2
② 약 7.0 ~ 9.5
③ 약 0.1 ~ 0.2
④ 약 0.3 ~ 1.0

라디에이터 캡에는 압력 밸브가 있어 운행 중 냉각라인에 발생한 압력을 일정하게 유지시키는 적정 온도가 되면서 내부 압력이 0.3~1.0kgf/cm²이 되면 밸브가 열려 캡을 지난 냉각수는 리저버 탱크로 보내져 라디에이터 내에는 항상 일정한 압력이 유지된다. 다시 냉각수의 온도가 낮아지면 라디에이터 내부의 압력이 낮아지면 리저버 탱크의 냉각수가 다시 라디에이터로 돌아오게 된다.

CBT기출복원문제 2022년 2회

01.②	02.①	03.②	04.②	05.①
06.④	07.②	08.①	09.①	10.④
11.②	12.④	13.③	14.③	15.②
16.②	17.④	18.②	19.②	20.③
21.②	22.③	23.①	24.②	25.②
26.②	27.③	28.④	29.③	30.③
31.④	32.③	33.③	34.②	35.②
36.③	37.③	38.②	39.③	40.②
41.②	42.③	43.③	44.③	45.②
46.①	47.④	48.①	49.④	50.④
51.②	52.③	53.②	54.①	55.②
56.④	57.④	58.②	59.①	60.④

CBT 기출복원문제
2022년 3회

▶ 정답 446쪽

01 자동차 발전기 풀리에서 소음이 발생할 때 교환 작업에 대한 내용으로 틀린 것은?

① 배터리의 (+)단자부터 탈거한다.
② 전용 특수공구를 사용하여 풀리를 교체한다.
③ 배터리의 (-)단자부터 탈거한다.
④ 구동벨트를 탈거한다.

> 발전기 교환 작업을 실시하려면 제일 먼저 실행하여야 하는 것은 배터리의 (-)단자로부터 케이블을 탈거하여야 한다. 교환 작업이 완료되면 마지막으로 배터리 (+)단자에 케이블을 연결하여야 한다.

02 유압식 제동장치에서 제동력이 떨어지는 원인으로 가장 거리가 먼 것은?

① 기관 출력 저하
② 패드 및 라이닝에 이물질 부착
③ 브레이크 오일 압력의 누설
④ 유압장치에 공기 유입

> ● 제동력이 떨어지는 원인
> ① 브레이크 오일이 부족한 경우
> ② 브레이크 계통 내에 공기가 혼입된 경우
> ③ 패드 및 라이닝의 접촉이 불량한 경우
> ④ 패드 및 라이닝에 이물질이 부착된 경우
> ⑤ 페이드 현상이 발생된 경우
> ⑥ 브레이크 오일 압력이 누설되는 경우

03 강판의 탄성을 이용한 판 스프링의 일반적인 특성으로 틀린 것은?

① 작은 진동 흡수에 탁월하다.
② 스프링 자체의 강성에 의해 액슬 축을 정 위치에 지지할 수 있으므로 구조가 간단하다.
③ 내구성이 강하다.
④ 강판 사이의 마찰에 의한 제진 작용을 한다.

> ● 판 스프링의 특성
> ① 스프링 자체의 강성으로 액슬 축을 정해진 위치에 지지할 수 있으므로 구조가 간단하다.
> ② 판간 마찰에 의한 진동의 억제(제진) 작용을 한다.
> ③ 내구성이 강하다.
> ④ 판간 마찰이 있기 때문에 작은 진동은 흡수하지 못한다.
> ⑤ 너무 유연한 스프링을 사용하면 액슬 축의 지지력이 부족하여 불안정하게 된다.

04 다음 단자 배열을 이용하여 지르코니아 타입 산소 센서의 신호 점검 방법으로 옳은 것은?

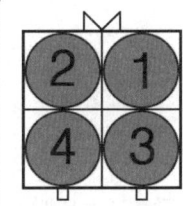

1. 산소 센서 신호
2. 센서 접지
3. 산소 센서 히터 전원
4. 산소 센서 히터 제어

① 배선 측 커넥터 1번 단자와 접지 간 전압점검
② 배선 측 커넥터 3번 단자와 접지 간 전압점검
③ 배선 측 커넥터 1번, 2번 단자 간 전류점검
④ 배선 측 커넥터 3번, 4번 단자 간 전류점검

> 엔진의 시동을 걸고 센서의 출력 전압이 나오는 1번과 2번 단자에 전압계를 연결하여 측정 또는 산소 센서 신호 단자인 1번 단자와 접지간의 전압을 점검하여도 된다.

05 유압식 클러치에서 유압라인 내의 공기빼기 작업 시 안전사항으로 틀린 것은?

① 저장 탱크에 액을 보충할 경우 넘치지 않게 주의한다.
② 차량을 작업할 때에는 잭으로 간단하게 들어 올린 상태에서 작업을 실시해야 한다.
③ 클러치 오일이 작업장 바닥에 흐르지 않도록 주의한다.
④ 클러치 오일이 차체의 도장 부분에 묻지 않도록 주의한다.

> 차량을 작업할 때에는 잭으로 들어 올리고 스탠드로 지지한 후 안전한지 확인을 하고 작업을 실시해야 한다.

06 후축에 9890kgf의 하중이 적용될 때 후축에 4개의 타이어를 장착하였다면 타이어 한 개당 받는 하중은?

① 약 3473kgf
② 약 2473kgf
③ 약 2770kgf
④ 약 3770kgf

> ● 타이어 한 개당 받는 하중
> 한 개당 받는 하중 = $\dfrac{하중}{타이어 수} = \dfrac{9890 kgf}{4} = 2473 kgf$

07 엔진오일의 유압이 규정 값보다 높아지는 원인이 아닌 것은?

① 윤활 라인의 일부 또는 전부 막힘
② 오일량 부족
③ 엔진 과냉
④ 유압 조절 밸브 스프링의 장력 과다

> ● 유압이 규정 값보다 높아지는 원인
> ① 엔진의 온도가 낮아 점도가 높아졌다.
> ② 윤활 회로에 막힘이 있다.
> ③ 유압 조절 밸브 스프링 장력이 과다하다.

08 정(+)의 캠버 효과에 대한 설명으로 틀린 것은?

① 조향 핸들 조작력을 가볍게 한다.
② 킹핀 오프셋(스크러브 반경)을 작게 한다.
③ 선회력(코너링 포스)이 증대된다.
④ 전륜 구동 차량에서 직진성을 좋게 한다.

> ● 정(+)의 캠버 효과
> ① 조향 핸들의 조작력을 가볍게 한다.
> ② 전륜 구동 차량에서 직진성을 좋게 한다.
> ③ 킹핀 오프셋을(스크로브 반경) 작게 한다.
> ④ 선회력(코너링 포스)이 감소한다.

09 자동차에서 제동 시 슬립율(%)을 구하는 식으로 옳은 것은?

① $\dfrac{바퀴 속도 - 자동차 속도}{자동차 속도} \times 100$
② $\dfrac{바퀴 속도 - 자동차 속도}{바퀴 속도} \times 100$
③ $\dfrac{자동차 속도 - 바퀴 속도}{바퀴 속도} \times 100$
④ $\dfrac{자동차 속도 - 바퀴 속도}{자동차 속도} \times 100$

> 슬립율 = $\dfrac{자동차(차체)속도 - 바퀴(차륜)속도}{자동차(차체)속도} \times 100(\%)$
> 슬립율은 ABS를 작동 및 비작동 영역을 구분하기 위한 기준이다.

10 공회전 상태가 불안정할 경우 점검사항으로 틀린 것은?

① 공회전 속도 제어 시스템을 점검한다.
② 스로틀 바디를 점검한다.
③ 삼원 촉매장치의 정화상태를 점검한다.
④ 흡입공기 누설을 점검한다.

> 공회전 불량 시 예상되는 고장 증상은 대부분 스로틀 보디에 카본이 많이 쌓이는 현상이며, 필요할 경우 흡기 매니폴드의 흡입 공기 누설 여부도 점검하여야 한다. 또한 공회전 속도 제어 시스템에 타르 및 카본 과다 퇴적으로 인해 공회전 제어 불량 현상이 발생한다.

11 고속 주행할 때 바퀴가 상하로 진동하는 현상은?

① 롤링   ② 요잉
③ 킥다운   ④ 트램핑

> ● 용어의 정의
> ① 롤링 : 차체의 세로축(앞/뒤 방향 축)을 중심으로 좌우 방향으로 회전 운동을 하는 고유 진동이다.
> ② 요잉 : 차체가 수직축(상/하 방향 축)을 중심으로 회전

운동을 하는 고유 진동이다.
③ 킥다운 : 자동차가 스로틀 밸브의 개도량이 적은 상태에서 일정한 속도로 주행중 급격히 스로틀 밸브의 개도량을 약 85% 이상으로 증가시키면 변속 패턴이 시프트 다운되어 큰 구동력을 얻을 수 있도록 감속되는 현상이다.
④ 트램핑 : 바퀴가 정적 언밸런스인 경우 고속으로 주행할 때 바퀴가 상하로 진동하는 현상이다.

12 수동변속기 장치에서 클러치 압력판의 역할로 옳은 것은?

① 클러치판을 밀어서 플라이휠에 압착시키는 역할을 한다.
② 기관의 동력을 받아 속도를 조절한다.
③ 제동거리를 짧게 한다.
④ 견인력을 증가시킨다.

● 클러치 압력판의 역할
① 클러치 스프링의 장력에 의해 클러치판을 플라이휠에 압착시키는 역할을 한다.
② 특수 주철을 사용하여 클러치판과 접촉면은 정밀하게 평면으로 가공되어 있다.
③ 내마멸, 내열성이 양호하고 정적 및 동적 평형이 잡혀 있어야 한다.
④ 압력판의 변형은 0.4mm 이내이어야 한다.

13 유류 화재에 물을 직접 뿌려 소화하지 않는 이유는?

① 가연성 가스가 발생하기 때문이다.
② 물과 화학적 반응을 일으키기 때문이다.
③ 물이 열분해 하기 때문이다.
④ 연소 면이 확대되기 때문이다.

유류 화재에 물을 뿌리면 불이 꺼지는 것이 아니라 오히려 더 연소 면이 확대되는 특성이 있기 때문이다. 유류 화재는 분말 소화기, 할론 소화기, 이산화탄소 소화기를 이용하여 소화하여야 한다.

14 자동차에서 통신시스템을 통해 작동하는 장치로 틀린 것은?

① 바디 컨트롤 모듈(BCM)
② 스마트 키 시스템(PIC)
③ 운전석 도어 모듈(DDM)
④ LED 테일 램프

● 자동차에 적용되는 전기 통신의 종류
① CAN 통신 : 파워트레인 제어기 및 바디 전장간의 데이터 전송
② KWP2000 통신 : 고장진단 장비와의 통신
③ LIN 통신 : 윈도우 스위치·액추에이터, 시트 제어 및 소규모 지역 통신
④ MOST : AV 장비, 내비게이션 등의 멀티미디어 통신

15 등화장치 검사기준에 대한 설명으로 틀린 것은?(단, 자동차관리법상 자동차검사기준에 의한다.)

① 등광색은 관련기준에 적합해야 한다.
② 광도는 3천 칸델라 이상이어야 한다.
③ 진폭은 10m 위치에서 측정한 값을 기준으로 한다.
④ 진폭은 주행빔을 기준으로 측정한다.

● 등화장치 검사기준
① 변환빔의 광도는 3천 칸델라 이상일 것.
② 변환빔의 진폭은 10미터 위치에서 측정한 값을 기준으로 한다.
③ 컷오프선의 꺽임점(각)이 있는 경우 꺽임점의 연장선은 우측 상향일 것
④ 정위치에 견고히 부착되어 작동에 이상이 없고, 손상이 없어야 하며, 등광색이 안전 기준에 적합할 것
⑤ 후부반사기 및 후부반사판의 설치상태가 안전기준에 적합할 것
⑥ 어린이운송용 승합자동차에 설치된 표시등이 안전기준에 적합할 것
⑦ 안전기준에서 정하지 아니한 등화 및 안전 기준에서 금지한 등화가 없을 것

16 NTC 서미스터의 특징이 아닌 것은?

① 자동차의 수온 센서에 사용된다.
② $BaTiO_3$ 를 주성분으로 한다.
③ 온도와 저항은 반비례한다.
④ 부특성의 온도계수를 갖는다.

NTC 서미스터는 니켈, 구리, 아연, 마그네슘 등의 금속 산화물을 적당히 혼합하여 1,300~1,500℃의 높은 온도에서 소결하여 만든 반도체 온도 감지 소자이다. 온도가 올라가면 저항이 감소하고 온도가 내려가면 저항이 증가되는 부특성의 온도계수를 가지고 있으며, 전자 회로의 온도 보상과 증폭기의 정전압 제어, 온도 측정 회로, 엔진의 수온 센서, 연료 보유량 센서, 에어컨의 일사 센서 등에 사용된다.

17 다이얼 게이지를 사용하여 측정할 수 없는 것은?
① 액슬 샤프트 런 아웃
② 브레이크 디스크 두께
③ 차동기어 백래시
④ 프로펠러 샤프트 휨

> 다이얼 게이지는 축(shaft)의 휨이나 런 아웃, 기어의 백래시(back lash) 점검, 평행도 및 평면의 양부 상태 등을 측정하는 경우에 사용되며, 브레이크 디스크의 두께의 측정은 외경 마이크로미터 또는 버니어 캘리퍼스를 이용한다.

18 수동변속기 차량의 주행 중 떨림이나 소음이 발생되는 원인으로 가장 거리가 먼 것은?
① 샤프트의 엔드 플레이가 부적당할 때
② 트랜스 액슬과 엔진 장착이 풀리거나 마운트가 손상 되었을 때
③ 기어가 손상되었을 때
④ 록킹 볼이 마모되었을 때

> 록킹 볼과 록킹 볼 스프링의 기능은 변속 기어가 빠지는 것을 방지하는 역할을 한다. 록킹 볼이 마모된 경우에는 주행 중 변속된 기어가 이탈되는 원인이 된다.

19 축전지의 전압이 12V이고, 권선비가 1:40인 경우 1차 유도 전압이 350V이면 2차 유도 전압은?
① 12000V ② 7000V
③ 14000V ④ 13000V

> $E_2 = \dfrac{N_2}{N_1} \times E_1$
> E_2 : 2차 유도 전압(V), N_1 : 1차 코일의 권수,
> N_2 : 2ck 코일의 권수, E_1 : 1차 유도 전압(V)
> $E_2 = 40 \times 350V = 14000V$

20 패치를 이용한 타이어 펑크 수리 방법으로 틀린 것은?
① 차량을 리프트로 올린 후 타이어를 분리하지 않고 작업한다.
② 패치를 붙인 후 고무망치로 두드리거나 압착기로 압착한다.
③ 패치를 붙일 부분을 거칠게 연마한 후 잘 닦아낸다.
④ 손상 부위를 충분히 덮을 수 있는 패치를 준비한다.

> 패치 작업 시에는 차량을 리프트로 올린 후 타이어를 분리하여 작업을 실시하여야 한다.

21 전자제어 연료분사 가솔린 기관에서 연료 펌프의 체크 밸브는 어느 때 닫히게 되는가?
① 기관 정지 후   ② 연료 분사 시
③ 기관 회전 시   ④ 연료 압송 시

> ● 연료 펌프 체크 밸브의 기능
> ① 엔진 정지 시 닫혀 연료 라인에 잔압을 유지한다.
> ② 베이퍼 로크 방지 및 엔진 재시동성을 향상시키는 역할을 한다.
> ③ 체크 밸브가 고장이면 잔압 유지가 되지 않아 엔진의 시동성이 저하된다.

22 점화 플러그의 점검사항으로 틀린 것은?
① 세라믹 절연체의 파손 및 손상 여부
② 단자 손상 여부
③ 중심 전극의 손상 여부
④ 플러그 접지 전극 온도

> ● 점화 플러그 점검 사항
> ① 세라믹 인슐레이터의 파손 및 손상 여부를 점검한다.
> ② 전극의 마모 및 손상 여부를 점검한다.
> ③ 카본의 퇴적이 있는지를 점검한다.
> ④ 개스킷의 파손 및 손상 여부를 점검한다.
> ⑤ 점화플러그 간극에 있는 사기 애자의 상태를 점검한다.
> ⑥ 점화 플러그 단자의 손상 여부를 점검한다.

23 특별한 경우를 제외하고 자동차에 설치되는 등화장치 중 좌·우에 각각 2개씩 설치 가능한 것은?(단, 자동차 및 자동차부품의 성능과 기준에 관한 규칙에 의한다.)
① 후퇴등   ② 주간 주행등
③ 후미등   ④ 제동등

> ● 등화장치의 설치기준
> ① 후퇴등 : 1개 또는 2개를 설치할 것. 다만, 길이가 600cm 이상인 자동차(승용자동차는 제외한다)에는 자동차 측면 좌·우에 각각 1개 또는 2개를 추가로 설치할 수 있다.
> ② 주간 주행등 : 좌·우에 각각 1개를 설치할 것.
> ③ 후미등 : 좌·우에 각각 1개를 설치할 것.
> ④ 제동등 : 좌·우에 각각 1개를 설치할 것.

24 2m 떨어진 위치에서 측정한 승용자동차의 후방 보행자 안전장치 경고음 크기는?(단, 자동차 및 자동차부품의 성능과 기준에 관한 규칙에 의한다.)

① 70dB(A)이상 95dB(A)이하
② 60dB(A)이상 85dB(A)이하
③ 80dB(A)이상 105dB(A)이하
④ 90dB(A)이상 115dB(A)이하

> 후방 보행자 안전장치 : 경고음의 크기는 자동차 후방 끝으로부터 2m 떨어진 위치에서 측정하였을 때 다음의 기준에 적합할 것
> ① 승용자동차와 승합자동차 및 경형·소형의 화물·특수자동차 : 60dB(A) 이상 85dB(A) 이하일 것
> ② ① 외의 자동차는 65dB(A) 이상 90dB(A) 이하일 것

25 자동차에 적용된 전기장치에서 "유도 기전력은 코일 내의 자속의 변화를 방해하는 방향으로 생긴다."와 관련 있는 이론은?

① 뉴턴의 제1법칙
② 키르히호프의 제1법칙
③ 렌츠의 법칙
④ 앙페르의 법칙

> ● 전기 관련 법칙의 정의
> ① 뉴턴의 제1법칙 : 외적인 힘이 작용하지 않는 한 정지하여 있으며, 운동을 하던 물체는 그 상태를 지속한다는 관성의 법칙을 말한다.
> ② 키르히호프의 제1법칙 : 임의의 한 점으로 유입된 전류의 총합은 유출한 전류의 총합은 같다는 법칙을 말한다.
> ③ 렌츠의 법칙 : 유도 기전력은 코일 내의 자속의 변화를 방해하는 방향으로 생긴다는 법칙을 말한다.
> ④ 앙페르의 법칙 : 전류의 방향을 오른 나사의 진행 방향에 일치시키면 자력선의 방향은 오른 나사가 돌려지는 방향과 일치한다는 법칙을 말한다.

26 4기통 4행정 사이클 기관이 1800rpm으로 운전하고 있을 때 행정거리가 75mm인 피스톤의 평균속도(m/s)는?

① 2.35   ② 4.5
③ 2.45   ④ 2.55

$$V = \frac{2 \times N \times L}{60}$$

V : 피스톤 평균속도(m/s), N : 엔진 회전수(rpm),
L : 피스톤 행정(m)

$$V = \frac{2 \times 1800 rpm \times 0.075 m}{60} = 4.5 m/s$$

27 기관의 분해 정비를 결정하기 위해 기관을 분해하기 전 점검해야 할 사항으로 거리가 먼 것은?

① 기관 운전 중 이상소음 및 출력점검
② 실린더 압축 압력 점검
③ 피스톤 링 갭(gap) 점검
④ 기관 오일 압력 점검

> ● 엔진 분해 정비를 결정하기 위해 엔진을 분해하기 전에 점검할 사항
> ① 실린더의 압축 압력 : 규정 압력의 70% 이하일 경우 분해 정비
> ② 연료 소비율 : 표준 소비율의 60% 이상일 경우 분해 정비
> ③ 오일 소비율 : 표준 소비율의 50% 이상일 경우 분해 정비
> ④ 엔진 운전 중 소음 발생 및 엔진 출력 점검
> ⑤ 엔진 오일의 압력 점검
> ※ 피스톤 링의 갭 점검은 엔진을 분해한 후에 점검을 할 수 있다.

28 암 전류(parasitic current)에 대한 설명으로 틀린 것은?

① 배터리 자체에서 저절로 소모되는 전류이다.
② 암 전류가 큰 경우 배터리 방전의 요인이 된다.
③ 일반적으로 암 전류의 측정은 모든 전기장치를 OFF하고, 전체 도어를 닫은 상태에서 실시한다.
④ 전자제어장치 차량에서는 차종마다 정해진 규정치 내에서 암 전류가 있는 것이 정상이다.

> 전기장치의 스위치를 OFF시키면 시스템의 기본적인 작동과 관련된 전원은 OFF되지만, 나중에 다시 ON시키는 경우에 그 ON 동작이 즉시 이루어지도록 함과 더불어 전기장치의 기본적인 작동이 지속적으로 이루어지도록 하기 위한 각종 컨트롤러 등에 전류의 공급이 이루어지게 되는데, 이러한 전류를 암 전류(dark current)라 한다. 배터리 자체에서 저절로 소모되는 전류는 자연 방전이라 한다.

29 자동차의 발전기가 정상적으로 작동하는지를 확인하기 위한 점검 내용으로 틀린 것은?

① 시동 후 발전기의 B단자와 차체 사이의 전압을 측정한다.
② 자동차의 시동을 걸기 전후의 배터리 전압을 전압계로 측정하여 비교한다.
③ 시동을 건 후 배터리에서 전압을 측정하였을 때 시동 전 배터리 전압과 동일하다면 정상이다.
④ 자동차 시동 후 계기판의 충전경고등이 소등되는지를 확인한다.

> 발전기가 정상적인 경우 출력 전압은 13.5~14.5V이다. 발전기가 정상적으로 작동하였을 경우 출력 전압은 시동을 걸기 전보다 출력 전압이 높아야 한다.

30 전자제어 엔진에서 EGR밸브가 작동되는 가장 적절한 시기는?

① 워밍업 시 ② 급가속 시
③ 공전 시   ④ 중속 운전 시

> EGR 밸브가 작동되는 시기는 엔진의 특정 운전 영역(냉각수 온도가 65℃ 이상이고, 중속 이상인 질소산화물이 다량 배출되는 영역에서만 작동 되도록 한다. 반면에 공전할 때, 난기 운전을 할 때, 전부하 운전을 할 때, 농후한 혼합가스로 운전되어 출력을 증대시킬 경우에는 작동하지 않는다.

31 기관 회전수가 2500rpm, 변속비가 1.5 : 1, 종감속기어 구동피니언 기어 잇수 7개, 링 기어 잇수 42개 일 때 왼쪽 바퀴의 회전수는?(단, 오른쪽 바퀴의 회전수는 150rpm이다.)

① 약 315rpm ② 약 406rpm
③ 약 464rpm ④ 약 432rpm

> 왼쪽 회전수 $= \dfrac{기관 회전수}{변속비 \times 종감속비} \times 2 - 오른쪽 회전수$
> $= \dfrac{2500}{1.5 \times \frac{42}{7}} \times 2 - 150 = 405.5 rpm$

32 전조등 회로의 구성부품이 아닌 것은?

① 전조등 릴레이 ② 스테이터
③ 라이트 스위치 ④ 디머 스위치

> 전조등 회로는 퓨즈, 라이트 스위치, 전조등 릴레이, 디머 스위치(dimmer switch) 등으로 구성되어 있으며, 양쪽의 전조등은 상향 빔(high beam)과 하향 빔(low beam)별로 병렬 접속되어 있다. 스테이터는 교류 발전기의 구성부품이다.

33 승용차 앞바퀴 허브 엔드 플레이 규정 값은 일반적으로 어느 정도가 적정한가?

① 0.008mm ② 0.018mm
③ 0.18mm   ④ 0.08mm

34 디젤 엔진의 정지 방법에서 인테이크 셔터(intake shutter)의 역할에 대한 설명으로 옳은 것은?

① 연료를 차단   ② 흡입 공기를 차단
③ 배기가스를 차단 ④ 압축 압력 차단

> 인테이크 셔터는 운전 중 디젤 엔진을 정지시키는 장치의 하나로 흡기 다기관의 입구에 설치된 셔터를 닫아 흡입 공기를 차단하여 엔진을 정지시키는 역할을 한다.

35 소화기의 종류에 대한 설명으로 틀린 것은?

① 분말 소화기-기름화재나 전기화재에 사용한다.
② 물 소화기-고압의 원리로 물을 방출하여 소화하며 기름화재나 전기화재에 사용한다.
③ 탄산가스 소화기-가스와 드라이아이스를 이용하여 소화하며 기름화재나 전기화재에 유효하다.
④ 거품 소화기-연소물에 산소를 차단하여 소화하며 기름화재나 일반화재에 사용한다.

> 물 소화기는 고압의 원리로 물을 방출하여 소화하며, 일반화재에 사용한다.

36 핸들이 1회전 하였을 때 피트먼 암이 30° 회전 하였다면 조향 기어비는?

① 14 : 1 ② 8 : 1
③ 12 : 1 ④ 10 : 1

> 조향 기어비 $= \dfrac{조향 핸들 회전각도}{피트먼 암의 회전각도}$
> 조향 기어비 $= \dfrac{360}{30} = 12$

37 저항이 4Ω인 전구를 12V의 축전지에 연결했을 때 흐르는 전류(A)는?

① 2.4A ② 3.0A
③ 4.8A ④ 6.0A

$I = \dfrac{E}{R}$
I : 도체에 흐르는 전류(A), E : 도체에 가해진 전압(V),
R : 도체의 저항(Ω)
$I = \dfrac{E}{R} = \dfrac{12V}{4\Omega} = 3A$

38 전동기나 조정기를 청소한 후 점검하여야 할 사항으로 틀린 것은?

① 단자부 주유 상태 여부
② 과열 여부
③ 연결의 견고성 여부
④ 아크 발생 여부

전장부품의 단자부에 주유를 하면 단락되어 손상되기 때문에 주유하지 않는다.

39 안전벨트 프리텐셔너의 역할에 대한 설명으로 틀린 것은?

① 에어백 전개 후 탑승객의 구속력이 일정시간 후 풀어주는 리미터 역할을 한다.
② 자동차 충돌 시 2차 상해를 예방하는 역할을 한다.
③ 자동차의 후면 추돌 시 에어백을 빠르게 전개시킨 후 구속력을 증가시키는 역할을 한다.
④ 차량 충돌 시 신체의 구속력을 높여 안전성을 향상시켜 주는 역할을 한다.

● 안전 벨트 프리텐셔너(BPT ; Seet Belt Pretensioner)
안전벨트 프리텐셔너(BPT)는 좌우측 필러 하단부에 장착되어 있다. 전방 충돌 사고가 발생하였을 때 안전벨트 프리텐셔너는 안전벨트를 감아 운전석 및 동승석 승객의 몸이 앞으로 쏠려서 차량의 내부 부품들과 부딪치는 것을 방지하여 2차 상해를 예방하는 역할을 한다. 또한 에어백 전개 후 탑승객의 구속력이 일정시간 후 풀어주는 리미터 역할을 한다.

40 NPN 트랜지스터의 순방향 전류는 어떤 방향으로 흐르는가?

① 베이스에서 컬렉터로 흐른다.
② 이미터에서 컬렉터로 흐른다.
③ 이미터에서 베이스로 흐른다.
④ 컬렉터에서 이미터로 흐른다.

PNP형 트랜지스터의 순방향 전류는 이미터에서 베이스, 이미터에서 컬렉터이며, NPN형 트랜지스터의 순방향 전류는 베이스에서 이미터, 컬렉터에서 이미터이다.

41 종감속 기어장치에 사용되는 하이포이드 기어의 장점이 아닌 것은?

① FR방식에서는 추진축의 높이를 낮게 할 수 있다.
② 기어 물림율이 크다.
③ 제작이 쉽다.
④ 운전이 정숙하다.

● 하이포이드 기어 시스템의 장점
① 추진축의 높이를 낮게 할 수 있다.
② 차실의 바닥이 낮게 되어 거주성이 향상된다.
③ 자동차의 전고가 낮아 안전성이 증대된다.
④ 구동 피니언 기어를 크게 할 수 있어 강도가 증가된다.
⑤ 기어의 물림율이 크기 때문에 회전이 정숙하다.
⑥ 설치공간을 작게 차지한다.

42 도난 경보장치 제어 시스템에서 경계 모드로 진입하는 조건으로 옳은 것은?

① 후드 스위치, 트렁크 스위치, 각 도어 스위치가 모두 열려있고, 각 도어 잠김 스위치가 잠겨 있을 것
② 후드 스위치, 트렁크 스위치, 각 도어 스위치가 모두 닫혀있고, 각 도어 잠김 스위치가 열려 있을 것
③ 후드 스위치, 트렁크 스위치, 각 도어 스위치가 모두 열려있고, 각 도어 잠김 스위치도 열려 있을 것
④ 후드 스위치, 트렁크 스위치, 각 도어 스위치가 모두 닫혀있고, 각 도어 잠김 스위치가 잠겨 있을 것

● 경계 모드 진입 조건
① 후드 스위치(hood switch)가 닫혀있을 때
② 트렁크 스위치가 닫혀있을 때
③ 각 도어 스위치가 모두 닫혀있을 때
④ 각 도어 잠금 스위치가 잠겨있을 때

43 조정렌치를 취급하는 방법으로 틀린 것은?
① 렌치에 파이프 등을 끼워서 사용하지 말 것
② 조정 조(jaw) 부분에 윤활유를 도포할 것
③ 작업 시 몸 쪽으로 당기면서 작업 할 것
④ 볼트 또는 너트의 치수에 밀착 되도록 크기를 조절할 것

조정 렌치에 윤활유가 묻어 있는 경우에는 작업시 손에서 미끄러질 수 있으므로 깨끗이 닦은 후에 사용하여야 한다.

44 크랭크 샤프트 포지션 센서 부착 시 O링에 도포하는 것은?
① 경유   ② 브레이크 액
③ 휘발유   ④ 엔진 오일

크랭크 샤프트 포지션 센서 부착시 O-링에 엔진 오일을 도포하고 장착 홀에 밀어 넣어 부착한다.

45 LPG 자동차의 계기판에서 연료계의 지침이 작동하지 않는 결함 원인으로 옳은 것은?
① 필터 불량   ② 연료 펌프 불량
③ 인젝터 결함   ④ 액면계 결함

LPG 자동차의 액면계는 LPG의 과충전을 방지하고 충전량을 알기 위한 장치로서 액면에 따라 뜨개가 상하로 움직여 섹터 축이 회전하면 섹터 축 쪽의 자석에 의해 경합금제 플랜지를 사이에 두고 설치된 눈금판 쪽의 자석을 회전시켜 충전 지침을 가리키도록 되어 있다. 또한 눈금판 쪽에는 저항선이 있어 이것이 운전석의 연료계로 연결되어 항상 LPG 보유량을 알 수 있다.

46 엔진 오일 교환에 관한 사항으로 옳은 것은?
① 점도가 서로 다른 오일을 혼합하여 사용해도 된다.
② 엔진 오일 점검 게이지의 L 눈금 선에 정확히 주입한다.
③ 재생 오일을 사용하여 엔진 오일을 교환한다.
④ 엔진 오일 점검 게이지의 F 눈금 선을 넘지 않도록 하여 F 눈금 선에 가깝게 주입한다.

엔진 오일은 재생 오일이나 점도가 다른 오일을 혼용하여 사용해서는 안되며, 엔진 오일을 주입 시에는 한 번에 많이 주입하지 말고 2~3회에 나누어 주입하면서 레벨을 점검하여 F 눈금 선에 가깝게 주입하여야 한다.

47 가솔린 기관의 인젝터 점검 사항 중 오실로스코프로 측정해야 하는 것은?
① 분사량   ② 작동 음
③ 저항   ④ 분사시간

오실로스코프(oscilloscope)는 X축을 시간 축, Y축을 파형으로 한 파형 관측에서 인젝터의 분사시간 시간 측정, 서지 전압 측정 등을 측정한다. 트랜지스터의 특수곡선 표시 등 그래프 표시에 의한 측정이 가능하며, 멀티미터의 데이터보다 값이 정밀하다.

48 아래 파형 분석에 대한 설명으로 틀린 것은?

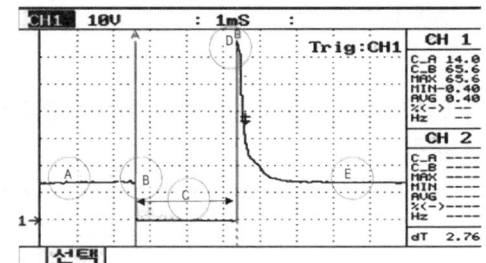

① D : 폭발 연소 구간의 전압
② C : 인젝터의 연료 분사 시간
③ A : 인젝터에 공급되는 전원 전압
④ B : 연료 분사가 시작되는 지점

인젝터 파형의 D는 인젝터 코일의 자장 붕괴 시 서지 전압(역기전력)이다.

49 엔진 냉각수 과열 시 점검 항목으로 틀린 것은?
① 워터 펌프 구동 상태
② 유온 센서 작동 상태
③ 수온 조절기 탈거 후 열림 상태 점검
④ 냉각 수온에 따른 팬 모터 작동 상태

● 엔진 과열 시 점검 항목
① 냉각수 부족, 누수 점검
② 냉각계통의 기포 발생 점검
③ 냉각 수온에 따른 팬 모터 작동 상태 점검

④ 냉각팬 클러치 작동 상태 점검
⑤ 워터 펌프 구동 상태 점검
⑥ 수온 조절기 탈거 후 열림 상태 점검

50 가솔린 연료의 구비조건으로 틀린 것은?
① 온도에 관계없이 유동성이 좋을 것
② 연소속도가 빠를 것
③ 옥탄가가 높을 것
④ 체적 및 무게가 크고 발열량이 작을 것

● 가솔린 연료의 구비조건
① 기화성이 크고 취급이 용이할 것
② 연소 속도가 빠를 것
③ 옥탄가가 높을 것
④ 체적 및 무게가 적고 발열량이 클 것
⑤ 연소 후 유해 화합물의 발생이 적을 것
⑥ 온도에 관계없이 유동성이 좋을 것
⑦ 내부식성이 크고 저장 안전성이 있을 것

51 브레이크 드럼 연삭작업 중 전기가 정전 되었을 때 가장 먼저 취해야 할 조치사항은?
① 연삭에 실패했으므로 새 것으로 교환하고 작업을 마무리 한다.
② 스위치 전원을 내리고(OFF) 주전원의 퓨즈를 확인한다.
③ 스위치는 그대로 두고 정전원인을 확인한다.
④ 작업하던 공작물을 탈거한다.

드럼의 연삭 작업 중 정전이 된 경우에는 먼저 스위치 전원을 OFF시키고 작업하던 드럼에서 연삭기를 분리한 후 주 전원의 퓨즈를 확인하여야 한다.

52 자동차 엔진에서 블로바이 가스의 주성분은?
① N₂   ② HC
③ CO   ④ NOx

블로바이 가스는 실린더와 피스톤 사이로 누출된 미연소 가스로 주성분은 HC이다.

53 기관의 냉각 장치 정비 시 주의사항으로 틀린 것은?
① 냉각팬이 작동할 수 있으므로 전원을 차단하고 작업한다.
② 수온 조절기의 작동 여부는 물을 끓여서 점검한다.
③ 하절기에는 냉각수의 순환을 빠르게 하기 위해 증류수만 사용한다.
④ 기관이 과열 상태일 때는 라디에이터 캡을 열지 않는다.

하절기에도 냉각수는 부동액과 혼합된 쿨런트를 사용하여야 한다.

54 축전지 점검과 충전작업 시 안전에 관한 사항으로 틀린 것은?
① 축전지 충전은 외부와 밀폐된 공간에서 실시하여야 한다.
② 축전지 충전 중에는 주입구(벤트 플러그) 마개를 모두 열어 놓아야 한다.
③ 축전지 전해액 취급 시 보안경, 고무장갑, 고무 앞치마를 착용 하여야 한다.
④ 축전지 충전은 용접장소 등과 같이 불꽃이 일어나는 장소와는 떨어진 곳에서 실시하여야 한다.

해설 축전지 충전 중에는 (+)단자에서 산소가, (-)단자에서 수소가 가스가 발생되기 때문에 통풍이 잘되는 장소에서 시행하여야 한다.

55 점화 2차 파형 분석에 대한 내용으로 틀린 것은?

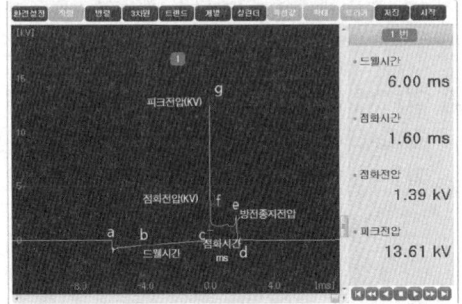

① 2차 피크 전압이 10~15kV 되는지 점검
② 점화시간이 공회전 시 1~1.7ms 되는지 점검
③ 점화 전압이 공회전 시 1~5kV 되는지 점검
④ 드웰 시간이 공회전 시 15~20ms 되는지 점검

● 점화 2차 파형 분석
① 드웰 시간이 공회전 시 2~6ms되는지 점검한다.
② 2차 피크 전압을 측정하여 10~15kV가 되는지 점검한다.
③ 점화 전압이 공회전 시 1~5kV 되는지 점검한다.
④ 점화 시간이 공회전 시 1~1.7ms 되는지 점검한다.
⑤ 엔진의 회전수에 따라 점화 2차 파형의 드웰 시간과 점화 전압, 피크 전압이 어떻게 변화하는지 점검한다.
⑥ 2차 점화 전압의 불규칙한 변화는 연소실, 점화플러그, 점화 코일의 상태를 점검할 수 있다.

56 스프링 상수가 5kgf/mm의 코일을 1cm 압축하는데 필요한 힘은?

① 5kgf
② 10kgf
③ 100kgf
④ 50kgf

$k = \dfrac{W}{a}$

k : 스프링 상수(kgf/mm), W : 힘(kgf), a : 변형량(mm)
W = k × a = 5 × 10 = 50kgf

57 라디에이터 캡에 대한 설명으로 틀린 것은?

① 고압 및 저압 밸브가 각 1개씩 있다.
② 여압식이라 한다.
③ 고온 시 캡을 함부로 열지 말아야 한다.
④ 고온 팽창 시 과잉 냉각수는 대기 중으로 배출된다.

고온 팽창 시 과잉의 냉각수는 보조 탱크로 배출된다.

58 20°C에서 100Ah의 양호한 상태의 축전지는 200A의 전기를 얼마 동안 발생시킬 수 있는가?

① 20분
② 30분
③ 1시간
④ 2시간

AH = A × h
Ah : 축전지 용량, A : 일정 방전 전류,
h : 방전종지 전압까지의 연속 방전시간
$h = \dfrac{100Ah}{200h} = 0.5h = 30분$

59 조향장치의 작동상태를 점검하기 위한 방법으로 틀린 것은?

① 스티어링 휠 복원 점검
② 조향 핸들 자유 유격 점검
③ 스티어링 휠 진동 점검
④ 스티어링 각 점검

● 조향장치의 작동상태 점검 방법
① 조향 핸들 자유 유격 점검
② 조향 핸들 작동 상태 점검
③ 스티어링 각 점검
④ 스티어링 휠 복원 점검

60 윤활유의 구비조건으로 틀린 것은?

① 응고점이 낮을 것
② 인화점이 높을 것
③ 발화점이 낮을 것
④ 기포 발생이 적을 것

● 윤활유의 구비조건
① 점도가 적당하고 기포 발생이 적을 것
② 열과 산에 대하여 안정성이 있을 것
③ 응고점이 낮을 것
④ 인화점과 발화점이 높을 것
⑤ 온도변화에 따른 점도변화가 적을 것
⑥ 카본생성이 적으며, 강인한 유막을 형성할 것

CBT기출복원문제 2022년 3회

01.①	02.①	03.①	04.①	05.②
06.②	07.②	08.③	09.④	10.③
11.④	12.①	13.④	14.④	15.④
16.②	17.②	18.④	19.③	20.①
21.①	22.②	23.①	24.②	25.③
26.②	27.③	28.①	29.③	30.④
31.②	32.②	33.③	34.②	35.③
36.③	37.②	38.①	39.③	40.④
41.③	42.④	43.②	44.④	45.④
46.④	47.④	48.①	49.②	50.④
51.②	52.④	53.③	54.①	55.④
56.④	57.④	58.②	59.③	60.③

CBT 기출복원문제
2023년 1회

▶ 정답 454쪽

01 최대 분사량 53cc 최소분사량이 45cc 각 실린더의 평균분사량은 50cc였다. 이 때 최소분사량 불균율은?

① 5%
② 10%
③ 3%
④ 1%

$$\frac{평균분사량 - 최소분사량}{평균분사량} \times 100 = 최소분사량불균율$$

02 EGR(Exhaust Gas Recirculation) 밸브에 대한 설명 중 틀린 것은?

① 배기가스 재순환 장치이다.
② 연소실 온도를 낮추기 위한 장치이다.
③ 증발가스를 포집하였다가 연소시키는 장치이다.
④ 질소산화물(NOx) 배출을 감소하기 위한 장치이다.

증발가스를 포집하는 장치는 캐니스터이다.

03 가솔린 기관의 흡기 다기관과 스로틀 보디사이에 설치되어 있는 서지탱크의 역할 중 틀린 것은?

① 실린더 상호간에 흡입공기 간섭 방지
② 흡입공기 충진 효율을 증대
③ 연소실에 균일한 공기 공급
④ 배기가스 흐름 제어

서지탱크는 배기가 아닌 흡기를 담당한다.

04 전자제어 연료분사 가솔린 기관에서 연료펌프의 체크 밸브는 어느 때 닫히게 되는가?

① 기관 회전 시
② 기관 정지 후
③ 연료 압송 시
④ 연료 분사 시

체크밸브란? 역류를 방지하고, 잔압을 유지하며 베이퍼록을 방지하는 역할을 한다. 기관이 정지 후 연료가 연료탱크쪽으로 역류하는 것을 방지한다.

05 기관에 사용하는 윤활유의 기능이 아닌 것은?

① 마멸 작용
② 기밀 작용
③ 냉각 작용
④ 방청 작용

윤활유의 기능은 엔진의 마멸을 방지하는 기능을 한다.

06 스로틀밸브가 열려있는 상태에서 가속할 때 일시적 지연현상을 무엇이라 하는가?

① 헤지테이션
② 페이드
③ 베이퍼록
④ 노킹

헤지테이션이란? 가속 중 순간적인 멈춤으로서, 출발 시 가속 외의 어떤 속도에서 스로틀의 응답성이 부족한 상태를 말한다.

07 압력식 라디에이터 캡을 사용하므로 얻어지는 장점과 거리가 먼 것은?

① 비등점을 올려 냉각 효율을 높일 수 있다.
② 라디에이터를 소형화 할 수 있다.
③ 라디에이터의 무게를 크게 할 수 있다.
④ 냉각장치 내의 압력을 높일 수 있다.

라디에이터의 무게를 크게 하는 것은 장점이 아니다.

08 실린더의 안지름이 100mm, 피스톤 행정 130mm, 압축비가 21일 때 연소실용적은 약 얼마인가?

① 25cc   ② 32cc
③ 51cc   ④ 58cc

> 먼저, 행정체적을 구하고 압축비를 이용하여 연소실용적을 구한다.
> $5cm \times 5cm \times \pi \times 13cm = 1020.5 cm^3 (cc)$
> 압축비가 21이면 1은 연소실, 20은 행정체적이므로,
> $1020.5 \div 20 = 약 51cc$

09 가솔린의 주요 화합물로 맞는 것은?

① 탄소와 수소   ② 수소와 질소
③ 탄소와 산소   ④ 수소와 산소

10 엔진오일의 유압이 규정값 보다 높아지는 원인이 아닌 것은?

① 유압조절밸브 스프링의 장력 과다
② 윤활 라인의 일부 또는 전부 막힘
③ 엔진 과냉
④ 오일량 부족

> 오일량이 부족하면 엔진오일의 유압이 규정값 보다 낮아진다.

11 평균유효압력이 10kgf/cm², 배기량이 7500cc, 회전속도 2400rpm, 단기통인 2행정 사이클의 지시마력은?

① 200PS   ② 300PS
③ 400PS   ④ 500PS

> $\dfrac{10kgf/cm^2 \times 7500cc \times 2400rpm}{75 \times 60 \times 100} = 400PS$

12 라디에이터의 일정압력 유지를 위해 캡이 열리는 압력(kgf/cm²)은?

① 약 3.1 ~ 4.2
② 약 7.0 ~ 9.5
③ 약 0.1 ~ 0.2
④ 약 0.3 ~ 1.0

13 디젤엔진의 후적에 대한 설명으로 틀린 것은?

① 분사 노즐 팁(tip)에 연료 방울이 맺혔다가 연소실에 떨어지는 현상이다.
② 후적으로 인해 엔진 출력 저하의 원인이 된다.
③ 후적으로 인해 후연소기간이 짧아진다.
④ 후적으로 인해 엔진이 과열되기 쉽다.

> 분사 노즐 팁에 연료 방울이 맺혀있는 현상이다.

14 전자제어 가솔린분사장치에서 기관의 각종센서 중 입력 신호가 아닌 것은?

① 스로틀 포지션 센서
② 냉각 수온 센서
③ 크랭크 각 센서
④ 인젝터

> 입력(센서) - 제어(ECU) - 출력(인젝터)

15 다음 중 스캐너로 점검할 수 없는 항목은 무엇인가?

① 삼원촉매   ② 맵센서
③ 냉각수온도센서 ④ ISC밸브 듀티

16 3원 촉매장치의 촉매 컨버터에서 정화처리 하는 주요 배기가스로 거리가 먼 것은?

① CO   ② NOx
③ SO_2 ④ HC

> 3원 촉매장치에서 정화되는 배기가스는 CO, HC, NOx 이다.

17 행정의 길이가 250mm인 가솔린 기관에서 피스톤의 평균속도가 5m/s라면 크랭크축의 1분간 회전수(rpm)는 약 얼마인가?

① 500   ② 600
③ 700   ④ 800

> 피스톤의 왕복거리는 500mm이고, 피스톤의 평균속도(5m/s)는 1초에 5m를 움직인다는 뜻이므로, 크랭크축은 1초에 10바퀴를 회전한다. 그러므로 60초에는 600바퀴(600rpm)를 회전한다.

18 연료 압력 조절기 교환 방법에 대한 설명으로 틀린 것은?

① 연료 압력 조절기 고정 볼트 또는 로크 너트를 푼 다음 압력 조절기를 탈거한다.
② 연료 압력 조절기를 교환한 후 시동을 걸어 연로 누출 여부를 점검한다.
③ 연료 압력 조절기와 연결된 연결 리턴 호스와 진공 호스를 탈거한다.
④ 연료 압력 조절기 딜리버리 파이프(연료 분배 파이프)에 장착할 때, O링은 기존 연료 압력 조절기에 장착된 것을 재사용한다.

O링은 반드시 신품으로 교환한다.

19 기관 회전수가 2500rpm, 변속비가 1.5:1, 종 감속기어 구동피니언 기어 잇수 7개, 링 기어 잇수 42개 일 때 왼쪽 바퀴의 회전수는? (단, 오른쪽 바퀴의 회전수는 150rpm이다.)

① 약 315rpm
② 약 406rpm
③ 약 464rpm
④ 약 432rpm

$2500 \div 1.5 \div 6 = 277.7$, $277.7 \times 2 = 555.5$, $555.5 - 150 = 405.5$

20 엔진 냉각장치 성능 점검 사항으로 틀린 것은?

① 서모스탯의 작동상태를 확인한다.
② 워터 펌프의 작동상태를 확인한다.
③ 블로워 모터의 작동상태를 확인한다.
④ 냉각팬의 작동상태를 확인한다.

블로워모터는 에어컨 및 히터의 송풍을 담당하므로 엔진 냉각장치와는 무관하다.

21 배기밸브가 하사점 전 55°에서 열려 상사점 후 15°에서 닫힐 때 총 열림각은?

① 240°   ② 250°
③ 255°   ④ 260°

55°+180°+15°

22 EGR(Exhaust Gas Recirculation) 장치에 대한 설명으로 틀린 것은?

① 냉각수가 일정온도 이하에서는 EGR 밸브의 작동이 정지 된다.
② 연료 증발가스(HC) 발생을 억제 시키는 장치이다.
③ 배기가스 중의 일부를 연소실로 재순환 시키는 장치이다.
④ 질소산화물(NOx) 발생을 감소시키는 장치이다.

EGR은 NOx 발생을 억제시키는 장치이다.

23 차량의 속도를 감지하는 센서는?

① 크랭크각 센서
② 캠각 센서
③ 차속 센서
④ 휠 스피드 센서

24 유압식 전자제어 동력 조향장치에서 컨트롤유닛(ECU)의 입력 요소는?

① 브레이크 스위치
② 차속 센서
③ 흡기온도 센서
④ 휠 스피드 센서

차속에 변화에 맞게 조향력을 조절한다.

25 ABS 차량에서 4센서 4채널방식의 설명으로 틀린 것은?

① ABS 작동 시 각 휠의 제어는 별도로 제어 된다.
② 휠 속도센서는 각 바퀴마다 1개씩 설치된다.
③ 톤 휠의 회전에 의해 전압이 변한다.
④ 휠 속도센서의 출력 주파수는 속도에 반비례한다.

휠 속도센서의 출력 주파수는 속도에 비례한다.

26 일반적인 브레이크 오일의 주성분은?
① 윤활유와 경유
② 알코올과 피마자기름
③ 알코올과 윤활유
④ 경유과 피마자기름

27 조향장치의 작동상태를 점검하기 위한 방법으로 틀린 것은?
① 스티어링 휠 복원 점검
② 스티어링 휠 진동 점검
③ 스티어링 각 점검
④ 조향핸들 자유 유격 점검

28 수동변속기 차량의 주행 중 떨림이나 소음이 발생되는 원인으로 가장 거리가 먼 것은?
① 트랜스 액슬과 엔진 장착이 풀리거나 마운트가 손상 되었을 때
② 샤프트의 엔드 플레이가 부적당할 때
③ 기어가 손상되었을 때
④ 록킹 볼이 마모되었을 때

> 록킹볼은 기어가 빠지는 것을 방지하는 장치이다.

29 전자제어 현가장치의 입력 센서가 아닌 것은?
① 차속 센서
② 조향 휠 각속도 센서
③ 차고 센서
④ 임팩트 센서

> 임팩트 센서는 에어백 장치이다.

30 수동변속기에서 기어변속 시 기어의 이중물림을 방지하기 위한 장치는?
① 파킹 볼 장치
② 인터 록 장치
③ 오버드라이브 장치
④ 록킹 볼 장치

31 전자제어식 동력조향장치(EPS)의 관련된 설명으로 틀린 것은?
① 저속 주행에서는 조향력을 가볍게 고속주행에서는 무겁게되도록 한다.
② 저속 주행에서는 조향력을 무겁게 고속주행에서는 가볍게되도록 한다.
③ 제어방식에서 차속감응과 엔진회전수 감응방식이 있다.
④ 급조향시 조향 방향으로 잡아당기는 현상을 방지하는 효과가 있다.

> 저속 주행에서는 조향력을 가볍게, 고속주행에서는 무겁게 되도록 한다.

32 타이어 압력 모니터링 장치(TPMS)의 점검, 정비 시 잘못된 것은?
① 타이어 압력센서는 공기 주입 밸브와 일체로 되어 있다.
② 타이어 압력센서 장착용 휠은 일반 휠과 다르다.
③ 타이어 분리 시 타이어 압력센서가 파손되지 않게 한다.
④ 타이어 압력센서용 배터리 수명은 영구적이다.

> TOMS의 압력센서는 배터리가 점점 소모된다.

33 유압식 브레이크는 어떤 원리를 이용한 것인가?
① 뉴턴의 원리
② 파스칼의 원리
③ 베르누이의 원리
④ 애커먼 장토의 원리

34 앞바퀴를 위에서 아래로 보았을 때 앞쪽이 뒤쪽보다 좁게 되어 있는 상태를 무엇이라 하는가?
① 킹핀(king-pin) 경사각
② 캠버(camber)
③ 토인(toe in)
④ 캐스터(caster)

35 주행 시 혹은 제동 시 핸들이 한쪽으로 쏠리는 원인으로 거리가 가장 먼 것은?

① 좌·우 타이어의 공기 압력이 같지 않다.
② 앞바퀴의 정렬이 불량하다.
③ 조향 핸들축의 축 방향 유격이 크다.
④ 한쪽 브레이크 라이닝 간격 조정이 불량하다.

조향핸들의 유격과 핸들이 한쪽으로 쏠리는 원인과는 무관하다.

36 전자제어식 자동변속기 제어에 사용되는 센서가 아닌 것은?

① 차고 센서
② 유온 센서
③ 입력축 속도센서
④ 스로틀 포지션 센서

차고 센서는 전자제어식 현가장치 제어에 사용된다.

37 타이어의 구조 중 노면과 직접 접촉하는 부분은?

① 트레드   ② 카커어스
③ 비드   ④ 숄더

38 사이드슬립 테스터기에 4.5라고 표기되면 1km 주행했을 때 사이드 슬립 양은?

① 4.5m   ② 4.5km
③ 4.5cm   ④ 4.5mm

사이드슬립 테스터기의 단위는 m/km 이다.

39 고속 주행할 때 바퀴가 상하로 진동하는 현상은?

① 트램핑   ② 롤링
③ 요잉   ④ 킥다운

휠 트램핑 현상은 타이어의 정적 불평형으로 인해 발생하며, 차륜이 상하로 진동되는 것을 말한다.

40 전자제어 동력조향장치의 요구 조건이 아닌 것은?

① 저속 시 조향 휠의 조작력이 적을 것
② 긴급 조향 시 신속한 조향 반응이 보장될 것
③ 고속 직진 시 복원 반력이 감소할 것
④ 직진 안정감과 미세한 조향 감각이 보장될 것

41 자동차의 교류 발전기에서 발생된 교류 전기를 직류로 정류하는 부품은 무엇인가?

① 전기자   ② 조정기
③ 실리콘 다이오드 ④ 릴레이

42 기동전동기의 작동원리는 무엇인가?

① 렌츠 법칙
② 앙페르 법칙
③ 플레밍 왼손법칙
④ 플레밍 오른손법칙

기동전동기의 원리-플레밍의 왼손법칙, 발전기의 원리-플레밍의 오른손법칙

43 기동전동기 솔레노이드스위치의 풀인/홀드인 점검방법 중 잘못된 것은?

① 배터리를 직접 연결하여 점검할 수 있다.
② 통전테스터기로 점검 할 수 있다.
③ 풀인은 st단자와 M단자 사이에서 점검한다.
④ 홀드인은 st단자와 B단자 사이에서 점검한다.

홀드인은 st단자와 기동전동기 몸체 사이에서 점검한다.

44 12V의 전압에 20Ω의 저항을 연결 하였을 경우 몇 A의 전류가 흐르겠는가?

① 0.6A   ② 1A
③ 5A   ④ 10A

$E=IR, \quad I=\dfrac{E}{R}=\dfrac{12}{20}=0.6[A]$

45 도난경보장치 제어 시스템에서 경계모드로 진입하는 조건으로 옳은 것은?

① 후드 스위치, 트렁크 스위치, 각 도어스위치가 모두 열려있고, 각 도어 잠김 스위치도 열려 있을 것
② 후드 스위치, 트렁크 스위치, 각 도어스위치가 모두 닫혀있고, 각 도어 잠김 스위치가 열려 있을 것
③ 후드 스위치, 트렁크 스위치, 각 도어스위치가 모두 닫혀있고, 각 도어 잠김 스위치가 잠겨 있을 것
④ 후드 스위치, 트렁크 스위치, 각 도어스위치가 모두 열려있고, 각 도어 잠김 스위치가 잠겨 있을 것

46 기동전동기 전기자 단선, 단락, 접지시험 중 잘못된 내용은?

① 단선시험은 정류자와 정류자 사이의 단선을 점검한다.
② 단선시험은 그로울러 테스터기가 필요 없다.
③ 접지시험은 정류자편과 전기자 철심 테스트 시 불통되어야 정상이다.
④ 단락시험은 그로울러 테스터기의 전원을 켜고 철자를 이용하여 단락시험을 한다. 철자가 전기자에 붙어야 정상이다.

> 단락시험은 그로울러 테스터기를 사용하여 진행하며, 회전시 철자가 붙으면 불량이다.

47 전자동 에어컨(FATC) 시스템의 ECU에 입력되는 센서 신호로 거리가 먼 것은?

① 외기온도 센서
② 차고 센서
③ 일사 센서
④ 내기온도 센서

48 자동차 에어컨 장치의 순환과정으로 맞는 것은?

① 압축기 → 응축기 → 건조기 → 팽창밸브 → 증발기
② 압축기 → 응축기 → 팽창밸브 → 건조기 → 증발기
③ 압축기 → 팽창밸브 → 건조기 → 응축기 → 증발기
④ 압축기 → 건조기 → 팽창밸브 → 응축기 → 증발기

49 점화플러그 간극 조정 시 일반적인 규정 값은?

① 약 3mm
② 약 0.2mm
③ 약 5mm
④ 약 1mm

> 차량에 따라 요구간극은 다양하나, 일반적인 점화플러그의 간극은 1mm전후이다.

50 자기방전률은 축전기 온도가 상승하면 어떻게 되는가?

① 높아진다.
② 낮아진다.
③ 변함없다.
④ 낮아진 상태로 일정하게 유지된다.

> 축전지의 자기방전은 화학적 반응에 의해 일어나며, 축전기 보관 온도가 높을수록 높아진다.

51 줄 작업 시 주의사항이 아닌 것은?

① 몸 쪽으로 당길 때에만 힘을 가한다.
② 공작물은 바이스에 확실히 고정한다.
③ 날이 메꾸어지면 와이어 브러시로 털어낸다.
④ 절삭가루는 솔로 쓸어 낸다.

> 줄 작업 시 몸 바깥으로 밀 때 힘을 가해야 한다.

52 차량 시험기기의 취급 주의사항에 대한 설명으로 틀린 것은?

① 시험기기 전원 및 용량을 확인한 후 전원 플러그를 연결한다.
② 시험기기의 보관은 깨끗한 곳이면 아무 곳이나 좋다.
③ 눈금의 정확도는 수시로 점검해서 0점을 조정해 준다.
④ 시험기기의 누전 여부를 확인한다.

차량 시험기기는 환기가 잘되는 직사광선을 피해 서늘한 그늘에서 보관하는 것이 좋다.

53 산업 안전표지 종류에서 비상구 등을 나타내는 표지는?

① 금지표지   ② 경고표지
③ 지시표지   ④ 안내표지

- 금지표지(빨간색) : 위험한 행동이 발생할 수 있는 상황에 대한 표지.
  예) 출입금지, 사용금지, 화기금지, 접근금지
- 경고표지(노랑색) : 위험이 되는 물건이나, 장소, 상태를 나타낼 때 사용.
  예) 고온경고, 낙하물체 경고, 끼임주의 등
- 지시표지(파랑색) : 특정 행위 지시를 고지.
  예) 안전시야 확보, 귀마개 착용, 안전모 착용 등
- 안내표지(초록색) : 이동이나 구호 물품 등 필요한 정보를 안내 고지.
  예) 비상구, 들것, 응급구호, 세안장치

54 휠 밸런스 시험기 사용 시 적합하지 않은 것은?

① 휠의 탈부착 시에는 무리한 힘을 가하지 않는다.
② 균형추를 정확히 부착한다.
③ 계기판은 회전이 시작되면 즉시 판독한다.
④ 시험기 사용방법과 유의 사항을 숙지 후 사용한다.

회전이 멈춘 후에 계기판을 확인해야 한다.

55 산업안전보건법상의 "안전·보건표지의 종류와 형태"에서 아래 그림이 의미하는 것은?

① 직진금지   ② 출입금지
③ 보행금지   ④ 차량통행금지

- 교통안전표지 - 직진금지
- 산업안전보건법상 - 출입금지

56 축전지 단자에 터미널 체결 시 올바른 것은?

① 터미널과 단자를 주기적으로 교환할 수 있도록 가 체결한다.
② 터미널과 단자 접속부 틈새에 흔들림이 없도록 (−)드라이버로 단자 끝에 망치를 이용하여 적당한 충격을 가한다.
③ 터미널과 단자 접속부 틈새에 녹슬지 않도록 냉각수를 소량 도포한 후 나사를 잘 조인다.
④ 터미널과 단자 접속부 틈새에 이물질이 없도록 청소 후 나사를 잘 조인다.

터미널과 단자는 주기적 교환을 하더라도 완전 체결 후 사용하여야 하며, 파손 등이 일어날 수 있도록 충격이 가해지지 않도록 하여야 한다. 접속부에 불순물이 있을 경우 저항 등이 발생하여 정상 작동하지 않을 수 있으므로 깨끗이 관리하여야 한다.

57 기관의 분해 정비를 결정하기 위해 기관을 분해하기 전 점검해야 할 사항으로 거리가 먼 것은?

① 실린더 압축압력 점검
② 기관오일 압력점검
③ 기관운전 중 이상소음 및 출력점검
④ 피스톤 링 갭(gap) 점검

피스톤 링 갭 점검은 기관을 분해한 후에 진행한다.

58 작업장에서 중량물 운반 수레의 취급 시 안전 사항으로 틀린 것은?

① 적재중심은 가능한 한 위로 오도록 한다.
② 화물이 앞뒤 또는 측면으로 편중되지 않도록 한다.
③ 사용 전 운반수레의 각부를 점검한다.
④ 앞이 안 보일 정도로 화물을 적재하지 않는다.

적재물의 무게중심은 아래쪽을 위치하게 하는 것이 안전하다.

59 자율주행단계 중 운전자가 개입하지 않아도 시스템이 자동차의 속도와 방향을 동시에 제어할 수 있는 레벨은?

① 레벨1 운전자 보조
② 레벨2 부분 자동화
③ 레벨3 조건부 자동화
④ 레벨4 고도 자동화

●자율주행 단계 구분
레벨0 비자동화 :
　　운전 자동화가 없는 상태
　　운전자가 차량을 완전히 제어해야 하는 단계.
레벨1 운전자 보조 :
　　방향,속도 제어 등 특정 기능의 자동화.
　　운전자는 차의 속도와 방향을 항상 통제.
레벨2 부분 자동화 :
　　고속도로와 같이 정해진 조건에서 차선과 간격 유지 가능.
　　운전자는 항항 주변상황 주시하고 적극적으로 주행에 개입.
레벨3 조건부 자동화 :
　　정해진 조건에서 자율주행 가능
　　운전자는 적극적으로 개입할 필요는 없으나, 자율주행 한계조건에 도달할 경우 정해진 시간 내에 대응해야 함.
레벨4 고도 자동화 :
　　정해진 도로 고건의 모든 상황에서 자율주행 가능.
　　그 외의 도로 조건에서는 운전자가 주행에 개입
레벨5 완전 자동화 :
　　모든 주행 상황에서 운전자의 개입 불필요.
　　운전자 없이 주행 가능

60 브레이크 드럼을 연삭할 때 전기가 정전되었다. 가장 먼저 취해야 할 조치사항은?

① 스위치 전원을 내리고(off) 주전원의 퓨즈를 확인한다.
② 스위치는 그대로 두고 정전 원인을 확인한다.
③ 작업하던 공작물을 탈거 한다.
④ 연삭에 실패했음으로 새 것으로 교환하고, 작업을 마무리 한다.

정전시 먼저 스위치 전원을 OFF한 후에 원인 파악 및 공작물에 대한 조치를 취하여야 한다.

CBT기출복원문제 2023년 1회

01.②	02.③	03.④	04.②	05.①
06.①	07.③	08.③	09.①	10.④
11.③	12.④	13.③	14.④	15.①
16.③	17.②	18.④	19.④	20.③
21.②	22.②	23.③	24.②	25.④
26.②	27.②	28.④	29.④	30.②
31.②	32.④	33.②	34.②	35.③
36.①	37.①	38.②	39.①	40.②
41.③	42.③	43.④	44.①	45.③
46.④	47.②	48.①	49.④	50.①
51.①	52.②	53.④	54.①	55.②
56.④	57.④	58.①	59.②	60.①

CBT 기출복원문제
2023년 2회

01 가솔린 연료분사기관에서 인젝터(-)단자에서 측정한 인젝터 분사파형은 파워트랜지스터가 off 되는 순간 솔레노이드 코일에 급격하게 전류가 차단되기 때문에 큰 역기전력이 발생하게 되는데 이것을 무엇이라 하는가?
① 평균전압
② 전압강하 불량할 때
③ 서지전압
④ 최소전압

02 점화1차파형의 구간 중 알맞지 않은 것은?

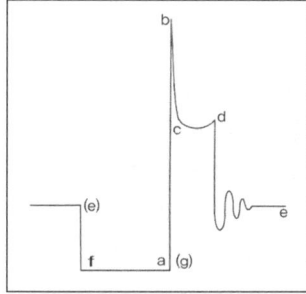

① f : TR ON
② f~a : 드웰구간
③ b : TR OFF
④ b~d : 방전 구간

b 지점은 서지전압 지점이다.

03 산소센서(O_2sensor)가 피드백(feedback)제어를 할 경우로 가장 적합한 것은?
① 연료를 차단할 때
② 급가속 상태일 때
③ 감속 상태일 때
④ 대기와 배기가스 중의 산소농도 차이가 있을 때

산소센서는 배기 가스 중의 산소의 농도를 감지하여 피드백 제어를 한다.

04 맵 센서 단품 점검·진단·수리 방법에 대한 설명으로 틀린 것은?
① 키 스위치 ON 후 스캐너를 연결하고, 오실로스코프 모드를 선택한다.
② 측정된 맵 센서와 TPS 파형이 비정상인 경우에는 맵 센서 또는 TPS 교환 작업을 한다.
③ 점화 스위치를 OFF하고 맵 센서 및 TPS 신호선에 프로브를 연결한다.
④ 엔진 시동을 ON하고 공회전 상태에서 파형을 점검한다.

05 가솔린 기관에서 노킹(knocking)발생시 억제하는 방법은?
① 혼합비를 희박하게 한다.
② 점화시기를 지각 시킨다.
③ 옥탄가가 낮은 연료를 사용한다.
④ 화염전파 속도를 느리게 한다.

점화시기가 빠를 때 노킹이 일어난다.

06 표준 대기압의 표기로 옳은 것은?
① 735mmHg
② 0.85kgf/㎠
③ 101.3kPa
④ 10bar

07 배출가스 저감장치 중 삼원촉매(Catalytic Convertor) 장치를 사용하여 저감시킬 수 있는 유해가스의 종류는?

① CO, HC, 흑연
② CO, NOx, 흑연
③ NOx, HC, SO
④ CO, HC, NOx

CO, HC, NOx가 유해 가스이다.

08 다음 단자배열을 이용하여 지르코니아 타입 산소센서의 신호 점검 방법으로 옳은 것은?

1. 산소센서 시그널
2. 센서 접지
3. 산소센서 히터 전원
4. 산소센서 히터 제어

① 배선 측 커넥터 1번 단자와 접지 간 전압점검
② 배선 측 커넥터 1번, 2번 단자 간 전류점검
③ 배선 측 커넥터 3번, 4번 단자 간 전류점검
④ 배선 측 커넥터 3번 단자와 접지 간 전압점검

센서 시그널(ECU와 연결)선과 접지간의 점검으로 센서를 점검 한다.

09 인젝터의 분사량을 제어하는 방법으로 맞는 것은?

① 솔레노이드 코일에 흐르는 전류의 통전시간으로 조절한다.
② 솔레노이드 코일에 흐르는 전압의 시간으로 조절한다.
③ 연료압력의 변화를 주면서 조절한다.
④ 분사구의 면적으로 조절한다.

인젝터의 솔레노이드가 작동하여 니들밸브를 열어주어 연료가 분사되므로 솔레노이드 코일에 흐르는 전류의 시간이 곧 연료의 분사량과 비례한다.

10 디젤자동차의 2016년 9월 이후 매연 검사 기준으로 맞는 것은?

① 10% 이하 ② 15% 이하
③ 20% 이하 ④ 25% 이하

11 자동차 기관에서 윤활 회로 내의 압력이 과도하게 올라가는 것을 방지하는 역할을 하는 것은?

① 오일 펌프 ② 릴리프 밸브
③ 체크 밸브 ④ 오일 쿨러

릴리프 밸브(감압작용), 체크 밸브(역류방지, 잔압유지, 베이퍼록 방지)

12 기관의 최고출력이 1.3ps이고, 총배기량이 50cc, 회전수가 5000rpm일 때 리터 마력(ps/L)은?

① 56 ② 46
③ 36 ④ 26

1L = 1000cc 이므로 50cc의 20배, 1.3ps × 20 = 26ps

13 크랭크 샤프트 포지션 센서 부착에 대한 내용으로 틀린 것은?

① 크랭크 샤프트 포지션 센서 부착 시 규정 토크를 준수하여 부착한다.
② 크랭크 샤프트 포지션 센서 부착 전에 센서 O링에 실런트를 도포한다.
③ 크랭크 샤프트 포지션 센서 부착 시 부착 홀에 밀어 넣어 부착한다.
④ 크랭크 샤프트 포지션 센서에 충격을 가하지 않도록 주의한다.

14 스로틀밸브가 열려 있는 상태에서 가속할 때 일시적인 가속 지연 현상이 나타나는 것을 무엇이라고 하는가?

① 스텀블(stumble)
② 스톨링(stalling)
③ 헤지테이션(hesitation)
④ 서징(surging)

15 가솔린 기관의 이론공연비로 맞는 것은? (단, 희박연소 기관은 제외)
① 8 : 1 ② 13.4 : 1
③ 14.7 : 1 ④ 15.6 : 1

16 가솔린 기관의 연료펌프에서 체크밸브의 역할이 아닌 것은?
① 연료라인 내의 잔압을 유지한다.
② 기관 고온 시 연료의 베이퍼록을 방지한다.
③ 연료의 맥동을 흡수한다.
④ 연료의 역류를 방지한다.

체크밸브란? 역류를 방지하고 잔압이 유지가 되어 베이퍼록 발생을 방지 한다.

17 정지하고 있는 질량 2kg의 물체에 1N의 힘이 작용하면 물체의 가속도는?
① 0.5m/s² ② 1m/s²
③ 2m/s² ④ 5m/s²

F=ma, 1N=2kg×0.5m/s²

18 실린더 헤드의 평면도 점검 방법으로 옳은 것은?
① 마이크로미터로 평면도를 측정 점검한다.
② 곧은 자와 틈새 게이지로 측정 점검한다.
③ 실린더 헤드를 3개 방향으로 측정 점검한다.
④ 틈새가 0.02mm 이상이면 연삭한다.

실린더 헤드의 평면도 점검은 곧은 자를 6군데로 배치하며 틈새 게이지로 측정한다.

19 연소실의 체적이 48cc이고, 압축비가 9:1인 기관의 배기량은 얼마인가?
① 432cc ② 384cc
③ 336cc ④ 288cc

압축비란, 전체(연소실+실린더) : 연소실 = 9 : 1 이므로 연소실 체적에 8배를 한다.

20 크랭크축에서 크랭크 핀저널의 간극이 커졌을 때 일어나는 현상으로 맞는 것은?
① 운전 중 심한 소음이 발생할 수 있다.
② 흑색 연기를 뿜는다.
③ 윤활유 소비량이 많다.
④ 유압이 낮아질 수 있다.

핀 저널의 간극이 생기면 유격이 커지고 진동이 생겨 소음이 발생한다.

21 배기가스 재순환 장치(EGR)의 설명으로 틀린 것은?
① 가속성능의 향상을 위해 급가속시에는 차단된다.
② 연소온도가 낮아지게 된다.
③ 질소산화물(NOx)이 증가한다.
④ 탄화수소와 일산화탄소량은 저감되지 않는다.

배기가스를 재순환 시켜 연소실 온도를 낮추고 질소산화물을 저감시켜주는 장치이다.

22 지르코니아 산소센서 정상 파형의 설명으로 틀린 것은?

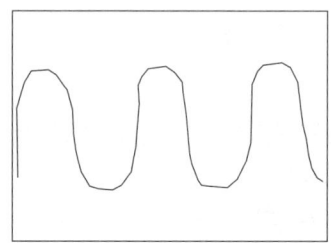

① 최대 최소 지점의 전압 차는 약 1V 이다.
② 0.45V 지점보다 높을수록 농후 하다.
③ 0.45V 지점보다 낮을수록 농후 하다.
④ 농후구간과 희박구간이 50 : 50이면 양호 하다.

0.45V 지점보다 낮을수록 희박하다.

23 전자제어 가솔린 기관에서 워밍업 후 공회전 부조가 발생했다. 그 원인이 아닌 것은?
① 스로틀 밸브의 걸림 현상
② ISC(아이들 스피드 콘트롤) 장치 고장
③ 수온센서 배선 단선
④ 악셀 케이블 유격이 과다.

공회전시이므로 악셀 케이블 유격과는 무관하다.

24 전자제어 현가장치(Electronic Control Suspension)의 구성품이 아닌 것은?
① 가속도센서
② 차고센서
③ 맵 센서
④ 전자제어 현가장치 지시등

맵 센서는 공기유량센서의 일종으로 전자제어 엔진의 구성품이다.

25 선회할 때 조향각도를 일정하게 유지하여도 선회 반경이 작아지는 현상은?
① 오버 스티어링
② 언더 스티어링
③ 다운 스티어링
④ 어퍼 스티어링

26 자동변속기에서 유체클러치를 바르게 설명한 것은?
① 유체의 운동에너지를 이용하여 토크를 자동적으로 변환하는 장치
② 기관의 동력을 유체 운동에너지로 바꾸어 이 에너지를 다시 동력으로 바꾸어서 전달하는 장치
③ 자동차의 주행조건에 알맞은 변속비를 얻도록 제어하는 장치
④ 토크컨버터의 슬립에 의한 손실을 최소화하기 위한 작동 장치

27 유압식 전자제어 파워스티어링 ECU의 입력 요소가 아닌 것은?
① 차속 센서
② 스로틀포지션 센서
③ 크랭크축포지션 센서
④ 조향각 센서

크랭크축포지션 센서는 전자제어 엔진 ECU의 입력요소이다.

28 휠얼라이먼트 요소 중 하나인 토인의 필요성과 거리가 가장 먼 것은?
① 조향 바퀴에 복원성을 준다.
② 주행 중 토 아웃이 되는 것을 방지한다.
③ 타이어의 슬립과 마멸을 방지한다.
④ 캠버와 더불어 앞바퀴를 평행하게 회전시킨다.

조향 바퀴에 복원성을 주는 것은 캐스터이다.

29 마스터 실린더의 푸시로드에 작용하는 힘이 150kgf이고, 피스톤의 면적이 3cm²일 대 단위 면적당 유압은?
① 10kgf/cm²
② 50kgf/cm²
③ 150kgf/cm²
④ 450kgf/cm²

유압은 힘 / 면적이므로 150kgf / 3cm² = 50kfg/cm²

30 자동차 발전기 풀리에서 소음이 발생할 때 교환 작업에 대한 내용으로 틀린 것은?
① 구동벨트를 탈거한다.
② 배터리의 (-)단자부터 탈거한다.
③ 배터리의 (+)단자부터 탈거한다.
④ 전용 특수공구를 사용하여 풀리를 교환한다.

배터리의 (-)단자가 연결되어 있는 상태에서 배터리(+)단자를 탈거할 때는 쇼트로 인한 화재가 일어날 수 있다.

31 브레이크 장치에서 급제동 시 마스터 실린더에 발생된 유압이 일정압력 이상이 되면 휠 실린더 쪽으로 전달되는 유압상승을 제어하여 차량의 쏠림을 방지하는 장치는?

① 하이드로릭 유니트(hydraulic unit)
② 리미팅 밸브(limiting valve)
③ 스피드 센서(speed sensor)
④ 솔레노이트 밸브(solenoid valve)

32 자동차의 축간거리가 2.3m, 바퀴의 접지면의 중심과 킹핀과의 거리가 20cm인 자동차를 좌회전할 때 우측바퀴의 조향각은 30°, 좌측바퀴의 조향각은 32° 이었을 때 최소 회전반경은?

① 3.3m ② 4.8m
③ 5.6m ④ 6.5m

$$\frac{L}{Sin\alpha}+r = \frac{2.3m}{\sin 30°}+0.2m = 4.8m$$

33 구동 피니언의 잇수가 15, 링기어의 잇수가 58일 때의 종감속비는 약 얼마인가?

① 2.58 ② 3.87
③ 4.02 ④ 2.94

링기어의 잇수(58) / 구동 피니언의 잇수(15)

34 타이어의 뼈대가 되는 부분으로, 튜브의 공기압에 견디면서 일정한 체적을 유지하고 하중이나 충격에 변형되면서 완충작용을 하며 내열성 고무로 밀착시킨 구조로 되어 있는 것은?

① 비드(Bead)
② 브레이커(Breaker)
③ 트레드(Tread)
④ 카커스(Carcass)

35 정(+)의 캠버란 다음 중 어떤 것을 말하는가?

① 바퀴의 아래쪽이 위쪽보다 좁은 것을 말한다.
② 앞바퀴의 앞쪽이 뒤쪽보다 좁은 것을 말한다.
③ 앞바퀴의 킹핀이 뒤쪽으로 기울어진 각을 말한다.
④ 앞바퀴의 위쪽이 아래쪽보다 좁은 것을 말한다.

캠버란 자동차를 정면에서 바라보았을 때의 바퀴의 각도를 말한다.

36 전자제어 제동장치(ABS)에서 휠 스피드 센서의 역할은?

① 휠의 회전속도 감지
② 휠의 감속 상태 감지
③ 휠의 속도 비교 평가
④ 휠의 제동압력 감지

휠 스피드 센서는 휠의 회전속도를 감지하여 급격한 변화가 있을 시 ABS를 작동 시키는데 사용된다.

37 조향핸들이 1회전 하였을 때 피트먼암이 40°움직였다. 조향기어의 비는?

① 9 : 1   ② 0.9 : 1
③ 45 : 1   ④ 4.5 : 1

360° / 40° = 9°

38 수동변속기에서 클러치(clutch)의 구비 조건으로 틀린 것은?

① 동력을 차단할 경우에는 차단이 신속하고 확실할 것
② 미끄러지는 일이 없이 동력을 확실하게 전달할 것
③ 회전부분의 평형이 좋을 것
④ 회전관성이 클 것

회전관성이란 계속 회전하려는 힘을 말한다. 회전관성이 크면 클러치가 미끄러지는 일이 발생한다.

39 자동차가 커브를 돌 때 원심력이 발생하는데 이 원심력을 이겨내는 힘은?

① 코너링 포스 ② 릴레이 밸브
③ 구동 토크   ④ 회전 토크

40 그림과 같이 측정했을 때 저항 값은?

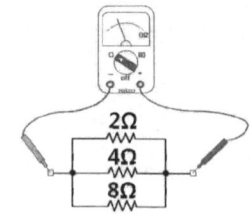

① 14Ω   ② 1/14Ω
③ 8/7Ω   ④ 7/8Ω

$$\frac{1}{\frac{1}{2}+\frac{1}{4}+\frac{1}{8}}=\frac{8}{7}$$

41 트랜지스터식 점화장치는 어떤 작동으로 점화 코일의 1차 전압을 단속하는가?

① 증폭 작용
② 자기 유도 작용
③ 스위칭 작용
④ 상호 유도 작용

ECU가 트랜지스터의 베이스단자로 신호를 주고 스위칭 작용으로 인해 1차전압을 단속한다.

42 이모빌라이저 시스템에 대한 설명으로 틀린 것은?

① 차량의 도난을 방지할 목적으로 적용되는 시스템이다.
② 도난 상황에서 시동이 걸리지 않도록 제어한다.
③ 도난 상황에서 시동키가 회전되지 않도록 제어한다.
④ 엔진의 시동은 반드시 차량에 등록된 키로만 시동이 가능하다.

도난 상황에서 시동키가 회전되지 않도록 하는 것은 기계적인 움직임이다.

43 BCM(Body Control Module)이 제어하는 기능이 아닌 것은?

① 와이퍼 & 와셔제어
② 중앙 집중 식 도어 록, 언록 제어
③ 감광식 룸 램프
④ 차고 조절

BCM은 바디전장제어를 담당한다.
1. 와이퍼 &와셔제어
2. 램프류 제어
3. 부저 제어
4. 점화키 홀 조명 제어
5. 뒷유리 & 앞유리 열선 타이머 제어
6. 감광식 룸 램프 및 리모컨 언록 타이머 제어
7. 파워 윈도우 타이머 제어
8. 중앙 집중식 도어 록, 언록제어
9. 트렁크 열림 제어
10. ATM SHIFT LOCK 제어(자동변속기)
11. 스캐너와 통신

44 자동차용 배터리의 급속 충전 시 주의사항으로 틀린 것은?

① 배터리를 자동차에 연결한 채 충전할 경우, 접지(-)터미널을 떼어 놓을 것
② 충전 전류는 용량 값의 약 2배 정도의 전류로 할 것
③ 될 수 있는 대로 짧은 시간에 실시할 것
④ 충전 중 전해액 온도가 약 45℃ 이상 되지 않도록 할 것

급속 충전 시 배터리 용량의 50%의 전류로 충전 한다.

45 와이퍼 장치에서 간헐적으로 작동되지 않는 요인으로 거리가 먼 것은?

① 와이퍼 릴레이가 고장이다.
② 와이퍼 블레이드가 마모되었다.
③ 와이퍼 스위치가 불량이다.
④ 모터 관련 배선의 접지가 불량이다.

와이퍼 스위치가 불량이면 작동되지 않는다.

46 기동 전동기 정류자 점검 및 정비 시 유의사항으로 틀린 것은?

① 정류자는 깨끗해야 한다.
② 정류자 표면은 매끈해야 한다.
③ 정류자는 줄로 가공해야 한다.
④ 정류자는 진원이어야 한다.

정류자를 줄로 가공하면 정류자의 손상이 심하다.

47 AC 발전기에서 전류가 발생하는 곳은?
① 전기자 ② 스테이터
③ 로터   ④ 브러시

48 암 전류(parasitic current)에 대한 설명으로 틀린 것은?
① 암 전류가 큰 경우 배터리 방전의 요인이 된다.
② 배터리 자체에서 저절로 소모되는 전류이다.
③ 일반적으로 암 전류의 측정은 모든 전기장치를 OFF 하고, 전체 도어를 닫은 상태에서 실시한다.
④ 전자제어장치 차량에서는 차종마다 정해진 규정치 내에서 암 전류가 있는 것이 정상이다.

배터리 자체에서 저절로 소모되는 것은 자기방전이다.

49 괄호 안에 알맞은 소자는?

> SRS(supplemental restraint system) 시스템 점검 시 반드시 배터리의 (-)터미널을 탈거 후 5분정도 대기한 후 점검한다. 이는 ECU내부에 있는 데이터를 유지하기 위한 내부 (   )에 충전되어 있는 전하량을 방전시키기 위함이다.

① 서미스터   ② G센서
③ 사이리스터 ④ 콘덴서

콘덴서란? 주로 전자회로에서 전하를 모은 장치이다.

50 밸브 스프링의 점검 사항이 아닌 것은?
① 자유고 ② 직각도
③ 장력   ④ 코일수

자유고 = 3%이내 양호, 장력 = 15%이내 양호,
직각도 = 3%이내 양호

51 4기통 디젤기관에 저항이 0.8Ω인 예열플러그를 각 기통에 병렬로 연결하였다. 이 기관에 설치된 예열플러그의 합성저항은 몇 Ω 인가? (단, 기관의 전원은 24V 임.)
① 0.1 ② 0.2
③ 0.3 ④ 0.4

$$\frac{1}{\frac{1}{0.8}+\frac{1}{0.8}+\frac{1}{0.8}+\frac{1}{0.8}}=0.2,$$

합성저항을 구하는 문제이기 때문에 기관의 전원은 상관없다.

52 기동전동기 분해조립 방법 중 틀린 것은?
① 솔레노이드 스위치를 분해하기 전 기동전동기 리어커버 부터 탈거한다.
② 리어커버 탈거 후 계철과 브러시 홀더를 탈거한다.
③ 리어커버를 탈거 하면 브러시 홀더가 보인다.
④ 솔레노이드 스위치를 탈거하기 위해서는 M단자를 먼저 탈거해야 한다.

기동전동기 분해조립 시 M단자 분리 후 솔레노이드 스위치부터 탈거하는 것이 맞다.

53 화재의 분류 중 B급 화재 물질로 옳은 것은?
① 종이 ② 휘발유
③ 목재 ④ 석탄

A급 일반화재, B급 유류화재, C급 전기화재,
D급 금속화재, K급 주방화재

54 정 작업 시 주의 할 사항으로 틀린 것은?
① 금속 깎기를 할 때는 보안경을 착용한다.
② 정의 날을 몸 안쪽으로 하고 해머로 타격한다.
③ 정의 생크나 해머에 오일이 묻지 않도록 한다.
④ 보관 시는 날이 부딪쳐서 무디어지지 않도록 한다.

몸쪽을 향해 타격하면 작업자가 위험할 수 있다.

55 에어백 장치를 점검, 정비할 때 안전하지 못한 행동은?

① 조향 휠을 탈거할 때 에어백 모듈 인플레이터 단자는 반드시 분리한다.
② 조향 휠을 장착할 때 클럭 스프링의 중립 위치를 확인한다.
③ 에어백 장치는 축전지 전원을 차단하고 일정시간 지난 후 정비한다.
④ 인플레이터의 저항은 절대 측정하지 않는다.

인플레이터는 갑자기 에어백이 터질 수 있으므로 주의해야 한다.

56 회로에서 12V 배터리에 저항 3개를 직렬로 연결하였을 때 전류계 "A"에 흐르는 전류는?

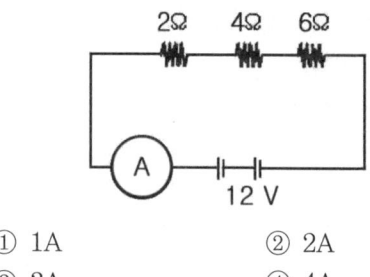

① 1A ② 2A
③ 3A ④ 4A

E = I × R, 12V = I × 12Ω, I = 1A

57 납산 배터리의 전해액이 흘렀을 때 중화용액으로 가장 알맞은 것은?

① 중탄산소다 ② 황산
③ 증류수   ④ 수돗물

58 전자제어 시스템 정비 시 자기진단기 사용에 대하여 (   )에 적합한 것은?

고장 코드의 (a)는 배터리 전원에 의해 백업되어 점화스위치를 OFF 시키더라도 (b)에 기억된다. 그러나 (c)를 분리시키면 고장진단 결과는 지워진다.

① a : 정보, b : 정션박스, c : 고장진단 결과
② a : 고장진단 결과, b : 배터리 (-)단자, c : 고장부위
③ a : 정보, b : ECU, c : 배터리 (-)단자
④ a : 고장진단 결과, b : 고장부위, c : 배터리 (-)단자

59 자동차 VIN(vehicle identification number)의 정보에 포함되지 않는 것은?

① 안전벨트 구분 ② 제동장치 구분
③ 엔진의 종류   ④ 자동차 종별

VIN이란 자동차의 차대번호를 뜻한다.
1 : 국가   2 : 제조사   3 : 차량구분
4 : 차종   5 : 세부차종   6 : 차체 형상
7 : 안전장치   8 : 배기량   9 : 환인란
10 : 제작년도 11 : 공장위치
12~17 : 제작일련번호

60 자동차를 들어 올릴 때 주의사항으로 틀린 것은?

① 잭과 접촉하는 부위에 이물질이 있는지 확인한다.
② 센터 맴버의 손상을 방지하기 위하여 잭이 접촉하는 곳에 헝겊을 넣는다.
③ 차량의 하부에는 개러지 잭으로 지지하지 않도록 한다.
④ 래터럴 로드나 현가장치는 잭으로 지지한다.

자동차를 들어 올린 후 반드시 잭스탠드를 이용한다.

CBT기출복원문제 2023년 2회

01.③	02.③	03.④	04.④	05.②
06.③	07.④	08.①	09.①	10.①
11.②	12.④	13.②	14.②	15.③
16.③	17.①	18.②	19.②	20.①
21.③	22.③	23.④	24.③	25.①
26.②	27.③	28.①	29.②	30.③
31.③	32.③	33.③	34.④	35.①
36.①	37.③	38.④	39.③	40.③
41.③	42.③	43.④	44.②	45.②
46.③	47.②	48.②	49.④	50.④
51.②	52.③	53.②	54.②	55.①
56.①	57.①	58.③	59.③	60.④

김연수	한국폴리텍 VII대학 창원캠퍼스
김광수	한국폴리텍 VII대학 동부산캠퍼스
최범석	한국폴리텍 II대학 남인천캠퍼스
이상호	(주)골든벨 기획팀

2024 뻥! 뚫린 PASS

자동차 정비기능사 필기

초판발행 | 2024년 1월 10일
제2판1쇄발행 | 2024년 5월 15일

지 은 이 | 김연수, 김광수, 최범석, 이상호
발 행 인 | 김 길 현
발 행 처 | (주) 골든벨
등   록 | 제 1987-000018호
I S B N | 979-11-5806-664-2
가   격 | 20,000원

이 책을 만든 사람들

교 정 및 교 열	이상호	본 문 디 자 인	조경미, 박은경, 권정숙
제 작 진 행	최병석	웹 매 니 지 먼 트	안재명, 임정현, 김경희
오 프 마 케 팅	우병춘, 이대권, 이강연	공 급 관 리	오민석, 정복순, 김봉식
회 계 관 리	김경아		

㊟ 04316 서울특별시 용산구 원효로 245(원효로1가 53-1) 골든벨빌딩 5~6F
• TEL : 도서 주문 및 발송 02-713-4135 / 회계 경리 02-713-4137
       편집 및 디자인 02-713-7452 / 해외 오퍼 및 광고 02-713-7453
• FAX : 02-718-5510   • http : // www.gbbook.co.kr   • E-mail : 7134135@ naver.com

이 책에서 내용의 일부 또는 도해를 다음과 같은 행위자들이 사전 승인없이 인용할 경우에는
저작권법 제93조 「손해배상청구권」 에 적용 받습니다.
① 단순히 공부할 목적으로 부분 또는 전체를 복제하여 사용하는 학생 또는 복사업자
② 공공기관 및 사설교육기관(학원, 인정직업학교), 단체 등에서 영리를 목적으로 복재배포하는 대표, 또는 당해 교육자
③ 디스크 복사 및 기타 정보 재생 시스템을 이용하여 사용하는 자

※ 파본은 구입하신 서점에서 교환해 드립니다.